中級財務

主　編　蔣曉風　尹建榮

崧燁文化

前言

本教材以經濟管理類本科學生培養目標為依據，以經濟管理的基本理論、核算方法為依託，以會計實務核心技能為主線，以大量實例為載體，對會計的基礎理論、基本知識和基本操作技術進行詳細講述，使讀者可以對中級財務會計的全過程進行完整的理解，為從事會計實務工作打好基礎。

本教材具有以下特點：一是內容新穎、務實。教材內容以最新的會計準則及「營改增」相關的稅收法律為依據，反應最新的會計業務處理理論和方法。二是講解全面、清晰。本教材注意把握「以基本理論夠用、滿足學以致用為目標」，做到全面講述企業日常業務的會計核算，特別注重實務操作，講解簡要、清晰。

本教材可作為各類院校全日制會計專業學生的教材，也可以作為非會計專業學生的教材和在職會計人員的會計繼續教育教材或參考書。

本教材共有十九章內容，主編蔣曉鳳教授、尹建榮副教授對全書的框架結構和主要內容進行了總體設計。各章的具體編寫分工如下：第一章、第五章、第六章和第七章由蔣曉鳳教授編寫，第十二章、第十三章、第十八章、第十九章由尹建榮副教授編寫，第三章、第四章、第十六章由陸建英副教授編寫，第十章、第十一章由何勁軍副教授編寫，第二章、第八章、第十五章、第十七章由蘇藝講師編寫，第九章、第十四章由張飛翔講師編寫。

初稿由尹建榮副教授進行總纂和修改，最后由蔣曉鳳教授對全書進行終審定稿。

由於編者的學識水平有限，書中難免存在不足之處，懇請讀者批評指正。

編　者

目 錄

第一章　總論

第一節　財務報告目標

一、企業會計準則體系

2006 年 2 月 15 日，財政部發布了企業會計準則體系，包括 1 項基本準則和 38 項具體準則及其應用指南，並規定自 2007 年 1 月 1 日起在上市公司範圍內施行，鼓勵其他行業執行；2014 年財政部又發布了《企業會計準則第 39 號——公允價值計量》《企業會計準則第 40 號——合營安排》和《企業會計準則第 41 號——在其他主體中權益的披露》3 個具體準則，至此，企業會計準則體系中具體準則達到 41 個。此外，財政部於 2014 年還修訂了《企業會計準則第 2 號——長期股權投資》《企業會計準則第 9 號——職工薪酬》《企業會計準則第 30 號——財務報表列報》《企業會計準則第 33 號——合併財務報表》《企業會計準則第 37 號——金融工具列報》，以及《企業會計準則——基本準則》。同時，財政部針對具體準則先后印發了企業會計準則解釋公告第 1~8 號。

中國現行企業會計準則體系由基本準則、具體準則、應用指南和解釋公告組成。

(一) 基本準則

基本準則在企業會計準則體系中扮演著概念框架的作用，居於統馭地位。中國基本準則主要規範了以下內容：①財務報告目標；②會計基本假設；③會計基礎；④會計信息質量要求；⑤會計要素分類及其確認、計量原則；⑥財務報告。

基本準則在企業會計準則體系中具有重要地位，其主要作用如下：

(1) 統馭具體準則的制定。基本準則規範了包括財務報告目標、會計基本假設、會計信息質量要求、會計要素的概念及其確認、計量原則、財務報告等在內的基本問題，是制定具體準則的基礎，對各具體準則的制定起著統馭作用，可以確保各具體準則的內在一致性。

(2) 為具體準則中尚未規範的新業務提供會計處理依據。在會計實務中，由於經濟交易事項的不斷發展、創新，一些新的交易或者事項在具體準則中尚未規範但又急需處理，這時，企業應當以基本準則為依據，對新的交易或者事項及時進行會計處理。

(二) 具體準則

具體準則是在基本準則的指導下，對企業各項資產、負債、所有者權益、收入、費用、利潤及相關交易事項的確認、計量和報告進行規範的會計準則。中國現行企業會計具體準則有：①會計要素類準則，包括存貨、長期股權投資、投資性房地產、固定資產、無形資產、收入、建造合同等準則；②特殊業務類準則，包括非貨幣性資產交換、職工薪酬、企業年金基金、股份支付、債務重組、或有事項、政府補助、借款費用、所得稅、外幣折算、租賃、資產減值、企業合併、會計政策和會計估計變更、差錯更正、資產負債表日后事項、合營安排等準則；③金融工具類準則，包括金融工具確認和計量、金融資產轉移、套期保值、金融工具列報等準則；④特殊行業準則，包括原保險合同、再保險合同、石油天然氣開採等準則；⑤財務報告類準則，包括財務報表列報、現金流量表、中期財務報告、合併財務報表、每股收益、分部報告、關聯方披露、在其他主體中權益的披露等準則；⑥計量類準則，包括公允價值計量等準則；⑦過渡性要求準則，包括首次執行企業會計準則。

特殊行業準則主要規範保險業等特殊行業中的保險合同、生物資產、石油天然氣等特定業務的確認和計量，因此，本教材內容不涉及特殊行業的準則。

（三）應用指南

應用指南是對具體準則相關條款的細化和有關重點問題提供相應操作性指南，以利於會計準則的貫徹落實和指導實務操作。特別是其中的「會計科目和主要帳務處理」，涵蓋了各類企業的各種交易或事項，是以會計準則中確認、計量原則及其解釋為依據所作的規定，其中對商業銀行、保險公司和證券公司的專用科目作了特別說明。

（四）解釋公告

解釋公告是對具體準則實施過程中出現的問題、具體準則條款規定不清楚或者尚未規定的問題作出補充說明。

二、財務報告目標

企業財務會計的目的是通過向企業外部會計信息使用者提供有用的信息，幫助使用者做出相關決策。承擔這一信息載體和功能的是企業編製的財務報告，它是財務會計確認和計量的最終結果，是溝通企業管理層與外部信息使用者之間的橋樑和紐帶。因此，財務報告的目標定位十分重要。財務報告的目標定位決定著財務報告應當向誰提供有用的會計信息，應當保護誰的經濟利益，這是編製企業財務報告的出發點；財務報告的目標定位決定著財務報告所要求會計信息的質量特徵，決定著會計要素的確認和計量原則，是財務會計系統的核心和靈魂。

通常認為財務報告目標有受託責任觀和決策有用觀兩種。在受託責任觀下，會計信息更多地強調可靠性，會計計量主要採用歷史成本；在決策有用觀下，會計信息更多地強調相關性，如果採用其他計量屬性能夠提供更加相關的信息，會較多地採用除歷史成本之外的其他計量屬性。

中國企業財務報告的目標是向財務報告使用者提供與企業財務狀況、經營成果和現金流量等有關的會計信息，反應企業管理層受託責任履行情況，有助於財務報告使用者做出經濟決策。

財務報告外部使用者主要包括投資者、債權人、政府及其有關部門和社會公眾等。滿足投資者的信息需要是企業財務報告編製的首要出發點，將投資者作為企業財務報告的首要使用者，凸顯了投資者的地位，體現了保護投資者利益的要求，是市場經濟發展的必然。如果企業在財務報告中提供的會計信息與投資者的決策無關，那麼財務報告就失去了編製的意義。根據投資者決策有用目標，財務報告所提供的信息應當如實反應企業所擁有或者控制的經濟資源、對經濟資源的要求權以及經濟資源及其要求權的變化情況；如實反應企業的各項收入、費用、利潤和損失的金額及其變動情況；如實反應企業各項經營活動、投資活動和籌資活動等所形成的現金流入和現金流出情況等，從而有助於現在的或者潛在的投資者正確、合理地評價企業的資產質量、償債能力、盈利能力和營運效率等；有助於投資者根據相關會計信息做出理性的投資決策；有助於投資者評估與投資有關的未來現金流量的金額、時間和風險等。除了投資者之外，企業財務報告的外部使用者還包括債權人、政府及有關部門、社會公眾等。由於投資者是企業資本的主要提供者，通常情況下，如果財務報告能夠滿足這一群體的會計信息需求，也就應該可以滿足其他使用者的大部分信息需求。

三、會計基本假設

會計基本假設是企業會計確認、計量和報告的前提，是對會計核算所處時間、空間環境等所作的合理假定。會計基本假設包括會計主體、持續經營、會計分期和貨幣計量。

（一）會計主體

會計主體，是指企業會計確認、計量和報告的空間範圍。為了向財務報告使用者反應企業財務狀況、經營成果和現金流量，提供與其決策有用的信息，會計核算和財務報告的編製應當集中於反應特定對象的活動，並將其與其他經濟實體區別開來。在會計主體假設下，企業應當對其本身發生的交易或事項進行會計確認、計量和報告，反應企業本身所從事的各項生產經營活動和其他相關活動。明確界定會計主體是開展會計確認、計量和報告工作的重要前提。

明確會計主體，才能劃定會計所要處理的各項交易或事項的範圍。在會計工作中，只有那些影響企業本身經濟利益的各項交易或事項才能加以確認、計量和報告。

明確會計主體，才能將會計主體的交易或者事項與會計主體所有者的交易或者事項以及其他會計主體的交易或者事項區分開來。例如，企業所有者的交易或者事項是屬於企業所有者個體所發生的，不應納入企業會計核算的範疇，但是企業所有者投入到企業的資本或者企業向所有者分配的利潤，則屬於企業主體所發生的交易或者事項，應當納入企業會計核算的範圍。

會計主體不同於法律主體。一般來說，法律主體必然是一個會計主體。例如，一個企業作為一個法律主體，應當建立財務會計系統，獨立反應其財務狀況、經營成果和現金流量。但是，會計主體不一定是法律主體。例如，在企業集團的情況下，一個母公司擁有若干子公司，母子公司雖然是不同的法律主體，但是母公司對於子公司擁有控制權，為了全面反應企業集團的財務狀況、經營成果和現金流量，就有必要將企業集團作為一個會計主體，編製合併財務報表。

(二) 持續經營

持續經營，是指在可以預見的將來，企業將會按當前的規模和狀態繼續經營下去，不會停業，也不會大規模削減業務。在持續經營前提下，會計確認、計量和報告應當以企業持續、正常的生產經營活動為前提。

企業是否持續經營，在會計原則、會計方法的選擇上有很大差別。一般情況下，應當假定企業將會按照當前的規模和狀態持續經營下去。明確這個基本假設，就意味著會計主體將按照既定用途使用資產，按照既定的合約條件清償債務，會計人員就可以在此基礎上選擇會計原則和會計方法。如果判斷企業會持續經營，就可以假定企業的固定資產在持續經營的生產經營過程中長期發揮作用，並服務於生產經營過程，固定資產就可以根據歷史成本進行記錄，並採用一定的折舊方法，將歷史成本分攤到各個會計期間或相關產品的成本中。如果判斷企業不會持續經營，固定資產就不應採用歷史成本進行記錄並按期計提折舊。

如果一個企業在不能持續經營時仍按持續經營基本假設選擇會計確認、計量和報告原則和方法，就不能客觀地反應企業的財務狀況、經營成果和現金流量，會誤導會計信息使用者的經濟決策。

(三) 會計分期

會計分期，是指將一個企業持續經營的生產經營活動劃分為一個個連續的、長短相同的期間。會計分期的目的，在於通過會計期間的劃分，將持續經營的生產經營活動劃分成連續、相等的期間，據以結算盈虧，按期編製財務報告，從而及時向財務報告使用者提供有關企業財務狀況、經營成果和現金流量的信息。

在會計分期假設下，企業應當劃分會計期間，分期結算帳目和編製財務報告。會計期間通常分為會計年度和會計中期。會計中期，是指短於一個完整的會計年度的報告期間。因為出現了會計分期，才產生了當期與以前期間、以后期間的差別，才使不同類型的會計主體有了記帳的基準，進而孕育出折舊、攤銷等會計處理方法。

(四) 貨幣計量

貨幣計量，是指會計主體在會計確認、計量和報告時以貨幣計量，反應會計主體的生產經營活動。

在會計的確認、計量和報告過程中之所以選擇以貨幣為基礎進行計量，是由貨幣的本身屬性決定的。貨幣是商品交換的一般等價物，是衡量一般商品價值的共同尺度，具有價值尺度、流通手段、貯藏手段和支付手段等特點。其他計量單位，如重量、長度等，只能從一個側面反應企業的生產經營情況，無法在量上進行匯總和比較，不便於會計計量和經營管理。只有選擇貨幣尺度進行計量，才能充分反應企業的生產經營情況，所以，《企業會計準則——基本準則》規定，會計確認、計量和報告選擇貨幣作為計量單位。

四、會計基礎

企業會計的確認、計量和報告應當以權責發生制為基礎。權責發生制要求，凡是當期已經實現的收入和已經發生或應當負擔的費用，無論款項是否收付，都應當作為當期的收入和費用，計入利潤表；凡是不屬於當期的收入和費用，即使款項已在當期收付，也不應當作為當期的收入和費用。

在實務中，企業交易或者事項的發生時間與相關貨幣收支時間有時並不完全一致。例如，款項已經收到，但銷售並未實現；或者款項已經支付，但並不是因本期生產經營活動而發生的。收付實現制是與權責發生制相對應的一種會計基礎，是以實際收到或支付的現金及其時點確認本期收入和費用。為了更加真實、公允地反應特定會計期間的財務狀況和經營成果，企業會計基本準則明確規定，企業在會計確認、計量和報告中應當以權責發生制為基礎。

第二節　會計信息質量要求

會計信息質量要求是對企業財務報告中所提供會計信息質量的基本要求，是使財務報告中所提供的會計信息對投資者等信息使用者決策有用應具備的基本特徵。它主要包括可靠性、相關性、可理解性、可比性、實質重於形式、重要性、謹慎性和及時性等。

一、可靠性

可靠性要求企業應當以實際發生的交易或者事項為依據進行確認、計量和報告，如實反應符合確認和計量要求的會計要素及其他相關信息，保證會計信息真實可靠、內容完整。

會計信息要有用，必須以可靠為基礎，如果財務報告所提供的會計信息是不可靠的，就會對投資者等使用者的決策產生誤導甚至帶來損失。為了貫徹可靠性要求，企業應當做到：

(1) 以實際發生的交易或者事項為依據進行確認、計量，將符合會計要素概念及其確認條件的資產、負債、所有者權益、收入、費用和利潤等如實反應在財務報告中。

(2) 在符合重要性和成本效益原則的前提下，保證會計信息的完整性，其中包括應當編報的報表及其附註內容等應當保持完整，不能隨意遺漏或者減少應予以披露的信息。

(3) 包括在財務報告中的會計信息應當是中立的、無偏的。如果企業在財務報告中為了達到事先設定的結果或效果，通過選擇或列示有關會計信息以影響決策和判斷，這樣的財務報告信息就不是中立的。

二、相關性

相關性要求企業提供的會計信息應當與投資者等財務報告使用者的經濟決策需要相關，有助於投資者等財務報告使用者對企業過去、現在或未來的情況作出評價或者預測。

會計信息是否有用，是否具有價值，關鍵看其與使用者的決策需要是否相關，是否有助於決策或者提高決策水平。相關的會計信息應當能夠有助於使用者評價企業過去的決策，證實或者修正過去的有關預測，因而具有反饋價值。相關的會計信息還應當具有預測價值，有助於使用者根據財務報告所提供的會計信息預測企業未來的財務狀況、經營結果和現金流量。例如，區分收入和利得、費用和損失，區分流動資產和非流動資產、流動負債和非流動負債以及適度引入公允價值等，都可以提高會計信息的預測價值，進而提升會計信息的相關性。

會計信息質量的相關性要求，需要企業在確認、計量和報告會計信息的過程中，充分考慮使用者的決策模式和信息需要。但是，相關性是以可靠性為基礎的，兩者之間並不矛盾，不應將兩者對立起來。也就是說，會計信息在可靠性前提下，應盡可能地做到相關，以滿足投資者等財務報告使用者的決策需要。

三、可理解性

可理解性要求企業提供的會計信息應當清晰明瞭，便於投資者等財務報告使用者理解和使用。

企業編製財務報告、提供會計信息的目的在於使用，而要想讓使用者有效使用會計信息，就應當讓其瞭解會計信息的內涵，弄懂會計信息的內容。這就要求財務報告所提供的會計信息應當清晰明瞭、易於理解。只有這樣，才能提高會計信息的有用性，實現財務報告的目標，滿足向投資者等財務報告使用者提供決策有用信息的要求。

會計信息是一種專業性較強的信息，在強調會計信息的可理解性要求的同時，還應假定使用者具有相關企業經營活動和會計方面的知識，並且願意付出努力去研究這些信息。對於某些複雜的信息，如交易本身較為複雜或者會計處理較為複雜，但如其與使用者的經濟決策相關，企業就應當在財務報告中充分披露。

四、可比性

可比性要求企業提供的會計信息應當相互可比，主要包括以下兩層含義：

(一) 同一企業不同時期可比

為了便於投資者等財務報告使用者瞭解企業財務狀況、經營成果和現金流量的變化趨勢，比較企業在不同時期的財務報告信息，全面、客觀地評價過去、預測未來，從而做出決策，會計信息質量的可比性要求同一企業不同時期發生的相同或者相似的交易或者事項，應當採用一致的會計政策，不得隨意變更。但是，滿足會計信息可比性要求，並非表明企業不得變更會計政策，如果按照規定或者在會計政策變更后可以提供更可靠、更相關的會計信息的，可以變更會計政策。有關會計政策變更的情況，應當在附註中予以說明。

(二) 不同企業相同會計期間可比

為了便於投資者等財務報告使用者評價不同企業的財務狀況、經營成果和現金流量及其變動情況，會計信息質量的可比性要求不同企業同一會計期間發生的相同或者相似的交易或者事項，應當採用規定的會計政策，確保會計信息口徑一致、相互可比，以使不同企業按照一致的確認、計量和報告要求提供有關會計信息。

五、實質重於形式

實質重於形式要求企業應當按照交易或者事項的經濟實質進行會計確認、計量和報告，不僅僅以交易或者事項的法律形式為依據。

企業發生的交易或者事項在多數情況下，其經濟實質和法律形式是一致的。但在有些情況下，會出現不一致。例如，以融資租賃方式租入的資產，雖然從法律形式來講企業並不擁有其所有權，但是由於租賃合同中規定的租賃期相當長，往往接近於該資產的使用壽命；租賃期結束時承租企業有優先購買該資產的選擇權；在租賃期內承租企業有權支配資產並從中受益等。從其經濟實質來看，企業能夠控制融資租入資產所創造的未來經濟利益，在會計確認、計量和報告上就應當將以融資租賃方式租入的資產視為企業的資產，列入企業的資產負債表。

六、重要性

重要性要求企業提供的會計信息應當反應與企業的財務狀況、經營成果和現金流量有關的所有重要交易或者事項。

在實務中，如果某會計信息的省略或者錯報會影響投資者等財務報告使用者據此做出決策，該信息就具有重要性。重要性的應用需要依賴職業判斷，企業應當根據所處環境和實際情況，從項目的性質和金額大小兩方面加以判斷。

七、謹慎性

謹慎性要求企業對交易或者事項進行會計確認、計量和報告應當保持應有的謹慎，不應高估資產或者收益、低估負債或者費用。

在市場經濟環境下，企業的生產經營活動面臨著許多風險和不確定性，如應收款項的可收回性、固定資產的使用壽命、無形資產的使用壽命、售出存貨可能發生的退貨或者返修等。因此，要求企業對可能發生的資產減值損失計提資產減值準備、對售出商品可能發生的保修義務等確認預計負債等，就體現了會計信息質量的謹慎性要求。

八、及時性

及時性要求企業對於已經發生的交易或者事項，應當及時進行確認、計量和報告，不得提前或延后。

會計信息的價值在於幫助所有者或者其他方面做出經濟決策，具有時效性。即使是可靠、相關的會計信息，如果不及時提供，就失去了時效性，對於使用者的效用就大大降低，甚至不再具有實際意義。在會計確認、計量和報告過程中貫徹及時性：一是要求及時收集會計信息，即在經濟交易或者事項發生后，及時收集整理各種原始單據或者憑證；二是要求及時處理會計信息，即按照會計準則的規定，及時對經濟交易或者事項進行確認或者計量，並編製財務報告；三是要求及時傳遞會計信息，即按照國家規定的有關時限，及時地將編製的財務報告傳遞給財務報告使用者，便於其及時使用和決策。

在實務中，為了及時提供會計信息，可能需要在有關交易或者事項的信息全部獲得之前即進行會計處理，從而滿足會計信息的及時性要求，但可能會影響會計信息的可靠性；反之，如果企業等到與交易或者事項有關的全部信息獲得之后再進行會計處理，這樣的信息披露可能會由於時效性問題，對於投資者等財務報告使用者決策的有用性將大大降低。這就需要在及時性和可靠性之間作相應權衡，以更好地滿足投資者等財務報告使用者的經濟決策需要為判斷標準。

第三節　會計要素及其確認與計量原則

會計要素是根據交易或者事項的經濟特徵所確定的財務會計對象和基本分類。會計要素按照其性質分為資產、負債、所有者權益、收入、費用和利潤。其中，資產、負債和所有者權益要素側重於反應企業的財務狀況；收入、費用和利潤要素側重於反應企業的經營成果。

一、資產的概念及其確認條件

（一）資產的概念

資產是指企業過去的交易或者事項形成的、由企業擁有或者控制的、預期會給企業帶來經濟利益的資源。根據資產的概念，資產具有以下幾個方面的特徵：

1. 資產預期會給企業帶來經濟利益

資產預期會給企業帶來經濟利益，是指資產直接或者間接導致現金和現金等價物流入企業的潛力。這種潛力可以來自企業日常的生產經營活動，也可以是非日常活動；帶來的經濟利益可以是現金或者現金等價物，或者是可以轉化為現金或者現金等價物的形式，或者是可以減少現金或者現金等價物流出的形式。

預期能為企業帶來經濟利益是資產的重要特徵。例如，企業採購的原材料、購置的固定資產等可以用於生產經營過程製造商品或者提供勞務，對外出售后收回貨款，貨款即為企業所獲得的經濟利益。如果某一項目預期不能給企業帶來經濟利益，那麼就不能將其確認為企業的資產。前期已經確認為資產的項目，如果不能再為企業帶來經濟利益的，也不能再確認為企業的資產。

2. 資產應為企業擁有或者控制的資源

資產作為一種資源，應當由企業擁有或者控制，具體是指企業享有某項資源的所有權，或者雖然不享有某項資源的所有權，但該資源能被企業所控制。

企業享有資產的所有權，通常表明企業能夠排他性地從資產中獲取經濟利益。通常在判斷資產是否存在時，所有權是考慮的首要因素。在有些情況下，資產雖然不為企業所擁有，即企業並不享有其所有權，但企業控制了這些資產，同樣表明企業能夠從資產中獲取經濟利益，符合會計上對資產的概念。如果企業既不擁有也不控制資產所能帶來的經濟利益，就不能將其作為企業的資產予以確認。

3. 資產是由企業過去的交易或者事項形成的

資產應當由企業過去的交易或者事項所形成，過去的交易或者事項包括購買、生產、建造行為或者其他交易或者事項，只有過去的交易或者事項才能產生資產，企業預期在未來發生的交易或者事項不形成資產。例如，企業有購買某項存貨的意願或者計劃，但是購買行為尚未發生，就不符合資產的概念，不能因此而確認為存貨資產。

(二) 資產的確認條件

將一項資源確認為資產，需要符合資產的概念，還應同時滿足以下兩個條件：

1. 與該資源有關的經濟利益很可能流入企業

從資產的概念可以看到，能帶來經濟利益是資產的一個本質特徵，但在現實生活中，由於經濟環境瞬息萬變，與資源有關的經濟利益能否流入企業或者能夠流入多少實際上帶有不確定性。因此，資產的確認還應與經濟利益流入的不確定性程度的判斷結合起來。如果根據編製財務報表時所取得的證據，判斷與資源有關的經濟利益很可能流入企業，那麼就應當將其作為資產予以確認；反之，不能確認為資產。

2. 該資源的成本或者價值能夠可靠地計量

可計量性是所有會計要素確認的重要前提，資產的確認也是如此。只有當有關資源的成本或者價值能夠可靠地計量時，資產才能予以確認。在實務中，企業取得的許多資產都需要付出成本。例如，企業購買或者生產的存貨、企業購置的廠房或者設備等，對於這些資產，只有實際發生的成本或者生產成本能夠可靠計量，才能視為符合了資產確認的可計量條件。在某些情況下，企業取得的資產沒有發生實際成本或者發生的實際成本很小，例如，企業持有的某些衍生金融工具形成的資產，對於這些資產，儘管它們沒有實際成本或者發生的實際成本很小，但是如果其公允價值能夠可靠計量的話，也被認為符合了資產可計量性的確認條件。

二、負債的概念及其確認條件

(一) 負債的概念

負債是指企業過去的交易或者事項形成的、預期會導致經濟利益流出企業的現時義務。根據負債的概念，負債具有以下幾個方面的特徵：

1. 負債是企業承擔的現時義務

負債必須是企業承擔的現時義務，這裡的現時義務是指企業在現行條件下已承擔的義務。未來發生的交易或者事項形成的義務，不屬於現時義務，不應當確認為負債。

這裡所指的義務可以是法概念務，也可以是推概念務。其中，法概念務是指具有約束力的合同或者法律法規規定的義務，通常在法律意義上需要強制執行。例如，企業購買原材料形成應付帳款、企業向銀行貸入款項形成借款、企業按照稅法規定應當繳納的稅款等，均屬於企業承擔的法概念務，需要依法予以償還。推概念務是指根據企業多年來的習慣做法、公開的承諾或者公開宣布的經營政策而導致企業將承擔的責任，這些責任也使有關各方形成了企業將履行義務承擔責任的合理預期。例如，某企業多年來制定有一項銷售政策，對於售出商品提供一定期限內的售后保修服務，預期將為售出商品提供的保修服務就屬於推概念務，應當將其確認為一項負債。

2. 負債預期會導致經濟利益流出企業

預期會導致經濟利益流出企業也是負債的一個本質特徵，只有在履行義務時會導致經濟利益流出企業的，才符合負債的概念。在履行現時義務清償負債時，導致經濟利益流出企業的形式多種多樣，例如，用現金償還或以實物資產形式償還；以提供勞務形式償還；部分轉移資產、部分提供勞務形式償還；將負債轉為資本等。

3. 負債是由企業過去的交易或者事項形成的

負債應當由企業過去的交易或者事項所形成。換句話說，只有過去的交易或者事項才形成負債，企業將在未來發生的承諾、簽訂的合同等交易或者事項，不形成負債。

（二）負債的確認條件

將一項現時義務確認為負債，需要符合負債的概念，還需要同時滿足以下兩個條件：

1. 與該義務有關的經濟利益很可能流出企業

從負債的概念可以看到，預期會導致經濟利益流出企業是負債的一個本質特徵。在實務中，履行義務所需流出的經濟利益帶有不確定性，尤其是與推概念務相關的經濟利益通常依賴於大量的估計。因此，負債的確認應當與經濟利益流出的不確定性程度的判斷結合起來，如果有確鑿證據表明，與現時義務有關的經濟利益很可能流出企業，就應當將其作為負債予以確認；反之，如果企業承擔了現時義務，但是導致企業經濟利益流出的可能性很小，就不符合負債的確認條件，不應將其作為負債予以確認。

2. 未來流出的經濟利益的金額能夠可靠地計量

負債的確認在考慮經濟利益流出企業的同時，對於未來流出的經濟利益的金額應當能夠可靠計量。對於與法概念務有關的經濟利益流出金額，通常可以根據合同或者法律規定的金額予以確定，考慮到經濟利益流出的金額通常在未來期間，有時未來期間較長，有關金額的計量需要考慮貨幣時間價值等因素的影響。對於與推概念務有關的經濟利益流出金額，企業應當根據履行相關義務所需支出的最佳估計數進行估計，並綜合考慮有關貨幣時間價值、風險等因素的影響。

三、所有者權益的概念及其確認條件

（一）所有者權益的概念

所有者權益是指企業資產扣除負債后，由所有者享有的剩余權益。公司的所有者權益又稱為股東權益。所有者權益是所有者對企業資產的剩余索取權，是企業的資產扣除債權人權益后應由所有者享有的部分，既可反應所有者投入資本的保值、增值情況，又體現了保護債權人權益的理念。

（二）所有者權益的來源構成

所有者權益的來源包括所有者投入的資本、直接計入所有者權益的利得和損失、留存收益等，通常由股本（或實收資本）、資本公積（含股本溢價或資本溢價、其他資本公積）、其他綜合收益、盈余公積和未分配利潤等構成。

所有者投入的資本是指所有者所有投入企業的資本部分，既包括構成企業註冊資本或者股本的金額，也包括投入資本超過註冊資本或股本部分的金額，即資本溢價或股本溢價。這部分投入資本作為資本公積（資本溢價）反應。

直接計入所有者權益的利得和損失，是指不應計入當期損益、會導致所有者權益發生增減變動的、與所有者投入資本或者向所有者分配利潤無關的利得或者損失。其中，利得是指由企業非日常活動所形成的、會導致所有者權益增加的、與所有者投入資本無關的經濟利益的流入。損失是指由企業非日常活動所發生的、會導致所有者權益減少的、與向所有者分配利潤無關的經濟利益的流出。直接計入所有者權益的利得和損失主要包括可供出售金融資產的公允價值變動額、現金流量套期中套期工具公允價值變動額（有效套期部分）等，在資產負債表中的「其他綜合收益」項目中列報。

留存收益是企業歷年實現的淨利潤留存於企業的部分，主要包括盈余公積和未分配利潤。

（三）所有者權益的確認條件

所有者權益體現的是所有者在企業中的剩余權益，因此，所有者權益的確認主要依賴於其他會計要素，尤其是資產和負債的確認；所有者權益金額的確定也主要取決於資產和負債的計量。例如，企業接受投資者投入的資產，在該資產符合資產確認條件時，就相應地符合了所有者權益的確認條件；當該資產的價值能夠可靠計量時，所有者權益的金額也就可以確定。

四、收入的概念及其確認條件

（一）收入的概念

收入是指企業在日常活動中形成的、會導致所有者權益增加的、與所有者投入資本無關的經濟利益的總流入。根據收入的概念，收入具有以下幾個方面的特徵：

1. 收入是企業在日常活動中形成的

日常活動是指企業為完成其經營目標所從事的經常性活動以及與之相關的活動。例如，工業企業製造並銷售產品即屬於企業的日常活動。明確界定日常活動是為了將收入與利得相區分，因為企業非日常活動所形成的經濟利益的流入不能確認為收入，而應當計入利得。

2. 收入是與所有者投入資本無關的經濟利益的總流入

收入應當會導致經濟利益的流入，從而導致資產的增加。例如，企業銷售商品，應當收到現金或者有權在未來收到現金，才表明該交易符合收入的概念。但是在實務中，經濟利益的流入有時是所有者投入資本的增加所導致的，所有者投入資本的增加不應當確認為收入，應當將其直接確認為所有者權益。

3. 收入會導致所有者權益的增加

與收入相關的經濟利益的流入應當會導致所有者權益的增加，不會導致所有者權益增加的經濟利益的流入不符合收入的概念，不應確認為收入。例如，企業向銀行借入款項，儘管也導致了企業經濟利益的流入，但該流入並不導致所有者權益的增加，反而使企業承擔了一項現時義務。企業對於因借入款項所導致的經濟利益的增加，不應將其確認為收入，應當確認為一項負債。

（二）收入的確認條件

企業收入的來源渠道多種多樣，不同收入來源的特徵有所不同，其收入確認條件也往往存在差別，如銷售商品、提供勞務、讓渡資產使用權等。一般而言，收入只有在經濟利益很可能流入從而導致企業資產增加或者負債減少，且經濟利益的流入額能夠可靠計量時才能予以確認。收入的確認至少應當符合以下條件：一是與收入相關的經濟利益應當很可能流入企業；二是經濟利益流入企業的結果會導致資產的增加或者負債的減少；三是經濟利益的流入額能夠可靠計量。

五、費用的概念及其確認條件

（一）費用的概念

費用是指企業在日常活動中發生的、會導致所有者權益減少的、與向所有者分配利潤無關的經濟利益的總流出。根據費用的概念，費用具有以下幾方面的特徵：

1. 費用是企業在日常活動中形成的

費用必須是企業在日常活動中所形成的，這些日常活動的界定與收入概念中涉及的日常活動的界定相一致。日常活動所產生的費用通常包括銷售成本、職工薪酬、折舊費、無形資產攤銷等。將費用界定為日常活動所形成的，目的是將其與損失相區分，企業非日常活動所形成的經濟利益的流出不能確認為費用，而應當計入損失。

2. 費用是與向所有者分配利潤無關的經濟利益的總流出

費用的發生應當會導致經濟利益的流出，從而導致資產的減少或者負債的增加，其表現形式包括現金或者現金等價物的流出，存貨、固定資產和無形資產等的流出或者消耗等。企業向所有者分配利潤也會導致經濟利益的流出，而該經濟利益的流出屬於所有者權益的抵減項目，不應確認為費用，應當將其排除在費用的概念之外。

3. 費用會導致所有者權益的減少

與費用相關的經濟利益的流出應當會導致所有者權益的減少，不會導致所有者權益減少的經濟利益的流出不符合費用的概念，不應確認為費用。

（二）費用的確認條件

費用的確認除了應當符合概念外，還應當滿足嚴格的條件，即費用只有在經濟利益很可能流出從而導致企業資產減少或者負債增加，且經濟利益的流出額能夠可靠計量時才能予以確認。因此，費用的確認至少應當符合以下條件：一是與費用相關的經濟利益應當很可能流出企業；二是經濟利益流出企業的結果會導致資產的減少或者負債的增加；三是經濟利益的流出額能夠可靠計量。

六、利潤的概念及其確認條件

（一）利潤的概念

利潤是指企業在一定會計期間的經營成果。通常情況下，如果企業實現了利潤，表明企業的所有者權益將增加；反之，如果企業發生虧損（即利潤為負數），表明企業的所有者權益將減少。因此，利潤往往是評價企業管理層業績的一項重要指標，也是投資者等財務報告使用者進行決策時的重要參考。

（二）利潤的來源構成

利潤包括收入減去費用后的淨額、直接計入當期利潤的利得和損失等。其中收入減去費用后的淨額反應的是企業日常活動的業績。直接計入當期利潤的利得和損失，是指應當計入當期損益、最終會引起所有者權益發生增減變動的、與所有者投入資本或者向所有者分配利潤無關的利得或者損失。企業應當嚴格區分收入和利得、費用和損失，以更加全面地反應企業的經營業績。

（三）利潤的確認條件

利潤反應的是收入減去費用、利得減去損失后淨額的概念。因此，利潤的確認主要依賴於收入和費用以及利得和損失的確認，其金額的確定也主要取決於收入、費用、利得和損失金額的計量。

七、會計要素計量屬性及其運用原則

會計計量是為了將符合確認條件的會計要素登記入帳並列報於財務報表而確定其金額的過程。企業應當按照規定的會計計量屬性進行計量，確定相關金額。會計的計量反應的是會計要素金額的確定基礎，主要包括歷史成本、重置成本、可變現淨值、現值和公允價值等。

（一）會計要素計量屬性

1. 歷史成本

歷史成本又稱實際成本，是指取得或製造某項財產物資時所實際支付的現金或者其他等價物。在歷史成本計量下，資產按照其購置時支付的現金或現金等價物的金額，或者按照購置資產時所付出的對價的公允價值計量。負債按照其因承擔現時義務而實際收到的款項或者資產的金額，或者承擔現時義務的合同金額，或者按照日常活動中為償還負債預期需要支付的現金或者現金等價物的金額計量。

2. 重置成本

重置成本又稱現行成本，是指按照當前市場條件，重新取得同樣一項資產所需支付的現金或現金等價物金額。在重置成本下，資產按照現在購買相同或者相似資產所需支付的現金或者現金等價物的金額計量。負債按照現在償付該項債務所需支付的現金或者現金等價物的金額計量。

3. 可變現淨值

可變現淨值，是指在生產經營過程中，以預計售價減去進一步加工成本和銷售所必需的預計稅金、費用后的淨值。在可變現淨值計量下，資產按照其正常對外銷售的所能收到現金或者現金等價物的金額扣減該資產至完工時估計將要發生的成本、估計的銷售費用以及相關稅金后的金額計量。

4. 現值

現值，是指對未來現金流量以恰當的折現率進行折現后的價值，是考慮貨幣時間價值因素等的一種計量屬性。在現值計量下，資產按照預計從其持續使用和最終處置中所產生的未來現金流入量的折現金額計量。負債按預計期限內需要償還的未來現金流出量的折現金額計量。

5. 公允價值

公允價值，是指市場參與者在計量日發生的有序交易中，出售一項資產所能收到或者轉移一項負債所需支付的價格，即脫手價格。如交易性金融資產、可供出售金融資產的計量，均採用公允價值。

(二) 各種計量屬性之間的關係

歷史成本通常反應的是資產或者負債過去的價值，而重置成本、可變現淨值、現值以及公允價值通常反應的是資產或者負債的現時成本或者現時價值，是與歷史成本相對應的計量屬性。

(三) 計量屬性的應用原則

企業在對會計要素進行計量時，一般應當採用歷史成本。在某些情況下，為了提高會計信息質量，實現財務報告目標，企業會計準則允許採用重置成本、可變現淨值、現值、公允價值計量的，應當保證所確定的會計要素金額能夠取得並可靠計量，如果這些金額無法取得或者可靠地計量的，則不允許採用其他計量屬性。

第二章 存貨

第一節 存貨概述

一、存貨的概念

根據《企業會計準則第 1 號——存貨》的規定，存貨是指企業在日常活動中持有以備出售的產成品或商品，處在生產過程中的在產品，在生產過程或提供勞務過程中耗用的材料、物料等。企業的存貨通常包括以下內容：

(1) 原材料，指企業在生產過程中經加工改變其形態或性質並構成產品主要實體的各種原料及主要材料、輔助材料、外購半成品（外購件）、修理用備件、包裝材料、燃料等。為建造固定資產等各項工程而儲備的各種材料，雖然同屬於材料，但是由於用於建造固定資產等各項工程，不符合存貨的概念，因此不能作為企業存貨。

(2) 在產品，指企業正在製造尚未完工的產品，包括正在各個生產工序加工的產品，以及已加工完畢但尚未檢驗或已檢驗但尚未辦理入庫手續的產品。

(3) 半成品，指經過一定生產過程並已檢驗合格交付半成品倉庫保管，但尚未製造完工，仍需進一步加工的中間產品。

(4) 產成品，指工業企業已經完成全部生產過程並驗收入庫，可以按照合同規定的條件送交訂貨單位，或者可以作為商品對外銷售的產品。企業接受外來原材料加工製造的代製品和為外單位加工修理的代修品，製造和修理完成驗收入庫后應視同企業的產成品。

(5) 商品，指商品流通企業外購或委託加工完成驗收入庫用於銷售的各種商品。

(6) 週轉材料，指企業能夠多次使用的材料，如包裝物、工具、玻璃器皿、勞動保護用品以及在經營過程中週轉使用的容器。

二、存貨的特徵

存貨區別於固定資產等非流動資產的最基本的特徵是，企業持有存貨的最終的目的是出售，包括可供直接銷售的產成品、商品，以及需經過進一步加工后出售的原材料等。存貨具有如下主要特徵：

(1) 存貨是具有實體形態的有形資產。存貨包括了半成品、產成品、商品等各種具有實體形態的材料物資，有別於金融資產、無形資產等沒有實體形態的資產。

(2) 存貨具有較大流動性，屬於流動資產。存貨通常將在一年或超過一年的一個營業週期內被銷售或耗用，因而屬於流動資產，具有較強的變現能力和較大的流動性，有別於固定資產、在建工程等具有實體形態的非流動資產。

(3) 存貨以正常生產經營過程中被銷售或耗用為目的而取得。企業持有存貨的目的在於準備在日常活動中予以出售，如產品、商品等；或者仍處在生產過程中，待制成產成品后再予以出售，如在產品、半成品等；或者將在生產過程中或提供勞務過程中被耗用，如原材料、週轉材料等。企業在判斷一項資產是否屬於存貨時，必須考慮持有該資產的目的，即在生產經營過程中的用途。如企業為生產產品或提供勞務而購入的材料，屬於存貨；但為建造固定資產而購入的材料就不屬於存貨，而屬於非流動資產中的工程物資。又如，房地產開發企業所開發的房屋建築物，若是用於對外出售，則屬於存貨；若是辦公自用，則該房屋建築物屬於固定資產。此外，企業為國家儲備的特種物資、專項物資等，由於這些物資不參與企業的經營週轉，也不屬於存貨。

三、存貨的確認

確定存貨範圍的基本原則是：凡是在盤存日期，法定所有權屬於企業所有的一切物品，不論其存放地點，都應視為企業的存貨。如依照銷售合同已經售出，其所有權已轉讓的物品，不論其是否已離開企業，均不應該包括在企業的存貨之中。反之，如物品的所有權尚未轉讓給對方，即使物品已離開企業，仍屬於企業的存貨，都應列入企業的存貨之中。

某一項資產項目要作為存貨加以確認，首先，需要符合存貨的概念，其次，應同時符合存貨以下確認條件：

1. 與該存貨有關的經濟利益很可能流入企業

企業在確認存貨時，需要判斷與該項存貨相關的經濟利益是否很可能流入企業。在實務中，主要通過判斷與該項存貨所有權相關的風險和報酬是否轉移到了企業來確定。其中，與存貨所有權相關的風險，是指由於經營情況發生變化造成的相關收益的變動，以及由於存貨滯銷、毀損等原因造成的損失；與存貨所有權相關的報酬，是指在處置該項存貨或其經過進一步加工取得的其他存貨時獲得的收入，以及處置該項存貨實現的利潤等。

通常情況下，取得存貨的所有權是與存貨相關的經濟利益很可能流入本企業的一個重要標誌。例如，根據銷售合同已經售出（取得現金或收取現金的權利）的存貨，其所有權已經轉移，與其相關的經濟利益已不能再流入本企業，此時，即使該項存貨尚未運離本企業，也不能再確認為本企業的存貨。又如，委託代銷商品，由於其所有權並未轉移至受託方，因而委託代銷的商品仍應當確認為委託企業存貨的一部分。總之，企業在判斷與存貨相關的經濟利益能否流入企業時，主要結合該項存貨所有權的歸屬情況進行分析確定。

2. 該存貨的成本能夠可靠地計量

作為企業資產的組成部分，要確認存貨，企業必須能夠對其成本進行可靠的計量。存貨的成本能夠可靠地計量必須以取得確鑿、可靠的證據為依據，並且具有可驗證性。如果存貨成本不能可靠地計量，則不能確認為一項存貨。例如，企業承諾的訂貨合同，由於並未實際發生，不能可靠確定其成本，因此就不能確認為購買企業的存貨。又如，企業預計發生的製造費用，由於並未實際發生，不能可靠地確定其成本，因此不能計入產品成本。

第二節　取得存貨的計量

一、外購的存貨

(一) 外購存貨的成本

企業外購存貨主要包括原材料和商品。外購存貨的成本即存貨的採購成本，指企業物資從採購到入庫前所發生的全部支出，包括購買價款、相關稅費、運輸費、裝卸費、保險費以及其他可歸屬於存貨採購成本的費用。

(1) 存貨的購買價款，是指企業購入的材料或商品的發票帳單上列明的價款，但不包括按規定可以抵扣的增值稅稅額。

(2) 存貨的相關稅費，是指企業購買、自製或委託加工存貨發生的進口關稅、消費稅、資源稅和不能抵扣的增值稅進項稅額等應計入存貨採購成本的稅費。

(3) 其他可歸屬於存貨採購成本的費用，即採購成本中除上述各項以外的可歸屬於存貨採購成本的費用，如在存貨採購過程中發生的倉儲費、包裝費、運輸途中的合理損耗、入庫前的挑選整理費用等。這些費用能分清負擔對象的，應直接計入存貨的採購成本；不能分清負擔對象的，應選擇合理的分配方法，分配計入有關存貨的採購成本，可按所購存貨的數量或採購價格比例進行分配。

應當注意的是，市內零星貨物運雜費、採購人員的差旅費、採購機構的經費以及供應部門經費等，一般不應當包括在存貨的採購成本中。

商品流通企業在採購商品過程中發生的運輸費、裝卸費、保險費以及其他可歸屬於存貨採購成本的費用等進貨費用，應當計入存貨採購成本，也可以先行歸集，期末根據所購商品的銷售情況進行分攤。對於已售商品的進貨費用，計入主營業務成本；對於未售商品的進貨費用，計入期末存貨成本。企業採購商品的進貨費用金額較小的，可以在發生時直接計入當期銷售費用。

(二) 外購存貨的會計處理

由於結算方式和採購地點的不同，材料入庫和貨款的支付在時間上往往不一致，因而其帳務處理也有所不同。

1. 存貨驗收入庫和貨款結算同時完成

一般納稅人購入存貨的，在支付貨款、材料驗收入庫后，應根據結算憑證、發票帳單、收料單等確定入庫存貨實際成本，借記「原材料」「週轉材料」「庫存商品」等存貨科目，按增值稅專用發票上註明的增值稅稅額，借記「應交稅費——應交增值稅(進項稅額)」科目，按實際支付的款項或商業匯票面值，貸記「銀行存款」「應付票據」等科目。

[**例 2-1**] 華遠股份有限公司為一般納稅人企業，2×16 年 1 月 1 日企業從本地購進甲材料一批，增值稅專用發票上註明的材料價款為 100, 000 元，增值稅稅額為 17, 000 元。貨款已通過銀行轉帳支付，材料已驗收入庫。會計分錄如下：

借：原材料——甲材料　　100,000
　　應交稅費——應交增值稅（進項稅額）　　17,000
　貸：銀行存款　　117,000

2. 貨款已結算但存貨尚未驗收入庫

在已經支付貨款或開出、承兌商業匯票，但存貨尚在運輸途中或雖已運達但尚未驗收入庫的情況下，企業應於支付貨款或開出、承兌商業匯票時，按有關結算憑證、增值稅專用發票中註明的已結算的存貨的價款，借記「在途物資」科目，按增值稅專用發票上註明的增值稅稅額，借記「應交稅費——應交增值稅（進項稅額）」科目，按實際支付的款項或商業匯票面值，貸記「銀行存款」「應付票據」等科目；待存貨運達企業並驗收入庫后，再根據有關驗收入庫憑證，借記「原材料」「週轉材料」「庫存商品」等存貨科目，貸記「在途物資」科目。

［**例2-2**］2×16年1月3日，華遠股份有限公司購入乙材料一批，增值稅專用發票上註明的材料價款為80,000元，增值稅稅額為13,600元；同時，銷貨方代墊運費2,220元，其中，允許抵扣的增值稅稅額為220元。上述貨款及銷貨方代墊的運費已通過銀行轉帳支付，材料尚未驗收入庫。會計分錄如下：

借：在途物資——乙材料　　82,000
　　應交稅費——應交增值稅（進項稅額）　　13,820
　貸：銀行存款　　95,820

［**例2-3**］承［例2-2］，2×16年2月10日，華遠股份有限公司收到倉庫送來的收料單，該批材料到貨並驗收入庫。會計分錄如下：

借：原材料——乙材料　　82,000
　貸：在途物資——乙材料　　82,000

3. 存貨已驗收入庫但貨款尚未結算

根據貨款尚未結算的幾種形式，又可分為以下兩種情況：

（1）發票帳單已到但貨款尚未結算

在採用賒購方式購入存貨的情況下，企業應於存貨驗收入庫后，根據發票帳單等結算憑證確定存貨成本，借記「原材料」「週轉材料」「庫存商品」等存貨科目，按增值稅專用發票上註明的增值稅稅額，借記「應交稅費——應交增值稅（進項稅額）」科目，按應付未付的貨款，貸記「應付帳款」科目；待支付款項或開出、承兌商業匯票后，再根據實際支付的貨款金額或商業匯票的面值，借記「應付帳款」科目，貸記「銀行存款」「應付票據」等科目。

［**例2-4**］華遠股份有限公司於2×16年1月5日從外地賒購丙材料，增值稅專用發票上註明的材料價款為200,000元，增值稅稅額為34,000元。材料已到達企業並驗收入庫，同時收到銀行托收承付、運單、發票等單據。企業尚未支付貨款。會計分錄如下：

借：原材料——丙材料　　200,000
　　應交稅費——應交增值稅（進項稅額）　　34,000
　貸：應付帳款　　234,000

［**例2-5**］承［例2-4］，華遠股份有限公司於2×16年1月25日以銀行存款支付

上述款項。會計分錄如下：

借：應付帳款　　234,000

貸：銀行存款　　234,000

（2）發票帳單未到且貨款未支付

在存貨已到並驗收入庫，但發票帳單等結算憑證尚未到達、貨款尚未結算的情況下，由於無法準確計算入庫存貨的實際成本及銷售方代墊的運雜費，因此企業在收到存貨時可先不進行會計處理。若在本月內結算憑證能夠到達企業，則應在支付貨款或開出、承兌商業匯票后，按發票帳單等計算憑證確定的存貨成本入帳；若月末時，結算憑證仍未達到，為如實反應企業資產、負債情況，應對收到的存貨按暫估價值入帳，借記「原材料」「週轉材料」「庫存商品」等存貨科目，貸記「應付帳款——暫估應付帳款」科目，次月初，再編製相同的紅字記帳憑證予以衝回；待結算憑證到達，企業付款或開出、承兌商業匯票后，按發票帳單等結算憑證確定的存貨成本，借記「原材料」「週轉材料」「庫存商品」等存貨科目，按增值稅專用發票上註明的增值稅稅額，借記「應交稅費——應交增值稅（進項稅額）」科目，按實際支付的款項或應付票據面值，貸記「銀行存款」「應付票據」等科目。

［例 2-6］ 華遠股份有限公司於 2×16 年 1 月 26 日購入一批乙材料，材料已運達企業並已驗收入庫。2 月 10 日，結算憑證達到企業，增值稅專用發票上註明的原材料價款為 20,000 元，增值稅稅額為 3,400 元，貨款以銀行存款支付。

（1）1 月 26 日，材料驗收入庫，由於未收到結算憑證，無法準確計算入庫存貨的實際成本，暫不進行會計處理。

（2）1 月 31 日，結算憑證仍未到達，對該批材料按暫估價值 22,000 元入帳。會計分錄如下：

借：原材料——乙材料　　22,000

貸：應付帳款——暫估應付帳款　　22,000

（3）2 月 1 日，編製紅字記帳憑證衝回估價入帳分錄。

借：原材料——乙材料　　22,000　（紅字）

貸：應付帳款——暫估應付帳款　　22,000　（紅字）

（4）2 月 10 日，收到結算憑證並支付貨款。

借：原材料——乙材料　　20,000

應交稅費——應交增值稅（進項稅額）　　3,400

貸：銀行存款　　23,400

4. 採用預付貨款方式購入存貨

在採用預付貨款方式購入存貨的情況下，企業應在預付貨款時，按照實際預付的金額，借記「預付帳款」科目，貸記「銀行存款」科目；購入的存貨驗收入庫時，按發票帳單等結算憑證上確定的存貨成本，借記「原材料」「週轉材料」「庫存商品」等存貨科目，按增值稅專用發票上註明的增值稅稅額，借記「應交稅費——應交增值稅（進項稅額）」科目，按存貨成本與增值稅進項稅額之和，貸記「預付帳款」科目。預付的貨款不足，需補付貨款時，按照補付的貨款，借記「預付帳款」科目，貸記「銀行存款」科目；供貨方退回多付的貨款時，借記「銀行存款」科目，貸記「預付帳款」科目。

[**例 2-7**] 2×16 年 1 月 20 日，華遠股份有限公司向桂邕公司預付貨款 80,000 元，採購甲材料一批。桂邕公司於 2 月 5 日交付該批材料，並開出增值稅專用發票，發票註明材料價款為 100,000 元，增值稅稅額為 17,000 元。2 月 10 日，華遠股份有限公司將應補付的貨款 37,000 元通過銀行轉帳支付。會計分錄如下：

(1) 1 月 20 日，預付貨款。

借：預付帳款——桂邕公司	80,000	
貸：銀行存款		80,000

(2) 2 月 5 日，材料驗收入庫。

借：原材料——乙材料	100,000	
應交稅費——應交增值稅（進項稅額）	17,000	
貸：預付帳款——桂邕公司		117,000

(3) 2 月 10 日，補付貨款。

借：預付帳款——桂邕公司	37,000	
貸：銀行存款		37,000

（三）外購存貨發生短缺的會計處理

對於採購過程中發生的物資毀損、短缺等，除合理的損耗作為存貨的其他可歸屬於存貨採購成本的費用計入採購成本外，應區別不同情況進行會計處理：

(1) 從供貨單位、外部運輸機構等收回的物資短缺或其他賠款，應衝減所購物資的採購成本。

(2) 因遭受意外災害發生的損失和待查明原因的途中損耗，暫作為待處理財產損溢核算，查明原因按照管理權限報經批准后計入管理費用或營業外支出等。

二、自製的存貨

（一）自製存貨的成本

企業自製的存貨主要包括產成品、在產品、半成品等，其成本由採購成本、加工成本構成。某些存貨還包括使存貨達到目前場所和狀態所發生的其他成本，如可直接認定的產品設計費用等。通過進一步加工取得的存貨的成本是由所使用或消耗的原材料採購成本轉移而來的，因此，計量加工取得的存貨的成本，重點是要確定存貨的加工成本。

存貨加工成本，由直接人工和製造費用構成，其實質是企業在進一步加工存貨的過程中追加發生的生產成本，不包括直接由材料存貨轉移來的價值。其中，直接人工，是指企業在生產產品過程中直接從事產品生產的工人的職工薪酬。直接人工和間接人工的劃分依據通常是生產工人是否與所生產的產品直接相關（即可否直接確定其服務的產品對象）。製造費用是指企業為生產產品和提供勞務而發生的各項間接費用。製造費用是一種間接生產成本，包括企業生產部門（如生產車間）管理人員的職工薪酬、折舊費、辦公費、水電費、機物料消耗、勞動保護費、季節性和修理期間的停工損失等。

企業在加工存貨過程中發生的直接人工和製造費用，如果能夠直接計入有關的成本核算對象，則應直接計入該成本核算對象；否則，應按照合理方法分配計入有關成本核算對象。分配方法一經確定，不得隨意變更。

1. 直接人工的分配

如果企業生產車間同時生產幾種產品，則其發生的直接人工應採用合理方法分配計入各產品成本中。由於職工薪酬形成的方式不同，直接人工的分配方法也不同，比如，按計時工資或者按計件工資分配直接人工。

2. 製造費用的分配

由於企業各個生產車間或部門的生產任務、技術裝備程度、管理水平和費用水準各不相同，因此，製造費用的分配一般應按生產車間或部門先進行歸集，然后根據製造費用的性質，合理選擇分配方法。也就是說，企業所選擇的製造費用分配方法，必須與製造費用的發生有較密切的相關性，並且使分配到每種產品上的製造費用金額科學合理，同時還應當適當考慮計算手續的簡便。在各種產品之間分配製造費用的方法，通常有按生產工人工資、按生產工人工時、按機器工時、按耗用原材料的數量或成本、按直接成本（原材料、燃料、動力、生產工人工資等職工薪酬之和）及按產成品產量等。

月末，企業應當根據在產品數量的多少、各月在產品數量變化的大小、各項成本比重大小，以及定額管理基礎的好壞等具體條件，採用適當的分配方法將直接人工、製造費用以及直接材料等生產成本在完工產品與在產品之間進行分配。常用的分配方法有：不計算在產品成本法、在產品按固定成本計價法、在產品按所消耗直接材料成本計價法、約當產量比例法、在產品按定額成本計價法、定額比例法等。企業具體選用哪種分配方法分配製造費用，由企業自行決定。分配方法一經確定，不得隨意變更。如需變更，應當在財務報表附註中予以說明。

企業在進行成本計算時，應當根據其生產經營特點、生產經營組織類型和成本管理要求，確定成本計算方法。成本計算的基本方法有品種法、分批法和分步法三種。

（二）自製存貨的會計處理

企業自製並已驗收入庫的存貨，按計算確定的實際成本，借記「週轉材料」「庫存商品」等存貨類科目，貸記「生產成本」科目。

［例 2-8］ 2×16 年 1 月 28 日，華遠股份有限公司的基本生產車間當月投產的產品全部完工，並驗收入庫。經核算，該批產品的實際生產成本為 100,000 元。會計分錄如下：

借：庫存商品　　　　100,000

　貸：生產成本　　　　100,000

三、委託加工的存貨

（一）委託加工存貨的成本

委託外單位加工完成的存貨，包括加工后的原材料、包裝物、低值易耗品、半成品、產成品等。其成本包括實際耗用的原材料或者半成品以及加工費、運輸費、裝卸費和保險費等費用以及按規定應計入成本的稅金。

（二）委託加工存貨的會計處理

企業委託加工存貨的會計處理按照其經濟業務內容一般可分為四個環節：

（1）撥付待加工的材料物資、委託其他單位加工存貨時，按發出材料物資的實際成本，借記「委託加工物資」科目，貸記「原材料」「庫存商品」等科目。

（2）支付加工費和往返運雜費時，借記「委託加工物資」科目，貸記「銀行存款」科目。

（3）應由受託加工方代收代繳的增值稅，借記「應交稅費——應交增值稅（進項稅額）」科目，貸記「銀行存款」「應付帳款」等科目。需要繳納消費稅的委託加工存貨，由受託加工方代收代繳消費稅，分別按以下情況處理：

①委託加工存貨收回后直接用於銷售，由受託加工代收代繳的消費稅應計入委託加工存貨成本，借記「委託加工物資」科目，貸記「銀行存款」「應付帳款」等科目，待銷售委託加工存貨時，不需要再繳納消費稅。

②委託加工存貨收回后用於連續生產應稅消費品，由受託加工方代收代繳的消費稅按規定準予抵扣的，借記「應交稅費——應交消費稅」科目，貸記「銀行存款」「應付帳款」等科目；待連續生產的應稅消費品生產完成並銷售時，從生產完成的應稅消費品應納消費稅稅額中抵扣。

（4）委託加工存貨加工完成驗收入庫並收回剩余物資時，按計算的委託加工實際成本和剩余物資實際成本，借記「原材料」「週轉材料」「庫存商品」等科目，貸記「委託加工物資」科目。

［例 2-9］ 華遠股份有限公司委託乙企業將一批應交消費稅的 A 材料（非金銀首飾）代為加工成 B 材料。華遠公司的 A 材料成本為 100,000 元，加工費為 20,000 元，由乙企業代收代繳的增值稅為 3,400 元、消費稅為 12,000 元。B 材料已加工完成，並由華遠公司收回驗收入庫，稅費以銀行存款支付。假設委託加工物資收回后繼續用於生產應稅消費品。會計分錄如下：

（1）發出委託加工的 A 材料。

	借方	貸方
借：委託加工物資	100,000	
貸：原材料——A 材料		100,000

（2）支付加工費。

	借方	貸方
借：委託加工物資	20,000	
貸：銀行存款		20,000

（3）支付稅金。

	借方	貸方
借：應交稅費——應交增值稅（進項稅額）	3,400	
應交稅費——應交消費稅	12,000	
貸：銀行存款		15,400

（4）收回加工完成的 B 材料。

	借方	貸方
借：原材料——B 材料	120,000	
貸：委託加工物資		120,000

[**例 2-10**] 根據 [例 2-9] 的資料，假設委託加工物資收回后直接對外銷售。會計分錄如下：

(1) 發出委託加工的 A 材料。

借：委託加工物資	100,000	
貸：原材料——A 材料		100,000

(2) 支付加工費。

借：委託加工物資	20,000	
貸：銀行存款		20,000

(3) 支付稅金。

借：應交稅費——應交增值稅（進項稅額）	3,400	
委託加工物資	12,000	
貸：銀行存款		15,400

(4) 收回加工完成的 B 材料。

借：原材料——B 材料	132,000	
貸：委託加工物資		132,000

四、其他方式取得的存貨的成本

企業取得存貨的其他方式主要包括接受投資者投資、非貨幣性資產交換、債務重組以及存貨盤盈等。

(一) 投資者投入的存貨

投資者投入存貨的成本應當按照投資合同或協議約定的價值確定，但合同或協議約定價值不公允的除外。在投資合同或協議約定價值不公允的情況下，按照該項存貨的公允價值作為其入帳價值。

企業收到投資者投入的存貨時，按照投資合同或協議約定的存貨價值，借記「原材料」「週轉材料」「庫存商品」等科目，按增值稅專用發票上註明的增值稅進項稅額，借記「應交稅費——應交增值稅（進項稅額）」科目，按投資者在註冊資本中應占的份額，貸記「實收資本」或「股本」科目，按其差額，貸記「資本公積」科目。

[**例 2-11**] 華遠股份有限公司收到綠源公司作為資本金投入一批庫存商品。增值稅專用發票上註明的商品價格為 800,000 元，進項稅額為 136,000 元。經投資各方確認，綠源公司的投入資本按商品發票金額確定，可折換華遠公司每股面值 1 元的普通股股票 600,000 股。會計分錄如下：

借：庫存商品	800,000	
應交稅費——應交增值稅（進項稅額）	136,000	
貸：股本——綠源公司		600,000
資本公積——股本溢價		336,000

(二) 通過非貨幣性資產交換、債務重組等方式取得的存貨

企業通過非貨幣性資產交換、債務重組等方式取得的存貨，其成本應當分別按照《企業會計準則第 7 號——非貨幣性資產交換》《企業會計準則第 12 號——債務重組》

等的規定確定。但是，該項存貨的后續計量和披露應當執行存貨準則的規定。

該部分具體內容分別參見第十三章「非貨幣性資產交換」和第十四章「債務重組」。

(三) 盤盈存貨

盤盈的存貨應按其重置成本作為入帳價值，並通過「待處理財產損溢」科目進行會計處理，按管理權限報經批准后衝減當期管理費用。

盤盈存貨的會計處理一般應分兩步進行，首先企業盤盈的各種材料、庫存商品等，應借記「原材料」「庫存商品」等科目，貸記「待處理財產損溢」科目；然后，在盤盈的財產報經批准后處理時，對於盤盈的存貨，借記「待處理財產損溢」科目，貸記「管理費用」等科目。

[**例 2-12**] 華遠股份有限公司在財產清查中，盤盈 A 材料一批，價值 8,000 元。

(1) 在報經批准前，根據「帳存實存對比表」確定材料盤盈數。會計分錄如下：

借：原材料	8,000	
貸：待處理財產損溢——待處理流動資產損溢		8,000

(2) 在批准后，根據批准處理意見，轉銷材料。會計分錄如下：

借：待處理財產損溢——待處理流動資產損溢	8,000	
貸：管理費用		8,000

第三節　發出存貨的計量

一、存貨成本流轉的假設

企業的存貨不斷流動，有流入也有流出，流入與流出相抵后的結余即為期末存貨，本期期末存貨結轉到下期，即為下期期初存貨，下期繼續流動，就形成了生產經營過程中的存貨流轉。

存貨流轉包括實物流轉和成本流轉兩個方面。在理論上，存貨的成本流轉與其實物流轉應當一致，也就是說，購置存貨時所確定的成本應當隨著該項存貨的銷售或耗用而結轉。例如，某商品購進成本，第一批 1,000 件單價為 15 元，第二批 500 件單價為 10 元，第三批 800 件單價為 11 元。本期銷售的結果，第一批售出 800 件，第二批售出 300 件，第三批售出 100 件。已銷商品的成本為：$800\times15+300\times10+100\times11=16,100$（元）。銷售后庫存商品實物為第一批 200 件，第二批 200 件，第三批 700 件。由此可見，該商品的成本流轉與實物流轉是一致的，但在實際工作中，這種一致的情況非常少見。因為，企業的存貨進出量很大，存貨的品種繁多，存貨的單位成本多變，難以保證各種存貨的成本流轉與實物流轉相一致。由於同一種存貨儘管單價不同，但均能滿足銷售或者生產的需要，在存貨被銷售或耗用后，無須逐一辨別哪一批實物被發出，哪一批實物留作庫存。成本的流轉順序和實物的流轉順序可以分離，只要按照不同的成本流轉順序確定已發出存貨的成本和庫存存貨的成本即可。這樣，就出現了存貨成本的流轉假設。

用某種存貨流轉的假設，在期末存貨與發出存貨之間分配成本，就產生了不同的存貨成本分配方法，即發出存貨的計價。按照國際慣例，常見的存貨計價方法有：個別計價法、先進先出法、月末一次加權平均法、移動加權平均法、后進先出法、計劃成本法、毛利率法、零售價法等。

存貨計價方法不同，對企業財務狀況、盈虧情況會產生不同的影響。它主要表現在以下兩個方面：

（1）存貨計價對企業損益的計算有直接影響。表現在：①期末存貨如果計價（估計）過低，當期的收益可能因此而相應減少；②期末存貨計價（估價）過高，當期的收益可能因此而相應增加；③期初存貨如果計價（估計）過低，當期的收益可能因此而相應增加；④期初存貨計價（估價）過高，當期的收益可能因此而相應減少。

（2）存貨計價對於資產負債表有關項目數額的計算有直接影響，包括流動資產總額、所有者權益等項目，都會因存貨計價的不同而有不同的數額。

二、發出存貨的計價方法

企業應當根據各類存貨的實物流轉方式、企業管理的要求、存貨的性質等實際情況，合理地選擇發出存貨成本的計價方法，以合理確定當期發出存貨的實際成本。

根據中國企業會計準則的規定，企業在確定發出存貨的成本時，可以採用先進先出法、移動加權平均法、月末一次加權平均法和個別計價法等方法。企業不得採用后進先出法確定發出存貨的成本。對於性質和用途相似的存貨，應當採用相同的成本計價方法確定發出存貨的成本。存貨計價方法一旦選定，前后各期應當保持一致，並在會計報表附註中予以披露。

（一）先進先出法

先進先出法是以先購入的存貨應先發出（銷售或耗用）這樣一種存貨實物流動假設為前提，對發出存貨進行計價。採用這種方法，先購入的存貨成本在后購入存貨成本之前轉出，據此確定發出存貨和期末存貨的成本。

［**例 2-13**］華遠股份有限公司 2×16 年 1 月 A 材料的購進、發出和結存資料如表 2-1 所示。

表 2-1　　**存貨明細帳**

存貨類別：

存貨編號：　　最高存量：

存貨名稱及規格：A　　最低存量：

2×16 年		憑證編號	摘要	收入			發出			結存		
月	日			數量（千克）	單價（元/千克）	金額（元）	數量（千克）	單價（元/千克）	金額（元）	數量（千克）	單價（元/千克）	金額（元）
1	1		期初余額							300	50	15,000
	10		購入	900	60	54,000				1,200		
	11		發出				800			400		
	18		購入	600	70	42,000				1,000		

表2-1(續)

2×16 年		憑證編號	摘要	收入			發出			結存		
月	日			數量(千克)	單價(元/千克)	金額(元)	數量(千克)	單價(元/千克)	金額(元)	數量(千克)	單價(元/千克)	金額(元)
	20		發出				800			200		
	23		購入	200	80	16,000				400		
1	31		本月發生額及月末余額	1,700		112,000	1,600			400		

華遠股份有限公司採用先進先出法計算的 A 材料本月發出和月末結存成本如下：

1 月 11 日發出 A 材料成本 = 300×50+500×60 = 45,000（元）

1 月 20 日出發 A 材料成本 = 400×60+400×70 = 52,000（元）

月末結存 A 材料成本 = 200×70+200×80 = 30,000（元）

根據上述計算，本月 A 材料的收入、發出和結存情況如表 2-2 所示。

表 2-2　**存貨明細帳**

存貨類別：　計量單位：千克

存貨編號：　最高存量：

存貨名稱及規格：A　最低存量：

2×16 年		憑證編號	摘要	收入			發出			結存		
月	日			數量(千克)	單價(元/千克)	金額(元)	數量(千克)	單價(元/千克)	金額(元)	數量(千克)	單價(元/千克)	金額(元)
1	1		期初余額							300	50	15,000
	10		購入	900	60	54,000				300 900	50 60	15,000 54,000
	11		發出				300 500	50 60	15,000 30,000	400	60	24,000
	18		購入	600	70	42,000				400 600	60 70	24,000 42,000
	20		發出				400 400	60 70	24,000 28,000	200	70	14,000
	23		購入	200	80	16,000				200 200	70 80	14,000 16,000
1	31		本月發生額及月末余額	1,700	—	112,000	1,600	—	97,000	200 200	70 80	14,000 16,000

採用先進先出法，期末存貨成本比較接近現行的市場價值，其優點是使企業不能隨意挑選存貨計價以調整利潤，缺點是工作量比較大，特別是對於存貨進出量頻繁的企業更是如此。而且當物價上漲時，會高估企業當期利潤和庫存存貨價值；反之，會低估企業當期利潤和庫存存貨價值。

（二）月末一次加權平均法

月末一次加權平均法，是指以本月全部進貨數量加上月初存貨數量作為權數，去除本月全部進貨成本加上月初存貨成本，計算出存貨的加權平均單位成本，以此為基礎計算本月發出存貨的成本和期末存貨的成本的一種方法。計算公式如下：

$$存貨單位成本=\frac{月初結存金額+\sum(本月各批收貨的實際單位成本\times本月各批收貨的數量)}{月初結存數量+本月各批收貨數量之和}$$

本月發出存貨成本=本月發出存貨數量×存貨單位成本

月末庫存存貨成本=月末庫存存貨數量×存貨單位成本

［**例 2-14**］以［例 2-13］A 材料明細帳為例，採用一次加權平均法計算 A 材料本月加權平均單位成本及本月發出和月末結存成本。

$$A材料平均單位成本=\frac{15,000+54,000+42,000+16,000}{300+900+600+200}=63.5（元/千克）$$

本月發出 A 材料成本＝1,600×63.5＝101,600（元）

月末庫存 A 材料成本＝400×63.5＝25,400（元）

根據上述計算，本月 A 材料的收入、發出和結存情況如表 2-3 所示。

表 2-3　　**存貨明細帳**

存貨類別：

存貨編號：　　最高存量：

存貨名稱及規格：A　　最低存量：

2×16 年		憑證編號	摘要	收入			發出			結存		
月	日			數量（千克）	單價（元/千克）	金額（元）	數量（千克）	單價（元/千克）	金額（元）	數量（千克）	單價（元/千克）	金額（元）
1	1		期初余額							300	50	15,000
	10		購入	900	60	54,000				1,200		
	11		發出				800			400		
	18		購入	600	70	42,000				1,000		
	20		發出				800			200		
	23		購入	200	80	16,000				400		
1	31		本月發生額及月末余額	1,700		112,000	1,600	63.5	101,600	400	63.5	25,400

採用加權平均法，只在月末一次計算加權平均單價，比較簡單，而且在市場價格上漲或下跌時所計算出來的單位成本較平均，對存貨成本的分攤較為折中。但是這種方法平時無法從帳面上提供發出和結存存貨的單價及金額，不利於加強對存貨的管理。

（三）移動加權平均法

移動加權平均法，是指以每次進貨的成本加上原有庫存存貨的成本，除以每次進貨數量與原有庫存存貨的數量之和，據以計算加權平均單位成本，作為在下次進貨前計算各次發出存貨成本的依據。計算公式如下：

$$存貨單位成本=\frac{原有存貨成本+本批收貨的實際成本}{原有存貨數量+本次收貨數量}$$

本次發出存貨成本＝本次發出存貨數量×最近存貨單位成本

月末庫存存貨成本＝月末庫存存貨數量×月末存貨單位成本

［例 2-15］ 以［例 2-13］A 材料明細帳為例，採用移動加權平均法計算 A 材料本月發出材料成本和月末結存成本。

1 月 10 日收貨后的單位成本 $=\dfrac{15,000+54,000}{300+900}=57.5$（元/千克）

1 月 11 日發出的 A 材料成本＝800×57.5＝46,000（元）

1 月 11 日結存的 A 材料成本＝400×57.5＝23,000（元）

1 月 18 日收貨后的單位成本 $=\dfrac{23,000+42,000}{400+600}=65$（元/千克）

1 月 20 日發出的 A 材料成本＝800×65＝52,000（元）

1 月 20 日結存的 A 材料成本＝200×65＝13,000（元）

1 月 23 日收貨后的單位成本 $=\dfrac{13,000+16,000}{200+200}=72.5$（元/千克）

月末結存的 A 材料成本＝400×72.5＝29,000（元）

根據上述計算，本月 A 材料的收入、發出和結存情況如表 2-4 所示。

表 2-4 存貨明細帳

存貨類別：

存貨編號： 最高存量：

存貨名稱及規格：A 最低存量：

2×16 年		憑證編號	摘要	收入			發出			結存		
月	日			數量（千克）	單價（元/千克）	金額（元）	數量（千克）	單價（元/千克）	金額（元）	數量（千克）	單價（元/千克）	金額（元）
1	1		期初余額							300	50	15,000
	10		購入	900	60	54,000				1,200	57.5	69,000
	11		發出				800	57.5	46,000	400	57.5	23,000
	18		購入	600	70	42,000				1,000	65	65,000
	20		發出				800	65	52,000	200	65	13,000
	23		購入	200	80	16,000				400	72.5	29,000
1	28		本月發生額及月末余額	1,700		112,000	1,600	—	98,000	400	72.5	29,000

移動加權平均法的優點在於能使管理當局及時瞭解存貨的結存情況，而且計算的平均單位成本以及發出和結存的存貨成本比較客觀。但是採用這種方法，每次收貨都要計算一次平均單價，計算工作量較大，對收發貨較頻繁的企業不適用。

（四）個別計價法

個別計價法，亦稱個別認定法、具體辨認法、分批實際法，即把每一種存貨的實際成本作為計算發出存貨成本和期末存貨成本的基礎。其特徵是注重所發出存貨具體項目的實物流轉與成本流轉之間的聯繫，逐一辨認各批發出存貨和期末存貨所屬的購進批別或生產批別，分別按其購入或生產時所確定的單位成本計算各批發出存貨和期末存貨的成本。

採用個別計價法，計算發出存貨的成本、期末存貨的成本比較合理、準確，但這種方法的前提是需要對發出和結存存貨的批次進行具體認定，以辨別其所屬的收入批次，所以實務操作的工作量大，困難較大。

對於不能替代使用的存貨、為特定項目專門購入或製造的存貨以及提供的勞務，通常採用個別計價法確定發出存貨的成本，如房產、船舶、飛機、重型設備、珠寶、名畫等貴重物品。在實際工作中，越來越多的企業採用計算機信息系統進行會計處理，個別計價法可以廣泛應用於發出存貨的計價，並且個別計價法確定的存貨成本最為準確。

(五) 計價方法的選擇

以上四種存貨計價方法，其共同的特點是都以歷史成本作為計價基礎。企業一旦選擇了某種存貨計價方法，就應當保持其一致性，並在財務報表附註中加以披露；如果由於情況的變化必須變更計價方法，應在變更當年的報表附註中披露存貨計價方法變更的理由、性質以及對財務報表中本年利潤和年末存貨價值的影響程度。

企業選擇計價方法的考慮因素主要包括三個方面：一是存貨本身的特點以及實行哪一種存貨盤存制度；二是對財務報告目標的影響；三是稅收負擔、現金流量、報告利潤、股票市價、經理人員業績評價等。

三、存貨成本的結轉

存貨是為了滿足企業生產經營的各種需要而儲備的，其經濟用途各異，消耗方式也各不相同。根據存貨準則的規定，企業應當將已銷售或者耗用存貨的成本進行結轉。

存貨為商品、產成品的，企業應採用先進先出法、移動加權平均法、月末一次加權平均法或個別計價法確定已銷售商品的實際成本。存貨為非商品存貨的，如材料等，應將已出售材料的實際成本予以結轉，計入當期其他業務成本。這裡所講的材料銷售不構成企業的主營業務。如果材料銷售構成了企業的主營業務，則該材料為企業的商品存貨，而不是非商品存貨。

對已售存貨計提了存貨跌價準備的，還應結轉已計提的存貨跌價準備，衝減當期主營業務成本或其他業務成本，實際上是按已售產成品或商品的帳面價值結轉主營業務成本或其他業務成本。企業按存貨類別計提存貨跌價準備的，也應按比例結轉相應的存貨跌價準備。

企業的週轉材料符合存貨的概念和確認條件的，按照使用次數分次計入成本費用。金額較小的，可在領用時一次計入成本費用，以簡化核算，但為加強實物管理，應當在備查簿上進行登記。

企業因非貨幣性資產交換、債務重組等轉出的存貨，應當分別按照《企業會計準則第 7 號——非貨幣性資產交換》和《企業會計準則第 12 號——債務重組》規定進行會計處理。該部分具體內容分別參見第十三章「非貨幣性資產交換」和第十四章「債務重組」。

(一) 原材料

原材料是指企業在生產過程中經過加工，改變其形態或性質並構成產品主要實體的各種原料、主要材料和外購半成品，以及不構成產品實體但有助於產品形成的輔助材料。原材料具體包括原料及主要材料、輔助材料、外購半成品（外購件）、修理用備件、包裝材料、燃料等。

企業各生產單位及有關部門領用的材料具有種類多、業務頻繁等特點，為了簡化核算，可以在月末根據「領料單」或「限額領料單」中有關領料的單位、部門等加以歸類，編製「發料憑證匯總表」，據以編製記帳憑證，登記入帳。

1. 生產經營領用的原材料

原材料在生產經營過程中領用后，其原有實物形態會發生改變乃至消失，其成本也隨之形成產品成本或直接轉化為費用。領用原材料時，按計算確定的實際成本，借記「生產成本」「製造費用」「委託加工物資」「銷售費用」「管理費用」等科目，貸記「原材料」科目。

[例 2-16] 根據先進先出法（表 2-2）及「發料憑證匯總表」的記錄，2×16 年 1 月華遠股份有限公司基本生產車間領用 A 材料 50,000 元，輔助生產車間領用 A 材料 38,000 元，基本生產車間管理部門領用 A 材料 5,000 元，企業行政管理部門領用 A 材料 4,000 元，合計 97,000 元。

借：生產成本——基本生產成本　　50,000
　　　　　　——輔助生產成本　　38,000
　　製造費用——基本生產車間　　5,000
　　管理費用　　4,000
　貸：原材料——A 材料　　97,000

2. 對外銷售的原材料

企業將多余的原材料用於對外銷售，按其取得的售價收入，借記「銀行存款」等科目，貸記「其他業務收入」科目，按應繳納的增值稅稅額，貸記「應交稅費——應交增值稅（銷項稅額）」科目；同時，結轉相關的成本費用，按計算確定的實際成本，借記「其他業務成本」帳戶，貸記「原材料」「銀行存款」等科目。

[例 2-17] 華遠股份有限公司銷售 A 材料一批，售價 8,000 元，增值稅銷項稅額為 1,360 元，款項已收到並存入銀行。材料的實際成本為 6,000 元。

借：銀行存款　　9,360
　貸：其他業務收入　　8,000
　　　應交稅費——應交增值稅（銷項稅額）　　1,360

同時，結轉材料的銷售成本：

借：其他業務成本　　6,000
　貸：原材料——A 材料　　6,000

3. 其他用途發出的原材料

在企業的生產經營活動中，原材料除了用於產品生產、對外銷售之外，還有可能用於在建工程、非貨幣性資產交換、債務重組等方面，該部分具體內容分別參見第五章「固定資產」、第十三章「非貨幣性資產交換」和第十四章「債務重組」。

(二) 週轉材料

企業領用的週轉材料分佈於生產經營的各個環節，具體用途不同，會計處理也不相同：①生產部門領用的週轉材料，作為產品組成部分的，其成本應直接計入產品生產成本；屬於車間一般耗用的，其成本應計入製造費用。②銷售部門領用的週轉材料，隨同商品出售而不單獨計價的，其成本應計入銷售費用；隨同商品銷售並單獨計價的，視為週轉材料銷售，應將取得的收入作為其他業務收入，相應的週轉材料的成本計入其他業務成本。③用於出租的週轉材料，收取的租金應作為其他業務收入並計算繳納增值稅，相應的週轉材料成本應計入其他業務成本。④用於出借的週轉材料，其成本應計入銷售費用。⑤管理部門領用的週轉材料，其成本計入管理費用。

企業一般應設置「週轉材料」科目核算各種週轉材料的實際成本，也可以單獨設置「包裝物」「低值易耗品」科目分別核算企業的包裝物和低值易耗品。

1. 低值易耗品

低值易耗品是指不作為固定資產核算的各種用具物品，如工具、管理用具、玻璃器皿以及在經營過程中使用的包裝容器等。

作為存貨核算和管理的低值易耗品，一般劃分為一般工具、專用工具、替換設備、管理用具、勞動保護用品和其他用品等。其特點為：按其在生產過程所起的作用來看，它應屬於勞動資料，可以多次參加週轉並不改變其原有的實物形態，在使用過程中需要進行維護、修理，報廢時也有一定的殘值。但在實際工作中，由於低值易耗品價值較低，且易於損壞，需經常進行更換，其購入和領用較頻繁，為便於核算和管理，在會計上把它歸入存貨類，視同存貨進行實物管理。而在核算上，其本身的特點，決定了低值易耗品的核算既有和材料核算相似之處，又有和固定資產核算相似之處。

低值易耗品等週轉材料符合存貨概念和條件的，應按照使用次數分次計入成本費用。金額較小的，可在領用時一次計入成本費用，進行簡化核算，但為了加強實物管理，應當在備查簿上進行登記。常用的攤銷方法有一次攤銷法、五五攤銷法、分次攤銷法。

(1) 一次攤銷法

一次攤銷法是指領用低值易耗品時，將其價值全部一次計入當期有關成本費用的方法。這種方法適用於價值低、使用期限短，或易於破損的管理用具、小型工具如玻璃器皿等。採用這種方法攤銷低值易耗品價值時，其最高單價和適用品種必須嚴格控制，否則會影響各期產品成本負擔，以及影響在用低值易耗品的管理，造成損失浪費。

採用一次攤銷法，在領用低值易耗品時，按其實際成本，借記「生產成本」「製造費用」「管理費用」「銷售費用」等科目，貸記「週轉材料」科目；週轉材料報廢時按其殘料價值衝減有關資產成本或當期損益，借記「原材料」「銀行存款」等科目，貸記「生產成本」「製造費用」「管理費用」「銷售費用」等科目。

[例 2-18] 華遠股份有限公司的基本生產車間領用專用工具一批，實際成本為 10,000 元，採用一次攤銷法。當月，報廢一批管理部門使用的管理用具，殘料作價 200 元，作為原材料入庫。

（1）基本生產車間領用低值易耗品。

借：生產成本——基本生產成本　10,000

　貸：週轉材料——低值易耗品　10,000

（2）報廢低值易耗品，殘料作價入庫。

借：原材料　200

　貸：管理費用　200

（2）五五攤銷法

五五攤銷法亦稱五成攤銷法，就是在低值易耗品領用時先攤銷其價值的50%（五成），報廢時再攤銷其價值的50%（扣除殘值）的方法。採用這種方法，低值易耗品報廢以前在帳面上一直保留其價值的一半，表明在使用中的低值易耗品占用著一部分資金，有利於對實物的使用進行管理，防止出現大量的帳外物資。這一方法適用於每月領用數和報廢數比較均衡的低值易耗品。

採用五五攤銷法，低值易耗品應分別用「在庫」「在用」和「攤銷」進行明細核算。領用低值易耗品時，按其實際成本，借記「週轉材料——低值易耗品（在用）」科目，貸記「週轉材料——低值易耗品（在庫）」科目；同時，攤銷其帳面價值的50%，借記「製造費用」「管理費用」「銷售費用」等科目，貸記「週轉材料——低值易耗品（攤銷）」科目。低值易耗品報廢時，攤銷剩余的50%帳面價值，借記「製造費用」「管理費用」「銷售費用」等科目，貸記「週轉材料——低值易耗品（攤銷）」科目；同時，轉銷低值易耗品全部已攤銷金額，借記「週轉材料——低值易耗品（攤銷）」科目，貸記「週轉材料——低值易耗品（在用）」科目。

[例2-19] 華遠股份有限公司行政管理部門領用管理用具一批，實際成本為100,000元，採用五五攤銷法攤銷。會計分錄如下：

（1）領用低值易耗品。

借：週轉材料——低值易耗品（在用）　100,000

　貸：週轉材料——低值易耗品（在庫）　100,000

（2）領用時攤銷其實際成本的50%（即50,000元）。

借：管理費用　50,000

　貸：週轉材料——低值易耗品（攤銷）　50,000

（3）低值易耗品報廢時攤銷剩余50%的價值。

借：管理費用　50,000

　貸：週轉材料——低值易耗品（攤銷）　50,000

（4）低值易耗品報廢時轉銷其全部攤銷金額。

借：週轉材料——低值易耗品（攤銷）　100,000

　貸：週轉材料——低值易耗品（在用）　100,000

（3）分次攤銷法

分次攤銷法是指根據低值易耗品可供使用的估計次數，將其成本分期計入有關成本費用的一種攤銷方法。這種方法適用於期限較長、單位價值較高，或一次領用數量較多的低值易耗品。

$$\text{某期低值易耗品攤銷額}=\frac{\text{週轉材料實際成本}}{\text{預計可使用次數}}\times\text{該期實際使用次數}$$

分次攤銷法的核算原理與五五攤銷法相同，所以會計處理方法相似，只是低值易耗品的價值是分若干次計算攤銷額，而不是在領用和報廢時各攤銷一半。

［**例 2-20**］2×16 年 1 月，華遠股份有限公司基本生產車間領用專用工具一批，實際成本為 160,000 元，預計可使用 8 次，採用分次攤銷法攤銷。1 月份實際使用 3 次，2 月份實際使用 4 次，3 月份實際使用 1 次后報廢。會計分錄如下：

（1）2×16 年 1 月領用低值易耗品。

借：週轉材料——低值易耗品（在用）　　160,000

　貸：週轉材料——低值易耗品（在庫）　　160,000

（2）2×16 年 1 月末，攤銷當期低值易耗品的價值。

$$\frac{160,000}{8}\times 3=60,000\text{（元）}$$

借：製造費用——基本生產車間　　60,000

　貸：週轉材料——低值易耗品（攤銷）　　60,000

（3）2×16 年 2 月末，攤銷當期低值易耗品的價值。

$$\frac{160,000}{8}\times 4=80,000\text{（元）}$$

借：製造費用——基本生產車間　　80,000

　貸：週轉材料——低值易耗品（攤銷）　　80,000

（4）2×16 年 3 月末，攤銷當期低值易耗品的價值。

$$\frac{160,000}{8}\times 1=20,000\text{（元）}$$

借：製造費用——基本生產車間　　20,000

　貸：週轉材料——低值易耗品（攤銷）　　20,000

（5）2×16 年 3 月末，低值易耗品報廢時轉銷其全部攤銷金額。

借：週轉材料——低值易耗品（攤銷）　　160,000

　貸：週轉材料——低值易耗品（在用）　　160,000

2. 包裝物

包裝物是指為了包裝本企業商品而儲備的各種包裝容器，如桶、箱、瓶、壇、袋等。其核算內容包括：生產過程中用於包裝產品作為產品組成部分的包裝物；隨同商品出售而不單獨計價的包裝物；隨同商品出售單獨計價的包裝物；出租或出借給購買單位使用的包裝物。下列各項不屬於包裝物的核算範圍：各種包裝材料，如紙、繩、鐵絲、鐵皮等，應在「原材料」科目核算；用於儲存和保管產品、材料而不對外出售、出租或出借的包裝物，應按價值大小和使用年限長短分別在「固定資產」或「低值易耗品」科目核算。

包裝物應在耗用或銷售時，將其成本結轉至有關資產成本或當期損益，對於多次使用的包裝物應當根據使用次數分次進行攤銷，使用分次攤銷法的會計核算與低值易耗品相同。

(1) 生產領用包裝物

生產領用包裝物，應按照領用包裝物的實際成本，借記「生產成本」科目，貸記「週轉材料——包裝物」科目。

(2) 隨同商品出售而不單獨計價的包裝物

隨同商品出售而不單獨計價的包裝物，應按其實際成本計入銷售費用，借記「銷售費用」科目，貸記「週轉材料——包裝物」科目。

(3) 隨同商品出售並單獨計價的包裝物

隨同商品出售並單獨計價的包裝物，應將取得的收入貸記「其他業務收入」科目，應繳納的增值稅稅額，貸記「應交稅費——應交增值稅（銷項稅額）」科目，將收到或應收的價稅款借記「銀行存款」「應收帳款」科目，同時，應按其實際成本計入其他業務成本，借記「其他業務成本」科目，貸記「週轉材料——包裝物」科目。

(4) 出租包裝物

出租包裝物，應將取得的收入貸記「其他業務收入」科目，應繳納的增值稅稅額，貸記「應交稅費——應交增值稅（銷項稅額）」科目，將收到或應收的價稅款借記「銀行存款」「應收帳款」科目，同時，應按其實際成本計入其他業務成本，借記「其他業務成本」科目，貸記「週轉材料——包裝物」科目。

若在出租過程中，企業向客戶收取押金，則應將收取的押金借記「銀行存款」科目，貸記「其他應付款」科目；當企業收回出租的包裝物，退回押金，借記「其他應付款」科目，貸記「銀行存款」科目，同時將退回的包裝物記錄在備查簿中以備查；若包裝物逾期未能收回，企業沒收押金，應視同銷售，將沒收的押金剔除應繳納的增值稅后的金額確認為其他業務收入，按沒收的押金金額借記「其他應付款」科目，將沒收的押金剔除應納增值稅后的金額貸記「其他業務收入」科目，按應繳納的增值稅額貸記「應交稅費——應交增值稅（銷項稅額）」科目。

[例 2-21] 2×16 年 1 月，華遠股份有限公司將一批成本為 2,000 元的包裝箱出租給客戶使用，租期為一個月，於發出包裝物時收取租金 1,000 元，並收取押金 2,500 元。會計分錄如下：

(1) 收取租金，確認其他業務收入。

$\frac{1,000}{1+17\%}=855$（元）

增值稅銷項稅額 = 1,000−855 = 145（元）

	借方	貸方
借：銀行存款	3,500	
貸：其他業務收入		855
應交稅費——應交增值稅（銷項稅額）		145
其他應付款		2,500

(2) 結轉包裝物成本。

	借方	貸方
借：其他業務成本	2,000	
貸：週轉材料——包裝物		2,000

[例 2-22] 根據［例 2-21］的資料，2×16 年 2 月，華遠股份有限公司收到客戶退還的包裝箱，並將押金退回。

(1) 收到客戶退還的包裝物，不做帳，記錄在備查簿中以備查。

(2) 退回押金。

借：其他應付款　　2,000

　貸：銀行存款　　2,000

[例2-23] 根據 [例2-21] 的資料，2×16年2月，華遠股份有限公司逾期未能收回包裝箱，按雙方約定，沒收押金。

$$其他業務=\frac{2,500}{1+17\%}=2,137\ (元)$$

增值稅銷項稅額＝2,500－2,137＝363 (元)

借：其他應付款　　2,500

　貸：其他業務收入　　2,137

　　　應交稅費——應交增值稅 (銷項稅額)　　363

(4) 出借包裝物

出借包裝物可視為企業為銷售商品而將包裝物出借給客戶，其成本應計入銷售費用，借記「銷售費用」科目，貸記「週轉材料——包裝物」科目。出借包裝物所收取押金的會計處理與出租包裝物收取押金的會計處理相同。

(三) 庫存商品

庫存商品是指企業完成全部生產過程並已驗收入庫、符合標準規格和技術條件，可以按照合同規定的條件交送訂貨單位，或可以作為商品對外銷售的產品以及外購或委託加工完成驗收入庫用於銷售的各種商品。

庫存商品具體包括庫存產成品、外購商品、存放在門市部準備出售的商品、發出展覽的商品、寄存在外的商品、接受來料加工製造的代製品和為外單位加工修理的代修品等。已完成銷售手續但購買單位在月末未提取的產品，不應作為企業的庫存商品，而應作為代管商品處理，單獨設置代管商品備查簿進行登記。

企業在銷售商品確認收入的同時，結轉銷售成本，按已售商品的實際成本借記「主營業務成本」科目，貸記「庫存商品」科目。

[例2-24] 2×16年1月末，華遠股份有限公司匯總的發出商品中，當月已實現銷售的Y產品有500臺，Z產品有2,000臺。該月Y產品實際單位成本為5,000元，Z產品實際單位成本為1,000元。會計分錄如下：

借：主營業務成本　　4,500,000

　貸：庫存商品——Y產品　　2,500,000

　　　　　　——Z產品　　2,000,000

第四節　存貨的計劃成本計價法

存貨採用實際成本進行日常核算，要求存貨的收入和發出憑證、明細分類帳、總分類帳全部按實際成本計價。這對於存貨品種、規格、數量繁多，收發頻繁的企業來說，工作量很大，核算成本較高，也會影響會計信息的及時性。為了簡化存貨的核算，企業可以採用計劃成本法對存貨的收入、發出及結存進行日常核算。

一、計劃成本法基本核算程序及帳戶設置

(一) 計劃成本法的特點

計劃成本法是指企業存貨的收入、發出和結存均按預先指定的計劃成本計價，實際成本與計劃成本之間的差額單獨進行核算的一種方法。存貨按計劃成本核算，要求存貨的總分類核算和明細分類核算均按計劃成本計價。單位計劃成本一旦確定，在一定時期內應相對固定不變，以收、發、存的數量乘以相應的單位計劃成本就可計算出收、發、存的存貨成本，核算比較簡單、迅速。

(二) 計劃成本法的基本核算程序

計劃成本法的核算思路是存貨的收入、發出和結余均按照預先制定的計劃成本計價，同時另設「材料成本差異」科目，登記實際成本與計劃成本的差額。採用計劃成本法進行存貨日常核算的基本程序為：

(1) 制定存貨的計劃成本目錄，規定存貨的分類以及各類存貨的名稱、規格、編號、計量單位和單位計劃成本，除特殊情況外，計劃成本在會計年度內一般不做調整；

(2) 平時存貨驗收入庫時，在相關科目同時記錄計劃成本和成本差異；

(3) 平時發出存貨，按計劃成本記錄；

(4) 月末，計算本月發出存貨應負擔的成本差異，並進行分攤，根據領用存貨的用途計入相關資產的成本或者當期損益，從而將發出存貨的計劃成本調整為實際成本。

(三) 計劃成本法下的帳戶設置

存貨按計劃成本法核算時，除了應設置「原材料」「週轉材料」「庫存商品」等存貨類帳戶外，還必須專門設置「材料採購」以及「材料成本差異」帳戶。

1.「原材料」等存貨類帳戶

「原材料」「週轉材料」「庫存商品」等存貨類帳戶屬於資產帳戶，在計劃成本法下，該類帳戶用來核算企業庫存的各種存貨的計劃成本。該類帳戶借方登記驗收入庫存貨的計劃成本；貸方登記發出存貨的計劃成本；期末余額在借方，表示企業庫存存貨的計劃成本。

2.「材料採購」帳戶

「材料採購」帳戶核算企業採用計劃成本進行存貨日常核算而購入存貨的採購成本。該帳戶的借方登記外購存貨的實際成本，貸方登記已驗收入庫存貨的計劃成本。若借方發生額大於貸方發生額表示超支，從「材料採購」帳戶貸方轉入「材料成本差異」帳戶借方；月末若有余額，余額在借方，表示已購入但尚未驗收入庫的在途存貨的實際成本。

該帳戶應按供應單位和存貨品種設置明細帳，進行明細核算。

3.「材料成本差異」帳戶

「材料成本差異」帳戶用於核算各種存貨實際成本與計劃成本的差異。該帳戶屬於

資產類帳戶，是「原材料」「週轉材料」「庫存商品」等存貨類帳戶的附加備抵調整帳戶。「材料成本差異」帳戶借方登記驗收入庫存貨的實際成本大於計劃成本的超支差異以及已發出存貨應負擔的節約差異；貸方登記驗收入庫存貨的實際成本小於計劃成本的節約差異以及已發出存貨應負擔的超支差異；期末余額既有可能在借方，也有可能在貸方，借方余額表示庫存各種存貨實際成本大於計劃成本的差異（即超支差異），若是貸方余額，則表示庫存各種存貨實際成本小於計劃成本的差異（即節約差異）。

二、計劃成本法下存貨取得的會計處理

（一）外購的存貨

企業外購的存貨，需要專門設置「材料採購」科目進行核算，以確定外購存貨實際成本與計劃成本的差異。

購進存貨時，按確定的實際採購成本，借記「材料採購」科目，按增值稅專用發票上註明的增值稅進項稅額，借記「應交稅費——應交增值稅（進項稅額）」，按已支付或應支付的金額，貸記「銀行存款」「應付帳款」「應付票據」等科目；已購進並驗收入庫的存貨，按該存貨的計劃成本，借記「原材料」科目，貸記「材料採購」科目；同時，若實際成本大於計劃成本，則該批入庫存貨產生超支差異，借記「材料成本差異」科目，貸記「材料採購」科目，若實際成本小於計劃成本，則該批入庫存貨產生節約差異，借記「材料採購」科目，貸記「材料成本差異」科目。

［**例 2-25**］華遠股份有限公司的存貨採用計劃成本法核算。2×16 年 1 月，公司發生下列材料採購業務：

（1）1 月 2 日，購入原材料一批，增值稅專用發票上註明的買價為 100, 000 元，增值稅進項稅額為 17, 000 元。款項已通過銀行轉帳支付，材料尚在運輸途中。

借：材料採購	100, 000	
應交稅費——應交增值稅（進項稅額）	17, 000	
貸：銀行存款		117, 000

（2）1 月 5 日，購入原材料一批，增值稅專用發票上註明的買價為 200, 000 元，增值稅進項稅額為 34, 000 元。款項已通過銀行轉帳支付，材料已驗收入庫。該批原材料的計劃成本為 210, 000 元。

①採購原材料，按實際成本計入材料採購。

借：材料採購	200, 000	
應交稅費——應交增值稅（進項稅額）	34, 000	
貸：銀行存款		234, 000

在計劃成本法下，購入的原材料無論是否驗收入庫，必須要先通過「材料採購」科目進行核算，以反應企業所購材料的實際成本，而從與「原材料」科目相對比，計算確定材料成本差異。

②原材料驗收入庫，按計劃成本結轉入庫材料成本。

借：原材料	210, 000	
貸：材料採購		210, 000

③結轉入庫材料成本差異。

材料成本差異＝實際成本－計劃成本＝200,000－210,000＝－10,000（元）

材料成本差異<0，表示實際成本小於計劃成本，產生節約差異。

借：材料採購　10,000

　貸：材料成本差異　10,000

有的企業為了簡化核算，可以將第二步按計劃成本結轉入庫材料成本與第三步結轉入庫材料成本差異的兩筆會計分錄合併成一筆會計分錄。即：

借：原材料　210,000

　貸：材料採購　200,000

　　材料成本差異　10,000

（3）1月8日，收到1月2日購進的原材料並驗收入庫。該批原材料的計劃成本為95,000元。

材料成本差異＝實際成本－計劃成本＝100,000－95,000＝5,000（元）

材料成本差異>0，表示實際成本大於計劃成本，產生超支差異。

借：原材料　95,000

　材料成本差異　5,000

　貸：材料採購　100,000

（4）1月12日，收入原材料一批，材料已運抵企業並已驗收入庫，但發票等結算憑證尚未到達企業，貨款尚未支付。

暫不做會計處理。

（5）1月20日，購入原材料一批，增值稅專用發票上註明的買價為300,000元，增值稅進項稅額為51,000元。開出一張商業匯票抵付，材料尚在運輸途中。

借：材料採購　300,000

　應交稅費——應交增值稅（進項稅額）　51,000

　貸：應付票據　351,000

（6）1月25日，收到1月12日已入庫原材料的發票等結算憑證，增值稅專用發票上註明的買價為160,000元，增值稅進項稅額為27,200元，款項尚未支付。該批原材料的計劃成本為150,000元。

①採購原材料，按實際成本計入材料採購。

借：材料採購　160,000

　應交稅費——應交增值稅（進項稅額）　27,200

　貸：應付帳款　187,200

②原材料驗收入庫，按計劃成本結轉入庫材料成本並結轉入庫材料成本差異。

材料成本差異＝實際成本－計劃成本＝160,000－150,000＝10,000（元）

材料成本差異>0，表示實際成本大於計劃成本，產生超支差異。

借：原材料　150,000

　材料成本差異　10,000

　貸：材料採購　160,000

（7）1月27日，購入原材料一批，材料已經運抵企業並已驗收入庫，但發票等結算憑證尚未到達企業，貨款尚未支付。

暫不做會計處理。

(8) 1月31日，本月27日驗收入庫的原材料的計算憑證仍未到達，企業按該批原材料的計劃成本120,000元估計入帳。

借：原材料　120,000

　貸：應付帳款　120,000

以上根據每一筆存貨採購及入庫業務分別記錄存貨的增加並結轉存貨成本差異的方法稱為逐筆結轉法。該方法對於採購存貨、存貨入庫業務發生較為頻繁的企業而言，工作量大，會計核算手續繁雜。在會計實務中，為了簡化收到存貨和結轉存貨成本差異的核算手續，企業平時收到存貨時，也可以先不記錄存貨的增加，也不結轉形成的存貨成本差異；月末時，再將本月已付款或已開出、承兌商業匯票並已驗收入庫的存貨，按實際成本和計劃成本分別匯總，一次登記本月存貨的增加，並計算和結轉本月存貨成本差異。

(二) 其他方式取得的存貨

企業通過外購以外的其他方式取得的存貨，不需要通過「材料採購」科目確定存貨成本差異，而應直接按取得存貨的計劃成本，借記「原材料」等存貨科目，按確定的實際成本，貸記「生產成本」「委託加工物資」等相關科目，按實際成本與計劃成本之間的差額，借記或貸記「材料成本差異」科目。

[**例2-26**] 華遠股份有限公司基本生產車間本月製造完成Y產品100件，已全部驗收入庫，實際成本為400,000元，計劃單位成本為4,200元/件。

借：庫存商品——Y產品　420,000

　貸：生產成本——Y產品　400,000

　　材料成本差異——庫存商品（Y產品）　20,000

三、計劃成本法下存貨發出的會計處理

(一) 發出存貨成本的核算

在計劃成本計價方式下，企業發出存貨時一律按計劃成本計算發出存貨的成本，根據不同的用途，將已發出存貨的計劃成本計入相關成本或當期損益。期末，再將月初結存存貨的成本差異和本月取得存貨形成的成本差異，在本月發出存貨和月末結存存貨之間進行分攤，將本月發出存貨和月末結存存貨的計劃成本調整為實際成本。

實際成本=計劃成本+應分攤的成本差異

超支差異用正數表示，節約差異用負數表示。

(二) 成本差異分攤的計算

一般企業存貨成本差異是根據材料成本差異率來計算的。材料成本差異率是存貨成本差異額與存貨計劃成本的比率。企業應當分原材料、週轉材料等按照類別或品種對存貨成本差異進行明細核算，並計算相應的材料成本差異率，不能使用一個綜合差異率。

$$本期材料成本差異率=\frac{期初結存材料的成本差異+本期入庫材料的成本差異}{期初結存材料的計劃成本+本期入庫材料的計劃成本}\times100\%$$

當材料成本差異率>0，表示本期存貨產生超支差異；若材料成本差異率<0，則表示本期存貨產生節約差異。

發出存貨應負擔的成本差異=發出存貨的計劃成本×本期材料成本差異率

發出存貨應負擔的成本差異應當按期（月）分攤，不得在季末或年末一次計算。在計算發出存貨應負擔的成本差異時，除委託外部加工發出的存貨外，其他情況發出的存貨均應使用本月材料成本差異率。如果企業的材料成本差異率各期之間比較均衡的，也可以採用期初材料成本差異率分攤本期的材料成本差異。年度終了，應對材料成本差異率進行核實調整。計算方法一經確定，不得隨意變更。如果確須變更，應在會計報表附註中予以說明。

$$期初材料成本差異率=\frac{期初結存材料的成本差異}{期初結存材料的計劃成本}\times100\%$$

發出存貨應負擔的成本差異=發出存貨的計劃成本×期初材料成本差異率

[例2-27] 2×16 年 1 月 1 日，華遠股份有限公司結存原材料的計劃成本 45,000 元，「材料成本差異——原材料」帳戶的借方余額為 2,000 元。1 月份的材料採購業務，見［例 2-25］資料。1 月份發出原材料的計劃成本為 400,000 元。

1 月份已驗收入庫的原材料計劃成本=210,000+95,000+150,000=455,000（元）

在計算本月材料成本差異率時，本月收入存貨的計劃成本不包括已驗收入庫但發票等結算憑證月末尚未達到、企業按計劃成本估價入帳的存貨金額。

實際成本=200,000+100,000+160,000=460,000（元）

本期材料成本差異=460,000-455,000=5,000（元）

或根據「材料成本差異」帳戶記錄可知：

本期材料成本差異=-1,000+5,000+1,000=5,000（元）

$$本期材料成本差異率=\frac{2,000+5,000}{45,000+455,000}\times100\%=1.4\%$$

本期發出材料應負擔的成本差異=400,000×1.4%=5,600（元）

本期發出材料實際成本=400,000+5,600=405,600（元）

本期期末結存材料應負擔的成本差異=(45,000+455,000-400,000)×1.4%=1,400(元)

本期期末結存材料實際成本=（45,000+455,000-400,000）+1,400=101,400(元)

(三) 發出存貨的會計處理

採用計劃成本法對存貨進行核算，發出存貨時先按計劃成本計價，即按發出存貨的計劃成本，借記「生產成本」「製造費用」「管理費用」等有關成本費用科目，貸記「原材料」等存貨科目；期末，企業在分攤發出存貨應負擔的成本差異時，按計算的各成本費用項目應負擔的超支差異金額，借記「生產成本」「製造費用」「管理費用」等有關成本費用科目，貸記「材料成本差異」科目。按計算的各成本費用項目應負擔的節約差異金額，借記「材料成本差異」科目，貸記「生產成本」「製造費用」「管理費用」等有關成本費用科目。

[例 2-28] 根據［例 2-27］的資料已知，華遠股份有限公司 1 月份發出原材料的計劃成本為 400,000 元。其中，基本生產車間生產 Z 產品領用 300,000 元，輔助生產車間一般耗用 50,000 元，管理部門領用 30,000 元，對外銷售 20,000 元。

（1）發出原材料按計劃成本計入相關成本費用科目。

借：生產成本——基本生產成本（Z 產品）　300,000
　　製造費用——輔助生產車間　50,000
　　管理費用　30,000
　　其他業務成本　20,000
　貸：原材料　400,000

（2）分攤材料成本差異。

生產成本＝300,000×1.4%＝4,200（元）

製造費用＝50,000×1.4%＝700（元）

管理費用＝30,000×1.4%＝420（元）

其他業務成本＝20,000×1.4%＝280（元）

借：生產成本——基本生產成本（Z 產品）　4,200
　　製造費用——輔助生產車間　700
　　管理費用　420
　　其他業務成本　280
　貸：材料成本差異——原材料　5,600

[例 2-29] 華遠股份有限公司 2×16 年 1 月 2 日出借一批包裝物，計劃成本為 10,000 元，採用五五攤銷法。出借當月，材料成本差異率（週轉材料）為節約差異 2%。該批包裝物於 10 月 20 日收回該批包裝物並報廢，殘料估價 200 元作為原材料入庫。報廢當月，材料成本差異率（週轉材料）為超支差異 1.5%。

（1）1 月 2 日，出借包裝物並攤銷其計劃成本的 50%。

借：週轉材料——在用　10,000
　貸：週轉材料——在庫　10,000
借：銷售費用　5,000
　貸：週轉材料——攤銷　5,000

（2）1 月 31 日，分攤材料成本差異。

出借包裝物應負擔的成本差異＝5,000×（−2%）＝−100（元）

借：材料成本差異——週轉材料　100
　貸：銷售費用　100

（3）10 月 20 日，報廢包裝物，攤銷剩余 50% 的計劃成本，並結轉全部已提攤銷額。

借：銷售費用　5,000
　貸：週轉材料——攤銷　5,000
借：週轉材料——攤銷　10,000

　貸：週轉材料——在用　10,000

(4) 報廢包裝物的殘料作價入庫。

借：原材料　200

　貸：銷售費用　200

(5) 10 月 31 日，分攤材料成本差異。

出借包裝物應負擔的成本差異=5,000×1.5%=75（元）

借：銷售費用　75

　貸：材料成本差異——週轉材料　75

第五節　存貨的期末計量

一、期末存貨計量原則

資產負債表日，存貨應當按照成本與可變現淨值孰低計量。

當存貨成本低於可變現淨值時，存貨按成本計量；當存貨成本高於可變現淨值時，存貨按可變現淨值計量，同時按照成本高於可變現淨值的差額計提存貨跌價準備，計入當期損益。

資產負債表日是指會計年末或會計中期期末。中國的會計年度採用公歷年度，即當年 1 月 1 日至 12 月 31 日。因此，年度資產負債表日指每年的 12 月 31 日，中期資產負債表日是指各會計中期期末，包括月末、季末、半年末。

成本與可變現淨值孰低計量的理論基礎主要是使存貨符合資產的概念。當存貨的可變現淨值下跌至成本以下時，表明該存貨會給企業帶來的未來經濟利益低於其帳面成本，因而應將這部分損失從資產價值中扣除，計入當期損益。否則，存貨的可變現淨值低於成本，如果仍然以其成本計量，就會出現虛計資產的現象，從而導致會計信息失真。成本與可變現淨值孰低計量方法體現了謹慎性會計信息質量特徵的要求。

二、存貨的成本與可變現淨值

成本，是指期末存貨的實際成本，即採用先進先出法、加權平均法等存貨計價方法，對發出存貨、期末存貨進行計量所確定的期末存貨帳面成本。如果存貨採用計劃成本法進行日常核算，則期末存貨的實際成本是指通過成本差異調整而確定的存貨成本。

可變現淨值，是指在日常活動中，存貨的估計售價減去至完工時估計將要發生的成本、估計的銷售費用以及相關稅費后的金額。存貨的可變現淨值由存貨的估計售價、至完工時將要發生的成本、估計的銷售費用和估計的相關稅費等內容構成。

（一）可變現淨值的基本特徵

(1) 確定存貨可變現淨值的前提是企業在進行日常活動，即企業在進行正常的生產經營活動。如果企業不是在進行正常的生產經營活動，比如企業處於清算過程，那麼不能按照存貨準則的規定確定存貨的可變現淨值。

(2) 可變現淨值表現為存貨的預計未來淨現金流量，而不是簡單地等於存貨的售價或合同價。企業預計的銷售存貨現金流量，並不完全等於存貨的可變現淨值。存貨在銷售過程中可能發生的銷售費用和相關稅費，以及為達到預定可銷售狀態還可能發生的加工成本等相關支出，構成現金流入的抵減項目。企業預計的銷售存貨現金流量，扣除這些抵減項目后，才能確定存貨的可變現淨值。

(3) 不同存貨可變現淨值的構成不同。可分為以下兩種情況：①產成品、商品和用於出售的材料等直接用於出售的商品存貨，在正常生產經營過程中，應當以該存貨的估計售價減去估計的銷售費用和相關稅費后的金額確定其可變現淨值。②需要經過加工的材料存貨，在正常生產經營過程中，應當以所生產的產成品的估計售價減去至完工時估計將要發生的成本、估計的銷售費用和相關稅費后的金額確定其可變現淨值。

(二) 確定存貨的可變現淨值應考慮的因素

企業在確定存貨的可變現淨值時，應當以取得的確鑿證據為基礎，並且考慮持有存貨的目的、資產負債表日后事項的影響等因素。

1. 確定存貨的可變現淨值應當以取得確鑿證據為基礎

確定存貨的可變現淨值必須建立在取得的確鑿證據的基礎上。這裡所講的「確鑿證據」是指對確定存貨的可變現淨值和成本有直接影響的客觀證明。①存貨成本的確鑿證據。存貨的採購成本、加工成本和其他成本及以其他方式取得存貨的成本，應當以取得外來原始憑證、生產成本帳簿記錄等作為確鑿證據。②存貨可變現淨值的確鑿證據。存貨可變現淨值的確鑿證據，是指對確定存貨的可變現淨值有直接影響的確鑿證明，如產成品或商品的市場銷售價格、與產成品或商品相同或類似商品的市場銷售價格、銷貨方提供的有關資料和生產成本資料等。

2. 確定存貨的可變現淨值應當考慮持有存貨的目的

由於企業持有存貨的目的不同，確定存貨可變現淨值的計算方法也不同。如用於出售的存貨和用於繼續加工的存貨，其可變現淨值的計算就不相同。因此企業在確定存貨的可變現淨值時，應考慮持有存貨的目的。企業持有存貨的目的通常可以分為如下兩種：①持有以備出售的存貨，如商品、產成品，其中又分為有合同約定的存貨和沒有合同約定的存貨。②將在生產過程或提供勞務過程中耗用的存貨，如材料等。

3. 確定存貨的可變現淨值應當考慮資產負債表日后事項的影響等

確定存貨可變現淨值時，應當以資產負債表日取得最可靠的證據估計的售價為基礎並考慮持有存貨的目的，資產負債表日至財務報告批准報出日之間存貨售價發生波動的，如有確鑿證據表明其對資產負債表日存貨已經存在的情況提供了新的或進一步的證據，則在確定存貨可變現淨值時應當予以考慮，否則，不予考慮。

(三) 存貨可變現淨值確定的具體應用

對於企業持有的各類存貨，在確定其可變現淨值時，最關鍵的問題是確定估計售價。企業應當區別如下情況確定存貨的估計售價：

1. 為執行銷售合同或者勞務合同而持有的存貨的可變現淨值的確定

(1) 企業持有的存貨的數量等於銷售合同訂購數量，通常應當以產成品或商品的合同價格作為其可變現淨值的計算基礎。也就是說，如果企業就其產成品或商品簽訂了銷售合同或勞務合同，則該批產成品或商品的可變現淨值應當以合同價格作為計算基礎。

［例 2-30］2×16 年 9 月 1 日，華遠股份有限公司與西城公司簽訂了一份不可撤銷的銷售合同。雙方約定，2×17 年 1 月 20 日，華遠股份有限公司應按每臺 310,000 元的價格向西城公司提供 Z1 型機器 10 臺。

2×16 年 12 月 31 日，華遠股份有限公司 Z1 型機器的帳面成本為 3,000,000 元，數量為 10 臺，單位成本為 300,000 元/臺。

2×16 年 12 月 31 日，Z1 型機器的市場銷售價格為 320,000 元/臺。假定不考慮相關稅費和銷售費用。

分析：根據華遠股份有限公司與西城公司簽訂的銷售合同規定，該批 Z1 型機器的銷售價格已由銷售合同約定，並且其庫存數量等於銷售合同約定的數量，因此，在這種情況下，計算 Z1 型機器的可變現淨值應以銷售合同約定的價格 3,100,000 元（310,000×10）作為計算基礎。

（2）如果企業持有存貨的數量多於銷售合同訂購數量，在這種情況下，可分為兩部分進行計量：一是合同約定的訂貨數量內的部分存貨以產成品或商品的合同價格作為其可變現淨值的計算基礎；二是超出銷售合同約定訂購數量部分的存貨，其可變現淨值應當以產成品或商品的一般銷售價格（即市場銷售價格）作為計算基礎。

［例 2-31］2×16 年 9 月 1 日，華遠股份有限公司與西城公司簽訂了一份不可撤銷的銷售合同。雙方約定，2×17 年 2 月 20 日，華遠股份有限公司應按每臺 300,000 元的價格向西城公司提供 Z2 型機器 120 臺。

2×16 年 12 月 31 日，華遠股份有限公司 Z2 型機器的成本為 39,200,000 元，數量為 140 臺，單位成本為 280,000 元/臺。

根據華遠股份有限公司銷售部門提供的資料表明，向西城公司銷售的 Z2 型機器的平均運雜費等銷售費用為 1,200 元/臺，向其他客戶銷售 Y2 型機器的平均運雜費等銷售費用為 1,000 元/臺。

2×16 年 12 月 31 日，Z2 型機器的市場銷售價格為 320,000 元/臺。

在本例中，能夠證明 Z2 型機器的可變現淨值的確鑿證據是華遠股份有限公司與西城公司簽訂的有關 Z2 型機器的銷售合同、市場銷售價格資料、帳簿記錄和公司銷售部門提供的有關銷售費用的資料等。

分析：根據該銷售合同規定，庫存的 Z2 型機器中的 120 臺的銷售價格已由銷售合同約定，其余 20 臺並沒有由銷售合同約定。因此，在這種情況下，對於銷售合同約定的數量（120 臺）的 Z2 型機器的可變現淨值應以銷售合同約定的價格 300,000 元/臺作為計算基礎，而對於超出部分（20 臺）的 Z2 型機器的可變現淨值應以市場銷售價格 320,000 元/臺作為計算基礎。

有銷售合同的 Z2 型機器的可變現淨值＝（300,000×120－1,200×120）
＝35,856,000（元/臺）

無銷售合同的 Z2 型機器的可變現淨值＝（320,000×20－1,000×20）
＝6,380,000（元/臺）

（3）如果企業持有存貨的數量少於銷售合同訂購數量，實際持有與該銷售合同相關的存貨應以銷售合同所規定的價格作為可變現淨值的計算基礎。如果該合同為虧損合同，還應同時按照《企業會計準則第 13 號——或有事項》的規定確認預計負債。有關會計處理參見本教材第十五章「或有事項」的相關內容。

（4）沒有銷售合同約定的存貨（不包括用於出售的材料），其可變現淨值應當以產成品或商品的一般銷售價格（即市場銷售價格）作為計算基礎。

［**例 2-32**］2×16 年 12 月 31 日，華遠股份有限公司 Z3 型機器的帳面成本為 350 萬元，數量為 10 臺，單位成本為 350,000 元/臺。

2×16 年 12 月 31 日，Z3 型機器的市場銷售價格為 390,000 元/臺。預計發生的相關稅費和銷售費用合計為 15,000 元/臺。

甲公司沒有簽訂有關 Z3 型機器的銷售合同。

分析：由於華遠股份有限公司沒有就 Z3 型機器簽訂銷售合同，因此，在這種情況下，計算 Z3 型機器的可變現淨值應以一般銷售價格總額 3,900,000 元（390,000×10）作為計算基礎。

Z3 型機器的可變現淨值＝390,000×10－15,000×10＝3,750,000（元）

2. 專門為生產而持有的材料

專門為生產而持有的材料主要指原材料、在產品、委託加工材料等，材料的可變現淨值一般以產成品的銷售價格作為其計算基礎。具體可分為兩種情況：

（1）產成品沒有發生減值，材料按成本計量

如果用該材料生產的產成品的可變現淨值預計高於成本（即產成品的生產成本），則該材料仍然應按成本計量。

［**例 2-33**］2×16 年 12 月 31 日，華遠股份有限公司持有的專門用於生產 Z4 型機器的 A 材料，帳面成本為 300,000 元，市場價格總額已跌至 280,000 元，假定不發生其他費用。

利用該批 A 材料可加工成 Z4 型機器 10 臺，若要進一步加工，需發生相關成本費用 80,000 元。經過測算，10 臺 Z4 型機器的可變現淨值為 400,000 元。

分析：專門為生產而持有的材料的可變現淨值以產成品的可變現淨值作為基礎，若用該材料生產的產成品的可變現淨值預計高於成本，表示材料的可變現淨值也一定高於帳面成本，則無須再計算材料的可變現淨值，該材料仍然應按成本計量。

Z4 型機器生產成本＝300,000+80,000＝380,000（元）

Z4 型機器可變現淨值＝400,000（元）

由於用 A 材料生產的最終產品——Z4 型機器的可變現淨值高於生產成本，並沒有發生減值，表明 A 材料的可變現淨值也一定高於帳面成本，沒有發生減值。即使在 A 材料的市場價格低於其帳面成本的情況下，也不應計提減值準備，應以帳面成本作為其計量基礎。

（2）產品發生減值，材料按成本與可變現淨值孰低計量

如果材料價格的下降導致產成品的價格下降，從而導致產成品的可變現淨值低於成本，則該材料按可變現淨值計量。

可變現淨值＝產品價格－估計銷售稅費

［**例 2-34**］2×16 年 12 月 31 日，華遠股份有限公司持有的專門用於生產 Z5 型機器

的B材料，帳面成本為1,200,000元，單位成本為120,000元/件，數量為10件，可用於生產Z5型機器10臺，B材料市場售價為110,000元，假定不發生其他費用。

由於B材料市場售價下跌，導致用其生產的Z5型機器的市場價格也下跌，由此造成Z5型機器的市場售價由300,000元/臺降為270,000元/臺，但生成成本仍為280,000元/臺。將每件B材料加工成Z5型機器尚需投入160,000萬元，估計發生運雜費等銷售費用10,000元/臺。

分析：

（1）計算用B材料所生產的Z5型機器的可變現淨值。

Z5型機器的可變現淨值＝Z5型機器估計售價－估計銷售稅費

＝270,000×10－10,000×10

＝2,600,000（元）

（2）比較用B材料所生產的Z5型機器的成本和可變現淨值。

Z5型機器設備的可變現淨值為2,600,000元，小於其成本2,800,000元，發生了減值，表明B材料可變現淨值一定低於帳面成本，也發生了減值。因此，在這種情況下，B材料應當按可變現淨值計量。

（3）計算B材料的可變現淨值。

B材料的可變現淨值＝Z5型機器估計售價－將B材料加工成Z5型機器尚需投入的成本－估計銷售稅費

＝270,000×10－160,000×10－10,000×10

＝1,000,000（元）

B材料的可變現淨值1,000,000元小於其成本1,200,000元，因此B材料的期末價值應為其可變現淨值1,000,000元。

3. 用於出售的材料

用於出售的材料等通常以市場價格作為其可變現淨值的計算基礎。這裡的市場價格是指材料等的市場銷售價格。如果用於出售的材料存在銷售合同約定，應按合同價格作為其可變現淨值的計算基礎。

［**例2－35**］2×16年12月1日，華遠股份有限公司根據市場需求的變化，決定停止生產Z6型機器。為減少不必要的損失，決定將原材料中專門用於生產Z6型機器的外購原材料C材料全部出售。2×16年12月31日原材料C帳面成本為2,000,000元，數量為100噸。據市場調查，D材料的市場銷售價格為15,000元/噸，同時可能發生銷售費用及相關稅費共計5,000元。

分析：由於企業已決定不再生產Z6型機器，因此，該批C材料的可變現淨值不能再以Z6型機器的銷售價格作為其計算基礎，而應按其本身的市場銷售價格作為計算基礎。即：

該批C材料的可變現淨值＝15,000×100－5,000＝145,000（元）

三、存貨跌價準備的核算方法

企業應當定期或至少年度終了對存貨進行全面清查，如有因存貨毀損、陳舊過時或銷售價格低於成本等而使存貨成本高於可變現淨值的，應按可變現淨值低於存貨成本的部分，計提存貨跌價準備。

(一) 存貨價值跡象的判斷

資產負債表日，存貨存在下列情形之一的，通常表明存貨的可變現淨值低於成本：

(1) 該存貨的市場價格持續下跌，並且在可預見的未來無回升的希望。

(2) 企業使用該項原材料生產的產品的成本大於產品的銷售價格。

(3) 企業因產品更新換代，原有庫存原材料已不適應新產品的需要，而該原材料的市場價格又低於其帳面成本。

(4) 因企業所提供的商品或勞務過時或消費者偏好改變而使市場的需求發生變化，導致市場價格逐漸下跌。

(5) 其他足以證明該項存貨實質上已經發生減值的情形。

(二) 存貨可變現淨值為零的情況

存貨存在下列情形之一的，通常表明存貨的可變現淨值為零：

(1) 已霉爛變質的存貨。

(2) 已過期且無轉讓價值的存貨。

(3) 生產中已不再需要，並且已無使用價值和轉讓價值的存貨。

(4) 其他足以證明已無使用價值和轉讓價值的存貨。

(三) 計提存貨跌價準備的方法

如果期末存貨的成本低於可變現淨值，不需要做會計處理，資產負債表中的存貨仍按期末的帳面價值列示；如果期末可變現淨值低於成本，則必須確認當期的期末存貨跌價損失，計提存貨跌價準備。具體方法有：

1. 按單個存貨項目計提存貨跌價準備

企業通常應當按照單個存貨項目計提存貨跌價準備。在企業採用計算機信息系統進行會計處理的情況下，完全有可能做到按單個存貨項目計提存貨跌價準備。在這種方式下，企業應當將每個存貨項目的成本與其可變現淨值逐一進行比較，按較低者計量存貨，並且按成本高於可變現淨值的差額計提存貨跌價準備。這就要求企業應當根據管理要求和存貨的特點，明確規定存貨項目的確定標準。比如，將某一型號和規格的材料作為一個存貨項目，將某一品牌和規格的商品作為一個存貨項目等。

2. 按存貨類別計提存貨跌價準備

如果某一類存貨的數量繁多並且單價較低，企業可以按存貨類別計量成本與可變現淨值，即按存貨類別的成本的總額與可變現淨值的總額進行比較，每個存貨類別均取較低者確定存貨期末價值。

3. 合併計提存貨跌價準備

存貨具有相同或類似最終用途或目的，並在同一地區生產和銷售，意味著存貨所處的經濟環境、法律環境、市場環境等相同，具有相同的風險和報酬。因此，與在同一地區生產和銷售的產品系列相關、具有相同或類似最終用途或目的，且難以與其他項目分開計量的存貨，可以合併計提存貨跌價準備。

需要注意的是，資產負債表日同一項存貨中一部分有合同價格約定、其他部分不存在合同價格約定的，應當分別確定其可變現淨值，並與其相對應的成本進行比較，分別確定存貨跌價準備的計提或轉回的金額，由此計提的存貨跌價準備不得相互抵消。

［**例 2-36**］華遠股份有限公司的有關資料及存貨期末計量如表 2-5、表 2-6、表 2-7 所示。假設華遠公司在此之前沒有對存貨計提跌價準備，假定不考慮相關稅費和銷售費用。

表 2-5　**存貨跌價準備計算表（按單個存貨）**

2×16 年 12 月 31 日　單位：元

商品	數量	帳面成本		可變現淨值		庫存商品期末價值	應計提的存貨跌價準備
		單價	金額	單價	金額		
第一組							
A 商品	400	10	4, 000	9	3, 600	3, 600	400
B 商品	500	7	3, 500	8	4, 000	3, 500	—
合計							400
第二組							
C 商品	200	50	10, 000	48	9, 600	9, 600	400
D 商品	100	45	4, 500	44	4, 400	4, 400	100
合計							500
第三組							
E 商品	700	100	70, 000	80	56, 000	56, 000	14, 000
合計							14, 000
總計							14, 900

表 2-6　**存貨跌價準備計算表（按存貨類別）**

2×16 年 12 月 31 日　單位：元

商品	數量	帳面成本		可變現淨值		庫存商品期末價值	應計提的存貨跌價準備
		單價	金額	單價	金額		
第一組							
A 商品	400	10	4, 000	9	3, 600		
B 商品	500	7	3, 500	8	4, 000		
合計			7, 500		7, 600	7, 500	—
第二組							
C 商品	200	50	10, 000	48	9, 600		
D 商品	100	45	4, 500	44	4, 400		
合計			14, 500		14, 000	14, 000	500
第三組							
E 商品	700	100	70, 000	80	56, 000		
合計			70, 000		56, 000	56, 000	14, 000
總計			92, 000		77, 600	77, 500	14, 500

表 2-7　　　　存貨跌價準備計算表（合併計提）

2×16 年 12 月 31 日　　　　單位：元

商品	數量	帳面成本		可變現淨值		庫存商品期末價值	應計提的存貨跌價準備
		單價	金額	單價	金額		
第一組							
A 商品	400	10	4, 000	9	3, 600		
B 商品	500	7	3, 500	8	4, 000		
合計			7, 500		7, 600		
第二組							
C 商品	200	50	10, 000	48	9, 600		
D 商品	100	45	4, 500	44	4, 400		
合計			14, 500		14, 000		
第三組							
E 商品	700	100	70, 000	80	56, 000		
合計			70, 000		56, 000		
總計			92, 000		77, 600	77, 600	14, 400

（四）存貨跌價準備的會計處理

1. 帳戶設置

企業計提存貨跌價準備，應設置「存貨跌價準備」帳戶和「資產減值損失」帳戶核算。

「存貨跌價準備」帳戶是存貨的備抵調整帳戶，其貸方登記企業計提的減值準備的金額，借方登記衝減回覆的減值準備、發出存貨應轉出的減值準備。余額在貸方，反應企業已計提的但尚未轉銷的存貨跌價準備。

「資產減值損失——計提存貨跌價準備」帳戶屬於損益類帳戶，其借方登記企業計提的存貨跌價準備的金額，貸方登記企業轉回的存貨跌價準備的金額。期末，應將本帳戶余額轉入「本年利潤」帳戶，結轉后本帳戶無余額。

2. 存貨跌價準備的計提

資產負債表日，企業應當首先確定存貨的可變現淨值。存貨可變現淨值的確定應當以資產負債表日的狀況為基礎，既不能提前確定，也不能延后確定，並且在每一個資產負債表日都應當重新確定。在確定存貨可變現淨值的基礎上，將存貨可變現淨值與存貨成本進行比較，確定本期存貨可變現淨值低於成本的差額，該差額即為「存貨跌價準備」科目本期期末應保留的貸方余額，然后再將本期存貨可變現淨值低於成本的差額與「存貨跌價準備」科目原有余額進行比較。計提存貨跌價準備前，如果本期存貨可變現淨值低於成本的差額與「存貨跌價準備」科目原有貸方余額相等，表明存貨價值未發生變動，不需要計提存貨跌價準備；如果本期存貨可變現淨值低於成本的差額大於「存貨跌價準備」科目原有貸方余額，表明存貨價值進一步降低，應按二者之差計提存貨跌價準備，借記「資產減值損失」科目，貸記「存貨跌價準備」科目。

［例 2-37］華遠股份有限公司 2×16 年年末存貨的帳面成本為 110,000 元，預計可變現淨值為 105,000 元，2×17 年年末該批存貨的預計可變現淨值為 95,000 元。假設該公司 2×16 年之前未計提存貨跌價準備，也無存貨相關業務發生。

（1）2×16 年年末，存貨預計可變現淨值低於其成本，存貨應以可變現淨值計價。

2×16 年年末「存貨跌價準備」科目應保留的貸方余額＝110,000－105,000＝5,000（元）

「存貨跌價準備」科目計提前的貸方余額＝0

「存貨跌價準備」科目應保留的余額大於該科目原有余額。

本期應計提存貨跌價準備＝5,000－0＝5,000（元）

借：資產減值損失——計提存貨跌價準備　　5,000

　貸：存貨跌價準備　　5,000

在 2×16 年 12 月 31 日的資產負債表中，該存貨按可變現淨值 105,000 元列示其價值。

（2）2×17 年年末，存貨預計可變現淨值低於其成本，存貨應以可變現淨值計價。

2×17 年年末「存貨跌價準備」科目應保留的貸方余額＝110,000－95,000＝15,000（元）

「存貨跌價準備」科目計提前的貸方余額＝5,000（元）

「存貨跌價準備」科目應保留的余額大於該科目原有余額

本期應計提存貨跌價準備＝15,000－5,000＝10,000（元）

借：資產減值損失——計提存貨跌價準備　　10,000

　貸：存貨跌價準備　　10,000

在 2×17 年 12 月 31 日的資產負債表中，該存貨按可變現淨值 95,000 元列示其價值。

3. 存貨跌價準備的轉回

資產負債表日，將本期存貨可變現淨值低於成本的差額與「存貨跌價準備」科目原有余額進行比較，如果計提存貨跌價準備前，本期存貨可變現淨值低於成本的差額小於「存貨跌價準備」科目原有貸方余額，表明存貨價值有所回升，應按二者之差轉回已計提存貨跌價準備，借記「存貨跌價準備」科目，貸記「資產減值損失」科目；如果本期存貨可變現淨值高於成本，表明存貨價值完全恢復，應將已計提的存貨跌價準備全部轉回，借記「存貨跌價準備」科目，貸記「資產減值損失」科目。

需要注意的是，企業的存貨只有在符合條件的情況下才可以轉回計提的存貨跌價準備。存貨跌價準備轉回的條件是以前減記存貨價值的影響因素已經消失，而不是在當期造成存貨可變現淨值高於成本的其他影響因素。

當符合存貨跌價準備轉回的條件時，應在原已計提的存貨跌價準備的金額內轉回。轉回的存貨跌價準備與計提該準備的存貨項目或類別應當存在直接對應關係，但轉回的金額以將存貨跌價準備的余額衝減至零為限。

［例 2-38］根據［例 2-37］的資料，華遠股份有限公司 2×18 年年末該批存貨的可變現淨值有所恢復，預計可變現淨值為 103,000 元，2×19 年年末該批存貨的預計可變現淨值為 135,000 元，假設無其他業務發生。

（1）2×18 年年末，存貨預計可變現淨值低於其成本，存貨應以可變現淨值計價。

2×18 年年末「存貨跌價準備」科目應保留的貸方余額＝110,000－103,000＝7,000（元）

「存貨跌價準備」科目計提前的貸方余額=15,000（元）

「存貨跌價準備」科目應保留的余額小於該科目原有余額。

本期轉回已計提存貨跌價準備=15,000-7,000=8,000（元）

借：存貨跌價準備　　8,000

　貸：資產減值損失——計提存貨跌價準備　　8,000

在2×18年12月31日的資產負債表中，該存貨按可變現淨值103,000元列示其價值。

（2）2×19年年末，存貨預計可變現淨值高於其成本，因此，應將存貨的帳面價值恢復至帳面成本，將已計提的存貨跌價準備全部轉回。

2×19年年末「存貨跌價準備」科目應保留的貸方余額=0

「存貨跌價準備」科目計提前的貸方余額=7,000（元）

「存貨跌價準備」科目應保留的余額小於該科目原有余額。

本期轉回已計提存貨跌價準備=7,000-0=7,000（元）

借：存貨跌價準備　　7,000

　貸：資產減值損失——計提存貨跌價準備　　7,000

在2×19年12月31日的資產負債表中，該存貨按其成本110,000元列示其價值。

[**例2-39**] 華遠股份有限公司按單項存貨、按年計提跌價準備。2×16年12月31日，華遠股份有限公司期末存貨有關資料如下：

（1）A產品年末庫存100臺，單位成本為16萬元，A產品市場銷售價格為每臺19萬元，預計平均運雜費等銷售稅費為每臺1萬元，未簽訂不可撤銷的銷售合同。2×16年1月1日A產品「存貨跌價準備」余額為0。

可變現淨值=100×（19-1）=1,800（萬元）

成本=100×16=1,600（萬元）

則A產品不需要計提存貨跌價準備。

A產品期末資產負債表「存貨」項目列示金額為1,600萬元。

（2）B產品年末庫存為300臺，單位成本為4.5萬元，B產品市場銷售價格為每臺4.4萬元。華遠股份有限公司已經與長期客戶某企業簽訂了一份不可撤銷的銷售合同，約定在2×17年2月10日向該企業銷售B產品200臺，合同價格為每臺5萬元。向長期客戶銷售的B產品平均運雜費等銷售稅費為每臺0.3萬元；向其他客戶銷售的B產品平均運雜費等銷售稅費為每臺0.4萬元。2×16年1月1日B產品「存貨跌價準備」余額為10萬元（均為未簽訂合同部分計提）。

①簽訂合同部分200臺。

可變現淨值=200×（5-0.3）=940（萬元）

成本=200×4.5=900（萬元）

則簽訂合同部分不需要計提存貨跌價準備。

②未簽訂合同部分100臺。

可變現淨值=100×（4.4-0.4）=400（萬元）

成本=100×4.5=450（萬元）

應計提存貨跌價準備=（450-400）-10=40（萬元）

借：資產減值損失　　400,000

貸：存貨跌價準備——B 產品 400,000

B 產品期末資產負債表「存貨」項目列示金額為 1,300 萬元（900+400）。

（3）2×16 年 1 月 1 日 C 產品「存貨跌價準備」余額為 100 萬元。2×16 年 5 月銷售 2×15 年結存的 C 產品的 70%，並結轉存貨跌價準備 70 萬元。C 產品年末庫存為 600 臺，單位成本為 2.55 萬元，C 產品市場銷售價格為每臺 3 萬元，預計平均運雜費等銷售稅費為每臺 0.3 萬元。未簽訂不可撤銷的銷售合同。

可變現淨值＝600×（3−0.3）＝1,620（萬元）

產品成本＝600×2.55＝1,530（萬元）

借：存貨跌價準備——C 產品 700,000

貸：主營業務成本 700,000

借：存貨跌價準備——C 產品 300,000

貸：資產減值損失 300,000

C 產品期末資產負債表「存貨」項目列報金額為 1,530 萬元。

（4）2×16 年年末庫存 D 原材料 400 千克，單位成本為 2.25 萬元，D 原材料的市場銷售價格為每千克 1.2 萬元。現有 D 原材料可用於生產 400 臺 C 產品，預計加工成 C 產品還需每臺投入成本 0.38 萬元。未簽訂不可撤銷的銷售合同。

判斷：C 產品可變現淨值＝400×（3−0.3）＝1,080（萬元）

C 產品的成本＝400×2.25+400×0.38＝1,052（萬元）

由於 C 產品未發生減值，則 D 原材料不需要計提存貨跌價準備。

D 原材料期末資產負債表「存貨」項目列報金額為 900 萬元（400×2.25）。

（5）2×16 年年末庫存 E 配件 1,000 千克，每千克配件的帳面成本為 1 萬元，市場價格為 1.1 萬元。該批配件可用於加工 800 件 E 產品，估計每件加工成本尚需投入 1.7 萬元。E 產品 2×16 年 12 月 31 日的市場價格為每件 2.87 萬元，估計銷售過程中每件將發生銷售費用及相關稅費 0.12 萬元。

E 配件是用於生產 E 產品的，所以應先判斷 E 產品是否發生減值：

E 產品可變現淨值＝800×（2.87−0.12）＝2,200（萬元）

E 產品成本＝1,000×1+800×1.7＝2,360（萬元）

E 產品的成本大於可變現淨值，E 產品發生減值。判斷，E 配件應按成本與可變現淨值孰低計量。

E 配件可變現淨值＝ 800×（2.87−1.7−0.12）＝840（萬元）

E 配件成本＝1,000×1＝1,000（萬元）

E 配件應計提的存貨跌價準備＝1,000−840＝160（萬元）

借：資產減值損失 1,600,000

貸：存貨跌價準備——E 配件 1,600,000

E 配件期末資產負債表「存貨」項目列示金額為 840 萬元。

（6）華遠股份有限公司與乙公司簽訂一份 F 產品銷售合同，該合同為不可撤銷合同，雙方約定在 2×17 年 2 月底以每件 0.45 萬元的價格向乙公司銷售 300 件 F 產品，如果違約應支付違約金 60 萬元。2×16 年 12 月 31 日，華遠股份有限公司已經生產出 F 產品 300 件，每件成本為 0.6 萬元，總額為 180 萬元。每件 F 產品的市場價格為 0.55 萬元。假定華遠股份有限公司銷售 F 產品不發生銷售費用。

待執行合同變為虧損合同，如果合同存在標的資產，應計提存貨跌價準備。

執行合同損失 = 180 - 0.45×300 = 45（萬元），不執行合同違約金損失為 60 萬元，退出合同最低淨成本為 45 萬元。由於存貨發生減值，應計提存貨跌價準備 45 萬元。

借：資產減值損失　　450,000

　貸：存貨跌價準備——F 產品　　450,000

（7）2×16 年年末庫存 G 原材料余額為 1,000 萬元，G 原材料將全部用於生產 G 產品，共計 100 件。80 件 G 產品已經簽訂銷售合同，合同價格為每件 11.25 萬元，其余 20 件 G 產品未簽訂銷售合同，預計 G 產品的市場價格為每件 11 萬元。預計生產 G 產品還需發生除原材料以外的成本為每件 3 萬元，預計為銷售 G 產品發生的相關稅費每件為 0.55 萬元。

①有合同部分：

G 產品可變現淨值 = 80×11.25 - 80×0.55 = 856（萬元）

G 產品成本 = 80×（1,000÷100）+80×3 = 1,040（萬元）

G 產品的成本大於可變現淨值，發生減值。判斷：G 原材料應按成本與可變現淨值孰低計量。

G 原材料可變現淨值 = 80×11.25 - 80×3 - 80×0.55 = 616（萬元）

G 原材料應計提的存貨跌價準備 = 80×（1,000÷100）-616 = 184（萬元）

②無合同部分：

G 產品成本 = 20×（1,000÷100）+20×3 = 260（萬元）

G 產品可變現淨值 = 20×11 - 20×0.55 = 209（萬元）

G 產品的成本大於可變現淨值，發生減值。判斷：G 原材料應按成本與可變現淨值孰低計量。

G 原材料可變現淨值 = 20×11 - 20×3 - 20×0.55 = 149（萬元）

G 原材料應計提的存貨跌價準備 = 20×（1,000÷100）- 149 = 51（萬元）

③G 原材料應計提的存貨跌價準備合計為 184+51 = 235（萬元）

借：資產減值損失　　2,350,000

　貸：存貨跌價準備——G 原材料　　2,350,000

4. 存貨跌價準備的結轉

企業計提了存貨跌價準備，對於生產經營領用的存貨，領用時一般可不結轉相應的存貨跌價準備，待期末計提存貨跌價準備時一併調整。如果其中有部分存貨已經銷售，則企業在結轉銷售成本時，應同時結轉對其已計提的存貨跌價準備。對於債務重組、非貨幣性資產交換轉出的存貨，也應同時結轉已計提的存貨跌價準備。如果按存貨類別計提存貨跌價準備的，應當按照發生銷售、債務重組、非貨幣性資產交換等而轉出的成本占該存貨未轉出前該類別存貨成本的比例結轉相應的存貨跌價準備。

［**例 2-40**］華遠股份有限公司 2×16 年 1 月將產成品 Z1 型機器以 300,000 元的價格售出，增值稅銷項稅額為 51,000 元，價款已收存銀行。Z1 型機器帳面余額為 280,000 元，已計提存貨跌價準備 5,000 元。會計分錄如下：

（1）確認商品銷售收入。

借：銀行存款　　351,000
　貸：主營業務收入　　300,000
　　　應交稅費——應交增值稅（銷項稅額）　　51,000

(2) 結轉商品銷售成本。

借：主營業務成本　　280,000
　貸：庫存商品——Z1 型機器　　280,000

(3) 結轉存貨跌價準備。

借：存貨跌價準備　　5,000
　貸：主營業務成本　　5,000

四、存貨盤虧或毀損的處理

存貨發生的盤虧或毀損，應作為待處理財產損溢進行核算。按管理權限報經批准后，根據造成存貨盤虧或毀損的原因，分以下情況進行處理：

(1) 屬於計量收發差錯和管理不善等原因造成的存貨短缺，應先扣除殘料價值、可以收回的保險賠償和過失人賠償，將淨損失計入管理費用。

(2) 屬於自然災害等非常原因造成的存貨毀損，應先扣除處置收入（如殘料價值)、可以收回的保險賠償和過失人賠償，將淨損失計入營業外支出。

因非正常原因導致的存貨盤虧或毀損，按規定不能抵扣的增值稅進項稅額，應當予以轉出。但自然災害造成外購存貨的毀損，其進項稅額可以抵扣，不需要轉出。

第三章　金融資產

第一節　金融資產概述

一、金融資產的概念和內容

隨著現代經濟的不斷發展，金融市場也不斷地進步和完善，各式各樣的金融工具也應運而生，在經濟領域扮演著重要的角色。金融工具是指形成一個企業的金融資產，並形成其他單位金融負債或者權益工具的合同，包括金融資產、金融負債和權益工具。

金融資產是一切可以在有組織的金融市場上進行交易、具有現實價格和未來估價的金融工具的總稱。金融工具對其持有者來說才是金融資產，其最大特徵是能夠在市場交易中為其所有者提供即期或遠期的貨幣收入流量。企業的金融資產的表現形式主要有庫存現金、銀行存款、其他貨幣資金、應收帳款、應收票據、其他應收款項、貸款、墊款、債權投資、股權投資、基金投資、衍生金融資產等。金融資產具有貨幣性、流通性、風險性、收益性等特點。

二、金融資產的分類

金融資產根據不同的標準有不同的分類，企業結合自身業務特點和風險管理要求，在會計核算上，將金融資產劃分為貨幣資金和非貨幣資金兩大類。貨幣資金包括庫存現金、銀行存款和其他貨幣資金；非貨幣資金的金融資產按取得時的初始確認，分為以公允價值計量且其變動計入當期損益的金融資產、持有至到期投資、貸款和應收款項、可供出售的金融資產和長期股權投資等幾類。

1. 以公允價值計量且其變動計入當期損益的金融資產

以公允價值計量且其變動計入當期損益的金融資產是指在該金融資產的后續計量採用公允價值計量，且其公允價值變動計入當期損益。其包括兩類：一是交易性金融資產；二是直接指定為以公允價值計量且其變動計入當期損益的金融資產。

交易性金融資產是指滿足以下條件之一的金融資產：①取得該金融資產的目的主要是近期內出售。例如，企業以賺取差價為目的從二級市場購入的股票、債券和基金等。②屬於進行集中管理的可辨認金融工具組合的一部分，且有客觀證據表明企業近期採用短期獲利方式對該組合進行管理。在這種情況下，即使組合中有某個組成項目持有的期限稍長也不受影響。③屬於衍生工具。但是，被指定為有效套期工具的衍生工具、屬於財務擔保合同的衍生工具、與在活躍市場中沒有報價且其公允價值不能可靠計量的權益工具、與投資掛勾並須通過交付該權益工具結算的衍生工具除外。其中，財務擔保合同是指保證人和債權人約定，當債務人不履行債務時，保證人按照約定履行債務或者承擔責任的合同。

直接指定為以公允價值計量且其變動計入當期損益的金融資產，是指為了滿足特定目的和管理需求而將某些金融資產指定為以公允價值計量且其變動計入當期損益的金融資產。該類金融資產必須滿足下列條件之一：①該指定可以消除或明顯減少由於該金融資產的計量基礎不同而導致的相關利得或損失在確認和計量方面不一致的情況。設立這項條件，目的在於通過直接指定為以公允價值計量，並將其變動計入當期損益，以消除會計上可能存在的不配比現象。例如，按照金融工具確認和計量準則規定，有些金融資產可以被指定或劃分為可供出售金融資產，從而其公允價值變動計入所有者權益，但與之直接相關的金融負債却劃分為以攤余成本進行后續計量的金融負債，從而導致「會計不配比」。但是，如果將以上金融資產和金融負債均直接指定為以公允價值計量且其變動計入當期損益的金融資產或金融負債，那麼就能夠消除這種會計不配比現象。②企業的風險管理或投資策略的正式書面文件已載明，該金融資產組合，以公允價值為基礎進行管理、評價並向關鍵管理人員報告。此項條件強調企業日常管理和評價業績的方式，而不是關注金融工具組合中各組成部分的性質。例如，風險投資機構、證券投資基金或類似會計主體，其經營活動的主要目的在於從投資工具的公允價值變動中獲取回報，它們在風險管理或投資策略的正式書面文件中對此也有清楚的說明。

2. 持有至到期投資

持有至到期投資是指到期日固定、回收金額固定或可確定，且企業有明確意圖和能力持有至到期的非衍生金融資產。「到期日固定、回收金額固定或可確定」是指相關合同明確了投資者在確定的期間內獲得或應收取現金流量（例如，投資利息和本金等）的金額和時間。因此，從投資者角度看，如果不考慮其他條件，在將某項投資劃分為持有至到期投資時可以不考慮可能存在的發行方重大支付風險。其次，由於要求到期日固定，從而權益工具投資不能劃分為持有至到期投資。再者，如果符合其他條件，不能由於某債務工具投資是浮動利率投資而不將其劃分為持有至到期投資。「有明確意圖持有至到期」是指投資者在取得投資時意圖就是明確的，除非遇到一些企業所不能控制、預期不會重複發生且難以合理預計的獨立事件，否則將持有至到期。「有能力持有至到期」是指企業有足夠的財務資源，並不受外部因素影響將投資持有至到期。

存在下列情況之一的，表明企業沒有能力將具有固定期限的金融資產投資持有至到期：①沒有可利用的財務資源持續地為該金融資產投資提供資金支持，以使該金融資產投資持有至到期。②受法律、行政法規的限制，使企業難以將該金融資產投資持有至到期。③其他表明企業沒有能力將具有固定期限的金融資產投資持有至到期的情況。企業應當於每個資產負債表日對持有至到期投資的意圖和能力進行評價。發生變化的，應當將其重分類為可供出售金融資產進行處理。

3. 貸款和應收款項

貸款和應收款項是指在活躍市場中沒有報價、回收金額固定或可確定的非衍生金融資產。企業不應當將下列非衍生金融資產劃分為貸款或應收款項：①準備立即出售或在近期出售的非衍生金融資產，這類非衍生金融資產應劃分為交易性金融資產；

②初始確認時被指定為以公允價值計量且其變動計入當期損益的非衍生金融資產；③初始確認時被指定為可供出售的非衍生金融資產；④因債務人信用惡化以外的原因，使持有方可能難以收回幾乎所有初始投資的非衍生金融資產，例如，企業所持有的證券投資基金或類似的基金等。貸款和應收款項泛指某類金融資產，主要是指金融企業發放的貸款和其他債權，但又不限於金融企業發放的貸款和其他債權。非金融企業持有的現金和銀行存款、銷售商品或提供勞務形成的應收款項、持有的其他企業的債權（不包括在活躍市場上有報價的債務工具）等，只要符合貸款和應收款項的概念，可以劃分為這一類。

4. 可供出售金融資產

可供出售金融資產是指初始確認時即被指定為可供出售的非衍生金融資產，以及沒有劃分為持有至到期投資、貸款和應收款項、以公允價值計量且其變動計入當期損益的金融資產的金融資產。通常情況下，此類的金融資產持有的意圖不明確。

5. 長期股權投資

長期股權投資是指企業持有的對子公司、聯營企業及合營企業的投資，通常是指對被投資單位達到重大影響、共同控制和控制的股權投資。

由以上的劃分依據可以看出，會計核算上對於金融資產的分類取決於管理層的意圖，對於某項金融資產應該劃分為哪一類，體現了管理層投資決策的目的。一項金融資產劃分為不同的類別，採用的會計核算方法和計量基礎不完全一樣。因此，企業在金融資產初始確認時對其進行分類后，不得隨意變更。但如果管理層的投資意圖發生了改變，則不同類別的金融資產之間可以進行重分類，但重分類不能違背以下原則：①企業在初始確認時將某金融資產劃分為以公允價值計量且其變動計入當期損益的金融資產后，不能重分類為其他類金融資產；其他類金融資產也不能重分類為以公允價值計量且其變動計入當期損益的金融資產。②持有至到期投資、貸款和應收款項、可供出售金融資產三類金融資產之間也不得隨意重分類。③企業因持有意圖或能力的改變，使某項投資不再適合劃分為持有至到期投資的，應當將其重分類為可供出售金融資產。

考慮到股權投資的業務較複雜，本章介紹的金融資產不包括長期股權投資，「長期股權投資」將在第四章中介紹。

第二節　貨幣資金

貨幣資金是指企業的生產經營資金在循環週轉過程中處於貨幣形態的那部分資金。在流動資產中，貨幣資金的流動性最強，並且是唯一能夠直接轉化為其他任何資產形態的流動性資產，也是唯一能代表企業現實購買力水平的資產。為了確保生產經營活動的正常進行，企業必須擁有一定數量的貨幣資金，以便購買材料、繳納稅金、發放工資、支付利息及股利或進行投資等。企業所擁有的貨幣資金量是分析判斷企業償債能力與支付能力的重要指標。貨幣資金一般包括庫存現金、銀行存款或其他貨幣資金等可以立即支付使用的交換媒介物。凡是不能立即支付使用的（如銀行凍結存款等），均不能視為貨幣資金。不同形式的貨幣資金有不同的管理方式和管理內容。

一、庫存現金的核算

現金是通用的交換媒介，也是對其他資產計量的一般尺度。會計上對現金有狹義和廣義之分。狹義的現金僅僅指庫存現金，即企業金庫中存放的現金，包括人們經常接觸的紙幣和硬幣等。廣義的現金包括庫存現金、銀行存款和其他貨幣資金三個部分。目前，國際慣例中的現金概念是指廣義的現金。中國的會計慣例中狹義的現金概念和廣義的現金概念並存。企業處理日常交易中採用的是狹義的現金概念。企業在提供的財務報告中（資產負債表和現金流量表）所採用的是廣義的現金概念，而且比國際上廣義的現金概念所包括的內容更廣泛些，還包括現金等價物。本章中的現金為狹義的現金概念。

（一）現金的管理

現金管理就是對現金的收、付、存等各環節進行的管理。依據《現金管理暫行條例》，現金管理的基本原則具體如下：

（1）開戶單位庫存現金一律實行限額管理。

（2）不準擅自坐支現金。坐支現金容易打亂現金收支渠道，不利於開戶銀行對企業的現金進行有效的監督和管理。

（3）企業收入的現金不準作為儲蓄存款存儲。

（4）收入現金應及時送存銀行，企業的現金收入應於當天送存開戶銀行，確有困難的，應由開戶銀行確定送存時間。

（5）嚴格按照國家規定的開支範圍使用現金，結算金額超過起點的，不得使用現金。

（6）不準編造用途套取現金。企業在國家規定的現金使用範圍和限額內需要現金，應從開戶銀行提取，提取時應寫明用途，不得編造用途套取現金。

（7）企業之間不得相互借用現金。

一個企業日常的支出業務紛繁複雜，現金的通用性並不是指現金可以被企業用來支付任何支出。現金的使用要遵循其使用範圍的規定，凡在銀行和其他金融機構（以下簡稱開戶銀行）開立帳戶的機關、團體、部隊、企業、事業單位和其他單位，必須依照中國政府頒布的《現金管理暫行條例》的規定收支和使用現金，接受開戶銀行的監督。

《現金管理暫行條例》規定可以用現金辦理結算的具體經濟業務包括以下幾個方面：

（1）職工工資、津貼。

（2）個人勞務報酬。

（3）根據國家規定頒發給個人的科學技術、文化藝術、體育等各種獎金。

（4）各種勞保、福利費用以及國家規定的對個人的其他支出。

（5）向個人收購農副產品和其他物資的價款。

（6）出差人員必須隨身攜帶的差旅費。

(7) 結算起點以下的零星支出，結算起點定為 1,000 元。結算起點的調整，由中國人民銀行確定，報國務院備案。

(8) 中國人民銀行確定需要支付現金的其他支出。

除第 (5)、(6) 項外，開戶單位支付給個人的款項，超過使用現金限額的部分，應當以支票或者銀行本票支付；確需全額支付現金的，經開戶銀行審核后，予以支付現金。為了滿足企業日常零星開支所需的現金，企業的庫存現金都要由開戶銀行根據實際需要，核定企業一個最高限額，這個最高限額一般要滿足一個企業 3 天至 5 天的日常零星開支所需的庫存現金。邊遠地區和交通不便地區的開戶單位的庫存現金限額，可以多於 5 天，但不得超過 15 天的日常零星開支。經核定的庫存現金限額，企業必須嚴格遵守。需要增加或者減少庫存現金限額的，應當向開戶銀行提出申請，由開戶銀行核定。企業現金收入應當於當日送存開戶銀行。當日送存確有困難的，由開戶銀行確定送存時間。

(二) 現金的帳務處理

1. 現金的科目設置

為了總括地反應和監督企業庫存現金的收支結存情況，需要設置「庫存現金」科目。該科目屬於資產類科目，借方登記現金的收入數，貸方登記現金的支出數，余額在借方，反應庫存現金的實有數。為了反應企業現金的明細收支情況，企業現金的明細分類核算一般通過設置庫存現金日記帳進行，由出納人員根據現金的收支業務逐日逐筆記錄現金的收支及結存情況。

2. 現金收支的帳務處理

企業在收到現金時，應根據現金支票存根等原始憑證，借記「庫存現金」科目，貸記相關科目。

[**例 3-1**] 2×16 年 5 月 10 日，華遠股份有限公司開出現金支票一張，從銀行提取現金 3,000 元。

借：庫存現金　　　3,000

　貸：銀行存款　　　3,000

企業在支出現金時，應根據現金支出憑單等原始憑證，借記相關科目，貸記「庫存現金」科目。

[**例 3-2**] 2×16 年 6 月 10 日，華遠股份有限公司購買辦公用品支付現金 400 元。

借：管理費用　　　400

　貸：庫存現金　　　400

3. 備用金的帳務處理

在實際工作中，企業對於現金的核算，一般採用備用金的形式，備用金是指企業預付給職工和內部有關單位做差旅費、零星採購和零星開支，事后需報銷的款項。備用金業務在企業日常的現金收支業務中占很大的比重，因此，對於備用金的預借和報銷，既要有利於企業各項經濟業務的正常進行，又要建立必要的手續制度，並認真執行。備用金的帳務處理，應設置「其他應收款」科目。它屬於資產類科目，用來核算企業除應收票據、應收帳款、預付帳款以外的各種應收、暫付款項。在備用金數額較大或業務較多的企業中，可以將備用金從「其他應收款」科目中獨立出來，單獨設置「備用金」科目進行核算。另外，備用金一般應按照預借備用金的個人或單位設置明細科目，進行明細核算。企業對備用金的管理制度根據備用金規模和業務量的大小主要有隨借隨用、用后報銷制度和定額備用金制度兩種。

（1）隨借隨用、用后報銷制度。該制度主要適用於不經常使用備用金的單位和個人，企業在預借給單位和個人備用金時，借記「其他應收款」或「備用金」科目，貸記「庫存現金」科目；單位或個人使用備用金辦事完畢報銷時，借記「管理費用」等科目，貸記「其他應收款」或「備用金」科目。報銷完，「其他應收款」或「備用金」帳戶註銷，余額為零。

［例 3-3］ 2×16 年 6 月 8 日，華遠股份有限公司採購員張三出差借支差旅費 1,500 元，以現金支付。

借：其他應收款——備用金（張三）　　1,500
　貸：庫存現金　　1,500

［例 3-4］ 2×16 年 6 月 15 日，華遠股份有限公司採購員張三出差回來報銷差旅費 1,350 元，交回現金 150 元。

借：管理費用　　1,350
　　庫存現金　　150
　貸：其他應收款——備用金（張三）　　1,500

（2）定額備用金制度。該制度適用於經常使用備用金的單位和個人，對經常使用備用金的單位和個人，分別規定一個備用金定額，在撥付定額時，應借記「其他應收款」或「備用金」科目，貸記「庫存現金」科目；單位或個人報銷時，借記「管理費用」等科目，貸記「庫存現金」科目。報銷完，財會部門給使用備用金的單位和個人補足用掉的數額，使得備用金仍保持原有的定額數，「其他應收款」或「備用金」帳戶余額不變。在取消定額備用金制度時，借記「管理費用」「庫存現金」等科目，貸記「其他應收款」或「備用金」科目。

［例 3-5］ 2×16 年，華遠股份有限公司總務科實行定額備用金制度，財會部門根據核定的備用金定額 2,000 元，用庫存現金撥付。

借：其他應收款——備用金（總務科）　　2,000
　貸：庫存現金　　2,000

［例 3-6］ 承［例 3-5］，華遠股份有限公司總務科向財會部門報銷日常辦公用品費 1,530 元，財會部門審核有關單據后，同意報銷，並以現金補足定額。

借：管理費用　　1,530
　貸：庫存現金　　1,530

［例 3-7］ 承［例 3-5］和［例 3-6］，華遠股份有限公司財會部門決定取消總務科的定額備用金制度。總務科持尚未報銷的開支憑證 600 元和余款 1,400 元，到財會部門辦理報銷和交回備用金的手續。

借：管理費用　　600
　　庫存現金　　1,400
　貸：其他應收款——備用金（總務科）　　2,000

（三）現金的清查

為了保護現金的安全完整，做到帳實相符，必須做好現金的清查工作。現金清查的基本方法是清點庫存現金，並將現金實存數與現金日記帳上的余額進行核對。每日終了應查對庫存現金實存數與其帳面余額是否相符。定期或不定期清查時，一般應組成清查小組負責現金清查工作。清查人員應在出納人員在場時清點現金，核對帳實，並根據清查結果填製「現金盤點報告單」，註明實存數與帳面余額。如發現現金帳實不符或有其他問題，應查明原因，報告主管負責人或上級領導部門處理。對於現金清查中發現的帳實不符，即現金溢缺情況，通過「待處理財產損溢——待處理流動資產損溢」科目進行核算。現金清查中發現短缺的現金，應按照短缺的金額，借記「待處理財產損溢——待處理流動資產損溢」科目，貸記「庫存現金」科目；現金清查中發現溢余的現金，應按照溢余的金額，借記「庫存現金」科目，貸記「待處理財產損溢——待處理流動資產損溢」科目。調帳之后，待查明原因，報領導審批后按如下要求進行處理：

（1）如為現金短缺，屬於應由責任人或保險公司賠償的部分，借記「其他應收款——××人或××保險公司」或「庫存現金」科目，貸記「待處理財產損溢——待處理流動資產損溢」科目；屬於無法查明的其他原因，根據管理權限，經領導審批后作為盤虧處理，借記「管理費用」科目，貸記「待處理財產損溢——待處理流動資產損溢」科目。

（2）如為現金溢余，屬於應支付給有關人員或單位的，應借記「待處理財產損溢——待處理流動資產損溢」科目，貸記「其他應付款——××人或××公司」科目；屬於無法查明的其他原因，根據管理權限，經領導審批后作為盤盈利得處理，借記「待處理財產損溢——待處理流動資產損溢」科目，貸記「營業外收入——盤盈利得」科目。

［**例 3-8**］2×16 年 6 月 10 日，華遠股份有限公司在對現金進行清查時，發現短缺 120 元，6 月 12 日經查，是由於出納王華的責任所致，王華當天即交來賠償款 120 元。

（1）2×16 年 6 月 10 日，發現短缺。

借：待處理財產損溢——待處理流動資產損溢　　120

　貸：庫存現金　　120

（2）2×16 年 6 月 12 日，收到王華的賠款。

借：庫存現金　　120

　貸：待處理財產損溢——待處理流動資產損溢　　120

［**例 3-9**］2×16 年 7 月 20 日，華遠股份有限公司在對現金進行清查時，發現溢余 40 元，7 月 22 日經查，原因不明，經批准記入「營業外收入」科目。

（1）2×16 年 7 月 20 日，發現溢余。

借：庫存現金　　40

　貸：待處理財產損溢——待處理流動資產損溢　　40

（2）2×16 年 7 月 22 日，經批准記入「營業外收入」科目。

借：待處理財產損溢——待處理流動資產損溢　　40

　貸：營業外收入——盤盈利得　　40

二、銀行存款的核算

(一) 銀行存款管理的內容

銀行存款是指企業存放在本地銀行的那部分貨幣資金。企業應當按照中國人民銀行《支付結算辦法》的規定，在銀行開立帳戶，辦理存款、取款和轉帳結算。企業除了按規定留存的庫存現金外，所有貨幣資金都必須存入銀行。企業應當嚴格遵守銀行結算紀律，不準簽發沒有資金保證的票據或遠期支票，套取銀行信用；不準簽發、取得和轉讓沒有真實交易和債權債務的票據，套取銀行和他人現金；不準無理拒絕付款，任意占用他人資金；不準違反規定開立和使用銀行帳戶。企業應當及時核對銀行帳戶，確保銀行存款帳面余額與銀行對帳單相符。

銀行是全國的結算中心，各企業必須在銀行開設帳戶，以辦理存款、取款和轉帳等業務。企業在銀行開戶時，應填製開戶申請書，並提供當地工商管理部門核發的「營業執照」正本等有關文件。根據中國人民銀行關於《銀行帳戶管理辦法》的規定，一個企業可以根據需要在銀行開立四種帳戶，包括基本存款帳戶、一般存款帳戶、臨時存款帳戶和專用存款帳戶。一家企業只能選擇一家銀行的一個分支機構開設一個基本存款帳戶，企業可以通過基本存款帳戶辦理日常結算和現金收付業務；企業可以根據需要開設一般存款帳戶，用於基本存款帳戶以外的銀行借款轉存以及與基本存款帳戶的企業不在同一地點的附屬非獨立核算的單位的存款業務，一般存款帳戶可辦理轉帳結算和現金繳存，但不能支取現金；企業因臨時經營活動需要可在異地開設臨時存款帳戶，辦理轉帳結算，在規定的範圍內可辦理現金收付；除此之外，企業因特殊用途需要可開立專用存款帳戶。

(二) 銀行存款的結算方式

企業日常大量的與其他企業或個人的經濟業務往來，都是通過銀行結算的，銀行是社會經濟活動中各項資金流轉清算的中心。企業目前可以選擇使用的銀行結算方式主要包括銀行匯票、商業匯票、銀行本票、支票、匯兌、托收承付、委託收款、信用卡和信用證等。

1. 銀行匯票

銀行匯票是指由出票銀行簽發的，由其在見票時按照實際結算金額無條件付給收款人或者持票人的票據。銀行匯票的出票銀行為銀行匯票的付款人。銀行匯票有使用靈活、票隨人到、兌現性強等特點。銀行匯票一式四聯，第一聯為卡片，為承兌行支付票款時作付出傳票；第二聯為銀行匯票，與第三聯解訖通知一併由匯款人自帶，在兌付行兌付匯票后此聯做聯行往來帳付出傳票；第三聯解訖通知，在兌付行兌付后隨報單寄簽發行，由簽發行做余款收入傳票；第四聯是多余款通知，並在簽發行結清后交匯款人。

銀行匯票是目前異地結算中較為廣泛採用的一種結算方式。這種結算方式不僅適用於在銀行開戶的單位、個體經營戶和個人，而且適用於未在銀行開立帳戶的個體經營戶和個人。凡是各單位、個體經營戶和個人需要在異地進行商品交易、勞務供應和其他經濟活動及債權債務的結算，都可以使用銀行匯票。並且銀行匯票可以用於轉帳，填明「現金」字樣的銀行匯票也可以用於支取現金。申請人或者收款人為單位的，不得在「銀行匯票申請書」上填明「現金」字樣。銀行匯票的提示付款期限自出票日起1個月。持票人超過付款期限提示付款的，代理付款人不予受理。銀行匯票可以背書轉讓給被背書人。銀行匯票的背書轉讓以不超過出票金額的實際結算金額為準。為填寫實際結算金額或實際結算金額超過出票金額的銀行匯票不得背書轉讓。申請人因銀行匯票超過付款提示期限或其他原因要求退款時，應將銀行匯票和解訖通知同時提交到出票銀行。申請人缺少銀行匯票或解訖通知任何一聯要求退款的，出票銀行應於銀行匯票提示付款期滿一個月后辦理。

2. 銀行本票

銀行本票是申請人將款項交存銀行，由銀行簽發的承諾自己在見票時無條件支付確定的金額給收款人或者持票人的票據。銀行本票按照其金額是否固定可分為不定額和定額兩種。不定額銀行本票是指憑證上金額欄是空白的，簽發時根據實際需要填寫金額（起點金額為5,000元），並用壓數機壓印金額的銀行本票；定額銀行本票是指憑證上預先印有固定面額的銀行本票。定額銀行本票面額為1,000元、5,000元、10,000元和50,000元，其提示付款期限自出票日起最長不得超過2個月。

銀行本票可以用於轉帳，填明「現金」字樣的銀行本票，也可以用於支取現金，現金銀行本票的申請人和收款人均為個人。銀行本票可以背書轉讓，填明「現金」字樣的銀行本票不能背書轉讓。在銀行開立存款帳戶的持票人向開戶銀行提示付款時，應在銀行本票背面「持票人向銀行提示付款簽章」處簽章，簽章須與預留銀行簽章相同。未在銀行開立存款帳戶的個人持票人，持註明「現金」字樣的銀行本票向出票銀行支取現金時，應在銀行本票背面簽章，記載本人身分證件名稱、號碼及發證機關；銀行本票喪失，失票人可以憑人民法院出具的享有票據權利的證明，向出票銀行請求付款或退款。

3. 支票

支票是出票人簽發，委託辦理支票存款業務的銀行或者其他金融機構在見票時無條件支付確定的金額給收款人或持票人的票據。它使用方便，手續簡便、靈活。支票分為現金支票、轉帳支票和普通支票三種。在支票上印有「現金」字樣的支票為現金支票，現金支票只能用於支取現金；在支票上印有「轉帳」字樣的支票為轉帳支票，轉帳支票只能用於轉帳；在支票上未印有「現金」或「轉帳」字樣的為普通支票，普通支票可以用於支取現金，也可以用於轉帳。在普通支票左上角劃兩條平行線的，為劃線支票，劃線支票只能用於轉帳，不得支取現金。

由於支票是代替現金的即期支付工具，所以有效期較短。《中華人民共和國票據法》規定：支票的持票人應當自出票日起10日內提示付款，超過提示付款期限的，付款人可以不予付款。支票的出票人所簽發的支票金額不得超過其付款時在付款人處實有的存款金額。出票人簽發的支票金額超過其付款時在付款人處實有的存款金額的，為空頭支票。禁止簽發空頭支票。支票的出票人不得簽發與其預留本名的簽名式樣或者印鑒不符的支票。否則，銀行應予以退票，並按票面金額處以5%但不低於1,000元的罰款；持票人有權要求出票人賠償支票金額2%的賠償金。

4. 商業匯票

商業匯票是出票人簽發的，委託付款人在見票時或者在指定日期無條件支付確定的金額給收款人或者持票人的票據。這種結算方式要求在銀行開立帳戶的法人以及其他組織之間，必須具有真實的交易關係和債權債務關係，如購買材料、銷售商品等業務。這種結算方式同城和異地均可以使用。商業匯票按是否帶息，可以分為帶息的商業匯票和不帶息的商業匯票；按照承兌人的不同，可以分為商業承兌匯票和銀行承兌匯票兩種。商業承兌匯票由銀行以外的付款人承兌，屬於商業信用的範疇，可以由付款人簽發並承兌，也可以由收款人簽發交由付款人承兌。銀行承兌匯票由銀行承兌，屬於銀行信用，應由在承兌銀行開立存款帳戶的存款人簽發，存款人應與承兌銀行具有真實的委託付款關係，而且資信狀況良好，具有支付匯票金額的可靠資金來源，且出票人應於匯票到期前將票款足額交存其開戶銀行。

商業匯票的付款期限可由交易雙方自行約定，但最長不得超過 6 個月。商業匯票的提示付款為自匯票到期日起 10 日。持票人應在提示付款期限內通過開戶銀行委託收款或直接向付款人提示付款。對於異地委託收款的，持票人可匡算郵程，提前通過開戶銀行委託收款。持票人超過提示付款期限提示付款的，持票人開戶銀行不予受理。商業匯票可以背書轉上，符合條件的商業匯票在尚未到期前可以向銀行申請貼現，並按銀行規定的貼現率向銀行支付貼現息。

5. 匯兌

匯兌又稱「匯兌結算」，是指企業（匯款人）委託銀行將其款項支付給收款人的結算方式。單位和個人的各種款項的結算，均可使用匯兌結算方式。這種方式便於匯款人向異地的收款人主動付款，適用範圍十分廣泛。簡而言之，匯兌即委託銀行作為付款人進行付款。匯兌根據劃轉款項的不同方法以及傳遞方式的不同可以分為信匯和電匯兩種，由匯款人自行選擇。

6. 托收承付

托收承付亦稱異地托收承付，是指根據購銷合同由收款人發貨后委託銀行向異地付款人收取款項，由付款人向銀行承認付款的結算方式。根據《支付結算辦法》的規定，托收承付結算每筆的金額起點為 10,000 元，新華書店系統每筆的金額起點為 1,000 元。根據《支付結算辦法》的規定，使用托收承付結算方式的收款單位和付款單位，必須是國有企業或供銷合作社以及經營較好，並經開戶銀行審查同意的城鄉集體所有制工業企業；辦理結算的款項必須是商品交易以及因商品交易而產生的勞務供應款項。代銷、寄銷、賒銷商品款項，不得辦理托收承付結算。除符合以上兩個條件外，還必須具備以下三個前提條件：①收付雙方使用托收承付結算必須簽有符合《中華人民共和國經濟合同法》的購銷合同，並在合同中註明使用異地托收承付結算方式。②收款人辦理托收，必須具有商品確已發運的證件。③收付雙方辦理托收承付結算，必須重合同、守信譽。根據《支付結算辦法》規定，若收款人對同一付款人發貨托收累計三次收不回貨款的，收款人開戶銀行應暫停收款人向付款人辦理托收；付款人累計三次提出無理拒付的，付款人開戶銀行應暫停其向外辦理托收。

在托收承付結算方式下，銷貨單位在按照合同規定向購貨單位發貨以后，應填寫一式五聯的托收承付結算憑證，連同合同以及能證明貨物確實發出的發運證件送交銀行辦理托收。第一聯回單，是收款人開戶行給收款人的回單；第二聯委託憑證，是收款人委託開戶行辦理托收款項后的收款憑證；第三聯支票憑證，是付款人向開戶行支付貨款的支款憑證。第四聯收款通知，是收款人開戶行在款項收妥后給收款人的收款通知；第五聯承付（支款）通知，是付款人開戶行通知付款人按期承付貨款的承付（支款）通知。

7. 委託收款

委託收款是指收款人委託銀行向付款人收取款項的結算方式。凡在銀行或其他金融機構開立帳戶的單位和個體經營戶的商品交易，公用事業單位向用戶收取水電費、郵電費、煤氣費、公房租金等勞務款項以及其他應收款項，無論是在同城還是異地，均可使用委託收款的結算方式。委託收款分郵寄和電報劃回兩種，由收款人選用。

收款人委託銀行向付款人收取款項時，應填寫一式五聯的委託收款結算憑證，連同有關債務證明送交銀行辦理委託收款手續，收款人開戶行受理后，應將有關憑證交付款單位開戶銀行並由其審核后通知付款單位。付款人應於接到通知的當日書面通知銀行付款；如果付款人未在接到通知日的次日起 3 日內通知銀行付款的，視同付款人同意付款，銀行應於付款人接到通知日的次日起第 4 日上午開始營業時，將款項劃給收款人。付款人審查有關債務證明后，對收款人委託收取的款項需要拒絕付款的，可以辦理拒絕付款。付款人對收款人委託收取的款項需要全部拒絕付款的，應在付款期內填製「委託收款結算全部拒絕付款理由書」，並加蓋銀行預留印鑒章，連同有關單證送交開戶銀行。銀行不負責審查拒付理由，將拒絕付款理由書和有關憑證及單證寄給收款人開戶銀行轉交收款人。需要部分拒絕付款的，應在付款期內出具「委託收款結算部分拒絕付款理由書」，並加蓋銀行預留印鑒章，送交開戶銀行，銀行辦理部分劃款，並將部分拒絕付款理由書寄給收款人開戶銀行轉交收款人。付款人在付款期滿日、銀行營業終了前如無足夠資金支付全部款項，即為無款支付。銀行於次日上午開始營業時，通知付款人將有關單證（單證已作帳務處理的，付款人可填製「應付款項證明書」），在兩天內退回開戶銀行，銀行將有關結算憑證連同單證或應付款項證明單退回收款人開戶銀行轉交收款人。付款人逾期不退回單證的，開戶銀行應按照委託收款的金額自發出通知的第 3 天起，每天處以 0.5‰但不低於 50 元的罰金，並暫停付款人委託銀行向外辦理結算業務，直到退回單證時為止。

8. 信用卡

信用卡，又叫貸記卡，是一種非現金交易付款的方式，是簡單的信貸服務，是銀行向個人和單位發行的，憑此向特約單位購物、消費和向銀行存取現金，具有消費信用的特製載體卡片。

根據持卡人的信譽、地位等資信情況的不同，信用卡可分為普通卡和金卡。普通卡是對經濟實力和信譽、地位一般的持卡人發行的，對其各種要求並不高。金卡是一種繳納高額會費、享受特別待遇的高級信用卡。發卡對象為信用度較高、償還能力及信用較強或有一定社會地位者。金卡的授權限額起點較高，附加服務項目及範圍也寬得多，因而對有關服務費用和擔保金的要求也比較高。信用卡可以透支，但不能惡意透支，而且對透支金額有明確的規定。

按發卡對象的不同，信用卡可分為單位卡和個人卡。單位卡的發行對象為凡在中國境內金融機構開立基本存款帳戶的各類工商企業、科研教育等事業單位、國家黨政機關、部隊、團體等法人組織。單位卡帳戶的資金一律從基本存款帳戶存入，不得交存現金，不得將銷貨收入的款項存入其帳戶。單位卡銷戶時帳戶余額要轉入基本存款帳戶，不能提取現金。利用單位卡進行結算的商品交易、勞務供應款項的金額不能高於 10 萬元。個人卡的發行對象則為城鄉居民個人，包括工人、幹部、教師、科技工作者、個體經營戶以及其他成年的、有穩定收入來源的城鄉居民。個人卡以個人的名義申領並由其承擔用卡的一切責任。

9. 信用證

信用證是指由銀行（開證行）依照（申請人的）要求和指示或自己主動，在符合信用證條款的條件下，憑相關單據向第三者（受益人）或其指定方進行付款的書面文件。即信用證是一種銀行開立的有條件的承諾付款的書面文件。信用證是國際貿易中最主要、最常用的支付方式。信用證業務主要涉及九個方面的當事人：①開證申請人是指向銀行申請開立信用證的人，在信用證中又稱開證人。開證申請書包括兩部分即對開證行的開證申請和對開證行的聲明和保證。申明贖單付款前貨物所有權歸銀行；開證行及其代理行只負單據表面是否合格之責；開證行對單據傳遞中的差錯不負責；對「不可抗力」不負責；保證到期付款贖單；保證支付各項費用；開證行有權隨時追加押金；有權決定貨物代辦保險和增加保險級別而費用由開證申請人負擔。②受益人是指信用證上所指定的有權使用該證的人，即出口人或實際供貨人。③開證行是指接受開證申請人的委託開立信用證的銀行，它承擔保證付款的責任。④通知行是指受開證行的委託，將信用證轉交出口人的銀行，它只證明信用證的真實性，不承擔其他義務，是出口地所在銀行。⑤議付銀行是指願意買入受益人交來跟單匯票的銀行。即根據信用證開證行的付款保證和受益人的請求，按信用證規定對受益人交付的跟單匯票墊款或貼現，並向信用證規定的付款行索償的銀行。（又稱購票行、押匯行和貼現行；一般就是通知行；有限定議付和自由議付）⑥付款銀行是指信用證上指定付款的銀行，在多數情況下，付款行就是開證行。即對符合信用證的單據向受益人付款的銀行（可以是開證行也可受其委託的別家銀行）。有權付款或不付款；一經付款，無權向受益人或匯票持有人追索。⑦保兌行是指受開證行委託對信用證以自己名義保證的銀行。⑧承兌行是指對受益人提交的匯票進行承兌的銀行，亦是付款行。⑨償付行是指受開證行在信用證上的委託，代開證行向議付行或付款行清償墊款的銀行（又稱清算行）。只付款不審單；只管償付不管退款；不償付時開證行償付。

信用證結算方式的一般運作流程：

（1）開證申請人根據合同填寫開證申請書並繳納押金或提供其他保證，請開證行開證。

（2）開證行根據申請書內容，向受益人開出信用證並寄交出口人所在地通知行。

（3）通知行核對印鑒無誤后，將信用證交受益人。

（4）受益人審核信用證內容與合同規定相符后，按信用證規定裝運貨物、備妥單據並開出匯票，在信用證有效期內，送議付行議付。

（5）議付行按信用證條款審核單據無誤后，把貨款墊付給受益人。

（6）議付行將匯票和貨運單據寄開證行或其特定的付款行索償。

(7) 開證行核對單據無誤后，付款給議付行。

(8) 開證行通知開證人付款贖單。

(三) 銀行存款的帳務處理

銀行存款的總分類核算是為了總括地反應和監督企業在銀行開立結算帳戶的收支結存情況。在核算時，應設置「銀行存款」科目。這是一個資產類科目，用來核算企業存入本地銀行的各種存款。企業的外埠存款、銀行匯票存款、銀行本票存款等在「其他貨幣資金」科目核算，不在本科目核算。「銀行存款」科目可以根據銀行存款的收款憑證和付款憑證等登記。為了減少登記工作量，在實際工作中，一般都是把各自的收付款憑證按照對方科目進行歸類，定期（10天或半個月）匯總，據以登記銀行存款總帳科目。銀行存款的明細分類核算是通過設置銀行存款日記帳進行的。

企業收到銀行存款時，借記「銀行存款」科目，貸記「庫存現金」「應收帳款」等科目；企業提取現金或支付存款時，借記「庫存現金」「應付帳款」等科目，貸記「銀行存款」科目。

[例3-10] 2×16年5月10日，華遠股份有限公司收到乙公司歸還前欠本公司貨款的轉帳支票一張，金額為60,000元，公司將支票和填製的進帳單送交開戶銀行。

	借方	貸方
借：銀行存款	60,000	
貸：應收帳款——乙公司		60,000

[例3-11] 2×16年5月15日，華遠股份有限公司向南百公司購買辦公用品1,500元，開出轉帳支票支付款項。

	借方	貸方
借：管理費用	1,500	
貸：銀行存款		1,500

(四) 銀行存款的清查

企業的往來結算業務，大部分通過銀行進行辦理，為了正確掌握企業銀行存款的實有數，有必要對銀行存款進行清查。即需要定期將企業銀行存款日記帳與銀行轉來的對帳單進行核對，每月至少要核對一次，如二者不符，應查明原因，予以調整。企業銀行存款日記帳與銀行對帳單，二者都是對引起企業銀行存款增減變動的經濟業務所做的全部記錄。一般情況下，二者是能夠相符的，但也會有以下兩方面的原因造成二者不相符：一是企業和銀行雙方存在一方或雙方同時記帳錯誤；二是存在未達帳項。為了掌握企業銀行存款的實有數，企業在收到銀行轉來的對帳單以后，要仔細將企業銀行存款日記帳與對帳單的記錄進行核對，明確企業和銀行雙方是否有記帳錯誤，同時確定所有的未達帳項。可以通過編製銀行存款余額調節表的方法來確定企業銀行存款的實有數。

三、其他貨幣資金的核算

(一) 其他貨幣資金的內容

其他貨幣資金是指除現金、銀行存款之外的貨幣資金，包括外埠存款、銀行匯票存款、銀行本票存款、信用卡存款、信用證保證金以及存出投資款等。

(1) 外埠存款，是指企業到外地進行臨時或零星採購時，匯往採購地銀行開立採購專戶的款項。企業將款項委託當地銀行匯往採購地開立的採購專戶，除採購員差旅費可以支取少量現金外，一律轉帳結算；採購專戶只付不收，付完結束帳戶。

(2) 銀行匯票存款，是指企業為取得銀行匯票按規定存入銀行的款項。企業將款項交存開戶銀行取得銀行匯票后，可持往異地辦理轉帳結算或支取現金，匯票使用后如有多余款或因匯票超過付款期未付出的，將其退回企業開戶銀行。

(3) 銀行本票存款，是指企業為取得銀行本票按規定存入銀行的款項。企業將款項交存開戶銀行取得銀行本票后，可在同一票據交換區域內辦理轉帳結算或取得現金。如企業因本票超過付款期等原因未曾使用的，可要求銀行退款。

(4) 信用卡存款，是指企業為取得信用卡按照規定存入銀行的款項。企業的信用卡存款一律從基本帳戶轉帳存入，持卡人可持信用卡在特約單位購貨、消費，但不得支取現金。

(5) 信用證保證金存款，是指企業為取得信用證按規定存入銀行的保證金。企業向銀行申請開立信用證，應按規定向銀行提交開證申請書、信用證申請人承諾書和購銷合同，並向銀行繳納保證金。企業用信用證保證金存款結算貨款后，結余款可退回企業開戶銀行。

(6) 存出投資款，是指企業已存入證券公司但尚未購買股票、基金等投資對象的款項。

(二) 其他貨幣資金的帳務處理

為了總括地反應企業其他貨幣資金的增減變動和結存情況，企業應設置「其他貨幣資金」科目，以進行其他貨幣資金的總分類核算。同時為了詳細反應企業各項其他貨幣資金的增減變動及結存情況，還應在「其他貨幣資金」總帳科目下按其他貨幣資金的不同組成內容分設明細科目，並且按外埠存款的開戶銀行、銀行匯票和銀行本票的收款單位等設置明細帳，

為滿足企業臨時或零星採購的需要，將款項委託當地銀行匯往採購地銀行開立採購專戶時，借記「其他貨幣資金——外埠存款」科目，貸記「銀行存款」科目；會計部門在收到採購員交來的供應單位的帳單、運單等報銷憑證時，借記「在途物資」或「材料採購」「應交稅費」等科目，貸記「其他貨幣資金——外埠存款」科目；採購員在離開採購地，採購帳戶如有余額，應將剩余的外埠存款轉回企業當地銀行結算戶，會計部門根據銀行的收款通知，借記「銀行存款」科目，貸記「其他貨幣資金」科目。

[**例 3-12**] 2×16 年 5 月 20 日，華遠股份有限公司因零星採購需要，將款項 60,000 元匯往廣州並開立採購專戶，會計部門收到銀行轉來的回單。會計分錄如下：

借：其他貨幣資金——外埠存款　　60,000

　貸：銀行存款　　60,000

[**例 3-13**] 2×16 年 5 月 25 日，華遠股份有限公司會計部門收到採購員寄來的採購材料發票等，增值稅專用發票上註明的價款為 50,000 元，稅額為 8,500 元，貨物尚未運達。會計分錄如下：

借：在途物資　　50,000

應交稅費——應交增值稅（進項稅額） 8,500

貸：其他貨幣資金——外埠存款 58,500

［例 3-14］2×16 年 5 月 28 日，外地採購業務結束，採購員將剩余的採購資金 1,500 元，轉回本地銀行，華遠股份有限公司會計部門收到銀行轉來的收款通知單。會計分錄如下：

借：銀行存款 1,500

貸：其他貨幣資金——外埠存款 1,500

企業需要使用銀行匯票到異地辦理結算時，應填寫「銀行匯票業務委託書」，並將所需要申請的匯票金額交存銀行，取得銀行匯票后，根據銀行蓋章退回來的業務委託書第三聯回單聯，借記「其他貨幣資金——銀行匯票存款」科目，貸記「銀行存款」科目。企業持銀行匯票到異地使用后，應根據發票帳單等有關憑證，借記「在途物資」或「材料採購」「應交稅費」等科目，貸記「其他貨幣資金——銀行匯票存款」科目；銀行匯票如有多余款項或因超過付款期限等原因而退回款項時，借記「銀行存款」科目，貸記「其他貨幣資金——銀行本票存款」科目。

［例 3-15］2×16 年 8 月 20 日，華遠股份有限公司因異地採購需要，向開戶行提交「銀行匯票業務委託書」，並交存款項 30,000 元，銀行受理簽發了一式四聯的銀行匯票，將第二聯銀行匯票聯、第三聯解訖通知及業務委託書的第三聯交於華遠股份有限公司。會計分錄如下：

借：其他貨幣資金——銀行匯票存款 30,000

貸：銀行存款 30,000

［例 3-16］2×16 年 8 月 22 日，華遠股份有限公司持銀行匯票前往外地採購材料，用銀行匯票支付材料貨款 11,700 元，其中增值稅稅額為 1,700 元，貨物尚未運達。會計部門根據銀行轉來發票帳單等，編製會計分錄如下：

借：在途物資 10,000

應交稅費——應交增值稅（進項稅額） 1,700

貸：其他貨幣資金——銀行匯票存款 11,700

［例 3-17］2×16 年 8 月 24 日，華遠股份有限公司收到銀行轉來的退回多余款項收帳通知。會計分錄如下：

借：銀行存款 18,300

貸：其他貨幣資金——銀行匯票存款 18,300

企業需要使用銀行本票辦理結算時，應填寫「銀行本票業務委託書」，並將所需要申請的本票金額交存銀行，取得銀行本票后，根據銀行蓋章退回來的業務委託書第三聯回單聯，借記「其他貨幣資金——銀行本票存款」科目，貸記「銀行存款」科目。企業持銀行本票使用后，應根據發票帳單等有關憑證，借記「在途物資」或「材料採購」「應交稅費」等科目，貸記「其他貨幣資金——銀行匯票存款」科目；銀行本票因超過付款期限等原因而退回款項時，借記「銀行存款」科目，貸記「其他貨幣資金——銀行本票存款」科目。銀行本票的帳務處理程序與銀行匯票基本一致。

企業需要使用信用卡時，應先按規定填製申請表，並連同支票和有關資料一併送交銀行，根據銀行退回的進帳單回單聯，借記「其他貨幣資金——信用卡存款」科目，貸記「銀行存款」科目。企業用信用卡購物或支付有關費用時，借記「管理費用」等有關科目，貸記「其他貨幣資金——信用卡存款」科目。信用卡的帳務處理程序與銀行本票、銀行匯票也基本相同。

企業在國際結算中，需使用信用證時，應先向銀行繳納保證金，根據銀行退回的進帳單回單聯，借記「其他貨幣資金——信用證保證金」科目，貸記「銀行存款」科目。根據開證行交來的信用證來單通知及有關單據列明的金額，借記「在途物資」「原材料」「庫存商品」「應交稅費」等有關科目，貸記「其他貨幣資金——信用證保證金」科目。信用證的帳務處理程序與信用卡、銀行本票和銀行匯票也基本相同。

企業在向證券市場進行股票、債券投資時，應向證券公司申請開立證券戶和資金戶，並從基本戶劃出資金到資金戶。會計部門應按實際劃出的金額，借記「其他貨幣資金——存出投資款」科目，貸記「銀行存款」科目。購買股票、債券時，借記「交易性金融資產」「持有至到期投資」「可供出售金融資產」等有關科目，貸記「其他貨幣資金——存出投資款」科目。

［**例 3-18**］2×16 年 3 月 2 日，華遠股份有限公司擬利用閒置的資金進行證券投資，向國海證券公司開立證券戶和資金戶，並開出轉帳支票，劃出資金 6,000,000 元存入資金戶，以便購買股票、債券等。

借：其他貨幣資金——存出投資款	6,000,000	
貸：銀行存款		6,000,000

［**例 3-19**］2×16 年 3 月 15 日，華遠股份有限公司利用證券投資戶，以短期獲利為目的，購買了中國銀行股票 1,000,000 股，每股市價為 4.2 元，支付手續費、印花稅等交易費用 4,200 元。

借：交易性金融資產——成本（中國銀行）	4,200,000	
投資收益	4,200	
貸：其他貨幣資金——存出投資款		4,204,200

第三節　交易性金融資產

一、交易性金融資產的初始計量

企業應設置「交易性金融資產」科目核算以公允價值計量且其變動計入當期損益的金融資產的增減變動情況，包括企業為交易目的所持有的債券投資、股票投資、基金投資等交易性金融資產，以及企業持有的直接指定為以公允價值計量且其變動計入當期損益的金融資產。本科目借方反應交易性金融資產的增加，貸方反應交易性金融資產的減少，期末借方余額，反應企業持有的交易性金融資產的公允價值。本科目可按交易性金融資產的類別和品種，分「成本」「公允價值變動」等科目進行明細核算。其中「成本」明細科目用於反應初始確認的金額，「公允價值變動」明細科目反應交易性金融資產持有期間的公允價值變動金額。劃分為交易性金融資產的衍生金融資產，應單獨設置「衍生工具」科目反應，不通過「交易性金融資產」科目核算。

企業對以公允價值計量且其變動計入當期損益的金融資產的會計處理，應著重於該金融資產與金融市場的緊密結合性，反應該類金融資產相關市場變量變化對其價值的影響，進而對企業財務狀況和經營成果的影響。以公允價值計量且其變動計入當期損益的金融資產初始確認時，應按公允價值計量，相關交易費用應當直接計入當期損益。其中，交易費用是指可直接歸屬於購買、發行或處置金融工具新增的外部費用。所謂新增的外部費用，是指企業不購買、發行或處置金融工具就不會發生的費用。交易費用包括支付給代理機構、諮詢公司、券商等的手續費和佣金及其他必要支出，不包括債券溢價、折價、融資費用、內部管理成本及其他與交易不直接相關的費用。企業為發行金融工具所發生的差旅費等，不屬於此處的交易費用。

企業取得以公允價值計量且其變動計入當期損益的金融資產所支付的價款中，包含已宣告但尚未發放的現金股利或已到付息期但尚未領取的債券利息的，應當單獨確認為應收項目。在持有期間取得的利息或現金股利，應當確認為投資收益。

企業取得交易性金融資產，按其公允價值，借記「交易性金融資產——成本」科目，按發生的交易費用，借記「投資收益」科目，按已到付息期但尚未領取的利息或已宣告但尚未發放的現金股利，借記「應收利息」或「應收股利」科目，按實際支付的金額，貸記「銀行存款」「其他貨幣資金」等科目。

二、交易性金融資產的后續計量

如果交易性金融資產為股票，持有期間被投資單位宣告發放的現金股利，企業應借記「應收股利」科目，貸記「投資收益」科目。如果交易性金融資產為債券，在約定的付息日，按債券的票面利率計算應收的利息，借記「應收股利」科目，貸記「投資收益」科目。

資產負債表日，企業應將以公允價值計量且其變動計入當期損益的金融資產或金融負債的公允價值變動計入當期損益。資產負債表日，交易性金融資產的公允價值高於其帳面余額的差額，借記「交易性金融資產——公允價值變動」科目，貸記「公允價值變動損益」科目；如果公允價值低於其帳面余額的差額的，則做相反的會計分錄。

三、交易性金融資產的處置

處置交易性金融資產時，其公允價值與帳面價值之間的差額應確認為「投資收益」，同時將「公允價值變動損益」轉入「投資收益」。處置交易性金融資產，應按實際收到的金額，借記「銀行存款」「其他貨幣資金」等科目，按交易性金融資產的帳面余額，貸記「交易性金融資產」科目，按其差額，貸記或借記「投資收益」科目。同時，將該交易性金融資產持有期間已確認的累計公允價值變動淨損益確認為處置當期投資收益，借記或貸記「公允價值變動損益」科目，貸記或借記「投資收益」科目。

[例 3-20] 2×16 年 5 月 13 日，華遠股份有限公司支付價款 1, 050, 000 元，從二級市場購入甲公司發行的股票 100, 000 股，每股價格為 10. 50 元（其中內含已宣告但尚未發放的現金股利 0. 50 元/股），另支付交易費用 1, 000 元。華遠股份有限公司將持有的甲公司股權劃分為交易性金融資產，且持有甲公司股權后對其無重大影響。華遠股份有限公司的其他相關資料如下：

(1) 5 月 20 日，收到甲公司發放的現金股利；

(2) 6 月 30 日，甲公司股票價格漲到每股 13 元；

(3) 8 月 25 日，將持有的甲公司股票全部售出，每股售價為 15 元。

假定不考慮其他因素，華遠股份有限公司的會計分錄如下：

(1) 5 月 13 日，購入甲公司股票。

借：交易性金融資產——成本	1,000,000	
應收股利	50,000	
投資收益	1,000	
貸：銀行存款		1,051,000

(2) 5 月 23 日，收到甲公司發放的現金股利。

借：銀行存款	50,000	
貸：應收股利		50,000

(3) 6 月 30 日，確認股票價格變動。

借：交易性金融資產——公允價值變動	300,000	
貸：公允價值變動損益		300,000

(4) 8 月 15 日，將甲公司股票全部售出。

借：銀行存款	1,500,000	
貸：交易性金融資產——成本		1,000,000
——公允價值變動		300,000
投資收益		200,000
借：公允價值變動損益	300,000	
貸：投資收益		300,000

[例 3-21] 2×16 年 1 月 1 日，華遠股份有限公司從二級市場支付價款 1,020,000 元（其中含已到付息但尚未領取的利息 20,000 元）購入某公司發行的 3 年債券，另支付交易費用 20,000 元。該債券面值 1,000,000 元，剩余期限為 2 年，票面年利率為 4%，每半年付息一次，華遠股份有限公司將其劃分為交易性金融資產。

華遠股份有限公司的其他相關資料如下：

(1) 2×16 年 1 月 5 日，收到該債券 2×15 年下半年利息 20,000 元；

(2) 2×16 年 6 月 30 日，該債券的公允價值為 1,150,000 元（不含利息）；

(3) 2×16 年 7 月 5 日，收到該債券半年利息；

(4) 2×16 年 12 月 31 日，該債券的公允價值為 1,100,000 元（不含利息）；

(5) 2×17 年 1 月 5 日，收到該債券 2×16 年下半年利息；

(6) 2×17 年 3 月 31 日，華遠股份有限公司將該債券出售，取得價款 1,180,000 元（含 1 季度利息 10,000）。

假定不考慮其他因素，則華遠股份有限公司的會計分錄如下：

(1) 2×16 年 1 月 1 日，購入債券：

借：交易性金融資產——成本	1,000,000	
應收利息	20,000	
投資收益	20,000	

貸：銀行存款　1,040,000

(2) 2×16年1月5日，收到該債券20×4年下半年利息：

借：銀行存款　20,000

貸：應收利息　20,000

(3) 2×16年6月30日，確認債券公允價值變動和投資收益：

借：交易性金融資產——公允價值變動　150,000

貸：公允價值變動損益　150,000

借：應收利息　20,000

貸：投資收益　20,000

(4) 2×16年7月5日，收到該債券上半年利息：

借：銀行存款　20,000

貸：應收利息　20,000

(5) 2×16年12月31日，確認債券公允價值變動和投資收益：

借：公允價值變動損益　50,000

貸：交易性金融資產——公允價值變動　50,000

借：應收利息　20,000

貸：投資收益　20,000

(6) 2×17年1月5日，收到該債券20×5年下半年利息：

借：銀行存款　20,000

貸：應收利息　20,000

(7) 2×17年3月31日，將該債券予以出售：

借：應收利息　10,000

貸：投資收益　10,000

借：銀行存款　10,000

貸：應收利息　10,000

借：銀行存款　1,170,000

貸：交易性金融資產——成本　1,000,000

——公允價值變動　100,000

投資收益　70,000

借：公允價值變動損益　100,000

貸：投資收益　100,000

第四節　持有至到期投資

一、持有至到期投資的初始計量

企業應當設置「持有至到期投資」科目，核算企業持有至到期投資的攤余成本，並按持有至到期投資的類別和品種，設置「成本」「利息調整」「應計利息」等明細科目進行明細核算。

持有至到期投資初始確認時，應當按照公允價值計量和相關交易費用之和作為初始入帳金額。實際支付的價款中包括的已到付息期但尚未領取的債券利息，應單獨確認為應收項目。企業取得的持有至到期投資，應按該投資的面值，借記「持有至到期投資——成本」科目，按支付的價款中包含的已到付息期但尚未領取的利息，借記「應收利息」科目，按實際支付的金額，貸記「銀行存款」等科目，按其差額，借記或貸記「持有至到期投資——利息調整」科目。

持有至到期投資初始確認時，應當計算確定其實際利率，並在該持有至到期投資預期存續期間或適用的更短期間內保持不變。實際利率，是指將金融資產或金融負債在預期存續期間或適用的更短期間內的未來現金流量，折現為該金融資產或金融負債當前帳面價值所使用的利率。企業在確定實際利率時，應當在考慮金融資產或金融負債所有合同條款（包括提前還款權、看漲期權、類似期權等）的基礎上預計未來現金流量，但不應考慮未來信用損失。金融資產合同各方之間支付或收取的、屬於實際利率組成部分的各項收費、交易費用及溢價或折價等，應當在確定實際利率時予以考慮。金融資產的未來現金流量或存續期間無法可靠預計時，應當採用該金融資產在整個合同期內的合同現金流量。

二、持有至到期投資的后續計量

資產負債表日，企業應確認持有至到期投資的利息收益，利息收益採用實際利率法計算。實際利率法是指按照金融資產或金融負債（含一組金融資產或金融負債）的實際利率計算其攤余成本及各期利息收入或利息費用的方法。

攤余成本是指該金融資產的初始確認金額經下列調整后的結果：

（1）扣除已償還的本金；

（2）加上或減去採用實際利率法將該初始確認金額與到期日金額之間的差額進行攤銷形成的累計攤銷額；

（3）扣除已發生的減值損失。

若持有至到期投資為分期付息、一次還本的債券投資，應按票面利率計算確定的應收未收利息，借記「應收利息」科目，按持有至到期投資攤余成本和實際利率計算確定的利息收入，貸記「投資收益」科目，按其差額，借記或貸記「持有至到期投資——利息調整」科目。實際收到利息收入時，借記「銀行存款」科目，貸記「應收利息」科目。

若持有至到期投資為一次還本付息債券投資的，應於資產負債表日按票面利率計算確定的應收未收利息，借記「持有至到期投資——應計利息」科目，持有至到期投資攤余成本和實際利率計算確定的利息收入，貸記「投資收益」科目，按其差額，借記或貸記「持有至到期投資——利息調整」科目。

［例 3-22］ 2×15 年 1 月 1 日，華遠股份有限公司支付價款 2,000 元（含交易費用）從活躍市場上購入某公司 5 年期債券，債券面值 2,250 元，票面年利率為 6%，債券利息按年支付（即每年支付利息 135 元），本金到期一次性支付。合同約定，該債券的發行方在遇到特定情況時可以將債券贖回，且不需要為提前贖回支付額外款項。華

遠股份有限公司在購買該債券時，預計發行方不會提前贖回。

華遠股份有限公司將購入的該公司債券劃分為持有至到期投資，且不考慮所得稅、減值損失等因素。為此，華遠股份有限公司在初始確認時先計算確定該債券的實際利率：

設該債券的實際利率為 r，則可列出如下等式：

$135\times(1+r)^{-1}+135\times(1+r)^{-2}+235\times(1+r)^{-3}+135\times(1+r)^{-4}+(135+2,250)\times(1+r)^{-5}=2,000$

或：

$135\times(P/A,r,5)+2,250\times(P/F,r,5)=2,000$

採用插值法，可以計算得出 r=8.85%，由此可編製表 3-1。

表 3-1　　利息收入與攤余成本計算表

（實際利率法）　　金額單位：元

年份	期初攤余成本 (a)	實際利息收入 (b)（8.85%）	現金流入 (c)	期末攤余成本 (d=a+b-c)
2×15 年	2,000	177	135	2,042
2×16 年	2,042	181	135	2,088
2×17 年	2,088	185	135	2,137
2×18 年	2,137	189	135	2,191
2×19 年	2,191	194	2,385	0

根據上述數據，華遠股份有限公司的有關會計分錄如下：

(1) 2×15 年 1 月 1 日，購入債券：

借：持有至到期投資——成本　　2,250

　貸：銀行存款　　2,000

　　　持有至到期投資——利息調整　　250

(2) 2×15 年 12 月 31 日，確認實際利息收入、收到票面利息等：

借：應收利息　　135

　　持有至到期投資——利息調整　　42

　貸：投資收益　　177

借：銀行存款　　135

　貸：應收利息　　135

(3) 2×16 年 12 月 31 日，確認實際利息收入、收到票面利息等：

借：應收利息　　135

　　持有至到期投資——利息調整　　46

　貸：投資收益　　181

借：銀行存款　　135

　貸：應收利息　　135

(4) 2×17 年 12 月 31 日，確認實際利息收入、收到票面利息等：

借：應收利息　　135

持有至到期投資——利息調整 50
貸：投資收益 185
借：銀行存款 135
貸：應收利息 135
(5) 2×18 年 12 月 31 日，確認實際利息、收到票面利息等：
借：應收利息 135
持有至到期投資——利息調整 54
貸：投資收益 189
借：銀行存款 135
貸：應收利息 135
(6) 2×19 年 12 月 31 日，確認實際利息、收到票面利息和本金等：
借：應收利息 135
持有至到期投資——利息調整 59
貸：投資收益 194
借：銀行存款 135
貸：應收利息 135
借：銀行存款等 2,250
貸：持有至到期投資——成本 2,250

假定在 2×17 年 1 月 1 日，華遠股份有限公司預計本金的一半（即 1,125 元）將在該年年末收回，而其余的一半本金將於 2×19 年年末付清。遇到這種情況時，華遠股份有限公司應當調整 2×17 年年初的攤余成本，計入當期損益。調整時採用最初確定的實際利率。

據此，調整上述表中相關數據后如表 3-2 所示。

表 3-2 利息收入與攤余成本計算表

（實際利率法） 金額單位：元

年份	期初攤余成本 (a)	實際利息收入 (b)（8.85%）	現金流入 (c)	期末攤余成本 (d=a+b-c)
2×17 年	2,139*	189**	1,260	1,068
2×18 年	1,068	94	68***	1,095
2×19 年	1,095	97	1,193	0

註：* $2,139 = 1,125 \times (1+8.85\%)^{-1} + 135 \times (1+8.85\%)^{-1} + 68 \times (1+8.85\%)^{-2} + (1,125+68) \times (1+8.85\%)^{-3}$

** $189 = 2,139 \times 8.85\%$

*** $68 = 1,125 \times 6\%$

根據上述調整，華遠股份有限公司的會計分錄如下：
(1) 2×17 年 1 月 1 日，調整期初攤余成本：
借：持有至到期投資——利息調整 51
貸：投資收益 51

(2) 2×17 年 12 月 31 日，確認實際利息、收回本金等：

借：應收利息 135

持有至到期投資——利息調整 54

貸：投資收益 189

借：銀行存款 135

貸：應收利息 135

借：銀行存款 1,125

貸：持有至到期投資——成本 1,125

(3) 2×18 年 12 月 31 日，確認實際利息等：

借：應收利息 68

持有至到期投資——利息調整 26

貸：投資收益 94

借：銀行存款 68

貸：應收利息 68

(4) 2×19 年 12 月 31 日，確認實際利息、收回本金等：

借：應收利息 68

持有至到期投資——利息調整 29

貸：投資收益 97

借：銀行存款 68

貸：應收利息 68

借：銀行存款 1,125

貸：持有至到期投資——成本 1,125

假定華遠股份有限公司購買的債券不是分次付息，而是到期一次還本付息，且利息不是以複合計算。此時華遠股份有限公司所購買債券的實際利率 r，可以計算如下：

$(135\times5+2,250)\times(1+r)^{-5}=2,000$

由此得出 r=7.90%。

據此，調整上述表中相關數據后如表 3-3 所示。

表 3-3 利息收入與攤余成本計算表

（實際利率法） 金額單位：元

年份	期初攤余成本 (a)	實際利息收入 (b) (7.9%)	現金流入 (c)	期末攤余成本 (d=a+b-c)
2×15 年	2,000	158	0	2,158
2×16 年	2,158	170	0	2,328
2×17 年	2,328	184	0	2,512
2×18 年	2,512	198	0	2,711
2×19 年	2,711	214	2,925	0

根據上述數據，華遠股份有限公司的有關會計分錄如下：

(1) 2×15 年 1 月 1 日，購入債券：

科目	借	貸
借：持有至到期投資——成本	2,250	
貸：銀行存款		2,000
持有至到期投資——利息調整		250

(2) 2×15 年 12 月 31 日，確認實際利息收入：

科目	借	貸
借：持有至到期投資——應計利息	135	
——利息調整	23	
貸：投資收益		158

(3) 2×16 年 12 月 31 日，確認實際利息收入：

科目	借	貸
借：持有至到期投資——應計利息	135	
——利息調整	35	
貸：投資收益		170

(4) 2×17 年 12 月 31 日：

科目	借	貸
借：持有至到期投資——應計利息	135	
——利息調整	49	
貸：投資收益		184

(5) 2×18 年 12 月 31 日，確認實際利息：

科目	借	貸
借：持有至到期投資——應計利息	135	
——利息調整	63	
貸：投資收益		198

(6) 2×19 年 12 月 31 日，確認實際利息、收到本金和名義利息等：

科目	借	貸
借：持有至到期投資——應計利息	135	
——利息調整	69	
貸：投資收益		214
借：銀行存款	2,925	
貸：持有至到期投資——成本		2,250
——應計利息		675

三、持有至到期投資的處置和轉換

企業持有債券投資，由於情況改變，企業出售持有至到期投資，應按實際收到的金額，借記「銀行存款」等科目，按其帳面余額，貸記「持有至到期投資」科目，按其差額，貸記或借記「投資收益」科目。已計提減值準備的，還應同時結轉減值準備。

企業改變投資意圖，將持有至到期投資部分出售，且不屬於企業會計準則所允許的例外情況，使該投資的剩余部分不再適合劃分為持有至到期投資的，企業應當將該投資的剩余部分重分類為可供出售金融資產，並以公允價值進行后續計量。重分類日，該投資剩余部分的帳面價值與其公允價值之間的差額計入所有者權益，在該可供出售金融資產發生減值或終止確認時轉出，計入當期損益。在重分類日，對於投資的剩余部分，按其公允價值，借記「可供出售金融資產」科目，按其帳面余額，貸記「持有至到期投資」科目，按其差額，貸記或借記「其他綜合收益」科目。已計提減值準備的，還應同時結轉減值準備。

［例 3-23］ 2×16 年 3 月，由於貸款基準利率的變動和其他市場因素的影響，華遠股份有限公司持有的、原劃分為持有至到期投資的某公司債券價格持續下跌。為此，華遠股份有限公司於 4 月 1 日對外出售該持有至到期債券投資的 10%，收取價款 1,200,000 元（即所出售債券的公允價值）。

假定 4 月 1 日該債券出售前的帳面余額（成本）為 10,000,000 元，不考慮債券出售等其他相關因素的影響，則華遠股份有限公司相關的會計分錄如下：

借：銀行存款	1,200,000	
貸：持有至到期投資——成本		1,000,000
投資收益		200,000
借：可供出售金融資產	10,800,000	
貸：持有至到期投資——成本		9,000,000
其他綜合收益		1,800,000

第五節　貸款和應收款項

一、貸款和應收款項概述

貸款一般指銀行等金融機構發放的貸款；應收款項是指企業從事銷售商品、提供勞務等日常生產經營活動形成的債權，包括應收票據、應收帳款、其他應收款等。由於貸款是指銀行等金融機構的特有業務，故本節對貸款類金融資產的帳務處理不予介紹，本節主要介紹一般企業的應收款項業務。

二、應收票據的核算

應收票據是指企業因銷售商品、提供勞務等而收到的開出、承兌的商業匯票。當企業銷售商品、提供勞務收到商業匯票時，按商業匯票的票面金額，借記「應收票據」科目，按應確認的收入，貸記「主營業務收入」等科目。涉及增值稅銷項稅額的，還應進行相應的處理。

企業因急需資金，可以持未到期的商業匯票向銀行貼現，銀行會按照貼現率和貼現期的長短計算收取的貼現息，並按票據的到期值扣除應收取的貼現息后的淨額交付資金給企業。企業向銀行貼現時，應按實際收到的金額，借記「銀行存款」等科目，按貼現息部分，借記「財務費用」等科目，按商業匯票的票面金額，貸記「應收票據」科目或「短期借款」科目。

中國《票據法》規定，商業匯票可以背書轉讓，企業可以將持有的商業匯票背書轉讓給供貨商以取得所需物資。企業以商業匯票背書轉讓購入物資時，按取得物資成本的金額，借記「材料採購」「原材料」「庫存商品」等科目，按商業匯票的票面金額，貸記「應收票據」科目，如有差額，借記或貸記「銀行存款」等科目。涉及增值稅進項稅額的，還應進行相應的處理。商業匯票到期，應按實際收到的金額，借記

「銀行存款」科目，按商業匯票的票面金額，貸記「應收票據」科目。

［例 3-24］華遠股份有限公司銷售一批商品給乙企業，貨已發出，增值稅專用發票上註明的商品價款為 200,000 元，增值稅銷項稅額為 34,000 元。當日收到乙企業簽發的不帶息商業承兌匯票一張，該票據的期限為 3 個月。相關銷售商品收入符合收入確認條件。

相關會計分錄如下：

（1）銷售實現時。

借：應收票據　234,000

　貸：主營業務收入　200,000

　　應交稅費——應交增值稅（銷項稅額）　34,000

（2）3 個月后，應收票據到期，甲企業收回款項 234,000 元，存入銀行。

借：銀行存款　234,000

　貸：應收票據　234,000

（3）如果華遠股份有限公司在該票據到期前向銀行貼現，且銀行擁有追索權，則華遠股份有限公司應按票據面值確認短期借款，按實際收到的金額（即減去貼現息后的淨額）與票據金額之間的差額確認「財務費用」。假定華遠股份有限公司貼現獲得現金淨額 231,660 元，則會計分錄如下：

借：銀行存款　231,660

　財務費用　2,340

　貸：短期借款　234,000

三、應收帳款的核算

應收帳款是指企業因銷售商品、提供勞務等經營活動發生的，應向購貨或接受勞務單位收取的款項，主要包括企業出售商品、材料、提供勞務等應向有關債務人收取的價款及代購貨方墊付的運雜費等。當企業賒銷商品或提供勞務時，按應收金額，借記「應收帳款」科目，按確認的營業收入，貸記「主營業務收入」「其他業務收入」科目，涉及增值稅銷項稅額的，還應進行相應的處理。收回應收帳款時，借記「銀行存款」等科目，貸記「應收帳款」科目。

在確認應收帳款的入帳價值時，應當考慮有關的折扣因素。

1. 商業折扣

商業折扣是指企業為促進銷售而在商品標價上給予的扣除。例如，企業為鼓勵買主購買更多的商品而規定購買 10 件以上者給 10%的折扣。商業折扣一般在交易發生時即已確定，它僅僅是確定實際銷售價格的一種手段，不需在買賣雙方任何一方的帳上反應。因此，在存在商業折扣的情況下，企業應收帳款入帳金額應按扣除商業折扣以后的實際售價為基礎確定。

2. 現金折扣

現金折扣是指債權人為鼓勵債務人在規定的期限內付款，而向債務人提供的債務扣除。現金折扣通常發生在以賒銷方式銷售商品及提供勞務的交易中。企業為了鼓勵客戶提前償付貨款，通常與債務人達成協議，債務人在約定的折扣期內付款可享受不同比例的折扣。現金折扣一般用符號「折扣率/付款期限」表示。例如，買方在 10 天內付款可按售價給予 2%的折扣，用符號「2/10」表示；在 20 天內付款按售價給予 1%的折扣，用符號「1/20」表示；在 30 天內付款，則不給折扣，用符號「N/30」表示。在存在現金折扣的情況下，應收帳款入帳價值的確定有兩種方法：一種是總價法，另一種是淨價法。

總價法是將未減去現金折扣前的金額作為應收帳款的入帳價值。現金折扣只有客戶在折扣期內支付貨款時，才予以確認。在這種方法下，銷售方把給予客戶的現金折扣視為融資的理財費用，會計上作為財務費用處理。總價法可以較好地反應企業銷售的總過程，但可能會因客戶享受現金折扣而高估應收帳款和銷售收入。例如，期末結帳時，有些應收帳款還沒有超過折扣期限，如果有一部分客戶享受現金折扣，則銷貨企業的應收帳款和銷售收入就會因入帳時按總價確認而虛增。

淨價法是將扣減最大現金折扣后的金額作為應收帳款的入帳價值。這種方法是把客戶取得折扣視為正常現象，認為客戶一般都會提前付款，而將由於客戶超過折扣期限而多收入的金額，視為提供信貸獲得的收入，於收到帳款時入帳，衝減財務費用。淨價法可以避免總價法的不足，但在客戶沒有享受現金折扣而全額付款時，必須再查對原銷售總額。期末結帳時，對已超過期限尚未收到的應收帳款，需按客戶未享受的現金折扣進行調整，操作起來比較麻煩。

根據中國《企業會計準則》規定，企業應收帳款的入帳價值，應按總價法確定。在沒有商業折扣的情況下，應收帳款應按應收的全部金額入帳。

［**例 3-25**］華遠股份有限公司賒銷給華強公司一批商品，貨款總計 50,000 元，適用的增值稅稅率為 17%，代墊運雜費 1,000 元（假設不作為計稅基數）。華遠股份有限公司應作會計分錄如下：

借：應收帳款	59,500	
貸：主營業務收入		50,000
應交稅費——應交增值稅（銷項稅額）		8,500
銀行存款		1,000

收到貨款時：

借：銀行存款	59,500	
貸：應收帳款		59,500

存在商業折扣的情況下，應收帳款和銷售收入按扣除商業折扣后的金額入帳。

［**例 3-26**］華遠股份有限公司賒銷一批商品，按價目表的價格計算，貨款金額總計 10,000 元，給買方的商業折扣為 10%，適用的增值稅稅率為 17%，代墊運雜費 500 元（假設不作為計稅基數）。

華遠股份有限公司應作會計分錄如下：

借：應收帳款	11,030	
貸：主營業務收入		9,000
應交稅費——應交增值稅（銷項稅額）		1,530
銀行存款		500

收到貨款時：

借：銀行存款　　11,030
　貸：應收帳款　　11,030

存在現金折扣的情況下，採用總價法核算。

[**例 3-27**] 華遠股份有限公司賒銷一批商品，貨款為 100,000 元，規定對貨款部分的付款條件為 2/10、N/30，適用的增值稅稅率為 17%。假設折扣時不考慮增值稅，華遠股份有限公司應作會計分錄如下：

(1) 銷售業務發生時。

借：應收帳款　　117,000
　貸：主營業務收入　　100,000
　　應交稅費——應交增值稅（銷項稅額）　　17,000

(2) 假若客戶於 10 天內付款。

借：銀行存款　　115,000
　財務費用　　2,000
　貸：應收帳款　　117,000

(3) 假若客戶超過 10 天付款，則無現金折扣。

借：銀行存款　　117,000
　貸：應收帳款　　117,000

四、預付帳款的核算

預付帳款是指企業按照購貨合同規定預付給供應單位的款項。預付帳款是企業暫時被供貨單位占用的資金。企業預付貨款后，有權要求對方按照購貨合同規定發貨。預付帳款必須以購銷雙方簽訂的購貨合同為條件，按照規定的程序和方法進行核算。

為了反應和監督預付帳款的增減變動情況，企業應設置「預付帳款」科目，核算預付帳款增減變動及其結存情況，期末余額一般在借方，反應企業實際預付的款項。企業預付款項時，根據購貨合同的規定向供應單位預付款項時，借記「預付帳款」科目，貸記「銀行存款」科目。企業收到所購貨物時，根據有關發票帳單金額，借記「原材料」「應交稅費——應交增值稅（進項稅額）」等科目，貸記「預付帳款」科目；當預付貨款小於採購貨物所需支付的款項時，應將不足部分補付，借記「預付帳款」科目，貸記「銀行存款」科目；當預付貨款大於採購貨物所需支付的款項時，對收回的多余款項應借記「銀行存款」科目，貸記「預付帳款」科目。

預付款項情況不多的企業，可以不設置「預付帳款」科目，而直接通過「應付帳款」科目核算。

[**例 3-28**] 華遠股份有限公司向華峰公司採購材料 2,000 千克，每千克單價為 50 元，所需支付的款項總額為 100,000 元。按照合同規定，華遠股份有限公司向華峰公司預付貨款的 40%，驗收貨物后補付其余款項。

(1) 預付 40% 的貨款時，相關會計分錄如下：

借：預付帳款——華峰公司　　40,000
　貸：銀行存款　　40,000

(2) 收到華峰公司發來的 2,000 千克材料，經驗收無誤，有關發票記載的貨款為

100,000 元，增值稅稅額為 17,000 元。據此以銀行存款補付不足款項 77,000 元。相關會計分錄如下：

借：原材料 100,000

應交稅費——應交增值稅（進項稅額） 17,000

貸：預付帳款 117,000

借：預付帳款 77,000

貸：銀行存款 77,000

五、其他應收款的核算

其他應收款是指除應收票據、應收帳款、預付帳款以外的其他各種應收、暫付款項。其主要內容包括：應收的各種賠款、罰款，應收的出租包裝物租金，應向職工收取的各種墊付款項，存出保證金以及其他各種應收、暫付款項等。

企業應設置「其他應收款」科目對其他應收款進行核算。該科目屬於資產類科目，借方登記發生的各種其他應收款，貸方登記企業收到的款項和結轉情況，余額一般在借方，表示應收未收的其他應收款項。

［**例 3-29**］華遠股份有限公司為張強墊付應由其個人負擔的住院醫藥費 600 元，擬從其工資中扣回。會計分錄如下：

（1）墊支時。

借：其他應收款——張強 600

貸：銀行存款 600

（2）扣款時。

借：應付職工薪酬 600

貸：其他應收款——張強 600

［**例 3-30**］華遠股份有限公司租入一批包裝物，以銀行存款向出租方支付押金 3,000 元。

（1）支付時。

借：其他應收款 3,000

貸：銀行存款 3,000

（2）收到出租方退還的押金時。

借：銀行存款 3,000

貸：其他應收款 3,000

第六節　可供出售金融資產

一、可供出售金融資產的初始計量

企業應當設置「可供出售金融資產」科目，核算持有的可供出售金融資產的公允價值，並按照可供出售金融資產類別和品種，分「成本」「利息調整」「應計利息」

「公允價值變動」等科目進行明細核算。其中，「成本」明細科目反應可供出售權益工具投資的初始入帳金額或可供出售債務工具投資的面值；「利息調整」明細科目反應可供出售債務工具投資的初始入帳金額與其面值的差額，以及按照實際利率法分期攤銷后該差額的攤余金額；「應計利息」明細科目反應企業計提的到期一次還本付息可供出售債務工具投資應計未付的利息；「公允價值變動」明細科目反應可供出售金融資產公允價值變動金額。

可供出售金融資產應當按取得該金融資產的公允價值和相關交易費用之和作為初始入帳金額。如果支付的價款中包含已宣告但尚未發放的現金股利或已到付息期但尚未領取的利息，應單獨確認為應收項目，不構成可供出售金融資產的初始入帳金額。

企業取得可供出售權益工具投資時，應按其公允價值與交易費用之和，借記「可供出售金融資產——成本」科目，按支付的價款中包含的已宣告但尚未發放的現金股利，借記「應收股利」科目，按實際支付的金額，貸記「銀行存款」等科目；企業取得可供出售債務工具投資時，應按其面值，借記「可供出售金融資產——成本」科目，按支付的價款中包含的已到付息期但尚未領取的利息，借記「應收利息」科目，按實際支付的金額，貸記「銀行存款」等科目，按上列差額，借記或貸記「可供出售金融資產——利息調整」科目。

收到支付的價款中包含的已宣告但尚未發放的現金股利或已到付息期尚未領取的利息，借記「銀行存款」科目，貸記「應收股利」或「應收利息」科目。

二、可供出售金融資產的后續計量

可供出售金融資產在持有期間取得的現金股利或債券利息（不包括取得該金融資產時支付的價款中包含的已宣告但尚未發放的現金股利或已到付息期但尚未領取的利息），應當計入投資收益。

可供出售權益工具投資持有期間被投資單位宣告發放現金股利時，按應享有的份額，借記「應收股利」科目，貸記「投資收益」科目；收到發放的現金股利，借記「銀行存款」科目，貸記「應收股利」科目。

可供出售債務工具投資在持有期間確認利息收入的方法與持有至到期投資相同，即採用實際利率法確認當期利息收入，計入投資收益。可供出售債務工具投資如為分期付息、一次還本債務工具，應於付息日或資產負債表日，按照以可供出售債務工具投資面值和票面利率計算確定的應收利息，借記「應收利息」科目，按照以可供出售債務工具投資攤余成本和實際利率計算確定的利息收入，貸記「投資收益」科目，按其差額，借記或貸記「可供出售金融資產——利息調整」科目；收到上列應計未收的利息時，借記「銀行存款」科目，貸記「應收利息」科目。可供出售債務工具投資如為到期一次還本付息債務工具，應於資產負債表日，按照以可供出售債務工具投資面值和票面利率計算確定的應收利息，借記「可供出售金融資產——應計利息」科目，按照以可供出售債務工具投資攤余成本和實際利率計算確定的利息收入，貸記「投資收益」科目，按其差額，借記或貸記「可供出售金融資產——利息調整」科目。

可供出售金融資產的價值應按資產負債表日的公允價值反應，公允價值的變動計入其他綜合收益。資產負債表日，可供出售金融資產的公允價值高於其帳面余額時，應按二者之間的差額，調增可供出售金融資產的帳面余額，同時將公允價值變動計入其他綜合收益，借記「可供出售金融資產——公允價值變動」科目，貸記「其他綜合收益」科目；可供出售金融資產的公允價值低於其帳面余額時，應按二者之間的差額，調減可供出售金融資產的帳面余額，同時按公允價值變動減少其他綜合收益，借記「其他綜合收益」科目，貸記「可供出售金融資產——公允價值變動」科目。

［**例 3-31**］華遠股份有限公司於 2×16 年 7 月 13 日從二級市場購入股票 1,000,000 股，每股市價 15 元，手續費為 30,000 元。初始確認時，該股票被劃分為可供出售金融資產。華遠股份有限公司至 2×16 年 12 月 31 日仍持有該股票，該股票當時的市價為 16 元。2×17 年 12 月 31 日，華遠股份有限公司仍持有該股票，該股票當時的市價為 13 元。

假定不考慮其他因素，華遠股份有限公司的會計分錄如下：

（1）2×16 年 7 月 13 日，購入股票：

借：可供出售金融資產——成本　　15,030,000

　貸：銀行存款　　15,030,000

（2）2×16 年 12 月 31 日，確認股票價格變動，相關會計分錄如下：

借：可供出售金融資產——公允價值變動　　970,000

　貸：其他綜合收益　　970,000

（3）2×17 年 12 月 31 日，確認股票價格變動，相關會計分錄如下：

借：其他綜合收益　　3,000,000

　貸：可供出售金融資產——公允價值變動　　3,000,000

［**例 3-32**］2×16 年 1 月 1 日華遠股份有限公司支付價款 514.122 元購入某公司發行的 3 年期公司債券。該公司債券的票面總金額為 5,000 元，票面利率為 4%，實際利率為 3%。利息於每年年末支付，本金於到期支付。華遠股份有限公司將該公司債券劃分為可供出售金融資產。2×16 年 12 月 31 日，該債券的市場價格為 5,005.46 元。假定無交易費用和其他因素的影響，華遠股份有限公司的會計分錄如下：

（1）2×16 年 1 月 1 日，購入債券：

借：可供出售金融資產——成本　　5,000

　　　　　　　　　——利息調整　　141.22

　貸：銀行存款　　5,141.22

（2）2×16 年 12 月 31 日，收到債券利息、確認公允價值變動：

實際利息 = 5,141.22×3% ≈ 154.24（元）

年末攤余成本 = 5,141.22 − 45.76 = 5,095.46（元）

借：應收利息　　200

　貸：投資收益　　154.24

　　　可供出售金融資產——利息調整　　45.76

借：銀行存款　　200

　貸：應收利息　　200

借：其他綜合收益　　90

　貸：可供出售金融資產——公允價值變動　　90

三、可供出售金融資產的處置

處置可供出售金融資產時，應將取得的處置價款與該金融資產帳面余額之間的差額，計入投資收益；同時，將原計入其他綜合收益的累計公允價值變動對應處置部分的金額轉出，計入投資收益。其中，可供出售金融資產的帳面余額，是指可供出售金融資產的初始入帳金額（或攤余成本）加上或減去資產負債表日累計公允價值變動（包括可供出售金融資產減值金額）后的金額。如果在處置可供出售金融資產時，已計入應收項目的現金股利或債券利息尚未收回，還應從處置價款中扣除該部分現金股利或債券利息之后，確認處置損益。

處置可供出售權益工具投資時，應按實際收到的處置價款，借記「銀行存款」科目，按可供出售權益工具投資的初始入帳金額，貸記「可供出售金融資產——成本」科目，按累計公允價值變動金額，貸記或借記「可供出售金融資產——公允價值變動」科目，按上列差額，貸記或借記「投資收益」科目；處置可供出售債務工具投資時，應按實際收到的處置價款，借記「銀行存款」科目，按債務工具的面值，貸記「可供出售金融資產——成本」科目，按應計未收的利息，貸記「應收利息」科目或「可供出售金融資產——應計利息」科目，按利息調整攤余金額，貸記或借記「可供出售金融資產——利息調整」科目，按累計公允價值變動金額，貸記或借記「可供出售金融資產——公允價值變動」科目，按上列差額，貸記或借記「投資收益」科目。同時，將原計入其他綜合收益的累計公允價值變動對應處置部分的金額轉出，借記或貸記「其他綜合收益」科目，貸記或借記「投資收益」科目。

[例 3-33] 2×16 年 5 月 6 日，華遠公司支付價款 10,160,000 元，其中含交易費用 10,000 元和已宣告但尚未發放的現金股利 150,000 元，購入乙公司發行的股票 2,000,000 股，占乙公司有表決權股份的 0.5%。華遠公司將其劃分為可供出售金融資產。其他資料如下：

（1）2×16 年 5 月 10 日，華遠公司收到乙公司發放的現金股利 150,000 元。

（2）2×16 年 6 月 30 日，該股票市價為每股 5.2 元。

（3）2×16 年 12 月 31 日，華遠公司仍持有該股票；當日，該股票市價為每股 5 元。

（4）2×17 年 5 月 9 日，乙公司宣告發放股利 40,000,000 元。

（5）2×17 年 5 月 13 日，華遠公司收到乙公司發放的現金股利。

（6）2×17 年 5 月 20 日，華遠公司以每股 4.9 元的價格將該股票全部轉讓。

假定不考慮其他因素的影響，華遠公司的會計分錄如下：

（1）2×16 年 5 月 6 日，購入股票：

借：應收股利	150,000	
可供出售金融資產——成本	10,010,000	
貸：銀行存款		10,160,000

（2）2×16 年 5 月 10 日，收到現金股利：

借：銀行存款	150,000	
貸：應收股利		150,000

(3) 2×16 年 6 月 30 日，確認股票的價格變動：

借：可供出售金融資產——公允價值變動　　390,000

　貸：其他綜合收益　　390,000

(4) 2×16 年 12 月 31 日，確認股票價格變動：

借：其他綜合收益　　400,000

　貸：可供出售金融資產——公允價值變動　　400,000

(5) 2×17 年 5 月 9 日，確認應收現金股利：

借：應收股利　　200,000

　貸：投資收益　　200,000

(6) 2×17 年 5 月 13 日，收到現金股利：

借：銀行存款　　200,000

　貸：應收股利　　200,000

(7) 2×16 年 5 月 20 日，出售股票：

借：銀行存款　　9,800,000

　　投資收益　　200,000

　　可供出售金融資產——公允價值變動　　10,000

　貸：可供出售金融資產——成本　　10,010,000

借：投資收益　　10,000

　貸：其他綜合收益　　10,000

第七節　金融資產減值

一、金融資產減值損失的確認

資產負債表日，企業應當對以公允價值計量且其變動計入當期損益的金融資產以外的金融資產（含單項金融資產或一組金融資產）的帳面價值進行檢查，有客觀證據表明該金融資產發生了減值的，應當計提減值準備。

表明金融資產發生減值的客觀證據，是指金融資產初始確認后實際發生的、對該金融資產的預計未來現金流量有影響，且企業能夠對該影響進行可靠計量的事項。下列事項可能導致金融資產發生減值，可以作為判斷金融資產是否發生減值的客觀證據：

(1) 發行方或債務人發生嚴重財務困難。

(2) 債務人違反了合同條款，如償付利息或本金發生違約或逾期等。

(3) 債權人出於經濟或法律等方面因素的考慮，對發生財務困難的債務人作出讓步。

(4) 債務人很可能倒閉或進行其他財務重組。

(5) 因發行方發生重大財務困難，該金融資產無法在活躍市場繼續交易。

(6) 無法辨認一組金融資產中的某項資產的現金流量是否已經減少，但根據公開的數據對其進行總體評價后發現，該組金融資產自初始確認以來的預計未來現金流量確已減少且可計量。如該組金融資產的債務人支付能力逐步惡化，或債務人所在國家或地區失業率提高、擔保物在其所在地區的價格明顯下降、所處行業不景氣等。

(7) 權益工具發行方經營所處的技術、市場、經濟或法律環境等發生重大不利變化，使權益工具投資人可能無法收回投資成本。

(8) 權益工具投資的公允價值發生嚴重或非暫時性下跌。

(9) 其他表明金融資產發生減值的客觀證據。

在根據以上客觀證據判斷金融資產是否發生減值時，需要注意以下幾點：首先，這些與客觀證據相關的事項必須影響金融資產的預計未來現金流量，並且能夠可靠地計量。對於預期未來事項可能導致的損失，無論其發生的可能性有多大，均不能作為減值損失予以確認。其次，企業通常難以找到某項單獨的證據來認定金融資產是否已發生減值，因而應綜合考慮相關證據的總體影響進行判斷。再次，債務方或金融資產發行方信用等級下降本身不足以說明企業所持有的金融資產發生了減值。但是，如果企業將債務人或金融資產發行方的信用等級下降因素，與可獲得的其他客觀的減值依據聯繫起來，往往能夠對金融資產是否已發生減值作出判斷。最后，對於可供出售權益工具投資，其公允價值低於成本本身不足以說明可供出售權益工具投資已發生減值，而應當綜合相關因素判斷該投資公允價值下降是否屬於嚴重的或非暫時性的下跌；同時，企業應當從持有可供出售權益工具投資的整個期間來判斷。

如果權益工具投資在活躍市場上沒有報價，從而不能根據其公允價值下降的嚴重程度或持續時間來進行減值判斷時，應當綜合考慮其他因素（如被投資單位經營所處的技術、市場、經濟或法律環境等）是否發生重大不利變化來進行判斷。

二、金融資產減值損失的計量

(一) 持有至到期投資減值損失的計量

在資產負債表中，持有至到期投資通常應按帳面攤余成本列示其價值。但有客觀證據表明持有至到期投資發生了減值的，應當按其帳面價值與預計未來現金流量現值(通常以初始確認時確定的實際利率作為折現率）之間的差額確認減值損失，計提減值準備。

企業對持有至到期投資進行減值測試時，應根據實際情況，將持有至到期投資分為單項金額重大和非重大兩類。對單項金額重大的持有至到期投資，應單獨進行減值測試；對單項金額不重大的持有至到期投資，可以單獨進行減值測試，也可以將其包括在具有類似信用風險特徵的金融資產組合中進行減值測試。企業可以根據自身管理水平和業務特點等具體情況，確定單項金額重大的標準。比如，可以將取得成本大於或等於一定金額的持有至到期投資作為單項金額重大的投資，此標準以下的持有至到期投資屬於單項金額非重大的投資。單項金額重大的標準一經確定，應當一致運用，不得隨意變更。

單獨進行減值測試未發現減值的持有至到期投資（包括單項金額重大和不重大的持有至到期投資），應當包括在具有類似信用風險特徵的金融資產組合中再進行減值測試；單獨進行減值測試的結果表明發生了減值的持有至到期投資，應當單獨計提減值準備，不再包括在具有類似信用風險特徵的金融資產組合中進行減值測試。

持有至到期投資計提減值準備后，如有確鑿證據表明其價值又得以恢復，且客觀上與確認該損失時發生的事項有關（如債務人原已降低的信用評級又得到提高等），已計提的減值準備應當予以轉回，衝減當期資產減值損失。但是，轉回減值準備后的帳面價值不應當超過假定不計提減值準備情況下該持有至到期投資在轉回日的攤余成本。

資產負債表日，持有至到期投資發生減值的，應按確定的減值金額，借記「資產減值損失」科目，貸記「持有至到期投資減值準備」科目；已計提減值準備的持有至到期投資，若以后其價值又得以恢復，應在原已計提的減值準備金額內，按應恢復的帳面價值，借記「持有至到期投資減值準備」科目，貸記「資產減值損失」科目。

［**例 3-34**］2×15 年 1 月 1 日，華遠股份有限公司從活躍市場上購入面值 100,000 元、期限為 5 年、票面利率為 5%、每年 12 月 31 日付息、到期還本的 A 公司債券作為持有至到期投資。初始入帳金額為 104,452 元，初始確認時確定的實際利率為 4%。華聯公司在初始確認時採用實際利率法編製的利息收入與攤余成本計算表如表 3-4 所示。

表 3-4　　**利息收入與攤余成本計算表**

（實際利率法）　　金額單位：元

日期	應收利息	實際利率(%)	利息收入	利息調整攤銷	攤余成本
2×15 年 1 月 1 日					104,452
2×15 年 12 月 31 日	5,000	4	4,178	822	103,630
2×16 年 12 月 31 日	5,000	4	4,145	855	102,775
2×17 年 12 月 31 日	5,000	4	4,111	889	101,886
2×18 年 12 月 31 日	5,000	4	4,075	925	100,962
2×19 年 12 月 31 日	5,000	4	4,038	962	100,000
合計	25,000		20,548	4,452	

2×16 年 12 月 31 日，A 公司發生嚴重財務困難，華遠股份有限公司預計可以收回 A 公司債券的全部票面利息，但只能收回 80%的本金；2×17 年 12 月 31 日，A 公司的財務困難加劇，華遠股份有限公司預計仍可收回 A 公司債券的全部票面利息，但只能收回 50%的本金；2×18 年 12 月 31 日，A 公司財務困難明顯緩解，華遠股份有限公司預計可以收回 A 公司債券的全部票面利息以及 90%的本金。華遠股份有限公司 2×16 年 12 月 31 日至 2×18 年 12 月 31 日有關 A 公司債券的會計分錄如下（各年收到債券利息的會計處理略）：

（1）2×16 年 12 月 31 日。

①確認利息收入並攤銷利息調整。

借：應收利息　　5,000

　貸：投資收益　　4,145

　　　持有至到期投資——A 公司債券（利息調整）　　855

②對 A 公司債券進行減值測試並計提減值準備。

A 公司債券預計到期可收回本金＝100, 000×80%＝80, 000（元）

查複合現值系數表和年金現值系數表可知，3 期、4%的複合現值系數和年金現值系數分別為 0. 889, 0 和 2. 775, 1。A 公司債券預計可收回利息和本金按 4%作為折現率計算的現值如下：

預計可收回利息和本金的現值＝5, 000×2. 775, 1+80, 000× 0. 889, 0＝84, 996（元）

應計提的資產減值準備＝102, 775−84, 996＝17, 779（元）

借：資產減值損失　　17, 779

　貸：持有至到期投資減值準備　　17, 779

計提減值準備后 A 公司債券攤余成本＝102, 775−17, 779＝84, 996（元）

（2）2×17 年 12 月 31 日。

①確認利息收入並攤銷利息調整。

利息收入＝84, 996×4%＝3, 400（元）

利息調整攤銷＝5, 000−3, 400＝1, 600（元）

借：應收利息　　5, 000

　貸：投資收益　　3, 400

　　　持有至到期投資——A 公司債券（利息調整）　　1, 600

攤銷利息調整后 A 公司債券攤余成本＝84, 996−1, 600＝83, 396（元）

②對 A 公司債券進行減值測試並計提減值準備。

A 公司債券預計到期可收回本金＝100, 000×50%＝50, 000（元）

查複合現值系數表和年金現值系數表可知，2 期、4%的複合現值系數和年金現值系數分別為 0. 924, 6 和 1. 886, 1。A 公司債券預計可收回利息和本金按 4%作為折現率計算的現值如下：

預計可收回利息和本金的現值＝5, 000×1. 886, 1+50, 000 × 0. 924, 6＝55, 661（元）

應計提的資產減值準備＝83, 396−55, 661＝27, 735（元）

借：資產減值損失　　27, 735

　貸：持有至到期投資減值準備　　27, 735

計提減值準備后 A 公司債券攤余成本＝83, 396−27, 735＝55, 661（元）

（3）2×18 年 12 月 31 日。

①確認利息收入並攤銷利息調整。

利息收入＝55, 661×4%＝2, 226（元）

利息調整攤銷＝5, 000−2, 226＝2, 774（元）

借：應收利息　　5, 000

　貸：投資收益　　2, 226

　　　持有至到期投資——A 公司債券（利息調整）　　2, 774

攤銷利息調整后 A 公司債券攤余成本＝55, 661−2, 774＝52, 887（元）

②對 A 公司債券進行減值測試並轉回減值準備。

A 公司債券預計到期可收回本金＝100, 000×90%＝90, 000（元）

查複合現值系數表可知，1 期、4%的複合現值系數為 0. 961, 5。A 公司債券預計可收回利息和本金按 4%作為折現率計算的現值如下：

預計可收回利息和本金的現值=（5,000+90,000）×0.961,5=91,343（元）

由於預計可收回利息和本金的現值大於本期攤銷利息調整后 A 公司債券的攤余成本，表明 A 公司債券的價值已部分得以恢復，應當按預計可收回利息和本金的現值大於本期攤銷利息調整后 A 公司債券攤余成本的差額，將原已計提的資產減值準備予以轉回。需要注意的是，轉回減值準備后 A 公司債券的帳面價值不應超過假定不計提減值準備情況下 A 公司債券 2×18 年 12 月 31 日的攤余成本。

應轉回的資產減值準備=91,343−52,887=38,456（元）

轉回減值準備后 A 公司債券帳面價值=52,887+38,456=91,343（元）

由於轉回減值準備后 A 公司債券的帳面價值未超過假定不計提減值準備情況下 A 公司債券的攤余成本 100,962 元，因此，應按 38,456 元轉回減值準備。

借：持有至到期投資減值準備　　38,456

　貸：資產減值損失　　38,456

（二）貸款和應收款項減值損失的計量

金融工具確認和計量準則對貸款和應收款項及其減值規範的重點是金融企業的貸款和其他債權，但本教材不涉及金融企業的會計業務。因此，以下只介紹非金融企業的應收款項（如應收帳款、其他應收款等）減值損失的計量。

對應收款項進行減值測試的基本要求與持有至到期投資相同，但由於應收款項屬於短期債權，預計未來現金流量與其現值相差很小，在確定相關減值金額時，可不對預計未來現金流量進行折現。企業應當定期或者至少於年度終了，對應收款項進行減值測試，分析各項應收款項的可收回性，預計可能發生的減值損失。應收款項單項金額為重大的，應當單獨進行減值測試，有客觀證據表明發生了減值的，應當以其未來現金流量低於帳面價值的差額作為減值金額，據以計提壞帳準備；應收款項單項金額為非重大的，可以單獨進行減值測試，也可以與經單獨測試后未減值的應收款項一起按類似信用風險特徵劃分為若干組合，再按這些應收款項組合在資產負債表日余額的一定比例預計減值金額，據以計提壞帳準備。

用以預計應收款項組合減值金額的比例通常稱為壞帳比率，是指該組應收款項預計發生的減值損失占該組應收款項帳面余額的比例。企業應當以具有類似信用風險特徵的應收款項組合的歷史損失率為基礎，並結合當前營業情況，合理確定壞帳比率。壞帳比率應當可以反應各應收款項組合實際發生的減值損失，即各應收款項組合的帳面價值超過其未來現金流量的金額。為了最大限度地消除預計的減值損失和實際發生的減值損失之間的差異，企業應當定期對壞帳比率進行檢查，並根據實際情況作必要調整。在會計實務中，經常使用的確定應收款項組合減值金額的方法有應收款項余額百分比法和帳齡分析法。

1. 應收款項余額百分比法

應收款項余額百分比法，是指按應收款項的期末余額和壞帳比率計算確定減值金額，據以計提壞帳準備的一種方法。資產負債表日，企業可按下列公式計算確定當期應計提的壞帳準備金額：

當期應計提的壞帳準備金額＝以期末應收帳款計算的減值金額
－「壞帳準備」科目原有貸方金額

或者：

當期應計提的壞帳準備金額＝以期末應收款項計算的減值金額
＋「壞帳準備」科目原有借方余額

其中：

以期末應收款項計算的減值金額＝應收款項期末余額×壞帳比率

根據上列公式，如果計提壞帳準備前，「壞帳準備」科目無余額，應按以期末應收款項計算的減值金額計提壞帳準備，借記「資產減值損失」科目，貸記「壞帳準備」科目。如果計提壞帳準備前，「壞帳準備」科目已有貸方余額，應按以期末應收款項計算的減值金額大於「壞帳準備」科目原有貸方余額的差額補提壞帳準備，借記「資產減值損失」科目，貸記「壞帳準備」科目；按以期末應收款項計算的減值金額小於「壞帳準備」科目原有貸方余額的差額衝減已計提的壞帳準備，借記「壞帳準備」科目，貸記「資產減值損失」科目；本期以期末應收款項計算的減值金額等於「壞帳準備」科目原有貸方余額時，不計提壞帳準備。如果計提壞帳準備前，「壞帳準備」科目已有借方余額，應按以期末應收款項計算的減值金額與「壞帳準備」科目原有借方余額之和計提壞帳準備，借記「資產減值損失」科目，貸記「壞帳準備」科目。經過上述會計處理后，各期期末「壞帳準備」科目的貸方余額應等於以期末應收款項計算的減值金額。

對於有確鑿證據表明確實無法收回或收回的可能性不大的應收款項，如債務單位已撤銷、破產、資不抵債、現金流量嚴重不足等，應根據企業的管理權限報經批准后，轉銷該應收款項帳面余額，並按相同金額轉銷壞帳準備。

［**例 3-35**］華遠股份有限公司採用應收款項余額百分比法計算確定應收帳款的減值金額。根據以往的營業經驗、債務單位的財務狀況和現金流量情況，並結合當前的市場狀況、企業的賒銷政策等相關資料，華遠公司確定的應收帳款壞帳比率為 4%。

該公司各年應收帳款期末余額、壞帳轉銷、壞帳收回的有關資料以及相應的會計處理如下：

（1）2×15 年 12 月 31 日，應收帳款余額為 2,000,000 元，「壞帳準備」科目無余額。

本年計提的壞帳準備＝1,000,000×4%＝40,000（元）

借：資產減值損失　　40,000

　貸：壞帳準備　　40,000

（2）2×16 年 6 月 20 日，確認應收甲單位的帳款 30,000 元已無法收回，予以轉銷。

借：壞帳準備　　30,000

　貸：應收帳款——甲單位　　30,000

（3）2×16 年 12 月 31 日，應收帳款余額為 1,500,000 元。

壞帳準備原有貸方余額＝40,000－30,000＝10,000（元）

本年計提的壞帳準備＝1,500,000×4% －10,000＝50,000（元）

借：資產減值損失　　50,000

　貸：壞帳準備　　50,000

壞帳準備年末貸方余額＝10,000+50,000＝1,500,000×4%＝60,000（元）

（4）2×17 年 9 月 30 日，確認應收乙單位的帳款 30,000 元已無法收回，予以轉銷。

借：壞帳準備　　30,000

　貸：應收帳款——乙單位　　30,000

（5）2×17 年 12 月 31 日，應收帳款余額為 600,000 元。

壞帳準備原有貸方余額＝60,000－30,000＝30,000（元）

本年計提的壞帳準備＝600,000×4% －30,000＝－6,000（元）

借：壞帳準備　　6,000

　貸：資產減值損失　　6,000

壞帳準備年末貸方余額＝30,000－6,000＝600,000×4%＝24,000（元）

（6）2×18 年 7 月 5 日，確認應收丙單位的帳款 30,000 元已無法收回，予以轉銷。

借：壞帳準備　　30,000

　貸：應收帳款——丙單位　　30,000

（7）2×18 年 12 月 31 日，應收帳款余額為 1,000,000 元。

壞帳準備原有貸方余額＝24,000－30,000＝－6,000（元）

本年計提的壞帳準備＝1,000,000×4%+6,000＝46,000（元）

借：資產減值損失　　46,000

　貸：壞帳準備　　46,000

壞帳準備年末貸方余額＝46,000－6,000＝1,000,000×4%＝40,000（元）

（8）2×19 年 4 月 30 日，確認應收丁單位的帳款 30,000 元已無法收回，予以轉銷。

借：壞帳準備　　30,000

　貸：應收帳款——丁單位　　30,000

（9）2×19 年 10 月 15 日，華遠股份有限公司於 2×16 年 6 月 20 日已作為壞帳予以轉銷的甲公司帳款 50,000 元又全部收回。

已作為壞帳予以轉銷的應收款項，以后又部分或全部收回，稱壞帳收回。從某種意義上講，壞帳收回可以看作以前轉銷應收款項的會計處理判斷失誤，因此，在壞帳收回時，應先做一筆與原來轉銷應收款項分錄相反的會計分錄，以示對以前判斷失誤的訂正，然后再按正常的方式記錄應收款項的收回。華遠股份有限公司的會計處理如下：

借：應收帳款——甲公司　　50,000

　貸：壞帳準備　　50,000

借：銀行存款　　50,000

　貸：應收帳款——甲公司　　50,000

對於壞帳收回，也可以採用如下簡化的方法進行會計處理：

借：銀行存款　　50,000

　貸：壞帳準備　　50,000

（10）2×19 年 12 月 31 日，應收帳款余額為 1,000,000 元。

壞帳準備原有貸方余額＝40,000－30,000+50,000＝60,000（元）

本年計提的壞帳準備＝1,000,000×4%－60,000＝－20,000（元）

借：壞帳準備　　20,000

　貸：資產減值損失　　20,000

壞帳準備年末貸方余額＝60,000－20,000＝1,000,000×4%＝40,000（元）

2. 帳齡分析法

帳齡分析法，是指對應收款項按帳齡的長短進行分組並分別確定壞帳比率，據以計算確定減值金額、計提壞帳準備的一種方法。帳齡分析法是以帳款被拖欠的時間越長，發生壞帳的可能性就越大為前提的。儘管應收款項能否收回以及能收回多少，並不完全取決於欠帳時間的長短，但就一般情況而言，這一前提還是可以成立的。

採用帳齡分析法計算確定減值金額，首先要對應收款項按帳齡的長短分組，然后分別確定各組應收款項的壞帳比率，並分別計算各組應收款項的減值金額，最后將各組應收款項的減值金額進行加總，求得全部應收款項的減值金額。帳齡分析法與應收款項余額百分比法在會計處理的方法上是相同的，但帳齡分析法計算確定的減值金額比應收款項余額百分比法更精確、更合理。

［**例 3-36**］華遠股份有限公司 2×16 年年末應收帳款余額為 6,370,000 元。該公司規定的信用期限為 30 天，並將應收帳款按帳齡劃分為未超過信用期限、超過信用期限不足 3 個月、超過信用期限 3 個月但不足半年、超過信用期限半年但不足 1 年、超過信用期限 1 年但不足 2 年、超過信用期限 2 年但不足 3 年、超過信用期限 3 年以上七組。根據應收帳款明細帳中的有關記錄，華遠股份有限公司編製的應收帳款帳齡分析表如表 3-5 所示。

表 3-5　　**應收帳款帳齡分析表**

2×16 年 12 月 31 日　　金額單位：元

客戶名稱	應收帳款帳面余額	未超過信用期限	超過信用期限					
			不足 3 個月	不足半年	不足 1 年	不足 2 年	不足 3 年	3 年以上
A 單位	260,000	260,000						
B 單位	225,000	190,000	35,000					
C 單位	150,000	150,000						
D 單位	250,000	200,000	50,000					
E 單位	325,000	325,000						
F 單位	425,000	285,000	50,000	90,000				
G 單位	360,000	300,000	5,000	55,000				
H 單位	315,000	225,000	50,000	40,000				
I 單位	240,000		50,000	60,000	25,000	10,000	95,000	
J 單位	125,000	50,000	75,000					
K 單位	170,000						100,000	70,000
L 單位	340,000		250,000	90,000				
合計	3,185,000	1,985,000	565,000	335,000	25,000	10,000	195,000	70,000

根據歷史資料並結合當前情況，對上述各類應收帳款分別確定壞帳比率之后，編製應收帳款減值金額計算表，如表 3-6 所示。

表 3-6　　應收帳款減值金額計算表

2×16 年 12 月 31 日　　金額單位：元

應收帳款按帳齡的分組	應收帳款余額	壞帳比率（%）	減值金額
未超過信用期限	1, 985, 000	2	39, 700
超過信用期限不足 3 個月	565, 000	5	28, 250
超過信用期限 3 個月但不足半年	335, 000	8	26, 800
超過信用期限半年但不足 1 年	25, 000	15	3, 750
超過信用期限 1 年但不足 2 年	10, 000	25	2, 500
超過信用期限 2 年但不足 3 年	195, 000	35	68, 250
超過信用期限 3 年以上	70, 000	45	31, 500
合計	3, 185, 000		200, 750

根據表 3-6 的計算結果以及本年計提壞帳準備前「壞帳準備」科目的余額情況，華遠股份有限公司相關會計分錄如下：

（1）假定本年計提壞帳準備前，「壞帳準備」科目無余額。

借：資產減值損失　　200, 750

　貸：壞帳準備　　200, 750

（2）假定本年計提壞帳準備前，「壞帳準備」科目已有貸方余額 50, 750 元。本年計提的壞帳準備＝200, 750－50, 750＝150, 000（元）。

借：資產減值損失　　150, 000

　貸：壞帳準備　　150, 000

（3）假定本年計提壞帳準備前，「壞帳準備」科目已有貸方余額 300, 750 元。

本年計提的壞帳準備＝200, 750－300, 750＝－100, 000（元）

借：壞帳準備　　100, 000

　貸：資產減值損失　　100, 000

（4）假定本年計提壞帳準備前，「壞帳準備」科目有借方余額 50, 000 元。

本年計提的壞帳準備＝200, 750＋50, 000＝250, 750（元）

借：資產減值損失　　250, 750

　貸：壞帳準備　　250, 750

（三）可供出售金融資產減值損失的計量

可供出售金融資產的公允價值低於其成本本身不足以說明該金融資產發生了減值。但如果可供出售金融資產的公允價值發生了較大幅度的下降，或者預期這種下降趨勢屬於非暫時性的，可以認定該金融資產已經發生了減值，應當確認減值損失。

可供出售金融資產發生減值時，與該金融資產相關的原計入其他綜合收益的累計公允價值下跌損失應當予以轉出，計入當期資產減值損失。

對於已確認減值損失的可供出售金融資產，在隨后的會計期間公允價值已上升且客觀上與原確認減值損失后發生的事項有關的，原已確認的減值損失應當予以轉回。可供出售債務工具投資轉回的減值損失金額，衝減當期資產減值損失；可供出售權益工具投資轉回的減值損失金額，計入其他綜合收益，不得通過損益轉回。

在活躍市場中沒有報價且其公允價值不能可靠計量的權益工具投資發生減值時，應當按該項權益工具投資的帳面價值與其未來現金流量的現值之間的差額確認減值損失，計入當期損益。該類權益工具投資的減值損失一經確認，不得轉回。

企業認定可供出售金融資產發生了減值時，按本期應確認的減值損失金額，借記「資產減值損失」科目，按應從其他綜合收益中轉出的累計公允價值下跌損失金額，貸記「其他綜合收益」科目，按本期公允價值下跌損失金額，貸記「可供出售金融資產——公允價值變動」科目。轉回可供出售債務工具投資減值損失時，按應轉回的金額，借記「可供出售金融資產——公允價值變動」科目，貸記「資產減值損失」科目；轉回可供出售權益工具投資減值損失時，按應轉回的金額，借記「可供出售金融資產——公允價值變動」科目，貸記「其他綜合收益」科目。

[**例 3-37**] 2×16 年 6 月 20 日，華遠股份有限公司從二級市場以每股 9.20 元的價格購入甲公司股票 800,000 股，並支付交易費用 20,000 元，華聯公司將其劃分為可供出售金融資產。2×16 年 12 月 31 日，甲公司股票每股市價為 8.50 元，華聯公司認定該市價的下跌為股價的正常波動；2×17 年 12 月 31 日，因甲公司所處行業市場環境發生重大不利變化，導致每股市價下跌至 4.60 元，華聯公司認定甲公司股票發生了減值；2×18 年 12 月 31 日，因甲公司違規操作受到證監部門查處，每股市價進一步下跌至 2.80 元，華聯公司繼續確認減值損失；2×19 年 12 月 31 日，甲公司按證監部門要求整改完成，加之行業市場環境回暖，每股市價回升至 5.50 元。

（1）2×16 年 6 月 20 日，購入甲公司股票。

初始入帳金額 = 9.20×800,000+20,000 = 7,380,000（元）

	借方	貸方
借：可供出售金融資產——甲公司股票（成本）	7,380,000	
貸：銀行存款		7,380,000

（2）2×16 年 12 月 31 日，確認公允價值變動。

本期公允價值變動 = 8.5×800,000−7,380,000 = 580,000（元）

	借方	貸方
借：其他綜合收益	580,000	
貸：可供出售金融資產——甲公司股票（公允價值變動）		580,000

調整后甲公司股票帳面價值 = 7,380,000 − 580,000 = 8.50 × 800,000 = 6,800,000（元）

（3）2×17 年 12 月 31 日，確認資產減值損失。

本期公允價值變動 = 4.60×800,000−6,800,000 = −3,120,000（元）

應確認的資產減值損失 = 580,000+3,120,000 = 3,700,000（元）

	借方	貸方
借：資產減值損失	3,700,000	
貸：其他綜合收益		580,000
可供出售金融資產——甲公司股票（公允價值變動）		3,120,000

調整后甲公司股票帳面價值 = 6,800,000 − 3,120,000 = 4.60×800,000 = 3,680,000（元）

(4) 2×18 年 12 月 31 日，確認資產減值損失。

本期公允價值變動＝2.80×800,000－3,680,000＝－1,440,000（元）

借：資產減值損失　　1,440,000

　貸：可供出售金融資產——甲公司股票（公允價值變動）　　1,440,000

調整后甲公司股票帳面價值＝3,680,000－1,440,000＝2.80×800,000＝2,240,000（元）

(5) 2×19 年 12 月 31 日，轉回可供出售金融資產減值損失。

本期公允價值變動＝5.50×800,000－2,240,000＝2,160,000（元）

借：可供出售金融資產——甲公司股票（公允價值變動）　　2,160,000

　貸：其他綜合收益　　2,160,000

調整后甲公司股票帳面價值＝2,240,000＋2,160,000＝5.50×800,000＝4,400,000（元）

［例 3-38］2×16 年 1 月 1 日，華遠股份有限公司從活躍市場上購入面值 300,000 元、期限為 5 年、票面利率為 5%、每年 12 月 31 日付息、到期還本的乙公司債券作為可供出售金融資產。初始入帳金額為 287,363 元，初始確認時確定的實際利率為 6%。華遠股份有限公司在初始確認時採用實際利率法編製的利息收入與攤余成本計算表如表 3-7 所示。

表 3-7　　**利息收入與攤余成本計算表**

（實際利率法）　　金額單位：元

日期	應收利息	實際利率（%）	利息收入	利息調整攤銷	攤余成本
2×16 年 1 月 1 日					287,363
2×16 年 12 月 31 日	15,000	6	17,242	2,242	289,605
2×17 年 12 月 31 日	15,000	6	17,376	2,376	291,981
2×18 年 12 月 31 日	15,000	6	17,519	2,519	294,500
2×19 年 12 月 31 日	15,000	6	17,670	2,670	297,170
2×20 年 12 月 31 日	15,000	6	17,830	2,830	300,000
合計	75,000	—	87,637	12,637	—

2×16 年 12 月 31 日，乙公司債券的市價為 280,000 元，華遠公司認定該市價的下跌為債券價格的正常波動；2×17 年 12 月 31 日，乙公司債券的市價為 290,000 元；2×18 年 12 月 31 日，因乙公司發生嚴重財務困難，導致市價下跌至 200,000 元，但預計仍可收回當年的票面利息，華遠公司認定乙公司債券發生了減值損失；2×19 年 12 月 31 日，乙公司經過調整，財務狀況得到改善，市價回升至 270,000 元，預計可收回當年的票面利息；2×20 年 12 月 31 日，市價回升至 300,000 元，預計可收回當年的票面利息和全部債券本金。華遠股份有限公司有關會計分錄如下（各年收到債券利息的會計分錄略）：

(1) 2×16 年 1 月 1 日，購入乙公司債券。

借：可供出售金融資產——乙公司債券（成本）　　300,000

　貸：銀行存款　　287,363

可供出售金融資產——乙公司債券（利息調整） 12, 637

(2) 2×16 年 12 月 31 日，確認利息收入及公允價值變動。

①確認利息收入並攤銷利息調整。

借：應收利息 15, 000

可供出售金融資產——乙公司債券（利息調整） 2, 242

貸：投資收益 17, 242

②確認公允價值變動。

本期公允價值變動＝280, 000－289, 605＝－9, 605（元）

借：其他綜合收益 9, 605

貸：可供出售金融資產——乙公司債券（公允價值變動） 9, 605

調整后乙公司債券帳面價值＝289, 605 －9, 605＝280, 000（元）

(3) 2×17 年 12 月 31 日，確認利息收入及公允價值變動。

①確認利息收入並攤銷利息調整。

借：應收利息 15, 000

可供出售金融資產——乙公司債券（利息調整） 2, 376

貸：投資收益 17, 376

攤銷利息調整后乙公司債券帳面價值＝280, 000+2, 376＝282, 376（元）

②確認公允價值變動。

本期公允價值變動＝290, 000－282, 376＝7, 624（元）

借：可供出售金融資產——乙公司債券（公允價值變動） 7, 624

貸：其他綜合收益 7, 624

調整后乙公司債券帳面價值＝282, 376+7, 624＝290, 000（元）

(4) 2×18 年 12 月 31 日，確認利息收入和資產減值損失。

①確認利息收入並攤銷利息調整。

借：應收利息 15, 000

可供出售金融資產——乙公司債券（利息調整） 2, 519

貸：投資收益 17, 519

攤銷利息調整后乙公司債券帳面價值＝290, 000+2, 519＝292, 519（元）

②確認資產減值損失。

本期公允價值變動＝200, 000－292, 519＝－92, 519（元）

應確認的資產減值損失＝(9, 605－7, 624)+92, 519＝1, 981+92, 519＝94, 500（元）

借：資產減值損失 94, 500

貸：其他綜合收益 1, 981

可供出售金融資產——乙公司債券（公允價值變動） 92, 519

調整后乙公司債券帳面價值＝292, 519－92, 519＝200, 000（元）

(5) 2×19 年 12 月 31 日，確認利息收入並轉回資產減值損失。

①確認利息收入並攤銷利息調整。

利息收入＝200, 000×6%＝12, 000（元）

利息調整攤銷＝12, 000－15, 000＝－3, 000（元）

借：應收利息　　15,000
　貸：投資收益　　12,000
　　　可供出售金融資產——乙公司債券（利息調整）　　3,000

攤銷利息調整后乙公司債券帳面價值＝200,000－3,000＝197,000（元）

②轉回資產減值損失。

本期公允價值變動＝270,000－197,000＝73,000（元）

由於本期公允價值回升的金額小於原已確認的資產減值損失 94,500 元，因此，應按 73,000 元轉回資產減值損失。

借：可供出售金融資產——乙公司債券（公允價值變動）　　73,000
　貸：資產減值損失　　73,000

調整后乙公司債券帳面價值＝197,000＋73,000＝270,000（元）

需要注意的是，如果本期公允價值回升的金額大於原已確認的資產減值損失，則轉回的資產減值損失應當以原已確認的資產減值損失為限，公允價值回升的金額大於原已確認的資產減值損失的差額，應當計入其他綜合收益。仍按本例資料，現假定 2×19 年 12 月 31 日該可供出售金融資產的公允價值為 295,000 元，則公允價值回升的金額為 98,000 元（295,000－197,000），大於原已確認的資產減值損失 94,500 元，在這種情況下，應按原已確認的資產減值損失 94,500 元轉回資產減值損失，公允價值回升的金額大於原已確認的資產減值損失的差額 3,500 元（98,000－94,500）應當計入其他綜合收益。會計處理如下：

借：可供出售金融資產——乙公司債券（公允價值變動）　　98,000
　貸：資產減值損失　　94,500
　　　其他綜合收益　　3,500

調整后乙公司債券帳面價值＝197,000＋98,000＝295,000（元）

（6）2×20 年 12 月 31 日，確認利息收入並轉回資產減值損失。

①確認利息收入並攤銷利息調整。

由於乙公司債券已經到期，華遠股份有限公司應將尚未攤銷的利息調整貸方余額 8,500 元（12,637－2,242－2,376－2,519＋3,000）全部攤銷完畢。會計處理如下：

借：應收利息　　15,000
　　可供出售金融資產——乙公司債券（利息調整）　　8,500
　貸：投資收益　　23,500

攤銷利息調整后乙公司債券帳面價值＝270,000＋8,500＝278,500（元）

②轉回資產減值損失。

本期公允價值變動＝300,000－278,500＝21,500（元）

由於乙公司債券到期時的公允價值等於其面值，因此，從結果上來看，乙公司債券並沒有發生任何減值，華遠股份有限公司應將尚未轉回的資產減值損失 21,500 元（94,500－73,000）全部轉回，正好等於本期公允價值回升的金額。會計處理如下：

借：可供出售金融資產——乙公司債券（公允價值變動）　　21,500
　貸：資產減值損失　　21,500

調整后乙公司債券帳面價值＝278,500＋21,500＝300,000（元）

第四章　長期股權投資

第一節　長期股權投資的初始計量

一、長期股權投資的核算範圍

長期股權投資，是指投資方對被投資方具有重大影響、共同控制或者控制的權益性投資。它包括以下三種情況：

1. 能夠實施控制的權益性投資

控制，是指投資方擁有對被投資方的權力，通過參與被投資方的相關活動而享有可變回報，並且有能力運用對被投資方的權力影響其回報金額。因此，控制必須同時具備以下三項基本要素：

（1）擁有對被投資方的權力。

（2）通過參與被投資方的相關活動而享有可變回報。

（3）有能力運用對被投資方的權力影響其回報金額。

投資方在判斷其是否能夠控制被投資方時，應當綜合考慮所有的相關事實和情況，只有當投資方同時具備上述三個要素時，投資方才能夠控制被投資方。一旦相關事實和情況發生了變化，導致上述三個要素中的一個或多個發生變化的，投資方應當重新評估其是否能夠控制被投資方。

投資方能夠對被投資方實施控制的，被投資方為其子公司，投資方應當將其子公司納入合併財務報表的合併範圍。

2. 具有重大影響的權益性投資

重大影響，是指投資方對被投資方的財務和經營政策有參與決策的權利，但並不能夠控制或者與其他方一起共同控制這些政策的制定。

在通常情況下，當投資方直接或通過其子公司間接擁有被投資方20%或以上表決權股份，但未形成控制或共同控制的，可以認為對被投資方具有重大影響，除非有確鑿的證據表明投資方不能參與被投資方的生產經營決策，不能對被投資方施加重大影響。企業通常可以通過以下一種或幾種情形來判斷是否對被投資方具有重大影響：

（1）在被投資方的董事會或類似權力機構中派有代表；

（2）參與被投資方的財務和經營政策制定過程；

（3）與被投資方之間發生重要交易；

（4）向被投資方派出管理人員；

（5）向被投資方提供關鍵技術資料。

需要注意的是，存在上述一種或多種情形並不意味著投資方一定對被投資方具有重大影響，企業需要綜合考慮所有事實和情況來做出恰當的判斷。此外，在確定能否對被投資方施加重大影響時，還應當考慮投資方和其他方持有的當期可執行潛在表決權在假定轉換為對被投資方的股權后產生的影響，如被投資方發行的當期可轉換的認股權證、股票期權及可轉換公司債券等的影響。如果這些潛在表決權在轉換為對被投資方的股權后，能夠增加投資方的表決權比例或是降低被投資方其他投資者的表決權比例，從而使得投資方能夠參與被投資方的財務和經營決策，應當認為投資方對被投資方具有重大影響。

投資方能夠對被投資方施加重大影響的，被投資方為其聯營企業。

3. 對合營企業的權益性投資

合營安排，是指一項由兩個或兩個以上的參與方共同控制的安排。共同控制，是指按照相關約定對某項安排所共有的控制，並且該安排的相關活動必須經過分享控制權的參與方一致同意后才能決策。合營安排具有下列特徵：

（1）各參與方均受到該安排的約束。

（2）兩個或兩個以上的參與方對該安排實施共同控制。任何一個參與方都不能夠單獨控制該安排，對該安排具有共同控制的任何一個參與方均能夠阻止其他參與方或參與方組合而單獨控制該安排。

在判斷是否存在共同控制時，首先應當判斷所有參與方或參與方組合是否集體控制該安排，其次再判斷該安排相關活動的決策是否必須經過這些集體控制該安排的參與方一致同意。需要注意的是，合營安排並不要求所有參與方都對該安排實施共同控制。合營安排參與方既包括對合營安排享有共同控制的參與方（即合營方），也包括對合營安排不享有共同控制的參與方。

合營安排可以分為共同經營和合營企業。共同經營，是指合營方享有該安排相關資產且承擔該安排相關負債的合營安排；合營企業，是指合營方僅對該安排的淨資產享有權利的合營安排。長期股權投資僅指對合營安排享有共同控制的參與方（即合營方）對其合營企業的權益性投資，不包括對合營安排不享有共同控制的參與方的權益性投資，也不包括共同經營。

除能夠對被投資方實施具有重大影響、共同控制或者控制的權益性投資外，企業持有的其他權益性投資，應當按照金融工具確認和計量準則的規定，在初始確認時劃分為以公允價值計量且其變動計入當期損益的金融資產和可供出售金融資產。

二、長期股權投資的初始計量

企業在取得長期股權投資時，應按初始投資成本入帳。長期股權投資可以通過企業合併取得，也可以通過企業合併以外的其他方式取得，在不同的取得方式下，初始投資成本的確定方法有所不同。企業應當按照企業合併和非企業合併兩種情況確定長期股權投資的初始投資成本。

企業在取得長期股權投資時，如果實際支付的價款或其他對價中包含已宣告但尚未發放的現金股利或利潤，則該現金股利或利潤在性質上屬於暫付應收款項，應作為應收項目單獨入帳，不構成長期股權投資的初始投資成本。

(一) 企業合併形成的長期股權投資

企業合併，是指將兩個或者兩個以上單獨的企業合併形成一個報告主體的交易或事項。企業合併通常包括吸收合併、新設合併和控股合併三種形式。其中，吸收合併和新設合併均不形成投資關係，只有控股合併形成投資關係。因此，企業合併形成的長期股權投資，是指控股合併所形成的投資方（即合併后的母公司）對被投資方（即合併后的子公司）的股權投資。

企業合併形成的長期股權投資，應當區分同一控制下的企業合併和非同一控制下的企業合併來分別確定初始投資成本。

1. 同一控制下企業合併形成的長期股權投資

參與合併的企業在合併前后均受同一方或相同的多方最終控制且該控制並非暫時性的，為同一控制下的企業合併。其中，在合併日取得對其他參與合併企業控制權的一方為合併方，參與合併的其他企業為被合併方。對於同一控制下的企業合併，從能夠對參與合併各方在合併前及合併后均實施最終控制的一方來看，其能夠控制的資產在合併前及合併后並沒有發生變化。因此，合併方通過企業合併形成的對被合併方的長期股權投資，其成本代表的是按持股比例享有的被合併方所有者權益在最終控制方合併財務報表中的帳面價值份額。

(1) 合併方以支付現金等方式作為合併對價

合併方以支付現金、轉讓非現金資產或承擔債務方式作為合併對價的，應當在合併日按照取得的被合併方所有者權益在最終控制方合併財務報表中的帳面價值的份額作為長期股權投資的初始投資成本。初始投資成本大於支付的合併對價帳面價值的差額，應計入資本公積（資本溢價或股本溢價）；初始投資成本小於支付的合併對價帳面價值的差額，應衝減資本公積（僅限於資本溢價或股本溢價），資本公積的余額不足衝減的，應依次衝減盈余公積、未分配利潤。

合併方為進行企業合併而發行債券或承擔其他債務支付的手續費、佣金等，應當計入所發行債券及其他債務的初始確認金額；為進行企業合併而發生的各項直接相關費用，如審計費用、評估費用、法律服務費用等，應當於發生時計入當期管理費用。

合併方應當在企業合併日，按取得的被合併方所有者權益在最終控制方合併財務報表中的帳面價值的份額，借記「長期股權投資」科目，按應享有被合併方已宣告但尚未發放的現金股利或利潤，借記「應收股利」科目，按支付的合併對價的帳面價值，貸記有關資產等科目，按其差額，貸記「資本公積——資本溢價（或股本溢價）」科目。如為借方差額，則應借記「資本公積——資本溢價（或股本溢價）」科目，資本公積（資本溢價或股本溢價）不足衝減的，應依次借記「盈余公積」「利潤分配——未分配利潤」科目。

[例 4-1] 華遠股份有限公司和 A 公司是同為甲公司所控制的兩個子公司。2×16 年 2 月 20 日，華遠公司和 A 公司達成合併協議，約定華遠公司以無形資產和銀行存款作為合併對價，取得 A 公司 80%的股份。華遠公司付出無形資產的帳面原價為 1, 800 萬元，已攤銷金額為 500 萬元，未計提無形資產減值準備；付出銀行存款的金額為 2, 500 萬元。A 公司 80%的股份系甲公司於 2×14 年 1 月 1 日從本集團外部購入（屬於

非同一控制下的企業合併)，購買日，A 公司可辨認淨資產公允價值為 3,500 萬元；2×14 年 1 月 1 日至 2×16 年 3 月 1 日，A 公司以購買日淨資產的公允價值為基礎計算的淨利潤為 1,000 萬元，無其他所有者權益變動。2×16 年 3 月 1 日，華遠公司實際取得對 A 公司的控制權，當日，A 公司所有者權益在最終控制方合併財務報表中的帳面價值總額為 4,500 萬元（3,500+1,000)，華遠公司「資本公積——股本溢價」科目貸方余額為 150 萬元，「盈余公積」貸方余額為 300 萬元。在與 A 公司的合併中，華遠公司以銀行存款支付審計費用、評估費用、法律服務費用等共計 65 萬元。

在上例中，華遠公司和 A 公司在合併前后均受甲公司控制，通過合併，華遠公司取得了對 A 公司的控制權。因此，該合併為同一控制下的控股合併，華遠公司為合併方，A 公司為被合併方，甲公司為能夠對參與合併各方在合併前及合併后均實施最終控制的一方，合併日為 2×16 年 3 月 1 日。華遠公司在合併日的會計分錄如下：

①確認取得的長期股權投資。

初始投資成本＝4,500 ×80%＝3,600（萬元）

借：長期股權投資——A 公司	36,000,000	
資本公積——股本溢價	1,500,000	
盈余公積	500,000	
累計攤銷	5,000,000	
貸：無形資產		18,000,000
銀行存款		25,000,000

②支付直接相關費用。

借：管理費用	650,000	
貸：銀行存款		650,000

（2）合併方以發行權益性證券作為合併對價

合併方以發行權益性證券作為合併對價的，應當在合併日按照取得的被合併方所有者權益在最終控制方合併財務報表中的帳面價值的份額作為長期股權投資的初始投資成本，以發行的權益性證券面值總額作為股本。初始投資成本大於發行的權益性證券面值總額的差額，應當計入資本公積（股本溢價)；初始投資成本小於發行的權益性證券面值總額的差額，應當衝減資本公積（僅限於股本溢價)，資本公積的余額不足衝減的，應依次衝減盈余公積、未分配利潤。

合併方為進行企業合併而發行權益性證券所發生的手續費、佣金等費用，應當抵減權益性證券的溢價發行收入，溢價發行收入不足衝減的，衝減留存收益。

合併方應當在企業合併日，按取得的被合併方所有者權益在最終控制方合併財務報表中的帳面價值的份額，借記「長期股權投資」科目，按應享有被合併方已宣告但尚未發放的現金股利或利潤，借記「應收股利」科目，按所發行權益性證券的面值總額，貸記「股本」科目，按其差額，貸記「資本公積——股本溢價」科目。如為借方差額，則應借記「資本公積——股本溢價」科目，資本公積（股本溢價）不足衝減的，應依次借記「盈余公積」「利潤分配——未分配利潤」科目。同時，按發行權益性證券過程中支付的手續費、佣金等費用，借記「資本公積——股本溢價」科目，貸記「銀行存款」等科目，溢價發行收入不足衝減的，應依次借記「盈余公積」「利潤分配——未分配利潤」科目。

[**例 4-2**] 華遠股份有限公司和 B 公司是同為甲公司所控制的兩個子公司。根據華遠公司和 B 公司達成的合併協議，2×16 年 4 月 1 日，華遠公司以增發的權益性證券作為合併對價，取得 B 公司 90%的股份。華遠公司增發的權益性證券為每股面值 1 元的普通股股票，共增發 2, 500 萬股，支付手續費及佣金等發行費用 80 萬元。2×16 年 4 月 1 日，華遠公司實際取得對 B 公司的控制權，當日 B 公司所有者權益在最終控制方合併財務報表中的帳面價值總額為 5, 000 萬元。

在上例中，華遠公司和 B 公司在合併前后均受甲公司控制，通過合併，華遠公司取得了對 B 公司的控制權。因此，該合併為同一控制下的控股合併，華遠公司為合併方，B 公司為被合併方，甲公司為能夠對參與合併各方在合併前及合併后均實施最終控制的一方，合併日為 2×16 年 4 月 1 日。華遠公司在合併日的會計分錄如下：

初始投資成本 = 5, 000×90% = 4, 500（萬元）

	借方	貸方
借：長期股權投資——B 公司	45, 000, 000	
貸：股本		25, 000, 000
資本公積——股本溢價		20, 000, 000
借：資本公積——股本溢價	800, 000	
貸：銀行存款		800, 000

在按照合併日應享有被合併方所有者權益在最終控制方合併財務報表中的帳面價值份額確定長期股權投資的初始投資成本時，需要注意以下幾點：①如果被合併方在合併日的淨資產帳面價值為負數，則長期股權投資的成本按零確定，同時在備查簿中予以登記；②如果被合併方在被合併以前，是最終控制方通過非同一控制下的企業合併所控制的，則合併方長期股權投資的初始投資成本還應包含相關的商譽金額；③如果合併前合併方與被合併方所採用的會計政策、會計期間不一致，則應當基於重要性原則，按照合併方的會計政策、會計期間對被合併方資產、負債的帳面價值進行調整，並以調整后的被合併方所有者權益在最終控制方合併財務報表中的帳面價值為基礎，計算確定長期股權投資的初始投資成本。

2. 非同一控制下企業合併形成的長期股權投資

參與合併的各方在合併前后不受同一方或相同的多方最終控制的，為非同一控制下的企業合併。其中，在購買日取得對其他參與合併企業控制權的一方為購買方，參與合併的其他企業為被購買方。對於非同一控制下的企業合併，購買方應將企業合併視為一項購買交易，合理確定合併成本，作為長期股權投資的初始投資成本。

(1) 購買方以支付現金等方式作為合併對價

購買方以支付現金、轉讓非現金資產或承擔債務方式作為合併對價的，合併成本為購買方在購買日為取得對被購買方的控制權而付出的資產、發生或承擔的負債的公允價值。

購買方作為合併對價付出的資產，應當按照以公允價值處置該資產編製會計分錄。其中，付出資產為固定資產、無形資產的，付出資產的公允價值與其帳面價值的差額，計入營業外收入或營業外支出；付出資產為金融資產的，付出資產的公允價值與其帳面價值的差額，計入投資收益；付出資產為存貨的，按其公允價值確認收入，同時按其帳面價值結轉成本。涉及增值稅的，還應進行相應的處理。此外，企業以可供出售金融資產作為合併對價的，該可供出售金融資產在持有期間因公允價值變動而形成的其他綜合收益應同時轉出，計入當期投資收益。

購買方為進行企業合併而發行債券支付的手續費、佣金等費用，應當計入所發行債券及其他債務的初始確認金額，不構成初始投資成本；購買方為進行企業合併而發生的各項直接相關費用，如審計費用、評估費用、法律服務費用等，應當於發生時計入當期管理費用。

購買方應當在購買日，按照確定的企業合併成本（不含應自被購買方收取的現金股利或利潤），借記「長期股權投資」科目，按應享有被購買方已宣告但尚未發放的現金股利或利潤，借記「應收股利」科目，按支付合併對價的帳面價值，貸記有關資產等科目，按其差額，貸記「營業外收入」「投資收益」等科目或借記「營業外支出」「投資收益」等科目；合併對價為可供出售金融資產的，還應按持有期間公允價值變動形成的其他綜合收益，借記（或貸記）「其他綜合收益」科目，貸記（或借記）「投資收益」科目；同時，按企業合併發生的各項直接相關費用，借記「管理費用」科目，貸記「銀行存款」等科目。

[例 4-3] 華遠股份有限公司和 C 公司為兩個獨立的法人企業，合併之前不存在任何關聯方關係。2×16 年 1 月 10 日，華遠公司和 C 公司達成合併協議，約定華遠公司以庫存商品、可供出售金融資產和銀行存款作為合併對價，取得 C 公司 70%的股份。華遠公司付出庫存商品的帳面價值為 3, 200 萬元，購買日公允價值為 4, 000 萬元，增值稅稅額為 680 萬元；付出可供出售金融資產的帳面價值為 2, 900 萬元（其中，成本為 2, 000 萬元，公允價值變動為 900 萬元），購買日公允價值為 3, 000 萬元；付出銀行存款的金額為 5, 000 萬元。2×16 年 2 月 1 日，華遠公司實際取得對 C 公司的控制權。在與 C 公司的合併中，華遠公司以銀行存款支付審計費用、評估費用、法律服務費用等共計 180 萬元。

在上例中，華遠公司和 C 公司為兩個獨立的法人企業，在合併之前不存在任何關聯方關係，通過合併，華遠公司取得了對 C 公司的控制權。因此，該合併為非同一控制下的控股合併，華遠公司為購買方，C 公司為被購買方，購買日為 2×16 年 2 月 1 日。華遠公司在購買日的會計分錄如下：

合併成本＝4, 000+680+3, 000+5, 000＝12, 680（萬元）

分錄	借方	貸方
借：長期股權投資——C 公司	126, 800, 000	
貸：主營業務收入		40, 000, 000
應交稅費——應交增值稅（銷項稅額）		6, 800, 000
可供出售金融資產——成本		20, 000, 000
——公允價值變動		9, 000, 000
投資收益		1, 000, 000
銀行存款		50, 000, 000
借：主營業務成本	32, 000, 000	
貸：庫存商品		32, 000, 000
借：其他綜合收益	9, 000, 000	

貸：投資收益 9,000,000
借：管理費用 1,800,000
貸：銀行存款 1,800,000

(2) 購買方以發行權益性證券作為合併對價

購買方以發行權益性證券作為合併對價的，合併成本為購買方在購買日為取得對被購買方的控制權而發行的權益性證券的公允價值。購買方為發行權益性證券而支付的手續費、佣金等費用，應當抵減權益性證券的溢價發行收入，溢價發行收入不足衝減的，衝減留存收益，不構成初始投資成本。

購買方應當在購買日，按照所發行權益性證券的公允價值（不含應自被購買方收取的現金股利或利潤），借記「長期股權投資」科目，按應享有被購買方已宣告但尚未發放的現金股利或利潤，借記「應收股利」科目，按所發行權益性證券的面值總額，貸記「股本」科目，按其差額，貸記「資本公積——股本溢價」科目。發行權益性證券過程中支付的手續費、佣金等費用，借記「資本公積——股本溢價」科目，貸記「銀行存款」等科目，溢價發行收入不足衝減的，應依次借記「盈余公積」「利潤分配——未分配利潤」科目。同時，按企業合併發生的各項直接相關費用，借記「管理費用」科目，貸記「銀行存款」等科目。

[例 4-4] 華遠股份有限公司和 D 公司為兩個獨立的法人企業，合併之前不存在任何關聯方關係。華遠公司和 D 公司達成合併協議，約定華遠公司以發行的權益性證券作為合併對價，取得 D 公司 80%的股份。華遠公司擬增發的權益性證券為每股面值 1 元的普通股股票，共增發 1,600 萬股，每股公允價值為 3.5 元。2×16 年 7 月 1 日，華遠公司完成了權益性證券的增發，發生手續費及佣金等發行費用 120 萬元。在與 D 公司的合併中，華遠公司另以銀行存款支付審計費用、評估費用、法律服務費等共計 80 萬元。

在上例中，華遠公司和 D 公司為兩個法人企業，在合併前不存在任何關聯方關係，通過合併，華遠公司取得了對 D 公司的控制權。因此，該合併為非同一控制下的控股合併，華遠公司為購買方，D 公司為被購買方，購買日為 2×16 年 7 月 1 日。華遠公司在購買日的會計分錄如下：

合併成本 = 3.5×1,600 = 5,600（萬元）

借：長期股權投資——D 公司 56,000,000
貸：股本 16,000,000
資本公積——股本溢價 40,000,000
借：資本公積——股本溢價 1,200,000
貸：銀行存款 1,200,000
借：管理費用 800,000
貸：銀行存款 800,000

(二) 非企業合併方式取得的長期股權投資

除企業合併形成的對子公司的長期股權投資外，企業以支付現金、轉移非現金資產、發行權益性證券等方式取得的不具有控制的長期股權投資，為非企業合併方式取得的長期股權投資，如取得的對合營企業、聯營企業的權益性投資。企業通過非企業合併方式取得的長期股權投資，應該根據不同的方式，按照實際支付的價款、轉讓非現金資產的公允價值、發行權益性證券的公允價值等分別確定其初始投資成本，作為入帳的依據。

1. 以支付現金取得的長期股權投資

企業以支付現金取得長期股權投資，應當按照實際支付的購買價款作為初始投資成本。購買價款包括買價和購買過程中支付的與取得長期股權投資直接相關的費用、稅金及其他必要支出。

企業支付現金取得長期股權投資時，按照確定的初始投資成本，借記「長期股權投資」科目，按應享有被投資方已宣告但尚未發放的現金股利或利潤，借記「應收股利」科目，按照實際支付的買價及手續費、稅金等，貸記「銀行存款」等科目。

[例 4-5] 華遠股份有限公司以支付現金的方式取得 F 公司 25%的股份，實際支付的買價為 3,200 萬元，在購買過程中另支付手續費等相關稅費 12 萬元。股份購買價款中包含 F 公司已宣告但尚未發放的現金股利 100 萬元。公司在取得 F 公司股份后，派人參與了 F 公司的生產經營決策，能夠對 F 公司施加重大影響。華遠股份有限公司將其劃分為長期股權投資。會計分錄如下：

（1）購入 F 公司 25%的股份。

初始投資成本＝3,200+12－100＝3,112（萬元）

	借方	貸方
借：長期股權投資——F 公司（投資成本）	31,120,000	
應收股利	1,000,000	
貸：銀行存款		32,120,000

（2）收到 F 公司派發的現金股利。

	借方	貸方
借：銀行存款	1,000,000	
貸：應收股利		1,000,000

2. 以發行權益性證券取得的長期股權投資

企業以發行權益性證券方式取得的長期股權投資，應當按照所發行權益性證券的公允價值作為初始投資成本。為發行權益性證券而支付給證券承銷機構的手續費、佣金等相關稅費及其他直接相關支出，不構成長期股權投資的初始成本，應自權益性證券的溢價發行收入中扣除；權益性證券的溢價發行收入不足衝減的，應依次衝減盈余公積和未分配利潤。

企業發行權益性證券取得長期股權投資時，按照確定的初始投資成本，借記「長期股權投資」科目，按應享有被投資方已宣告但尚未發放的現金股利或利潤，借記「應收股利」科目，按照權益性證券的面值，貸記「股本」科目，按其差額，貸記「資本公積——股本溢價」科目。發行權益性證券所支付的手續費、佣金等相關稅費及其他直接相關支出，借記「資本公積——股本溢價」科目，貸記「銀行存款」等科目；溢價發行收入不足衝減的，應依次借記「盈余公積」「利潤分配——未分配利潤」科目。

[例 4-6] 華遠股份有限公司以增發的權益性證券作為對價，取得 N 公司 20%的股份。華遠公司增發的權益性證券為每股面值 1 元的普通股股票，共增發 1,500 萬股，每股公允價值為 3 元，向證券承銷機構支付發行手續費及佣金等直接相關費用 120 萬元。

華遠公司取得該部分股份后，能夠對 N 公司的生產經營決策施加重大影響，華遠公司將其劃分為長期股權投資。會計分錄如下：

初始投資成本＝3×1,500＝4,500（萬元）

借：長期股權投資——N 公司（投資成本）　45,000,000

　貸：股本　15,000,000

　　資本公積——股本溢價　30,000,000

借：資本公積——股本溢價　1,200,000

　貸：銀行存款　1,200,000

一般而言，投資者投入的長期股權投資應根據法律法規的要求進行評估作價，在公平交易當中，投資者投入的長期股權投資的公允價值，與所發行證券（工具）的公允價值不應存在重大差異。如有確鑿證據表明，取得長期股權投資的公允價值比所發行證券（工具）的公允價值更加可靠的，應以投資者投入的長期股權投資的公允價值為基礎確定其初始投資成本。

［**例 4-7**］華遠股份有限公司的乙股東以其持有的 G 公司每股面值 1 元的普通股 2,500 萬股作為資本金投入企業，取得華遠公司每股面值 1 元的普通股 2,000 萬股。G 公司為上市公司，其普通股有活躍市場報價。假設華遠公司為非上市公司，其普通股沒有活躍市場報價。投資合同約定，乙股東用來作為出資的 G 公司普通股作價 8,200 萬元，該作價是根據 G 公司普通股在活躍市場上的報價並考慮相關調整因素后確定的。華遠公司取得 G 公司 2,500 萬股普通股后，能夠對 G 公司的生產經營決策施加重大影響，華遠公司將其劃分為長期股權投資。會計分錄如下：

借：長期股權投資——G 公司（投資成本）　82,000,000

　貸：股本　20,000,000

　　資本公積——股本溢價　62,000,000

第二節　長期股權投資的后續計量

企業取得的長期股權投資在持有期間，要根據對被投資方是否能夠實施控制，分別採用成本法或權益法進行核算。

一、長期股權投資的成本法

成本法，是指長期股權投資的帳面價值按初始投資成本計量，除追加或收回投資外，一般不對長期股權投資的帳面價值進行調整的一種會計處理方法。投資方對被投資方能夠實施控制的長期股權投資，即對子公司的長期股權投資，應當採用成本法核算。投資方在判斷對被投資方是否具有控制時，應綜合考慮直接持有的股權和通過子公司間接持有的股權，但在個別財務報表中採用成本法進行核算時，應僅考慮直接持有的股權份額。成本法的基本核算程序如下：

（1）設置「長期股權投資」科目，反應長期股權投資的初始投資成本。在收回投資前，無論被投資方經營情況如何，淨資產是否增減，投資方一般不對股權投資的帳面價值進行調整。

(2) 如果發生追加投資或收回投資等情況，應按追加或收回投資的成本增加或減少長期股權投資的帳面價值。

(3) 除取得投資時實際支付的價款或對價中包含的已宣告但尚未發放的現金股利或利潤外，投資方應當按照被投資方宣告發放的現金股利或利潤中屬於本企業享有的部分確認投資收益；被投資方宣告分派股票股利，投資方應於除權日作備忘記錄；被投資方未分派股利，投資方不作任何會計分錄。企業在持有長期股權投資期間，當被投資方宣告發放現金股利或利潤時，投資方應當按照享有的份額，借記「應收股利」科目，貸記「投資收益」科目；收到上列現金股利或利潤時，借記「銀行存款」科目，貸記「應收股利」科目。

[例 4-8] 2×16 年 3 月 20 日，華遠股份有限公司以 6,280 萬元的價款（包括相關稅費和已宣告但尚未發放的現金股利 250 萬元）取得 N 公司普通股股票 2,500 萬股，占 N 公司普通股股份的 60%，形成非同一控制下的企業合併。華遠公司將其劃分為長期股權投資並採用成本法核算。2×16 年 4 月 5 日，華遠公司收到支付的投資價款中包含的已宣告但尚未發放的現金股利；2×17 年 3 月 5 日，N 公司宣告 2×16 年度股利分配方案，每股分派現金股利 0.20 元，並於 2×17 年 4 月 15 日派發；2×18 年 4 月 15 日，N 公司宣告 2×17 年度股利分配方案，每股派送股票股利 0.3 股，除權日為 2×18 年 5 月 10 日；2×18 年度 N 公司發生虧損，以留存收益彌補虧損后，於 2×19 年 4 月 25 日宣告 2×18 年度股利分配方案，每股分派現金股利 0.10 元，並於 2×19 年 5 月 10 日派發；2×19 年度 N 公司繼續虧損，該年未進行股利分配；2×20 年度 N 公司扭虧為盈，該年未進行股利分配；2×21 年度 N 公司繼續盈利，於 2×22 年 3 月 10 日宣告 2×21 年度股利分配方案，每股分派現金股利 0.25 元，並於 2×22 年 4 月 15 日派發。華遠股份有限公司的會計分錄如下：

(1) 2×16 年 3 月 20 日，華遠公司取得 N 公司普通股股票。

	借	貸
借：長期股權投資——N 公司	60,300,000	
應收股利	2,500,000	
貸：銀行存款		62,800,000

(2) 2×16 年 4 月 5 日，收到 N 公司派發的現金股利。

	借	貸
借：銀行存款	2,500,000	
貸：應收股利		2,500,00

(3) 2×17 年 3 月 5 日，N 公司宣告 2×16 年度股利分配方案。

現金股利 = 0.20×25,000,000 = 5,000,000（元）

	借	貸
借：應收股利	5,000,000	
貸：投資收益		5,000,000

(4) 2×17 年 4 月 15 日，收到 N 公司派發的現金股利。

	借	貸
借：銀行存款	5,000,000	
貸：應收股利		5,000,000

(5) 2×18 年 5 月 10 日，N 公司派送的股票股利除權。

華遠公司不作正式會計記錄，但應於除權日在備查簿中登記增加的股份：

股票股利＝0.3×25,000,000＝7,500,000（股）

持有N公司股票總數＝25,000,000+7,500,000＝32,500,000（股）

（6）2×19年4月25日，N公司宣告2×18年度股利分配方案。

現金股利＝0.10×32,500,000＝3,250,000（元）

借：應收股利　　3,250,000

　貸：投資收益　　3,250,000

（7）2×19年5月10日，收到N公司派發的現金股利。

借：銀行存款　　3,250,000

　貸：應收股利　　3,250,000

（8）2×19年度N公司繼續虧損，該年未進行股利分配。華遠公司不必作任何會計分錄。

（9）2×20年度N公司扭虧為盈，該年未進行股利分配。華遠公司不必作任何會計分錄。

（10）2×22年3月10日，N公司宣告2×21年度股利分配方案。

現金股利＝0.25×32,500,000＝8,125,000（元）

借：應收股利　　8,125,000

　貸：投資收益　　8,125,000

（11）2×22年4月15日，收到N公司派發的現金股利。

借：銀行存款　　8,125,000

　貸：應收股利　　8,125,000

在成本法下，投資方在確認自被投資方應分得的現金股利或利潤后，應當關注有關長期股權投資的帳面價值是否大於應享有被投資方淨資產（包括相關商譽）帳面價值的份額等情況。如果該項長期股權投資存在減值跡象，投資方應當對其進行減值測試。減值測試的結果證實長期股權投資的可收回金額低於帳面價值的，應當計提減值準備。

二、長期股權投資的權益法

權益法，是指在取得長期股權投資時以投資成本計量，在投資持有期間則要根據投資方應享有被投資方所有者權益份額的變動，對長期股權投資的帳面價值進行相應調整的一種會計處理方法。投資方對被投資方具有共同控制或重大影響的長期股權投資，即對合營企業或聯營企業的長期股權投資，應當採用權益法核算。投資方在判斷對被投資方是否具有共同控制、重大影響時，應綜合考慮直接持有的股權和通過子公司間接持有的股權，但在個別財務報表中採用權益法進行核算時，應僅考慮直接持有的股權份額。

（一）會計科目的設置

採用權益法核算，在「長期股權投資」科目下應當設置「投資成本」「損益調整」「其他綜合收益」「其他權益變動」明細科目，分別反應長期股權投資的初始投資成本以及因被投資方所有者權益發生變動而對長期股權投資帳面價值進行調整的金額。

其中：

(1) 投資成本，反應長期股權投資的初始投資成本，以及在長期股權投資的初始投資成本小於取得投資時應享有被投資方可辨認淨資產公允價值份額的情況下，按其差額調整初始投資成本后形成的帳面價值。

(2) 損益調整，反應被投資方因發生淨損益、分配利潤引起的所有者權益變動中，投資方按持股比例計算的應享有或應分擔的份額。

(3) 其他綜合收益，反應被投資方因確認其他綜合收益引起的所有者權益變動中，投資方按持股比例計算的應享有或應分擔的份額。

(4) 其他權益變動，反應被投資方除發生淨損益、分配利潤以及確認其他綜合收益以外所有者權益的其他變動中，投資方按持股比例計算的應享有或應分擔的份額。

(二) 長期股權投資初始成本的確認

企業在取得長期股權投資時，按照確定的初始投資成本入帳。初始投資成本與應享有被投資方可辨認淨資產公允價值份額之間的差額，應區別情況處理：

(1) 如果長期股權投資的初始投資成本大於取得投資時應享有被投資方可辨認淨資產公允價值的份額，二者之間的差額在本質上是通過投資作價體現的與所取得的股權份額相對應的商譽以及被投資方不符合確認條件的資產價值，不需要按該差額調整已確認的初始投資成本。

(2) 如果長期股權投資的初始投資成本小於取得投資時應享有被投資方可辨認淨資產公允價值的份額，二者之間的差額體現的是投資作價過程中轉讓方的讓步，該差額導致的經濟利益流入應作為一項收益，計入取得投資當期的營業外收入，同時調整長期股權投資的帳面價值。

投資方應享有被投資方可辨認淨資產公允價值的份額，可用下列公式計算：

應享有被投資方可辨認淨資產公允價值份額=投資時被投資方可辨認淨資產公允價值總額×投資方持股比例

[**例 4-9**] 2×16 年 7 月 1 日，華遠股份有限公司購入 D 公司股票 1,600 萬股，實際支付購買價款 2,450 萬元（包括交易稅費）。該股份占 D 公司普通股股份的 25%，華遠公司在取得股份后，派人參與了 D 公司的生產經營決策，因能夠對 D 公司施加重大影響，華遠公司採用權益法核算。

假定投資當時，D 公司可辨認淨資產公允價值為 9,000 萬元。

應享有 D 公司可辨認淨資產公允價值份額=9,000×25%=2,250（萬元）

由於長期股權投資的初始投資成本大於投資時應享有 D 公司可辨認淨資產公允價值的份額，因此，不調整長期股權投資的初始投資成本。華遠公司應作會計分錄如下：

借：長期股權投資——D 公司（投資成本）　　24,500,000

　貸：銀行存款　　24,500,000

假定投資當時，D 公司可辨認淨資產公允價值為 10,000 萬元。

應享有 D 公司可辨認淨資產公允價值的份額=10,000×25%=2,500（萬元）

由於長期股權投資的初始投資成本小於投資時應享有 D 公司可辨認淨資產公允價值的份額，因此，應按二者之間的差額調整長期股權投資的初始投資成本，同時計入當期營業外收入。華遠公司應作會計分錄如下：

初始投資成本調整額＝2,500－2,450＝50（萬元）

借：長期股權投資——D公司（投資成本）　　24,500,000

　貸：銀行存款　　24,500,000

借：長期股權投資——D公司（投資成本）　　500,000

　貸：營業外收入　　500,000

調整后的投資成本＝2,450＋50＝2,500（萬元）

（三）投資損益的確認

投資方取得長期股權投資后，應當按照在被投資方實現的淨利潤或發生的淨虧損中，投資方應享有或應分擔的份額確認投資損益，同時相應調整長期股權投資的帳面價值。即按應享有的收益份額，借記「長期股權投資——損益調整」科目，貸記「投資收益」科目；按應分擔的虧損份額，借記「投資收益」科目，貸記「長期股權投資——損益調整」科目。投資方應當在被投資方帳面淨損益的基礎上，考慮以下因素對被投資方淨損益的影響並進行適當調整后，作為確認投資損益的依據：

（1）被投資方採用的會計政策及會計期間與投資方不一致的，應當按照投資方的會計政策及會計期間對被投資方的財務報表進行調整，在此基礎上確定被投資方的損益。

權益法是將投資方與被投資方作為一個整體來看待的，作為一個整體，投資方與被投資方的損益應當在一致的會計政策基礎上確定。當被投資方採用的會計政策及會計期間與投資方不同時，投資方應當遵循重要性原則，按照本企業的會計政策及會計期間對被投資方的淨損益進行調整。

（2）投資方以取得投資時被投資方各項可辨認資產等的公允價值為基礎，對被投資方的淨損益進行調整后，作為確認投資損益的依據。

投資方在取得投資時，是以被投資方有關資產、負債的公允價值為基礎確定投資成本的，股權投資收益所代表的應當是被投資方的資產、負債以公允價值計量的情況下在未來期間通過經營產生的淨損益中歸屬於投資方的部分，而被投資方個別利潤表中的淨損益是以其持有的資產、負債的帳面價值為基礎持續計算的。如果取得投資時被投資方有關資產、負債的公允價值與其帳面價值不同，投資方應當以取得投資時被投資方各項可辨認資產等的公允價值為基礎，對被投資方的帳面淨損益進行調整，並按調整后的淨損益和持股比例計算確認投資損益。例如，以取得投資時被投資方固定資產、無形資產的公允價值為基礎計提的折舊額、攤銷額，以及以取得投資時的公允價值為基礎計算確定的資產減值準備金額，與被投資方以帳面價值為基礎計提的折舊額、攤銷額，以及以帳面價值為基礎計算確定的資產減值準備金額之間存在差額的，應按其差額對被投資方的帳面淨損益進行調整。

投資方在對被投資方實現的帳面淨損益進行上述調整時，應考慮重要性原則，不具重要性的項目可不予調整。符合下列條件之一的，投資方應以被投資方的帳面淨損益為基礎，經調整未實現內部交易損益后，計算確認投資損益，同時應在會計報表附註中說明下列情況不能調整的事實及其原因：

①投資方無法合理確定取得投資時被投資方各項可辨認資產等的公允價值。在某些情況下，投資的作價由於受到一些因素的影響，可能並不是完全以被投資方可辨認淨資產的公允價值為基礎；或者由於被投資方持有的可辨認資產相對比較特殊，無法取得其公允價值。如果投資方無法取得被投資方可辨認資產的公允價值，則無法以公允價值為基礎對被投資方的淨損益進行調整。

②投資時被投資方可辨認資產的公允價值與其帳面價值相比，兩者之間的差額不具重要性。如果被投資方可辨認資產的公允價值與其帳面價值之間的差額不大，根據重要性原則和成本效益原則，可以不進行調整。

③其他原因導致無法取得被投資方的有關資料，不能按照準則中規定的原則對被投資方的淨損益進行調整。

［**例4-10**］2×16年1月10日，華遠股份有限公司購入乙公司30%的股份，購買價款為2,200萬元，自取得投資之日起能夠對乙公司施加重大影響。取得投資當日，乙公司可辨認淨資產公允價值為6,000萬元，除表4-1所列項目外，乙公司其他資產、負債的公允價值與帳面價值相同。

表4-1　　**投資相關資產價值和使用年限表**　　金額單位：萬元

項目	帳面原價	已提折舊或攤銷	公允價值	乙公司預計使用年限	甲公司取得投資后剩余使用年限
存貨	500		700		
固定資產	1,200	240	1,600	20	16
無形資產	700	140	800	10	8
小計	2,400	380	3,100		

假定乙公司於2×16年實現淨利潤600萬元，其中在華遠股份有限公司取得投資時的帳面存貨有80%對外出售。華遠股份有限公司與乙公司的會計年度及採用的會計政策相同。固定資產、無形資產等均按直線法提取折舊或攤銷，預計淨殘值均為0。

假定華遠股份有限公司、乙公司間未發生其他任何內部交易。

2×16年12月31日，華遠股份有限公司在確定其應享有的投資收益時，應在乙公司實現淨利潤的基礎上，根據取得投資時乙公司有關資產的帳面價值與其公允價值差額的影響進行調整（假定不考慮所得稅及其他稅費等因素影響）。

存貨帳面價值與公允價值的差額應調減的利潤為160萬元［(700-500)×80%］。

固定資產公允價值與帳面價值差額應調整增加的折舊額為40萬元（1,600÷16-1,200÷20）。

無形資產公允價值與帳面價值差額應調整增加的攤銷額為30萬元（800÷8-700÷10）。

調整后的淨利潤為370萬元（600-160-40-30）。

華遠股份有限公司應享有的份額為111萬元（370×30%）。

確認投資收益的相關會計分錄如下：

借：長期股權投資——損益調整　　1,110,000

　貸：投資收益　　1,110,000

(3) 投資方與聯營企業及合營企業之間進行商品交易形成的未實現內部交易損益

按照持股比例計算的歸屬於投資方的部分，應當予以抵銷，在此基礎上確認投資損益。

投資方與聯營企業及合營企業之間的內部交易可以分為逆流交易和順流交易。逆流交易，是指投資方自其聯營企業或合營企業購買資產；順流交易，是指投資方向其聯營企業或合營企業出售資產。當內部交易形成的資產尚未對外部獨立第三方出售，內部交易損益包含在投資方或其聯營企業、合營企業持有的相關資產帳面價值中時，形成未實現內部交易損益。

①逆流交易。投資方自其聯營企業或合營企業購買資產，在將該資產出售給外部獨立第三方之前，投資方不應確認聯營企業或合營企業因該內部交易產生的未實現損益中按照持股比例計算確定的歸屬於本企業享有的部分。即投資方在採用權益法計算確認應享有聯營企業或合營企業的投資損益時，應抵銷該未實現內部交易損益的影響，並相應調整對聯營企業或合營企業的長期股權投資帳面價值。

［**例 4-11**］華遠股份有限公司持有 B 公司 20%有表決權股份，能夠對 B 公司生產經營決策施加重大影響，採用權益法核算。2×16 年 11 月，B 公司將其成本為 400 萬元的甲商品以 600 萬元的價格出售給華遠公司，華遠公司將取得的甲商品作為存貨入帳，至 2×16 年 12 月 31 日，華遠公司尚未對外出售該批甲商品。華遠公司在取得 B 公司 20%的股份時，B 公司各項可辨認資產、負債的公允價值與其帳面價值相同，雙方在以前期間未發生過內部交易。2×16 年度，B 公司實現淨利潤 1,000 萬元。假定不考慮所得稅影響。

根據上列資料，B 公司在該項內部交易中形成了 200 萬元（600 −400）的利潤，其中，有 40 萬元（200 ×20%）歸屬於華遠公司，在確認投資損益時應予以抵銷。華遠公司對 B 公司的淨利潤應作如下調整：

調整后的淨利潤 = 1,000 − 200 = 800（萬元）

根據調整后的淨利潤，華遠公司確認投資收益的會計分錄如下：

應享有收益份額 = 800 × 20% = 1,600（萬元）

借：長期股權投資——B 公司（損益調整）　　1,600,000

　貸：投資收益　　1,600,000

為了在帳面上明確體現對未實現內部交易損益影響的抵銷以及對聯營企業或合營企業長期股權投資帳面價值的調整，華遠公司也可作會計分錄如下：

按帳面利潤應享有的收益份額 = 1,000×20% = 200（萬元）

應抵銷的未實現內部交易損益份額 = 200 × 20% = 40（萬元）

借：長期股權投資——B 公司（損益調整）　　2,000,000

　貸：投資收益　　2,000,000

借：投資收益　　400,000

　貸：長期股權投資——B 公司（損益調整）　　400,000

②順流交易。投資方向其聯營企業或合營企業投出資產或出售資產，當有關資產仍由聯營企業或合營企業持有時，投資方因投出或出售資產應確認的損益僅限於與聯營企業或合營企業其他投資者交易的部分，而該內部交易產生的未實現損益中按照持股比例計算確定的歸屬於本企業享有的部分則不予確認。即投資方在採用權益法計算確認應享有聯營企業或合營企業的投資損益時，應抵銷該未實現內部交易損益的影響，

並相應調整對聯營企業或合營企業的長期股權投資帳面價值。

［**例 4-12**］華遠股份有限公司持有 C 公司 20%有表決權股份，能夠對 C 公司生產經營決策施加重大影響，採用權益法核算。2×16 年 10 月，華遠公司將其帳面價值為 500 萬元的乙產品以 800 萬元的價格出售給 C 公司，C 公司將購入的乙產品作為存貨入帳，至 2×16 年 12 月 31 日，C 公司尚未對外出售該批乙產品。華遠公司在取得 C 公司 20%的股份時，C 公司各項可辨認資產、負債的公允價值與其帳面價值相同，雙方在以前期間未發生過內部交易。2×16 年度，C 公司實現淨利潤 1,200 萬元。假定不考慮所得稅影響。

根據上列資料，華遠公司在該項內部交易中形成了 300 萬元（800-500）的利潤，其中，有 60 萬元（300 ×20%）是相對於華遠公司對 C 公司所持股份的部分，在確認投資損益時應予以抵銷。華遠公司對 C 公司的淨利潤應作如下調整：

調整后的淨利潤 = 1,200-300 = 900（萬元）

根據調整后的淨利潤，華遠公司確認投資收益的會計分錄如下：

應享有收益份額 = 900×20% = 180（萬元）

借：長期股權投資——C 公司（損益調整）　　1,800,000

　貸：投資收益　　1,800,000

為了在帳面上明確體現對未實現內部交易損益影響的抵銷以及對聯營企業或合營企業長期股權投資帳面價值的調整，華遠公司也可作會計分錄如下：

按帳面利潤應享有的收益份額 = 1,200×20% = 240（萬元）

應抵銷的未實現內部交易損益份額 = 300 × 20% = 60（萬元）

借：長期股權投資——C 公司（損益調整）　　2,400,000

　貸：投資收益　　2,400,00

借：投資收益　　600,000

　貸：長期股權投資——C 公司（損益調整）　　600,000

需要注意的是，投資方與其聯營企業及合營企業之間無論是逆流交易還是順流交易，產生的未實現內部交易損失如果屬於所轉讓資產發生的減值損失，有關的未實現內部交易損失應當全額確認，不予抵銷。

［**例 4-13**］華遠股份有限公司持有 F 公司 20%有表決權股份，能夠對 F 公司生產經營決策施加重大影響，採用權益法核算。2×16 年，F 公司將其成本為 500 萬元的丙商品以 400 萬元的價格出售給華遠公司，華遠公司將取得的丙商品作為存貨入帳，至 2×16 年 12 月 31 日，華遠公司仍未對外出售該批丙商品。華遠公司在取得 F 公司 20%的股份時，F 公司各項可辨認資產、負債的公允價值與其帳面價值相同，雙方在以前期間未發生過內部交易。2×16 年度，F 公司實現淨利潤 1,000 萬元。

根據上列資料，如果有確鑿證據表明丙商品的交易價格低於其成本是由於丙商品發生了減值所致，則華遠公司在確認應享有 F 公司 2×16 年度淨利潤份額時，不應抵銷丙商品交易價格與其成本的差額 100 萬元對 F 公司淨利潤的影響。華遠公司應作會計分錄如下：

應享有收益份額 = 1,000×20% = 200（萬元）

借：長期股權投資——F 公司（損益調整）　　2,000,000

貸：投資收益　2,000,000

投資方在確認應享有或應分擔的損益份額時，應當以被投資方的年度財務報告為依據。如果投資方與被投資方對年度財務報告的編製時間有不同要求，或投資方與被投資方採用不同的會計年度，則投資方在編製年度財務報告時，可能無法及時取得被投資方當年的有關會計資料。在這種情況下，投資方應於下一年度取得有關會計資料時，將應享有或應分擔的損益份額確認為下一年度的投資損益，但應遵循一貫性會計原則，並在會計報表附註中加以說明。

（四）應收股利的確認

長期股權投資採用權益法核算，當被投資方宣告分派現金股利或利潤時，投資方按應獲得的現金股利或利潤確認應收股利，同時抵減長期股權投資的帳面價值，借記「應收股利」科目，貸記「長期股權投資——損益調整」科目；被投資方分派股票股利時，投資方不進行帳務處理，但應於除權日在備查簿中登記增加的股份。

[**例 4-14**] 2×16 年 7 月 1 日，華遠股份有限公司購入 D 公司股票 1,600 萬股，占 D 公司普通股股份的 25%，能夠對 D 公司施加重大影響，華遠公司對該項股權投資採用權益法核算。假定投資當時，D 公司各項可辨認資產、負債的公允價值與其帳面價值相同，華遠公司與 D 公司的會計年度及採用的會計政策相同，雙方未發生任何內部交易，華遠公司按照 D 公司的帳面淨損益和持股比例計算確認投資損益。D 公司 2×16 年至 2×21 年各年的淨收益和利潤分配情況以及華遠公司相應的會計分錄如下（各年收到現金股利的會計分錄略）：

（1）2×16 年度，D 公司報告淨收益 1,500 萬元；2×17 年 3 月 10 日，D 公司宣告 2×16 年度利潤分配方案，每股分派現金股利 0.10 元。

①確認投資收益。

應確認投資收益 = 1,500×25%×6÷12 = 187.5（萬元）

借：長期股權投資——D 公司（損益調整）　1,875,000

　貸：投資收益　1,875,000

②確認應收股利。

應收現金股利 = 0.1×1,600 = 160（萬元）

借：應收股利　1,600,000

　貸：長期股權投資——D 公司（損益調整）　1,600,000

（2）2×17 年度，D 公司報告淨收益 1,250 萬元；2×18 年 4 月 15 日，D 公司宣告 2×17 年度利潤分配方案，每股派送股票股利 0.30 股，除權日為 2×18 年 5 月 10 日。

①確認投資收益。

應確認投資收益 = 1,250×25% = 312.5（萬元）

借：長期股權投資——D 公司（損益調整）　3,125,000

　貸：投資收益　3,125,000

②除權日，在備查簿中登記增加的股份。

股票股利 = 0.30×1,600 = 480（萬股）

持有股票總數 = 1,600+480 = 2,080（萬股）

(3) 2×18 年度，D 公司報告淨收益 980 萬元；2×19 年 4 月 10 日，D 公司宣告 2×18 年度利潤分配方案，每股分派現金股利 0.15 元。

①確認投資收益。

應確認投資收益＝980 × 25%＝245（萬元）

借：長期股權投資——D 公司（損益調整）　　2,450,000

　貸：投資收益　　2,450,000

②確認應收股利。

應收現金股利＝0.15×2,080＝312（萬元）

借：應收股利　　3,120,000

　貸：長期股權投資——D 公司（損益調整）　　3,120,000

(4) 2×19 年度，D 公司報告淨收益 1,000 萬元，未進行利潤分配。

應確認投資收益＝1,000×25%＝250（萬元）

借：長期股權投資——D 公司（損益調整）　　2,500,000

　貸：投資收益　　2,500,000

(5) 2×20 年度，D 公司報告淨虧損 200 萬元，用以前年度留存收益彌補虧損后，於 2×21 年 4 月 5 日，宣告 2×20 年度利潤分配方案，每股分派現金股利 0.10 元。

①確認投資損失。

應確認投資損失＝200 × 25%＝50（萬元）

借：投資收益　　500,000

　貸：長期股權投資——D 公司（損益調整）　　500,000

②確認應收股利。

應收現金股利＝0.10×2,080＝208（萬元）

借：應收股利　　2,080,000

　貸：長期股權投資——D 公司（損益調整）　　2,080,000

(6) 2×21 年度，D 公司繼續發生虧損 500 萬元，未進行利潤分配。

應確認投資損失＝500 × 25%＝125（萬元）

借：投資收益　　1,250,000

　貸：長期股權投資——D 公司（損益調整）　　1,250,000

(五) 超額虧損的確認

在被投資方發生虧損、投資方按持股比例確認應分擔的虧損份額時，應當以長期股權投資的帳面價值以及其他實質上構成對被投資方淨投資的長期權益減記至零為限，投資方負有承擔額外損失義務的除外。其中，實質上構成對被投資方淨投資的長期權益，通常是指長期性的應收項目，例如，投資方對被投資方的某項長期債權，如果沒有明確的清收計劃，且在可預見的未來期間不準備收回，則實質上構成對被投資方的淨投資。需要注意的是，該類長期權益不包括投資方與被投資方之間因銷售商品、提供勞務等日常活動所產生的長期債權。投資方在確認應分擔被投資方發生的虧損份額時，應當按照以下順序進行處理：

首先，衝減長期股權投資的帳面價值，借記「投資收益」科目，貸記「長期股權投資」科目。

其次，在長期股權投資的帳面價值衝減為零的情況下，如果帳面上存在其他實質上構成對被投資方淨投資的長期權益項目，則應當以其他實質上構成對被投資方淨投資的長期權益帳面價值為限繼續確認投資損失，並衝減長期應收項目等的帳面價值，借記「投資收益」科目，貸記「長期應收款」等科目。

最后，在長期股權投資的帳面價值和其他實質上構成對被投資方淨投資的長期權益帳面價值均衝減為零的情況下，按照投資合同或協議約定投資方仍須承擔額外損失彌補等義務的，對於符合預計負債確認條件的義務，應按預計承擔的金額確認預計負債，計入當期投資損失，借記「投資收益」科目，貸記「預計負債」科目。

經過上列順序確認應分擔的虧損份額后，如果仍有未確認的虧損分擔額，投資方應在帳外作備查登記，待被投資方以后年度實現盈利時，再按應享有的收益份額，首先扣減帳外備查登記的未確認虧損分擔額，然后再按與上述相反的順序進行處理，減記已確認的預計負債帳面價值，恢復其他實質上構成對被投資方淨投資的長期權益帳面價值，恢復長期股權投資的帳面價值，同時確認投資收益。

［**例 4-15**］華遠股份有限公司持有 S 公司 40%的股份，能夠對 S 公司施加重大影響，華遠公司對該項股權投資採用權益法核算。除了對 S 公司的長期股權投資外，華遠公司還有一筆金額為 300 萬元的應收 S 公司長期債權，該項債權沒有明確的清收計劃，且在可預見的未來期間不準備收回。假定投資當時，S 公司各項可辨認資產、負債的公允價值與其帳面價值相同，華遠公司與 S 公司的會計年度及採用的會計政策相同，雙方未發生任何內部交易，華遠公司按照 S 公司的帳面淨損益和持股比例計算確認投資損益。由於 S 公司持續虧損，華遠公司在確認了 2×16 年度的投資損失以后，該項股權投資的帳面價值已減至 500 萬元，其中，「長期股權投資——投資成本」科目借方余額為 2, 400 萬元，「長期股權投資——損益調整」科目貸方余額為 1, 900 萬元。華遠公司未對該項股權投資計提減值準備。2×17 年度 S 公司繼續虧損，當年虧損額為 1, 500 萬元；2×18 年度 S 公司仍然虧損，當年虧損額為 800 萬元；2×19 年度 S 公司經過資產重組，經營情況好轉，當年取得淨收益 200 萬元；2×20 年度 S 公司經營情況進一步好轉，當年取得淨收益 600 萬元；2×21 年度 S 公司取得淨收益 1, 200 萬元；2×22 年度 S 公司取得淨收益 1, 600 萬元。

（1）確認應分擔的 2×17 年度虧損份額。

應分擔的虧損份額 = 1, 500×40% = 600（萬元）

由於應分擔的虧損份額大於該項長期股權投資的帳面價值，因此，華遠公司應以該項長期股權投資的帳面價值減記至零為限確認投資損失，剩余應分擔的虧損份額 100 萬元，應繼續衝減實質上構成對 S 公司淨投資的長期應收款，並確認投資損失。華遠公司確認當年投資損失的會計分錄如下：

借：投資收益	5, 000, 000	
貸：長期股權投資——S 公司（損益調整）		5, 000, 000
借：投資收益	1, 000, 000	
貸：長期應收款——S 公司		1, 000, 000

（2）確認應分擔的 2×18 年度虧損份額。應分擔的虧損份額 = 800 × 40% = 320（萬元）

由於應分擔的虧損份額大於尚未衝減的長期應收款帳面余額，因此，華遠公司不能再按應分擔的虧損份額確認當年的投資損失，而只能以長期應收款帳面余額 200 萬元為限確認當年的投資損失，其余 120 萬元未確認的虧損分擔額應在備查登記簿中作備忘記錄，留待以后年度 S 公司取得收益后抵銷。華遠公司確認當年投資損失的會計分錄如下：

借：投資收益　　2,000,000

　貸：長期應收款——S 公司　　2,000,000

（3）確認應享有的 2×19 年度收益份額。應享有的收益份額 = 200 × 20% = 80（萬元）

由於華遠公司以前年度在備查簿中記錄的未確認虧損分擔額為 120 萬元，而當年應享有的收益份額不足以抵銷該虧損分擔額，因此，不能按當年應享有的收益分享額恢復長期應收款及長期股權投資的帳面價值。華遠公司當年不作正式的會計分錄，但應在備查登記簿中記錄已抵銷的虧損分擔額 80 萬元以及尚未抵銷的虧損分擔額 40 萬元。

（4）確認應享有的 2×20 年度收益份額。

應享有的收益份額 = 600 × 40% = 240（萬元）

由於當年應享有的收益份額超過了以前年度在備查簿中記錄的尚未抵銷的虧損分擔額，因此，應在備查登記簿中記錄對以前年度尚未抵銷的虧損分擔額 40 萬元的抵銷，並按超過部分首先恢復長期應收款的帳面價值。

應恢復長期應收款帳面價值 = 240 − 40 = 200（萬元）

借：長期應收款——S 公司　　2,000,000

　貸：投資收益　　2,000,000

（5）確認應享有的 2×21 年度收益份額。

應享有的收益份額 = 1,200×40% = 480（萬元）

由於當年應享有的收益份額超過了尚未恢復的長期應收款帳面價值，因此，在完全恢復了長期應收款的帳面價值后，應按超過部分繼續恢復長期股權投資的帳面價值。

應恢復長期股權投資帳面價值 = 480 − 100 = 380（萬元）

借：長期應收款——S 公司　　1,000,000

　貸：投資收益　　1,000,000

借：長期股權投資——S 公司（損益調整）　　3,800,000

　貸：投資收益　　3,800,000

（6）確認應享有的 2×22 年度收益份額。

應享有的收益份額 = 1,600×40% = 640（萬元）

借：長期股權投資——S 公司（損益調整）　　6,400,000

　貸：投資收益　　6,400,000

（六）其他綜合收益的確認

被投資方確認其他綜合收益及其變動，會導致其所有者權益總額發生變動，從而影響投資方在被投資方所有者權益中應享有的份額。因此，在權益法下，當被投資方確認其他綜合收益及其變動時，投資方應按持股比例計算應享有或分擔的份額，調整長期股權投資的帳面價值，同時計入其他綜合收益。

［**例 4-16**］華遠股份有限公司持有 D 公司 25%的股份，能夠對 D 公司施加重大影響，採用權益法核算。2×16 年 12 月 31 日，D 公司持有的一項成本為 1,500 萬元的可供出售金融資產，公允價值升至 2,000 萬元，D 公司按公允價值超過成本的差額 500 萬元調增該項可供出售金融資產的帳面價值，並計入其他綜合收益，導致其所有者權益發生變動。

應享有其他綜合收益份額＝500 × 25%＝125（萬元）

借：長期股權投資——D 公司（其他綜合收益）　　1,250,000

　貸：其他綜合收益　　1,250,000

（七）其他權益變動的確認

其他權益變動是指被投資方除發生淨損益、分配利潤以及確認其他綜合收益以外所有者權益的其他變動，主要包括被投資方接受其他股東的資本性投入、被投資方發行可分離交易的可轉換公司債券中包含的權益成分、以權益結算的股份支付、其他股東對被投資方增資導致投資方持股比例變動等。投資方對於按照持股比例計算的應享有或應分擔的被投資方其他權益變動份額，應調整長期股權投資的帳面價值，同時計入資本公積（其他資本公積）。

［**例 4-17**］華遠股份有限公司持有 G 公司 30%的股份，能夠對 G 公司施加重大影響，採用權益法核算。2×16 年度，G 公司接受其母公司實質上屬於資本性投入的現金捐贈，金額為 600 萬元，G 公司將其計入資本公積，導致所有者權益發生變動。

應享有其他權益變動份額＝600 × 30%＝180（萬元）

借：長期股權投資——G 公司（其他權益變動）　　1,800,000

　貸：資本公積——其他資本公積　　1,800,000

第三節　長期股權投資的轉換與重分類

一、長期股權投資核算方法的轉換

長期股權投資核算方法的轉換，是指因追加投資或處置投資導致持股比例發生變動而將長期股權投資的核算方法由成本法轉換為權益法或者由權益法轉換為成本法，包括處置投資導致的成本法轉換為權益法和追加投資導致的權益法轉換為成本法兩種情況。

（一）處置投資導致的成本法轉換為權益法

投資方原持有的對被投資方具有控制的長期股權投資，因處置投資導致持股比例下降，不再對被投資方具有控制但仍能夠施加重大影響或與其他投資方一起實施共同控制的，長期股權投資的核算方法應當由成本法轉換為權益法。對於處置的長期股權投資，應當按照處置投資的比例轉銷應終止確認的長期股權投資帳面價值，並與處置價款相比較，確認處置損益；對於剩余的長期股權投資，應當將其原採用成本法核算的帳面價值按照權益法的核算要求進行追溯調整。調整的具體內容與方法如下：

（1）將剩余的長期股權投資成本與按照剩余持股比例計算的取得原投資時應享有被投資方可辨認淨資產公允價值的份額進行比較，二者之間存在差額的，如果屬於剩余投資成本大於取得原投資時應享有被投資方可辨認淨資產公允價值份額的差額，不調整長期股權投資的帳面價值；如果屬於剩余投資成本小於取得原投資時應享有被投資方可辨認淨資產公允價值份額的差額，應按其差額調整長期股權投資的帳面價值，同時調整留存收益。

（2）對於取得原投資后至處置投資交易日之間被投資方實現的淨損益（扣除已發放及已宣告發放的現金股利或利潤）中投資方按剩余持股比例計算的應享有份額，在調整長期股權投資帳面價值的同時，對於在取得原投資時至處置投資當期期初被投資方實現的淨損益中應享有的份額，應調整留存收益；對於在處置投資當期期初至處置投資交易日之間被投資方實現的淨損益中應享有的份額，應調整當期損益。

（3）對於取得原投資后至處置投資交易日之間被投資方確認其他綜合收益導致的所有者權益變動中投資方按剩余持股比例計算的應享有份額，在調整長期股權投資帳面價值的同時，計入其他綜合收益。

（4）對於取得原投資后至處置投資交易日之間被投資方除發生淨損益、分配利潤以及確認其他綜合收益以外所有者權益的其他變動中投資方按剩余持股比例計算的應享有份額，在調整長期股權投資帳面價值的同時，計入資本公積（其他資本公積）。

［**例 4-18**］華遠股份有限公司原持有 A 公司 60%的股份，帳面成本為 7,500 萬元，對 A 公司具有控制，採用成本法核算。2×16 年 4 月 1 日，華遠公司將持有的 A 公司 20%的股份轉讓給其他企業，收到轉讓價款 3,000 萬元。由於華遠公司對 A 公司的持股比例已降為 40%，不再對 A 公司具有控制但仍能夠施加重大影響，因此，將剩余股權投資改按權益法核算。自華遠公司取得 A 公司 60%的股份后至轉讓 A 公司 20%的股份前，A 公司實現淨利潤 6,000 萬元（其中，2×16 年 1 月 1 日至 2×16 年 3 月 31 日實現淨利潤 500 萬元），未分配現金股利；A 公司因確認可供出售金融資產公允價值變動而計入其他綜合收益的金額為 800 萬元，因接受其母公司實質上屬於資本性投入的現金捐贈而計入資本公積的金額為 200 萬元。華遠公司取得 A 公司 60%的股份時，A 公司可辨認淨資產的公允價值為 13,000 萬元，各項可辨認資產、負債的公允價值與其帳面價值相同；取得 A 公司 60%的股份后，雙方未發生過任何內部交易；華遠公司與 A 公司的會計年度及採用的會計政策相同。華遠公司按照淨利潤的 10%提取盈余公積。

（1）2×16 年 4 月 1 日，轉讓 A 公司 20%的股份。

轉讓股份的帳面價值＝7,500 × 1/3＝2,500（萬元）

	借方	貸方
借：銀行存款	30,000,000	
貸：長期股權投資——A 公司		25,000,000
投資收益		5,000,000

（2）2×16 年 4 月 1 日，調整剩余長期股權投資的帳面價值。

①剩余長期股權投資的成本為 5,000 萬元（7,500-2,500），按照剩余持股比例計算的取得原投資時應享有 A 公司可辨認淨資產公允價值的份額為 5,200 萬元（13,000×40%），二者之間的差額 200 萬元屬於剩余投資成本小於應享有被投資方可辨認淨資產

公允價值份額的差額，應按該差額調整剩余投資成本，同時調整留存收益。其中，應調整盈余公積 20 萬元（200×10%），應調整未分配利潤 180 萬元（200-20）。華遠公司的會計分錄如下：

借：長期股權投資——A 公司（投資成本）　52,000,000
　貸：長期股權投資——A 公司　50,000,000
　　盈余公積　200,000
　　利潤分配——未分配利潤　1,800,000

②華遠公司自取得 A 公司 60%的股份后至轉讓 A 公司 20%的股份前，A 公司實現淨利潤 6,000 萬元，未分配現金股利，華遠公司按剩余持股比例計算的應享有份額為 2,400 萬元（6,000 ×40%）。一方面，應調整長期股權投資的帳面價值，另一方面，對於取得 A 公司 60%的股份后至 2×15 年 12 月 31 日期間 A 公司實現的淨利潤中華遠公司按剩余持股比例計算的應享有份額 2,200 萬元［(6,000-500)× 40%］，應調整留存收益（其中，調整盈余公積 220 萬元，調整未分配利潤 1,980 萬元）。對於 2×16 年 1 月 1 日至 2×16 年 3 月 31 日期間 A 公司實現的淨利潤中華遠公司按剩余持股比例計算的應享有份額 200 萬元（500×40%），應計入當期損益。

華遠公司的會計分錄如下：

借：長期股權投資——A 公司（損益調整）　24,000,000
　貸：盈余公積　2,200,000
　　利潤分配——未分配利潤　19,800,000
　　投資收益　2,000,000

③華遠公司自取得 A 公司 60%的股份后至轉讓 A 公司 20%的股份前，A 公司因確認可供出售金融資產公允價值變動而計入其他綜合收益的金額為 800 萬元，華遠公司按剩余持股比例計算的應享有份額為 320 萬元（800 × 40%），在調整長期股權投資帳面價值的同時，應當計入其他綜合收益。

借：長期股權投資——A 公司（其他綜合收益）　3,200,000
　貸：其他綜合收益　3,200,000

④華遠公司自取得 A 公司 60%的股份后至轉讓 A 公司 20%的股份前，A 公司因接受其母公司實質上屬於資本性投入的現金捐贈而計入資本公積的金額為 200 萬元，華遠公司按剩余持股比例計算的應享有份額為 80 萬元（200 × 40%），在調整長期股權投資帳面價值的同時，應當計入資本公積（其他資本公積）。

借：長期股權投資——A 公司（其他權益變動）　800,000
　貸：資本公積——其他資本公積　800,000

（二）追加投資導致的權益法轉換為成本法

投資方因追加投資等原因使原持有的對聯營企業或合營企業的投資轉變為對子公司的投資，長期股權投資的核算方法應當由權益法轉換為成本法。轉換核算方法時，應當根據追加投資所形成的企業合併類型，確定按照成本法核算的初始投資成本。

（1）追加投資形成同一控制下企業合併的，應當按照取得的被合併方所有者權益在最終控制方合併財務報表中的帳面價值份額，作為改按成本法核算的初始投資成本。

(2) 追加投資形成非同一控制下企業合併的，應當按照原持有的股權投資帳面價值與新增投資成本之和，作為改按成本法核算的初始投資成本。

原採用權益法核算時確認的其他綜合收益，暫不作會計分錄，待將來處置該項長期股權投資時，採用與被投資方直接處置相關資產或負債相同的基礎進行會計處理；原採用權益法核算時確認的其他權益變動，也不能自資本公積（其他資本公積）轉為本期投資收益，而應待將來處置該項長期股權投資時，轉為處置當期投資收益。

［**例 4-19**］2×16 年 1 月 5 日，華遠股份有限公司以 5,600 萬元的價款取得 B 公司 30%的股份，能夠對 B 公司施加重大影響，採用權益法核算。當日，B 公司可辨認淨資產公允價值為 19,000 萬元。由於該項投資的初始成本小於投資時應享有 B 公司可辨認淨資產公允價值的份額 5,700 萬元（19,000×30%），因此，華遠公司按其差額調增了該項股權投資的成本 100 萬元，同時，計入當期營業外收入。2×16 年度，B 公司實現淨收益 1,000 萬元，未分配現金股利，華遠公司已將應享有的收益份額 300 萬元（1,000×30%）作為投資收益確認入帳，並相應調整了長期股權投資帳面價值；除實現淨損益外，B 公司在此期間還確認了可供出售金融資產公允價值變動利得 500 萬元，華遠公司已將應享有的份額 150 萬元（500×30%）作為其他綜合收益確認入帳，並相應調整了長期股權投資帳面價值。2×17 年 2 月 10 日，華遠公司又以 4,800 萬元的價款取得 B 公司 25%的股份，當日，B 公司所有者權益在最終控制方合併財務報表中的帳面價值為 20,000 萬元。至此，華遠公司對 B 公司的持股比例已增至 55%，對 B 公司形成控制，長期股權投資的核算方法由權益法轉換為成本法。

(1) 假定該項合併為同一控制下的企業合併。

原持有股份按權益法核算的帳面價值＝5,600+100+300+150＝6,150（萬元）

成本法下的初始投資成本＝20,000×55%＝11,000（萬元）

分錄	借方	貸方
借：長期股權投資——B 公司	110,000,000	
貸：長期股權投資——B 公司（投資成本）		57,000,000
——B 公司（損益調整）		3,000,000
——B 公司（其他綜合收益）		1,500,000
銀行存款		48,000,000
資本公積——股本溢價		500,000

(2) 假定該項合併為非同一控制下的企業合併。

成本法下的初始投資成本＝6,150+4,800＝10,950（萬元）

分錄	借方	貸方
借：長期股權投資——B 公司	109,500,000	
貸：長期股權投資——B 公司（投資成本）		57,000,000
——B 公司（損益調整）		3,000,000
——B 公司（其他綜合收益）		1,500,000
銀行存款		48,000,000

華遠公司採用權益法核算期間確認的在 B 公司可供出售金融資產公允價值變動中應享有份額 150 萬元，不能自其他綜合收益轉為本期投資收益，而應待將來處置該項長期股權投資時，轉為處置當期投資收益。

二、長期股權投資的重分類

長期股權投資的重分類，是指因追加投資或處置投資導致持股比例發生變動而將長期股權投資重新分類為以公允價值計量的金融資產或者將以公允價值計量的金融資產重新分類為長期股權投資，包括追加投資導致的以公允價值計量的金融資產重新分類為長期股權投資和處置投資導致的長期股權投資重新分類為以公允價值計量的金融資產兩種情況。其中，以公允價值計量的金融資產包括交易性金融資產和可供出售金融資產。

(一) 追加投資導致的以公允價值計量的金融資產重新分類為長期股權投資

追加投資導致的以公允價值計量的金融資產重新分類為長期股權投資，具體又可以分為追加投資形成控制而將以公允價值計量的金融資產重新分類為對子公司的長期股權投資和追加投資形成共同控制或重大影響而將以公允價值計量的金融資產重新分類為對合營企業或聯營企業的長期股權投資兩種情況。

1. 追加投資形成對子公司的長期股權投資

企業因追加投資形成控制（即實現企業合併）而將以公允價值計量的金融資產重新分類為對子公司的長期股權投資，應當根據追加投資所形成的企業合併類型，確定對子公司長期股權投資的初始投資成本。

(1) 追加投資最終形成同一控制下企業合併的，合併方應當按照形成企業合併時的累計持股比例計算的合併日應享有被合併方所有者權益在最終控制方合併財務報表中的帳面價值份額，作為長期股權投資的初始投資成本。初始投資成本大於原作為以公允價值計量的金融資產持有的被合併方股權投資帳面價值與合併日取得進一步股份新支付的對價之和的差額，應當計入資本公積（資本溢價或股本溢價）；初始投資成本小於原作為以公允價值計量的金融資產持有的被合併方股權投資帳面價值與合併日取得進一步股份新支付的對價之和的差額，應當衝減資本公積（僅限於資本溢價或股本溢價），資本公積的余額不足衝減的，應依次衝減盈余公積、未分配利潤。

[**例 4-20**] 華遠股份有限公司和 C 公司同為甲公司所控制的兩個子公司。2×16 年 4 月 1 日，華遠公司以 1,200 萬元的價款（包括相關稅費）取得 C 公司 10%有表決權的股份，華遠公司將其劃分為交易性金融資產，在持有該項金融資產期間，累計確認公允價值變動收益 300 萬元。2×17 年 1 月 1 日，華遠公司再次以 6,750 萬元的價款（包括相關稅費）取得 C 公司 45%有表決權的股份。至此，華遠公司已累計持有 C 公司 55%有表決權的股份，能夠對 C 公司實施控制，因此，將原作為交易性金融資產持有的 C 公司 10%的股權投資重新分類為長期股權投資並採用成本法核算。2×17 年 1 月 1 日，C 公司所有者權益在最終控制方合併財務報表中的帳面價值總額為 16,000 萬元。

初始投資成本 = 16,000×55% = 8,800（萬元）

借：長期股權投資——C 公司	88,000,000
貸：交易性金融資產——C 公司（成本）	12,000,000
——C 公司（公允價值變動）	3,000,000
銀行存款	67,500,000

　　資本公積——股本溢價　　5,500,000
借：公允價值變動損益　　3,000,000
　貸：投資收益　　3,000,000

（2）追加投資最終形成非同一控制下企業合併的，購買方應當按照原作為以公允價值計量的金融資產持有的被購買方股權投資帳面價值與購買日取得進一步股份新支付對價的公允價值之和，作為長期股權投資的初始投資成本。原作為可供出售金融資產持有的被購買方股權投資，因追加投資重新分類為長期股權投資時，該可供出售金融資產在持有期間因公允價值變動而形成的其他綜合收益應同時轉出，計入當期投資收益

[例 4-21] 華遠股份有限公司和 D 公司為兩個獨立的法人企業，在合併之前不存在任何關聯方關係。2×16 年 2 月 1 日，華遠公司以 1,500 萬元的價款（包括相關稅費）取得 D 公司 12%有表決權的股份，華遠公司將其劃分為可供出售金融資產。至 2×16 年 12 月 31 日，該項可供出售金融資產的帳面價值為 2,000 萬元。2×17 年 1 月 1 日，華遠公司再次以 6,600 萬元的價款（包括相關稅費）取得 D 公司 40%有表決權的股份。至此，華遠公司已累計持有 D 公司 52%有表決權的股份，能夠對 D 公司實施控制，因此，將原作為可供出售金融資產持有的 D 公司 12%的股權投資重新分類為長期股權投資並採用成本法核算。

初始投資成本＝2,000+6,600＝8,600（萬元）

借：長期股權投資——D 公司　　86,000,000
　貸：可供出售金融資產——D 公司（成本）　　15,000,000
　　　　　　　　　　　——D 公司（公允價值變動）　　5,000,000
　　銀行存款　　66,000,000
借：其他綜合收益　　5,000,000
　貸：投資收益　　5,000,000

2. 追加投資形成對合營企業或聯營企業的長期股權投資

企業因追加投資形成共同控制或重大影響而將以公允價值計量的金融資產重新分類為對合營企業或聯營企業的長期股權投資，應當按照原作為以公允價值計量的金融資產持有的被購買方股權投資公允價值與取得進一步股份新增投資成本之和，作為長期股權投資的初始投資成本。原作為可供出售金融資產持有的被購買方股權投資，因追加投資重新分類為長期股權投資時，該可供出售金融資產公允價值與帳面價值之間的差額，以及在持有期間因公允價值變動而形成的其他綜合收益，應當計入當期投資收益。

[例 4-22] 2×16 年 9 月 1 日，華遠股份有限公司以 850 萬元的價款（包括相關稅費）取得 E 公司 5%有表決權的股份，華遠公司將其劃分為可供出售金融資產。2×16 年 12 月 31 日，該項可供出售金融資產的帳面價值為 1,000 萬元。2×17 年 3 月 1 日，華遠公司再次以 4,200 萬元的價款（包括相關稅費）取得 E 公司 20%有表決權的股份。至此，華遠公司已累計持有 E 公司 25%有表決權的股份，能夠對 E 公司施加重大影響，因此，將原作為可供出售金融資產持有的 E 公司 5%的股權投資重新分類為長期股權投資並採用權益法核算。重分類日，華遠公司原持有的 E 公司 5%股權投資的公允價值為

1,050 萬元，E 公司可辨認淨資產公允價值為 20,000 萬元。

初始投資成本＝1,050+4,200＝5,250（萬元）

借：長期股權投資——E 公司（投資成本）	52,500,000	
貸：可供出售金融資產——E 公司（成本）		8,500,000
——E 公司（公允價值變動）		1,500,000
銀行存款		42,000,000
投資收益		500,000
借：其他綜合收益	1,500,000	
貸：投資收益		1,500,000

採用權益法核算的初始投資成本為 5,250 萬元，大於按照累計持股比例 25%計算的重分類日應享有 E 公司可辨認淨資產公允價值的份額 5,000 萬元（20,000×25%），因此，不需要調整初始投資成本。

（二）處置投資導致的長期股權投資重新分類為以公允價值計量的金融資產

處置投資導致的長期股權投資重新分類為以公允價值計量的金融資產，均應按重分類日該金融資產的公允價值計量，公允價值與原採用成本法或權益法核算的股權投資帳面價值之間的差額，應當計入當期投資收益。原持有的對合營企業或聯營企業的長期股權投資，因採用權益法核算而確認的其他綜合收益，應當在終止採用權益法核算時，採用與被投資方直接處置相關資產或負債相同的基礎編製會計分錄；因採用權益法核算而確認的其他所有者權益變動，應當在終止採用權益法核算時，全部轉入當期投資收益。

處置投資導致的長期股權投資重新分類為以公允價值計量的金融資產，具體又可以分為原採用成本法核算的對子公司的長期股權投資，因處置投資導致不再具有控制，也不具有共同控制或重大影響而將其重新分類為以公允價值計量的金融資產，以及原採用權益法核算的對合營企業或聯營企業的長期股權投資，因處置投資導致不再具有共同控制或重大影響而將其重新分類為以公允價值計量的金融資產兩種情況。

［**例 4-23**］華遠股份有限公司持有 F 公司股份 2,000 萬股，占 F 公司有表決權股份的 20%，能夠對 F 公司施加重大影響，採用權益法核算。至 2×16 年 6 月 30 日，該項長期股權投資採用權益法核算的帳面價值為 4,800 萬元，其中，投資成本為 3,500 萬元，損益調整（借方）為 800 萬元，其他綜合收益（借方，為確認的可供出售金融資產公允價值變動）為 300 萬元，其他權益變動（借方）為 200 萬元。2×16 年 7 月 1 日，華遠公司將持有的 F 公司股份中的 1,500 萬股出售給其他企業，收到出售價款 3,780 萬元。由於華遠公司對 F 公司的持股比例已降為 5%，不再具有重大影響，因此，華遠公司將其重新分類為交易性金融資產並按公允價值計量。重分類日，剩余 5% F 公司股份的公允價值為 1,260 萬元。

（1）2×16 年 7 月 1 日，出售 F 公司股份。

轉讓股份的帳面價值＝4,800×1,500÷2,000＝3,600（萬元）

其中：投資成本＝3,500×1,500÷2,000＝2,625（萬元）

損益調整＝800×1,500÷2,000＝600（萬元）

其他綜合收益＝300×1, 500÷2, 000＝225（萬元）

其他權益變動＝200×1, 500÷2, 000＝150（萬元）

借：銀行存款　37, 800, 000

　貸：長期股權投資——F 公司（投資成本）　26, 250, 000

　　　　——F 公司（損益調整）　6, 000, 000

　　　　——F 公司（其他綜合收益）　2, 250, 000

　　　　——F 公司（其他權益變動）　1, 500, 000

　　投資收益　1, 800, 000

（2）2×16 年 7 月 1 日，將剩余股權投資重新分類為交易性金融資產。

剩余股份的帳面價值＝4, 800－3, 600＝1, 200（萬元）

其中：投資成本＝3, 500－2, 625＝875（萬元）

損益調整＝800－600＝200（萬元）

其他綜合收益＝300－225＝75（萬元）

其他權益變動＝200－150＝50（萬元）

借：交易性金融資產——F 公司（成本）　12, 600, 000

　貸：長期股權投資——F 公司（投資成本）　8, 750, 000

　　　　——F 公司（損益調整）　2, 000, 000

　　　　——F 公司（其他綜合收益）　750, 000

　　　　——F 公司（其他權益變動）　500, 000

　　投資收益　600, 000

借：其他綜合收益　750, 000

　貸：投資收益　750, 000

借：資本公積——其他資本公積　500, 000

　貸：投資收益　500, 000

第四節　長期股權投資的處置

一、長期股權投資處置損益的構成

長期股權投資的處置，主要指通過證券市場售出股權，也包括抵償債務轉出、非貨幣性資產交換轉出以及因被投資方破產清算而被迫清算股權等情形。

長期股權投資的處置損益，是指取得的處置收入扣除長期股權投資的帳面價值和已確認但尚未收到的現金股利之后的差額。其中：

（1）處置收入，是指企業處置長期股權投資實際收到的價款，該價款已經扣除了手續費、佣金等交易費用。

（2）長期股權投資的帳面價值，是指長期股權投資的帳面余額扣除相應的減值準備后的金額。

（3）已確認但尚未收到的現金股利，是指投資方已於被投資方宣告分派現金股利時按應享有份額確認了應收債權，但至處置投資時被投資方尚未實際派發的現金股利。

二、處置長期股權投資的會計處理

處置長期股權投資發生的損益應當在符合股權轉讓條件時予以確認，計入處置當期投資損益。已計提減值準備的長期股權投資，處置時應將與所處置的長期股權投資相對應的減值準備予以轉出。處置長期股權投資時，按實際收到的價款，借記「銀行存款」科目，按已計提的長期股權投資減值準備，借記「長期股權投資減值準備」科目，按長期股權投資的帳面余額，貸記「長期股權投資」科目，按已確認但尚未收到的現金股利，貸記「應收股利」科目，按上列貸方差額，貸記「投資收益」科目，如為借方差額，借記「投資收益」科目。

處置採用權益法核算的長期股權投資時，應當採用與被投資方直接處置相關資產或負債相同的基礎，對相關的其他綜合收益編製會計分錄，對於可以轉入當期損益的其他綜合收益，應借記或貸記「其他綜合收益」科目，貸記或借記「投資收益」科目；同時，還應將原記入資本公積的其他權益變動金額轉出，計入當期損益，借記或貸記「資本公積——其他資本公積」科目，貸記或借記「投資收益」科目。

在部分處置某項長期股權投資時，按該項投資的總平均成本確定處置部分的成本，並按相同的比例結轉已計提的長期股權投資減值準備和相關的其他綜合收益、資本公積金額。

［**例 4-24**］2×16 年 5 月 10 日，華遠股份有限公司以 7,850 萬元的價款取得 M 公司普通股股票 2,000 萬股，占 M 公司普通股股份的 60%，能夠對 M 公司實施控制，華遠公司將其劃分為長期股權投資並採用成本法核算。2×18 年 12 月 31 日，華遠公司為該項股權投資計提了減值準備 1,950 萬元；2×19 年 9 月 25 日，華遠公司將持有的 M 公司股份全部轉讓，實際收到轉讓價款 6,000 萬元。

轉讓損益 = 6,000−(7,850−1,950) = 100（萬元）

借：銀行存款	60,000,000	
長期股權投資減值準備	19,500,000	
貸：長期股權投資——M 公司		78,500,000
投資收益		1,000,000

［**例 4-25**］華遠股份有限公司對持有的 L 公司股份採用權益法核算。2×16 年 4 月 5 日，華遠公司將持有的 L 公司股份全部轉讓，收到轉讓價款 3,500 萬元。轉讓日，該項長期股權投資的帳面余額為 3,300 萬元，其中，投資成本為 2,500 萬元，損益調整（借方）為 500 萬元，其他綜合收益（借方，為確認的可供出售金融資產公允價值變動損益）為 200 萬元，其他權益變動（借方）為 100 萬元。

轉讓損益 = 3,500−3,300 = 200（萬元）

借：銀行存款	35,000,000	
貸：長期股權投資——L 公司（投資成本）		25,000,000
——L 公司（損益調整）		5,000,000
——L 公司（其他綜合收益）		2,000,000
——L 公司（其他權益變動）		1,000,000

　　投資收益　　　　2,000,000
借：其他綜合收益　　　　2,000,000
　貸：投資收益　　　　2,000,000
借：資本公積——其他資本公積　　　　1,000,000
　貸：投資收益　　　　1,000,000

第五章　固定資產

第一節　固定資產概述

一、固定資產的概念與特徵

（一）固定資產的概念

固定資產，是指同時具有下列特徵的有形資產：

（1）為生產商品、提供勞務、出租或經營管理而持有的；

（2）使用壽命超過一個會計年度。

使用壽命，是指企業使用固定資產的預計期間，或者該固定資產所能生產產品或提供勞務的數量。

固定資產包括房屋、建築物、機器、機械、運輸工具以及其他與生產、經營有關的設備、器具、工具等。

持有固定資產的目的是生產商品、提供勞務、出租或者經營管理。該持有目的，使其有別於存貨；固定資產具有實物形態，使其有別於無形資產；固定資產單位價值則由企業根據不同固定資產的性質和消耗方式，結合本企業的經營管理特點，具體確定，體現了實質重於形式的特徵。

（二）固定資產的特徵

固定資產的特徵一般表現為以下四個方面：

1. 固定資產是有形資產

固定資產有一個實體存在，可以看得見、摸得著，這與企業的無形資產、應收帳款、其他應收款等資產不同。無形資產雖然可供企業長期使用，甚至使用期限超過固定資產，但由於其無形性而不能作為企業的固定資產。企業持有的某些具有實物形態而且具有固定資產某些特徵的實物資產，如工業企業持有的工具、用具、備品備件、維修設備等資產，施工企業持有的模板、擋板、架料等週轉材料，以及地質勘探企業持有的管材等資產，雖然其使用期限超過一年，但由於數量多、單價低，如果採用折舊的方法實現價值的轉移不符合成本效益原則，所以在實務中通常將其確認為存貨。相反，如果價值很高，且符合固定資產概念和確認條件的，應當確認為固定資產，如民用航空運輸企業持有的高價週轉件等。

2. 可供企業長期使用

固定資產屬於長期耐用資產，其使用壽命超過一個會計年度。固定資產的使用壽命，是指固定資產的預計使用期間，或者該固定資產所能生產產品或提供勞務的數量。一般情況下固定資產的使用壽命是指固定資產的預計使用期間，如自用房屋建築物的使用壽命以使用年限表示。但是對於某些機器設備或運輸設備等固定資產，其使用壽命往往以該固定資產所能生產產品或提供勞務的數量來表示。如發電設備按其預計發電量估計使用壽命，汽車或飛機等按其預計行駛里程估計使用壽命。固定資產雖然可以長期使用，但實物形態卻不會因為使用而發生變化或顯著損耗，其帳面價值通過計提折舊的方式而逐漸減少，這也有別於存貨等流動資產。

3. 不以投資和銷售為目的

固定資產是企業的勞動工具或手段，企業持有固定資產的目的不是出售或將其對企業外部進行投資。企業取得各種固定資產的目的是服務於企業自身的生產經營活動。企業可以通過固定資產生產出產品，並通過銷售該產品而賺取銷售收入；可以通過提供勞務而賺取勞務收入；可以將固定資產出租給他人使用而賺取租金收入；可以用於企業的行政管理，從而提高企業的管理水平。

4. 具有可衡量的未來經濟利益

企業取得固定資產的目的是獲得未來的經濟利益，雖然這種經濟利益是來自對固定資產服務潛能的利用，而不是來自可直接轉換為多少數量的貨幣，但它能在未來為企業帶來可以用貨幣加以合理計量的經濟利益，而且這種經濟利益一般是可以衡量的。

二、固定資產的分類

企業的固定資產種類繁多，根據不同的管理需要和核算要求以及不同的分類標準，可以對固定資產進行不同的分類。主要有以下幾種分類方法：

1. 按經濟用途分類

固定資產按經濟用途，可分為生產經營用固定資產和非生產經營用固定資產。

（1）生產經營用固定資產，是指直接服務於企業生產、經營過程的各種固定資產，如生產經營用的房屋、建築物、機器、設備、器具、工具等。

（2）非生產經營用固定資產，是指不直接服務於生產、經營過程的各種固定資產，如職工宿舍等使用的房屋、設備和其他固定資產等。

2. 按使用情況分類

固定資產按使用情況，可分為使用中的固定資產、未使用的固定資產和不需用的固定資產。

（1）使用中的固定資產，是指正在使用中的經營性和非經營性的固定資產。由於季節性經營或大修理等原因，暫時停止使用的固定資產仍屬於企業使用中的固定資產；企業採用經營租賃方式出租給其他單位使用的固定資產和內部替換使用的固定資產，也屬於使用中的固定資產。

（2）未使用的固定資產，是指已完工或已購建的尚未交付使用的新增固定資產以及因進行改建、擴建等原因暫停使用的固定資產，如企業購建的尚待安裝的固定資產、經營任務變更停止使用的固定資產等。

（3）不需用的固定資產，是指本企業多余或不適用，需要處理的各種固定資產。

3. 綜合分類

固定資產按經濟用途和使用情況等綜合情況，可分為七大類：

(1) 生產經營用固定資產；

(2) 非生產經營用固定資產；

(3) 租出固定資產（指在經營租賃方式下出租給外單位使用的固定資產）；

(4) 不需用固定資產；

(5) 未使用固定資產；

(6) 土地（在美國和國際會計準則中，土地就是固定資產，因為在西方國家，土地是完全私有的。但是在中國，土地歸國家所有，任何企業和個人都只擁有土地的使用權而無所有權，企業取得的土地使用權一般應作為「無形資產」入帳。計入固定資產的土地是指特定情況下按國家規定允許入帳的固定資產，一般指過去已經估價單獨入帳的土地，這種情況目前相當少見，一般企業不會碰到）；

(7) 融資租入固定資產（指企業以融資租賃方式租入的固定資產，在租賃期內，應視同自有固定資產進行管理）。

三、固定資產管理權限

對於固定資產，企業可以自定目錄、分類方法、折舊年限、折舊方法，但要報股東大會、董事會或廠長經理會議批准，備置於企業所在地以供查閱。

第二節　固定資產的確認與初始計量

一、固定資產的確認

(一) 固定資產的確認標準

固定資產的確認除了要符合固定資產的概念外，還需同時符合以下兩個條件，企業才應將其確認為固定資產：

1. 與該固定資產有關的經濟利益很可能流入企業

資產最基本的特徵是預期能給企業帶來經濟利益，如果某一項目預期不能給企業帶來經濟利益，就不能確認為企業的資產。對固定資產的確認來說，如果某一固定資產預期不能給企業帶來經濟利益，就不能確認為企業的固定資產。在實務工作中，首先，需要判斷該項固定資產所包含的經濟利益是否很可能流入企業。如果該項固定資產包含的經濟利益不是很可能流入企業，那麼，即使其滿足固定資產確認的其他條件，企業也不應將其確認為固定資產；如果該項固定資產包含的經濟利益很可能流入企業，並同時滿足固定資產確認的其他條件，那麼，企業應將其確認為固定資產。

實務中，判斷固定資產包含的經濟利益是否很可能流入企業，主要依據是與該固定資產所有權相關的風險和報酬是否轉移給了企業。其中，與固定資產所有權相關的風險，是指由於經營情況變化造成的相關收益的變動，以及由於資產閒置、技術陳舊等原因造成的損失；與固定資產所有權相關的報酬，是指在固定資產使用壽命內直接使用該資產而獲得的收入以及處置該資產所實現的利得等。通常，取得固定資產的所有權是判斷與固定資產所有權相關的風險和報酬轉移給了企業的一個重要標誌。凡是所有權已屬於企業，不論企業是否收到或持有該固定資產，均可將其視為企業的固定資產；反之，如果沒有取得所有權，即使該項固定資產存放在企業，也不能作為企業的固定資產。有時某項固定資產的所有權雖然不屬於企業，但是，企業能夠控制該項固定資產所包含的經濟利益流入企業。在這種情況下，可以認為與固定資產所有權相關的風險和報酬實質上已轉移給企業，也可以將其作為企業的固定資產加以確認。比如融資租入固定資產，企業（承租人）雖然不擁有該固定資產的所有權，但企業能夠控制該固定資產所包含的經濟利益，與固定資產所有權相關的風險和報酬實質上已轉移到了企業，因此，符合固定資產確認的第一個條件。

2. 該固定資產的成本能夠可靠地計量

成本能夠可靠地計量，是資產確認的一項基本條件。固定資產作為企業資產的重要組成部分，要予以確認，企業為取得該固定資產而發生的支出也必須能夠可靠地計量。如果固定資產的成本能夠可靠地計量，並同時滿足其他確認條件，企業就可以加以確認；否則，企業不應加以確認。

企業在確定固定資產成本時，有時需要根據所獲得的最新資料，對固定資產的成本進行合理的估計。比如，企業對於已達到預定可使用狀態的固定資產，在尚未辦理竣工決算前，需要根據工程預算、工程造價或者工程實際發生的成本等資料，按估計價值確定固定資產的成本，待辦理竣工決算后，再按實際成本調整原來的暫估價值。

（二）特殊情況下固定資產的確認

（1）某些設備不能直接給企業帶來經濟利益，而是有助於企業從相關資產獲得經濟利益，或者減少企業未來經濟利益流出，也應確認為固定資產，比如環保設備和安全設備。

（2）構成一整體固定資產的不同組成部分，如果各自具有不同使用壽命，或以不同方式為企業提供經濟利益，可以將各組成部分單獨確認為固定資產，採用不同的折舊方法或折舊率。如飛機的發動機和其他部分具有不同的使用壽命，可以單獨確認為固定資產。再如，一條大的生產線包括 A 設備和 B 設備，A 設備使用年限為 10 年，B 設備為 8 年，應分別按 A、B 兩項設備作為固定資產入帳。如果 A、B 設備均為 10 年，也不一定作為一條生產線入帳，因為它們的經濟利益流入企業的方式有可能不同。比如 A 設備各年經濟利益流入很平均，B 設備在前期流入經濟利益多，后期流入經濟利益少，則 A 設備應該採用平均年限法，B 設備採用加速折舊法，所以應該分別確認固定資產。

二、固定資產的初始計量

固定資產的初始計量，需要確定固定資產的初始成本。固定資產的成本，是指企業取得某項固定資產達到預定使用狀態前所發生的一切合理、必要的支出。這些支出包括直接發生的價款、運雜費、包裝費和安裝成本等，也包括間接發生的，如應承擔的借款利息、外幣借款折算差額以及應分攤的其他間接費用。對於特定行業的特定固定資產，確定其成本時，還應考慮預計棄置費用，如核電站核廢料的處置等。

經濟活動的日益複雜化使企業固定資產增加的渠道多元化。固定資產增加的主要渠道有：外購、自行建造、投資者投入、改擴建、無償調入、以非貨幣性資產交換取得、債務重組取得、盤盈、接受捐贈等。不同方式增加的固定資產其核算方法也各不相同。

(一) 外購固定資產

企業外購的固定資產，其成本包括實際支付的買價、進口關稅和其他稅費，以及使固定資產達到預定可使用狀態前所發生的可歸屬於該項資產的費用，如場地整理費、運輸費、裝卸費、安裝費和專業人員服務費等。增值稅一般納稅人企業外購固定資產增值稅專用發票所列增值稅稅額不能計入固定資產價值，而是作為進項稅額單獨核算。

根據 2016 年營業稅改徵增值稅試點有關事項的規定，適用一般計稅方法的試點納稅人，2016 年 5 月 1 日后取得並在會計制度上按固定資產核算的不動產或者 2016 年 5 月 1 日后取得的不動產在建工程，其進項稅額應自取得之日起分 2 年從銷項稅額中抵扣，第一年抵扣比例為 60%，第二年抵扣比例為 40%。取得不動產，包括以直接購買、接受捐贈、接受投資入股、自建以及抵債等各種形式取得不動產，不包括房地產開發企業自行開發的房地產項目。融資租入的不動產以及在施工現場修建的臨時建築物、構築物，其進項稅額不適用上述分 2 年抵扣的規定。

外購固定資產的具體帳務處理如下：

1. 企業購入不需要安裝的固定資產

這種情況是指企業購置的不需要安裝即可直接交付使用的固定資產，應按實際支付的購買價款、相關稅費以及使固定資產達到預定可使用狀態前所發生的可歸屬於該項資產的運輸費、裝卸費和專業人員服務費等，作為固定資產成本，借記「固定資產」「應交稅費——應交增值稅（進項稅額）」科目，貸記「銀行存款」等科目。

[**例 5-1**] 2×16 年 3 月 1 日，華遠股份有限公司（為一般納稅人，下同）購入一臺不需要安裝即可投入使用的設備，取得的增值稅專用發票上註明的設備價款 50,000 元，增值稅稅額為 8,500 元，取得的運輸業增值稅專用發票上註明的運費 2,500 元，增值稅稅額為 275 元，款項全部付清。編製會計分錄如下：

借：固定資產　　52,500
　　應交稅費——應交增值稅（進項稅額）　　8,775
　貸：銀行存款　　61,275

2. 企業購入需要安裝的固定資產

這種情況是指企業購置的需要經過安裝以后才能交付使用的固定資產，應在購入的固定資產取得成本的基礎上加上安裝調試成本等，作為購入固定資產的成本。

企業購入固定資產時，按實際支付的購買價款、運輸費、裝卸費和其他相關稅費等，借記「在建工程」「應交稅費——應交增值稅（進項稅額）」科目，貸記「銀行存款」等科目；支付安裝費用等時，借記「在建工程」科目，貸記「銀行存款」等科目；安裝完畢達到預定可使用狀態時，按其實際成本，借記「固定資產」科目，貸記「在建工程」科目。

[**例 5-2**] 2×16 年 3 月 5 日，華遠股份有限公司購入一臺需要安裝的設備，取得的增值稅專用發票上註明的設備買價為 100,000 元，增值稅稅額為 17,000 元，取得的運輸業增值稅專用發票上註明的運費為 1,000 元，增值稅稅額為 110 元，安裝設備時，領用材料物資價值 1,500 元，購進該批材料支付的增值稅稅額為 255 元，支付工資 2,500 元。有關會計分錄如下：

(1) 支付設備價款、稅金、運輸費。

借：在建工程	101,000	
應交稅費——應交增值稅（進項稅額）	17,110	
貸：銀行存款		118,110

(2) 領用安裝材料，支付工資等費用。

借：在建工程	4,000	
貸：原材料		1,500
應付職工薪酬		2,500

(3) 設備安裝完畢交付使用，確定固定資產的入帳價值=101,000+4,000=105,000(元)。

借：固定資產	105,000	
貸：在建工程		105,000

3. 外購固定資產的特殊考慮

個別情況下，企業的固定資產可能會與其他幾項可以獨立使用的資產採用一攬子購買方式進行購買。在這種情況下，企業支付的是捆綁在一起的各項資產的總成本，而單項固定資產並沒有標價。但是在會計核算時，由於各項固定資產的作用、價值額以及后續計量問題的會計處理方法不同，就需要對每一項資產的價值分別加以衡量。採用的方法是，將購買的總成本按每項資產的公允價值占各項資產公允價值總和的比例進行分配，以確定各項資產的入帳價值。

[**例 5-3**] 2×16 年 4 月 1 日，華遠股份有限公司為降低採購成本，向乙公司一次購進了 3 套不同型號且具有不同生產能力的 A 設備、B 設備和 C 設備。華遠股份有限公司為該批設備共支付貨款 7,800,000 元、增值稅稅額 1,326,000 元、包裝費 42,000 元，全部以銀行存款支付。假定設備 A、B 和 C 均滿足固定資產的概念及其確認條件，公允價值分別為 2,926,000 元、3,594,800 元、1,839,200 元；不考慮其他相關稅費。

華遠股份有限公司的會計分錄如下：

(1) 確定計入固定資產成本的金額，包括買價、包裝費及增值稅稅額等應計入固定資產成本的金額=7,800,000+42,000= 7,842,000（元）。

(2) 確定設備 A、B 和 C 的價值分配。

A 設備應分配的固定資產價值比例 = 2,926,000 ÷ (2,926,000 + 3,594,800 + 1,839,200)×100% = 35%

B 設備應分配的固定資產價值比例 = 3,594,800 ÷ (2,926,000 + 3,594,800 + 1,839,200)×100% = 43%

C 設備應分配的固定資產價值比例 = 1,839,200 ÷ (2,926,000 + 3,594,800 + 1,839,200)×100% = 22%

（3）確定設備 A、B 和 C 各自的入帳價值。

A 設備的入帳價值＝7, 842, 000×35%＝2, 744, 700（元）

B 設備的入帳價值＝7, 842, 000×43%＝3, 372, 060（元）

C 設備的入帳價值＝7, 842, 000×22%＝1, 725, 240（元）

（4）編製會計分錄。

借：固定資產——A	2, 744, 700	
——B	3, 372, 060	
——C	1, 725, 240	
應交稅費——應交增值稅（進項稅額）	1, 326, 000	
貸：銀行存款		9, 168, 000

購買固定資產的價款超過正常信用條件延期支付，實質上具有融資性質的，固定資產的成本以購買價款的現值為基礎確定。實際支付的價款與購買價款的現值之間的差額，應當在信用期間內採用實際利率法進行攤銷，攤銷金額除滿足借款費用資本化條件應當計入固定資產成本外，均應當在信用期間內確認為財務費用計入當期損益。

［**例 5-4**］假定華遠股份有限公司 2×16 年 1 月 1 日從飛達公司購入 N 型機器作為固定資產使用，該機器已收到，不需要安裝。購貨合同約定，N 型機器的總價款為 2, 000 萬元（不含稅價），分 3 年支付，2×16 年 12 月 31 日支付 1, 000 萬元，2×17 年 12 月 31 日支付 600 萬元，2×18 年 12 月 31 日支付 400 萬元。假定華遠股份有限公司 3 年期銀行借款年利率為 6%。

華遠股份有限公司的會計分錄如下：

（1）2×16 年 1 月 1 日。

固定資產入帳價值＝$1,000 \div (1+6\%) + 600 \div (1+6\%)^2 + 400 \div (1+6\%)^3 = 1,813.24$（萬元）

長期應付款入帳價值為 2, 000 萬元。

未確認融資費用＝2, 000－1, 813. 24＝186. 76（萬元）

借：固定資產	18, 132, 400	
未確認融資費用	1, 867, 600	
貸：長期應付款		2, 0, 000, 000

實際利率法分攤未確認融資費用：

每期利息＝每期期初本金×實際利率

每期未確認融資費用攤銷＝每期期初應付本金余額×實際利率

每期期初應付本金余額＝期初長期應付款余額－期初未確認融資費用余額

（2）2×16 年 12 月 31 日。

未確認融資費用攤銷＝1, 813. 24×6%＝108. 79（萬元）

借：財務費用	1, 087, 900	
貸：未確認融資費用		1, 087, 900
借：長期應付款	10, 000, 000	
應交稅費——應交增值稅（進項稅額）	1, 700, 000	
貸：銀行存款		11, 700, 000

(3) 2×17 年 12 月 31 日。

未確認融資費用攤銷＝[(2,000－1,000)－(186.76－108.79)]×6%

＝(1,813.24＋108.79－1,000)×6%＝55.32（萬元）

借：財務費用　　553,200

　貸：未確認融資費用　　553,200

借：長期應付款　　6,000,000

　　應交稅費——應交增值稅（進項稅額）　　1,020,000

　貸：銀行存款　　7,020,000

(4) 2×18 年 12 月 31 日。

未確認融資費用攤銷＝186.76－108.79－55.32＝22.65（萬元）

借：財務費用　　226,500

　貸：未確認融資費用　　226,500

借：長期應付款　　4,000,000

　　應交稅費——應交增值稅（進項稅額）　　680,000

　貸：銀行存款　　4,680,000

(二) 建造固定資產

1. 自營方式建造固定資產

自營工程是指企業自行組織工程物資採購、自行組織施工人員施工的建築工程和安裝工程。企業通過自營方式建造的固定資產，其入帳價值應當按照該項資產達到預定可使用狀態前所發生的必要支出確定。

購入工程物資時，借記「工程物資」「應交稅費——應交增值稅（進項稅額）」科目，貸記「銀行存款」等科目。領用工程物資時，借記「在建工程」科目，貸記「工程物資」科目。在建工程領用本企業原材料時，借記「在建工程」科目，貸記「原材料」等科目。在建工程領用本企業生產的商品時，借記「在建工程」科目，貸記「庫存商品」「應交稅費——應交增值稅（銷項稅額）」等科目。自營工程發生的其他費用（如分配工程人員工資等），借記「在建工程」科目，貸記「銀行存款」「應付職工薪酬」等科目。自營工程達到預定可使用狀態時，按其成本，借記「固定資產」科目，貸記「在建工程」科目。工程完工后剩余的工程物資，按其實際成本或計劃成本轉作企業的庫存材料。

如果有盤盈、盤虧、報廢、毀損的工程物資，減去保險公司、過失人賠償部分后的差額，工程項目尚未完工的，計入或衝減所建工程項目的成本；工程已經完工的，計入當期營業外收支。

工程達到預定可使用狀態前因進行負荷聯合試車所發生的淨支出，計入工程成本。企業的在建工程項目在達到預定可使用狀態前所取得的負荷聯合試車過程中形成的、能夠對外銷售的產品，其發生的成本，計入在建工程成本，銷售或轉為庫存商品時，按其實際銷售收入或預計售價衝減工程成本。

在建工程發生單項或單位工程報廢或毀損，減去殘料價值和過失人或保險公司等賠款后的淨損失，工程項目尚未達到預定可使用狀態的，計入繼續施工的工程成本。

工程項目已達到預定可使用狀態的，屬於籌建期間的，計入管理費用，不屬於籌建期間的，計入營業外支出。如為非常原因造成的報廢或毀損，或在建工程項目全部報廢或毀損，應將其淨損失直接計入當期營業外支出。

所建造的固定資產已達到預定可使用狀態，但尚未辦理竣工決算的，應當自達到預定可使用狀態之日起，根據工程預算、造價或者工程實際成本等，按估計價值轉入固定資產，並按有關計提固定資產折舊的規定，計提固定資產折舊，待辦理了竣工決算手續后再作調整。

［**例 5-5**］2×16 年 1 月，華遠股份有限公司準備自行建造一座廠房，為此購入一批工程物資，價款為 250,000 元，支付的增值稅進項稅額為 42,500 元，款項以銀行存款支付。1~6 月，工程先后領用工程物資 250,000 元；領用一批生產原材料，實際成本為 32,000 元，未計提存貨跌價準備；輔助生產車間為工程提供有關勞務支出 35,000 元；應支付工程人員薪酬 65,800 元；6 月底，工程達到預定可使用狀態並交付使用。

華遠股份有限公司的會計分錄如下：

（1）購入為工程準備的物資。

	借方	貸方
借：工程物資	250,000	
應交稅費——應交增值稅（進項稅額）	42,500	
貸：銀行存款		292,500

（2）工程領用物資。

	借方	貸方
借：在建工程	250,000	
貸：工程物資		250,000

（3）工程領用原材料。

	借方	貸方
借：在建工程	32,000	
貸：原材料		32,000

（4）輔助生產車間為工程提供勞務支出。

	借方	貸方
借：在建工程	35,000	
貸：生產成本——輔助生產成本		35,000

（5）計提工程人員薪酬。

	借方	貸方
借：在建工程	65,800	
貸：應付職工薪酬		65,800

（6）6 月底，工程達到預定可使用狀態並交付使用。

	借方	貸方
借：固定資產	382,800	
貸：在建工程		382,800

2. 出包方式建造固定資產

出包工程是指企業通過招標等方式將工程項目發包給建造承包商，由建造承包商組織施工的建築工程和安裝工程。其成本由建造該項固定資產達到預定可使用狀態前所發生的必要支出構成，包括發生的建築工程支出、安裝工程支出以及需分攤計入各固定資產價值的待攤支出。對於發包企業而言，建築工程支出、安裝工程支出是構成在建工程成本的重要內容，結算的工程價款計入在建工程成本。而工程的具體支出，如人工費、材料費、機械使用費等由建造承包商核算，與發包企業沒有關係。企業採用出包方式進行的固定資產工程，按照應支付的工程價款等計量。設備安裝工程，按照所安裝設備的價款、工程安裝費用、工程試運轉等所發生的支出等確定工程成本。在這種方式下，「在建工程」科目主要是企業與建造承包商辦理工程價款的結算科目，企業支付給建造承包商的工程價款作為工程成本，通過「在建工程」科目核算。企業按合理估計的發包工程進度和合同規定向建造承包商結算的進度款，借記「在建工程」科目，貸記「銀行存款」等科目；工程完成時按合同規定補付的工程款，借記「在建工程」科目，貸記「銀行存款」等科目；工程達到預定可使用狀態時，按其成本，借記「固定資產」科目，貸記「在建工程」科目。

待攤支出是指在建設期間發生的，不能直接計入某項固定資產價值，而應由所建造固定資產共同負擔的相關費用，包括為建造工程發生的管理費、徵地費、可行性研究費、臨時設施費、公證費、監理費、應負擔的稅金、符合資本化條件的借款費用、建設期間發生的工程物資盤虧、報廢及毀損淨損失，以及負荷聯合試車費等。

企業採用出包方式建造固定資產的，需分攤計入固定資產價值的待攤支出，應按下列公式分攤：

待攤支出分配率=累計發生的待攤支出÷（建築工程支出+安裝工程支出+在安裝設備支出）

某工程應分配的待攤支出=某工程建築工程支出、安裝工程支出和在安裝設備支出合計×分配率

[例 5-6] 華遠股份有限公司經批准新建一個火電廠，包括建造發電車間、冷却塔、安裝發電設備 3 個單項工程。2×16 年 2 月 1 日，華遠股份有限公司與乙公司簽訂合同，將火電廠新建工程出包給乙公司。雙方約定，建造發電車間的價款為 5,000,000 元，建造冷却塔的價款為 2,800,000 元，安裝發電設備的安裝費用為 450,000 元。

其他有關資料如下：

（1）2×16 年 2 月 1 日，華遠股份有限公司向乙公司預付建造發電車間的工程價款 3,000,000 元。

（2）2×16 年 5 月 8 日，華遠股份有限公司購入需安裝的發電設備，價款總計 3,800,000 元，款項已經支付。

（3）2×16 年 7 月 2 日，華遠股份有限公司向乙公司預付建造冷却塔的工程價款 1,400,000 元。

（4）2×16 年 7 月 22 日，華遠股份有限公司將發電設備運抵現場，交付乙公司安裝。

（5）工程項目發生管理費、可行性研究費、公證費、監理費共計 116,000 元，款項已經支付。

（6）工程建造期間，臺風造成冷却塔工程部分毀損，經核算，損失為 450,000 元，保險公司已承諾支付 300,000 元。

（7）2×16 年 12 月 20 日，所有工程完工，華遠股份有限公司收到乙公司的有關工程結算單據后，補付剩余工程款。

為了簡化計算，此例不考慮相關稅費。

華遠股份有限公司的會計分錄如下：

(1) 2×16 年 2 月 1 日，預付建造發電車間工程款。

借：預付帳款——建築工程（發電車間）　3,000,000

　貸：銀行存款　3,000,000

(2) 2×16 年 5 月 8 日，購入發電設備。

借：工程物資——發電設備　3,800,000

　貸：銀行存款　3,800,000

(3) 2×16 年 7 月 2 日，預付建造冷却塔工程款。

借：預付帳款——建築工程（冷却塔）　1,400,000

　貸：銀行存款　1,400,000

(4) 2×16 年 8 月 22 日，將發電設備交乙公司安裝。

借：在建工程——在安裝設備（發電設備）　3,800,000

　貸：工程物資——發電設備　3,800,000

(5) 支付工程發生的管理費、可行性研究費、公證費、監理費。

借：在建工程——待攤支出　116,000

　貸：銀行存款　116,000

(6) 臺風造成冷却塔工程部分毀損。

借：營業外支出　150,000

　　其他應收款　300,000

　貸：在建工程——建築工程（冷却塔）　450,000

(7) 2×16 年 12 月 20 日，結算工程款並補付剩余工程款。

借：在建工程——建築工程（發電車間）　5,000,000

　　　　　　——建築工程（冷却塔）　2,800,000

　　　　　　——安裝工程（發電車間）　450,000

　貸：銀行存款　3,850,000

　　　預付帳款——建築工程（發電車間）　3,000,000

　　　　　　　——建築工程（冷却塔）　1,400,000

(8) 分攤待攤支出。

待攤支出分攤率＝116,000÷(5,000,000+2,800,000−450,000+3,800,000+450,000)×100%＝1%

發電車間應分配的待攤支出＝5,000,000×1%＝50,000（元）

冷却塔應分配的待攤費支出＝(2,800,000−450,000)×1%＝23,500（元）

發電設備（安裝工程）應分配的待攤支出＝450,000×1%＝4,500（元）

發電設備（在安裝設備）應分配的待攤支出＝3,800,000×1%＝38,000（元）

借：在建工程——建築工程（發電車間）　50,000

　　　　　　——建築工程（冷却塔）　23,500

　　　　　　——安裝工程（發電設備）　4,500

　　　　　　——在安裝設備（發電設備）　38,000

　貸：在建工程——待攤支出　116,000

(9) 結轉固定資產。

借：固定資產——發電車間　5, 050, 000
　　　　　　——冷却塔　2, 373, 500
　　　　　　——發電設備　4, 292, 500
　貸：在建工程——建築工程（發電車間）　5, 050, 000
　　　　　　——建築工程（冷却塔）　2, 373, 500
　　　　　　——安裝工程（發電設備）　454, 500
　　　　　　——在安裝設備（發電設備）　3, 838, 000

(三) 存在棄置費用的固定資產

固定資產棄置費用通常是指根據國家法律和行政法規、國際公約的規定，企業承擔的環境保護和生態恢復等義務所確定的支出。存在棄置費用的固定資產主要有：

(1) 核電站核設施等的棄置和恢復環境等義務；

(2) 石油天然氣開採企業油氣資產的棄置費用。

對於這些特殊行業的特定固定資產，企業應該根據《企業會計準則第 13 號——或有事項》的規定，按照現值計算確定應計入固定資產成本的金額和相應的預計負債。油氣資產的棄置費用，應當按照《企業會計準則第 27 號——石油天然氣開採》及其應用指南的規定處理。不屬於棄置義務的固定資產報廢清理費，應當在發生時作為固定資產處置費用處理。

值得注意的是，一般企業的固定資產發生的報廢清理費用，不屬於棄置費用，應當在發生時作為固定資產處置費用處理。

[例 5-7] 華遠股份有限公司屬於核電站發電企業，2×16 年 1 月 1 日正式建造完成並交付使用一座核電站核設施，全部成本為 100, 000 萬元，預計使用壽命為 40 年。據國家法律和行政法規、國際公約等規定，企業應承擔環境保護和生態恢復等義務。2×16 年 1 月 1 日預計 40 年后該核電站核設施棄置時，將發生棄置費用 10, 000 萬元，且金額較大。在考慮貨幣的時間價值和相關期間通貨膨脹等因素確定的折現率為 5%。

固定資產入帳的金額 $=100,000+10,000\div(1+5\%)^{40}=101,420.46$（萬元）

借：固定資產　1, 014, 204, 600
　貸：在建工程　1, 000, 000, 000
　　　預計負債　14, 204, 600

在使用期內，棄置費用的現值與終值的差額通過實際利率法計算，分期確認財務費用。確認時借記「財務費用」科目，貸記「預計負債」科目。

(四) 其他方式取得的固定資產

1. 接受捐贈的固定資產

接受捐贈的固定資產，其入帳價值的確定分為兩種情況：

(1) 捐贈方提供了有關憑據的，按憑據上標明的金額加上應支付的相關稅費，作為入帳價值。

(2) 捐贈方沒有提供有關憑據的，按如下順序確定其入帳價值：①同類或類似固定資產存在活躍市場的，按同類或類似固定資產的市場價格估計的金額，加上應支付的相關稅費，作為入帳價值；②同類或類似固定資產不存在活躍市場的，按該接受捐贈固定資產預計未來現金流量的現值，加上應支付的相關稅費，作為入帳價值。企業接受捐贈的固定資產在按照上述會計規定確定入帳價值以后，按接受捐贈金額，計入營業外收入。

2. 投資者投資轉入的固定資產

企業根據經營管理的需要，可以接受投資者投資轉入的固定資產。該類固定資產應按投資各方簽訂的合同或協議約定的價值，作為固定資產的入帳價值計價入帳，合同或協議約定的價值不公允的除外。轉入固定資產時，借記「固定資產」「應交稅費——應交增值稅（進項稅額）」科目，貸記「實收資本」或「股本」等科目。

3. 盤盈的固定資產

盤盈的固定資產入帳價值的確定方法是：如果同類或類似固定資產存在活躍市場的，應按同類或類似固定資產的市場價格，減去按該項固定資產新舊程度估計價值損耗后的余額確定；如果同類或類似固定資產不存在活躍市場的，應按盤盈固定資產的預計未來現金流量的現值計價入帳。盤盈的固定資產待報經批准處理后，應作為企業以前年度的差錯，涉及損益的通過「以前年度損益調整」科目進行核算。

4. 非貨幣性資產、債務重組等方式取得的固定資產

這類固定資產的成本，應當分別按照本教材「貨幣性資產」「債務重組」章節有關規定確定。

第三節　固定資產的后續計量

一、固定資產折舊

（一）折舊的概念

折舊是指在固定資產使用壽命內，按照確定的方法對應計折舊額進行系統分攤。

正確理解固定資產折舊的概念，一般應注意兩個問題：一是固定資產的成本轉入營業成本或費用中的原因與目的；二是固定資產的成本如何轉入營業成本或費用中。

企業應當在固定資產的使用壽命內，按照確定的方法對應計折舊額進行系統分攤。應計折舊額是指應當計提折舊的固定資產的原價扣除其預計淨殘值后的金額。已計提減值準備的固定資產，還應當扣除已計提的固定資產減值準備累計金額。

（二）影響固定資產折舊的因素

影響固定資產折舊的因素有以下幾個方面：

（1）固定資產原價，即固定資產的成本。

（2）預計淨殘值，即假定固定資產預計使用壽命已滿並處於使用壽命終了時的預期狀態，企業目前從該項資產處置中獲得的扣除預計處置費用后的金額。

（3）固定資產減值準備，即固定資產已計提的固定資產減值準備累計金額。

（4）固定資產的使用壽命，即企業使用固定資產的預計期間，或者該固定資產所

能生產產品或提供勞務的數量。企業確定固定資產使用壽命時，應當考慮下列因素：

①該項資產預計生產能力或實物產量；

②該項資產預計有形損耗，如設備使用中發生磨損，房屋建築物受到自然侵蝕等；

③該項資產預計無形損耗，如因新技術的出現而使現有的資產技術水平相對陳舊，市場需求變化使產品過時等；

④法律或者類似規定對該項資產使用的限制。

總之，企業應當根據固定資產的性質和使用情況，合理確定固定資產的使用壽命和預計淨殘值。固定資產的使用壽命、預計淨殘值一經確定，不得隨意變更，但是符合《業會計準則第 4 號——固定資產》第十九條規定的除外。

(三) 計提折舊的範圍

除以下情況外，企業應當對所有固定資產計提折舊：

第一，已提足折舊仍繼續使用的固定資產；

第二，作為固定資產入帳的土地；

第三，持有待售的固定資產。

在確定計提折舊的範圍時，還應注意以下幾點：

(1) 固定資產應當按月計提折舊，當月增加的固定資產，當月不計提折舊，從下月起計提折舊；當月減少的固定資產，當月仍計提折舊，從下月起不計提折舊。

(2) 固定資產提足折舊后，不論能否繼續使用，均不再計提折舊；提前報廢的固定資產，也不再補提折舊。所謂提足折舊，是指已經提足該項固定資產的應計折舊額。

(3) 已達到預定可使用狀態但尚未辦理竣工決算的固定資產，應當按照估計價值確定其成本，並計提折舊；待辦理竣工決算后，再按實際成本調整原來的暫估價值，但不需要調整原已計提的折舊額。

(四) 固定資產的折舊方法及帳務處理

固定資產應當按月計提折舊，計提的折舊應當記入「累計折舊」科目，並根據用途計入相關資產的成本或者當期損益。企業自行建造固定資產過程中使用的固定資產，其計提的折舊應計入「在建工程」科目；基本生產車間所使用的固定資產，其計提的折舊應計入「製造費用」科目；管理部門所使用的固定資產，其計提的折舊應計入「管理費用」科目；銷售部門所使用的固定資產，其計提的折舊應計入「銷售費用」科目；經營租出的固定資產，其計提的折舊應計入「其他業務成本」科目。企業計提固定資產折舊時，借記「製造費用」「銷售費用」「管理費用」等科目，貸記「累計折舊」科目。

已計提減值準備的固定資產，應當按照該項資產的帳面價值（固定資產帳面余額扣減累計折舊和累計減值準備后的金額）以及尚可使用壽命重新計算確定折舊率和折舊額。

企業應當根據與固定資產有關的經濟利益的預期實現方式，合理選擇固定資產折舊方法。可選用的折舊方法包括年限平均法、工作量法、雙倍余額遞減法和年數總和法。

1. 年限平均法

年限平均法又稱直線法，是指將固定資產的應計折舊額均衡地分攤到固定資產預計使用壽命內的一種方法。採用這種方法計算的每期折舊額相等。計算公式如下：

年折舊率=(1-預計淨殘值率)÷預計使用壽命(年)×100%

月折舊額=年折舊率÷12

月折舊額=固定資產原價×月折舊率

［**例 5-8**］華遠股份有限公司 2×16 年 12 月 25 日投入一臺機器設備用於生產，該設備原始價值為 10 萬元，預計使用年限為 5 年，預計淨殘值率為 5%，按直線法計提折舊。

華遠公司 2×16 年 1 月始對該設備計提折舊：

年折舊率=(1-5%)÷5×100%=19%

年折舊額=10×19%=1.9（萬元）

月折舊額=1.9÷12=0.158,3（萬元）

會計分錄如下：

借：製造費用——折舊費　　　1,583

　貸：累計折舊　　　1,583

其他月份處理同上。

2. 工作量法

工作量法是指根據實際工作量計算每期應提折舊額的一種方法。基本計算公式如下：

單位工作量折舊額=固定資產原價×(1-預計淨殘值率)÷預計總工作量

某項固定資產月折舊額=該項固定資產當月工作量×單位工作量折舊額

3. 雙倍余額遞減法

雙倍余額遞減法是指在不考慮固定資產預計淨殘值的情況下，根據每期期初固定資產原價減去累計折舊后的金額和雙倍的直線法折舊率計算固定資產折舊的一種方法。計算公式如下：

年折舊率=2÷預計使用壽命（年）×100%

年折舊額=年初固定資產帳面淨值×年折舊率

月折舊額=年折舊額÷12

應用這種方法計算折舊額時，由於每年年初固定資產淨值沒有扣除預計淨殘值，所以在計算固定資產折舊額時，應在其折舊年限到期前兩年內，將固定資產淨值扣除預計淨殘值后的余額進行平均攤銷。

［**例 5-9**］某項固定資產，原值為 50,000 元，預計使用年限為 5 年，預計淨殘值為 2,000 元。按雙倍余額遞減法計算折舊。

年折舊率=2/5×100%=40%

雙倍余額遞減法折舊計算表如表 5-1 所示。

表 5-1　　　**雙倍余額遞減法折舊計算表**　　　金額單位：元

年限	折舊基數	折舊率	年折舊額	累計折舊額	期末折余價值
0					50, 000
1	50, 000	40%	20, 000	20, 000	30, 000
2	30, 000	40%	12, 000	32, 000	18, 000
3	18, 000	40%	7, 200	39, 200	10, 800
4	8, 800*	50%	4, 400	43, 600	6, 400
5	6, 400	—	4, 400	48, 000	2, 000

註：*（10, 800-2, 000）÷2=8, 800（元）。

4. 年數總和法

年數總和法又稱年限合計法，是指將固定資產的原價減去預計淨殘值后的余額，乘以一個逐年遞減的分數計算每年的折舊額。這個分數的分子代表固定資產尚可使用的壽命，分母代表預計使用壽命逐年數字總和。計算公式如下：

年折舊率=尚可使用壽命÷預計使用壽命的年數總和×100%

=(預計使用壽命-已使用年限)÷預計使用壽命×(預計使用壽命+1)÷2×100%

月折舊率=年折舊率÷12

月折舊額=（固定資產原價-預計淨殘值）×月折舊率

[例 5-10] 沿用［例 5-9］的資料，某項固定資產，原值為 50, 000 元，預計使用年限為 5 年，預計淨殘值為 2, 000 元。按年數總和法計算折舊。

應提折舊額=原值-預計淨殘值=50, 000-2, 000=48, 000（元）

年數總和法折舊計算表如表 5-2 所示。

表 5-2　　　**年數總和法折舊計算表**　　　金額單位：元

年限	應提折舊額	尚可用年限	折舊率	年折舊額	累計折舊額	折余價值
0						50, 000
1	48, 000	5	5/15	16, 000	16, 000	34, 000
2	48, 000	4	4/15	12, 800	28, 800	21, 200
3	48, 000	3	3/15	9, 600	38, 400	11, 600
4	48, 000	2	2/15	6, 400	44, 800	5, 200
5	48, 000	1	1/15	3, 200	48, 000	2, 000

企業至少應當於年度終了，對固定資產的使用壽命、預計淨殘值和折舊方法進行復核。使用壽命預計數與原先估計數有差異的，應當調整固定資產使用壽命。預計淨殘值預計數與原先估計數有差異的，應當調整預計淨殘值。與固定資產有關的經濟利益預期實現方式有重大改變的，應當改變固定資產折舊方法。固定資產使用壽命、預計淨殘值和折舊方法的改變應當作為會計估計變更。

由於固定資產折舊要計入產品成本或期間費用，直接關係到企業當期成本、費用的大小，利潤的高低和應納所得稅的多少，因此，折舊方法的選擇、折舊的計算就成為十分重要的問題。中國企業會計準則允許企業選擇不同的折舊方法。折舊方法的不同將導致以下情況：

（1）應計折舊額的各期分攤額就不同；

（2）各期資產的計價就有區別；

（3）影響各期損益的確定；

（4）既涉及資產和損益的報告，也影響所得稅的申報。

二、固定資產的后續支出

固定資產后續支出，是指固定資產在使用過程中發生的更新改造支出、修理費用等。

（一）資本化的后續支出

固定資產的更新改造等后續支出，滿足固定資產確認條件的，應當計入固定資產成本，如有被替換的部分，應同時將被替換部分的帳面價值從該固定資產原帳面價值中扣除；不滿足固定資產確認條件的固定資產修理費用等，應當在發生時計入當期損益。在對固定資產發生可資本化的后續支出后，企業應將該固定資產的原價、已計提的累計折舊和減值準備轉銷，將固定資產的帳面價值轉入在建工程。固定資產發生的可資本化的后續支出，通過「在建工程」科目核算。在固定資產發生的后續支出完工並達到預定可使用狀態時，應在后續支出資本化后的固定資產帳面價值不超過其可收回金額的範圍內，從「在建工程」科目轉入「固定資產」科目。

［**例 5-11**］華遠股份有限公司某項固定資產原價為 2,000 萬元，採用年限平均法計提折舊，使用壽命為 10 年，預計淨殘值為 0。在第 5 年年初，企業對該項固定資產的某一主要部件進行更換，發生支出合計 1,000 萬元，符合準則規定的固定資產確認條件，被更換的部件的原價為 800 萬元。

固定資產進行更換后的原價 = 該項固定資產進行更新改造前的帳面價值 + 發生的后續支出 - 該項固定資產被更換部件的帳面價值 = (2,000 - 2,000 ÷ 10 × 4) + 1,000 - (800 - 800 ÷ 10 × 4) = 1,720（萬元）

［**例 5-12**］華遠股份有限公司的有關業務資料如下：

（1）2×15 年 12 月，該公司自行建成了一條印刷生產線並投入使用，建造成本為 568,000 元，採用年限平均法計提折舊，預計淨殘值率為固定資產原價的 3%，預計使用年限為 6 年。

（2）2×17 年 1 月 1 日，由於生產的產品適銷對路，現有生產線的生產能力已難以滿足公司生產發展的需要，但若新建生產線又成本過高、週期過長，於是公司決定對現有生產線進行改擴建，以提高其生產能力。

（3）2×17 年 12 月 31 日至 2×18 年 3 月 31 日，公司經過 3 個月的改擴建，完成了對該印刷生產線的改擴工程，共發生支出 268,900 元，全部以銀行存款支付。

（4）該生產線改擴建工程達到預定可使用狀態后，大大提高了生產能力，預計尚可使用年限為 7 年 9 個月。假定改擴建后的生產線的預計淨殘值率為改擴建后固定資產帳面價值的 3%；折舊方法仍為年限平均法。

（5）為簡化計算，不考慮其他相關稅費，公司按年度計提固定資產折舊。

華遠股份有限公司的會計分錄如下：

(1) 2×16 年 1 月 1 日～2×17 年 12 月 31 日兩年間，即固定資產后續支出發生前，該條生產線的應計折舊額為 550,960 元［568,000×（1－3%）］，年折舊額為 91,826.67 元（550,960÷6），各年計提固定資產折舊的會計分錄如下：

借：製造費用　　91,826.67

　貸：累計折舊　　91,826.67

(2) 2×18 年 1 月 1 日，該生產線的帳面價值為 384,346.66 元［568,000－(91,826.67×2)］。該生產線轉入改擴建時的會計分錄如下：

借：在建工程　　384,346.66

　　累計折舊　　183,653.34

　貸：固定資產——生產線　　568,000

(3) 2×17 年 12 月 31 日～2×18 年 3 月 31 日，發生固定資產后續支出的會計分錄如下：

借：在建工程　　268,900

　貸：銀行存款　　268,900

(4) 2×18 年 3 月 31 日，生產線改擴建工程達到預定可使用狀態，將后續支出全部資本化后的生產線帳面價值為 653,246.66 元（384,346.66＋268,900）。會計分錄如下：

借：固定資產——生產線　　653,246.66

　貸：在建工程　　653,246.66

(5) 20×8 年 3 月 31 日，生產線改擴建工程達到預定可使用狀態后，其應計折舊額為 633,649.26 元［653,246.66×(1－3%)］；在 2×18 年 4 月 1 日～12 月 31 日 9 個月期間計提折舊額為 61,320.90 元［633,649.26÷(7×12+9)×9］。

在 2×19 年 1 月 1 日～2×26 年 12 月 31 日 7 年間，每年計提折舊額為 81,761.20 元［633,649.26÷（7×12+9）×12］。每年計提固定資產折舊的會計分錄如下：

借：製造費用　　81,761.20

　貸：累計折舊　　81,761.20

(二) 費用化的后續支出

固定資產的后續支出不符合固定資產確認條件的，應當根據不同情況分別在發生時計入當期管理費用或銷售費用等。

企業生產車間（部門）和行政管理部門等發生的固定資產修理費用等后續支出，借記「管理費用」科目，貸記「銀行存款」等科目；企業發生的與專設銷售機構相關的固定資產修理費用等后續支出，借記「銷售費用」科目，貸記「銀行存款」等科目。

在具體實務中，對於固定資產發生的下列各項后續支出，通常的處理方法為：

(1) 固定資產修理費用，應當直接計入當期費用。

(2) 固定資產改良支出，應當計入固定資產帳面價值。

(3) 如果不能區分是固定資產修理還是固定資產改良，或固定資產修理和固定資產改良結合在一起，則企業應當判斷，與固定資產有關的后續支出，是否滿足固定資產的確認條件。如果該后續支出滿足了固定資產的確認條件，后續支出應當計入固定資產帳面價值；否則，后續支出應當確認為當期費用。

（4）固定資產裝修費用，如果滿足固定資產的確認條件，應當計入固定資產帳面價值，並在「固定資產」科目下單設「固定資產裝修」明細科目進行核算，在兩次裝修間隔期間與固定資產尚可使用年限兩者中較短的期間內，採用合理的方法單獨計提折舊。如果在下次裝修時，與該項固定資產相關的「固定資產裝修」明細科目仍有帳面價值，應將該帳面價值一次全部計入當期營業外支出。

［**例 5-13**］2×16 年 11 月 25 日，華遠股份有限公司對所屬一家商場進行裝修，發生如下有關支出：領用生產用原材料 40,000 元，輔助生產車間為商場裝修工程提供的勞務支出為 14,660 元，發生有關人員薪酬 29,640 元。2×16 年 12 月 26 日，商場裝修完工，達到預定可使用狀態並交付使用，華遠股份有限公司預計下次裝修時間為 2×20 年 12 月。2×19 年 12 月 31 日，華遠股份有限公司決定對該商場重新進行裝修。假定該商場的裝修支出符合固定資產確認條件，該商場預計尚可使用年限為 6 年，裝修形成的固定資產預計淨殘值為 300 元，採用直線法計提折舊，不考慮其他因素。

華遠股份有限公司的會計分錄如下：

（1）裝修領用原材料。

借：在建工程	40,000	
貸：原材料		40,000

（2）輔助生產車間為裝修工程提供勞務。

借：在建工程	14,660	
貸：生產成本——輔助生產成本		14,660

（3）發生工程人員薪酬。

借：在建工程	29,640	
貸：應付職工薪酬		29,640

（4）裝修工程達到預定可使用狀態並交付使用。

借：固定資產——固定資產裝修	84,300	
貸：在建工程		84,300

（5）2×17 年度計提裝修形成的固定資產折舊。

因下次裝修時間為 2×20 年 12 月，小於固定資產預計尚可使用年限 6 年，因此，應按固定資產預計尚可使用年限 6 年計提折舊。

借：管理費用	21,000	
貸：累計折舊		21,000

2×18 年、2×19 年計提裝修形成的固定資產折舊同 2×17 年度。

（6）2×19 年 12 月 31 日重新裝修。

借：營業外支出	21,300	
累計折舊	63,000	
貸：固定資產——固定資產裝修		84,300

（5）融資租入固定資產發生的固定資產后續支出，比照上述原則處理。發生的固定資產裝修費用等，滿足固定資產確認條件的，應在兩次裝修間隔期間、剩余租賃期

與固定資產尚可使用年限三者中較短的期間內，採用合理的方法單獨計提折舊。

（6）經營租入固定資產發生的改良支出數額大的，應通過「長期待攤費用」科目核算，並在剩余租賃期與租賃資產尚可使用年限兩者中較短的期間內，採用合理的方法進行攤銷。

［**例 5-14**］2×16 年 8 月 20 日，華遠股份有限公司對採用經營租賃方式租入的一條生產線進行改良，發生如下有關支出：領用生產用原材料 24,000 元，輔助生產車間為生產線改良提供的勞務支出為 2,560 元，發生有關人員薪酬 54,720 元。2×16 年 12 月 31 日，生產線改良工程完工，達到預定可使用狀態並交付使用。假定該生產線預計尚可使用年限為 6 年，剩余租賃期為 5 年，採用直線法進行攤銷，不考慮其他因素。

華遠股份有限公司的會計分錄如下：

（1）改良工程領用原材料。

借：在建工程	24,000	
貸：原材料		24,000

（2）輔助生產車間為改良工提供勞務。

借：在建工程	2,560	
貸：生產成本——輔助生產成本		2,560

（3）發生工程人員薪酬。

借：在建工程	54,720	
貸：應付職工薪酬		54,720

（4）改良工程達到預定可使用狀態並交付使用。

借：長期待攤費用	82,180	
貸：在建工程		82,180

（5）2×17 年度進行攤銷。

因生產線預計尚可使用年限為 6 年，剩余租賃期為 5 年，因此，應按剩余租賃期 5 年進行攤銷。

借：製造費用	16,256	
貸：長期待攤費用		16,256

［**例 5-15**］華遠股份有限公司有關業務資料如下：

（1）2×16 年 12 月 1 日，購入一條需要安裝的生產線，取得的增值稅專用發票上註明的生產線價款為 10,025,000 元，增值稅稅額為 1,704,250 元。

（2）2×16 年 12 月 1 日，公司開始以自營方式安裝該生產線。安裝期間領用生產用原材料的實際成本和計稅價格均為 1,500,000 元，發生安裝工人薪酬 367,000 元，沒有發生其他相關稅費。該原材料沒有計提存貨跌價準備。

（3）2×16 年 12 月 31 日，該生產線達到預定可使用狀態，當日投入使用。該生產線預計使用年限為 6 年，預計淨殘值為 132,000 元，採用直線法計提折舊。

（4）2×17 年 12 月 31 日，公司在對該生產線進行檢查時發現其已經發生減值，可收回金額為 8,075,600 元。

（5）2×18 年 1 月 1 日，該生產線預計尚可使用年限為 5 年，預計淨殘值為 125,600 元，採用直線法計提折舊。

（6）2×18 年 6 月 30 日，公司採用出包方式對該生產線進行改良。當日，該生產線停止使用，開始進行改良。在改良過程中，乙公司以銀行存款支付工程總價款 1,221,400 元，增值稅稅額 134,354 元。

（7）2×18 年 8 月 20 日，改良工程完工驗收合格並於當日投入使用，預計尚可使用年限為 8 年，預計淨殘值為 102,000 元，採用直線法計提折舊。2×18 年 12 月 31 日，該生產線未發生減值。

華遠股份有限公司的會計分錄如下：

（1）2×16 年 12 月 1 日，購入生產線。

借：在建工程　　10,025,000
　　應交稅費——應交增值稅（進項稅額）　　1,704,250
　貸：銀行存款　　11,729,250

（2）2×16 年 12 月，安裝該生產線。

借：在建工程　　1,867,000
　貸：原材料　　150,000
　　　應付職工薪酬　　367,000

（3）2×16 年 12 月 31 日，生產線達到預定可使用狀態並投入使用。

借：固定資產　　11,892,000
　貸：在建工程　　11,892,000

（4）2×17 年度計提折舊。

生產線 2×17 年度折舊額=(11,892,000-132,000)÷6=1,960,000（元）

借：製造費用　　1,960,000
　貸：累計折舊　　1,960,000

（5）2×17 年 12 月 31 日，確認減值損失。

生產線應確認的減值損失=(11,892,000-1,960,000)-8,075,600=1,856,400（元）

借：資產減值損失　　1,856,400
　貸：固定資產減值準備　　1,856,400

（6）2×18 年上半年計提折舊。

2×18 年上半年折舊額=(8,075,600-125,600)÷5÷2=795,000（元）

借：製造費用　　795,000
　貸：累計折舊　　795,000

（7）2×18 年 6 月 30 日，對生產線進行改良。

借：在建工程　　7,280,600
　　累計折舊　　2,755,000
　　固定資產減值準備　　1,856,400
　貸：固定資產　　11,892,000

借：在建工程　　1,221,400
　　應交稅費——應交增值稅（進項稅額）　　134,354
　貸：銀行存款　　1,355,754

(8) 2×18 年 8 月 20 日，改良工程完工達到預定可使用狀態並投入使用。

借：固定資產　　8,502,000

　貸：在建工程　　8,502,000

(9) 2×18 年生產線改良后計提折舊。

2×18 年生產線改良后折舊額 =(8,502,000−102,000)÷8×4÷12=350,000（元）

借：製造費用　　350,000

　貸：累計折舊　　350,000

第四節　固定資產的處置和清查

一、固定資產的處置

固定資產處置包括固定資產的出售、報廢、毀損、對外投資、非貨幣性資產交換、債務重組等。

固定資產終止確認的條件：

(1) 該固定資產處於處置狀態。它是指固定資產不再用於生產商品、提供勞務、出租或經營管理，因此不再符合固定資產的概念，所以應予以終止確認。

(2) 該固定資產預期通過使用或處置不能產生經濟利益。因為預期會給企業帶來經濟利益是資產的基本特徵。因此當固定資產預期未來使用過程中或者處置時都不能為企業帶來經濟利益的情況下，就不再符合固定資產的概念和確認的條件，故也應予以終止確認。

固定資產報廢、毀損的原因有以下幾個方面：

第一，固定資產的預計使用年限已滿，其物質磨損程度已達到極限，不宜繼續使用，應按期報廢；

第二，由於科學技術水平的提高，致使企業擁有的某項固定資產繼續使用時在經濟上已不合算了，必須將其淘汰，提前報廢；

第三，由於自然災害（如火災、水災）事故的發生或管理不善等原因造成的固定資產毀損。

固定資產在處置過程中會發生收益或損失，稱為處置損益。它以處置固定資產所取得的各項收入與固定資產帳面價值、發生的清理費用以及應繳納的營業稅等之間的差額來確定。其中，處置固定資產的收入包括出售價款、殘料變價收入、保險及過失人賠款等項收入；清理費用包括處置固定資產時發生的拆卸、搬運、整理等項費用。

處置固定資產應通過「固定資產清理」科目核算，具體包括以下幾個環節：

(1) 固定資產轉入清理。企業因出售、報廢、毀損、對外投資、非貨幣性資產交換、債務重組等轉出的固定資產，按該項固定資產的帳面價值，借記「固定資產清理」科目，按已計提的累計折舊，借記「累計折舊」科目，按已計提的減值準備，借記「固定資產減值準備」科目，按其帳面原價，貸記「固定資產」科目。

(2) 發生的清理費用等。固定資產清理過程中應支付的相關稅費及其他費用，借記「固定資產清理」科目，貸記「銀行存款」科目。

（3）收回出售固定資產的價款、殘料價值和變價收入等，借記「銀行存款」「原材料」等科目，貸記「固定資產清理」「應交稅費——應交增值稅（銷項稅額）」科目。

（4）保險賠償等的處理。應由保險公司或過失人賠償的損失，借記「其他應收款」等科目，貸記「固定資產清理」科目。

（5）清理淨損益的處理。固定資產清理完成后，屬於生產經營期間正常的處理損失，借記「營業外支出——處置非流動資產損失」科目，貸記「固定資產清理」科目；屬於自然災害等非正常原因造成的損失，借記「營業外支出——非常損失」科目，貸記「固定資產清理」科目。如為貸方余額，借記「固定資產清理」科目，貸記「營業外收入」科目。

根據營業稅改徵增值稅試點有關事項的規定，一般納稅人銷售其 2016 年 5 月 1 日后取得（不含自建）的不動產，應適用一般計稅方法，以取得的全部價款和價外費用為銷售額計算應納增值稅稅額。納稅人應以取得的全部價款和價外費用減去該項不動產購置原價或者取得不動產時的作價后的余額，按照 5%的預徵率在不動產所在地預繳稅款后，向機構所在地主管稅務機關進行納稅申報。一般納稅人銷售其 2016 年 5 月 1 日后自建的不動產，應適用一般計稅方法，以取得的全部價款和價外費用為銷售額計算應納稅額。納稅人應以取得的全部價款和價外費用，按照 5%的預徵率在不動產所在地預繳稅款后，向機構所在地主管稅務機關進行納稅申報。

一般納稅人銷售自己使用過的、納入「營改增」試點之日前取得的固定資產，按照現行舊貨相關增值稅政策執行。

使用過的固定資產，是指納稅人符合《營改增試點實施辦法》第二十八條規定並根據財務會計制度已經計提折舊的固定資產。

［**例 5-16**］華遠股份有限公司將一臺不需用設備對外出售。設備原值為 100,000 元，已提折舊 20,000 元，出售淨額為 74,000 元，款已收存銀行，增值稅稅率為 17%。

（1）將設備轉入清理時。

	借	貸
借：固定資產清理	80,000	
累計折舊	20,000	
貸：固定資產——設備		100,000

（2）反應獲取淨收入。

	借	貸
借：銀行存款	98,000	
貸：固定資產清理		98,000

（3）計算應交增值稅。

	借	貸
借：固定資產清理	16,660	
貸：應交稅費——應交增值稅（銷項稅額）		16,660

（4）結轉固定資產處置淨損益。

	借	貸
借：固定資產清理	1,340	
貸：營業外收入——處置固定資產淨損益		1,340

二、固定資產的清查

企業應定期或者至少於每年年末對固定資產進行清查盤點，以保證固定資產核算的真實性，充分挖掘企業現有固定資產的潛力。在固定資產清查過程中，如果發現盤盈、盤虧的固定資產，應填製固定資產盤盈盤虧報告表。清查固定資產的損溢，應及時查明原因，並按照規定程序報批處理。

企業將財產清查中盤盈的固定資產，作為前期差錯處理。在按管理權限報經批准處理前應先通過「以前年度損益調整」科目核算。盤盈的固定資產，應按以下規定確定入帳價值：如果同類或類似固定資產存在活躍市場的，按同類或類似固定資產的市場價格，減去按該項資產的新舊程度估計的價值損耗后的余額，作為入帳價值；如果同類或類似固定資產不存在活躍市場的，按該項固定資產的預計未來現金流量的現值，作為入帳價值。企業應按上述規定確定的入帳價值，借記「固定資產」科目，貸記「以前年度損益調整」科目。

企業將財產清查中盤虧的固定資產，按盤虧固定資產的帳面價值，借記「待處理財產損溢」科目，按已計提的累計折舊，借記「累計折舊」科目，按已計提的減值準備，借記「固定資產減值準備」科目，按固定資產的原價，貸記「固定資產」科目。按管理權限報經批准后處理時，按可收回的保險賠償或過失人賠償，借記「其他應收款」科目，按應計入營業外支出的金額，借記「營業外支出——盤虧損失」科目，貸記「待處理財產損溢」科目。

[**例 5-17**] 華遠股份有限公司盤點發現少了一臺設備，該設備原值為 1,000 元，已提折舊 800 元，預計淨殘值為 200 元。會計分錄如下：

(1) 反應盤虧。

	借	貸
借：待處理財產損溢——待處理固定資產損溢	200	
累計折舊	800	
貸：固定資產——設備		1,000

(2) 經批准核銷盤虧。

	借	貸
借：營業外支出	200	
貸：待處理財產損溢——待處理固定資產損溢		200

三、持有待售的固定資產

1. 確認條件

同時滿足下列條件的非流動資產應當劃分為持有待售：

(1) 企業已經就處置該非流動資產作出決議；

(2) 企業已經與受讓方簽訂了不可撤銷的轉讓協議；

(3) 該項轉讓將在一年內完成。

2. 會計處理

企業對於持有待售的固定資產，應當調整該項固定資產的預計淨殘值，使該項固定資產的預計淨殘值能夠反應其公允價值減去處置費用后的金額，但不得超過符合持有待售條件時該項固定資產的原帳面價值，原帳面價值高於預計淨殘值的差額，應作為資產減值損失計入當期損益。

持有待售的固定資產不再計提折舊，按照帳面價值與公允價值減去處置費用后的淨額孰低進行計量。

需在報表附註中披露持有待售的固定資產名稱、帳面價值、公允價值、預計處置費用和預計處置時間等。

［**例 5-18**］甲公司計劃出售一項固定資產，該固定資產於 2×16 年 6 月 30 日被劃分為持有待售固定資產，公允價值為 320 萬元，預計處置費用為 5 萬元。該固定資產購買於 2×09 年 12 月 11 日，原值為 1,000 萬元，預計淨殘值為零，預計使用壽命為 10 年，採用年限平均法計提折舊，取得時已達到預定可使用狀態。

2×16 年 6 月 30 日，甲公司該項固定資產的帳面價值 = 1,000 - 1,000 ÷ 10 × 6.5 = 350（萬元），該項固定資產公允價值減去處置費用后的淨額 = 320 - 5 = 315（萬元），應對該項資產計提減值準備 = 350 - 315 = 35（萬元），故該持有待售資產在資產負債表中列示金額應為 315 萬元。

3. 不再滿足確認條件時的處理

當固定資產不再滿足持有待售的確認條件時，企業應當停止將其劃歸為持有待售，並按照下列兩項金額中較低者計量：

（1）該資產或處置組被劃歸為持有待售之前的帳面價值，按照其假定在沒有被劃歸為持有待售的情況下原應確認的折舊、攤銷或減值進行調整后的金額；

（2）決定不再出售之日的可收回金額。

第六章　無形資產

第一節　無形資產概述

一、無形資產的概念與特徵

無形資產是指企業擁有或者控制的沒有實物形態的可辨認非貨幣性資產。無形資產具有以下特徵:

(一) 由企業擁有或者控制並能為其帶來未來經濟利益的資源

預計能為企業帶來未來經濟利益, 是作為一項資產的本質特徵, 無形資產也不例外。通常情況下, 企業擁有或者控制的無形資產應當擁有其所有權並且能夠為企業帶來未來經濟利益, 但在某些情況下並不需要企業擁有其所有權。如果企業有權獲得某項無形資產產生的經濟利益, 同時又能約束其他人獲得這些經濟利益, 則說明企業控制了該無形資產, 或者說控制了該無形資產產生的經濟利益。具體表現為企業擁有該無形資產的法定所有權或者使用權, 並受法律的保護。比如企業自行研製的技術通過申請依法取得專利權后, 在一定期限內擁有了該專利技術的法定所有權; 又比如企業與其他企業簽訂合約轉讓商標權, 由於合約的簽訂, 使商標使用權轉讓方的相關權利受到法律的保護。

(二) 無形資產不具有實物形態

無形資產通常表現為某種權利、某項技術或是某種獲取超額利潤的綜合能力。它們不具有實物形態, 比如土地使用權、非專利技術等。無形資產為企業帶來經濟利益的方式與固定資產不同, 固定資產是通過實物價值的磨損和轉移來為企業帶來未來經濟利益, 而無形資產很大程度上是通過自身所具有的技術等優勢為企業帶來未來經濟利益。不具有實物形態是無形資產區別於其他資產的特徵之一。

需要指出的是, 某些無形資產的存在有賴於實物載體。比如, 計算機軟件需要存儲在磁盤中, 但這並不改變無形資產本身不具有實物形態的特性。在確定一項包含無形和有形要素的資產是屬於固定資產, 還是屬於無形資產時, 需要通過判斷來加以確定, 通常以哪個要素更重要作為判斷的依據。例如, 某機械工具沒有特定計算機軟件就不能運行時, 則說明該軟件是構成相關硬件不可缺少的組成部分, 該軟件應作為固定資產處理; 如果計算機軟件不是相關硬件不可缺少的組成部分, 則該軟件應作為無形資產核算。無論是否存在實物載體, 只要將一項資產歸類為無形資產, 則不具有實物形態仍然是無形資產的特徵之一。

(三) 無形資產具有可辨認性

要作為無形資產進行核算，該資產必須是能夠區別於其他資產可單獨辨認的，如企業持有的專利權、非專利技術、商標權、土地使用權、特許權等。從可辨認性角度考慮，商譽是與企業整體價值聯繫在一起的，無形資產的概念要求無形資產是可辨認的，以便與商譽清楚地區分開來。企業合併中取得的商譽代表了購買方為從不能單獨辨認並獨立確認的資產中獲得預期未來經濟利益而付出的代價。這些未來經濟利益可能產生於取得的可辨認資產之間的協同作用，也可能產生於購買者在企業合併中準備支付的，但不符合在財務報表上確認條件的資產。從計量上來講，商譽是企業合併成本大於合併中取得的各項可辨認資產、負債公允價值份額的差額，代表的是企業未來現金流量大於每一單項資產產生未來現金流量的合計金額。其存在無法與企業自身區分開來，由於不具有可辨認性，雖然商譽也是沒有實物形態的非貨幣性資產，但不構成無形資產。

符合以下條件之一的，則認為其具有可辨認性：

(1) 能夠從企業中分離或者劃分出來，並能單獨用於出售或轉讓等，而不需要同時處置在同一獲利活動中的其他資產，則說明無形資產可以辨認。某些情況下無形資產可能需要與有關的合同一起用於出售、轉讓等，這種情況下也將其視為可辨認無形資產。

(2) 產生於合同性權利或其他法定權利，而無論這些權利是否可以從企業或其他權利和義務中轉移或者分離，如一方通過與另一方簽訂特許權合同而獲得的特許使用權，通過法律程序申請獲得的商標權、專利權等。

(四) 無形資產屬於非貨幣性資產

非貨幣性資產，是指企業持有的貨幣資金和將以固定或可確定的金額收取的資產以外的其他資產。無形資產由於沒有發達的交易市場，一般不容易轉化成現金，在持有過程中為企業帶來未來經濟利益的情況不確定，不屬於以固定或可確定的金額收取的資產，而屬於非貨幣性資產。貨幣性資產主要有庫存現金、銀行存款、應收帳款、應收票據和短期有價證券等。它們的共同特點是直接表現為固定的貨幣數額，或在將來收到一定貨幣數額的權利。應收款項等資產也沒有實物形態，其與無形資產的區別在於無形資產屬於非貨幣性資產，而應收款項等資產則不屬於非貨幣性資產。

二、無形資產的分類

無形資產通常包括專利權、商標權、非專利技術、著作權、特許權、土地使用權等。

(一) 專利權

專利權，是指國家專利主管機關依法授予發明創造專利申請人，對其發明創造在法定期限內所享有的專有權利，包括發明專利權、實用新型專利權和外觀設計專利權。發明，是指對產品、方法或者其改進所提出的新的技術方案；實用新型，是指對產品的形狀、構造或者其結合所提出的適於實用的新的技術方案；外觀設計，是指對產品的形狀、圖案或者其結合以及色彩與形狀、圖案的結合所做出的富有美感並適用於工業應用的新設計。發明專利權的法定保護期限為 20 年，實用新型專利權和外觀設計專利權的法定保護期限為 10 年，均自申請日起計算。

(二) 商標權

商標是用來辨認特定的商品或勞務的標記。商標權指專門在某類指定的商品或產品上使用特定的名稱或圖案的權利。經商標局核准註冊的商標為註冊商標，包括商品商標、服務商標、集體商標、證明商標。商標註冊人享有商標專用權，受法律保護。集體商標，是指以團體、協會或者其他組織名義註冊，供該組織成員在商事活動中使用，以表明使用者在該組織中的成員資格的標誌。證明商標，是指由對某種商品或者服務具有監督能力的組織所控制，而由該組織以外的單位或者個人使用於其商品或者服務，用以證明該商品或者服務的原產地、原料、製造方法、質量或者其他特定品質的標誌。註冊商標的有效期為 10 年，自核准註冊之日起計算。註冊商標有效期滿需要繼續使用的，應當在期滿前 6 個月內申請續展註冊；在此期間未能提出申請的，可以給予 6 個月的寬展期。寬展期滿仍未提出申請的，註銷其註冊商標。每次續展註冊的有效期為 10 年。

(三) 非專利技術

非專利技術也稱專有技術，指不為外界所知、在生產經營活動中已採用了的、不享有法律保護的、可以帶來經濟效益的各種技術和訣竅。非專利技術一般包括工業專有技術、商業貿易專有技術、管理專有技術等。工業專有技術指在生產上已經採用，僅限於少數人知道，不享有專利權或發明權的生產、裝配、修理、工藝或加工方法的技術知識，可以用藍圖、配方、技術記錄、操作方法的說明等具體資料表現出來，也可以通過賣方派出技術人員進行指導，或接受買方人員進行技術實習等手段實現。商業貿易專有技術，指具有保密性質的市場情報，原材料價格情報以及用戶、競爭對象的情況的有關知識。管理專有技術，指生產組織的經營方式、管理方法、培訓職工方法等保密知識。非專利技術並不是專利法的保護對象，非專利技術用自我保密的方式來維持其獨占性，具有經濟性、機密性和動態性等特點。

(四) 著作權

著作權又稱版權，指作者對其創作的文學、科學和藝術作品依法享有的某些特殊權利。著作權包括作品署名權、發表權、修改權和保護作品完整權，還包括複製權、發行權、出租權、展覽權、表演權、放映權、廣播權、信息網路傳播權、攝制權、改編權、翻譯權、匯編權以及應當由著作權人享有的其他權利。著作權人包括作者和其他依法享有著作權的公民、法人或者其他組織。著作權屬於作者，創作作品的公民是作者。由法人或者其他組織主持，代表法人或者其他組織意志創作，並由法人或者其他組織承擔責任的作品，法人或者其他組織視為作者。作者的署名權、修改權、保護作品完整權的保護期不受限制。公民的作品，其發表權、複製權、發行權、出租權、展覽權、表演權、放映權、廣播權、信息網路傳播權、攝制權、改編權、翻譯權、匯編權以及應當由著作權人享有的其他權利的保護期，為作者終生及其死亡后 50 年，截止於作者死亡后第50年的12月31日；如果是合作作品，截止於最后死亡的作者死亡后第50年的12月31日。

(五) 特許權

特許權，又稱經營特許權、專營權，指企業在某一地區經營或銷售某種特定商品的權利或是一家企業接受另一家企業使用其商標、商號、技術秘密等的權利。它通常有兩種形式：一種是由政府機構授權，準許企業使用或在一定地區享有經營某種業務的特權，如水、電、郵電通信等專營權，菸草專賣權等；另一種指企業間依照簽訂的合同，有限期或無限期使用另一家企業的某些權利，如連鎖店分店使用總店的名稱等。特許權業務涉及特許權受讓人和轉讓人兩個方面，通常在特許權轉讓合同中規定了特許權轉讓的期限、轉讓人和受讓人的權利和義務。轉讓人一般要向受讓人提供商標、商號等使用權，傳授專有技術，並負責培訓營業人員，提供經營所必需的設備和特殊原料；受讓人則需要向轉讓人支付取得特許權的費用，開業后則按營業收入的一定比例或其他計算方法支付享用特許權的費用，並為轉讓人保守商業秘密。

(六) 土地使用權

土地使用權，指國家準許某企業在一定期間內對國有土地享有開發、利用、經營的權利。根據中國土地管理法的規定，中國土地實行公有制，任何單位和個人不得侵占、買賣或者以其他形式非法轉讓。企業取得土地使用權的方式大致有行政劃撥取得、外購取得（例如以繳納土地出讓金方式取得）及接受投資者投資取得幾種。通常情況下，作為投資性房地產或者作為固定資產核算的土地，按照投資性房地產或者固定資產核算；以繳納土地出讓金等方式外購的土地使用權、以投資者投入等方式取得的土地使用權作為無形資產核算。

三、無形資產的確認條件

無形資產應當在符合概念的前提下，同時滿足以下兩個確認條件時，才能予以確認。

(一) 與該資產有關的經濟利益很可能流入企業

作為無形資產確認的項目，產生的經濟利益必須很可能流入企業。通常情況下，無形資產產生的未來經濟利益可能包括在銷售商品、提供勞務的收入中，或企業使用該項無形資產而減少或節約的成本中，又或者體現在獲得的其他利益中。例如，生產加工企業在生產工序中使用了某種專利技術，使其降低了生產成本，而不是增加未來收入。實務中，要確定無形資產創造的經濟利益是否很可能流入企業，需要進行職業判斷。在進行這種判斷時，需要對無形資產在預計使用壽命內可能存在的各種經濟因素做出合理估計，並且應當有明確的證據支持，比如，企業是否有足夠的人力資源、高素質的管理隊伍、相關的硬件設備、相關的原材料等來配合無形資產為企業創造經濟利益。同時更為重要的是，關注一些外界因素的影響，比如是否存在相關的新技術、新產品衝擊與無形資產相關的技術或其產品市場等。在進行判斷時，企業的管理者應對無形資產在預計使用壽命內存在的各種因素做出最穩健的估計。

(二) 該無形資產的成本能夠可靠地計量

成本能夠可靠地計量是資產確認的一項基本條件。對於無形資產來說，這個條件相對更為重要。比如，企業內部產生的品牌、報刊名等，因其成本無法可靠計量，不作為無形資產確認。又比如，一些高新科技企業的科技人才，假定其與企業簽訂了服務合同，且合同規定其在一定期限內不能為其他企業提供服務。在這種情況下，雖然這些科技人才的知識在規定的期限內預期能夠為企業創造經濟利益，但由於這些技術人才的知識難以辨認，且形成這些知識所發生的支出難以計量，因而不能作為企業的無形資產加以確認。

第二節　無形資產的初始計量

一、外購的無形資產

外購無形資產的成本應以實際支付的價款、相關稅費以及直接歸屬於使該項資產達到預定用途所發生的其他支出的合計數作為入帳價值。直接歸屬於使該項資產達到預定用途所發生的其他支出包括使無形資產達到預定用途所發生的專業服務費用、測試無形資產是否能夠正常發揮作用的費用等。下列費用不包括在無形資產的初始成本中：①為引入新產品進行宣傳發生的廣告費、管理費用及其他間接費用；②無形資產已經達到預定用途以后發生的費用，如利用無形資產在形成經濟規模之前發生的初始運作損失等。

購買無形資產的價款超過正常信用條件延期支付，實質上具有融資性質的，無形資產的成本以購買價款的現值為基礎確定。實際支付的價款與購買價款的現值之間的差額，除按照《企業會計準則 17 號——借款費用》的有關規定應予以資本化的以外，應當在信用期間內採用實際利率法進行攤銷，計入當期損益。

[**例 6-1**] 華遠股份有限公司從外單位購得一項商標權，買價為 4,000 萬元，款項已用銀行存款支付。該商標權的使用壽命為 10 年，不考慮殘值的因素，增值稅稅額為 240 萬元。

借：無形資產——商標權　40,000,000
　　應交稅費——應交增值稅（進項稅額）　2,400,000
　貸：銀行存款　42,400,000

[**例 6-2**] 華遠股份有限公司取得一塊土地使用權，使用期限為 30 年，買價為 1,000 萬元，增值稅稅額為 110 萬元，款項已用銀行存款支付。華遠股份有限公司取得該土地使用權的會計分錄如下：

借：無形資產——土地使用權　10,000,000
　　應交稅費——應交增值稅（進項稅額）　1,100,000
　貸：銀行存款　11,100,000

[**例 6-3**] 2×16 年 1 月 8 日，華遠股份有限公司從乙公司購買一項商標權，由於華遠股份有限公司資金週轉比較緊張，經與乙公司協議採用分期付款方式支付款項。合

同規定，該項商標權總計 1,000 萬元，每年年末付款 200 萬元，5 年付清。假定銀行同期貸款利率為 5%。為了簡化核算，假定不考慮其他有關稅費（已知 5 年期 5%利率，其年金現值系數為 4.329,5）。

華遠股份有限公司作會計分錄如下（計算如表 6-1 所示）：

表 6-1　**未確認的融資費用**　金額單位：萬元

年份	融資余額(1) = 上期(1) - (5)	利率 (2)	本期利息(3)	本期還本付息 (4)	本期償還本金(5) = (4) - (3)	未確認融資費用(6)
			上期(1)×(2)			上期(6) - (3)
	865.90					134.10
2×16 年	709.19	5%	43.29	200.00	156.71	90.81
2×17 年	544.65	5%	35.46	200.00	164.54	55.35
2×18 年	371.88	5%	27.23	200.00	172.77	28.12
2×19 年	190.48	5%	18.59	200.00	181.41	9.52
2×20 年	0.00	5%	9.52	200.00	190.48	0.00
合計			134.10	1,000.00	865.90	

無形資產現值 = 200×4.329,5 = 865.9（萬元）

未確認的融資費用 = 1,000 - 865.9 = 134.1（萬元）

借：無形資產——商標權　8,659,000

　　未確認融資費用　1,341,000

　貸：長期應付款　10,000,000

（1）2×16 年年底付款時：

借：長期應付款　2,000,000

　貸：銀行存款　2,000,000

借：財務費用　432,900

　貸：未確認融資費用　432,900

（2）2×17 年年底付款時：

借：長期應付款　2,000,000

　貸：銀行存款　2,000,000

借：財務費用　354,500

　貸：未確認融資費用　354,600

（3）2×18 年年底付款時：

借：長期應付款　2,000,000

　貸：銀行存款　2,000,000

借：財務費用　272,300

　貸：未確認融資費用　272,300

（4）2×19 年年底付款時：

借：長期應付款　2,000,000

　貸：銀行存款　2,000,000

借：財務費用　185,900

　貸：未確認融資費用　185,900

(5) 2×20 年年底付款時：

借：長期應付款　2,000,000

　貸：銀行存款　2,000,000

借：財務費用　95,200

　貸：未確認融資費用　95,200

企業取得的土地使用權通常應確認為無形資產，應單獨核算。一般情況下，當土地使用權用於自行開發建造廠房等地上建築物時，相關的土地使用權帳面價值不轉入在建工程成本。有關的土地使用權與地上建築物分別按照其應攤銷或應折舊年限進行攤銷，提取折舊。但下列情況除外：

(1) 房地產開發企業取得的土地使用權用於建造對外出售的房屋建築物，相關的土地使用權應當計入所建造的房屋建築物成本。

(2) 企業外購房屋建築物所支付的價款應當在地上建築物與土地使用權之間進行分配，難以合理分配的，應當全部作為固定資產處理。

企業改變土地使用權的用途，停止自用土地使用權用於賺取租金或資本增值時，應將其帳面價值轉為投資性房地產。

［**例 6-4**］2×16 年 1 月 1 日，華遠股份有限公司購入一塊土地的使用權，以銀行存款轉帳支付 9,000 萬元，並在該土地上自行建造廠房等工程，發生材料支出 12,000 萬元，工資費用 8,000 萬元，其他相關費用 10,000 萬元等。該工程已經完工並達到預定可使用狀態。假定土地使用權的使用年限為 50 年，該廠房的使用年限為 25 年，兩者都沒有淨殘值，都採用直線法進行攤銷和計提折舊。為簡化核算，不考慮其他相關稅費。

分析：華遠公司購入土地使用權，使用年限為 50 年，表明它屬於使用壽命有限的無形資產，在該土地上自行建造廠房，應將土地使用權和地上建築物分別作為無形資產和固定資產進行核算，並分別攤銷和計提折舊。

華遠公司作會計分錄如下：

(1) 支付轉讓價款。

借：無形資產——土地使用權　90,000,000

　貸：銀行存款　90,000,000

(2) 在土地上自行建造廠房。

借：在建工程　300,000,000

　貸：工程物資　120,000,000

　　　應付職工薪酬　80,000,000

　　　銀行存款　100,000,000

(3) 廠房達到預定可使用狀態。

借：固定資產　300,000,000

　貸：在建工程　300,000,000

(4) 每年分期攤銷土地使用權和對廠房計提折舊。

借：管理費用　1,800,000

製造費用　12,000,000
貸：累計攤銷　1,800,000
累計折舊　12,000,000

二、投資者投入的無形資產

在合同或協議約定的價值公允的前提下，應按照投資合同或協議約定的價值作為入帳價值。如果合同或協議約定的價值不公允，則按無形資產的公允價值入帳。無形資產的入帳價值與折合資本額之間的差額，作為資本溢價，計入資本公積。

［**例 6-5**］因乙公司創立的商標已有較好的聲譽，華遠股份有限公司預計使用乙公司商標后可使其未來利潤增長 30%。為此，華遠股份有限公司與乙公司協議商定，乙公司以其商標權投資於華遠股份有限公司，雙方協議價格（等於公允價值）為 600 萬元，假定不考慮相關稅費。

該商標權的初始計量，應當以取得時的成本為基礎。取得時的成本為投資協議約定的價格 600 萬元。

華遠股份有限公司作會計分錄如下：

借：無形資產——商標權　6,000,000
貸：實收資本（或股本）　6,000,000

三、非貨幣性資產交換、債務重組和政府補助取得的無形資產

非貨幣性資產交換、債務重組和政府補助取得的無形資產的成本，應當分別按照本教材「非貨幣性資產交換」「債務重組」「政府補助」的有關規定確定。

第三節　內部研究開發費用的確認和計量

一、研究階段和開發階段的劃分

企業內部研究開發費用的確認與計量分研究和開發兩個階段進行。

研究階段是指為獲取新的技術和知識等進行的有計劃的調查，具體是指：意在獲取知識而進行的活動；研究成果或其他知識的應用研究、評價和最終選擇；材料、設備、產品、工序、系統或服務替代品的研究；新的或經改進的材料、設備、產品、工序、系統或服務的可能替代品的配製、設計、評價和最終選擇。研究階段具有計劃性和探索性的特點。

開發階段是指在進行商業性生產或使用前，將研究成果或其他知識應用於某項計劃或設計，以生產出新的或具有實質性改進的材料、裝置、產品等。具體包括：生產前或使用前的原型和模型的設計、建造和測試；含新技術的工具、夾具、模具和衝模的設計；不具有商業性生產經濟規模的試生產設施的設計、建造和營運；新的或改造的材料、設備、產品、工序、系統或服務所選定的替代品的設計、建造和測試等。開發階段具有針對性和形成成果的可能性較大的特點。

二、內部研究開發費用的確認和計量的原則

（1）研究階段的有關支出在發生時應當費用化計入當期損益。

（2）開發階段的有關支出如果企業能夠證明滿足無形資產的概念及費用資本化的條件，則可予以資本化，計入無形資產的成本。其經濟內容包括開發無形資產時耗費的材料、勞務成本、註冊費、在開發該無形資產過程中使用的其他專利權和特許權的攤銷、按照規定資本化的利息支出，以及為使該無形資產達到預定用途前所發生的其他費用。否則，開發階段的費用支出應計入當期損益。在開發階段發生的除上述可直接歸屬於無形資產開發活動的其他銷售費用、管理費用等間接費用，無形資產達到預定用途前發生的可辨認的無效和初始運作損失，為運行該無形資產發生的培訓支出等均不構成無形資產的開發成本。

企業內部研究開發項目開發階段的支出，同時滿足下列條件的，才能確認為無形資產：

（1）完成該無形資產以使其能夠使用或出售在技術上具有可行性。判斷是否滿足該條件時，應以目前階段的成果為基礎，說明在此基礎上進一步進行開發所需的技術條件等已經具備，基本上不存在技術上的障礙或其他不確定性，企業在判斷時，應提供相關的證據和材料。

（2）具有完成該無形資產並使用或出售的意圖。開發某項產品或專利技術產品等，是使用還是出售通常是根據管理者對該項研發活動的目的或者意圖所決定，即研發項目形成成果以后，是為出售，還是為自己使用並從使用中獲得經濟利益，應當以管理者意圖而定。因此，企業的管理者應能夠說明其持有擬開發無形資產的目的，並具有完成該項無形資產開發並使其能夠使用或出售的可能性。

（3）無形資產產生經濟利益的方式。作為無形資產確認，其基本條件是能夠為企業帶來未來經濟利益。就其能夠為企業帶來未來經濟利益的方式來講，如果有關的無形資產在形成以后，主要是用於形成新產品或新工藝的，企業應對運用該無形資產生產的產品市場情況進行估計，應能夠證明所生產的產品存在市場，並能夠帶來經濟利益的流入。如果有關的無形資產開發以后主要是用於對外出售，則企業應能夠證明市場上存在對該類無形資產的需求，開發以后存在外在的市場可以出售並帶來經濟利益的流入；如果無形資產開發以后，不是用於生產產品，也不是用於對外出售，而是在企業內部使用的，則企業應能夠證明其在企業內部使用時對企業的有用性。

（4）有足夠的技術、財務資源和其他資源支持，以完成該無形資產的開發，並有能力使用或出售該無形資產。

（5）歸屬於該無形資產開發階段的支出能夠可靠地計量。企業對於開發活動發生的支出應單獨核算，如發生的開發人員的工資、材料費等，在企業同時從事多項開發活動的情況下，所發生的支出同時用於支持多項開發活動的應按照一定的標準在各項開發活動之間進行分配。無法明確分配的，應予以費用化並計入當期損益，不計入開發活動的成本。

內部研發形成的無形資產成本，由可直接歸屬於該資產的創造、生產並使該資產能夠以管理層預定的方式運作的所有必要支出構成。

內部開發無形資產的成本僅包括在滿足資本化條件的時點至無形資產達到預定用途前發生的支出總和，對於同一項無形資產在開發過程中達到資本化條件之前已經費用化計入當期損益的支出不再進行調整。

三、內部研究開發費用的會計處理

企業發生的研發支出，通過「研發支出」科目歸集，類似固定資產中「在建工程」科目。企業自行開發無形資產發生的研發支出，不滿足資本化條件的，借記「研發支出——費用化支出」科目，滿足資本化條件的，借記「研發支出——資本化支出」科目，貸記「原材料」「銀行存款」「應付職工薪酬」等科目。研究開發項目達到預定用途形成無形資產的，應按「研發支出——資本化支出」科目的余額，借記「無形資產」科目，貸記「研發支出——資本化支出」科目。期末，應將「研發支出——費用化支出」科目的余額轉入「管理費用」科目。

如果無法區分研究階段和開發階段的支出，應當在發生時全部計入當期管理費用。

［**例 6-6**］華遠股份有限公司 2×16 年自行研究開發一項新產品專利技術，在研究開發過程中發生材料費 4,000 萬元、人工工資 1,000 萬元，以及其他費用 3,000 萬元，以銀行存款支付。其中，符合資本化條件的支出為 7,000 萬元，期末，該專利技術已經達到預定用途。華遠公司作會計分錄如下：

借：研發支出——費用化支出	10,000,000	
——資本化支出	70,000,000	
貸：原材料		40,000,000
應付職工薪酬		10,000,000
銀行存款		30,000,000
期末：		
借：管理費用	10,000,000	
無形資產	70,000,000	
貸：研發支出——費用化支出		10,000,000
——資本化支出		70,000,000

第四節　無形資產的后續計量

一、無形資產使用壽命的確定與復核

（一）無形資產使用壽命的估計

企業應當於取得無形資產時分析判斷其使用壽命。無形資產的使用壽命如為有限的，應當估計該使用壽命的年限或者構成使用壽命的產量等類似計量單位數量；無法預見無形資產為企業帶來未來經濟利益期限的，應當視其為使用壽命不確定的無形資產。

估計無形資產使用壽命應考慮的主要因素包括：

（1）該資產通常的產品壽命週期，以及可獲得的類似資產使用壽命的信息；

（2）技術、工藝等方面的現實情況及對未來發展的估計；

（3）該資產在該行業運用的穩定性和生產的產品或服務的市場需求情況；

（4）現在或潛在的競爭者預期採取的行動；

（5）為維持該資產產生未來經濟利益的能力所需要的維護支出，以及企業預計支付有關支出的能力；

（6）對該資產的控制期限，以及對該資產使用的法律或類似限制，如特許使用期間、租賃期間等；

（7）與企業持有的其他資產使用壽命的關聯性等。

例如，企業以支付土地出讓金方式取得一塊土地 50 年的使用權，如果企業準備持續持有，在 50 年期間內沒有計劃出售，則該項土地使用權預期為企業帶來未來經濟利益的期間為 50 年。

（二）無形資產使用壽命的確定

中國企業會計準則規定，對於來源於合同性權利或其他法定權利的無形資產，其使用壽命不應超過合同性權利或其他法定權利的期限。如果企業使用無形資產預期期限短於合同性權利或其他法定權利規定的期限，應當按照使用無形資產的預期期限確定其使用壽命。如果合同性權利或其他法定權利能夠在到期時因續約等延續，且有證據表明企業續約不需要付出大額成本，續約期應當計入使用壽命。合同或法律沒有規定期限的，企業應當綜合各方面情況進行判斷，以確定無形資產能為企業帶來未來經濟利益的期限。按照上述方法仍無法合理確定無形資產為企業帶來經濟利益期限的，則該項無形資產應作為使用壽命不確定的無形資產。

（1）某些無形資產的取得源自合同性權利或其他法定權利，其使用壽命不應超過合同性權利或其他法定權利的期限。但如果企業使用資產的預期的期限短於合同性權利或其他法定權利規定的期限的，則應當按照企業預期使用的期限確定其使用壽命。例如，企業取得一項專利技術，法律保護期限為 20 年，企業預計運用該專利生產的產品在未來 15 年內為企業帶來經濟利益。就該項專利技術，第三方向企業承諾在 5 年內以其取得之日公允價值的 60% 購買該專利權。從企業管理層目前的持有計劃來看，準備在 5 年內將其出售給第三方。為此，該項專利權的實際使用壽命為 5 年。

（2）如果合同性權利或其他法定權利能夠在到期時因續約等延續，則僅當有證據表明企業續約不需要付出重大成本時，續約期才能夠包括在使用壽命的估計中。下列情況下，一般說明企業無須付出重大成本即可延續合同性權利或其他法定權利：①有證據表明合同性權利或法定權利將被重新延續，如果在延續之前需要第三方同意，則還需有第三方將會同意的證據；②有證據表明為獲得重新延續所必需的所有條件將被滿足，以及企業為延續持有無形資產付出的成本相對於預期從重新延續中流入企業的未來經濟利益相比不具有重要性。如果企業為延續無形資產持有期間而付出的成本與預期從重新延續中流入企業的未來經濟利益相比具有重要性，則從本質上來看是企業獲得的一項新的無形資產。

（3）沒有明確的合同或法律規定無形資產期限的，企業應當綜合各方面情況進行判斷。例如，企業經過努力，可通過聘請相關專家進行論證、與同行業的情況進行比較以及參考企業的歷史經驗等，來確定無形資產為企業帶來未來經濟利益的期限。如果經過這些努力，企業仍確實無法合理確定無形資產為其帶來經濟利益的期限的，才能將該無形資產作為使用壽命不確定的無形資產。例如，企業取得了一項在過去幾年市場份額領先的暢銷產品的商標。該商標按照法律規定還有 5 年的使用壽命，但是在保護期屆滿時，企業可每 10 年即以較低的手續費申請延期，同時有證據表明企業有能力申請延期。此外，有關的調查表明，根據產品生命週期、市場競爭等方面情況綜合判斷，該品牌將在不確定的期間內為企業產生現金流量。綜合各方面情況，該商標可視為使用壽命不確定的無形資產。又如，企業通過公開拍賣取得一項出租車營運許可，按照所在地規定，以現有出租營運許可為限，不再授予新的營運許可，而且在舊的出租車報廢以后，有關的營運許可可用於新的出租車，企業估計在有限的未來將持續經營出租車行業。對於該營運許可，其為企業帶來未來經濟利益的期限從目前情況看，無法可靠估計，因此，應視其為使用壽命不確定的無形資產。

(三) 無形資產使用壽命的復核

企業至少應當於每年年終，對無形資產的使用壽命及攤銷方法進行復核，如果有證據表明無形資產的使用壽命及攤銷方法不同於以前的估計，如由於合同的續約或無形資產應用條件的改善，延長了無形資產的使用壽命，則對於使用壽命有限的無形資產，應改變其攤銷年限及攤銷方法並按照會計估計變更進行處理。例如，企業使用的某項非專利技術，原預計使用壽命為 5 年，使用至第 2 年年末，該企業計劃再使用 2 年即不再使用。為此，企業應當在第 2 年年末變更該項無形資產的使用壽命，並作為會計估計變更進行處理。又如，某項無形資產計提了減值準備，這可能表明企業原估計的攤銷期限需要做出變更。

對於使用壽命不確定的無形資產，如果有證據表明其使用壽命是有限的，則應視為會計估計變更，應當估計其使用壽命並按照使用壽命有限的無形資產的處理原則進行處理。

二、使用壽命有限的無形資產的會計處理

使用壽命有限的無形資產，應在其預計的使用壽命內採用系統合理的方法對應攤銷金額進行攤銷。應攤銷金額，是指無形資產的成本扣除殘值后的金額。已計提減值準備的無形資產，還應扣除已計提的無形資產減值準備累計金額。使用壽命有限的無形資產，其殘值一般應當視為零。

(一) 攤銷期和攤銷方法

無形資產的攤銷期自其達到預定用途時起至終止確認時止。即無形資產攤銷的起始和停止日期為：當月增加的無形資產，當月開始攤銷；當月減少的無形資產，當月不再攤銷。

在無形資產的使用壽命內系統地分攤其應攤銷金額，存在多種方法。這些方法包括直線法、生產總量法等。企業選擇的無形資產攤銷方法，應當能夠反應與該項無形資產有關的經濟利益的預期實現方式，並一致地運用於不同會計期間。例如，受技術

陳舊因素影響較大的專利權和專有技術等無形資產，可採用類似固定資產加速折舊的方法進行攤銷；有特定產量限制的特許經營權或專利權，應採用生產總量法進行攤銷。無法可靠確定其預期實現方式的，應當採用直線法進行攤銷。

無形資產的攤銷一般應計入當期損益。但如果某項無形資產是專門用於生產某種產品或者其他資產，其所包含的經濟利益是通過轉入所生產的產品或其他資產中實現的，則無形資產的攤銷金額應當計入相關資產的成本。例如某項專門用於生產過程中的專利技術，其攤銷金額應構成所生產產品成本的一部分，計入製造該產品的製造費用。

（二）殘值的確定

除下列情況以外，無形資產的殘值一般為零：

（1）有第三方承諾在無形資產使用壽命結束時購買該項無形資產；

（2）可以根據活躍市場得到無形資產預計殘值信息，並且該市場在該項無形資產使用壽命結束時可能存在。

無形資產的殘值意味著，在其經濟壽命結束之前企業預計會處置該無形資產，並且從該處置中取得利益。估計無形資產的殘值應以資產處置時的可收回金額為基礎。此時的可收回金額是指在預計出售日，出售一項使用壽命已滿且處於類似使用狀況下，同類無形資產預計的處置價格（扣除相關稅費）。殘值確定以后，在持有無形資產的期間，至少應於每年年末進行復核，預計其殘值與原估計金額不同的，應按照會計估計變更進行處理。如果無形資產的殘值重新估計以后高於其帳面價值的，則無形資產不再攤銷，直至殘值降至低於帳面價值時再恢復攤銷。

例如，企業從外單位購入一項成本為 100 萬元的實用專利技術，根據目前企業管理層的持有計劃，預計 5 年后轉讓給第三方。根據目前活躍市場上得到的信息，該實用專利技術預計殘值為 10 萬元，企業採取生產總量法對該項無形資產進行攤銷。到第 3 年期末，市場發生變化，經復核重新估計，該項實用專利技術預計殘值為 30 萬元。如果此時企業已攤銷 72 萬元，該項實用專利技術帳面價值為 28 萬元，低於重新估計的該項實用專利技術的殘值，則不再對該項實用專利技術進行攤銷，直至殘值降至低於其帳面價值時再恢復攤銷。

（三）無形資產攤銷的帳務處理

使用壽命有限的無形資產應當在其使用壽命內，採用合理的攤銷方法進行攤銷。攤銷時，應當考慮該項無形資產所服務的對象，並以此為基礎將其攤銷價值計入相關資產的成本或者當期損益。

[例 6-7] 2×16 年 1 月 1 日，華遠股份有限公司購入一塊土地的使用權，以銀行存款轉帳支付 80,000,000 元，並在該土地上自行建造廠房等工程，發生材料支出 100,000,000 元，工資費用 50,000,000 元，其他相關費用 100,000,000 元等。該工程已經完工並達到預定可使用狀態。假定土地使用權的使用年限為 50 年，該廠房的使用年限為 25 年，兩者都沒有淨殘值，都採用直線法進行攤銷和計提折舊。為簡化核算，不考慮其他相關稅費。

本例中，華遠公司購入的土地使用權使用年限為 50 年，表明它屬於使用壽命有限的無形資產，因此，應將該土地使用權和地上建築物分別作為無形資產和固定資產進行核算，並分別攤銷和計提折舊。

華遠公司作會計分錄如下：

（1）支付轉讓價款。

借：無形資產——土地使用權　　80,000,000
　貸：銀行存款　　80,000,000

（2）在土地上自行建造廠房。

借：在建工程　　250,000,000
　貸：工程物資　　100,000,000
　　應付職工薪酬　　50,000,000
　　銀行存款　　100,000,000

（3）廠房達到預定可使用狀態。

借：固定資產　　250,000,000
　貸：在建工程　　250,000,000

（4）每年分期攤銷土地使用權和對廠房計提折舊。

借：管理費用　　1,600,000
　製造費用　　10,000,000
　貸：累計攤銷　　1,600,000
　　累計折舊　　10,000,000

三、使用壽命不確定的無形資產的會計處理

根據可獲得的相關信息判斷，如果無法合理估計某項無形資產的使用壽命的，應將其作為使用壽命不確定的無形資產進行核算。對於使用壽命不確定的無形資產，在持有期間內不需要攤銷，但應當在每個會計期間進行減值測試。其減值測試的方法按照資產減值的原則進行處理，如經減值測試表明已發生減值，則需要計提相應的減值準備。其相關的帳務處理為，借記「資產減值損失」科目，貸記「無形資產減值準備」科目。

［**例6-8**］2×16年1月1日，華遠股份有限公司購入一項市場領先的暢銷產品的商標，取得增值稅專用發票，買價為7,000萬元，增值稅稅額為420萬元。該商標按照法律規定還有5年的使用壽命，但是在保護期屆滿時，華遠公司可每10年以較低的手續費申請延期，同時華遠公司有充分的證據表明其有能力申請延期。此外，有關的調查表明，根據產品生命週期、市場競爭等方面情況綜合判斷，該商標將在不確定的期間內為企業帶來現金流量。

根據上述情況，該商標可視為使用壽命不確定的無形資產，因此在持有期間內不需要進行攤銷。

2×16年年底，華遠公司對該商標按照資產減值的原則進行減值測試。經測試表明該商標已發生減值，該商標的可收回金額為4,000萬元。則華遠公司作會計分錄如下：

（1）2×16年購入商標時：

借：無形資產——商標權　　70,000,000

應交稅費——應交增值稅（進項稅額）　4, 200, 000

貸：銀行存款　74, 200, 000

（2）2×16 年年末確認發生減值時：

借：資產減值損失　30, 000, 000

貸：無形資產減值準備——商標權　30, 000, 000

第五節　無形資產的處置

無形資產的處置，主要是指無形資產出售、對外出租、對外捐贈，或者是無法為企業帶來未來經濟利益時應予以終止確認並轉銷。

一、無形資產的出售

企業出售某項無形資產，表明企業放棄無形資產的所有權，應將所取得的價款與該無形資產帳面價值的差額計入當期損益。

出售無形資產時，應按實際收到的金額，借記「銀行存款」等科目，按已計提的累計攤銷，借記「累計攤銷」科目。原已計提減值準備的，借記「無形資產減值準備」科目，按應支付的相關稅費，貸記「應交稅費」等科目，按其帳面余額，貸記「無形資產」科目，按其差額，貸記「營業外收入——處置非流動資產利得」科目或借記「營業外支出——處置非流動資產損失」科目。

［**例 6-9**］2×16 年 1 月 1 日，華遠股份有限公司將擁有的一項非專利技術出售，售價為 150, 000 元，應交的增值稅為 9, 000 元。該非專利技術的帳面余額為 128, 090 元，累計攤銷額為 4, 330 元，已計提的減值準備為 5, 000 元。華遠股份有限公司作會計分錄如下：

借：銀行存款　159, 000

累計攤銷　4, 330

無形資產減值準備　5, 000

貸：無形資產　128, 090

應交稅費——應交增值稅（銷項稅額）　9, 000

營業外收入——處置非流動資產利得　31, 240

［**例 6-10**］華遠股份有限公司有關無形資產業務如下：

（1）2×16 年 1 月 1 日購入一項無形資產，取得增值稅專用發票，價款是 900 萬元，增值稅稅額為 54 萬元。該無形資產有效使用年限為 8 年，華遠股份有限公司估計使用年限為 6 年，預計殘值為零。

（2）2×16 年 12 月 31 日，由於與該無形資產相關的經濟因素發生不利變化，致使其發生減值，華遠股份有限公司估計可收回金額為 375 萬元，計提減值準備后原預計使用年限不變。

（3）2×17 年 12 月 31 日，由於與該無形資產相關的經濟因素繼續發生不利變化，致使其繼續發生減值，華遠股份有限公司估計可收回金額為 150 萬元，計提減值準備后原預計使用年限不變。

(4) 2×18 年 3 月 1 日華遠股份有限公司與仁達公司簽訂協議，華遠股份有限公司向仁達公司出售該無形資產，價款為 200 萬元，增值稅稅額為 12 萬元，款項已收到。

(5) 假定不考慮其他稅費。假定該企業按年進行無形資產攤銷。

要求：請做出上述業務的帳務處理。

(1) 編製 2×16 年 1 月 1 日購入一項無形資產的會計分錄：

	借方	貸方
借：無形資產	9,000,000	
應交稅費——應交增值稅（進項稅額）	540,000	
貸：銀行存款		9,540,000

(2) 計算並編製 2×16 年 12 月 31 日攤銷無形資產的會計分錄：

	借方	貸方
借：管理費用	1,500,000	
貸：累計攤銷		1,500,000

(3) 計算並編製 2×16 年 12 月 31 日計提無形資產減值準備的會計分錄：

計提無形資產減值準備 = 900−150×2−375 = 225（萬元）

	借方	貸方
借：資產減值損失	2,250,000	
貸：無形資產減值準備		2,250,000

(4) 計算並編製 2×17 年 12 月 31 日無形資產攤銷的金額：

2×17 年 12 月 31 日無形資產攤銷的金額 = 375÷4 = 93.75（萬元）

	借方	貸方
借：管理費用	937,500	
貸：累計攤銷		937,500

(5) 計算 2×17 年 12 月 31 日計提無形資產減值準備的金額：

計提無形資產減值準備 = 375−375÷4×2−150 = 37.5（萬元）

	借方	貸方
借：資產減值損失	375,000	
貸：無形資產減值準備		375,000

(6) 編製 2×18 年 3 月 1 日有關出售無形資產的會計分錄：

	借方	貸方
借：管理費用	125,000	
貸：累計攤銷		125,000
借：銀行存款	2,120,000	
累計攤銷	5,000,000	
無形資產減值準備	2,625,000	
貸：無形資產		9,000,000
應交稅費——應交增值稅（銷項稅額）		120,000
營業外收入——處置非流動資產利得		625,000

二、無形資產的出租

企業將所擁有的無形資產的使用權讓渡給他人，並收取租金，在滿足收入確認條件的情況下，應確認相關的收入及成本，並通過其他業務收支科目進行核算。讓渡無形資產使用權而取得的租金收入，借記「銀行存款」等科目，貸記「其他業務收入」等科目；攤銷出租無形資產的成本並發生與轉讓有關的各種費用支出時，借記「其他業務成本」科目，貸記「累計攤銷」科目。

［**例 6-11**］2×16 年 1 月 1 日，華遠股份有限公司將某專利權出租給乙股份公司，每年獲取租金收入 5,000 元，增值稅稅額為 550 元。該專利權的帳面余額為 12,000 元，採用直線法進行攤銷，攤銷年限為 5 年，假定該專利權的殘值為零。華遠股份有限公司作會計分錄如下：

（1）收取租金。

借：銀行存款　　5,550

　貸：其他業務收入　　5,000

　　　應交稅費——應交增值稅（銷項稅額）　　550

（2）攤銷無形資產成本。

每年攤銷額 = 12,000÷5 = 2,400（元）

借：其他業務成本　　2,400

　貸：累計攤銷　　2,400

三、無形資產的報廢

如果無形資產預期不能為企業帶來經濟利益，例如，該無形資產已被其他新技術所替代，則應將其報廢並予以轉銷，其帳面價值轉作當期損益。轉銷時，應按已計提的累計攤銷額，借記「累計攤銷」科目；按其帳面余額（原值），貸記「無形資產」科目；按其差額，借記「營業外支出」科目。已計提減值準備的，還應同時結轉減值準備。

［**例 6-12**］華遠股份有限公司擁有一項專利技術，其帳面余額為 10,000,000 元，攤銷期限為 10 年，採用直線法進行攤銷，已攤銷了 5 年。假定該項專利權的殘值為 0，計提的減值準備為 2,700,000 元。由於依靠該專利技術生產的產品已經沒有市場，公司決定將其轉銷。假定不考慮其他相關因素。公司的會計處理如下：

借：累計攤銷　　5,000,000

　　無形資產減值準備　　2,700,000

　　營業外支出——處置無形資產損失　　2,300,000

　貸：無形資產　　10,000,000

第七章　投資性房地產

第一節　投資性房地產概述

一、投資性房地產的概念

房地產是土地和房屋及其權屬的總稱，其中，土地是指土地使用權，房屋是指土地上的建築物及構築物。隨著中國社會主義市場經濟的發展和完善，企業持有房地產除了用於自身生產經營、作為管理活動的場所以及作為存貨對外銷售外，出現了將房地產用於賺取租金或增值收益的現象，甚至成為個別企業的主營業務。

投資性房地產，是指為賺取租金或資本增值，或者兩者兼有而持有的房地產。投資性房地產在用途、狀態、目的等方面與企業自用的廠房、辦公樓等作為生產經營活動場所的房地產和房地產開發企業用於銷售的房地產是不同的。投資性房地產是一種經營性活動，主要形式是出租建築物、出租土地使用權。這實質上屬於一種讓渡資產使用權行為，房地產租金就是讓渡資產使用權而取得的使用費收入。投資性房地產的另一種形式是持有並準備增值后轉讓的土地使用權，其目的是增值后轉讓以賺取增值收益，也是企業為完成其經營目標所從事的經營性活動以及與之相關的其他活動形成的經濟利益總流入。

二、投資性房地產的範圍

（一）屬於投資性房地產的項目

屬於投資性房地產的項目應當能夠單獨計量和出售，投資性房地產主要包括：已出租的土地使用權、持有並準備增值后轉讓的土地使用權和已出租的建築物。

1. 已出租的土地使用權

它是指企業通過出讓或轉讓方式取得並以經營租賃方式出租的土地使用權。企業計劃用於出租但尚未出租的土地使用權，不屬於此類。

2. 持有並準備增值后轉讓的土地使用權

它是指企業取得的、準備增值后轉讓的土地使用權。按照國家有關規定認定的閒置土地，不屬於持有並準備增值后轉讓的土地使用權。

3. 已出租的建築物

它是指企業擁有產權並以經營租賃方式出租的建築物。企業將建築物出租，按租賃協議向承租人提供的相關輔助服務在整個協議中重要性不大的，如企業將辦公樓出租並向承租人提供保安、維修等輔助服務，應當將該建築物確認為投資性房地產。

(二) 不屬於投資性房地產的項目

下列各項不屬於投資性房地產：

(1) 自用房地產，即為生產商品、提供勞務或者經營管理而持有的房地產。例如，企業擁有並自行經營的旅館飯店，其經營目的主要是通過提供客房服務賺取服務收入，該旅館飯店不確認為投資性房地產。

(2) 作為存貨的房地產。作為存貨的房地產，通常是指房地產開發企業在正常經營過程中銷售的或為銷售而正在開發的商品房和土地。

某項房地產，部分用於賺取租金或資本增值，部分用於生產商品、提供勞務或經營管理，能夠單獨計量和出售的、用於賺取租金或資本增值的部分，應當確認為投資性房地產；不能夠單獨計量和出售的、用於賺取租金或資本增值的部分，不確認為投資性房地產。

第二節　投資性房地產的確認與初始計量

一、投資性房地產的確認

將某個項目確認為投資性房地產，首先應當符合投資性房地產的概念，其次要同時滿足投資性房地產的兩個確認條件：

(1) 與該資產相關的經濟利益很可能流入企業；

(2) 該投資性房地產的成本能夠可靠地計量。

一般情況下，已出租的土地使用權和已出租的建築物，確認為投資性房地產的時點是租賃期開始日；企業持有以備經營出租、可視為投資性房地產的空置建築物，確認為投資性房地產的時點是企業董事會或類似機構就該事項作出正式書面決議的日期；持有並準備增值后轉讓的土地使用權，確認為投資性房地產的時點是企業將自用土地使用權停止自用，準備增值后轉讓的日期。

二、投資性房地產的初始計量

投資性房地產應當按照成本進行初始計量。

投資性房地產的成本一般應當包括取得投資性房地產時和直至使該項投資性房地產達到預定可使用狀態前所發生的各項必要的、合理的支出，如購買價款、土地開發費、建築安裝成本、應予以資本化的借款費用等。

(一) 外購的投資性房地產

對於企業外購的房地產，只有在購入房地產的同時開始對外出租（自租賃期開始日起，下同）或用於資本增值，才能稱之為外購的投資性房地產。外購投資性房地產的成本，包括購買價款、相關稅費和可直接歸屬於該資產的其他支出。

企業購入房地產，自用一段時間之后再改為出租或用於資本增值的，應當先將外購的房地產確認為固定資產或無形資產，自租賃期開始日或用於資本增值之日開始，才能將其從固定資產或無形資產轉換為投資性房地產。

在成本計量模式下，外購的土地使用權和建築物按照取得時的實際成本計量，記入「投資性房地產」科目。

在公允價值計量模式下，在「投資性房地產」科目下應設置「成本」和「公允價值變動」兩個明細科目，按外購土地使用權和建築物發生的實際成本，記入「投資性房地產——成本」科目。

［**例 7-1**］華遠股份有限公司購買一塊土地使用權，取得增值稅專用發票，購買價為 2,000 萬元，增值稅稅額為 220 萬元，款項全部以存款支付。公司購買后準備等其增值后予以轉讓。

借：投資性房地產——成本	20,000,000	
應交稅費——應交增值稅（進項稅額）	2,200,000	
貸：銀行存款		22,200,000

（二）自行建造的投資性房地產

企業自行建造（或開發，下同）的房地產，只有在自行建造或開發活動完成（即達到預定可使用狀態）的同時開始對外出租或用於資本增值，才能將自行建造的房地產確認為投資性房地產。自行建造投資性房地產的成本，由建造該項房地產達到預定可使用狀態前發生的必要支出構成。

企業自行建造房地產達到預定可使用狀態，相隔一段時間后才對外出租或用於資本增值的，應當先將自行建造的房地產確認為固定資產或無形資產，自租賃期開始日或用於資本增值之日開始，從固定資產或無形資產轉換為投資性房地產。

自行建造的投資性房地產通過「在建工程」或「開發產品」科目核算房地產的實際建造成本，房地產建造完成確認為投資性房地產的，應將發生的實際建造成本自「在建工程」或「開發產品」科目轉入「投資性房地產」科目（成本模式）或「投資性房地產——成本」科目（公允價值模式）核算。

三、以其他方式取得的投資性房地產

以其他方式取得的投資性房地產，其成本參照本教材「固定資產」和「無形資產」的相關內容確定。

第三節　投資性房地產的后續計量

企業通常應當採用成本模式對投資性房地產進行后續計量，也可以採用公允價值模式對投資性房地產進行后續計量。但是，同一企業只能採用一種模式對所有投資性房地產進行后續計量，不得同時採用兩種計量模式。

一、採用成本模式進行后續計量的投資性房地產

在成本模式下，對投資性房地產進行后續計量，應分期計提折舊或攤銷；存在減

值跡象的，還應當按照資產減值的有關規定進行處理。

對投資性房地產計提折舊或進行攤銷時，借記「其他業務成本」科目，貸記「投資性房地產累計折舊（攤銷）」科目。

[**例 7-2**] 華遠股份有限公司將一棟辦公樓出租給乙企業用，已將其確認為投資性房地產，採用成本模式進行后續計量。辦公樓成本為 1,800 萬元，按照平均年限法計提折舊，使用壽命為 20 年，預計淨殘值為零。按照租賃合同，乙企業每月支付租金 8 萬元、增值稅稅額 0.88 萬元給華遠股份有限公司。當年 12 月，這棟辦公樓發生減值跡象，經計算，其可收回金額為 1,200 萬元，此時辦公樓的帳面價值為 1,500 萬元。

華遠股份有限公司作會計分錄如下：

（1）每月計提折舊：

1,800÷20÷12＝7.5（萬元）

借：其他業務成本	75,000	
貸：投資性房地產累計折舊		75,000

（2）每月確認租金收入：

借：銀行存款	88,800	
貸：其他業務收入		80,000
應交稅費——應交增值稅（銷項稅額）		8,800

（3）計提減值準備：

1,500－1,200＝300（萬元）

借：資產減值損失	3,000,000	
貸：投資性房地產減值準備		3,000,000

二、採用公允價值模式進行后續計量的投資性房地產

（一）採用公允價值模式的前提條件

企業只有存在確鑿證據表明投資性房地產的公允價值能夠持續可靠取得，才可以採用公允價值模式對投資性房地產進行后續計量。企業一旦選擇採用公允價值計量模式，就應當對其所有投資性房地產均採用公允價值模式進行后續計量。

採用公允價值模式進行后續計量的投資性房地產，應當同時滿足下列條件：

（1）投資性房地產所在地有活躍的房地產交易市場。所在地，通常是指投資性房地產所在的城市。對於大中城市，應當為投資性房地產所在的城區。

（2）企業能夠從活躍的房地產交易市場上取得同類或類似房地產的市場價格及其他相關信息，從而對投資性房地產的公允價值作出合理的估計。同類或類似的房地產，對建築物而言，是指所處地理位置和地理環境相同、性質相同、結構類型相同或相近、新舊程度相同或相近、可使用狀況相同或相近的建築物；對土地使用權而言，是指同一城區、同一位置區域、所處地理環境相同或相近、可使用狀況相同或相近的土地。

（二）採用公允價值模式進行后續計量的會計處理

企業採用公允價值模式進行后續計量的，不對投資性房地產計提折舊或進行攤銷，應當以資產負債表日投資性房地產的公允價值為基礎調整其帳面價值，公允價值與原帳面價值之間的差額計入當期損益（公允價值變動損益）。

資產負債表日，投資性房地產的公允價值高於其帳面余額的差額，借記「投資性房地產——公允價值變動」科目，貸記「公允價值變動損益」科目；公允價值低於其帳面余額的差額做相反的會計分錄。

［**例 7-3**］華遠股份有限公司從事房地產經營開發業務。2×16 年 8 月，公司與乙公司簽訂租賃協議，約定將公司開發的一棟精裝修的寫字樓於開發完成的同時租賃給乙公司使用，租賃期為 10 年。當年 10 月 1 日，該寫字樓開發完成並出租，寫字樓的造價為 90,000,000 元。由於該棟寫字樓地處商業繁華區，所在城區有活躍的房地產交易市場，而且能夠從房地產交易市場上取得同類房地產的市場報價，公司決定採用公允價值模式對該項出租的房地產進行后續計量。2×16 年 12 月 31 日，該寫字樓的公允價值為 92,000,000 元。2×17 年 12 月 31 日，該寫字樓的公允價值為 93,000,000 元。

華遠公司作會計分錄如下：

（1）2×16 年 10 月 1 日，開發完成寫字樓並出租。

借：投資性房地產——××寫字樓（成本）　　90,000,000
　貸：開發產品　　90,000,000

（2）2×16 年 12 月 31 日，以公允價值為基礎調整其帳面價值，公允價值與原帳面價值之間的差額計入當期損益。

借：投資性房地產——××寫字樓（公允價值變動）　　2,000,000
　貸：公允價值變動損益　　2,000,000

（3）2×17 年 12 月 31 日，公允價值發生變動。

借：投資性房地產——××寫字樓（公允價值變動）　　1,000,000
　貸：公允價值變動損益　　1,000,000

三、投資性房地產后續計量模式的變更

企業對投資性房地產的計量模式一經確定，不得隨意變更。以成本模式轉為公允價值模式的，應當作為會計政策變更處理，將計量模式變更時公允價值與帳面價值的差額，調整期初留存收益（盈余公積及未分配利潤）。已採用公允價值模式計量的投資性房地產，不得從公允價值模式轉為成本模式。

［**例 7-4**］華遠股份有限公司將某一棟寫字樓租賃給乙公司使用，並一直採用成本模式進行后續計量。2×16 年 1 月 1 日，華遠股份有限公司認為，出租給乙公司使用的寫字樓，其所在地的房地產交易市場比較成熟，具備了採用公允價值模式計量的條件，決定對該項投資性房地產從成本模式轉換為公允價值模式計量。該寫字樓的原造價為 90,000,000 元，已計提折舊 2,700,000 元，帳面價值為 87,300,000 元。2×16 年 1 月 1 日，該寫字樓的公允價值為 95,000,000 元。

假設華遠股份有限公司按淨利潤的 10%計提盈余公積。

華遠股份有限公司作會計分錄如下：

借：投資性房地產——××寫字樓（成本）　　95,000,000
　　投資性房地產累計折舊（攤銷）　　2,700,000
　貸：投資性房地產——××寫字樓　　90,000,000
　　　利潤分配——未分配利潤　　6,930,000
　　　盈余公積　　770,000

第四節　投資性房地產的轉換和處置

一、房地產的轉換

(一) 房地產的轉換形式及轉換日

房地產的轉換，實質上是因房地產用途發生改變而對房地產進行的重新分類。企業有確鑿證據證明房地產用途發生改變，且滿足下列條件之一的，應當將投資性房地產轉換為其他資產或者將其他資產轉換為投資性房地產：

(1) 投資性房地產開始自用。即投資性房地產轉為自用房地產，在此種情況下，轉換日為房地產達到自用狀態，企業開始將房地產用於生產商品、提供勞務或者經營管理的日期。

(2) 作為存貨的房地產改為出租。即房地產開發企業將其持有的開發產品以經營租賃的方式出租，存貨相應地轉換為投資性房地產。在此種情況下，轉換日為房地產的租賃期開始日。租賃期開始日是指承租人有權行使其使用租賃資產權利的日期。

(3) 自用建築物或土地使用權停止自用，改為出租。即企業將原本用於生產商品、提供勞務或者經營管理的房地產改用於出租，固定資產或土地使用權相應地轉換為投資性房地產。在此種情況下，轉換日為租賃期開始日。

(4) 自用土地使用權停止自用，改用於資本增值。即企業將原本用於生產商品、提供勞務或者經營管理的土地使用權改用於資本增值，土地使用權相應地轉換為投資性房地產。在此種情況下，轉換日為自用土地使用權停止自用后確定用於資本增值的日期。

(二) 房地產轉換的會計處理

1. 成本模式下的轉換

應當將房地產轉換前的帳面價值作為轉換后的入帳價值。

(1) 將作為存貨的房地產轉換為投資性房地產的，應按其在轉換日的帳面余額，借記「投資性房地產」科目，貸記「開發產品」等科目。已計提跌價準備的，還應同時結轉跌價準備。

將自用的建築物等轉換為投資性房地產的，應按其在轉換日的原價、累計折舊、減值準備等，分別轉入「投資性房地產」「投資性房地產累計折舊（攤銷）」「投資性房地產減值準備」等科目。

(2) 將投資性房地產轉為自用時，應按其在轉換日的帳面余額、累計折舊、減值準備等，分別轉入「固定資產」「累計折舊」「固定資產減值準備」等科目。

[**例 7-5**] 2×16 年 7 月末，華遠股份有限公司將出租在外的廠房收回，2×16 年 8 月 1 日開始用於本企業的商品生產，該廠房相應由投資性房地產轉換為自用房地產。該項房地產在轉換前採用成本模式計量，截至 2×16 年 7 月 31 日，帳面價值為 37,650,000 元，其中，原價為 50,000,000 元，累計已計提折舊 12,350,000 元。

華遠股份有限公司 2×16 年 8 月 1 日作會計分錄如下：

借：固定資產　50,000,000

　投資性房地產累計折舊　12,350,000

　貸：投資性房地產——××廠房　50,000,000

　　累計折舊　12,350,000

（3）將作為存貨的房地產轉換為採用成本模式計量的投資性房地產。

企業將作為存貨的房地產轉換為採用成本模式計量的投資性房地產時，應當按該項存貨在轉換日的帳面價值，借記「投資性房地產」科目；原已計提跌價準備的，借記「存貨跌價準備」科目，按其帳面余額，貸記「開發產品」等科目。

［例 7-6］ 華遠股份有限公司是從事房地產開發業務的企業，2×16 年 3 月 10 日，華遠股份有限公司與乙企業簽訂租賃協議，將其開發的一棟寫字樓整體出租給乙企業使用，租賃期開始日為 2×16 年 4 月 15 日。2×16 年 4 月 15 日，該寫字樓的帳面余額為 450,000,000 元，未計提存貨跌價準備，轉換后採用成本模式計量。

華遠股份有限公司 2×16 年 4 月 15 日作會計分錄如下：

借：投資性房地產——××寫字樓　450,000,000

　貸：開發產品　450,000,000

（4）將自用土地使用權或建築物轉換為以成本模式計量的投資性房地產。

企業將自用土地使用權或建築物轉換為以成本模式計量的投資性房地產時，應當按該項土地使用權或建築物在轉換日的原價、累計折舊、減值準備等，分別轉入「投資性房地產」「投資性房地產累計折舊」「投資性房地產減值準備」科目。按其帳面余額，借記「投資性房地產」科目，貸記「固定資產」或「無形資產」科目；按已計提的折舊或攤銷，借記「累計折舊」科目，貸記「投資性房地產累計折舊（攤銷）」科目；原已計提減值準備的，借記「固定資產減值準備」或「無形資產減值準備」科目，貸記「投資性房地產減值準備」科目。

［例 7-7］ 華遠股份有限公司擁有一棟辦公樓，用於本企業總部辦公。2×16 年 3 月 10 日，華遠股份有限公司與乙企業簽訂了經營租賃協議，將這棟辦公樓整體出租給乙企業使用，租賃期開始日為 2×16 年 4 月 15 日，為期 5 年。2×16 年 4 月 15 日，這棟辦公樓的帳面余額為 450,000,000 元，已計提折舊 3,000,000 元。假設華遠股份有限公司所在城市沒有活躍的房地產交易市場。

華遠股份有限公司 2×16 年 4 月 15 日的會計分錄如下：

借：投資性房地產——××寫字樓　450,000,000

　累計折舊　3,000,000

　貸：固定資產　450,000,000

　　投資性房地產累計折舊　3,000,000

2. 公允價值模式下的轉換

（1）將採用公允價值模式計量的投資性房地產轉換為自用房地產時，應當以其轉換當日的公允價值作為自用房地產的帳面價值，公允價值與原帳面價值的差額計入當期損益（公允價值變動損益）。

將投資性房地產轉為自用時，應按其在轉換日的公允價值，借記「固定資產」等科目，按其帳面余額，貸記「投資性房地產——成本/公允價值變動」科目，按其差額，貸記或借記「公允價值變動損益」科目。

(2) 將自用房地產或存貨轉換為採用公允價值模式計量的投資性房地產時，投資性房地產應當按照轉換當日的公允價值計量。

轉換當日的公允價值小於原帳面價值的，其差額計入當期損益（公允價值變動損益）；轉換當日的公允價值大於原帳面價值的，其差額作為其他綜合收益，計入所有者權益。

將作為存貨的房地產轉換為投資性房地產時，應按其在轉換日的公允價值，借記「投資性房地產——成本」科目，按其帳面余額，貸記「開發產品」等科目，按其差額，貸記「其他綜合收益」科目或借記「公允價值變動損益」科目。已計提跌價準備的，還應同時結轉跌價準備。

將自用的建築物等轉換為投資性房地產時，按其在轉換日的公允價值，借記「投資性房地產——成本」科目，按已計提的累計折舊等，借記「累計折舊」等科目，按其帳面余額，貸記「固定資產」等科目，按其差額，貸記「其他綜合收益」科目或借記「公允價值變動損益」科目。已計提減值準備的，還應同時結轉減值準備。

[例 7-8] 2×16 年 10 月 15 日，華遠股份有限公司因租賃期滿，將出租的寫字樓收回，準備作為辦公樓用於本企業的行政管理。2×16 年 12 月 1 日，該寫字樓正式開始自用，相應由投資性房地產轉換為自用房地產，當日的公允價值為 48,000,000 元。該項房地產在轉換前採用公允價值模式計量，原帳面價值為 47,500,000 元，其中，成本為 45,000,000 元，公允價值變動為增值 2,500,000 元。

華遠股份有限公司作會計分錄如下：

借：固定資產　48,000,000
　貸：投資性房地產——寫字樓（成本）　45,000,000
　　　　　　　　——寫字樓（公允價值變動）　2,500,000
　　公允價值變動損益　500,000

[例 7-9] 沿用［例 7-6］的資料，假設轉換后採用公允價值模式計量，4 月 15 日該寫字樓的公允價值為 410,000,000 元，2×16 年 12 月 31 日，該項投資性房地產的公允價值為 430,000,000 元。

華遠股份有限公司作會計分錄如下：

(1) 2×16 年 4 月 15 日。

借：投資性房地產——××寫字樓（成本）　410,000,000
　　公允價值變動損益　40,000,000
　貸：開發產品　450,000,000

(2) 2×16 年 12 月 31 日。

借：投資性房地產——××寫字樓（公允價值變動）　20,000,000
　貸：公允價值變動損益　20,000,000

[例 7-10] 沿用［例 7-6］的資料，假設轉換后採用公允價值模式計量，4 月 15 日該寫字樓的公允價值為 470,000,000 元。2×16 年 12 月 31 日，該項投資性房地產的公允價值為 480,000,000 元。

華遠股份有限公司作會計分錄如下：

（1）2×16 年 4 月 15 日。

借：投資性房地產——××寫字樓（成本）	470,000,000	
貸：開發產品		450,000,000
其他綜合收益		20,000,000

（2）2×16 年 12 月 31 日。

借：投資性房地產——××寫字樓（公允價值變動）	10,000,000	
貸：公允價值變動損益		10,000,000

［**例 7-11**］2×16 年 6 月，華遠股份有限公司打算搬遷至新建的辦公樓，由於原辦公樓處於商業繁華地段，華遠股份有限公司準備將其出租，以賺取租金收入。2×16 年 10 月，華遠股份有限公司完成了搬遷工作，原辦公樓停止自用。2×16 年 12 月，華遠股份有限公司與乙企業簽訂了租賃協議，將其原辦公樓租賃給乙企業使用，租賃期開始日為 2×17 年 1 月 1 日，租賃期限為 3 年。在本例中，華遠股份有限公司應當於租賃期開始日（2×17 年 1 月 1 日），將自用房地產轉換為投資性房地產。由於該辦公樓處於商業區，房地產交易活躍，該企業能夠從市場上取得同類或類似房地產的市場價格及其他相關信息，假設華遠股份有限公司對出租的辦公樓採用公允價值模式計量。假設 2×17 年 1 月 1 日，該辦公樓的公允價值為 350,000,000 元，原價為 500,000,000 元，已提折舊 142,500,000 元。

華遠股份有限公司 2×17 年 1 月 1 日作會計分錄如下：

借：投資性房地產——××辦公樓（成本）	350,000,000	
公允價值變動損益	7,500,000	
累計折舊	142,500,000	
貸：固定資產		500,000,000

二、投資性房地產的處置

當投資性房地產被處置，或者永久退出使用且預計不能從其處置中取得經濟利益時，應當終止確認該項投資性房地產。

企業出售、轉讓、報廢投資性房地產或者發生投資性房地產毀損時，應當將處置收入扣除其帳面價值和相關稅費后的金額計入當期損益（將實際收到的處置收入計入其他業務收入，所處置投資性房地產的帳面價值計入其他業務成本）。

（一）成本模式計量的投資性房地產

處置投資性房地產時，應按實際收到的售價金額，借記「銀行存款」等科目，貸記「其他業務收入」科目，應交增值稅額貸記「應交稅費——應交增值稅（銷項稅額）」科目。按該項投資性房地產的累計折舊或累計攤銷，借記「投資性房地產累計折舊（攤銷）」科目，按該項投資性房地產的帳面余額，貸記「投資性房地產」科目，按其差額，借記「其他業務成本」科目。已計提減值準備的，還應同時結轉減值準備。

（二）公允價值模式計量的投資性房地產

處置投資性房地產時，應按實際收到的售價金額，借記「銀行存款」等科目，貸記「其他業務收入」科目，應交增值稅額貸記「應交稅費——應交增值稅（銷項稅額）」科目。按該項投資性房地產的帳面余額，借記「其他業務成本」科目，貸記「投資性房地產——成本」科目，貸記或借記「投資性房地產——公允價值變動」科目；同時，按該項投資性房地產的公允價值變動，借記或貸記「公允價值變動損益」科目，貸記或借記「其他業務成本」科目。按該項投資性房地產在轉換日記入其他綜合收益的金額，借記「其他綜合收益」科目，貸記「其他業務成本」科目。

[例 7-12] 華遠股份有限公司將其出租的一棟寫字樓確認為投資性房地產，租賃期滿后，華遠公司將該棟寫字樓出售給乙公司。合同價款為 3 億元，增值稅稅額為 3,300 萬元，乙公司已用銀行存款付清。（假設華遠股份有限公司於「營改增」實施后取得該房地產）

（1）假設這棟寫字樓原採用成本模式計量。出售時，該棟寫字樓的成本為 2.8 億元，已計提折舊 3,000 萬元。

華遠公司作會計分錄如下：

	借方	貸方
借：銀行存款	333,000,000	
貸：其他業務收入		300,000,000
應交稅費——應交增值稅（銷項稅額）		33,000,000
借：其他業務成本	250,000,000	
投資性房地產累計折舊	30,000,000	
貸：投資性房地產——××寫字樓		280,000,000

（2）假設這棟寫字樓原採用公允價值模式計量。出售時，該棟寫字樓的成本為 210,000,000 元，公允價值變動為借方余額 40,000,000 元。

華遠公司作會計分錄如下：

	借方	貸方
借：銀行存款	333,000,000	
貸：其他業務收入		300,000,000
應交稅費——應交增值稅（銷項稅額）		33,000,000
借：其他業務成本	250,000,000	
貸：投資性房地產——××寫字樓（成本）		210,000,000
——××寫字樓（公允價值變動）		40,000,000

同時，將投資性房地產累計公允價值變動轉入其他業務成本。

	借方	貸方
借：公允價值變動損益	40,000,000	
貸：其他業務成本		40,000,000

[例 7-13] 華遠股份有限公司於 2×16 年 12 月 31 日將一棟建築物對外出租並採用成本模式計量，租期為 3 年，每年 12 月 31 日收取租金 150 萬元。出租時，該建築物的成本為 2,800 萬元，已提折舊 500 萬元，已提減值準備 300 萬元，尚可使用年限為 20 年，公允價值為 1,800 萬元。華遠股份有限公司對該建築物採用年限平均法計提折舊，無殘值。

2×17 年 12 月 31 日該建築物的公允價值減去處置費用后的淨額為 2,000 萬元，預計未來現金流量現值為 1,950 萬元。2×18 年 12 月 31 日該建築物的公允價值減去處置費用后的淨額為 1,650 萬元，預計未來現金流量現值為 1,710 萬元。2×19 年 12 月 31 日該建築物的公允價值減去處置費用后的淨額為 1,650 萬元，預計未來現金流量現值為 1,700 萬元。

2×19 年 12 月 31 日租賃期滿，將投資性房地產轉為自用房地產投入行政管理部門使用。假定轉換后建築物的折舊方法、預計折舊年限和預計淨殘值未發生變化。2×20 年 12 月 31 日該建築物的公允價值減去處置費用后的淨額為 1,540 萬元，預計未來現金流量現值為 1,560 萬元。2×21 年 1 月 5 日華遠股份有限公司將該建築物對外出售，收到 1,530 萬元存入銀行。假定不考慮相關稅費。

要求：編製華遠股份有限公司上述經濟業務的會計分錄。

(1) 2×16 年 12 月 31 日。

借：投資性房地產　　2,800,000
　　累計折舊　　5,000,000
　　固定資產減值準備　　3,000,000
　貸：固定資產　　28,000,000
　　　投資性房地產累計折舊　　5,000,000
　　　投資性房地產減值準備　　3,000,000

(2) 2×17 年 12 月 31 日。

借：銀行存款　　1,500,000
　貸：其他業務收入　　1,500,000
借：其他業務成本　　(20,000,000÷20) 1,000,000
　貸：投資性房地產累計折舊　　1,000,000

2×17 年 12 月 31 日，投資性房地產的帳面價值 = 2,000 − 100 = 1,900（萬元），可收回金額為 2,000 萬元。按規定，計提的減值準備不能轉回。

(3) 2×18 年 12 月 31 日。

借：銀行存款　　1,500,000
　貸：其他業務收入　　1,500,000
借：其他業務成本　　(19,000,000÷19) 1,000,000
　貸：投資性房地產累計折舊　　1,000,000

2×18 年 12 月 31 日，投資性房地產的帳面價值 = 1,900 − 100 = 1,800（萬元），可收回金額為 1,710 萬元，應計提減值準備 90 萬元。

借：資產減值損失　　900,000
　貸：投資性房地產減值準備　　900,000

(4) 2×19 年 12 月 31 日。

借：銀行存款　　1,500,000
　貸：其他業務收入　　1,500,000
借：其他業務成本　　(17,100,000÷18) 950,000
　貸：投資性房地產累計折舊　　950,000

2×19 年 12 月 31 日，投資性房地產的帳面價值=1,710-95=1,615（萬元），可收回金額為 1,700 萬元，按規定，計提的減值準備不能轉回。

借：固定資產　28,000,000
　投資性房地產累計折舊　7,950,000
　投資性房地產減值準備　3,900,000
　貸：投資性房地產　28,000,000
　　累計折舊　7,950,000
　　固定資產減值準備　3,900,000

（5）2×20 年 12 月 31 日。

借：管理費用　（16,150,000÷17）950,000
　貸：累計折舊　950,000

2×20 年 12 月 31 日，固定資產的帳面價值=1,615-95=1,520（萬元），可收回金額為 1,560 萬元。按規定，計提的減值準備不能轉回。

（6）2×21 年 1 月 5 日。

借：固定資產清理　15,200,000
　累計折舊　8,900,000
　固定資產減值準備　3,900,000
　貸：固定資產　28,000,000
借：銀行存款　15,300,000
　貸：固定資產清理　15,300,000
借：固定資產清理　100,000
　貸：營業外收入　100,000

[例 7-14] 華遠股份有限公司於 2×16 年 1 月 1 日將一幢商品房對外出租並採用公允價值模式計量，租期為 3 年，每年 12 月 31 日收取租金 100 萬元。出租時，該幢商品房的成本為 2,000 萬元，公允價值為 2,200 萬元。2×16 年 12 月 31 日，該幢商品房的公允價值為 2,150 萬元，2×17 年 12 月 31 日，該幢商品房的公允價值為 2,120 萬元，2×18 年 12 月 31 日，該幢商品房的公允價值為 2,050 萬元。2×19 年 1 月 5 日華遠股份有限公司將該幢商品房對外出售，收到 2,080 萬元並存入銀行。（假定不考慮相關稅費）

要求：編製華遠股份有限公司上述經濟業務的會計分錄。（假定按年確認公允價值變動損益和確認租金收入）

（1）2×16 年 1 月 1 日。

借：投資性房地產——成本　22,000,000
　貸：開發產品　20,000,000
　　其他綜合收益　2,000,000

（2）2×16 年 12 月 31 日。

借：銀行存款　1,000,000
　貸：其他業務收入　1,000,000
借：公允價值變動損益　500,000

　貸：投資性房地產——公允價值變動　500,000

(3) 2×17 年 12 月 31 日。

借：銀行存款　1,000,000

　貸：其他業務收入　1,000,000

借：公允價值變動損益　300,000

　貸：投資性房地產——公允價值變動　300,000

(4) 2×18 年 12 月 31 日。

借：銀行存款　1,000,000

　貸：其他業務收入　1,000,000

借：公允價值變動損益　700,000

　貸：投資性房地產——公允價值變動　700,000

(5) 2×19 年 1 月 5 日。

借：銀行存款　20,800,000

　貸：其他業務收入　20,800,000

借：其他業務成本　20,500,000

　　投資性房地產——公允價值變動　1,500,000

　貸：投資性房地產——成本　22,000,000

借：其他綜合收益　2,000,000

　貸：其他業務成本　2,000,000

借：其他業務成本　1,500,000

　貸：公允價值變動損益　1,500,000

第八章　資產減值

第一節　資產減值概述

一、資產減值的含義

資產是指企業過去的交易或者事項形成的、由企業擁有或者控制的、預期會給企業帶來經濟利益的資源。資產的主要特徵之一是它必須能夠為企業帶來經濟利益的流入，如果資產不能夠為企業帶來經濟利益或者帶來的經濟利益低於其帳面價值，那麼，該資產就不能再予以確認，或者不能再以原帳面價值予以確認，否則將不符合資產的概念，也無法反應資產的實際價值，其結果會導致企業資產虛增和利潤虛增。當企業資產的可收回金額低於其帳面價值時，即表明資產發生了減值，企業應當確認資產減值損失，並把資產的帳面價值減記至可收回金額。因此，資產減值是指因外部因素、內部因素方式或使用範圍發生變化而對資產造成不利影響，導致資產使用價值降低，致使資產未來可流入企業的全部經濟利益低於其現有的帳面價值。

二、資產減值的範圍

企業所有的資產在發生減值時，原則上都應當及時加以確認和計量。但是由於有關資產特性不同，其減值會計處理也有所差別，因而所適用的具體準則不盡相同。

《企業會計準則第 8 號——資產減值》主要規範了企業下列非流動資產的減值會計問題：①對子公司、聯營企業和合營企業的長期股權投資；②採用成本模式進行后續計量的投資性房地產；③固定資產；④生產性生物資產；⑤無形資產；⑥商譽；⑦探明石油天然氣礦區權益和井及相關設施等。

對於流動資產的減值會計處理分別適用不同的會計準則，例如，存貨、消耗性生物資產的減值分別適用《企業會計準則第 1 號——存貨》和《企業會計準則第 5 號——生物資產》；建造合同形成的資產、遞延所得稅資產、融資租賃中出租人未擔保余值等資產的減值，分別適用《企業會計準則第 15 號——建造合同》《企業會計準則第 18 號——所得稅》和《企業會計準則第 21 號——租賃》；採用公允價值后續計量的投資性房地產和由《企業會計準則第 22 號——金融工具確認和計量》所規範的金融資產的減值，分別適用《企業會計準則第 3 號——投資性房地產》和《企業會計準則第 22 號——金融工具確認和計量》。這些資產減值會計處理在相關章節中闡述，本章不涉及。

三、資產減值跡象的判斷

企業在資產負債表日應當判斷資產是否存在可能發生減值的跡象，主要可從外部信息來源和內部信息來源兩方面加以判斷。

1. 從企業外部信息判斷

從企業外部信息來源來看，如果出現了資產的市價在當期大幅度下跌，其跌幅明顯高於因時間的推移或者正常使用而預計的下跌；企業經營所處的經濟、技術或者法律等環境以及資產所處的市場在當期或者將在近期發生重大變化，從而對企業產生不利影響；市場利率或者其他市場投資報酬率在當期已經提高，從而影響企業計算資產預計未來現金流量現值的折現率，導致資產可收回金額大幅度降低；企業所有者權益的帳面價值遠高於其市值等，均屬於資產可能發生減值的跡象。

2. 從企業內部信息判斷

從企業內部信息來源來看，如果有證據表明資產已經陳舊過時或者其實體已經損壞；資產已經或者將被閒置、終止使用或者計劃提前處置；企業內部報告的證據表明資產的經濟績效已經低於或者將低於預期，如資產所創造的淨現金流量或者實現的營業利潤遠遠低於原來的預算或者預計金額，資產發生的營業損失遠遠高於原來的預算或者預計金額，資產在建造或者收購時所需的現金支出遠遠高於最初的預算，資產在經營或者維護中所需的現金支出遠遠高於最初的預算等，均屬於資產可能發生減值的跡象。

四、資產減值測試

企業應當根據實際情況來認定資產可能發生減值的跡象。有確鑿證據表明資產存在減值跡象的，應當在資產負債表日進行減值測試，估計資產的可收回金額。資產存在減值跡象是資產是否需要進行減值測試的必要前提，但是以下資產除外：因企業合併形成的商譽和使用壽命不確定的無形資產。根據《企業會計準則第 20 號——企業合併》和《企業會計準則第 6 號——無形資產》的規定，因企業合併所形成的商譽和使用壽命不確定的無形資產在后續計量中不再進行攤銷，但是考慮到這兩類資產的價值和產生的未來經濟利益有較大的不確定性，為了避免資產價值高估，應及時確認商譽和使用壽命不確定的無形資產的減值損失，如實反應企業財務狀況和經營成果。對於這些資產，企業至少應當於年度終了時進行減值測試。另外，對於尚未達到可使用狀態的無形資產，由於其價值通常具有較大的不確定性，也應當每年進行減值測試。

企業在判斷資產減值跡象以決定是否需要估計資產可收回金額時，應當遵循重要性原則。根據這一原則，企業資產存在下列情況的，可以不估計其可收回金額：

（1）以前報告期間的計算結果表明，資產可收回金額遠高於其帳面價值，之后又沒有發生消除這一差異的交易或者事項的，企業在資產負債表日可以不需要重新估計該資產的可收回金額。

（2）以前報告期間的計算與分析表明，資產可收回金額對於資產減值準則中所列示的一種或多種減值跡象反應不敏感，在本報告期間又發生了這些減值跡象的，在資產負債表日企業可以不需要因為上述減值跡象的出現而重新估計該資產的可收回金額。

比如在當期市場利率或者其他市場投資報酬率提高的情況下，如果企業計算資產未來現金流量現值時會受到影響，但以前期間的可收回金額敏感性分析表明，該資產預計未來現金流量也很可能相應增加，因而不大可能導致資產的可收回金額大幅度下降的，企業可以不必對資產可收回金額進行重新估計。

第二節　資產可收回金額的計量

一、估計資產可收回金額的基本方法

資產的可收回金額是指資產的公允價值減去處置費用后的淨額與資產預計未來現金流量的現值兩者之間的較高者。

根據資產減值準則的規定，資產存在減值跡象的，應當估計其可收回金額，然后將所估計的資產可收回金額與其帳面價值相比較，以確定資產是否發生了減值，以及是否需要計提資產減值準備並確認相應的減值損失。在估計資產可收回金額時，原則上應當以單項資產為基礎，企業難以對單項資產的可收回金額進行估計的，應當以該資產所屬的資產組為基礎確定資產組的可收回金額。有關資產組的認定及其減值處理將在本章第四節中闡述。

資產可收回金額的估計，應當根據其公允價值減去處置費用后的淨額與資產預計未來現金流量的現值兩者之間較高者確定。因此，要估計資產的可收回金額，通常需要同時估計該資產的公允價值減去處置費用后的淨額和資產預計未來現金流量的現值。但是在下列情況下，可以有例外或者做特殊考慮：

（1）資產的公允價值減去處置費用后的淨額與資產預計未來現金流量的現值，只要有一項超過了資產的帳面價值，就表明資產沒有發生減值，不需要再估計另一項金額。

（2）沒有確鑿證據或者理由表明，資產預計未來現金流量現值顯著高於其公允價值減去處置費用后的淨額的，可以將資產的公允價值減去處置費用后的淨額視為資產的可收回金額。企業持有待售的資產往往屬於這種情況，即該資產在持有期間（處置之前）所產生的現金流量可能很少，其最終取得的未來現金流量往往就是資產的處置淨收入。在這種情況下，以資產公允價值減去處置費用后的淨額作為其可收回金額是適宜的，因為資產的未來現金流量現值通常不會顯著高於其公允價值減去處置費用后的淨額。

（3）資產的公允價值減去處置費用后的淨額如果無法可靠估計的，應當以該資產預計未來現金流量的現值作為其可收回金額。

二、資產的公允價值減去處置費用后的淨額的估計

資產的公允價值減去處置費用后的淨額，通常反應的是資產如果被出售或者處置時可以收回的淨現金收入。其中，公允價值是指市場參與者在計量日發生的有序交易中，出售一項資產所能收到或者轉移一項負債所支付的價格；處置費用是指可以直接歸屬於資產處置的增量成本，包括與資產處置有關的法律費用、相關稅費、搬運費以

及為使資產達到可銷售狀態所發生的直接費用等，但是財務費用和所得稅費用等不包括在內。

企業在估計資產的公允價值減去處置費用后的淨額時，應當按照下列順序進行：

首先，應當根據公平交易中資產的銷售協議價格減去可直接歸屬於該資產處置費用的金額確定資產的公允價值減去處置費用后的淨額。這是估計資產的公允價值減去處置費用后的淨額的最佳方法，企業應當優先採用這一方法。但是實務中，企業的資產往往都是內部持續使用的，取得資產的銷售協議價格並不容易，需要採用其他方法估計資產的公允價值減去處置費用后的淨額。

其次，在資產不存在銷售協議但存在活躍市場的情況下，應當根據該資產的市場價格減去處置費用后的金額確定。資產的市場價格通常應當按照資產的買方出價確定。但是如果難以獲得資產在估計日的買方出價的，企業可以以資產最近的交易價格作為其公允價值減去處置費用后的淨額的估計基礎。其前提是資產的交易日和估計日之間，有關經濟、市場環境等沒有發生重大變化。

最后，在既不存在資產銷售協議又不存在資產活躍市場的情況下，企業應當以可獲取的最佳信息為基礎，根據在資產負債表日假定處置該資產，熟悉情況的交易雙方自願進行公平交易願意提供的交易價格減去資產處置費用后的金額，作為估計資產的公允價值減去處置費用后的淨額。實務中，該金額可以參考同行業類似資產的最近交易價格或者結果進行估計。

資產的可收回金額等於資產的公允價值減去處置費用后的淨額是需要優先確定的，但企業如果按照上述要求仍然無法可靠估計資產的公允價值減去處置費用后的淨額的，應當以該資產預計未來現金流量的現值作為其可收回金額。

三、資產預計未來現金流量的現值的估計

資產預計未來現金流量的現值，應當按照資產在持續使用過程中和最終處置時所產生的預計未來現金流量，選擇恰當的折現率對其進行折現后的金額加以確定。

預計資產未來現金流量現值應當綜合考慮以下因素：企業預計從資產中獲取的未來現金流量的估計；上述現金流量金額或時間的可能變化的預計；反應現行市場無風險利率的貨幣時間價值；資產內在不確定性的定價；市場參與者將反應在其對企業從資產中獲取的未來現金流量的定價中的其他因素（比如非流動性因素）。

需要說明的是，企業估計未來現金流量和利率的技術可能依據資產所處情形或者環境有所不同，但是企業在應用現值技術計量資產時一般應遵循以下要求：

（1）用於折現未來現金流量的利率應當反應與內含在預計現金流量中的假設相一致的假設；

（2）預計現金流量和折現率應當是無偏的，不應當考慮與資產無關的因素；

（3）預計現金流量和折現率應當反應可能結果的範圍。

根據上述因素和要求，企業在預計資產未來現金流量現值時，主要涉及以下三個方面：①資產的預計未來現金流量；②資產的使用壽命；③折現率。其中，資產使用壽命的預計與《企業會計準則第 4 號——固定資產》《企業會計準則第 6 號——無形資產》等規定的使用壽命預計方法相同。以下重點闡述資產未來現金流量和折現率的預

計方法。

（一）資產未來現金流量的預計

1. 預計資產未來現金流量的基礎

為了估計資產未來現金流量的現值，需要首先預計資產的未來現金流量，為此，企業管理層應當在合理和有依據的基礎上對資產剩余使用壽命內整個經濟狀況進行最佳估計，並將資產未來現金流量的預計，建立在經企業管理層批准的最近財務預算或者預測數據之上。但是出於數據可靠性和便於操作等方面的考慮，建立在該預算或者預測基礎上的預計現金流量最多涵蓋 5 年，企業管理層如能證明更長的期間是合理的，可以涵蓋更長的期間。

如果資產未來現金流量的預計還包括最近財務預算或者預測期之后的現金流量，企業應當以該預算或者預測期之后年份穩定的或者遞減的增長率為基礎進行估計。但是，企業管理層如能證明遞增的增長率是合理的，可以以遞增的增長率為基礎進行估計。所使用的增長率除了企業能夠證明更高的增長率是合理的之外，不應當超過企業經營的產品、市場、所處的行業或者所在國家或者地區的長期平均增長率，或者該資產所處市場的長期平均增長率。在恰當、合理的情況下，該增長率可以是零或者負數。

由於經濟環境隨時都在變化，資產的實際現金流量往往會與預計數有出入，而且預計資產未來現金流量時的假設也有可能發生變化，企業管理層在每次預計資產未來現金流量時，應當首先分析以前期間現金流量預計數與現金流量實際數出現差異的情況，以評判當期現金流量預計所依據的假設的合理性。在通常情況下，企業管理層應當確保當期現金流量預計所依據的假設與前期實際結果相一致。

2. 預計資產未來現金流量應當考慮的因素

企業為了預計資產未來現金流量，應當綜合考慮下列因素：

（1）以資產的當前狀況為基礎預計資產未來現金流量。企業資產在使用過程中有時會因為改良、重組等原因而發生變化，因此，在預計資產未來現金流量時，企業應當以資產的當前狀況為基礎，不應當包括與將來可能會發生的、尚未作出承諾的重組事項或者與資產改良有關的預計未來現金流量。

（2）預計資產未來現金流量不應當包括籌資活動和所得稅收付產生的現金流量。企業預計的資產未來現金流量，不應當包括籌資活動產生的現金流入或者流出以及與所得稅收付有關的現金流量。其原因：一是籌資活動與企業經營活動性質不同，其產生的現金流量不應納入資產預計現金流量，而且所籌集資金的貨幣時間價值已經通過折現因素予以考慮，所以與籌資成本有關的現金流出也不應包括在預計的資產未來現金流量中；二是折現率要求是以稅前基礎計算確定的，因此，現金流量的預計也必須建立在稅前基礎之上，這樣可以有效避免在資產未來現金流量現值的計算過程中可能出現的重複計算等問題，以保證現值計算的正確性。

（3）對通貨膨脹因素的考慮應當和折現率相一致。企業在預計資產未來現金流量和折現率時，考慮因一般通貨膨脹而導致物價上漲的因素，應當採用一致的基礎。如果折現率考慮了因一般通貨膨脹而導致的物價上漲影響因素，資產預計未來現金流量也應予以考慮；反之，如果折現率沒有考慮因一般通貨膨脹而導致的物價上漲影響因素，資產預計未來現金流量也應當剔除這一影響因素。總之，在考慮通貨膨脹因素的問題上，資產未來現金流量的預計和折現率的預計應當保持一致。

(4) 內部轉移價格應當予以調整。在一些企業集團裡，出於集團整體戰略發展的考慮，用某些資產生產的產品或者其他產出可能是供其集團內部其他企業使用或者對外銷售的，所確定的交易價格或者結算價格基於內部轉移價格，而內部轉移價格很可能與市場交易價格不同。在這種情況下，為了如實測算企業資產的價值，就不應當簡單地以內部轉移價格為基礎預計資產未來現金流量，而應當採用在公平交易中能夠達成的最佳的未來價格估計數進行預計。

3. 預計資產未來現金流量應當包括的內容

(1) 資產持續使用過程中預計產生的現金流入。

(2) 為實現資產持續使用過程中產生的現金流入所必需的預計現金流出（包括為使資產達到預定可使用狀態所發生的現金流出）。該現金流出應當是可直接歸屬於或者可通過合理和一致的基礎分配到資產中的現金流出，后者通常是指那些與資產直接相關的間接費用。

對於在建工程、開發過程中的無形資產等，企業在預計其未來現金流量時，應當包括預期為使該類資產達到預定可使用（或者可銷售）狀態而發生的全部現金流出數。

(3) 資產使用壽命結束時，處置資產所收到或者支付的淨現金流量。

4. 預計資產未來現金流量的方法

(1) 單一法。單一法是指在預計資產未來現金流量時，通常根據資產未來每期最有可能產生的現金流量進行預測的方法。它使用單一的未來每期預計現金流量和單一的折現率計算資產未來現金流量的現值。

[例 8-1] 華遠股份有限公司擁有甲固定資產，該固定資產剩余使用年限為 5 年，2×16 年年末，公司根據預算預計未來 5 年內，該資產每年可為企業產生的淨現金流量分別為：第 1 年 500,000 元，第 2 年 400,000 元，第 3 年 300,000 元，第 4 年 200,000 元，第 5 年 100,000 元。該現金流量通常即為最有可能產生的現金流量，公司應以該現金流量的預計數為基礎計算甲固定資產未來現金流量的現值。

(2) 預期現金流量法。實務中，有時影響資產未來現金流量的因素較多，情況較為複雜，帶有很大的不確定性，使用單一的現金流量可能並不會如實地反應資產創造現金流量的實際情況。這樣，企業應當採用預期現金流量法預計資產未來現金流量。

預期現金流量法是指資產未來現金流量應當根據每期現金流量期望值進行預計，每期現金流量期望值按照各種可能情況下的現金流量與其發生概率加權計算。

[例 8-2] 根據［例 8-1］的資料，假定利用甲固定資產生產的產品受市場行情波動影響大，企業預計未來 5 年每年的現金流量情況如表 8-1 所示。

表 8-1 **未來 5 年現金流量預計表** 單位：元

年度	產品行情好 (30%的可能性)	產品行情一般 (50%的可能性)	產品行情差 (20%的可能性)
第 1 年	750,000	500,000	250,000
第 2 年	600,000	400,000	200,000

表8-1(續)

年度	產品行情好 (30%的可能性)	產品行情一般 (50%的可能性)	產品行情差 (20%的可能性)
第 3 年	450, 000	300, 000	150, 000
第 4 年	300, 000	200, 000	100, 000
第 5 年	150, 000	100, 000	50, 000

在利用甲固定資產生產的產品受市場行情波動影響大，現金流量存在不確定性的情況下，採用預期現金流量法比單一法就更為合理。在預期現金流量法下，資產未來現金流量應當根據每期現金流量期望值進行預計，每期現金流量期望值按照各種可能情況下的現金流量與其發生概率加權計算。按照表 8-1 提供的資料，企業應當計算資產每年的預計未來現金流量如下：

第 1 年的預計現金流量（期望現金流量）= 750, 000×30%+500, 000×50%+250, 000×20%=525, 000（元）

第 2 年的預計現金流量（期望現金流量）= 600, 000×30%+400, 000×50%+200, 000×20%=420, 000（元）

第 3 年的預計現金流量（期望現金流量）= 450, 000×30%+300, 000×50%+150, 000×20%=315, 000（元）

第 4 年的預計現金流量（期望現金流量）= 300, 000×30%+200, 000×50%+100, 000×20%=210, 000（元）

第 5 年的預計現金流量（期望現金流量）= 150, 000×30%+100, 000×50%+50, 000×20%=105, 000（元）

需要注意的是，企業在預計資產未來現金流量的現值時，如果資產未來現金流量的發生時間不確定，企業應當根據資產在每一種可能情況下的現值及其發生概率直接加權計算資產未來現金流量的現值。

（二）折現率的預計

出於資產減值測試的目的，計算資產未來現金流量現值時所使用的折現率應當是反應當前市場貨幣時間價值和資產特定風險的稅前利率。該折現率是企業在購置或者投資資產時所要求的必要報酬率。需要說明的是，如果在預計資產的未來現金流量時已經對資產特定風險的影響作了調整的，折現率的估計不需要考慮這些特定風險。如果用於估計折現率的基礎是稅后的，應當將其調整為稅前的折現率，以便於與資產未來現金流量的估計基礎相一致。

企業在確定折現率時，應當首先以該資產的市場利率為依據。如果該資產的利率無法從市場獲得，可以使用替代利率估計。在估計替代利率時，企業應當充分考慮資產剩余壽命期間的貨幣時間價值和其他相關因素，比如資產未來現金流量金額及其時間的預計離散程度、資產內在不確定性的定價等。如果資產預計未來現金流量已經對這些因素作了有關調整的，應當予以剔除。

替代利率在估計時，可以根據企業加權平均資金成本、增量借款利率或者其他相關市場借款利率作適當調整后確定。調整時，應當考慮與資產預計現金流量有關的特定風險以及其他有關政治風險、貨幣風險和價格風險等。

企業在估計資產未來現金流量現值時，通常應當使用單一的折現率。但是，如果資產未來現金流量的現值對未來不同期間的風險差異或者利率的期限結構反應敏感的，企業應當在未來各不同期間採用不同的折現率。

(三) 資產未來現金流量現值的確定

在預計資產未來現金流量和折現率的基礎之上，資產未來現金流量的現值只需將該資產的預計未來現金流量按照預計的折現率在預計期限內加以折現即可確定。其計算公式如下：

$$資產未來現金流量的現值 = \sum \frac{第\ t\ 年預計資產未來現金流量}{(1+折現率)^{t}}$$

[例 8-3] 根據［例 8-2］的資料，華遠股份有限公司於 2×16 年年末對甲固定資產進行減值測試。該固定資產帳面價值為 1,500,000 元，預計尚可使用年限為 5 年。該固定資產的公允價值減去處置費用后的淨額難以確定，因此，企業需要通過計算其未來現金流量的現值確定資產的可收回金額。假定公司當初購置該資產用的資金是銀行長期借款資金，借款年利率為 10%，公司認為 10%是該資產的最低必要報酬率，已考慮了與該資產有關的貨幣時間價值和特定風險。因此在計算其未來現金流量現值時，使用 10%作為其折現率（稅前）。

根據之前預計的未來現金流量和折現率，該公司計算甲固定資產未來現金流量的現值如表 8-2 所示。

表 8-2 **折現計算表** 單位：元

年度	預計未來現金流量（不包括改良的影響金額）	以折現率 10%計算的折現系數	預計未來現金流量現值
2×17	525,000	0.909,1	477,278
2×18	420,000	0.826,4	347,088
2×19	315,000	0.751,3	236,660
2×20	210,000	0.683,0	143,430
2×21	105,000	0.620,9	65,195
合計	1,575,000	—	1,269,651

由於在 2×16 年年末，甲固定資產的帳面價值（尚未確認減值損失）為 1,500,000 元，而其可收回金額為 1,269,651 元，帳面價值高於其可收回金額 230,349 元（1,500,000 −1,269,651），因此，應當確認減值損失，並計提相應的資產減值準備。

(四) 外幣未來現金流量及其現值的預計

隨著中國企業日益融入世界經濟體系和國際貿易的大幅度增長，企業使用資產所收到的未來現金流量有可能為外幣。在這種情況下，企業應當按照以下順序確定資產未來現金流量的現值：

首先，應當以該資產所產生的未來現金流量的結算貨幣為基礎預計其未來現金流量，並按照該貨幣適用的折現率計算資產的現值。

其次，將該外幣現值按照計算資產未來現金流量現值當日的即期匯率進行折算，從而折現成按照記帳本位幣表示的資產未來現金流量的現值。

最后，在該現值基礎上，將其與資產公允價值減去處置費用后的淨額相比較，確定其可收回金額，將可收回金額與資產帳面價值相比較，確定是否需要確認減值損失以及確認多少減值損失。

第三節　資產減值損失的確認和會計處理

一、資產減值損失確認與計量的一般原則

企業在對資產進行減值測試並計算了資產可收回金額后，如果資產的可收回金額低於其帳面價值的，應當將資產的帳面價值減記至可收回金額，減記的金額確認為資產減值損失，計入當期損益，同時計提相應的資產減值準備。企業當期確認的減值損失應當反應在其利潤表中，而計提的資產減值準備應當作為相關資產的備抵項目，反應於資產負債表中，從而夯實企業資產價值，避免利潤虛增，如實反應企業的財務狀況和經營成果。

資產減值損失確認后，減值資產的折舊或者攤銷費用應當在未來期間作相應調整，以使該資產在剩余使用壽命內，系統地分攤調整后的資產帳面價值（扣除預計淨殘值）。比如，固定資產計提了減值準備后，固定資產帳面價值將根據計提的減值準備相應抵減，固定資產在未來計提折舊時，應當按照新的固定資產帳面價值為基礎計提每期折舊。

考慮到固定資產、無形資產、商譽等資產發生減值后，一方面價值回升的可能性比較小，通常屬於永久性減值；另一方面從會計信息謹慎性要求考慮，為了避免確認資產重估增值和操縱利潤，資產減值準則規定，資產減值損失一經確認，在以后會計期間不得轉回。以前期間計提的資產減值準備，在資產出售、對外投資、以非貨幣性資產交換方式換出、在債務重組中抵償債務等時，才可予以轉出。各類減值準備轉回的處理如表 8-3 所示。

表 8-3　　各類減值準備轉回的處理

資產	計提減值比較基礎	減值是否可以轉回
存貨	可變現淨值	可以
固定資產	可收回金額	不可以
投資性房地產（成本模式）	可收回金額	不可以
長期股權投資	可收回金額	不可以
無形資產	可收回金額	不可以
商譽	可收回金額	不可以
持有至到期投資	未來現金流量現值	可以
貸款和應收款項	未來現金流量現值	可以
可供出售金融資產	公允價值	可以

二、資產減值損失的帳務處理

為了正確核算企業確認的資產減值損失和計提的資產減值準備，企業應當設置「資產減值損失」科目，反應各類資產在當期確認的資產減值損失金額；同時，應當根據不同的資產類別，分別設置「固定資產減值準備」「在建工程減值準備」「投資性房地產減值準備」「無形資產減值準備」「商譽減值準備」「長期股權投資減值準備」「生產性生物資產減值準備」等科目。

企業根據資產減值準則的規定確定資產發生了減值的，應當根據所確認的資產減值金額，借記「資產減值損失」科目，貸記「固定資產減值準備」「在建工程減值準備」「投資性房地產減值準備」「無形資產減值準備」「商譽減值準備」「長期股權投資減值準備」「生產性生物資產減值準備」等科目。在期末，企業應當將「資產減值損失」科目累計發生額轉入「本年利潤」科目，結轉后該科目應當沒有余額。各資產減值準備科目累積每期計提的資產減值準備，直至相關資產被處置等時才予以轉出。

［例8-4］根據［例8-3］的資料，依據測試和計算結果，華遠股份有限公司2×16年年末應確認的甲固定資產減值損失為230,349元。會計分錄如下：

借：資產減值損失——固定資產減值損失　　230,349

　貸：固定資產減值準備　　230,349

計提資產減值準備后，甲固定資產的帳面價值變為1,269,651元，在該固定資產剩余使用壽命內，公司應當以此為基礎計提折舊。如果發生進一步減值的，再作進一步的減值測試。

按照中國資產減值準則的規定，資產減值損失確認后，減值資產的折舊或者攤銷費用應當在未來期間作相應調整，以使該資產在剩余使用壽命內，系統地分攤調整后的資產帳面價值。具體來說，已計提減值準備的資產，應當按照該資產的帳面價值以及尚可使用壽命重新計算確定折舊率和折舊額。資產計提減值準備后，企業應當重新復核資產的折舊方法（或攤銷方法）、預計使用壽命和預計淨殘值，並區別情況採用不同的處理方法。

第一，如果資產所含經濟利益的預期實現方式沒有發生變更，企業仍應遵循原有的折舊方法（或攤銷方法），按照資產的帳面價值扣除預計淨殘值后的余額以及尚可使用壽命重新計算確定折舊率和折舊額（或攤銷額）；如果資產所含經濟利益的預期實現方式發生了重大改變，企業應當相應改變資產的折舊方法（或攤銷方法），並按照會計估計變更的有關規定進行會計處理。

第二，如果資產的預期使用壽命沒有發生變更，企業仍應遵循原有的預計使用壽命，按照資產的帳面價值扣除預計淨殘值后的金額以及尚可使用壽命重新計算確定折舊率和折舊額；如果資產的預計使用壽命發生變更，企業應當相應改變資產的預計使用壽命，並按照會計估計變更的有關規定進行會計處理。

第三，如果資產的預計淨殘值沒有發生變更，企業仍應按照資產的帳面價值扣除預計淨殘值后的余額以及尚可使用壽命重新計算折舊率和折舊額（或攤銷額）；如果資產的預計淨殘值發生變更，企業應當相應改變資產的預計淨殘值，並按照會計估計變更的有關規定進行會計處理。

［例 8-5］根據［例 8-4］的資料，華遠股份有限公司 2×16 年確認甲固定資產減值后預計使用年限、預計淨殘值及折舊方法均沒改變，預計淨殘值為 19,651 元，則 2×17 年度該固定資產計提的折舊額計算如下：

2×17 年度計提的折舊額 =（1,269,651−19,651）÷5 = 250,000（元）

第四節　資產組的認定及減值處理

一、資產組的認定

根據資產減值準則的規定，如果有跡象表明一項資產可能發生減值的，企業應當以單項資產為基礎估計其可收回金額。在企業難以對單項資產的可收回金額進行估計的情況下，應當以該資產所屬的資產組為基礎確定資產組的可收回金額。

（一）資產組的概念

資產組是企業可以認定的最小資產組合，其產生的現金流入應當基本上獨立於其他資產或者資產組。資產組應當由與創造現金流入相關的資產構成。

（二）認定資產組應當考慮的因素

（1）資產組的認定，應當以資產組產生的主要現金流入是否獨立於其他資產或者資產組的現金流入為依據。資產組能否獨立產生現金流入是認定資產組的最關鍵因素。比如，企業的某一生產線、營業網點、業務部門等，如果能夠獨立於其他部門或者單位等創造收入、產生現金流，或者其創造的收入和現金流入絕大部分獨立於其他部門或者單位的，並且屬於可認定的最小的資產組合的，通常應將該生產線、營業網點、業務部門等認定為一個資產組。

［例 8-6］華遠股份有限公司擁有一個原油礦井。與礦井的生產和運輸相配套，建有一條專用輸油管道，該輸油管道除非報廢出售，其在持續使用中，難以脫離礦井相關的其他資產而產生單獨的現金流入。因此，企業難以對專用輸油管道的可收回金額進行單獨估計，專用輸油管道和原油礦井其他相關資產必須結合在一起，成為一個資產組，以估計該資產組的可收回金額。

在資產組的認定中，企業幾項資產的組合生產的產品（或者其他產出）存在活躍市場的，無論這些產品或者其他產出是用於對外出售還是僅供企業內部使用，均表明這幾項資產的組合能夠獨立創造現金流入，在符合其他相關條件的情況下，應當將這些資產的組合認定為資產組。

［例 8-7］華遠股份有限公司生產 Z 型機器，並且只擁有 A、B、C 三家工廠。三家工廠分別位於華南區內三個不同的省份。工廠 A 生產一種組件，由工廠 B 或者 C 進行組裝，最終產品由 B 或者 C 銷往外省，工廠 B 的產品可以在本地銷售，也可以在 C 所在地銷售。B 和 C 的生產能力合在一起尚有剩余，並沒有被完全利用。B 和 C 生產能力的利用程度依賴於華遠股份有限公司對於銷售產品在兩地之間的分配。假定 A 生產的產品（即組件）存在活躍市場，以下分別認定與 A、B、C 有關的資產組。

由於A生產的產品（即組件）存在活躍市場，則A很可能可以認定為一個單獨的資產組，原因是它生產的產品儘管主要用於B或者C，但是由於該產品存在活躍市場，可以帶來獨立的現金流量，因此通常應當認定為一個單獨的資產組。在確定其未來現金流量的現值時，公司應當調整其財務預算或預測，將未來現金流量的預計建立在公平交易的前提下，A生產產品的未來價格最佳估計數，而不是其內部轉移價格。

對於B和C而言，即使B和C組裝的產品存在活躍市場，B和C的現金流入仍依賴於產品在兩地之間的分配，B和C的未來現金流入不可能單獨地確定。因此，B和C組合在一起是可以認定的，可產生基本上獨立於其他資產或者資產組的現金流入的資產組合。B和C應當認定為一個資產組。在確定該資產組未來現金流量的現值時，公司也應當調整其財務預算或預測，將未來現金流量的預計建立在公平交易的前提下，A所購入產品的未來價格的最佳估計數，而不是其內部轉移價格。

［例8-8］根據［例8-7］的資料，假定A生產的產品（組件）不存在活躍市場，以下分別認定與A、B、C有關的資產組。

由於A生產的產品不存在活躍市場，它的現金流入依賴於B或者C生產的最終產品的銷售，因此，A很可能難以單獨產生現金流入，其可收回金額很可能難以單獨估計。

而對於B和C而言，其生產的產品雖然存在活躍市場，但是B和C的現金流入依賴於產品在兩個工廠之間的分配，B和C在產能和銷售管理上是統一的，因此，B和C也難以單獨產生現金流量，因而也難以單獨估計其可收回金額。

因此，只有A、B、C三個工廠組合在一起（即將華遠股份有限公司作為一個整體）才很可能是一個可以認定的、能夠基本上獨立產生現金流入的最小的資產組合，從而將A、B、C的組合認定為一個資產組。

（2）資產組的認定，應當考慮企業管理層對生產經營活動的管理或者監控方式（如是按照生產線、業務種類還是按照地區或者區域等）和對資產的持續使用或者處置的決策方式等。比如企業各生產線都是獨立生產、管理和監控的，那麼各生產線很可能應當認定為單獨的資產組；如果某些機器設備是相互關聯、互相依存的，其使用和處置是一體化決策的，那麼這些機器設備很可能應當認定為一個資產組。

［例8-9］某鞋類製造企業有三條生產線，分別生產皮鞋、布鞋、運動鞋。每條生產線在核算、考核和管理等方面都相對獨立。在這種情況下，每條生產線通常為一個資產組。

［例8-10］某農機製造企業分別有鍛造、冷焊、組裝三個車間，一件產品需要依次通過三個車間的加工才能完工。該企業對這三個車間資產的使用、處置等決策是一體的。在這種情況下，這三個車間通常應當認定為一個資產組。

（三）資產組的變更

資產組一經確定后，在各個會計期間應當保持一致，不得隨意變更，即資產組的各項資產構成通常不能隨意變更。比如，甲設備在2×16年歸屬於A資產組，在無特殊情況下，該設備在2×17年仍然應當歸屬於A資產組，而不能隨意將其變更至其他資產組。但是，如果由於企業重組、變更資產用途等原因，導致資產組構成確需變更的，企業可以進行變更，但企業管理層應當證明該變更是合理的，並應當在附註中作相應說明。

二、資產組減值的處理

資產組減值測試的原理和單項資產是一致的，即企業需要預計資產組的可收回金額和計算資產組的帳面價值，並將兩者進行比較。如果資產組的可收回金額低於其帳面價值的，表明資產組發生了減值損失，應當予以確認。

（一）資產組帳面價值和可收回金額的確定基礎

資產組帳面價值的確定基礎應當與其可收回金額的確定方式相一致。因為這樣的比較才有意義，否則如果兩者在不同的基礎上進行估計和比較，就難以正確估算資產組的減值損失。

資產組的可收回金額，應當按照該資產組的公允價值減去處置費用后的淨額與其預計未來現金流量的現值兩者之間較高者確定。

資產組的帳面價值應當包括可直接歸屬於資產組並可以合理和一致地分攤至資產組的資產帳面價值，通常不應當包括已確認負債的帳面價值，但如不考慮該負債金額就無法確定資產組可收回金額的除外。這是因為在預計資產組的可收回金額時，既不包括與該資產組的資產無關的現金流量，也不包括與已在財務報表中確認的負債有關的現金流量。因此，為了與資產組可收回金額的確定基礎相一致，資產組的帳面價值也不應當包括這些項目。因為只有這樣，資產組的帳面價值與資產組的可收回金額的確定方式才是一致的，兩者的比較才有意義；否則如果兩者在不同的基礎上進行估計和比較，就難以正確估算資產組的減值損失。

資產組處置時如要求購買者承擔一項負債（如環境恢復負債等），該負債金額已經確認並計入相關資產帳面價值，而且企業只能取得包括上述資產和負債在內的單一公允價值減去處置費用后的淨額的，為了比較資產組的帳面價值和可收回金額，在確定資產組的帳面價值及其預計未來現金流量的現值時，應當將已確認的負債金額從中扣除。

[例 8-11] 華遠股份有限公司在某處經營一座某有色金屬礦。根據相關法律的規定，公司須在礦山完成開採后將該地區恢復原貌，恢復費用主要為山體表層復原費用（比如恢復植被等），因為山體表層必須在礦山開發前挖走。因此，山體表土覆蓋層一旦移走，公司就應該將其確認為一項預計負債，其有關費用計入礦山成本，並在礦山使用壽命內計提折舊。假定該公司為恢復費用確認的預計負債帳面金額為 800 萬元。

2×16 年 12 月 31 日，隨著開採工作的進展，公司發現礦山中的有色金屬儲量遠低於預期，因此，公司對該礦山進行了減值測試。考慮到礦山的現金流量狀況，整座礦山被認定為一個資產組。該資產組在 2×16 年年末的帳面價值為 2,800 萬元（包括確認的恢復山體原貌的預計負債）。同時，華遠股份有限公司收到願意以 1,800 萬元（包括恢復山體原貌成本，即已經扣減這一成本因素）的價格購買該礦山的合同，預計處置費用為 100 萬元。

礦山的預計未來現金流量的現值為 2,200 萬元，不包括恢復費用。根據資產減值準則的要求，為了比較資產組的帳面價值和可收回金額，在確定資產組的帳面價值及其預計未來現金流量的現值時，應當將已確認的負債金額從中扣除。

在本例中，資產組的公允價值減去處置費用后的淨額為 1,700 萬元（1,800-100），該金額已經考慮了恢復費用。該資產組預計未來現金流量的現值在考慮了恢復費用后為 1,400 萬元（2,200-800）。因此，該資產組的可收回金額為 1,700 萬元。資產組的帳面價值在扣除了已確認的恢復原貌預計負債后的金額為 2,000 萬元（2,800-800）。這樣，資產組的可收回金額小於其帳面價值，所以，該資產組發生減值，應確認減值損失並計提減值準備為 300 萬元（2,000-1,700）。

（二）資產組減值的會計處理

根據減值測試的結果，資產組（包括資產組組合，在后述有關總部資產或者商譽的減值測試時涉及）的可收回金額如低於其帳面價值的，應當確認相應的減值損失。減值損失金額應當按照以下順序進行分攤：

（1）抵減分攤至資產組中商譽的帳面價值。

（2）根據資產組中除商譽之外的其他各項資產的帳面價值所占比重，按比例抵減其他各項資產的帳面價值。

以上資產帳面價值的抵減，應當作為各單項資產（包括商譽）的減值損失處理，計入當期損益。抵減后的各資產的帳面價值不得低於以下三者之中最高者：該資產的公允價值減去處置費用后的淨額（如可確定的）、該資產預計未來現金流量的現值（如可確定的）和零。因此而導致的未能分攤的減值損失金額，應當按照相關資產組中其他各項資產的帳面價值所占比重進行分攤。

［**例 8-12**］華遠股份有限公司有一條 A 生產線，該生產線生產 Z1 型機器，由甲、乙、丙三臺設備構成，使用年限均為 10 年，淨殘值為零，以年限平均法計提折舊。各機器均無法單獨產生現金流量，但整條生產線構成完整的產銷單位，屬於一個資產組。2×16 年 A 生產線所生產的機器有替代產品上市，到年底，導致公司 Z1 型機器的銷路銳減 25%，因此，對 A 生產線進行減值測試。

2×16 年 12 月 31 日，甲、乙、丙三臺設備的帳面價值分別為 1,000 萬元、1,500 萬元和 2,500 萬元。估計甲設備的公允價值減去處置費用后的淨額為 800 萬元，乙、丙設備都無法合理估計其公允價值減去處置費用后的淨額以及未來現金流量的現值。

整條生產線預計尚可使用 6 年。考慮了其未來 6 年的現金流量及其恰當的折現率后，該生產線預計未來現金流量的現值為 3,800 萬元。由於公司無法合理估計生產線的公允價值減去處置費用后的淨額，公司以該生產線預計未來現金流量的現值為其可收回金額。

2×16 年 12 月 31 日，該生產線的帳面價值為 5,000 萬元，而其可收回金額為 3,800 萬元，生產線的帳面價值高於其可收回金額，因此該生產線已經發生了減值，公司應當確認減值損失 1,200 萬元，並將該減值損失分攤到構成生產線的 3 臺設備中。由於甲設備的公允價值減去處置費用后的淨額為 800 萬元，因此，甲設備分攤了減值損失后的帳面價值不應低於 800 萬元。具體分攤過程如表 8-4 所示。

表 8-4　　減值損失分攤過程　　金額單位：萬元

項目	甲設備	乙設備	丙設備	整個生產線（資產組）
帳面價值	1,000	1,500	2,500	5,000
可收回金額				3,800
減值損失				1,200
減值損失分攤比率	20%	30%	50%	100%
分攤的減值損失	200*	360	600	1,160
分攤后的帳面價值	800	1,140	1,900	3,840
尚未分攤的減值損失				40
二次分攤比率		37.5%	62.5%	100%
二次分攤的減值損失		15	25	40
二次分攤后應確認的減值損失總額	200	375	625	1,200
二次分攤后的帳面價值	800	1,125	1,875	3,800

註：按照分攤比例，甲設備應當分攤減值損失 240 萬元（1,200×20%），但由於甲設備的公允價值減去處置費用后的淨額為 800 萬元，因此甲設備最多只能確認減值損失 200 萬元（1,000-800），未能分攤的減值損失 40 萬元（240-200），應當在乙設備和丙設備之間進行再分攤。

根據上述計算和分攤結果，構成 A 生產線的甲、乙、丙設備應當分別確認減值損失 200 萬元、375 萬元和 625 萬元。會計分錄如下：

借：資產減值損失——甲設備　　2,000,000
　　　　　　　　——乙設備　　3,750,000
　　　　　　　　——丙設備　　6,250,000
　貸：固定資產減值準備——甲設備　　2,000,000
　　　　　　　　　　　——乙設備　　3,750,000
　　　　　　　　　　　——丙設備　　6,250,000

三、總部資產的減值處理

企業總部資產包括企業集團或其事業部的辦公樓、電子數據處理設備、研發中心等資產。總部資產的顯著特徵是難以脫離其他資產或者資產組產生獨立的現金流入，而且其帳面價值難以完全歸屬於某一資產組。因此，總部資產通常難以單獨進行減值測試，需要結合其他相關資產組或者資產組組合進行。

在資產負債表日，如果有跡象表明某項總部資產可能發生減值的，企業應當計算確定該總部資產所歸屬的資產組或者資產組組合的可收回金額，然后將其與相應的帳面價值相比較，據以判斷是否需要確認減值損失。

企業對某一資產組進行減值測試時，應當先認定所有與該資產組相關的總部資產，再根據相關總部資產能否按照合理和一致的基礎分攤至該資產組分別根據下列情況處理：

（1）對於相關總部資產能夠按照合理和一致的基礎分攤至該資產組的部分，應當將該部分總部資產的帳面價值分攤至該資產組，再據以比較該資產組的帳面價值（包括已分攤的總部資產的帳面價值部分）和可收回金額，並按照前述有關資產組減值測試的順序和方法處理。

［**例 8-13**］2×16 年 12 月 31 日，華遠股份有限公司 A、B、C 資產組的帳面價值為 6,000 萬元、1,000 萬元、3,000 萬元，總部資產的帳面價值為 500 萬元，將總部資產帳面價值分配至各資產組的比例分別為 60%、10%、30%。經過測試，發現包含總部資產帳面價值分配額的資產組 A、B 存在減值跡象，其總部資產帳面價值分配后的資產組 A、B 的可收回金額分別為 5,500 萬元和 850 萬元。

第一步，將總部資產帳面價值向各資產組分配。

分配后的資產組 A、B、C 的帳面價值分別為 6,300 萬元、1,050 萬元、3,150 萬元。

第二步，分別對各資產組進行減值損失的確認和計量。

由於包含總部資產帳面價值分配額的資產組 A、B 的可收回金額分別為 5,500 萬元和 850 萬元，對於資產組 A、B 應分別確認減值損失，將其帳面價值分別減至其各自的可收回金額。計算過程如表 8-5 所示。

表 8-5　　**各資產組進行減值損失計算表**　　單位：萬元

項目	A	B	C	小計	總部資產	合計
帳面價值	6,000	1,000	3,000	10,000	500	10,500
分配總部資產帳面價值	300	50	150	500	-500	0
分配后資產組的帳面價值	6,300	1,050	3,150	10,500		10,500
可收回金額	5,500	850				
減值損失	800	200				
資產組減值處理后的帳面價值	5,500	850	3,150	9,500		

第三步，按照確認減值損失前的帳面價值，將包含總部資產帳面價值分配額的資產組 A、B 應確認的減值損失分配到資產組和總部資產。計算過程如表 8-6 所示。

表 8-6　　**總部資產帳面價值分配計算表**　　單位：萬元

	減值損失	資產組應分配額	總部資產應分配額
總部資產帳面價值分配后資產組 A	800	762*	38**
總部資產帳面價值分配后資產組 B	200	190	10
合計	1,000	952	48

* 762＝800÷6,300×6,000

** 38＝800−762

根據以上計算結果，應確認資產組 A 減值損失 762 萬元，確認資產組 B 減值損失 190 萬元，確認資產組 C 減值損失 0 元，確認總部資產減值損失 48 萬元。

（2）對於相關總部資產中有部分資產難以按照合理和一致的基礎分攤至該資產組的，應當按照下列步驟處理：

首先，在不考慮相關總部資產的情況下，估計和比較資產組的帳面價值和可收回金額，並按照前述有關資產組減值測試的順序和方法處理。

其次，認定由若干個資產組組成的最小的資產組組合，該資產組組合應當包括所測試的資產組與可以按照合理和一致的基礎將該部分總部資產的帳面價值分攤其上的部分。

最后，比較所認定的資產組組合的帳面價值（包括已分攤的總部資產的帳面價值部分）和可收回金額，並按照前述有關資產組減值測試的順序和方法處理。

［**例 8-14**］華遠股份有限公司擁有甲、乙和丙三個資產組。在 2×16 年年末，這三個資產組的帳面價值分別為 1,000 萬元、1,500 萬元和 2,000 萬元，沒有商譽。這三個資產組為三條生產線，預計剩余使用壽命分別為 4 年、8 年和 8 年，採用年限平均法計提折舊。由於該公司的競爭對手通過技術創新推出了更高技術含量的產品，並且受到市場歡迎，從而對該公司產品產生了重大不利影響，為此，公司於 2×16 年年末對各資產組進行了減值測試。在對資產組進行減值測試時，首先應當認定與其相關的總部資產。華遠股份有限公司的經營管理活動由總部負責，總部資產包括一棟辦公大樓和一個研發中心，其中辦公大樓的帳面價值為 1,500 萬元，研發中心的帳面價值為 500 萬元。辦公大樓的帳面價值可以在合理和一致的基礎上分攤至各資產組，但是研發中心的帳面價值難以在合理和一致的基礎上分攤至各相關資產組。對於辦公大樓的帳面價值，企業根據各資產組的帳面價值和剩余使用壽命加權平均計算的帳面價值分攤比例進行分攤。具體如表 8-7 所示。

表 8-7　**總部資產帳面價值分攤計算表**　金額單位：萬元

項　目	資產組甲	資產組乙	資產組丙	合計
各資產組帳面價值	1,000	1,500	2,000	4,500
各資產組剩余使用壽命	4	8	8	
按使用壽命計算的權重	1	2	2	
加權計算后的帳面價值	1,000	3,000	4,000	8,000
辦公大樓分攤比率	12.5%	37.5%	50%	100%
辦公大樓帳面價值分攤到各資產組的金額	187.5	562.5	750	1,500
包括辦公大樓分攤金額的各資產組的帳面價值	1,187.5	2,062.5	2,750	6,000

企業隨后應當確定各資產組的可收回金額，並將其與帳面價值（包括已分攤的辦公大樓的帳面價值部分）相比較，以確定相應的減值損失。考慮到研發中心的帳面價值難以按照合理和一致的基礎分攤至資產組，因此確定由甲、乙、丙三個資產組組成最小資產組組合（即為華遠股份有限公司整個企業），通過計算該資產組組合的可收回金額，並將其與帳面價值（包括已分攤的辦公大樓帳面價值和研發中心的帳面價值）相比較，以確定相應的減值損失。假定各資產組和資產組組合的公允價值減去處置費用后的淨額難以確定，企業根據它們的預計未來現金流量的現值來計算其可收回金額，計算現值所用的折現率為 10%。計算過程如表 8-8 所示。

表 8-8　　　　計算過程　　　　單位：萬元

<table>
<tr><td rowspan="2">年份</td><td colspan="2">資產組甲</td><td colspan="2">資產組乙</td><td colspan="2">資產組丙</td><td colspan="2">包括研發中心在內的最小資產組組合(華遠股份有限公司)</td></tr>
<tr><td>未來現金流量</td><td>現值</td><td>未來現金流量</td><td>現值</td><td>未來現金流量</td><td>現值</td><td>未來現金流量</td><td>現值</td></tr>
<tr><td>1</td><td>190</td><td>173</td><td>122</td><td>111</td><td>144</td><td>131</td><td>429</td><td>390</td></tr>
<tr><td>2</td><td>331</td><td>274</td><td>217</td><td>179</td><td>288</td><td>238</td><td>792</td><td>655</td></tr>
<tr><td>3</td><td>395</td><td>297</td><td>326</td><td>245</td><td>489</td><td>367</td><td>1, 155</td><td>868</td></tr>
<tr><td>4</td><td>448</td><td>306</td><td>394</td><td>269</td><td>633</td><td>432</td><td>1, 408</td><td>962</td></tr>
<tr><td>5</td><td></td><td>0</td><td>435</td><td>270</td><td>734</td><td>456</td><td>1, 573</td><td>977</td></tr>
<tr><td>6</td><td></td><td>0</td><td>448</td><td>253</td><td>806</td><td>455</td><td>1, 705</td><td>962</td></tr>
<tr><td>7</td><td></td><td>0</td><td>462</td><td>237</td><td>864</td><td>443</td><td>1, 782</td><td>914</td></tr>
<tr><td>8</td><td></td><td>0</td><td>476</td><td>222</td><td>907</td><td>423</td><td>1, 826</td><td>852</td></tr>
<tr><td>現值合計</td><td></td><td>1, 050</td><td></td><td>1, 786</td><td></td><td>2, 945</td><td></td><td>6, 580</td></tr>
</table>

根據上述資料，資產組甲、乙、丙的可收回金額分別為 1, 050 萬元、1, 786 萬元和 2, 945 萬元，相應的帳面價值（包括分攤的辦公大樓帳面價值）分別為 1, 187. 5 萬元、2, 062. 5 萬元和 2, 750 萬元。資產組甲和乙的可收回金額均低於其帳面價值，應當分別確認 137. 5 萬元和 276. 5 萬元減值損失，並將該減值損失在辦公大樓和資產組之間進行分攤。根據分攤結果，因資產組甲發生減值損失 137. 5 萬元而導致辦公大樓減值 21. 71 萬元（137. 5×187. 5÷1, 187. 5），導致資產組甲中所包括資產發生減值 115. 79 萬元（137. 5×1, 000÷1, 187. 5）；因資產組乙發生減值損失 276. 5 萬元而導致辦公大樓減值 75. 4 萬元（276. 5×562. 5÷2, 062. 5），導致資產組乙中所包括資產發生減值 201. 1 萬元（276. 5×1, 500÷2, 062. 5）。

經過上述減值測試后，資產組甲、乙、丙和辦公大樓的帳面價值分別為 884. 21 萬元、1, 298. 9 萬元、2, 000 萬元和 1, 402. 89 萬元，研發中心的帳面價值仍為 500 萬元，由此包括研發中心在內的最小資產組組合（即華遠股份有限公司）的帳面價值總額為 6, 086 萬元（884. 21+1, 298. 9+2, 000+1, 402. 89+500），但其可收回金額為 6, 580 萬元，高於其帳面價值，因此，企業不必再進一步確認減值損失。

會計分錄如下：

借：資產減值損失——生產線甲　　1, 157, 900
　　　　　　　　——生產線乙　　2, 011, 000
　　　　　　　　——辦公大樓　　971, 100
　貸：固定資產減值準備——生產線甲　　1, 157, 900
　　　　　　　　　　　——生產線乙　　2, 011, 000
　　　　　　　　　　　——辦公大樓　　971, 100

第五節　商譽減值測試與處理

一、商譽減值測試的基本要求

企業合併所形成的商譽，至少應當在年度終了時進行減值測試。由於商譽難以獨立產生現金流量，應當結合與其相關的資產組或者資產組組合進行減值測試。為了進行資產減值測試，因企業合併形成的商譽的帳面價值，應當自購買日起按照合理的方法分攤至相關的資產組；難以分攤至相關的資產組的，應當將其分攤至相關的資產組組合。這些相關的資產組或者資產組組合應當是能夠從企業合併的協同效應中受益的資產組或者資產組組合，但不應當大於按照《企業會計準則第 35 號——分部報告》所確定的報告分部。企業在分攤商譽的帳面價值時，應當在相關的資產組或者資產組組合能夠從企業合併的協同效應中受益的情況下進行分攤，並在此基礎上進行商譽減值測試。

企業因重組等原因改變了其報告結構，從而影響到已分攤商譽的一個或者若干個資產組或者資產組組合構成的，應當按照合理的方法，將商譽重新分攤至受影響的資產組或者資產組組合。

二、商譽減值測試的方法與會計處理

企業在對包含商譽的相關資產組或者資產組組合進行減值測試時，如與商譽相關的資產組或者資產組組合存在減值跡象的，應當按以下步驟處理：

首先，對不包含商譽的資產組或者資產組組合進行減值測試，計算可收回金額，並與相關帳面價值相比較，確認相應的減值損失。

其次，對包含商譽的資產組或者資產組組合進行減值測試，比較這些相關資產組或者資產組組合的帳面價值（包括所分攤的商譽的帳面價值部分）與其可收回金額。如相關資產組或者資產組組合的可收回金額低於其帳面價值的，應當就其差額確認減值損失，減值損失金額應當首先抵減分攤至資產組或者資產組組合中商譽的帳面價值。

最后，根據資產組或者資產組組合中除商譽之外的其他各項資產的帳面價值所占比重，按比例抵減其他各項資產的帳面價值。

以上資產帳面價值的抵減，都應當作為各單項資產（包括商譽）的減值損失處理，計入當期損益。抵減后的各資產的帳面價值不得低於以下三者之中最高者：該資產的公允價值減去處置費用后的淨額（如可確定的）、該資產預計未來現金流量的現值（如可確定的）和零。因此而導致的未能分攤的減值損失金額，應當按照相關資產組或者資產組組合中其他各項資產的帳面價值所占比重進行分攤。

由於按照《企業會計準則第 20 號——企業合併》的規定，因企業合併所形成的商譽是母公司根據其在子公司所擁有的權益而確認的商譽，子公司中歸屬於少數股東的商譽並沒有在合併財務報表中予以確認。因此，在對與商譽相關的資產組或者資產組組合進行減值測試時，由於其可收回金額的預計包括歸屬於少數股東的商譽價值部分，因此為了使減值測試建立在一致的基礎上，企業應當調整資產組的帳面價值，將歸屬於少數股東權益的商譽包括在內，然后將調整后的資產組帳面價值與其可收回金額進行比較，以確定資產組（包括商譽）是否發生了減值。

上述資產組如發生減值，應當首先抵減商譽的帳面價值，但由於根據上述方法計算的商譽減值損失包括了應由少數股東權益承擔的部分，而少數股東權益擁有的商譽價值及其減值損失都不在合併財務報表中反應，合併財務報表只反應歸屬於母公司的商譽減值損失。所以在計算減值金額時，應先推算出少數股東的商譽，以總的商譽價值加上子公司可辨認淨資產帳面價值作為子公司調整后的帳面價值，並以此帳面價值與可收回金額進行比較，進而確認整體的減值損失金額。

［**例 8-15**］華遠股份有限公司在 2×16 年 1 月 1 日以 4,000 萬元的價格收購了盛天公司 80%的股權。在購買日，盛天公司可辨認資產的公允價值為 3,750 萬元，沒有負債和或有負債。因此，華遠股份有限公司在購買日編製的合併資產負債表中確認商譽 1,000 萬元（4,000-3,750×80%）、盛天公司可辨認淨資產 3,750 萬元和少數股東權益 750 萬元（3,750×20%）。

假定盛天公司的所有資產被認定為一個資產組，而且盛天公司的所有可辨認淨資產均未發生資產減值跡象，未進行過減值測試。由於該資產組包括商譽，因此，它至少應當於年度終了時進行減值測試。

在 2×16 年年末，華遠股份有限公司確定該資產組的可收回金額為 2,500 萬元，可辨認淨資產的帳面價值為 3,375 萬元。由於盛天公司作為一個單獨的資產組的可收回金額 2,500 萬元中，包括歸屬於少數股東權益在商譽價值中享有的部分，因此，出於減值測試的目的，在與資產組的可收回金額進行比較之前，必須對資產組的帳面值進行調整，使其包括歸屬於少數股東權益的商譽價值 250 萬元［（4,000÷80%-3,750）×20%］，然后再據以比較該資產組的帳面價值和可收回金額，確定是否發生了減值損失。其測試過程如表 8-9 所示。

表 8-9　　減值測試計算表　　單位：萬元

2×16 年年末	商譽	可辨認資產	合計
帳面價值	1,000	3,375	4,375
未確認歸屬於少數股東的商譽價值	250		250
調整后的帳面價值	1,250	3,375	4,625
可收回金額			2,500
減值損失			2,125

根據上述計算結果，資產組發生減值損失 2,125 萬元，應當首先衝減商譽的帳面價值，然后再將剩余部分分攤至資產組中的其他資產。在本例中，2,125 萬元減值損失中有 1,250 萬元應當屬於商譽減值損失，其中由於在合併財務報表中確認的商譽僅限於華遠股份有限公司持有盛天公司 80%的股權部分，因此，華遠股份有限公司只需要在合併報表中確認歸屬於華遠股份有限公司的商譽減值損失，即 1,250 萬元商譽減值損失的 80%，為 1,000 萬元。剩余的 875 萬元（2,125-1,250）減值損失應當衝減盛天

公司的可辨認資產的帳面價值，作為盛天公司可辨認資產的減值損失。減值損失的分攤過程如表 8-10 所示。

表 8-10　　減值損失分攤計算表　　單位：萬元

2×16 年年末	商譽	可辨認資產	合計
帳面價值	1, 000	3, 375	4, 375
確認的減值損失	-1, 000	-875	-1, 875
確認減值損失后的帳面價值	—	2, 500	2, 500

根據表 8-10 的計算結果，會計分錄如下：

借：資產減值損失——商譽　　10, 000, 000

　　　　　　——固定資產等　　8, 750, 000

　貸：商譽減值準備　　10, 000, 000

　　　固定資產減值準備　　8, 750, 000

如果商譽已經分攤到某一資產組而且企業處置該資產組中的一項經營，與該處置經營相關的商譽應當：①在確定處置損益時，將其包括在該處置經營的帳面價值中；②以該項處置經營和該資產組的剩余部分價值的比例為基礎進行分攤，除非企業能夠表明其他更好的方法來反應與處置經營相關的商譽。

分攤到某資產組的商譽（或者使用壽命不確定的無形資產）的帳面價值占商譽帳面價值總額的比例重大的，應當按照《企業會計準則第 8 號——資產減值》的規定，在附註中披露分攤到該資產組的商譽的帳面價值、該資產組可收回金額的確定方法等信息。在披露可收回金額的確定方法時，如果可收回金額是按照資產組預計未來現金流量的現值確定的，企業應當披露：①企業管理層預計未來現金流量的關鍵假設及其依據；②企業管理層在確定各關鍵假設相關的價值時，是否與企業歷史經驗或者外部信息來源相一致，如不一致，應當說明理由；③估計現值時所採用的折現率。除此之外，企業還應當被披露：①根據企業管理層批准的財務預算或預測所預計的未來現金流量的期間，如果該期間超過 5 年，應當說明理由；②用於趨勢外推超過最近預算或預測期間現金流量的預計增長率，以及使用任何超過企業經營的產品、市場、所處的行業或者所在國家或地區的長期平均增長率或者資產組（或資產組組合）所處市場的長期平均增長率的理由。

第九章　負債

第一節　負債概述

一、負債的概念及分類

(一) 負債的概念

負債是指企業過去的交易或者事項形成的、預期會導致經濟利益流出企業的現時義務。根據負債的概念，一個項目確認為企業的負債，應同時具備以下三個特徵：

1. 負債是企業承擔的現時義務

企業承擔的現時義務是負債的表現形式，也是最基本的特徵。現時義務是指企業在現行條件下已經承擔的義務，意味著負債是企業必須履行的經濟責任。企業未來發生的交易或者事項形成的義務，不屬於現時義務，不構成負債。這裡的現時義務，既包括法概念務，也包括推概念務。其中，法概念務是指具有約束力的合同或者法律法規產生的義務。因為過去的交易或事項一般是以合同、協議或有關的法律法規作為約束條件，一旦形成負債的交易或事項已經發生，企業就不得不承擔由此而帶來的經濟責任，即負債已成為了事實，並且它將伴隨企業直到履行該項經濟責任為止，比如企業採用賒購方式購買商品形成的應付帳款、按照稅法規定應繳納的稅費、應支付的職工薪酬等。推概念務是指根據企業多年來的習慣做法、公開的承諾或者公開宣布的政策而導致企業將承擔的責任。例如，某企業多年來制定一項銷售政策，對於售出的商品提供一定期限內的售后保修服務，預期將為售出商品提供的保修服務就屬於推概念務，應當將其確認為一項負債。

2. 負債預期會導致經濟利益流出企業

企業在履行現時義務時，負債的清償會導致企業未來經濟利益的流出。負債解除的結果，一般是以向債權人支付資產或提供勞務的方式解除企業對債權人的經濟責任。因為這種經濟責任的存在有一定的期限，所以在企業不能以支付資產或提供勞務的方式解除時，可通過舉借新債償還舊債或將負債轉化為所有者權益等方式處理。舉借新債償還舊債只是債務的延期，將來仍需要通過支付資產或提供勞務的方式來清償；而負債轉化為所有者權益意味著企業增加所有者權益的同時增加資產，再以新增資產償還負債。不論是哪種方式，都表明負債的償還是以犧牲企業的經濟利益為代價。

3. 負債是由過去的交易或者事項形成的

過去的交易或事項是指已經完成的經濟業務，是負債產生的原因。例如，企業已經購進材料但是尚未付款，在這種情況下，企業就有償付貨款的義務。也就是說，負債只與已經發生的交易或事項相關，而與尚未發生的交易或事項無關。

（二）負債的分類

負債一般按其償還時間的長短劃分為流動負債和非流動負債兩類。

流動負債是將在 1 年或超過 1 年的一個營業週期內償還的債務，主要包括短期借款、應付票據、應付帳款、預收帳款、應付職工薪酬、應交稅費、應付股利、其他應付款等。

非流動負債是償還期在 1 年或超過 1 年的一個營業週期以上的債務，包括長期借款、應付債券、長期應付款等。

二、負債的確認條件

企業要將一項現實義務確認為負債，除了要符合負債的概念之外，還應當同時滿足以下兩個條件：

1. 與該義務有關的經濟利益很可能流出企業

從負債的概念可以看到，預期會導致經濟利益流出企業是負債的一個本質特徵。實務中，履行義務所需流出的經濟利益帶有不確定性，尤其是與推概念務相關的經濟利益通常依賴於大量的估計。因此，負債的確認應當與經濟利益流出的不確定性程度的判斷結合起來，如果有確鑿證據表明，與現時義務有關的經濟利益很可能流出企業，就應當將其作為負債予以確認；反之，如果企業承擔了現時義務，但是會導致企業經濟利益流出的可能性很小或不復存在，就不符合負債的確認條件，不應將其作為負債予以確認。

2. 未來流出的經濟利益的金額能夠可靠地計量

負債的確認在考慮經濟利益流出企業的同時，對於未來流出的經濟利益的金額應當能夠可靠計量。對於與法概念務有關的經濟利益流出金額，通常可以根據合同或者法律規定的金額予以確定。考慮到經濟利益流出的金額通常發生在未來期間，有時未來期間較長，有關金額的計量需要考慮貨幣時間價值等因素的影響。對於與推概念務有關的經濟利益流出金額，企業應當根據履行相關義務所需支出的最佳估計數進行估計，並綜合考慮有關貨幣時間價值、風險等因素的影響。

第二節　流動負債

一、短期借款

（一）短期借款的概念

短期借款，是指企業向銀行或其他金融機構等借入的、還款期限在一年以下（含一年）的各種借款。企業借入的短期借款構成了一項負債。企業在日常生產經營活動中面臨資金短缺時，通常會考慮從銀行借入資金。銀行經常會根據企業的資信狀況事先給予企業一定的信用額度，企業可以在需要資金時在銀行帳戶的信用額度之內使用，並在雙方約定的期限內償還借款和利息，從而形成企業的一項短期借款。

(二) 短期借款的帳務處理

對於企業發生的短期借款，應設置「短期借款」科目核算，核算企業從銀行實際取得和到期償還的短期借款的經濟業務。

1. 取得短期借款時的帳務處理

企業從銀行等金融機構取得一項短期借款時，借記「銀行存款」等科目，貸記「短期借款」科目。

2. 計提利息和支付短期借款利息的帳務處理

實務中，企業對於取得短期借款利息，應當在每個月末計提借款利息，將當期應付未付的利息確認為一項流動負債，計入應付利息，同時確認當期損益。即借記「財務費用」科目，貸記「應付利息」科目，待支付利息時，借記「應付利息」科目，貸記「銀行存款」等科目。

3. 到期償還短期借款的帳務處理

企業應當於短期借款到期日償還短期借款的本金以及尚未支付的利息，借記「短期借款」「應付利息」「財務費用」等科目，貸記「銀行存款」科目。

[**例 9-1**] 2×16 年 7 月 1 日，華遠股份有限公司從銀行取得短期借款 1,000,000 元。借款合同規定，借款利率為 6%，期限為 1 年，到期日為 2×17 年 7 月 1 日，每個季度末支付利息。華遠股份有限公司按月計提利息。

(1) 2×16 年 7 月 1 日，取得短期借款時。

借：銀行存款	1,000,000	
貸：短期借款		1,000,000

(2) 2×16 年 7 月 31 日，計提 7 月借款利息時。

借：財務費用	5,000	
貸：應付利息		5,000

(3) 2×16 年 8 月 31 日，計提 8 月借款利息時。

借：財務費用	5,000	
貸：應付利息		5,000

(4) 2×16 年 9 月 30 日，支付借款利息時。

借：財務費用	5,000	
應付利息	10,000	
貸：銀行存款		15,000

2×16 年 10 月至 12 月，2×17 年 1 月至 6 月處理相同。

(5) 2×17 年 7 月 1 日，償還短期借款本金以及最后一個季度的利息時。

借：短期借款	1,000,000	
應付利息	15,000	
貸：銀行存款		1,015,000

二、應付票據

(一) 應付票據的含義

應付票據是指企業採用商業匯票支付方式購買材料、商品或者接受勞務等而開出、承兌的商業匯票。商業匯票是指出票人簽發的，委託付款人在指定日期無條件支付確定的金額給收款人或者持票人的票據。商業匯票按承兌人不同分為商業承兌匯票和銀行承兌匯票。商業承兌匯票由銀行以外的付款人承兌（付款人為承兌人），銀行承兌匯票由銀行承兌。商業匯票按是否帶息分為帶息商業匯票和不帶息商業匯票。當企業購買材料、商品或者接受勞務等的金額較大時，一般會要求其提供商業匯票作為證據以保證按期付款。

(二) 應付票據的帳務處理

對於企業發生的應付票據，應設置「應付票據」科目核算，核算應付票據的發生、帶息票據的利息、到期等過程中的經濟業務。由於票據有帶息和不帶息之分，因此要根據不同的情況進行帳務處理。

1. 不帶息應付票據的帳務處理

（1）應付票據發生時的帳務處理

企業在購買材料、商品或者接受勞務等而開出、承兌不帶息商業匯票時，應當按照商業匯票的票面金額借記「原材料」「應交稅費——應交增值稅（進項稅額）」等科目，貸記「應付票據」科目。若是銀行承兌匯票，企業向開戶行申請簽發支付給銀行的手續費，直接計入當期損益，借記「財務費用」科目，貸記「銀行存款」等科目。

（2）應付票據到期時的帳務處理

企業應於到期日按照商業匯票的票面金額償還應付票據，若企業到期支付了票據款項，則借記「應付票據」科目，貸記「銀行存款」等科目；若企業到期無力支付票據款項，對於商業承兌的商業匯票，企業應將應付的票據金額結轉至「應付帳款」科目，即借記「應付票據」科目，貸記「應付帳款」科目；對於銀行承兌的商業匯票，銀行支付票據款項給收款人，企業應當將欠銀行的款項視為短期借款，借記「應付票據」科目，貸記「短期借款」科目。

[例 9-2] 2×16 年 11 月 4 日，華遠股份有限公司購入材料一批，增值稅專用發票上註明的貨款為 50,000 元，增值稅稅額為 8,500 元。價稅款當日簽發並承兌一張為期 3 個月、面值為 58,500 元的不帶息商業承兌匯票結算，材料已驗收入庫。

（1）2×16 年 11 月 4 日，購入材料，簽發並承兌匯票時。

	借方	貸方
借：原材料	50,000	
應交稅費——應交增值稅（進項稅額）	8,500	
貸：應付票據		58,500

（2）2×17 年 2 月 4 日，票據到期，若收到付款通知支付款項時。

	借方	貸方
借：應付票據	58,500	
貸：銀行存款		58,500

(3) 2×17 年 2 月 4 日，票據到期，若收到付款通知無力支付款項時。

借：應付票據 58,500

貸：應付帳款 58,500

2. 帶息應付票據的帳務處理

(1) 應付票據發生時的帳務處理

企業在購買材料、商品或者接受勞務等而開出、承兌帶息商業匯票時，應當按照商業匯票的票面金額借記「原材料」「應交稅費——應交增值稅（進項稅額）」等科目，貸記「應付票據——面值」科目。若是銀行承兌匯票，對於企業向開戶行申請簽發支付給銀行的手續費，直接計入當期損益，借記「財務費用」科目，貸記「銀行存款」等科目。

(2) 期末計提應付票據的利息

企業對於開出、承兌的帶息商業匯票，應當於期末計提票據利息，借記「財務費用」科目，貸記「應付票據——利息」科目。

(3) 應付票據到期時的帳務處理

企業應於到期日按照商業匯票的票面面值加上利息金額償還應付票據，若企業到期支付了票據款項，則借記「應付票據——面值」「應付票據——利息」「財務費用」等科目，貸記「銀行存款」等科目；若企業到期無力支付票據款項，對於商業承兌的商業匯票，企業應將應付的票據金額結轉至「應付帳款」科目，即借記「應付票據」科目，貸記「應付帳款」科目；對於銀行承兌的商業匯票，銀行支付票據款項給收款人，企業應當將欠銀行的款項視為短期借款，借記「應付票據」科目，貸記「短期借款」科目。

[**例 9-3**] 2×16 年 11 月 1 日，華遠股份有限公司購入一批材料，貨款為 100,000 元，增值稅稅額為 17,000 元。價稅款當日向開戶行申請簽發一張為期 6 個月、面額為 117,000 元的帶息銀行承兌的商業匯票結算，年利率為 6%，按匯票票面金額的 0.1%向開戶行支付手續費，材料已驗收入庫。假定華遠股份有限公司按月計提票據利息。

(1) 2×16 年 11 月 1 日，華遠股份有限公司購入材料，支付手續費向開戶行申請匯票時。

借：原材料 100,000

應交稅費——應交增值稅（進項稅額） 17,000

貸：應付票據——面值 117,000

借：財務費用 117

貸：銀行存款 117

(2) 2×16 年 11 月 30 日，計提 11 月利息時。

借：財務費用 585

貸：應付票據——利息 585

(3) 2×17 年 5 月 1 日，票據到期，華遠股份有限公司收到付款通知支付款項時。

借：應付票據——面值 117,000

——利息 3,510

貸：銀行存款 120,510

(4) 2×17 年 5 月 1 日，票據到期，華遠股份有限公司無力支付款項時。

借：應付票據——面值　　117,000

　　　　　　——利息　　3,510

　貸：短期借款　　120,510

三、應付帳款

(一) 應付帳款的含義

應付帳款是指企業因購買材料、商品或接受勞務供應等經營活動應支付的款項。它通常是指因購買材料、商品或接受勞務供應等而發生的債務，這是買賣雙方在購銷活動中由於取得物資與支付貨款在時間上不一致而產生的負債。

(二) 應付帳款的帳務處理

企業在確認應付帳款時，應當考慮貨物與發票到達企業時間之間的關係，賒購方式是否附有現金折扣條件以及企業有能力支付、確實無法支付的貨款等情況分別進行帳務處理。

1. 貨物已運達企業並驗收入庫，但發票帳單等結算憑證尚未到達的帳務處理

在這種情況下，平時，企業可先不進行帳務處理。如果月末發票帳單等結算憑證仍未到達企業，為全面反應資產及負債的真實情況，做到帳實相符，企業應對驗收入庫的存貨按暫估價值進行帳務處理，借記「原材料」「週轉材料」「庫存商品」等科目，貸記「應付帳款——暫估應付帳款」科目，下月初，再用紅字衝銷。待發票帳單等結算憑證到達企業，企業已支付貨款，根據發票帳單等結算憑證的實際金額確定存貨成本，並進行帳務處理，借記「原材料」「週轉材料」「庫存商品」等科目。若企業為一般納稅人，按取得增值稅專用發票上註明的增值稅進項稅額，借記「應交稅費——應交增值稅（進項稅額）」科目；若企業為小規模納稅人，則按取得發票上註明的金額全部借記「原材料」「週轉材料」「庫存商品」等科目，按實際支付的款項或開出、承兌的商業匯票面值，貸記「銀行存款」等科目。

[**例 9-4**] 2×16 年 1 月 26 日，華遠股份有限公司從本地購入一批商品已運達企業並驗收入庫，但發票帳單尚未到達。1 月 31 日，發票帳單仍未到達，華遠股份有限公司對該批商品估價 600,000 元入帳。2 月 3 日，發票帳單到達企業，增值稅專用發票上註明的價款為 580,000 元，增值稅進項稅額為 98,600 元。運輸公司開出的增值稅專用發票上註明 400 元運費，增值稅稅額為 44 元，供貨方已代墊。華遠股份有限公司向開戶銀行申請簽發銀行本票一張支付全部款項。

(1) 1 月 26 日，商品運達企業並驗收入庫，暫不作帳務處理。

(2) 1 月 31 日，發票帳單等結算憑證仍未到達企業，對該批商品暫估入帳。

借：庫存商品　　600,000

　貸：應付帳款——暫估應付帳款　　600,000

(3) 2 月 1 日，紅字衝銷。

借：庫存商品　　[600,000]

貸：應付帳款——暫估應付帳款　　600,000

（4）2月3日，發票帳單到達企業。

借：其他貨幣資金——銀行本票存款　　679,044
　貸：銀行存款　　679,044
借：庫存商品　　580,400
　　應交稅費——應交增值稅（進項稅額）　　98,644
　貸：其他貨幣資金——銀行本票存款　　679,044

2. 採用不附有現金折扣條件賒購方式購買貨物的帳務處理

在這種情況下，企業在所購貨物驗收入庫后，根據發票帳單等結算憑證的實際金額確定存貨成本，並進行帳務處理，借記「原材料」「週轉材料」「庫存商品」等科目。若企業為一般納稅人，按取得增值稅專用發票上註明的增值稅進項稅額，借記「應交稅費——應交增值稅（進項稅額）」科目，按尚未支付的貨款，貸記「應付帳款」科目；若企業為小規模納稅人，則按取得發票上註明的金額全部借記「原材料」「週轉材料」「庫存商品」等科目，按尚未支付的貨款，貸記「應付帳款」科目。待支付款項或開出、承兌商業匯票后，按實際支付的款項或開出、承兌的商業匯票面值，借記「應付帳款」科目，貸記「銀行存款」等科目。

[例9-5] 2×16年2月26日，華遠股份有限公司從本地購入一批商品已運達企業並驗收入庫，增值稅專用發票上註明的價款為780,000元，增值稅進項稅額為132,600元。運輸公司開出的增值稅普通發票上註明運費1,000元，增值稅稅額為110元，供貨方已代墊。華遠股份有限公司與供貨方協商價款於一個月之后以銀行存款支付。

（1）2月26日，華遠股份有限公司購入商品時的會計分錄如下：

借：庫存商品　　781,000
　　應交稅費——應交增值稅（進項稅額）　　132,710
　貸：應付帳款　　913,710

（2）3月26日，華遠股份有限公司支付貨款時的會計分錄如下：

借：應付帳款　　913,710
　貸：銀行存款　　913,710

3. 採用附有現金折扣條件賒購方式購買貨物的帳務處理

如果銷貨方在賒銷商品時為了盡快回籠資金，在結算時向購貨方開出現金折扣條件，購貨方應當按照總價法計算應付帳款入帳金額，即企業購買貨物時，應付帳款入帳金額應按發票上記載的應付金額的總額（即不扣除現金折扣）確定。在這種方法下，企業購買貨物時，應按發票上記載的全部應付金額，借記「原材料」「庫存商品」「應交稅費——應交增值稅（進項稅額）」等科目，貸記「應付帳款」科目。待支付貨款時，若在折扣期內付款，則借記「應付帳款」科目，貸記「銀行存款」「財務費用」等科目；若在折扣期外付款，則借記「應付帳款」科目，貸記「銀行存款」等科目。

[例9-6] 2×16年11月1日，華遠股份有限公司向甲公司購入一批原材料，已經驗收入庫，取得的增值稅專用發票上註明的價款為60,000元，增值稅稅額為10,200元。甲公司為了及早收回貨款，在合同中承諾給予本企業如下現金折扣條件：2/10，

1/20，n/30。(假定計算現金折扣時不考慮增值稅)

(1) 11 月 1 日，華遠股份有限公司購入材料，形成應付帳款時。

借：原材料　60,000

　　應交稅費——應交增值稅（進項稅額）　10,200

　貸：應付帳款——甲公司　70,200

(2) 如果華遠股份有限公司在 11 月 10 日（10 天內）付清了貨款，則可按價款的 2%獲得現金折扣 1,200 元（60,000×2%），實際付款為 69,000 元。

借：應付帳款——甲公司　70,200

　貸：銀行存款　69,000

　　財務費用　1,200

(3) 如果華遠股份有限公司在 11 月 16 日（20 天內）付清了貨款，則可按價款的 1%獲得現金折扣 600 元（60,000×1%），實際付款為 69,600 元。

借：應付帳款——甲公司　70,200

　貸：銀行存款　69,600

　　財務費用　600

(4) 如果華遠股份有限公司在 11 月 30 日以后才付款，則失去折扣優惠，應按全額付款。支付時：

借：應付帳款——甲公司　70,200

　貸：銀行存款　70,200

4. 企業有能力支付，而確實無法支付的應付帳款的帳務處理

在某些情況下，購買方確實有能力支付，可能因為某些原因確實無法支付某些應付帳款。此時，企業應當將該應付帳款確認為一項利得，計入營業外收入，借記「應付帳款」科目，貸記「營業外收入」科目。

[例 9-7] 2×16 年 9 月 1 日，華遠股份有限公司一項應付帳款為 10,000 元，因債權人下落不明，已無法支付。

華遠股份有限公司報批准后，會計分錄如下：

借：應付帳款　10,000

　貸：營業外收入　10,000

四、預收帳款

(一) 預收帳款的概念

預收帳款是買賣雙方經協議商定，由購貨方預先支付一部分貨款給供應方而發生的一項負債，主要包括銷貨方收到定金、銷貨方銷售貨物或提供勞務以及銷貨方收回剩余款項或退回多余款項三個階段。

(二) 預收帳款的科目設置

預收帳款的核算應視企業的具體情況而定。如果預收帳款比較多的，可以設置「預收帳款」科目，其貸方反應預收的貨款和補付的貨款；借方反應應收的貨款和退回多收的貨款；期末貸方余額，反應尚未結清的預收款項，借方余額反應應收的款項。

預收帳款不多的，也可以不設置「預收帳款」科目，直接記入「應收帳款」科目核算。

(三) 預收帳款的帳務處理

1. 銷貨方收到定金時的帳務處理

企業因銷售商品或提供勞務等按照合同規定收取定金時，此時，銷售未實現，應當按照實際收到的金額，借記「銀行存款」等科目，貸記「預收帳款」科目。

2. 銷貨方銷售貨物或提供勞務時的帳務處理

企業在銷售實現時，應當按合同價款及相關稅費，借記「預收帳款」科目，貸記「主營業務收入」「應交稅費——應交增值稅（銷項稅額）」等科目。

3. 企業收回剩余款項或退回多余款項時的帳務處理

企業在銷售實現后，如果預收的定金不足支付全部價款和相關稅費，則應當在收回剩余款項時，借記「銀行存款」科目，貸記「預收帳款」科目。

企業在銷售實現后，如果預收的定金超過支付全部價款和相關稅費，則應當在退回多余款項時，借記「預收帳款」科目，貸記「銀行存款」科目。

[例 9-8] 2×16 年 6 月，華遠股份有限公司採用預收款項的方式銷售產品。6 月 3 日，華遠股份有限公司向乙企業銷售產品一批，收到乙企業開出轉帳支票一張，預收貨款為 100,000 元。6 月 25 日，華遠股份有限公司將產品及有關結算單據發送給乙企業，產品價款為 100,000 元，增值稅稅額為 17,000 元，乙企業收到產品並驗收入庫，同時華遠股份有限公司收到了乙企業開出的轉帳支票一張，補付貨款 17,000 元。

(1) 6 月 3 日，華遠股份有限公司收到預收帳款時。

借：銀行存款　　100,000

　貸：預收帳款　　100,000

(2) 6 月 25 日，華遠股份有限公司將產品及有關結算單據發送給乙企業時。

借：預收帳款　　117,000

　貸：主營業務收入　　100,000

　　　應交稅費——應交增值稅（銷項稅額）　　17,000

(3) 6 月 25 日，華遠股份有限公司收到剩余貨款時。

借：銀行存款　　17,000

　貸：預收帳款　　17,000

五、應付職工薪酬

(一) 職工薪酬的概念

根據《企業會計準則第 9 號——職工薪酬》的規定，職工薪酬是指企業為獲得職工提供的服務或解除勞動關係而給予的各種形式的報酬或補償。企業提供給職工配偶、子女、受贍養人、已故員工遺屬及其他受益人等的福利，也屬於職工薪酬。

(二) 職工的範圍

職工薪酬所稱的職工，是指與企業訂立勞動合同的所有人員，含全職、兼職和臨時職工，也包括雖未與企業訂立勞動合同但由企業正式任命的人員。具體而言，職工至少應當包括下列三類：

（1）與企業訂立勞動合同的所有人員，含全職、兼職和臨時職工。

（2）未與企業訂立勞動合同但由企業正式任命的人員，如董事會成員、監事會成員等，企業聘請的獨立董事、外部監事等。他們雖然沒有與企業訂立勞動合同，但屬於由企業正式任命的人員，屬於職工的範圍。

（3）雖未與企業訂立勞動合同或未由其正式任命，但其向企業所提供服務與職工所提供服務類似的人員，也屬於職工的範疇，包括通過企業與勞務仲介公司簽訂用工合同而向企業提供服務的人員。

（三）職工薪酬的內容

職工薪酬主要包括短期薪酬、離職后福利、辭退福利和其他長期職工福利。

1. 短期薪酬

短期薪酬，是指企業預期在職工提供相關服務的年度報告期間結束后十二個月內將全部予以支付的職工薪酬，因解除與職工的勞動關係給予的補償除外。因解除與職工的勞動關係給予的補償屬於辭退福利的範疇。

短期薪酬主要包括：

（1）職工工資、獎金、津貼和補貼，是指企業按照構成工資總額的計時工資、計件工資，支付給職工的超額勞動報酬等的勞動報酬，為了補償職工特殊或額外的勞動消耗和因其他特殊原因支付給職工的津貼，以及為了保證職工工資水平不受物價影響支付給職工的物價補貼等。其中，企業按照短期獎金計劃向職工發放的獎金也屬於短期薪酬。

（2）職工福利費，是指企業向職工提供的生活困難補助、撫恤費、防暑降溫費以及非貨幣性的職工薪酬等職工福利支出。

（3）醫療保險費、工傷保險費和生育保險費等社會保險費，是指企業按照國家規定的基準和比例計算，向社會保險經辦機構繳存的醫療保險費、工傷保險費和生育保險費。

（4）住房公積金，是指企業按照國家規定的基準和比例計算，向住房公積金管理機構繳存的住房公積金。

（5）工會經費和職工教育經費，是指企業為了改善職工文化生活，促進職工學習先進技術，提高職工文化水平和業務素質，用於開展工會活動和職工教育及職業技能培訓等的相關支出。

（6）短期帶薪缺勤，是指職工雖然缺勤但企業仍向其支付報酬的安排，包括年休假、病假、婚假、產假、喪假、探親假等。長期帶薪缺勤屬於其他長期職工福利。

（7）短期利潤分享計劃，是指因職工提供服務而與職工達成的基於利潤或其他經營成果提供薪酬的協議。長期利潤分享計劃屬於其他長期職工福利。

（8）其他短期薪酬，是指除上述薪酬以外的其他為獲得職工提供的服務而給予的短期薪酬。

2. 離職后福利

離職后福利，是指企業為獲得職工提供的服務而在職工退休或與企業解除勞動關係后，提供的各種形式的報酬和福利，屬於短期薪酬和辭退福利的除外。

3. 辭退福利

辭退福利，是指企業在職工勞動合同到期之前解除與職工的勞動關係，或者為鼓勵職工自願接受裁減而給予職工的補償。

辭退福利主要包括：

（1）在職工勞動合同到期前，不論職工本人是否願意，企業決定解除與職工的勞動關係而給予的補償。

（2）在職工勞動合同到期前，企業為鼓勵職工自願接受裁減而給予的補償，職工有權利選擇繼續在職或接受補償離職。

辭退福利通常採取解除勞動關係時一次性支付補償的方式，也採取在職工不再為企業帶來經濟利益后，將職工工資支付到辭退后未來某一期間的方式。

4. 其他長期職工福利

其他長期職工福利，是指除短期薪酬、離職后福利、辭退福利之外所有的職工薪酬，包括長期帶薪缺勤、長期殘疾福利、長期利潤分享計劃等。

（四）應付職工薪酬的帳務處理

1. 短期薪酬的確認和計量

企業應當在職工為其提供服務的會計期間，將實際發生的短期薪酬確認為負債，並計入當期損益，其他相關會計準則要求或允許計入資產成本的除外。

（1）貨幣性短期薪酬的帳務處理

企業發生貨幣性形式的短期薪酬時，應當在職工為其提供服務的會計期間，將應付職工貨幣性的短期薪酬確認相關負債，按照受益對象計入當期損益或相關資產成本。具體應分以下幾種情況：

①應由生產產品、提供勞務負擔的職工薪酬，計入產品成本或勞務成本，借記「生產成本」「製造費用」等科目，貸記「應付職工薪酬」科目。

②應由在建工程、無形資產負擔的職工薪酬，計入固定資產或無形資產的初始成本，借記「在建工程」「研發支出」等科目，貸記「應付職工薪酬」科目。

貨幣形式的短期薪酬發放時，借記「應付職工薪酬」科目，貸記「銀行存款」等科目。

［例 9-9］ 2×16 年 10 月，華遠股份有限公司當月應發工資總額為 150 萬元。其中：生產部門生產工人工資 100 萬元，生產部門管理人員工資 20 萬元，廠部管理人員工資 20 萬元，后勤人員工資 10 萬元。

根據華遠股份有限公司所在地政府的規定，華遠股份有限公司應當按照職工工資總額的 10%和 8%計提並繳存醫療保險費和住房公積金，按照職工工資總額的 2%和 1.5%計提工會經費和職工教育經費。則計提的醫療保險費為 15 萬元，住房公積金為 12 萬元，工會經費為 3 萬元，職工教育經費為 2.25 萬元。華遠股份有限公司於 2×16 年 11 月發放 2×16 年 10 月份的工資，並上繳醫療保險、住房公積金和工會經費。假定不考慮其他因素以及所得稅的影響。

根據上述資料，華遠股份有限公司計算其 2×16 年 10 月份的職工薪酬金額如下：

應當計入生產成本的職工薪酬金額 = 1,00+1,00×(10%+8%+2%+1.5%) = 1,21.5(萬元)

應當計入製造費用的職工薪酬金額 = 20+20×(10%+8%+2%+1.5%) = 24.3(萬元)

應當計入管理費用的職工薪酬金額 = 20+10+30×(10%+8%+2%+1.5%) = 36.45(萬元)

華遠股份有限公司的有關會計分錄如下：

科目	借方	貸方
借：生產成本	1,215,000	
製造費用	243,000	
管理費用	364,500	
貸：應付職工薪酬——工資		1,500,000
——醫療保險費		150,000
——住房公積金		120,000
——工會經費		30,000
——職工教育經費		22,500

華遠股份有限公司於 2×16 年 11 月發放 2×16 年 10 月份的工資，並上繳醫療保險、住房公積金和工會經費時的會計分錄如下：

科目	借方	貸方
借：應付職工薪酬——工資	1,500,000	
貸：銀行存款		1,500,000
借：應付職工薪酬——醫療保險費	150,000	
——住房公積金	120,000	
——工會經費	30,000	
貸：銀行存款		300,000

（2）非貨幣性短期薪酬的帳務處理

企業向職工提供非貨幣性福利的，應當按照公允價值計量。如企業以自產的產品作為非貨幣性福利提供給職工的，應當視同銷售，按照該產品的公允價值和相關稅費確定職工薪酬金額，並計入當期損益或相關資產成本。相關收入的確認、銷售成本的結轉以及相關稅費的處理，與企業正常商品銷售的會計處理相同。

企業以外購的商品作為非貨幣性福利提供給職工的，應當按照該商品的公允價值和相關稅費確定職工薪酬的金額，並計入當期損益或相關資產成本。

[**例 9-10**] 2×16 年 9 月 5 日，華遠股份有限公司決定以其生產的月餅作為中秋節福利發放給公司每名職工，華遠股份有限公司共有職工 1,500 名。每盒月餅的售價為 480 元，成本為 200 元。華遠股份有限公司適用的增值稅稅率為 17%，已開具的增值稅專用發票上註明的價款為 720,000 元，增值稅稅額為 122,400 元。假定 1,500 名職工中 1,000 名為直接參加生產的職工，500 名為總部管理人員。假定華遠股份有限公司於當日將月餅發放給各位職工。

根據上述資料，華遠股份有限公司計算月餅的售價總額及其增值稅銷項稅額如下：

月餅的售價總額 = 1,500×480 = 720,000（元）

月餅的增值稅銷項稅額 = 1,500×480×17% = 122,400（元）

應當計入生產成本的職工薪酬金額 = 1,000×480+1,000×480×17% = 561,600（元）

應當計入管理費用的職工薪酬金額 = 500×480+500×480×17% = 280,800（元）

華遠股份有限公司的有關會計分錄如下：

借：生產成本　561,600
　　管理費用　280,800
　貸：應付職工薪酬——非貨幣性福利　842,400
借：應付職工薪酬——非貨幣性福利　842,400
　貸：主營業務收入——月餅　720,000
　　　應交稅費——應交增值稅（銷項稅額）　122,400
借：主營業務成本——月餅　300,000
　貸：庫存商品——月餅　300,000

（3）短期帶薪缺勤的帳務處理

帶薪缺勤，是指企業可能對年休假、生病、婚假、產假等各種原因產生的缺勤進行補償，根據其性質及其職工享有的權利，分為累積帶薪缺勤和非累積帶薪缺勤兩類。企業應當分別對累積帶薪缺勤和非累積帶薪缺勤進行會計處理。

①累積帶薪缺勤及其帳務處理

累積帶薪缺勤，是指帶薪權利可以結轉下期的帶薪缺勤，本期尚未用完的帶薪缺勤權利可以在未來期間使用。企業應當在職工提供了服務從而增加了其未來享有的帶薪缺勤權利時，確認與累積帶薪缺勤相關的職工薪酬，並以累積未行使權利而增加的預期支付金額計量。

［**例 9-11**］華遠股份有限公司共有 1,000 名職工。從 2×16 年 1 月 1 日起，該公司實行累積帶薪缺勤制度。2×16 年 12 月 31 日，每個職工當年平均未使用帶薪年休假為 2 天。華遠股份有限公司預計 2×17 年有 950 名職工將享受不超過 5 天的帶薪年休假，剩余 50 名職工每人將平均享受 6 天半年休假，假定這 50 名職工全部為總部管理人員。該公司平均每名職工每個工作日工資為 500 元。

（1）如果該制度規定，每個職工每年可享受 5 個工作日的帶薪年休假，未使用的年休假只能向后結轉一個日曆年度，超過 1 年未使用的權利作廢；職工休年休假時，首先使用當年可享受的權利，不足部分再從上年結轉的帶薪年休假中扣除；職工離開公司時，對未使用的累積帶薪年休假無權獲得現金支付。

分析：華遠股份有限公司職工 2×16 年已休帶薪年休假的，由於在休假期間照發工資，因此相應的薪酬已經計入公司每月確認的薪酬金額中。與此同時，公司還需要預計職工 2×16 年享有但尚未使用的、預期將在下一年度使用的累積帶薪缺勤，並計入當期損益或者相關資產成本。在本例中，華遠股份有限公司在 2×16 年 12 月 31 日預計由於職工累積未使用的帶薪年休假權利而導致預期將支付的工資負債即相當於 75 天（50×1.5 天）的帶薪年休假工資金額為 37,500 元（75×500）。會計分錄如下：

借：管理費用　37,500
　貸：應付職工薪酬——累積帶薪缺勤　37,500

假定 2×17 年 12 月 31 日，上述 50 名部門經理中有 40 名享受了 6 天半的年休假，休假期間的工資隨同正常工資以銀行存款支付，另有 10 名只享受了 5 天年休假。由於該公司的帶薪缺勤制度規定，未使用的權利只能結轉一年，超過 1 年未使用的權利將作廢。2×17 年，華遠股份有限公司應作會計分錄如下：

借：應付職工薪酬——累積帶薪缺勤　　(40×1.5 天×500) 30,000
　貸：銀行存款　　30,000
借：應付職工薪酬——累積帶薪缺勤　　(10×1.5 天×500) 7,500
　貸：管理費用　　7,500

(2) 如果該公司的帶薪缺勤制度規定，職工累積未使用的帶薪缺勤權利可以無限期結轉，且可以於職工離開企業時以現金支付。華遠股份有限公司 1,000 名職工中，50 名為總部各部門經理，100 名為總部各部門職員，800 名為直接生產工人，50 名工人正在建造一幢自用辦公樓。

分析：華遠股份有限公司在 2×16 年 12 月 31 日應當預計由於職工累積未使用的帶薪年休假權利而導致的全部金額，即相當於 2,000 天 (1,000×2 天) 的帶薪年休假工資為 100 萬元 (2,000×500)。會計分錄如下：

借：管理費用　　(150×2 天×500) 150,000
　　生產成本　　(800×2 天×500) 800,000
　　在建工程　　(50×2 天×500) 50,000
　貸：應付職工薪酬——累積帶薪缺勤　　1,000,000

②非累積帶薪缺勤及其帳務處理

非累積帶薪缺勤，是指帶薪權利不能結轉下期的帶薪缺勤，本期尚未用完的帶薪缺勤權利將予以取消，並且職工離開企業時也無權獲得現金支付。中國企業職工休婚假、產假、喪假、探親假、病假期間的工資通常屬於非累積帶薪缺勤。由於職工提供服務本身不能增加其能夠享受的福利金額，企業在職工未缺勤時不應當計提相關費用和負債。通常情況下，與非累積帶薪缺勤相關的職工薪酬已經包括在企業每期向職工發放的工資等薪酬中，因此，不必額外作相應的帳務處理。

(4) 短期利潤分享計劃的帳務處理

短期利潤分享計劃，是指企業與職工協商制定的當職工完成規定業績指標，或者在企業工作了特定期限后，能夠享有按照企業淨利潤的一定比例計算的薪酬的協議。短期利潤分享計劃同時滿足下列條件的，企業應當確認相關的應付職工薪酬，並計入當期損益或相關資產成本：

①企業因過去事項導致現在具有支付職工薪酬的法概念務或推概念務。

②因利潤分享計劃所產生的應付職工薪酬義務能夠可靠估計。

屬於下列三種情形之一的，視為義務金額能夠可靠估計：

①在財務報告批准報出之前企業已確定應支付的薪酬金額。

②該利潤分享計劃的正式條款中包括確定薪酬金額的方式。

③過去的慣例為企業確定推概念務金額提供了明顯證據。

企業在計量利潤分享計劃產生的應付職工薪酬時，應當反應職工因離職而沒有得到利潤分享計劃支付的可能性。

如果企業預期在職工為其提供相關服務的年度報告期間結束后十二個月內，不需要全部支付利潤分享計劃產生的應付職工薪酬，該利潤分享計劃應當適用其他長期職工福利的有關規定。

企業根據經營業績或職工貢獻等情況提取的獎金，屬於獎金計劃，應當比照短期利潤分享計劃進行處理。

2. 離職后福利的確認和計量

離職后福利，是指企業為獲得職工提供的服務而在職工退休或與企業解除勞動關係后，提供的各種形式的報酬和福利，短期薪酬和辭退福利除外。

離職后福利計劃，是指企業與職工就離職后福利達成的協議或者企業為向職工提供離職后福利制定的規章或辦法等。企業應當將離職后福利計劃分類為設定提存計劃和設定受益計劃兩種類型。二者的區分如表 9-1 所示。

表 9-1　　設定提存計劃、設定受益計劃二者的區分

設定提存計劃	企業的法概念務是以企業同意向基金的繳存額為限，職工所取得的離職后福利金額取決於向離職后福利計劃或保險公司支付的提存金金額，以及提存金所產生的投資回報，從而精算風險（即福利將少於預期）和投資風險（即投資的資產將不足以支付預期的福利）實質上要由職工來承擔
設定受益計劃	企業的義務是為現在及以前的職工提供約定的福利，並且精算風險和投資風險實質上由企業來承擔。因此，如果精算或者投資的實際結果比預期差，則企業的義務可能會增加

（1）設定提存計劃

設定提存計劃，是指向獨立的基金繳存固定費用后，企業不再承擔進一步支付義務的離職后福利計劃。

企業應在資產負債表日確認為換取職工在會計期間內為企業提供的服務而應付給設定提存計劃的提存金，並作為一項費用計入當期損益或相關資產成本。

［**例 9-12**］華遠股份有限公司為管理人員設立了一項企業年金：每月該企業按照每個管理人員工資的 5%向獨立於華遠股份有限公司的年金基金繳存企業年金，年金基金將其計入該管理人員個人帳戶並負責資金的運作。該管理人員退休時可以一次性獲得其個人帳戶的累積額，包括公司歷年來的繳存額以及相應的投資收益。公司除了按照約定向年金基金繳存之外不再負有其他義務，既不享有繳存資金產生的收益，也不承擔投資風險。因此，該福利計劃為設定提存計劃。2×16 年，按照計劃安排，該企業向年金基金繳存的金額為 1,000 萬元。會計分錄如下：

借：管理費用　　10,000,000

　貸：應付職工薪酬　　10,000,000

借：應付職工薪酬　　10,000,000

　貸：銀行存款　　10,000,000

（2）設定受益計劃

設定受益計劃，是指除設定提存計劃以外的離職后福利計劃。設定提存計劃和設定受益計劃的區分，取決於離職后福利計劃的主要條款和條件所包含的經濟實質。在設定提存計劃下，企業的義務以企業應向獨立主體繳存的提存金金額為限，職工未來所能取得的離職后福利金額取決於向獨立主體支付的提存金金額，以及提存金所產生的投資回報，從而精算風險和投資風險實質上要由職工來承擔。在設定受益計劃下，企業的義務是為現在及以前的職工提供約定的福利，並且精算風險和投資風險實質上

由企業來承擔。

當企業負有下列義務時，該計劃就是一項設定受益計劃：

（1）計劃福利公式不僅僅與提存金金額相關，而且要求企業在資產不足以滿足該公式的福利時提供進一步的提存金；

（2）通過計劃間接地或直接地對提存金的特定回報作出擔保。

設定受益計劃可能是不注入資金的，或者可能全部或部分地由企業（有時由其職工）向獨立主體以繳納提存金形式注入資金，並由該獨立主體向職工支付福利。到期時已註資福利的支付不僅取決於獨立主體的財務狀況和投資業績，而且取決於企業補償獨立主體資產不足的意願和能力。企業實質上承擔著與計劃相關的精算風險和投資風險。因此，設定受益計劃所確認的費用並不一定是本期應付的提存金金額。企業存在一項或多項設定受益計劃的，對於每一項計劃應當分別進行會計處理。

3. 辭退福利的確認和計量

辭退福利，是指企業在職工勞動合同到期之前解除與職工的勞動關係，或者為鼓勵職工自願接受裁減而給予職工的補償。由於導致義務產生的事項是終止雇傭而不是為獲得職工的服務，企業應當將辭退福利作為單獨一類職工薪酬進行會計處理。

企業向職工提供辭退福利的，應當在企業不能單方面撤回因解除勞動關係計劃或裁減建議所提供的辭退福利時、企業確認涉及支付辭退福利的重組相關的成本或費用時兩者孰早日，確認辭退福利產生的職工薪酬負債，並計入當期損益。

企業有詳細、正式的重組計劃並且該重組計劃已對外公告時，表明已經承擔了重組義務。重組計劃包括重組涉及的業務、主要地點、需要補償的職工人數及其崗位性質、預計重組支出、計劃實施時間等。

實施職工內部退休計劃的，企業應當比照辭退福利處理。在內退計劃符合本準則規定的確認條件時，企業應當按照內退計劃的規定，將自職工停止提供服務日至正常退休日期間，企業擬支付的內退職工工資和繳納的社會保險費等，確認為應付職工薪酬，一次性計入當期損益，而不能在職工內退后各期分期確認因支付內退職工工資和為其繳納社會保險費等產生的義務。

企業應當按照辭退計劃條款的規定，合理預計並確認辭退福利產生的職工薪酬負債，並具體考慮下列情況：

（1）對於職工沒有選擇權的辭退計劃，企業應當根據計劃條款的規定擬解除勞動關係的職工數量、每一職位的辭退補償等確認職工薪酬負債。

（2）對於自願接受裁減建議的辭退計劃，由於接受裁減的職工數量不確定，企業應當根據《企業會計準則第 13 號——或有事項》的規定，預計將會接受裁減建議的職工數量，根據預計的職工數量和每一職位的辭退補償等確認職工薪酬負債。

（3）對於辭退福利預期在其確認的年度報告期期末后十二個月內完全支付的辭退福利，企業應當適用短期薪酬的相關規定。

（4）對於辭退福利預期在年度報告期期末后十二個月內不能完全支付的辭退福利，企業應當適用本準則關於其他長期職工福利的相關規定。即對於實質性辭退工作在一年內實施完畢但補償款項超過一年支付的辭退計劃，企業應當選擇恰當的折現率，以折現后的金額計量應計入當期損益的辭退福利金額。

［例 9-13］2×16 年 10 月，為了能夠在下一年度順利實施轉產，華遠股份有限公司的管理層制訂了一項辭退計劃。計劃規定，從 2×17 年 1 月 1 日起，公司將以職工自願的方式，辭退其筆記本電腦生產車間的職工。辭退計劃的詳細內容，包括擬辭退的職工所在部門、數量、各級別職工能夠獲得的補償以及計劃大體實施的時間等。辭退計劃的內容均已與職工溝通，並達成一致意見。辭退計劃已於 2×16 年 12 月 21 日經董事會正式批准，辭退計劃將於下一個年度內實施完畢。該項辭退計劃的詳細內容如表 9-2 所示。

表 9-2　　**辭退計劃的詳細內容**　　金額單位：萬元

所屬部門	職位	辭退數量（人）	工齡（年）	每人補償
筆記本車間	車間管理人員	5	1~10	10
			10~20	15
			20~30	20
	技工	25	1~10	8
			10~20	12
			20~30	15
	普工	50	1~10	5
			10~20	8
			20~30	12
合計		80		

2×16 年 12 月 31 日，公司預計各級別職工擬接受辭退職工數量的最佳估計數（最可能發生數）及其應支付的補償如表 9-3 所示。

表 9-3　　**預計辭退職工數量的最佳估計數及其應支付的補償**　　金額單位：萬元

所屬部門	職位	辭退數量（人）	工齡（年）	接受數量（人）	每人補償	補償金額
筆記本車間	車間管理人員	5	1~10	2	10	20
			10~20	1	15	15
			20~30	1	20	20
	技工	25	1~10	10	8	80
			10~20	5	12	60
			20~30	5	15	75
	普工	50	1~10	20	5	100
			10~20	10	8	80
			20~30	10	12	120
合計		80		64		570

根據表 9-3，願意接受辭退職工的最可能數量為 64 名，預計補償總額為 570 萬元，則華遠股份有限公司在 2×16 年（辭退計劃是 2×16 年 12 月 21 日由董事會批准）應作會計分錄如下：

借：管理費用　　5,700,000
　貸：應付職工薪酬——辭退福利　　5,700,000

4. 其他長期職工福利的確認和計量

其他長期職工福利，是指除短期薪酬、離職后福利和辭退福利以外的其他所有職工福利。其他長期職工福利包括長期帶薪缺勤、其他長期服務福利、長期殘疾福利、長期利潤分享計劃和長期獎金計劃等。

企業向職工提供的其他長期職工福利，符合設定提存計劃條件的，應當按照設定提存計劃的有關規定進行會計處理。企業向職工提供的其他長期職工福利，符合設定受益計劃條件的，應當按照設定受益計劃的有關規定，確認和計量其他長期職工福利淨負債或淨資產。在報告期期末，企業應當將其他長期職工福利產生的職工薪酬成本確認為下列組成部分：

(1) 服務成本。

(2) 其他長期職工福利淨負債或淨資產的利息淨額。

(3) 重新計量其他長期職工福利淨負債或淨資產所產生的變動。

為了簡化相關會計處理，上述項目的總淨額應計入當期損益或相關資產成本。長期殘疾福利水平取決於職工提供的服務期間長短的，企業應在職工提供服務的期間確認應付長期殘疾福利義務，計量時應當考慮長期殘疾福利支付的可能性和預期支付的期限；與職工提供服務期間長短無關的，企業應當在導致職工長期殘疾的事件發生的當期確認應付長期殘疾福利義務。

(五) 股份支付

1. 股份支付的含義及特點

股份支付，是「以股份為基礎的支付」的簡稱，是指企業為獲取職工和其他方提供的服務而授予權益工具或者承擔以權益工具為基礎確定的負債的交易。股份支付準則所指的權益工具是指企業自身權益工具，包括企業本身、企業的母公司或同集團其他會計主體的權益工具。企業向其職工支付期權作為薪酬或獎勵措施的行為，是目前具有代表性的股份支付交易，中國部分企業目前實施的職工期權激勵計劃即屬於這一範疇，也是中國職工薪酬的重要組成部分。《企業會計準則第 11 號——股份支付》(以下簡稱股份支付準則) 規範了企業按規定實施的職工期權激勵計劃的會計處理和相關信息披露要求。

股份支付具有以下特徵：

(1) 股份支付是企業與職工或其他方之間發生的交易。以股份為基礎的支付可能發生在企業與股東之間、合併交易中的合併方與被合併方之間或者企業與其職工之間。其中，只有發生在企業與其職工或向企業提供服務的其他方之間的交易，才可能符合股份支付準則對股份支付的概念。

(2) 股份支付是以獲取職工或其他方服務為目的的交易。企業在股份支付交易中意在獲取其職工或其他方提供的服務（費用）或取得這些服務的權利（資產）。企業獲取這些服務或權利的目的是用於其正常生產經營，不是轉手獲利等。

(3) 股份支付交易的對價或其定價與企業自身權益工具未來的價值密切相關。股份支付交易與企業與其職工間其他類型交易的最大不同，是交易對價或其定價與企業自身權益工具未來的價值密切相關。在股份支付中，企業要麼向職工支付其自身權益工具，要麼向職工支付一筆現金，而其金額取決於結算時企業自身權益工具的公允價值。

本章中的股份支付主要是闡述企業為獲取職工服務而授予權益工具或者承擔以權益工具為基礎確定的負債的交易，即薪酬性股票期權。

2. 股份支付的確認和計量

（1）換取職工服務的權益結算的股份支付

對於換取職工服務的股份支付，企業應當以股份支付所授予的權益工具的公允價值計量。企業應在等待期內的每個資產負債表日，以對可行權權益工具數量的最佳估計為基礎，按照權益工具在授予日的公允價值，將當期取得的服務計入相關資產成本或當期費用，同時計入資本公積中的其他資本公積。

對於授予后立即可行權的換取職工提供服務的權益結算的股份支付（例如授予限制性股票的股份支付），應在授予日按照權益工具的公允價值，將取得的服務計入相關資產成本或當期費用，同時計入資本公積中的股本溢價。

（2）換取職工服務的現金結算的股份支付

以現金結算的股份支付，是指企業為獲取服務而承擔的以股份或其他權益工具為基礎計算的交付現金或其他資產的義務的交易。

企業應當在等待期內的每個資產負債表日，以對可行權情況的最佳估計為基礎，按照企業承擔負債的公允價值，將當期取得的服務計入相關資產成本或當期費用，同時計入負債，並在結算前的每個資產負債表日和結算日對負債的公允價值重新計量，將其變動計入損益。

對於授予后立即可行權的現金結算的股份支付（例如授予虛擬股票或業績股票的股份支付），企業應當在授予日按照企業承擔負債的公允價值計入相關資產成本或費用，同時計入負債，並在結算前的每個資產負債表日和結算日對負債的公允價值重新計量，將其變動計入損益。

3. 股份支付的帳務處理

（1）授予日

除了立即可行權的股份支付外，無論權益結算的股份支付還是現金結算的股份支付，企業在授予日均不做會計處理。

（2）等待期內每個資產負債表日

企業應當在等待期內的每個資產負債表日，將取得的職工服務計入成本費用，同時確認所有者權益或負債。對於附有市場條件的股份支付，只要職工滿足了其他所有非市場條件，企業就應當確認已取得的服務。

等待期長度確定后，業績條件為非市場條件的，如果后續信息表明需要調整對可行權情況的估計的，應對前期估計進行修改。在等待期內每個資產負債表日，企業應將取得的職工提供的服務計入成本費用，計入成本費用的金額應當按照權益工具的公允價值計量。

對於權益結算的涉及職工的股份支付，應當按照授予日權益工具的公允價值計入成本費用和資本公積（其他資本公積），不確認其后續公允價值變動；對於現金結算的涉及職工的股份支付，應當按照每個資產負債表日權益工具的公允價值重新計量，確定成本費用和應付職工薪酬。

對於授予的存在活躍市場的期權等權益工具，應當按照活躍市場中的報價確定其公允價值。對於授予的不存在活躍市場的期權等權益工具，應當採用期權定價模型等確定其公允價值，選用的期權定價模型至少應當考慮以下因素：①期權的行權價格；②期權的有效期；③標的股份的現行價格；④股價預計波動率；⑤股份的預計股利；⑥期權有效期內的無風險利率。

在等待期內每個資產負債表日，企業應當根據最新取得的可行權職工人數變動等后續信息做出最佳估計，修正預計可行權的權益工具數量。在可行權日，最終預計可行權權益工具的數量應當與實際可行權工具的數量一致。

根據上述權益工具的公允價值和預計可行權的權益工具數量，計算截至當期累計應確認的成本費用金額，再減去前期累計已確認金額，作為當期應確認的成本費用金額。

（3）可行權日之后

對於權益結算的股份支付，在可行權日之后不再對已確認的成本費用和所有者權益總額進行調整。企業應在行權日根據行權情況，確認股本和股本溢價，同時結轉等待期內確認的資本公積（其他資本公積）。對於現金結算的股份支付，企業在可行權日之后不再確認成本費用、負債（應付職工薪酬），公允價值的變動應當計入當期損益（公允價值變動損益）。

［**例 9-14**］華遠股份有限公司有關現金結算的股份支付資料如下：

（1）2×16 年 1 月 1 日，華遠股份有限公司為其 120 名銷售人員每人授予 10 萬份現金股票增值權。這些人員從 2×16 年 1 月 1 日起必須在該公司連續服務 3 年，同時三年的銷售數量分別達到 1,000 萬臺、1,200 萬臺、1,500 萬臺，即可自 2×18 年 12 月 31 日起根據華遠股份有限公司股價的增長幅度獲得現金。該增值權應在 2×20 年 12 月 31 日之前行使完畢。

分析：可行權條件為連續服務 3 年為服務期限條件，三年的銷售數量為非市場業績條件。

2×16 年 1 月 1 日：授予日不進行處理。

（2）2×16 年 12 月 31 日每份現金股票增值權的公允價值為 12 元。本年有 20 名管理人員離開華遠股份有限公司，華遠股份有限公司估計還將有 15 名管理人員離開。2×16 年實際銷售數量為 1,050 萬臺。

「應付職工薪酬」科目發生額＝（120－20－15）×10×12×1/3＝3,400（萬元）

借：銷售費用　　34,000,000

　貸：應付職工薪酬——股份支付　　34,000,000

（3）2×17 年 12 月 31 日每份現金股票增值權的公允價值為 15 元。本年又有 10 名管理人員離開公司，公司估計還將有 8 名管理人員離開。2×17 年實際銷售數量為 1,300 萬臺。

「應付職工薪酬」科目余額＝（120－20－10－8）×10×15×2/3＝8,200（萬元）

「應付職工薪酬」科目發生額=8,200-3,400=4,800（萬元）

借：銷售費用　48,000,000

　貸：應付職工薪酬——股份支付　48,000,000

（4）2×18年12月31日有50人行使股票增值權取得了現金，每份增值權現金支出額為16元。2×18年12月31日每份現金股票增值權的公允價值為18元。本年又有3名管理人員離開。2×18年實際銷售數量為1,550萬臺。

①行權時會計分錄如下：

行權時實際支付的職工薪酬=50×10×16=8,000（萬元）

借：應付職工薪酬——股份支付　80,000,000

　貸：銀行存款　80,000,000

②確認費用時會計分錄如下：

「應付職工薪酬」科目余額=（120-20-10-3-50）×10×18×3/3=6,660（萬元）

「應付職工薪酬」科目發生額=6,660-8,200+8,000=6,460（萬元）

借：銷售費用　64,600,000

　貸：應付職工薪酬——股份支付　64,600,000

（5）2×17年12月31日（超過等待期，可行權日以后），有27人行使了股票增值權取得了現金，每份增值權現金支出額為20元。2×17年12月31日每份現金股票增值權的公允價值為21元。

①行權時會計分錄如下：

行權時實際支付的職工薪酬=27×10×20=5,400（萬元）

借：應付職工薪酬——股份支付　54,000,000

　貸：銀行存款　54,000,000

②確認公允價值變動損益時會計分錄如下：

「應付職工薪酬」科目余額=（120-33-50-27）×10×21=2,100（萬元）

「應付職工薪酬」科目發生額=2,100-6,660+5,400=840（萬元）

借：公允價值變動損益　8,400,000

　貸：應付職工薪酬——股份支付　8,400,000

（6）2×18年12月31日（超過等待期，可行權日以后）剩余10人（120-33-50-27）全部行使了股票增值權取得了現金，每份增值權現金支出額為25元。

①行權時會計分錄如下：

行權時實際支付的職工薪酬=10×10×25=2,500（萬元）

借：應付職工薪酬——股份支付　25,000,000

　貸：銀行存款　25,000,000

②確認公允價值變動損益時會計分錄如下：

「應付職工薪酬」科目余額=0

「應付職工薪酬」科目發生額=0-2,100+2,500=400（萬元）

借：公允價值變動損益　4,000,000

　貸：應付職工薪酬——股份支付　4,000,000

六、應交稅費

企業在一定時期內取得的營業收入和實現的利潤或發生特定經營行為，要按照稅法等相關規定一般應當定期向國家繳納各種稅費。這些應繳納的稅費，應按照權責發生制的原則確認，因而在尚未繳納之前形成了一項現時義務，應當確認為一項流動負債，即應交稅費。企業按照規定應繳納的稅費主要包括：增值稅、消費稅、城市維護建設稅、資源稅、企業所得稅、土地增值稅、房產稅、車船稅、土地增值稅、教育費附加等。

(一) 增值稅的帳務處理

增值稅是對在中國境內銷售貨物、服務、無形資產或者不動產，以及進口貨物的單位和個人就其實現的增值稅稅額徵收的一個稅種。增值稅是中國目前第一大稅種。根據增值稅納稅人的經營規模和會計核算的健全程度不同，增值稅納稅人可以分為一般納稅人和小規模納稅人。企業一旦被認定為一般納稅人不能重新被認定為小規模納稅人。

1. 一般納稅人增值稅的帳務處理

增值稅一般納稅人按照稅法的規定在購進貨物或者接受應稅勞務支付的增值稅，即進項稅額，可以從銷售貨物、服務、無形資產或者不動產中按規定收取的增值稅即銷項稅額中抵扣。一般納稅人銷售貨物或提供應稅勞務，其應納稅額採用扣稅法計算。即：

應納稅額=當期銷項稅額-當期可抵扣的進項稅額。

(1) 一般納稅人增值稅稅率

增值稅實行比例稅率，營業稅改增值稅之后，一般納稅人增值稅的稅率分為17%、13%、11%、6%以及零稅率等。

①17%的稅率，適用於大多數銷售和進口貨物，提供加工、修理修配勞務以及提供有形動產租賃服務。

②13%的稅率，適用於保證消費者對基本生活必需品的消費，包括糧食、食用植物油、自來水、暖氣、冷氣、熱水、煤氣、石油液化氣、天然氣、沼氣、居民用煤炭製品、圖書、報紙、雜誌、飼料、化肥、農藥、農機、農膜等商品。

③11%的稅率，適用於「營改增」后的提供交通運輸、郵政、基礎電信、建築、不動產租賃服務，銷售不動產，轉讓土地使用權。

④6%的稅率，適用於「營改增」后的服務業服務。

⑤零稅率，即稅率為零，適用於法律不限制或不禁止的報關出口貨物，境內的單位和個人提供的國際運輸服務、向境外單位提供的研發服務和設計服務以及提供港澳臺運輸服務。

(2) 帳戶設置

一般納稅人應繳納的增值稅，在「應交稅費」科目下設置「應交增值稅」明細科目，「應交增值稅」明細科目的借方發生額，反應企業購進貨物或接受應稅勞務支付的進項稅額、實際已繳納的增值稅等；貸方發生額，反應銷售貨物或提供應稅勞務應繳納的增值稅稅額、出口貨物退稅、轉出已支付或應分擔的增值稅等；期末借方余額，反應企業尚未抵扣的增值稅。「應交稅費——應交增值稅」科目應分別設置「進項稅額」「已交稅金」「銷項稅額」「出口退稅」「進項稅額轉出」「轉出未交增值稅」「轉出多交增值稅」等明細科目。

（3）當期進項稅額的帳務處理

根據中國增值稅法的有關規定，一般納稅人當期購進貨物或者應稅勞務已繳納的增值稅進項稅額，屬於下列情形的準許從當期的銷項稅額中抵扣。主要包括以下幾類：

①從銷售方或提供應稅勞務方取得的增值稅專用發票上註明的增值稅稅額。自2009年1月1日開始，中國實施增值稅轉型，從過去的生產型增值稅模式轉變為消費型增值稅模式。在消費型增值稅模式下，企業購進的機器設備等生產經營用固定資產所支付的增值稅在符合稅法規定的情況下，準許從銷項稅額中抵扣，不再計入固定資產成本，但用於集體福利或個人消費的固定資產，購進時所支付的增值稅，不能從銷項稅額中抵扣。

②從海關取得的海關進口增值稅專用繳款書上註明的增值稅稅額。

③購進農產品，除取得增值稅專用發票和海關進口增值稅專用繳款書之外，可以按照農產品收購發票或者銷售發票上註明的買價和13%的扣除率計算進項稅額。

在上述3種情形下，企業可以將增值稅的進項稅額，借記「應交稅費——應交增值稅（進項稅額）」科目，從而從當期的銷項稅額中抵扣。

［**例9-15**］2×16年6月10日，華遠股份有限公司從丙公司購買一批鋼材作為原材料，取得的丙公司開具的增值稅專用發票上註明的材料價款為800,000元，增值稅稅額為136,000元，運輸公司開具的增值稅專用發票上註明的運輸費為4,000元，增值稅為440元。材料已經驗收入庫，相關款項尚未支付。華遠股份有限公司採用實際成本法對原材料進行計量。

2×16年6月10日，華遠股份有限公司應作會計分錄如下：

借：原材料——鋼材	804,000	
應交稅費——應交增值稅（進項稅額）	136,440	
貸：應付帳款——華遠股份有限公司		940,440

［**例9-16**］2×16年7月7日，華遠股份有限公司車間的一臺設備進行維修，收到的維修公司開具的增值稅專用發票上註明的維修費為3,000元，增值稅為510元。華遠股份有限公司公司開出一張轉帳支票支付該筆維修費。

2×16年7月7日，華遠股份有限公司應作會計分錄如下：

借：管理費用	3,000	
應交稅費——應交增值稅（進項稅額）	510	
貸：銀行存款		3,510

（4）進項稅額轉出的帳務處理

在某些情況下，企業發生的進項稅額不得從銷項稅額中抵扣，主要有以下情形：用於簡易計稅方法計稅項目、免徵增值稅項目、集體福利或者個人消費的購進貨物、加工修理修配勞務、服務、無形資產和不動產。其中涉及的固定資產、無形資產、不動產，僅指專用於上述項目的固定資產、無形資產（不包括其他權益性無形資產）、不動產；非正常損失的在產品、產成品所耗用的購進貨物（不包括固定資產）、加工修理修配勞務和交通運輸服務；非正常損失的不動產，以及該不動產所耗用的購進貨物、設計服務和建築服務；非正常損失的不動產在建工程所耗用的購進貨物、設計服務和建築服務；購進的旅客運輸服務、貸款服務、餐飲服務、居民日常服務和娛樂服務。在這些情形下，已經發生的增值稅進項稅額不能抵扣，應當予以轉出，貸記「應交稅費——應交增值稅（進項稅額轉出）」科目。

［**例 9-17**］2×16 年 8 月 7 日，華遠股份有限公司將購入的一批存貨作為福利發放給職工，該批存貨原購進時增值稅專用發票上註明的價款為 30,000 元，增值稅為 5,100 元。

2×16 年 8 月 7 日，華遠股份有限公司應作會計分錄如下：

借：應付職工薪酬——非貨幣性福利　35,100
　貸：庫存商品　30,000
　　　應交稅費——應交增值稅（進項稅額轉出）　5,100

（5）銷項稅額的帳務處理

銷項稅額，是指納稅人發生應稅行為按照銷售額和增值稅稅率計算並收取的增值稅額。一般納稅人在對外銷售商品或提供應稅勞務時，應向購買者開具增值稅專用發票。另外，企業在發生將貨物用於不動產在建工程、開發無形資產、集體福利和個人消費利潤分配、對外投資、對外捐贈等視同銷售行為時，按照商品或勞務的計稅價格（不含稅價格）和適用的稅率，計算應交增值稅的銷項稅額，貸記「應交稅費——應交增值稅（銷項稅額）」科目。

［**例 9-18**］2×16 年 3 月 15 日，華遠股份有限公司銷售一批產品給甲公司，開出的增值稅專用發票上註明的價款 10,000 元，增值稅稅額為 1,700 元。產品已經發出，貨款尚未收到。華遠股份有限公司生產該批產品的成本為 7,000 元。

2×16 年 3 月 15 日，華遠股份有限公司作會計分錄如下：

借：應收帳款——甲公司　11,700
　貸：主營業務收入　10,000
　　　應交稅費——應交增值稅（銷項稅額）　1,700

同時，結轉成本：

借：主營業務成本　7,000
　貸：庫存商品　7,000

［**例 9-19**］2×16 年 6 月 20 日，華遠股份有限公司向洪水災區捐贈一批食品。該批食品的市場不含稅銷售價格為 100,000 元，增值稅稅率為 17%，產品已經發往災區。該批食品的成本為 70,000 元。

2×16 年 6 月 20 日，華遠股份有限公司作會計分錄如下：

借：營業外支出　87,000
　貸：庫存商品　70,000
　　　應交稅費——應交增值稅（銷項稅額）　17,000

（6）繳納增值稅和期末結轉的帳務處理

企業在向稅務部門實際繳納本期的增值稅稅額時，按照實際繳納的增值稅金額，借記「應交稅費——應交增值稅（已交稅金）」科目，貸記「銀行存款」等科目。企業向稅務部門繳納以前期間的增值稅時，按照實際繳納的增值稅金額，借記「應交稅費——未交增值稅」科目，貸記「銀行存款」等科目。

期末，企業應當將本期應交或多交的增值稅，結轉至「應交稅費——未交增值稅」科目。具體來說，對於企業當期應交未交的增值稅，應借記「應交稅費——應交增值稅（轉出未交增值稅）」科目，貸記「應交稅費——未交增值稅」科目；對於企業當期多交的增值稅，應借記「應交稅費——未交增值稅」科目，貸記「應交稅費——應交增值稅（轉出多交增值稅）」科目。期末「應交稅費——未交增值稅」科目的余額若在貸方，表示企業當期應交未交的增值稅；余額若在借方，表示企業當期多交的增值稅。

［**例 9-20**］2×16 年 6 月 10 日，華遠股份有限公司向稅務機關繳納上期未繳納的增值稅 26,785 元。

則，2×16 年 6 月 10 日，華遠股份有限公司的會計分錄如下：

借：應交稅費——未交增值稅　　26,785
　貸：銀行存款　　26,785

2. 小規模納稅人增值稅的帳務處理

小規模納稅人，是指應納增值稅的銷售額在稅法規定的標準以下，並且會計核算不健全的納稅人。其一般具有以下特點：一是小規模納稅人在銷售貨物或者提供勞務時，只能開具普通發票，不能開具增值稅專用發票，銷售額通常含增值稅。但如果小規模納稅人向一般納稅人銷售貨物或應稅勞務，購貨方要求銷貨方提供增值稅專用發票時，稅務機關可以為其代開增值稅專用發票。二是小規模納稅人購進貨物或接受勞務時，按照所應支付的全部價款計入存貨的入帳價值，不論是否取得增值稅專用發票，其支付的增值稅均不能確認為進項稅額。三是小規模納稅人採用簡易徵收辦法，按照不含稅銷售額和徵收率計算確定當期應交增值稅。小規模納稅人的徵收率一般為 3%。應納增值稅的計算公式為：

不含稅銷售額＝含稅銷售額÷（1+3%）

應納增值稅稅額＝不含稅銷售額×3%

［**例 9-21**］華遠股份有限公司下屬的 M 公司為小規模納稅人。2×16 年 5 月 20 日，M 公司購進一批材料，價款為 60,000 元，增值稅為 10,200 元，另外負擔運雜費 3,000 元，全部價款已開出支票支付，材料已驗收入庫。6 月 15 日，M 公司銷售一批產品，開出的普通發票上註明的價款為 72,100 元。貨款尚未收到。該批產品的成本為 50,000 元。

2×16 年 5 月 20 日，M 公司購進材料作會計分錄如下：

借：原材料　　73,200
　貸：銀行存款　　73,200

2×16 年 6 月 15 日，M 公司銷售產品的會計分錄如下：

借：應收帳款　　72,100
　貸：主營業務收入　　70,000
　　　應交稅費——應交增值稅　　21,00

同時結轉成本：

借：主營業務成本　　50,000

　貸：庫存商品　　50,000

（二）消費稅的帳務處理

為了正確引導消費方向，國家在普遍徵收增值稅的基礎上，選擇部分消費品，再徵收一次消費稅，因而消費稅是指以特定消費品的流轉額作為徵稅對象的各種稅收的統稱。現行消費稅的徵收範圍主要包括：菸、酒及酒精、鞭炮、焰火、化妝品、成品油、貴重首飾及珠寶玉石、高爾夫球及球具、高檔手錶、遊艇、木制一次性筷子、實木地板、汽車輪胎、摩托車、小汽車等。

1. 消費稅的計算方法

消費稅應納稅額的計算方法有三種：從價定率計徵法、從量定額計徵法以及複合計徵法。

（1）從價定率計徵法

實行從價定率計徵法的消費稅以銷售額為基數，乘以適用的比例稅率來計算應交消費稅的金額。其中，銷售額不包括向購貨方收取的增值稅。目前，中國消費稅稅率在11%至56%之間。具體計算公式為：

應納消費稅＝不含增值稅銷售額×比例稅率

（2）從量定額計徵法

實行從量定額計徵法的消費稅以應稅消費品的數量為基數，乘以適用的定額稅率來計算應交消費稅的金額。屬於銷售應稅消費品的，為應稅消費品的銷售數量；屬於自產自用應稅消費品的，為應稅消費品的移送數量；屬於委託加工應稅消費品的，為納稅人收回的應稅消費品數量；進口的應稅消費品，為海關核定的應稅消費品進口徵稅數量。計算公式為：

應納消費稅稅額＝應稅消費品數量×定額稅率

（3）複合計徵法

實行複合計徵法的消費稅，既規定了比例稅率，又規定了定額稅率，其應納稅額實行從價定率和從量定額相結合的複合計徵方法。複合計徵法目前只適用於卷菸和白酒應交消費稅的計算。計算公式為：

應納消費稅＝不含增值稅銷售額×比例稅率＋應稅消費品數量×定額稅率

2. 科目設置

企業按規定應交的消費稅，在「應交稅費」科目下設置「應交消費稅」明細科目核算。該明細帳採用三欄式，貸方核算企業按規定應繳納的消費稅，借方核算企業實際繳納的消費稅或待抵扣消費稅；期末貸方余額表示尚未繳納的消費稅，借方余額表示企業多繳的消費稅。

3. 銷售及視同銷售應稅消費品的帳務處理

企業將生產的應稅消費品對外銷售，應按照稅法規定計算應交消費稅的金額，將其確認為一項負債，並直接計入當期損益，借記「營業稅金及附加」科目，貸記「應交稅費——應交消費稅」科目；實際繳納消費稅時，借記「應交稅費——應交消費稅」

科目，貸記「銀行存款」科目。企業將生產的產品自用、對外捐贈等視同銷售時，應按照稅法的規定計算應交消費稅，借記「在建工程」「營業外支出」等科目，貸記「庫存商品」「應交稅費——應交增值稅（銷項稅額）」「應交稅費——應交消費稅」等科目。

［**例 9-22**］2×16 年 6 月 25 日，華遠股份有限公司為增值稅一般納稅人，銷售糧食白酒 1 噸，取得不含稅銷售收入 100,000 元，產品已發出，款項已收存銀行。糧食白酒的消費稅稅率為 20%，定額稅率為 0.5 元/500 克，該批白酒的生產成本為 20,000 元。

2×16 年 6 月 25 日，會計分錄如下：

應納消費稅稅額＝100,000×20%＋1×2,000×0.5＝21,000（元）

增值稅銷項稅額＝100,000×17%＝17,000（元）

借：銀行存款　　117,000

　貸：主營業務收入　　100,000

　　　應交稅費——應交增值稅（銷項稅額）　　17,000

同時，計提消費稅：

借：營業稅金及附加　　21,000

　貸：應交稅費——應交消費稅　　21,000

結轉成本：

借：主營業務成本　　20,000

　貸：庫存商品　　20,000

［**例 9-23**］華遠股份有限公司為一般納稅人，2×16 年 7 月 25 日，將自產的一批摩托車用於贊助。同類摩托車的不含稅銷售價格為 200,000 元，該批摩托車生產成本為 120,000 元，消費稅稅率為 10%。貨已發出。

2×16 年 7 月 25 日，華遠公司的會計分錄如下：

應納消費稅稅額＝200,000×10%＝20,000（元）

增值稅銷項稅額＝200,000×17%＝34,000（元）

借：營業外支出　　174,000

　貸：庫存商品　　120,000

　　　應交稅費——應交增值稅（銷項稅額）　　34,000

　　　　　　　——應交消費稅　　20,000

（三）營業稅的帳務處理

中國自 2016 年 5 月 1 日開始全面實施「營改增」稅收政策，因此，該內容在此不再詳細闡述。

「營改增」前，營業稅是對提供勞務、轉讓無形資產或者銷售不動產的單位和個人徵收的一種稅。企業按規定應交的營業稅，在「應交稅費」科目下設置「應交營業稅」明細科目核算。一般情況下，主營業務及其他業務應繳納的營業稅記入「營業稅金及附加」科目；與銷售不動產相關的營業稅記入「固定資產清理」科目；出租或出售無形資產（土地使用權等）通過「營業外收入」或「營業外支出」科目核算。

（四）其他應交稅費

1. 資源稅

（1）銷售產品繳納的資源稅記入「營業稅金及附加」科目；

（2）自產自用產品繳納的資源稅記入「生產成本」「製造費用」等科目；

（3）收購未稅礦產品代扣代繳的資源稅，計入收購礦產品的成本；

（4）外購液體鹽、加工固體鹽相關的資源稅，按規定允許抵扣的資源稅記入「應交稅費——應交資源稅」科目的借方。

2. 土地增值稅

（1）企業轉讓土地使用權應交的土地增值稅，土地使用權與地上建築物及其附著物一併在「固定資產」等科目核算的，借記「固定資產清理」等科目，貸記「應交稅費——應交土地增值稅」科目。

（2）企業轉讓的土地使用權在「無形資產」科目核算的，按實際收到的金額，借記「銀行存款」科目，按已攤銷的無形資產金額，借記「累計攤銷」科目，按已計提的無形資產減值準備，借記「無形資產減值準備」科目，按無形資產帳面余額，貸記「無形資產」科目，按應交的土地增值稅，貸記「應交稅費——應交土地增值稅」科目，按以上借貸方差額，借記「營業外支出」科目或貸記「營業外收入」科目。

（3）企業按規定計算應交的房產稅、印花稅、土地使用稅、車船稅、礦產資源補償費，借記「管理費用」科目，貸記「應交稅費」科目。

七、應付利息

（一）應付利息的內容

應付利息，是指企業按照合同約定應定期支付的利息。企業在取得銀行借款或發行債券時，按照合同規定一般應於約定的利息日支付利息，而在資產負債表日確認當期利息費用時，應當將當期應付未付的利息確認為一項流動負債。

（二）應付利息的帳務處理

資產負債表日，企業應當按照借款或應付債券的攤余成本和實際利率計算確定當期的利息費用，屬於開辦期的，借記「管理費用」科目；屬於生產經營期間符合資本化條件的，借記「在建工程」等科目，不符合資本化條件的，借記「財務費用」科目；按照借款或應付債券本金和合同利率計算確定的當期應支付的利息，貸記「應付利息」科目；按照借貸方之間的差額，作為由於合同利率和實際利率不同產生的利息調整額，借記或貸記「長期借款——利息調整」「應付債券——利息調整」等科目。

企業在按照合同規定的付息日，應當按照合同約定實際支付利息的金額，借記「應付利息」科目，貸記「銀行存款」等科目。

八、應付股利

（一）應付股利的內容

應付股利，是指企業根據股東大會或類似機構審議批准的利潤分配方案確定應分配而尚未發放給投資者的現金股利或利潤。需要注意的是，企業董事會或類似機構作出的利潤分配預案不能作為確認負債的依據，而只能在財務報表附註中予以披露。

(二) 應付股利的帳務處理

企業股東大會或類似機構審議批准利潤分配方案時，按照應支付的現金股利或利潤金額，借記「利潤分配——應付現金股利或利潤」科目，貸記「應付股利」或「應付利潤」科目；實際支付現金股利和利潤時，借記「應付股利」或「應付利潤」科目，貸記「銀行存款」等科目。

九、其他應付款

(一) 其他應付款的內容

其他應付款，是指除應付票據、應付帳款、預收帳款、應付職工薪酬、應交稅費、應付利息、應付股利，長期應付款等以外的其他經營活動產生的各項應付、暫收的款項。具體包括：

(1) 企業應付租入包裝物的租金；

(2) 企業發生的存入保證金；

(3) 企業採用售后回購方式融入的資金；

(4) 企業代職工繳納的社會保險和住房公積金等。

(二) 其他應付款的帳務處理

企業發生各種應付、暫收的款項時，借記「管理費用」「應付職工薪酬」等科目，貸記「其他應付款」科目；實際支付各種應付、暫收的款項時，借記「其他應付款」科目，貸記「銀行存款」科目。

第三節　非流動負債

一、長期借款

(一) 長期借款的含義及特點

長期借款是指企業向銀行或其他金融機構借入的期限在一年以上（不含一年）或超過一年的一個營業週期以上的各項借款。它主要具有以下幾方面的特點：

(1) 籌資迅速。長期借款的手續比發行債券簡單得多，得到借款所花費的時間較短。

(2) 借款彈性較大。借款時企業與銀行直接交涉，有關條件可談判確定；在借款期限內，如果公司情況發生變化，也可與銀行再協商，修改借款的條件和金額。借款到期后，若有正當理由，還可以延期付款。

(3) 借款成本較低。長期借款的利率一般低於債券利率，且由於借款屬於直接籌資，籌資費用也較少。

（4）不會分散控制權。與發行股票相比，由於銀行等債權人不參與企業經營管理，因而不會分散原有股東對企業的控制權。

（5）財務風險較高。企業舉借長期借款一般金額較大，還款期限長，必須定期還本付息，在經營不利的情況下，可能會產生不能償付的風險，甚至會導致企業破產。

（6）限制性條款比較多。公司與銀行簽訂的借款合同中，一般都有一些限制性條款，如定期報送有關報表，不準改變借款用途等。這些條款制約了企業的生產經營和借款的使用範圍。

（二）長期借款的帳務處理

1. 帳戶設置

為了反應企業的各種長期借款，應設置「長期借款」總帳帳戶，用來核算各種長期借款的借入、應計利息和歸還情況。該帳戶屬於負債類，其貸方登記借入的款項及預計的應付利息；借方登記還本付息的數額；期末余額在貸方，表示尚未償還的長期借款本息數額。該帳戶應按貸款單位設置明細帳，並按貸款種類，設置「本金」「利息調整」和「應計利息」科目進行明細核算。

2. 帳務處理

企業取得長期借款，應按實際收到的現金淨額，借記「銀行存款」科目，貸記「長期借款——本金」科目，按其差額，借記「長期借款——利息調整」科目。

資產負債表日，應按攤余成本和實際利率計算確定的長期借款的利息費用，根據受益對象借記「在建工程」「財務費用」「研發支出」等科目，按合同約定的名義利率計算確定的應付利息金額，貸記「長期借款——應計利息」或「應付利息」科目，按其差額，貸記「長期借款——利息調整」科目。

實際利率與合同約定的名義利率差異很小的，也可以採用合同約定的名義利率計算確定利息費用。

到期歸還長期借款本金和利息時，借記「長期借款——本金」「長期借款——應計利息」科目，貸記「銀行存款」科目。同時，按應轉銷的利息調整、應計利息金額，借記「在建工程」「財務費用」「研發支出」等科目，貸記「長期借款——應計利息」「長期借款——利息調整」科目。

［**例 9-24**］2×16 年 11 月 30 日，華遠股份有限公司從銀行借入資金 4,000,000 元，借款期限為 3 年，年利率為 8.4%（到期一次還本付息，不計複合）。所借款項已存入銀行。華遠股份有限公司用該借款於當日購買不需要安裝的生產設備一臺，價款為 3,000,000 元，增值稅進項稅額為 510,000 元，另外支付保險等費用 100,000 元，設備已於當日投入使用。

（1）2×16 年 11 月 30 日，取得借款時。

借：銀行存款	4,000,000	
貸：長期借款——本金		4,000,000

（2）支付設備款及保險費時。

借：固定資產——設備	3,100,000	
應交稅費——應交增值稅（進項稅額）	510,000	

貸：銀行存款　　3,610,000

（3）2×16 年 12 月 31 日，華遠股份有限公司計提 12 月份利息時。

2×16 年 12 月計提利息額＝4,000,000×8.4%÷12＝28,000（元）

借：財務費用　　28,000

貸：長期借款——應計利息　　28,000

（4）2×17 年 1 月至 2×19 年 10 月每月末計提利息的會計分錄同上。

（5）2×19 年 11 月 30 日到期償還該筆銀行借款本息時。

借：財務費用　　28,000

長期借款——本金　　4,000,000

——應計利息　　980,000

貸：銀行存款　　5,008,000

二、應付債券

（一）應付債券的核算內容

債券是企業依照法定程序發行，約定在一定期限內還本付息的有價證券。企業應設置「應付債券」科目核算企業發行的超過一年以上的債券。應付債券是指企業為籌集長期資金而實際發行的債券及應付的利息，是企業籌集長期資金的一種重要方式。和銀行借款相比，債券具有金額較大、期限較長的特點。

債券存在兩個利率：一個是債券契約中標明的利率，稱為票面利率，也稱名義利率或合同利率；另一個是債券發行時的市場利率，也稱實際利率。實際利率是計算未來現金流量現值時使用的折現率。企業發行債券的價格受同期銀行存款利率的影響較大，一般情況下，企業可以按面值發行、溢價發行和折價發行三種方式發行債券。具體分類方法如表 9-4 所示。

表 9-4　　債券的發行方式表

票面利率與實際利率的關係	債券的發行方式	發行價和面值的關係
票面利率等於實際利率時	平價發行	發行價等於面值
票面利率大於實際利率時	溢價發行	發行價大於面值
票面利率小於實際利率時	折價發行	發行價小於面值

（二）應付債券的帳務處理

1. 應付債券發行時的帳務處理

企業發行債券時，假定不考慮債券的發行費用，應當按照債券的發行價格計入銀行存款。債券的發行價格由債券發行期間的現金流量的現值來確定，包括債券本金的現金流量現值和債券利息的現金流量現值兩個部分。按照發行債券的面值，貸記「應付債券——面值」科目；將二者的差額，借記或貸記「應付債券——利息調整」科目。

［**例 9-25**］2×16 年 1 月 1 日，華遠股份有限公司經批准發行 5 年期一次還本、分期付息的公司債券 10,000,000 元，債券利息在每年 12 月 31 日支付，票面利率為年利率 6%。假定債券發行時的市場利率為 5%。

華遠股份有限公司 2×16 年 1 月 1 日發行債券的發行價格及會計分錄如下：

債券本金的現值 = 10, 000, 000×(P/F, 5%, 5) = 10, 000, 000×0. 783, 5 = 7, 835, 000（元）

債券利息的現值 = 10, 000, 000×6%×(P/A, 5%, 5) = 2, 597, 700（元）

債券的發行價格 = 7, 835, 000+2, 597, 700 = 10, 432, 700（元）

借：銀行存款　　10, 432, 700

　貸：應付債券——面值　　10, 000, 000

　　　　　　——利息調整　　432, 700

2. 應付債券存續期間利息的帳務處理

應付債券在存續期間利息採用實際利率法在每個資產負債表日分期確認。實際利率法是指按照應付債券的實際利率計算其攤余成本及各期利息費用的方法。實際利率是指將應付債券在債券的存續期間的未來現金流量，折現為該債券當期帳面價值所使用的利率，即債券發行時的市場利率。攤余成本是指應付債券的初始確認金額（債券的發行價格減去發行費用的淨額）經過下列調整后的結果：

（1）扣除已償還的本金；

（2）加上或減去採用實際利率法將初始確認金額與到期日金額之間的差額（初始的利息調整金額）進行攤銷形成的累計攤銷額。

即債券平價發行時：攤余成本 = 初始確認金額 - 已償還的本金。

債券溢價發行時：攤余成本 = 初始確認金額 - 已償還的本金 - 利息調整至本期末累計攤銷額。

債券折價發行時：攤余成本 = 初始確認金額 - 已償還的本金 + 利息調整至本期末累計攤銷額。

債券的利息費用按照債券的攤余成本和實際利率計算確定。即：

債券利息費用 = 攤余成本×實際利率

在資產負債表日，對於分期付息、一次還本的債券，企業按照應付債券的攤余成本和實際利率計算確定的債券利息費用，借記「在建工程」「財務費用」等科目；按票面利率計算確定的應付未付利息，貸記「應付利息」科目；應付利息和利息費用的差額為債券溢價或折價的調整額，借記或貸記「應付債券——利息調整」科目；企業應當在債券規定的付息日支付利息時，應借記「應付利息」科目，貸記「銀行存款」科目。

對於一次還本付息的債券，應於資產負債表日按攤余成本和實際利率計算確定的債券利息費用，借記「在建工程」「財務費用」等科目；按票面利率計算確定的應付未付利息，貸記「應付債券——應計利息」科目；按其差額，借記或貸記「應付債券——利息調整」科目。

［例 9-26］ 接［例 9-25］，假定華遠股份有限公司發行債券籌集的資金專門用於廠房建設，建設期為 2×16 年 1 月 1 日至 2×17 年 12 月 31 日，不考慮發行費用。

在債券的發行存續期間，華遠股份有限公司採用實際利率法計算每期的利息費用，實際利息計算如表 9-5 所示。

表 9-5　攤余成本與實際利息計算表　單位：元

日期	應付利息	利息費用	利息調整攤銷額	攤余成本
2×16 年 1 月 1 日				10,432,700
2×17 年 12 月 31 日	600,000	521,635	78,365	10,354,335
2×18 年 12 月 31 日	600,000	517,716.75	82,283.25	10,272,051.75
2×19 年 12 月 31 日	600,000	513,602.59	86,397.41	10,185,654.34
2×20 年 12 月 31 日	600,000	509,282.72	90,717.28	10,094,937.06
2×21 年 12 月 31 日	600,000	505,062.94*	94,937.06	10,000,000

註：* 系尾數調整。

根據表 9-5 的相關資料，華遠股份有限公司 2×16 年 12 月 31 日至 2×20 年 12 月 31 日利息的會計分錄如表 9-6、表 9-7 所示。

表 9-6　華遠公司 2×16 年 1 月 1 日至 2×17 年 12 月 31 日利息費用的會計分錄表　單位：元

日期		2×16 年 12 月 31 日	2×17 年 12 月 31 日
資產負債表日	借：在建工程	521,635	517,716.75
	應付債券——利息調整	78,365	82,283.25
	貸：應付利息	600,000	600,000
付息	借：應付利息	600,000	600,000
	貸：銀行存款	600,000	600,000

表 9-7　華遠公司 2×18 年 12 月 31 日至 2×20 年 12 月 31 日利息費用的會計分錄表　單位：元

日期		2×18 年 12 月 31 日	2×19 年 12 月 31 日	2×20 年 12 月 31 日
資產負債表日	借：財務費用	513,602.59	509,282.72	505,062.94
	應付債券——利息調整	86,397.41	90,717.28	94,937.06
	貸：應付利息	600,000	600,000	600,000
付息日	借：應付利息	600,000	600,000	600,000
	貸：銀行存款	600,000	600,000	600,000

［**例 9-27**］接［例 9-25］，假定華遠股份有限公司發行的債券是到期一次還本付息，並且籌集的資金專門用於廠房建設，建設期為 2×16 年 1 月 1 日至 2×17 年 12 月 31 日，不考慮發行費用。

根據表 9-5，華遠股份有限公司 2×16 年 12 月 31 日至 2×20 年 12 月 31 日利息的會計分錄如表 9-8、表 9-9 所示。

表 9-8　華遠公司 2×16 年 1 月 1 日至 2×17 年 12 月 31 日利息費用的會計分錄表　單位：元

日期		2×16 年 12 月 31 日	2×17 年 12 月 31 日
資產負債表日	借：在建工程	521,635	517,716.75
	應付債券——利息調整	78,365	82,283.25
	貸：應付債券——應計利息	600,000	600,000

表 9-9　華遠公司 2×18 年 12 月 31 日至 2×20 年 12 月 31 日利息費用的會計分錄表　單位：元

日期		2×18 年 12 月 31 日	2×19 年 12 月 31 日	2×20 年 12 月 31 日
資產負債表日	借：財務費用	513, 602. 59	509, 282. 72	505, 062. 94
	應付債券——利息調整	86, 397. 41	90, 717. 28	94, 937. 06
	貸:應付債券——應計利息	600, 000	600, 000	600, 000

3. 應付債券提前贖回的帳務處理

在個別情況下，債券合同允許發行提前贖回債券。比如當市場利率下跌時，發行債券的企業為了節約利息成本，在債券合同允許而且企業有多余的資金時，會考慮提前贖回發行在外未到期的債券。此時，債券的贖回價格與贖回日攤余成本之間的差額，應當計入當期損益（財務費用）。

4. 應付債券到期償還的帳務處理

企業發行的債券通常分為到期一次還本付息或一次還本、分期付息兩種。採用一次還本付息方式的，企業應於債券到期支付債券本息時，借記「應付債券——面值」「應付債券——應計利息」科目，貸記「銀行存款」科目。採用一次還本、分期付息方式的，債券到期償還本金並支付最后一期利息時，借記「應付債券——面值」「在建工程」「財務費用」等科目，貸記「銀行存款」科目，按差額，借記或貸記「應付債券——利息調整」科目。

[例 9-28] 接［例 9-25］，2×20 年 12 月 31 日，華遠股份有限公司發行的一次還本、分期付息的債券到期，則華遠股份有限公司的會計分錄如下：

借：應付債券——面值　10, 000, 000
　　財務費用　505, 062. 94
　　應付債券——利息調整　94, 937. 06
　貸：銀行存款　10, 600, 000

[例 9-29] 接［例 9-27］，2×20 年 12 月 31 日，華遠股份有限公司發行的一次還本付息的債券到期，則華遠股份有限公司的會計分錄如下：

借：應付債券——面值　10, 000, 000
　　　　　——應計利息　2, 400, 000
　　財務費用　505, 062. 94
　　應付債券——利息調整　94, 937. 06
　貸：銀行存款　13, 000, 000

三、長期應付款

長期應付款，是指企業除長期借款和應付債券以外的其他各種長期應付款項，包括應付融資租入固定資產的租賃費，以分期付款方式購入的固定資產、存貨等發生的應付款項。

（一）應付融資租入固定資產的租賃費

企業採用融資租賃方式租入的固定資產，應在租賃期開始日，將租賃開始日租賃資產的公允價值與最低租賃付款額現值的較低者，加上初始直接費用，作為租入資產的入帳價值，借記「固定資產——融資租入固定資產」科目，按最低租賃付款額，貸記「長期應付款」科目；按發生的初始直接費用，貸記「銀行存款」等科目；按其差額，借記「未確認融資費用」科目。

（二）以分期付款方式購入的固定資產、存貨等發生的應付款項

企業如果在購買固定資產、無形資產或存貨等資產過程中，延期支付的購買價款超過正常信用條件，實質上具有融資性質。企業應當按照未來分期付款的現值借記「固定資產」「在建工程」「無形資產」「原材料」等科目；按照未來分期付款的總額貸記「長期應付款」科目；按照差額借記「未確認融資費用」科目。企業在按照合同約定的付款日分期支付價款時，應借記「長期應付款」科目，貸記「銀行存款」科目；同時，按實際利率法攤銷未確認融資費用，借記「財務費用」科目，貸記「未確認融資費用」科目。

第四節　借款費用

一、借款的範圍

借款包括專門借款和一般借款。專門借款是指為購建或生產符合資本化條件的資產而專門借入的款項。這裡所謂的符合資本化條件的資產是指需要經過相當長時間（1年及1年以上）的購建或者生產活動才能達到預定可使用或可銷售狀態的固定資產、投資性房地產和存貨等資產。專門借款通常應當有明確的用途，即為購建或生產符合資本化條件的資產而專門借入的，並通常應當具有標明該用途的借款合同。例如，某製造企業為了建造廠房向某銀行專門貸款2億元，某房地產企業為開發商品房向某銀行專門貸款4億元，某施工企業為了完成承接的某運動場館建造合同向銀行專門貸款5,000萬元等均屬於專門借款。其使用目的明確，而且其使用受與銀行簽訂的相關合同的限制。一般借款是指除專門借款之外的借款，相對於專門借款而言，一般借款在借入時，通常沒有特指用於購建或生產符合資本化條件的資產。

二、借款費用的範圍

借款費用的具體內容包括：

1. 借款利息

借款利息是指因借款而發生的利息，包括企業向銀行或者其他金融機構等借入資金發生的利息，發行公司債券發生的利息，以及其他帶息債務所承擔的利息等。

2. 因借款而發生的折價或者溢價的攤銷

因借款而發生的折價或者溢價的攤銷主要是指發行債券等所發生的折價或者溢價，其實質是按照實際利率法對債券票面利息的調整，屬於借款費用的範疇。

3. 因外幣借款而發生的匯兌差額

因外幣借款而發生的匯兌差額，是指由於匯率變動對外幣借款本金及其利息的記

帳本位幣金額所產生的影響金額。由於匯率的變化往往和利率的變化相關，是外幣借款所需承擔的風險，因此，因外幣借款相關匯率變化所導致的匯兌差額屬於借款費用的有機組成部分。

4. 因借款而發生的輔助費用

因借款而發生的輔助費用，是指企業在借款過程中發生的手續費、佣金、印刷費等費用，由於這些費用是因安排借款而發生的，也屬於借入資金所付出的代價，是借款費用的構成部分。

5. 因融資租賃發生的融資費用

因融資租賃發生的融資費用，是指承租人根據租賃會計準則所確認的融資租賃發生的融資費用，也屬於借款費用的構成部分。

三、借款費用的確認

借款費用的確認主要解決的是將借款費用資本化還是費用化的問題，也即是將借款費用計入相關資產的成本，還是計入當期損益的問題。根據《企業會計準則第 17 號——借款費用》的規定，借款費用確認的基本原則是：企業發生的借款費用，可直接歸屬於符合資本化條件的資產的購建或者生產的，應當予以資本化，計入相關資產成本；其他借款費用，應當在發生時根據其發生額確認為費用，計入當期損益，即財務費用。

只有發生在資本化期間內的有關借款費用，才允許資本化，因而資本化期間的確定是借款費用確認和計量的重要前提。

四、資本化期間的確定

借款費用資本化期間，是指從借款費用開始資本化時點到停止資本化時點的期間，但不包括借款費用暫停資本化的期間。

(一) 借款費用開始資本化的時點

借款費用允許開始資本化必須同時滿足三個條件，即資產支出已經發生、借款費用已經發生、為使資產達到預定可使用或者可銷售狀態所必要的購建或者生產活動已經開始。

(1) 資產支出已經發生，是指企業為購建或者生產符合資本化條件資產的支出已經發生。具體而言即企業已經發生了支付現金、轉移非現金資產或者承擔帶息債務形式所發生的支出。

(2) 借款費用已經發生，是指企業已經發生了因購建或者生產符合資本化條件而專門借入款項的借款費用或者所占用一般借款的借款費用。

(3) 為使資產達到預定可使用或者可銷售狀態所必要的購建或者生產活動已經開始，是指符合資本化條件的資產的實體建造或者生產工作已經開始，例如主體設備的安裝、廠房實際開工建造等。它不包括僅僅持有資產，但沒有發生為改變資產形態而進行的實質上的建造或者生產活動。比如，企業為建辦公樓購置了建築用地，但是尚未開工，還不能開始資本化。

（二）借款費用暫停資本化的時間

符合資本化條件的資產在構建或者生產過程中發生非正常中斷且中斷時間連續超過 3 個月的，應當暫停借款費用的資本化。

1. 非正常中斷

非正常中斷，是指由於企業管理決策上的原因或者其他不可預見的原因等所導致的中斷。比如，企業在建造廠房時因與施工方發生質量糾紛而暫停建造，或者由於工程、生產用料沒有及時供應而發生中斷，或者由於資金週轉發生了困難導致資產購建或者生產活動發生中斷，均屬於非正常中斷。

而正常中斷通常僅限於因購建或者生產符合資本化條件的資產達到預定可使用或可銷售狀態所必須經過的程序，或者事先可預見的不可抗力因素導致的中斷。例如，某項工程建造到一定階段必須暫停進行質量或安全檢查，檢查通過后才可繼續下一階段的建造工作。這類中斷在施工前可以預見，而且是工程建造必須經過的程序，屬於正常中斷。還有某些地區的工程在建造過程中，由於可預見的不可抗力因素，比如雨季或冰凍季節等原因，導致施工出現停頓，也屬於正常中斷。

實務中，企業應當遵循「實質重於形式」等原則來判斷借款費用暫停資本化的時間，如果相關資產購建或者生產的中斷時間較長而且滿足其他規定條件的，相關借款費用應當暫停資本化。

2. 中斷時間連續超過 3 個月

這是從重要性的要求出發，不超過 3 個月的借款費用由於金額不大可以忽略不計。

（三）停止資本化的時點

購建或者生產符合資本化條件的資產達到預定可使用或者可銷售狀態時，借款費用應當停止資本化。在符合資本化條件的資產達到預定可使用或者可銷售狀態之后所發生的借款費用，應當在發生時根據其發生額確認為費用，計入當期損益。資產達到預定可使用或者可銷售狀態，是指所購建或者生產的符合資本化條件的資產已經達到建造方、購買方或者企業自身等預先設計、計劃或者合同約定的可以使用或者可以銷售的狀態。企業在確定借款費用停止資本化的時點時需要運用職業判斷，應當遵循實質重於形式的原則，依據經濟實質判斷所購建或者生產的符合資本化條件的資產達到預定可使用或者可銷售狀態的時點。具體可從以下幾個方面進行判斷：

（1）符合資本化條件的資產的實體建造（包括安裝）或者生產活動已經全部完成或者實質上已經完成。

（2）所購建或者生產的符合資本化條件的資產與設計要求、合同規定或者生產要求相符或者基本相符，即使有極個別與設計、合同或者生產要求不相符的地方，也不影響其正常使用或者銷售。

（3）繼續發生在所購建或生產的符合資本化條件的資產上的支出金額很少或者幾乎不再發生。

購建或者生產符合資本化條件的資產需要試生產或者試運行的，在試生產結果表明資產能夠正常生產出合格產品，或者試運行結果表明資產能夠正常運轉或者營業時，應當認為該資產已經達到預定可使用或者可銷售狀態。

在符合資本化條件的資產的實際購建或者生產過程中，如果所購建或者生產的資產分別建造、分別完工，企業也應當遵循實質重於形式的原則，區別下列情況，界定借款費用停止資本化的時點：

（1）所購建或者生產的符合資本化條件的資產的各部分分別完工，每部分在其他部分繼續建造或者生產過程中可供使用或者可對外銷售，且為使該部分資產達到預定可使用或可銷售狀態所必要的購建或者生產活動實質上已經完成的，應當停止與該部分資產相關的借款費用的資本化，因為該部分資產已經達到了預定可使用或者可銷售狀態。

（2）購建或者生產的資產的各部分分別完工，但必須等到整體完工后才可使用或者對外銷售的，應當在該資產整體完工時停止借款費用的資本化。在這種情況下，即使各部分資產已經分別完工，也不能認為該部分資產已經達到了預定可使用或者可銷售狀態，企業只能在所購建或者生產的資產整體完工時，才能認為資產已經達到了預定可使用或者可銷售狀態，借款費用才可停止資本化。

五、借款利息資本化金額的確定

（一）專門借款的借款費用資本化計量

企業為購建或者生產符合資本化條件的資產而借入專門借款的，應當以專門借款當期實際發生的利息費用，減去將尚未動用的借款資金存入銀行取得的利息收入或進行暫時性投資取得的投資收益后的金額確定。即：專門借款與資產支出時間不掛勾。

專門借款利息費用資本化的計算如下：

利息資本化額＝發生在資本化期間的專門借款所有利息費用－閒置專門借款派生的利息收益或投資收益

（二）一般借款的借款費用資本化計量

企業占用的一般借款利息費用資本化為購建或者生產符合資本化條件的資產而占用了一般借款的，企業應當根據累計資產支出超過專門借款部分的資產支出加權平均數乘以所占用一般借款的資本化率，計算確定一般借款應予以資本化的利息金額。資本化率應當根據一般借款加權平均利率計算確定。具體計算如下：

1. 累計支出加權平均數＝Σ（累計支出額超過專門借款的部分×每筆資產支出實際占用的天數÷會計期間涵蓋的天數）

2. 一般借款加權資本化率的計算

資本化率的確定原則為：企業為購建或生產符合資本化條件的資產只占用了一筆一般借款，如為銀行借款則其資本化率為該項借款的利率，如為公司債券方式還需測定一下其實際利率；如果企業為購建或生產符合資本化條件的資產占用了一筆以上的一般借款，資本化率為這些借款的加權平均利率。加權平均利率的計算公式如下：

加權平均利率＝一般借款當期實際發生的利息之和÷一般借款本金加權平均數×100%

一般借款本金加權平均數＝Σ（每筆一般借款本金×每筆一般借款實際占用的天數÷會計期間涵蓋的天數）

3. 認定當期資本化額

每一會計期間一般借款利息的資本化金額=至當期期末止購建固定資產累計支出加權平均數×一般借款加權資本化率

每一會計期間的利息資本化金額，不應當超過當期相關借款實際發生的利息金額。企業在確定每期利息資本化金額時，應當首先判斷符合資本化條件的資產在購建或者生產過程中所占用的資金來源，如果所占用的資金是專門借款資金，則應當在資本化期間內，根據每期實際發生的專門借款利息費用，確定應予以資本化的金額。在企業將閒置的專門借款資金存入銀行取得利息收入或者進行暫時性投資獲取投資收益的情況下，企業還應當將這些相關的利息收入或者投資收益從資本化金額中扣除，以如實反應符合資本化條件的資產的實際成本。

［**例 9-30**］華遠股份有限公司為自行建造倉庫從銀行借款，按季度確認借款費用資本化金額，支付的借款利息由自有資金負擔。華遠股份有限公司從 2×16 年 1 月 1 日開始發生下列業務，計算借款費用資本化金額，並進行帳務處理。

（1）2×16 年 1 月 1 日，取得建造倉庫的專門借款 50,000,000 元，期限為 3 年，年利率為 7.2%，於每季度末支付借款利息。暫時閒置的專門借款存在銀行的存款年利率為 1.2%。

2×16 年 1 月 1 日，華遠股份有限公司取得建造倉庫的專門借款時，會計分錄如下：

借：銀行存款	50,000,000	
貸：長期借款		50,000,000

（2）2×16 年 1 月 1 日，取得一般借款 10,000,000 元，期限為 2 年，年利率為 6%，於每季度末支付借款利息。

2×16 年 1 月 1 日，華遠股份有限公司取得一般借款時，會計分錄如下：

借：銀行存款	10,000,000	
貸：長期借款		10,000,000

（3）2×16 年 2 月 1 日，華遠股份有限公司與 H 建築公司簽訂倉庫出包建造合同，當日預付工程款 18,000,000 元，但工程尚未開工。

2×16 年 2 月 1 日，華遠股份有限公司預付工程款時，會計分錄如下：

借：預付帳款——H 建築公司（預付工程款）	18,000,000	
貸：銀行存款		18,000,000

（4）2×16 年 3 月 1 日，H 建築公司正式開工建造倉庫，華遠股份有限公司不需要進行帳務處理。

（5）2×16 年 3 月 31 日，結算一季度專門借款利息。

專門借款第一季度利息支出=50,000,000×7.2%×1/4=900,000（元）

專門借款閒置部分利息收入=50,000,000×1.2%×1/12+(50,000,000-18,000,000)×1.2%×2/12=50,000+64,000=114,000（元）

因建造倉庫的實質性活動於 3 月 1 日開始，因此借款費用開始資本化的時點為 3 月 1 日。

專門借款第一季度利息資本化金額=50,000,000×7.2%×1/12-32,000,000×1.2%×1/12=300,000-32,000=268,000（元）

專門借款第一季度費用化金額=50,000,000×1.2%×2/12-50,000-32,000=518,000（元）

華遠股份有限公司的會計分錄如下：

借：在建工程——出包工程（工程成本）　　268,000

　　財務費用　　518,000

　貸：銀行存款　　786,000

（6）2×16年3月31日，結算一季度一般借款利息。

一般借款利息支出=10,000,000×6%×1/4=150,000（元）

借：財務費用　　150,000

　貸：銀行存款　　150,000

（7）2×16年5月1日，華遠股份有限公司結算工程進度款，共計56,000,000元，扣除預付工程款，實際支付工程進度款38,000,000元。

借：在建工程——出包工程（工程成本）　　56,000,000

　貸：預付帳款——H建築公司（預付工程款）　　18,000,000

　　　銀行存款　　38,000,000

（8）2×16年6月1日，華遠股份有限公司取得短期一般借款18,000,000元，年利率為5.4%，於每季度末支付借款利息。

借：銀行存款　　18,000,000

　貸：短期借款　　18,000,000

（9）2×16年6月30日，結算二季度利息。

①結算專門借款利息。

專門借款利息支出=50,000,000×7.2%×1/4=900,000（元）

專門借款閒置資金利息收入=32,000,000×1.2%×1/12=32,000（元）

專門借款資本化利息金額=900,000-32,000=868,000（元）

借：在建工程——工程成本　　868,000

　貸：銀行存款　　868,000

②結算一般借款利息。

一般借款利息支出=10,000,000×6%×1/4+18,000,000×5.4%×1/12=231,000（元）

第二季度共占用一般借款6,000,000元，占用時間為2個月。

則一般借款累計支出加權平均數=6,000,000×2/3=4,000,000（元）

第二季度一般借款本金加權平均數=10,000,000×3/3+18,000,000×1/3=16,000,000（元）

第二季度一般借款加權平均利率=231,000÷16,000,000×100%=1.44%

第二季度一般借款利息支出資本化金額=4,000,000×1.44%=57,600（元）

第二季度一般借款利息支出費用化金額=231,000-57,600=173,400（元）

借：在建工程——工程成本　　57,600

　　財務費用　　173,400

　貸：銀行存款　　231,000

（10）2×16年7月1日，華遠股份有限公司更改倉庫設計方案，因而導致工程發生非正常中斷，至 9 月 30 日尚未恢復正常的建造工作。9 月 30 日，結算第三季度利息。

由於工程發生非正常中斷超過三個月，應暫停資本化。

第三季度的利息支出＝50,000,000×7.2%×1/4+10,000,000×6%×1/4+18,000,000×5.4%×1/4＝900,000+393,000＝1,293,000（元）

借：財務費用　　1,293,000

　貸：銀行存款　　1,293,000

（11）2×16 年 11 月 1 日，設計方案更改完成，倉庫建造工程恢復正常建造工作，華遠股份有限公司支付工程進度款 15,000,000 元。

借：在建工程——工程成本　　15,000,000

　貸：銀行存款　　15,000,000

2×16 年 12 月 31 日，結算第四季度借款利息。

因工程於 11 月 1 日恢復正常建造工作，則應從 11 月 1 日恢復資本化。

第四季度專門借款利息資本化金額＝50,000,000×7.2%×2/12＝600,000（元）

第四季度專門借款利息費用化金額＝50,000,000×7.2%×1/12＝300,000（元）

第四季度一般借款的利息支出＝10,000,000×6%×1/4+18,000,000×5.4%×1/4＝393,000（元）

第四季度共占用一般借款 21,000,000 元，占用時間為 2 個月。（從 11 月 1 日開始恢復）

則一般借款累計支出加權平均數＝21,000,000×2/3＝14,000,000（元）

第四季度一般借款本金加權平均數＝10,000,000×3/3+18,000,000×3/3＝28,000,000（元）

第四季度一般借款加權平均利率＝393,000÷28,000,000×100%＝1.4%

第四季度一般借款利息支出資本化金額＝14,000,000×1.4%＝196,000（元）

第四季度一般借款利息支出費用化金額＝393,000−196,000＝197,000（元）

借：在建工程——工程成本　　796,000

　　財務費用　　496,000

　貸：銀行存款　　1,293,000

（13）2×17 年 2 月 1 日，華遠股份有限公司支付工程進度款 10,000,000 元。

借：在建工程——工程成本　　10,000,000

　貸：銀行存款　　10,000,000

（14）2×17 年 3 月 31 日，結算一季度利息。

第四季度專門借款利息資本化金額＝50,000,000×7.2%×1/4＝900,000（元）

第四季度一般借款的利息支出＝10,000,000×6%×1/4+18,000,000×5.4%×1/4＝393,000（元）

第四季度共占用一般借款 28,000,000 元，其中 21,000,000 元占用時間為 3 個月，7,000,000 元占用時間 2 個月。

則一般借款累計支出加權平均數＝21,000,000×3/3+7,000,000×2/3＝24,666,667（元）

第一季度一般借款本金加權平均數＝10,000,000×3/3+18,000,000×3/3＝28,000,000

(元)

第一季度一般借款加權平均利率 = 393, 000÷28, 000, 000×100% = 1. 4%

第一季度一般借款利息支出資本化金額 = 24, 666, 667×1. 4%×100% = 345, 333（元）

第一季度一般借款利息支出費用化金額 = 393, 000−345, 333 = 47, 667（元）

借：在建工程——工程成本　　1, 245, 333

　　財務費用　　47, 667

　貸：銀行存款　　1, 293, 000

(15) 2×17 年 4 月 1 日，廠房建造完工，到達預定可使用狀態，辦理竣工結算。倉庫成本計算如下：

支付的工程款 = 56, 000, 000+15, 000, 000+10, 000, 000 = 81, 000, 000（元）

資本化利息金額 = 1, 245, 333 + 796, 000 + 57, 600 + 868, 000 + 268, 000 = 3, 234, 933 (元)

倉庫成本合計 = 81, 000, 000+3, 234, 933 = 84, 234, 933（元）

借：固定資產——倉庫　　84, 234, 933

　貸：在建工程——工程成本　　84, 234, 933

(16) 2×17 年 4 月 1 日以后發生的利息全部費用化。

第十章　所有者權益

第一節　所有者權益概述

一、所有者權益的概念

所有者權益是指企業資產扣除負債后，由所有者享有的剩余權益。企業的所有者權益又稱為股東權益。所有者權益來源於所有者投入的資本、直接計入所有者權益的利得和損失、留存收益等。直接計入所有者權益的利得和損失是指不應計入當期損益、會導致所有者權益發生增減變動的、與所有者投入資本或者向所有者分配利潤無關的利得或者損失。所謂利得，是指由企業非日常活動所形成的、會導致所有者權益增加的、與所有者投入資本無關的經濟利益的流入；所謂損失，是指由企業非日常活動所發生的、會導致所有者權益減少的、與向所有者分配利潤無關的經濟利益的流出。

所有者權益和負債都屬於權益，都是企業的資金來源，在數量上，所有者權益與債權人權益之和等於企業資產總額。但它們是兩種性質不同的權益，兩者具有以下明顯區別：

（1）享有的權利不同。所有者權益享有收益分配權，按其投入資本的比例獲取企業淨利潤的一部分，企業的投資人有權參與企業的經營管理；而債權人只享受收回本金和利息的權利，無權參與企業的收益分配。

（2）承擔的風險不同。通常情況下，企業的債權人可以定期地從企業的資產中取得固定的利息收入並在債務到期時獲得返還的本金，風險相對較小；而所有者所應獲得的投資收益要依企業的經營狀況而定，有時會獲得較高的投資報酬，有時反而要承擔企業的虧損，風險較大。

（3）償還期限和償還金額不同。所有者權益在持續經營的前提下一般不需清償（除按法律程序減資等原因外），只有在企業解散清算時用其剩余財產在償付了清算費用、債權人的債務之后，如有剩余財產才向投資人進行清償；負債具有償還性，必須在規定的時間內償還。

（4）確認條件和計量不同。所有者權益的確認主要依賴於其他會計要素，尤其是資產和負債的確認；所有者權益金額取決於資產和負債的計量。

二、所有者權益的構成內容

所有者權益根據其核算的內容和要求，可分為實收資本（股本）、其他權益工具、資本公積、其他綜合收益、盈余公積和未分配利潤等部分。其中，盈余公積和未分配利潤統稱為留存收益。一般而言，實收資本來源於所有者投入的資本，資本公積來源於所有者投入的資本，其他綜合收益來源於可供出售金融資產公允價值的變動等，而盈余公積和未分配利潤則來源於企業在生產經營過程中所實現的利潤，是利潤留存在企業中形成的所有者權益。

第二節 實收資本和其他權益工具

按照中國有關法律規定，投資者設立企業首先必須投入資本。實收資本是投資者投入資本形成的價值。所有者向企業投入的資本，在一般情況下無須償還，可以長期週轉使用。實收資本的構成比例，即投資者的出資比例或股本的股份比例，通常是確定所有者在企業所有者權益中所占的份額和參與企業財務經營決策的基礎，也是企業進行利潤分配的依據，同時還是企業清算時確定所有者對淨資產的要求權的依據。

一、實收資本確認和計量的基本要求

企業應設置「實收資本」科目，核算投資者投入企業的資本即註冊資本。該科目貸方登記企業實際收到的資本數額；借方登記減少的資本數額；期末貸方余額反應企業實有的資本數額。該科目應按投資者設置明細帳，具體反應各投資者投入資本的情況。

股份有限公司應設置「股本」科目，核算股東投入股份有限公司的股本，並將核定的股本總額、股份總數、每股面值在股本帳戶中作備查登記。為了反應公司股份的構成情況，應在「股本」科目下，按股票種類（普通股和優先股）及股東單位或姓名設置明細帳，進行明細核算。

投入資本是指投資人按照企業章程或合同、協議的約定，實際投入到企業中的各種資產的價值，包括國家投資、法人投資、個人投資和外商投資。國家投資是有權代表國家投資的部門或者機構以國有資產投入企業的資本；法人投資是企業法人或其他法人單位以其依法可以支配的資產投入企業的資本；個人投資是社會個人或者本企業內部職工以其合法的財產投入企業所形成的資本；外商投資是國外投資者以及中國香港、澳門和臺灣地區投資者投入的資本。

按照《中華人民共和國公司法》（下稱《公司法》）的規定，有限責任公司應在其章程中規定全體股東的出資方式、出資額和出資時間。有限責任公司的股東可以用貨幣出資，也可以用實物、知識產權、土地使用權等可以用貨幣估價並可以依法轉讓的非貨幣財產作價出資；但是，法律、行政法規規定不得作為出資的財產除外。對作為出資的非貨幣財產應當評估作價，核實財產，不得高估或者低估作價；法律、行政法規對評估作價有規定的，從其規定。有限責任公司的註冊資本為在公司登記機關登記的全體股東認繳的出資額；法律、行政法規以及國務院決定對有限責任公司註冊資本實繳、註冊資本最低限額另有規定的，從其規定。

股份有限公司是指全部資本由等額股份構成並通過發行股票等籌集資本、股東以其認購的股份為限對公司承擔責任、公司以其全部財產對公司債務承擔責任的企業法

人。按照《公司法》的規定，股份有限公司設立有發起式和募集式兩種方式。發起設立的特點是公司的股份全部由發起人認購，不向發起人之外的任何人募集股份；募集設立的特點是公司股份除發起人認購外，還可以採用向其他法人或自然人發行股票的方式進行募集。發起人出資方式的規定，與有限責任公司股東的出資方式相同。股份有限公司採取發起設立方式設立的，註冊資本為在公司登記機關登記的全體發起人認購的股本總額；在發起人認購的股份繳足前，不得向他人募集股份。股份有限公司採取募集方式設立的，註冊資本為在公司登記機關登記的實收股本總額。法律、行政法規以及國務院決定對股份有限公司註冊資本實繳、註冊資本最低限額另有規定的，從其規定。

二、實收資本增減變動的會計處理

(一) 接受現金資產投資

收到投資人投入的現金，應在實際收到或者存入企業開戶銀行時，按實際收到的金額，借記「銀行存款」科目，按投入資本在註冊資本或股本中所占份額，貸記「實收資本」或「股本」科目，按其差額，貸記「資本公積——資本溢價」或「資本公積——股本溢價」等科目。

[例 10-1] 甲、乙、丙共同出資設立華遠有限責任公司，公司註冊資本為 10,000,000 元，甲、乙、丙持股比例分別為 50%、30%和 20%。2×16 年 1 月 5 日，華遠公司如期收到各投資者一次性繳足的款項。

根據上述資料，華遠公司應作以下帳務處理：

借：銀行存款	10,000,000	
貸：實收資本——甲		5,000,000
——乙		3,000,000
——丙		2,000,000

(二) 接受非現金資產投資

中國《公司法》規定，股東可以用貨幣出資，也可以用實物、知識產權、土地使用權等可以用貨幣估價並可以依法轉讓的非貨幣財產作價出資，法律、行政法規規定不得作為出資的財產除外。對作為出資的非貨幣財產應當評估作價，核實財產，不得高估或者低估作價。法律、行政法規對評估作價另有規定的，從其規定。

收到投資人投入的實物資產投資，應在辦理實物產權轉移手續時，借記「有關資產」科目，按投入資本在註冊資本或股本中所占份額，貸記「實收資本」或「股本」科目，按其差額，貸記「資本公積——資本溢價」或「資本公積——股本溢價」等科目。

[例 10-2] 華遠股份有限公司的註冊資本為 3,000,000 元，由甲、乙、丙三個股東共同投資，其股份比例為 5 : 3 : 2。2×16 年 1 月，公司收到甲投資者投入的現金 1,500,000 元，已存入銀行；收到乙投資者投入的銀行存款 800,000 元和專利技術一項，專利技術的評估價值為 200,000 元；收到丙投資者投入的價值 700,000 元的材料一批，取得的增值稅專用發票註明的進項稅額為 119,000 元。

根據上述資料，華遠公司應作會計分錄如下：

借：銀行存款 2,300,000
　無形資產 200,000
　原材料 700,000
　應交稅費——應交增值稅（進項稅額） 119,000
　貸：實收資本——甲 1,500,000
　　——乙 900,000
　　——丙 600,000
　　資本公積——資本溢價 319,000

（三）發行股票籌集股本的核算

股本指股東在企業中所占的權益，一般指股票。上市公司最顯著的特點就是將上市公司的全部資本劃分為等額股份，並通過發行股票的方式來籌集資本。股東以其所認購股份對企業承擔有限責任。股份總數為股本，股本應等於公司的註冊資本。在會計核算上股份公司應設置「股本」科目。

企業的股本應在核定的股本總額範圍內，發行股票取得。但值得注意的是，公司發行股票取得的收入與股本總額往往不一致，企業發行股票取得的收入大於股本總額的，稱為溢價發行；小於股本總額的，稱為折價發行；等於股本總額的，稱為面值發行。中國不允許企業折價發行股票。在採用溢價發行股票的情況下，企業應將相當於股票面值的部分記入「股本」科目，其余部分在扣除發行手續費、佣金等發行費用后記入「資本公積」科目。

[例 10-3] 華遠股份有限公司核定股份 20,000 股，每股面值 50 元，現按面值發行 10,000 股普通股。發行時應作會計分錄如下：

借：銀行存款 500,000
　貸：股本——普通股 500,000

[例 10-4] 假設上例的發行價格為每股 60 元，其會計分錄如下：

借：銀行存款 600,000
　貸：股本——普通股 500,000
　　資本公積——股本溢價 100,000

[例 10-5] 華遠股份有限公司發行普通股 20,000,000 股，每股面值為 1 元，發行價格為 6 元。股款 120,000,000 元已經全部收到，發行過程中發生相關稅費 60,000 元。

計入股本的金額 = 20,000,000×1 = 20,000,000（元）

計入資本公積的金額 =（6−1）×20,000,000−60,000 = 99,940,000（元）

借：銀行存款 119,940,000
　貸：股本 20,000,000
　　資本公積——股本溢價 99,940,000

（四）企業增資的核算

1. 接受投資者追加投資

企業按規定接受投資者追加投資時，核算原則與投資者初次投入時一樣。

[**例 10-6**] 甲、乙、丙三人共同投資設立華遠有限責任公司，原註冊資本為 4,000,000 元，甲、乙、丙分別出資 500,000 元、2,000,000 元和 1,500,000 元。為擴大經營規模，經批准，華遠公司註冊資本擴大為 5,000,000 元，甲、乙、丙按照原出資比例分別追加投資 125,000 元、500,000 元和 375,000 元。華遠公司如期收到甲、乙、丙追加的現金投資。華遠公司會計分錄如下：

借：銀行存款	1,000,000	
貸：實收資本——甲		125,000
——乙		500,000
——丙		375,000

本例中，甲、乙、丙按原出資比例追加實收資本，因此，華遠公司應分別按照 125,000 元、500,000 元和 375,000 元的金額貸記「實收資本」科目中甲、乙、丙明細分類帳。

2. 將資本公積轉為實收資本或股本

按照《公司法》的規定，法定公積金（資本公積和盈余公積）轉為資本時，所留存的該項公積金不得少於轉增前公司註冊資本的 25%。經股東大會或類似機構決議，用資本公積轉增資本時，應衝減資本公積，同時按照轉增前的實收資本（或股本）的結構或比例，將轉增的金額記入「實收資本」（或「股本」）科目下各所有者的明細分類帳。

3. 將盈余公積轉為實收資本或股本

企業將盈余公積轉增資本時，必須經股東會決議批准。在實際將盈余公積轉增資本時，要按股東原有持股比例結轉。盈余公積轉增資本時，轉增后留存的盈余公積的數額不得少於註冊資本的 25%。法定公積金轉為資本時，所留存的該項公積金不得少於轉增前公司註冊資本的 25%。

4. 企業可轉換公司債券轉為股本

可轉換公司債券具有債權和股權雙重屬性，發行時與一般公司債券相同，定期發放利息；但它還賦予債權人在未來一定期間可依合約上的轉換價格，將其持有的公司債券轉換成發行公司普通股的權利。《上市公司證券發行管理辦法》規定，可轉換公司債券自發行結束之日起六個月后方可轉換為公司股票，轉股期限由公司根據可轉換公司債券的存續期限及公司財務狀況確定。所謂轉換期是指可轉換公司債券轉換股份的起始日至結束日的期間。債券持有人對轉換股票或者不轉換股票有選擇權，並於轉股的次日成為發行公司的股東。

5. 以權益結算的股份支付換取職工或其他方提供的服務

以權益結算的股份支付換取職工或其他方提供服務的，應在行權日，按根據實際行權情況確定的金額，借記「資本公積——其他資本公積」科目，按應計入實收資本或股本的金額，貸記「實收資本」或「股本」科目。

6. 將重組債務轉為資本

企業將重組債務轉為資本的，應按重組債務的帳面余額，借記「應付帳款」等科目，按債權人因放棄債權而享有本企業股份的面值總額，貸記「實收資本」或「股本」科目，按股份的公允價值總額與相應的實收資本或股本之間的差額，貸記或借記

「資本公積——資本溢價」或「資本公積——股本溢價」科目，按其差額，貸記「營業外收入——債務重組利得」科目。

7. 分配股票股利

股份有限公司採用發放股票股利實現增資的，在發放股票股利時，按照股東原來持有的股數分配，如股東所持股份按比例分配的股利不足一股時，應採用恰當的方法處理。例如，股東會決議按股票面額的10%發放股票股利時（假定新股發行價格及面額與原股相同），對於所持股票不足10股的股東，將會發生不能領取一股的情況。在這種情況下，有兩種方法可供選擇：一是將不足一股的股票股利改為現金股利，用現金支付；二是由股東相互轉讓，湊為整股。股東大會批准的利潤分配方案中分配的股票股利，應在辦理增資手續后，借記「利潤分配」科目，貸記「股本」科目。

（五）企業減資的核算

企業實收資本減少的原因大體有兩種：一是資本過剩；二是企業發生重大虧損而需要減少實收資本。企業因資本過剩而減資，一般要發還股款。有限責任公司和一般企業發還投資的會計處理比較簡單，按法定程序報經批准減少註冊資本的，借記「實收資本」科目，貸記「庫存現金」「銀行存款」等科目。

股份有限公司由於採用的是發行股票的方式籌集股本，發還股款時，則要回購發行的股票，發行股票的價格與股票面值可能不同，回購股票的價格也可能與發行價格不同，會計處理較為複雜。股份有限公司因減少註冊資本而回購本公司股份的，應按實際支付的金額，借記「庫存股」科目，貸記「銀行存款」等科目。註銷庫存股時，應按股票面值和註銷股數計算的股票面值總額，借記「股本」科目，按註銷庫存股的帳面余額，貸記「庫存股」科目，按其差額，衝減股票發行時原記入資本公積的溢價部分，借記「資本公積——股本溢價」科目，回購價格超過上述衝減「股本」及「資本公積——股本溢價」科目的部分，應依次借記「盈余公積」「利潤分配——未分配利潤」等科目；如回購價格低於回購股份所對應的股本，所註銷庫存股的帳面余額與所衝減股本的差額作為增加股本溢價處理，按回購股份所對應的股本面值，借記「股本」科目，按註銷庫存股的帳面余額，貸記「庫存股」科目，按其差額，貸記「資本公積——股本溢價」科目。

［例10-7］ 華遠股份有限公司截至2×16年12月31日共發行股票30,000,000股，股票面值為1元，資本公積（股本溢價）6,000,000元，盈余公積4,000,000元。經股東大會批准，華遠股份有限公司以現金回購本公司股票3,000,000股並註銷。假定華遠股份有限公司按照每股4元回購股票，不考慮其他因素。華遠股份有限公司的會計分錄如下：

庫存股的成本＝3,000,000×4＝12,000,000（元）

借：庫存股	12,000,000	
貸：銀行存款		12,000,000
借：股本	3,000,000	
資本公積——股本溢價	6,000,000	
盈余公積	3,000,000	

貸：庫存股　　12,000,000

[**例 10-8**] 沿用 [例 10-7] 的資料，假定華遠股份有限公司以每股 0.9 元回購股票，其他條件不變。華遠股份有限公司的會計分錄如下：

庫存股的成本＝3,000,000×0.9＝2,700,000（元）

借：庫存股　　2,700,000

　貸：銀行存款　　2,700,000

借：股本　　3,000,000

　貸：庫存股　　2,700,000

　　資本公積——股本溢價　　300,000

由於華遠股份有限公司以低於面值的價格回購股票，股本與庫存股成本的差額 300,000 元應作增加資本公積處理。

三、其他權益工具的確認與計量

企業發行的除普通股（作為實收資本或股本）以外，按照金融負債和權益工具區分原則分類為權益工具的其他權益工具。按照以下原則進行確認與計量：

企業發行的金融工具應當按照金融工具準則進行初始確認和計量；然后於每個資產負債表日計提利息或分派股利，按照相關具體企業會計準則進行處理。即企業應當以所發行金融工具的分類為基礎，確定該工具利息支出或股利分配等的會計處理。對於歸類為權益工具的金融工具，無論其名稱中是否包含「債」，其利息支出或股利分配都應當作為發行企業的利潤分配，其回購、註銷等作為權益的變動處理；對於歸類為金融負債的金融工具，無論其名稱中是否包含「股」，其利息支出或股利分配原則上按照借款費用進行處理，其回購或贖回產生的利得或損失等計入當期損益。

企業（發行方）發行金融工具，其發生的手續費、佣金等交易費用，如分類為債務工具且以攤余成本計量的，應當計入所發行工具的初始計量金額；如分類為權益工具的，應當從權益（其他權益工具）中扣除。

第三節　資本公積和其他綜合收益

一、資本公積的確認與計量

資本公積是企業收到投資者的超出其在企業註冊資本（或股本）中所占份額的投資，以及直接計入所有者權益的利得和損失等。資本公積包括資本溢價（或股本溢價）和其他資本公積。

資本溢價（或股本溢價）是企業收到投資者的超出其在企業註冊資本（或股本）中所占份額的投資。形成資本溢價（或股本溢價）的原因有溢價發行股票、投資者超額繳入資本等。

資本公積一般應當設置「資本（或股本）溢價」「其他資本公積」明細科目核算。

(一) 資本溢價或股本溢價的會計處理

1. 資本溢價

投資者依其出資份額對其經營的企業（不含股份有限公司）經營決策享有表決權，依其所認繳的出資額對企業承擔有限責任。明確記錄投資者認繳的出資額，真實地反應各投資者對企業享有的權利與承擔的義務，是會計處理應注意的問題。為此，會計上應設置「實收資本」科目，核算企業投資者按照公司章程所規定的出資比例實際繳付的出資額。在企業創立時，出資者認繳的出資額全部記入「實收資本」科目。

在企業重組並有新的投資者加入時，為了維護原有投資者的權益，新加入的投資者的出資額，並不一定全部作為實收資本處理。這是因為，在企業正常經營過程中投入的資金雖然與企業創立時投入的資金在數量上一致，但其獲利能力却不一致。企業創立時，要經過籌建、試生產經營、為產品尋找市場、開闢市場等過程，從投入資金到取得投資回報，中間需要許多時間，並且這種投資具有風險性，在這個過程中資本利潤率很低。而企業進行正常生產經營后，在正常情況下，資本利潤率要高於企業初創階段。而這高於初創階段的資本利潤率是初創時必要的墊支資本帶來的，企業創辦者為此付出了代價。因此，相同數量的投資，由於出資時間不同，其對企業的影響程度不同，由此而帶給投資者的權利也不同，往往早期出資帶給投資者的權利要大於后期出資帶給投資者的權利。所以，新加入的投資者要付出大於原有投資者的出資額，才能取得與投資者相同的投資比例。另外，不僅原投資者原有投資從質量上發生了變化，就是從數量上也可能發生變化。這是因為企業經營過程中實現利潤的一部分留在企業，形成留存收益，而留存收益也屬於投資者權益，但其未轉入實收資本。新加入的投資者如與原投資者共享這部分留存收益，也要求其付出大於原有投資者的出資額，才能取得與原有投資者相同的投資比例。投資者投入的資本中按其投資比例計算的出資額部分，應記入「實收資本」科目，大於部分應記入「資本公積」科目。

2. 股本溢價

股份有限公司是以發行股票的方式籌集股本的，股票是企業簽發的證明股東按其所持股份享有權利和承擔義務的書面證明。由於股東按其所持企業股份享有權利和承擔義務，為了反應和便於計算各股東所持股份占企業全部股本的比例，企業的股本總額應按股票的面值與股份總數的乘積計算。國家規定，實收股本總額應與註冊資本相等。因此，為提供企業股本總額及其構成和註冊資本等信息，在採用與股票面值相同的價格發行股票的情況下，企業發行股票取得的收入，應全部記入「股本」科目；在採用溢價發行股票的情況下，企業發行股票取得的收入，相當於股票面值的部分記入「股本」科目，超出股票面值的溢價收入記入「資本公積」科目。委託證券商代理發行股票而支付的手續費、佣金等，應從溢價發行收入中扣除，企業應按扣除手續費、佣金后的數額記入「資本公積」科目。

[**例 10-9**] 華遠股份有限公司委託 B 證券公司代理發行普通股 2,000,000 股，每股面值 1 元，按每股 1.2 元的價格發行。公司與受託單位約定，按發行收入的 3%收取手續費，從發行收入中扣除。假如收到的股款已存入銀行。

根據上述資料，華遠股份有限公司應作以下帳務處理：

公司收到受託發行單位交來的現金＝2,000,000×1.2×（1－3%）＝2,328,000（元）
股本溢價＝2,000,000×（1.2－1）－2,000,000×1.2×3%＝328,000（元）

借：銀行存款　　2,328,000
　貸：股本　　2,000,000
　　資本公積——股本溢價　　328,000

（二）其他資本公積的會計處理

其他資本公積，是指除資本溢價（或股本溢價）項目以外所形成的資本公積。

1. 以權益結算的股份支付

以權益結算的股份支付換取職工或其他方提供服務的，應按照確定的金額，記入「管理費用」等科目，同時增加資本公積（其他資本公積）。在行權日，應按實際行權的權益工具數量計算確定的金額，借記「資本公積——其他資本公積」科目，按計入實收資本或股本的金額，貸記「實收資本」或「股本」科目，並將其差額記入「資本公積——資本溢價」或「資本公積——股本溢價」。

2. 採用權益法核算的長期股權投資

長期股權投資採用權益法核算的，被投資單位除淨損益、其他綜合收益和利潤分配以外的所有者權益的其他變動，投資企業按持股比例計算應享有的份額，應當增加或減少長期股權投資的帳面價值，同時增加或減少資本公積（其他資本公積）。當處置採用權益法核算的長期股權投資時，應當將原計入資本公積（其他資本公積）的相關金額轉入投資收益（除不能轉入損益的項目外）。

（三）資本公積轉增資本或股本的會計處理

按照《公司法》的規定，法定公積金（資本公積和盈余公積）轉為資本時，所留存的該項公積金不得少於轉增前公司註冊資本的25%。經股東大會或類似機構決議，用資本公積轉增資本，借記「資本公積——資本（股本）溢價」科目，貸記「實收資本」或「股本」科目。

二、其他綜合收益的確認與計量

其他綜合收益，是指企業根據其他會計準則規定未在當期損益中確認的各項利得和損失，包括以后會計期間不能重分類進損益的其他綜合收益和以后會計期間在滿足規定條件時將重分類進損益的其他綜合收益兩類。

以后會計期間不能重分類進損益的其他綜合收益項目，主要包括重新計量設定受益計劃淨負債或淨資產導致的變動，以及按照權益法核算因被投資單位重新計量設定受益計劃淨負債或淨資產變動導致的權益變動，投資企業按持股比例計算確認的該部分其他綜合收益項目。

以后會計期間在滿足規定條件時將重分類進損益的其他綜合收益項目，主要包括：

1. 可供出售金融資產公允價值的變動

可供出售金融資產公允價值變動形成的利得，除減值損失和外幣貨幣性金融資產形成的匯兌差額外，應借記「可供出售金融資產——公允價值變動」科目，貸記「其他綜合收益」科目；公允價值變動形成的損失，作相反的會計分錄。

2. 可供出售外幣非貨幣性項目的匯兌差額

對於以公允價值計量的可供出售非貨幣性項目，如果期末的公允價值以外幣反應，則應當先將該外幣按照公允價值確定當日的即期匯率折算為記帳本位幣金額，再與原記帳本位幣金額進行比較，其差額計入其他綜合收益。即對於發生的匯兌損失，借記「其他綜合收益」科目，貸記「可供出售金融資產」科目；對於發生的匯兌收益，借記「可供出售金融資產」科目，貸記「其他綜合收益」科目。

3. 金融資產的重分類

將可供出售金融資產重分類為採用成本或攤余成本計量的金融資產，重分類日該金融資產的公允價值或帳面價值作為成本或攤余成本，該金融資產沒有固定到期日的，與該金融資產相關、原直接計入所有者權益的利得或損失，應當仍然記入「其他綜合收益」科目，在該金融資產被處置時轉出，計入當期損益。

將持有至到期投資重分類為可供出售金融資產，並以公允價值進行后續計量。重分類日，該投資的帳面價值與其公允價值之間的差額記入「其他綜合收益」科目，在該可供出售金額資產發生減值或終止確認時轉出，計入當期損益。

按照《企業會計準則第 22 號——金融工具確認和計量》的規定，應當以公允價值計量，但以前公允價值不能可靠計量的可供出售金融資產，企業應當在其公允價值能夠可靠計量時改按公允價值計量，將相關帳面價值與公允價值之間的差額記入「其他綜合收益」科目，在其發生減值或終止確認時將上述差額轉出，計入當期損益。

4. 採用權益法核算的長期股權投資

採用權益法核算的長期股權投資，按照被投資單位實現的其他綜合收益以及持股比例計算應享有或分擔的金額，調整長期股權投資的帳面價值，同時增加或減少其他綜合收益，借記（或貸記）「長期股權投資——其他綜合收益」科目，貸記（或借記）「其他綜合收益」科目。待該項股權投資處置時，將原計入其他綜合收益的金額轉入當期損益。

5. 存貨或自用房地產轉換為投資性房地產

企業將作為存貨的房地產轉換為採用公允價值模式計量的投資性房地產時，應當按該項房地產在轉換日的公允價值，借記「投資性房地產——成本」科目，原已計提跌價準備的，借記「存貨跌價準備」科目，按其帳面余額，貸記「開發產品」等科目；同時，轉換日的公允價值小於帳面價值的，按其差額，借記「公允價值變動損益」科目，轉換日的公允價值大於帳面價值的，按其差額，貸記「其他綜合收益」科目。

企業將自用的建築物等轉換為採用公允價值模式計量的投資性房地產時，應當按該項房地產在轉換日的公允價值，借記「投資性房地產——成本」科目，原已計提減值準備的，借記「固定資產減值準備」科目，按已計提的累計折舊等，借記「累計折舊」等科目，按其帳面余額，貸記「固定資產」等科目；同時，轉換日的公允價值小於帳面價值的，按其差額，借記「公允價值變動損益」科目，轉換日的公允價值大於帳面價值的，按其差額，貸記「其他綜合收益」科目。

待該項投資性房地產處置時，因轉換計入其他綜合收益的部分應轉入當期損益（其他業務成本）。

6. 現金流量套期工具產生的利得或損失中屬於有效套期的部分

現金流量套期工具產生的利得或損失中屬於有效套期的部分，直接確認為其他綜合收益。該有效套期部分的金額，按照下列兩項的絕對額中較低者確定：①套期工具自套期開始的累計利得或損失；②被套期項目自套期開始的預計未來現金流量現值的累計變動額。

套期工具利得或損失的后續處理為：①被套期項目為預期交易，且該預期交易使企業隨后確認一項金融資產或一項金融負債的，原直接確認為其他綜合收益的相關利得或損失，應當在該金融資產或金融負債影響企業損益的相同期間轉出，計入當期損益。但是，企業預期原直接在其他綜合收益中確認的淨損失全部或部分在未來會計期間不能彌補時，應當將不能彌補的部分轉出，計入當期損益。②被套期項目為預期交易，且該預期交易使企業隨后確認一項非金融資產或一項非金融負債的，企業可以選擇將原直接在其他綜合收益中確認的相關利得或損失，應當在該非金融資產或非金融負債影響企業損益的相同期間轉出，計入當期損益。但是，企業預期原直接在其他綜合收益中確認的淨損失全部或部分在未來會計期間不能彌補時，應當將不能彌補的部分轉出，計入當期損益。除上述兩種情況外，原直接計入其他綜合收益中的套期工具利得或損失，應當在被套期預期交易影響損益的相同期間轉出，計入當期損益。

7. 外幣財務報表折算差額

按照外幣折算的要求，企業在處置境外經營的當期，將已列入合併財務報表所有者權益的外幣報表折算差額中與該境外經營相關部分，自其他綜合收益項目轉入處置當期損益。如果是部分處置境外經營，應當按處置的比例計算處置部分的外幣報表折算差額，轉入處置當期損益。

第四節　留存收益

一、盈余公積

（一）盈余公積的有關規定

根據《公司法》等有關法規的規定，企業當年實現的淨利潤，一般應當按照如下順序進行分配：

1. 提取法定公積金

公司制企業的法定公積金按照稅后利潤的 10%的比例提取（非公司制企業也可按照超過 10%的比例提取），在計算提取法定盈余公積的基數時，不應包括企業年初未分配利潤。公司法定公積金累計額為公司註冊資本的 50%以上時，可以不再提取法定公積金。

公司的法定公積金不足以彌補以前年度虧損的，在提取法定公積金之前，應當先用當年利潤彌補虧損。

2. 提取任意公積金

公司從稅后利潤中提取法定公積金后，經股東會或者股東大會決議，還可以從稅后利潤中提取任意公積金。非公司制企業經類似權力機構批准，也可提取任意盈余公積。

3. 向投資者分配利潤或股利

公司彌補虧損和提取公積金后所余稅后利潤，有限責任公司股東按照實繳的出資比例分取紅利，但是，全體股東約定不按照出資比例分取紅利的除外；股份有限公司按照股東持有的股份比例分配，但股份有限公司章程規定不按持股比例分配的除外。

股東會、股東大會或者董事會違反規定，在公司彌補虧損和提取法定公積金之前向股東分配利潤的，股東必須將違反規定分配的利潤退還公司。公司持有的本公司股份不得分配利潤。

盈余公積是指企業按照規定從淨利潤中提取的各種累積資金。公司制企業的盈余公積分為法定盈余公積和任意盈余公積。兩者的區別就在於其各自計提的依據不同。前者以國家的法律或行政規章為依據提取；后者則由企業自行決定提取。企業提取盈余公積主要可以用於以下幾個方面：彌補虧損、轉增資本、擴大企業生產經營。

(二) 盈余公積的確認和計量

為了反應盈余公積的形成及使用情況，企業應設置「盈余公積」科目。企業應當分別設置「法定盈余公積」「任意盈余公積」科目進行明細核算。

企業提取盈余公積時，借記「利潤分配——提取法定盈余公積」「利潤分配——提取任意盈余公積」科目，貸記「盈余公積——法定盈余公積」「盈余公積——任意盈余公積」科目。

外商投資企業按規定提取的儲備基金、企業發展基金、職工獎勵及福利基金，借記「利潤分配——提取儲備基金」「利潤分配——提取企業發展基金」「利潤分配——提取職工獎勵及福利基金」科目，貸記「盈余公積——儲備基金」「盈余公積——企業發展基金」「應付職工薪酬」科目。

企業用盈余公積彌補虧損或轉增資本時，借記「盈余公積」貸記「利潤分配——盈余公積補虧」「實收資本」或「股本」科目。經股東大會決議，用盈余公積派送新股，按派送新股計算的金額，借記「盈余公積」科目，按股票面值和派送新股總數計算的股票面值總額，貸記「股本」科目。

[例 10-10] 華遠股份有限公司 2×16 年實現稅后利潤 200,000 元，按 10%的比例提取法定盈余公積，同時經股東大會批准按 5%的比例提取任意盈余公積。其會計處理如下：

	借方	貸方
借：利潤分配——提取法定盈余公積	20,000	
——提取任意盈余公積	10,000	
貸：盈余公積——法定盈余公積		20,000
——任意盈余公積		10,000

[例 10-11] 華遠股份有限公司經股東會批准，用法定盈余公積 100,000 元彌補以前年度虧損。其會計處理如下：

	借方	貸方
借：盈余公積——法定盈余公積	100,000	
貸：利潤分配——盈余公積補虧		100,000

二、未分配利潤的核算

未分配利潤是企業留待以后年度進行分配的結存利潤，也是企業所有者權益的組成部分。相對於所有者權益的其他部分來講，企業對於未分配利潤的使用分配有較大的自主權。從數量上來講，未分配利潤是期初未分配利潤，加上本期實現的淨利潤，減去提取的各種盈余公積和分出利潤后的余額。

未分配利潤的確認是通過「利潤分配」科目進行核算的，「利潤分配」科目應當分別設置「提取法定盈余公積」「提取任意盈余公積」「應付現金股利或利潤」「轉作股本的股利」「盈余公積補虧」和「未分配利潤」等科目進行明細核算。

(一) 分配股利或利潤的會計處理

經股東大會或類似機構決議，分配給股東或投資者的現金股利或利潤，借記「利潤分配——應付現金股利或利潤」科目，貸記「應付股利」科目。經股東大會或類似機構決議，分配給股東的股票股利，應在辦理增資手續后，借記「利潤分配——轉作股本的股利」科目，貸記「股本」科目。

(二) 期末結轉的會計處理

企業期末結轉利潤時，應將各損益類科目的余額轉入「本年利潤」科目，結平各損益類科目。結轉后「本年利潤」的貸方余額為當期實現的淨利潤，借方余額為當期發生的淨虧損。年度終了，應將本年收入和支出相抵后結出的本年實現的淨利潤或淨虧損，轉入「利潤分配——未分配利潤」科目。同時，將「利潤分配」科目所屬的其他明細科目的余額，轉入「未分配利潤」明細科目。結轉后，「未分配利潤」明細科目的貸方余額，就是未分配利潤的金額；如出現借方余額，則表示未彌補虧損的金額。「利潤分配」科目所屬的其他明細科目應無余額。

(三) 彌補虧損的會計處理

企業在生產經營過程中既有可能發生盈利，也有可能出現虧損。企業在當年發生虧損的情況下，與實現利潤的情況相同，應當將本年發生的虧損自「本年利潤」科目，轉入「利潤分配——未分配利潤」科目，借記「利潤分配——未分配利潤」科目，貸記「本年利潤」科目，結轉后「利潤分配」科目的借方余額，即為未彌補虧損的數額。然后通過「利潤分配」科目核算有關虧損的彌補情況。

由於未彌補虧損形成的時間長短不同等原因，以前年度未彌補虧損有的可以以當年實現的稅前利潤彌補，有的則須用稅后利潤彌補。以當年實現的利潤彌補以前年度結轉的未彌補虧損，不需要進行專門的帳務處理。企業應將當年實現的利潤自「本年利潤」科目。轉入「利潤分配——未分配利潤」科目的貸方，其貸方發生額與「利潤分配——未分配利潤」的借方余額自然抵補。無論是以稅前利潤還是以稅后利潤彌補虧損，其會計處理方法相同。但是，兩者在計算繳納所得稅時的處理是不同的。在以稅前利潤彌補虧損的情況下，其彌補的數額可以抵減當期企業應納稅所得額；而以稅后利潤彌補的數額，則不能作為納稅所得扣除處理。

[**例 10-12**] 華遠股份有限公司的股本為 100,000,000 元，每股面值 1 元。2×16 年

年初未分配利潤為貸方 80, 000, 000 元，2×16 年實現淨利潤 50, 000, 000 元。

假定公司按照 2×16 年實現淨利潤的 10%提取法定盈余公積，按 5%提取任意盈余公積，同時向股東按每股 0. 2 元派發現金股利，按每 10 股送 3 股的比例派發股票股利。2×17 年 3 月 15 日，公司以銀行存款支付了全部現金股利，新增股本也已經辦理完股權登記和相關增資手續。該公司的會計分錄如下：

（1）2×16 年度終了時，企業結轉本年實現的淨利潤：

借：本年利潤　　50, 000, 000

　貸：利潤分配——未分配利潤　　50, 000, 000

（2）提取法定盈余公積和任意盈余公積：

借：利潤分配——提取法定盈余公積　　5, 000, 000

　　　　　　——提取任意盈余公積　　2, 500, 000

　貸：盈余公積——法定盈余公積　　5, 000, 000

　　　　　　——任意盈余公積　　2, 500, 000

（3）結轉「利潤分配」的明細科目：

借：利潤分配——未分配利潤　　7, 500, 000

　貸：利潤分配——提取法定盈余公積　　5, 000, 000

　　　　　　——提取任意盈余公積　　2, 500, 000

該公司 2×16 年年底「利潤分配——未分配利潤」科目的余額為：

80, 000, 000+50, 000, 000−7, 500, 000 = 122, 500, 000（元）

即貸方余額為 122, 500, 000 元，反應企業的累計未分配利潤為 122, 500, 000 元。

（4）批准發放現金股利：

100, 000, 000×0. 2 = 20, 000, 000（元）

借：利潤分配——應付現金股利　　20, 000, 000

　貸：應付股利　　20, 000, 000

2×17 年 3 月 15 日，實際發放現金股利：

借：應付股利——應付現金股利　　20, 000, 000

　貸：銀行存款　　20, 000, 000

（5）2×17 年 3 月 15 日，發放股票股利：

100, 000, 000×1×30% = 30, 000, 000（元）

借：利潤分配——轉作股本的股利　　30, 000, 000

　貸：股本　　30, 000, 000

第十一章　收入、費用和利潤

第一節　收入

一、收入概述

(一) 收入的概念

收入是指企業在日常活動中形成的、會導致所有者權益增加的、與所有者投入資本無關的經濟利益的總流入。收入包括銷售商品收入、提供勞務收入、讓渡資產使用權收入。中國收入準則中的收入指營業收入，企業在生產經營過程中，應明確收入、收益和利得的關係。企業在會計期間內增加的除所有者投資以外的經濟利益通常稱為收益，收益包括收入和利得。收入是日常活動中所形成的，日常活動是指企業為完成其經營目標而從事的所有活動，以及與之相關的其他活動。因此，收入屬於企業主要的、經常性的業務收入。利得是指收入以外的其他收益，一般是從非日常活動中產生的，屬於不經過經營過程就能取得或不曾期望獲得的收益，如企業接受捐贈或政府補助取得的資產、因其他企業違約收取的罰款、處置固定資產或無形資產形成的淨收益等。

(二) 收入的分類

(1) 按收入的性質分類。根據企業日常活動的不同性質，收入分為商品銷售收入、勞務收入、讓渡資產使用權收入、建造合同收入等。商品銷售收入是指企業銷售商品實現的收入，提供勞務收入是指企業通過提供勞務實現的收入，讓渡資產使用權收入是指企業通過讓渡資產使用權實現的收入，建造合同收入是指企業承擔建造合同所形成的收入。

(2) 按收入的重要性分類。根據企業所從事的日常活動的重要性，收入分為主營業務收入和其他業務收入。其中，主營業務收入是指企業為完成其經營目標所從事的經常性活動實現的收入。比如，企業銷售商品、提供修理修配等工業性勞務取得的收入。其他業務收入是指與企業為完成其經營目標所從事的經營活動相關的活動實現的收入。比如，企業出租無形資產、出租包裝物和銷售多余材料等實現的收入，經營出租固定資產取得的租金收入、採用成本模式計量的投資性房地產取得的租金收入等。

(三) 收入在報表中的列示

按照有關規定，符合收入概念和收入確認條件的項目，應當列入利潤表。

二、銷售商品收入

(一) 銷售商品收入的確認和計量

銷售商品收入同時滿足下列五個條件時，才能予以確認：

1. 企業已將商品所有權上的主要風險和報酬轉移給購貨方

這是指與商品所有權有關的主要風險和報酬同時轉移。與商品所有權有關的風險，是指商品可能發生減值或毀損等形成的損失；與商品所有權有關的報酬，是指商品價值增值或通過使用商品等產生的經濟利益。

判斷企業是否已將商品所有權上的主要風險和報酬轉移給購貨方，應當關注交易的實質，並結合所有權憑證的轉移進行判斷。

（1）通常情況下，轉移商品所有權憑證並交付實物后，商品所有權上的主要風險和報酬隨之轉移，如大多數零售商品。

（2）某些情況下，轉移商品所有權憑證但未交付實物，商品所有權上的主要風險和報酬隨之轉移，企業只保留了次要風險和報酬，如交款提貨方式銷售商品。

（3）某些情況下，已交付實物但未轉移商品所有權憑證，商品所有權上的主要風險和報酬未隨之轉移。

①委託代銷商品。委託代銷的商品發出后，商品所有權上的主要風險和報酬並未轉移，委託方不能確認收入，委託方要待受託方售出商品后開來代銷單時才能確認收入。

②有退貨條件的發出商品。如果企業能夠按照以往經驗對退貨的可能性做出合理的估計，應在發出商品時，將估計不會發生退貨的部分確認收入，對可能發生退貨的部分，不確認收入；如果不能合理地確定退貨的可能性則在售出商品退貨期滿時確認收入。

③銷售商品需要安裝和檢驗，安裝程序比較複雜且是銷售合同的重要組成部分的，在購買方接受商品以及安裝和檢驗完畢前，商品所有權上的主要風險和報酬未隨之轉移，不確認收入，待安裝和檢驗合格時再確認收入。

④商品已發出，商品的品種、規格或質量等方面與合同不符，且未按正常的保證條款進行處理的，銷售方仍然要對該商品負責，商品所有權上的主要風險和報酬並未轉移。

2. 企業既沒有保留通常與所有權相聯繫的繼續管理權，也沒有對已售出的商品實施有效控制

如果商品售出后，商品所有權上的主要風險和報酬已經轉移給購貨方，但是銷售方仍然保留著與所有權相聯繫的繼續管理權，或者還能對售出的商品實施有效控制，說明銷售尚未實現，不能確認收入。比如售后回租，由於在銷售時與購買方簽訂回租合同，對銷售方來說，雖然所有權已經轉移，但是商品所有權上的風險和報酬實質上並未轉移給購買方，銷售方要按期支付租金，仍然能對該商品進行有效管理和控制。

3. 收入的金額能夠可靠地計量

收入的金額能夠可靠地計量，是指收入的金額能夠合理地估計。如果收入的金額

不能夠合理地估計，則無法確認收入。通常情況下，企業在銷售商品時，商品銷售價格已經確定，企業應當按照從購貨方已收或協議價款確定收入金額。

有時，由於銷售商品過程中某些不確定因素的影響，也有可能存在商品銷售價格發生變動的情況，如附有銷售退回條件的商品銷售。如果企業不能合理估計退貨的可能性，就不能夠合理地估計收入的金額，不應在發出商品時確認收入，而應當在售出商品退貨期滿、銷售商品收入金額能夠可靠計量時確認收入。

企業從購貨方已收或應收的合同協議價款不公允的，企業應按公允的交易價格確定收入金額，不公允的價款不應確定為收入金額。

4. 相關的經濟利益很可能流入企業

從數量看，「很可能」一般是銷售商品收回價款的可能性超過 50%；從本質上看，企業可根據購貨方的支付能力、信用情況、政府有關政策等因素來分析和判斷。比如銷售方已將商品發運給購買方，發票帳單也已經交給購買方，購買方已經承諾付款，但此時得知購買方遭遇洪災或雪災等自然災害影響，沒有能力支付貨款，導致相關的經濟利益不能流入企業，在這種情況下，銷售方不能確認收入。

5. 相關的已發生或將發生的成本能夠可靠地計量

這可根據銷售企業自身的會計核算資料的真實完整情況來判斷。如果是自製的商品，其成本可按一定的計算方法進行歸集；如果是外購的商品，可按買價和採購費用計量。如果商品的成本不能可靠計量，即使已經滿足其他四個條件，也不能確認收入。

(二) 銷售商品收入的會計處理

1. 通常情況下銷售商品收入的會計處理

(1) 滿足收入確認條件的商品銷售。一般情況下，企業應按已收或應收的合同或協議價款，加上應收取的增值稅額，借記「銀行存款」「應收帳款」「應收票據」等科目，按確定的收入金額，貸記「主營業務收入」「其他業務收入」等科目，按應收取的增值稅額，貸記「應交稅費——應交增值稅（銷項稅額）」科目；同時應在資產負債表日，按應繳納的消費稅、資源稅、城市維護建設稅、教育費附加等稅費金額，借記「營業稅金及附加」科目，貸記「應交稅費——應交消費稅（或應交資源稅、應交城市維護建設稅等）」科目。

(2) 不能滿足收入確認條件的商品發出。如果發出的商品不能滿足收入確認的條件，就不應該確認收入，已經發出的商品應借記「發出商品」科目，貸記「庫存商品」科目。

［**例 11-1**］華遠股份有限公司於 2×16 年 3 月 3 日以托收承付方式向乙公司銷售一批商品，成本為 900,000 元，增值稅專用發票上註明售價 1,500,000 元，增值稅 255,000 元。華遠股份有限公司在銷售時得知乙公司因自然災害造成較大損失，資金週轉發生困難。但為了減少存貨積壓，同時也為了維持與乙公司長期以來建立的商業關係，華遠股份有限公司將商品銷售給了乙公司。該批商品已經發出，並已向銀行辦妥托收手續。假定華遠股份有限公司銷售該批商品的納稅義務已經發生。

在本例中，華遠股份有限公司的商品雖然已經發出，但是相關的經濟利益不能流入企業，因此不符合銷售商品收入的確認條件，華遠股份有限公司在銷售時不能確認收入。因而，華遠股份有限公司應將已發出的商品成本通過「發出商品」科目反應。會計分錄如下：

借：發出商品　　900,000

　貸：庫存商品　　900,000

同時，

借：應收帳款　　255,000

　貸：應交稅費——應交增值稅（銷項稅額）　　255,000

2. 銷售商品涉及現金折扣、商業折扣、銷售折讓的處理

企業銷售商品有時會涉及現金折扣、商業折扣、銷售折讓，應當按不同情況進行處理。

（1）現金折扣，是指債權人為鼓勵債務人在規定的期限內付款而向債務人提供的債務扣除。企業銷售商品涉及現金折扣的，應當按照扣除現金折扣前的金額確定銷售商品收入金額，現金折扣在實際發生時計入財務費用。

（2）商業折扣，是指企業為促進商品銷售而在商品標價上給予的價格扣除。企業銷售商品涉及商業折扣的，應當按照扣除商業折扣后的金額確定銷售商品收入金額。

（3）銷售折讓，是指企業因售出商品的質量不合格等原因而在售價上給予的減讓。對於銷售折讓，企業應當分不同情況進行處理：①已確認收入的售出商品發生銷售折讓的，通常應當在發生時衝減當期銷售商品收入；②已確認收入的銷售折讓屬於資產負債表日后事項的，應當按照有關資產負債表日后事項的相關規定進行處理。

［**例 11-2**］華遠股份有限公司在 2×16 年 3 月 1 日銷售一批商品，開出的增值稅專用發票上註明的銷售價款為 20,000 元，增值稅稅額為 3,400 元。為及早收回貨款，華遠股份有限公司和乙公司約定的現金折扣條件為：2/10，1/20，n/30，假定計算現金折扣時不考慮增值稅稅額。華遠股份有限公司的會計分錄如下：

（1）3 月 1 日，銷售實現時，按銷售總價確認收入：

借：應收帳款　　23,400

　貸：主營業務收入　　20,000

　　　應交稅費——應交增值稅（銷項稅額）　　3,400

（2）如果乙公司在 3 月 9 日付清貨款，則按銷售總價 20,000 元的 2%享受現金折扣 400 元（20,000×2%），實際付款 23,000 元（23,400−400）：

借：銀行存款　　23,000

　　財務費用　　400

　貸：應收帳款　　23,400

（3）如果乙公司在 3 月 18 日付清貨款，則按銷售總價 20,000 元的 1%享受現金折扣 200 元（20,000×1%），實際付款 23,200 元（23,400−200）：

借：銀行存款　　23,200

　　財務費用　　200

　貸：應收帳款　　23,400

（4）如果乙公司在 7 月底才付清貨款，則按全額付款：

借：銀行存款　　23,400

貸：應收帳款 23,400

［例 11-3］華遠股份有限公司向乙公司銷售一批商品，開出的增值稅專用發票上註明的銷售價款為 800,000 元，增值稅稅額為 136,000 元。乙公司在驗收過程中發現商品質量不合格，要求在價格上給予 5%的折讓。假定華遠股份有限公司已確認銷售收入，款項尚未收到，已取得稅務機關開具的紅字增值稅專用發票。華遠股份有限公司的會計分錄如下：

（1）銷售實現時：

借：應收帳款 936,000

貸：主營業務收入 800,000

應交稅費——應交增值稅（銷項稅額） 136,000

（2）發生銷售折讓時：

借：主營業務收入 40,000

應交稅費——應交增值稅（銷項稅額） 6,800

貸：應收帳款 46,800

（3）實際收到款項時：

借：銀行存款 889,200

貸：應收帳款 889,200

3. 銷售退回的處理

銷售退回，是指企業售出的商品由於質量、品種不符合要求等原因而發生的退貨。對於銷售退回，企業應分不同情況進行會計處理。

（1）對於未確認收入的售出商品發生銷售退回的，企業應按已記入「發出商品」科目的商品成本金額，借記「庫存商品」科目，貸記「發出商品」科目。

（2）對於已確認收入的售出商品發生退回的，企業應在發生時衝減當期銷售商品收入，同時衝減當期銷售商品成本。如該銷售退回已發生現金折扣的，應同時調整相關財務費用的金額；如該項銷售退回允許扣減增值稅額的，應同時調整「應交稅費——應交增值稅（銷項稅額）」科目的相應金額。

（3）已確認收入的售出商品發生的銷售退回屬於資產負債表日后事項的，應當按照有關資產負債表日后事項的相關規定進行會計處理。

［例 11-4］華遠股份有限公司在 2×16 年 12 月 18 日向乙公司銷售一批商品，開出的增值稅專用發票上註明的銷售價款為 50,000 元，增值稅稅額為 8,500 元。該批商品成本為 26,000 元。為及早收回貨款，甲公司和乙公司約定的現金折扣條件為：2/10，1/20，n/30。乙公司在 2×16 年 12 月 27 日支付貨款。2×17 年 4 月 5 日，該批商品因質量問題被乙公司退回，華遠股份有限公司當日支付有關款項。假定計算現金折扣時不考慮增值稅，假定銷售退回不屬於資產負債表日后事項。華遠股份有限公司的會計分錄如下：

（1）2×16 年 12 月 18 日銷售實現，按銷售總價確認收入時：

借：應收帳款 58,500

貸：主營業務收入 50,000

應交稅費——應交增值稅（銷項稅額） 8,500

借：主營業務成本　　26,000
　貸：庫存商品　　26,000

（2）在 2×16 年 12 月 27 日收到貨款時，按銷售總價 50,000 元的 2%享受現金折扣 1,000 元（50,000×2%），實際收款 57,500 元（58,500-1,000）。

借：銀行存款　　57,500
　　財務費用　　1,000
　貸：應收帳款　　58,500

（3）2×17 年 4 月 5 日發生銷售退回時：

借：主營業務收入　　50,000
　　應交稅費——應交增值稅（銷項稅額）　　8,500
　貸：銀行存款　　57,500
　　　財務費用　　1,000
借：庫存商品　　26,000
　貸：主營業務成本　　26,000

4. 特殊銷售商品業務的處理

企業會計實務中，可能會遇到一些特殊的銷售商品業務。企業在將銷售商品收入確認和計量原則運用於特殊銷售商品收入的會計處理時，應結合這些特殊銷售商品交易的形式，並注重交易的實質。

（1）代銷商品

代銷商品業務具體可分為視同買斷方式和收取手續費方式兩種。

視同買斷方式，是指委託方和受託方簽訂合同或協議，委託方按合同或協議收取代銷的貨款，實際售價由受託方自定，實際售價與合同或協議價之間的差額歸受託方所有。如果委託方和受託方之間的協議明確標明，受託方在取得代銷商品后，無論是否能夠賣出、是否獲利，均與委託方無關，那麼，委託方和受託方之間的代銷商品交易，與委託方直接銷售商品給受託方沒有實質區別，在符合銷售商品收入確認條件時，委託方應確認相關銷售商品收入。

［**例 11-5**］華遠股份有限公司委託乙公司銷售商品 100 件，協議價為 200 元/件，成本為 120 元/件。代銷協議約定，乙公司在取得代銷商品后，無論是否能夠賣出、是否獲利，均與華遠股份有限公司無關。這批商品已經發出，貨款尚未收到，華遠股份有限公司開出的增值稅專用發票上註明的增值稅稅額為 3,400 元。乙公司將該商品按不含稅價 300 元/件全部售出，增值稅率 17%，並給華遠股份有限公司開具代銷清單、結清協議價款。

①華遠股份有限公司（委託方）的會計分錄如下：

A. 在發出委託代銷商品時：

借：應收帳款——乙公司　　23,400
　貸：主營業務收入　　20,000
　　　應交稅費——應交增值稅（銷項稅額）　　3,400
借：主營業務成本　　12,000
　貸：庫存商品　　12,000

B. 收到乙公司開來的代銷清單及匯入的貨款時：

借：銀行存款　　23,400

　貸：應收帳款——乙公司　　23,400

②乙公司（受託方）的會計分錄如下：

A. 收到受託代銷的商品時：

借：庫存商品　　20,000

　　應交稅費——應交增值稅（進項稅額）　　3,400

　貸：應付帳款——華遠股份有限公司　　23,400

B. 實際銷售代銷商品時：

借：銀行存款　　35,100

　貸：主營業務收入　　30,000

　　　應交稅費——應交增值稅（銷項稅額）　　5,100

借：主營業務成本　　20,000

　貸：庫存商品　　20,000

C. 按合同協議價將款項付給甲公司時：

借：應付帳款——華遠股份有限公司　　23,400

　貸：銀行存款　　23,400

如果委託方和受託方之間的協議明確標明，受託方沒有將商品售出時可以將商品退回給委託方，或受託方因代銷商品出現虧損時可以要求委託方補償，那麼，委託方在交付商品時通常不確認收入，受託方也不作購進商品處理，受託方將商品銷售后，按實際售價確認銷售收入，並向委託方開具代銷清單，委託方收到代銷清單時，再確認本企業的銷售收入。

［**例 11-6**］華遠股份有限公司委託乙公司銷售 100 臺商品，協議價為 1,000 元/臺（不含增值稅），該商品成本為 600 元/臺，適用的增值稅稅率為 17%。華遠股份有限公司收到乙公司開來的代銷清單時開具增值稅專用發票，發票上註明的售價為 100,000 元，增值稅額為 17,000 元。乙公司實際銷售時開具的增值稅專用發票上註明的售價為 120,000 元，增值稅額為 20,400 元。乙公司可以將沒有代銷出去的商品退還給甲公司。

①華遠股份有限公司（委託方）的會計分錄如下：

A. 將商品交付乙公司時：

借：發出商品　　60,000

　貸：庫存商品　　60,000

B. 收到代銷清單時：

借：應收帳款——乙公司　　117,000

　貸：主營業務收入　　100,000

　　　應交稅費——應交增值稅（銷項稅額）　　17,000

借：主營業務成本　　60,000

　貸：發出商品　　60,000

C. 收到乙公司匯來的貨款時：

借：銀行存款　　117,000

　貸：應收帳款——乙公司　　117,000

②乙公司（受託方）的會計分錄如下：

A. 收到商品時：

借：受託代銷商品　　100,000

　貸：受託代銷商品款　　100,000

B. 實際銷售時：

借：銀行存款　　140,400

　貸：主營業務收入　　120,000

　　應交稅費——應交增值稅（銷項稅額）　　20,400

借：主營業務成本　　100,000

　貸：受託代銷商品　　100,000

借：受託代銷商品款　　100,000

　貸：應付帳款——華遠股份有限公司　　100,000

C. 按合同協議價將款項付給華遠公司時：

借：應付帳款——華遠股份有限公司　　100,000

　應交稅費——應交增值稅（進項稅額）　　17,000

　貸：銀行存款　　117,000

收取手續費方式，是指委託方和受託方簽訂合同或協議，委託方根據代銷商品數量向受託方支付手續費的銷售方式。委託方在發出商品時通常不應確認銷售商品收入，而應在收到受託方開出的代銷清單時確認銷售商品收入；受託方應在商品銷售后，按合同或協議約定的方法計算確定的手續費確認收入。

［**例 11-7**］華遠股份有限公司委託丙公司銷售商品 200 件，商品已經發出，每件成本為 60 元。合同約定丙公司應按每件 100 元對外銷售商品，華遠股份有限公司按不含增值稅的售價的 10%向丙公司支付手續費。丙公司對外實際銷售 100 件，開出的增值稅專用發票上註明的銷售價款為 10,000 元，增值稅稅額為 1,700 元，款項已經收到。華遠股份有限公司收到丙公司開具的代銷清單時，向丙公司開具一張相同金額的增值稅專用發票。假定華遠股份有限公司發出商品時納稅義務尚未發生，不考慮其他因素。

①華遠股份有限公司（委託方）的會計分錄如下：

A. 發出商品時：

借：發出商品　　12,000

　貸：庫存商品　　12,000

B. 收到代銷清單時：

借：應收帳款　　11,700

　貸：主營業務收入　　10,000

　　應交稅費——應交增值稅（銷項稅額）　　1,700

借：主營業務成本　　6,000

　貸：發出商品　　6,000

借：銷售費用　　1,000

　應交稅費——應交增值稅（進項稅額）　　60

貸：應收帳款 1,060

C. 收到丙公司支付的貨款時：

借：銀行存款 10,640

貸：應收帳款 10,640

②丙公司（受託方）的會計分錄如下：

A. 收到商品時：

借：受託代銷商品 20,000

貸：受託代銷商品款 20,000

B. 對外銷售時：

借：銀行存款 11,700

貸：應付帳款 10,000

應交稅費——應交增值稅（銷項稅額） 1,700

C. 收到增值稅專用發票時：

借：應交稅費——應交增值稅（進項稅額） 1,700

貸：應付帳款 1,700

借：受託代銷商品款 10,000

貸：受託代銷商品 10,000

D. 支付貨款並計算代銷手續費時：

借：應付帳款 11,700

貸：銀行存款 10,640

其他業務收入 1,000

應交稅費——應交增值稅（銷項稅額） 60

（2）預收款銷售商品

預收款銷售商品，是指購買方在商品收到前按合同或協議約定分期付款，銷售方在收到最后一筆款項時才交貨的銷售方式。在這種方式下，銷售方直到收到最后一筆款項才將商品交付購貨方，表明商品所有權上的主要風險和報酬只有在收到最后一筆款項時才轉移給購貨方。企業通常應在發出商品時才確認收入，在此之前預收的貨款應確認為負債。

［**例 11-8**］華遠股份有限公司與乙公司簽訂協議，採用預收款方式向乙公司銷售一批商品。該批商品實際成本為 700,000 元。協議約定，該批商品銷售價格為 1,000,000 元，增值稅額為 170,000 元；乙公司應在協議簽訂時預付 60%的貨款（按不含增值稅銷售價格計算），剩余貨款於兩個月后收到商品時支付。華遠股份有限公司的會計分錄如下：

①收到 60%貨款時：

借：銀行存款 600,000

貸：預收帳款 600,000

②收到剩余貨款及增值稅額並確認收入時：

借：預收帳款 600,000

銀行存款 570,000

貸：主營業務收入　　1,000,000

應交稅費——應交增值稅（銷項稅額）　　170,000

借：主營業務成本　　700,000

貸：庫存商品　　700,000

（3）具有融資性質的分期收款銷售商品

企業銷售商品，有時會採取分期收款的方式，如分期收款發出商品，即商品已經交付，貨款分期收回。如果延期收取的貨款具有融資性質，在符合收入確認條件時，企業應當按照應收的合同或協議價款的公允價值確定收入金額。應收的合同或協議價款的公允價值，通常應當按照其未來現金流量現值或商品現銷價格計算確定。

應收的合同或協議價款與其公允價值之間的差額，應當在合同或協議期間內，按照應收款項的攤余成本和實際利率計算確定的金額進行攤銷，作為財務費用的抵減處理。其中，實際利率是指具有類似信用等級的企業發行類似工具的現時利率。按照應收款項的攤余成本和實際利率進行攤銷與採用直線法進行攤銷結果相差不大的，也可以採用直線法進行攤銷。

[例 11-9] 2×16 年 1 月 1 日，華遠股份有限公司採用分期收款方式向乙公司銷售一套大型設備，合同約定的銷售價格為 2,000 萬元，分 5 次於每年 12 月 31 日等額收取。該大型設備成本為 1,560 萬元。在現銷方式下，該大型設備的銷售價格為 1,600 萬元。假定華遠公司發出商品時，其有關的增值稅納稅義務尚未發生，在合同約定的收款日期，發生有關的增值稅納稅義務。

根據本例的資料，華遠公司應當確認的銷售商品收入金額為 1,600 萬元。

根據下列公式：

未來五年收款額的現值＝現銷方式下應收款項金額

可以得出：

400×（P/A，r，5）＝1,600（萬元）

可在多次測試的基礎上，用插值法計算折現率。

當 r＝7%時，400×4.100,2＝1,640.08>1,600

當 r＝8%時，400×3.992,7＝1,597.08<1,600

因此，7%<r<8%。用插值法計算如下：

現值利率：

1,640.08　　7%

1,600　　r

1,597.08　　8%

$$\frac{1,640.08-1,600}{1,640.08-1,597.08}=\frac{7\%-r}{7\%-8\%}$$

r＝7.93%

每期計入財務費用的金額如表 11-1 所示。

表 11-1 融資收益和應收本金計算表 單位：萬元

時間	分期應收款	應分配融資收益	應收本金減少額	應收本金余額
①	②	③=期初⑤×7.93%	④=②-③	期末⑤=期初⑤-④
2×16 年 1 月 1 日				1,600
2×16 年 12 月 31 日	400	126.88	273.12	1,326.88
2×17 年 12 月 31 日	400	105.22	294.78	1,032.1
2×18 年 12 月 31 日	400	81.85	318.15	713.95
2×19 年 12 月 31 日	400	56.62	343.38	370.57
2×20 年 12 月 31 日	400	29.43*	370.57	0
總額	2,000	400	1,600	

註：* 表示尾數調整。

根據表 11-1 的計算結果，華遠股份有限公司各期的會計分錄如下：

①2×16 年 1 月 1 日銷售實現時：

借：長期應收款 20,000,000
　貸：主營業務收入 16,000,000
　　　未實現融資收益 4,000,000
借：主營業務成本 15,600,000
　貸：庫存商品 15,600,000

②2×16 年 12 月 31 日收取貨款和增值稅稅額時：

借：銀行存款 4,680,000
　貸：長期應收款 4,000,000
　　　應交稅費——應交增值稅（銷項稅額） 680,000
借：未實現融資收益 1,268,800
　貸：財務費用 1,268,800

③2×17 年 12 月 31 日收取貨款和增值稅稅額時：

借：銀行存款 4,680,000
　貸：長期應收款 4,000,000
　　　應交稅費——應交增值稅（銷項稅額） 680,000
借：未實現融資收益 1,052,200
　貸：財務費用 1,052,200

④2×18 年 12 月 31 日收取貨款時：

借：銀行存款 4,680,000
　貸：長期應收款 4,000,000
　　　應交稅費——應交增值稅（銷項稅額） 680,000
借：未實現融資收益 818,500
　貸：財務費用 818,500

⑤2×19 年 12 月 31 日收取貨款和增值稅稅額時：

借：銀行存款　　4, 680, 000
　貸：長期應收款　　4, 000, 000
　　　應交稅費——應交增值稅（銷項稅額）　　680, 000
借：未實現融資收益　　566, 200
　貸：財務費用　　566, 200

⑥2×20 年 12 月 31 日收取貨款和增值稅稅額時：

借：銀行存款　　4, 680, 000
　貸：長期應收款　　4, 000, 000
　　　應交稅費——應交增值稅（銷項稅額）　　680, 000
借：未實現融資收益　　294, 300
　貸：財務費用　　294, 300

（4）商品需要安裝和檢驗的銷售

銷售商品需要安裝和檢驗的，在購買方接受商品以及安裝和檢驗完畢前，不確認收入，待安裝和檢驗完畢時確認收入。如果安裝程序比較簡單，可在發出商品時確認收入。

（5）附有銷售退回條件的商品銷售

附有銷售退回條件的商品銷售，是指購買方依照有關協議有權退貨的銷售方式。在這種銷售方式下，企業根據以往經驗能夠合理估計退貨可能性且確認與退貨相關負債的，通常應在發出商品時確認收入；企業不能合理估計退貨可能性的，通常應在售出商品退貨期滿時確認收入。

［**例 11-10**］華遠股份有限公司是一家健身器材銷售公司，2×16 年 1 月 1 日，華遠股份有限公司向乙公司銷售 5, 000 件健身器材，單位銷售價格為 500 元，單位成本為 400 元，開出的增值稅專用發票上註明的銷售價款為 2, 500, 000 元，增值稅稅額為 425, 000 元。協議約定，乙公司應於 2 月 1 日前支付貨款，在 6 月 30 日前有權退還健身器材。健身器材已經發出，款項尚未收到。假定華遠股份有限公司根據過去的經驗，估計該批健身器材退貨率為 20%；健身器材發出時納稅義務已經發生；實際發生銷售退回時取得稅務機關開具的紅字增值稅專用發票。

華遠股份有限公司的會計分錄如下：

①1 月 1 日發出健身器材時：

借：應收帳款　　2, 925, 000
　貸：主營業務收入　　2, 500, 000
　　　應交稅費——應交增值稅（銷項稅額）　　425, 000
借：主營業務成本　　2, 000, 000
　貸：庫存商品　　2, 000, 000

②1 月 31 日確認估計的銷售退回時：

借：主營業務收入　　500, 000
　貸：主營業務成本　　400, 000
　　　預計負債　　100, 000

③2 月 1 日前收到貨款時：

借：銀行存款　2,925,000

　貸：應收帳款　2,925,000

④6 月 30 日發生銷售返回，實際退貨量為 1,000 件，款項已經支付：

借：庫存商品　400,000

　　應交稅費——應交增值稅（銷項稅額）　85,000

　　預計負債　100,000

　貸：銀行存款　585,000

如果實際退貨量為 800 件：

借：庫存商品　320,000

　　應交稅費——應交增值稅（銷項稅額）　68,000

　　主營業務成本　80,000

　　預計負債　100,000

　貸：銀行存款　468,000

　　　主營業務收入　100,000

如果實際退貨量為 1,200 件：

借：庫存商品　480,000

　　應交稅費——應交增值稅（銷項稅額）　102,000

　　主營業務收入　100,000

　　預計負債　100,000

　貸：主營業務成本　80,000

　　　銀行存款　702,000

⑤6 月 30 日之前如果沒有發生退貨：

借：主營業務成本　400,000

　　預計負債　100,000

　貸：主營業務收入　500,000

即②的相反分錄。

[**例 11-11**] 沿用［例 11-10］的資料。假定：華遠股份有限公司無法根據過去的經驗估計該批健身器材的退貨率；健身器材發出時納稅義務已經發生。華遠股份有限公司的會計分錄如下：

①1 月 1 日發出健身器材時：

借：應收帳款　425,000

　貸：應交稅費——應交增值稅（銷項稅額）　425,000

借：發出商品　2,000,000

　貸：庫存商品　2,000,000

②2 月 1 日前收到貨款時：

借：銀行存款　2,925,000

　貸：預收帳款　2,500,000

　　　應收帳款　425,000

③6 月 30 日退貨期滿如果沒有發生退貨：

借：預收帳款　2,500,000

　貸：主營業務收入　2,500,000

借：主營業務成本　2,000,000

　貸：發出商品　2,000,000

6 月 30 日退貨期滿，如果發生 2,000 件退貨：

借：預收帳款　2,500,000

　應交稅費——應交增值稅（銷項稅額）　170,000

　貸：主營業務收入　1,500,000

　　銀行存款　1,170,000

借：主營業務成本　1,200,000

　庫存商品　800,000

　貸：發出商品　2,000,000

（6）售后回購

售后回購是指在銷售商品的同時，賣方同意日后再將同樣的商品購回的銷售方式。售后回購的會計核算應當區分回購價格確定與回購價格不確定兩種情形。

回購價格確定。如果回購價格固定或等於原售價加合理回報，售后回購交易本質上屬於融資交易。回購價格大於原售價的部分，貸記「其他應付款」科目，在銷售與回購期內按期計提的利息費用，借記「財務費用」科目，貸記「其他應付款」科目，回購商品時，借記「其他應付款」科目，貸記「銀行存款」科目。

[例 11-12] 2×16 年 7 月 1 日，華遠股份有限公司向乙公司銷售一批商品，開出的增值稅專用發票上註明的銷售價款為 100 萬元，增值稅稅額為 17 萬元。該批商品成本為 70 萬元；商品未發出，款項已經收到。協議約定，華遠股份有限公司應於當年 9 月 30 日將所售商品購回，回購價為 103 萬元（不含增值稅稅額）。華遠股份有限公司的會計分錄如下：

①7 月 1 日：

借：銀行存款　1,170,000

　貸：其他應付款　1,000,000

　　應交稅費——應交增值稅（銷項稅額）　170,000

②回購價大於原售價的差額，應在回購期間按期計提利息費用，計入當期財務費用。由於回購期間為 3 個月，貨幣時間價值影響不大，採用直線法計提利息費用，每月計提利息金額 = 3÷3 = 1（萬元）。

借：財務費用　10,000

　貸：其他應付款　10,000

③9 月 30 日回購商品時，收到的增值稅專用發票上註明的商品價格為 103 萬元，增值稅稅額為 17.51 萬元，款項已經支付。

借：財務費用　10,000

　貸：其他應付款　10,000

借：其他應付款　1,030,000

應交稅費——應交增值稅（進項稅額） 170,510
貸：銀行存款 1,205,100

回購價格不確定。如果回購價格按照回購日當日的公允價值確定，且有確鑿證據表明售后回購交易滿足銷售商品收入確認條件的，銷售的商品按售價確認收入，回購的商品作為購進商品處理。

［**例 11-13**］2×16 年 1 月 20 日，華遠股份有限公司向乙公司銷售商品一批，售價為 1,000 萬元，成本為 800 萬元，商品已發出，款項已收到，增值稅發票已經開出。根據銷售合同約定，華遠股份有限公司有權在未來一年內按照當時的市場價格自乙公司回購同等數量、同等規格的商品。截至 12 月 31 日，華遠股份有限公司尚未行使回購的權利。華遠股份有限公司的會計分錄如下：

華遠股份有限公司在銷售時點已轉移了商品所有權上的主要風險和報酬，並同時符合收入確認的其他條件。

借：銀行存款 11,700,000
貸：主營業務收入 10,000,000
應交稅費——應交增值稅（銷項稅額） 1,700,000
借：主營業務成本 8,000,000
貸：庫存商品 8,000,000

（7）售后租回

售后租回，是指銷售商品的同時，銷售方同意在日后再將同樣的商品租回的銷售方式。在這種方式下，銷售方應根據合同或協議條款判斷銷售商品是否滿足收入確認條件。通常情況下，售后租回屬於融資交易，企業不應確認收入，售價與資產帳面價值之間的差額應當分不同情況進行處理。

第一，如果售后租回交易認定為融資租賃，售價與資產帳面價值之間的差額應當予以遞延，並按照該項租賃資產的折舊進度進行分攤，作為折舊費用的調整。

第二，如果售后租回交易認定為經營租賃，應當分情況處理：①有確鑿證據表明售后租回交易是按照公允價值達成的，售價與資產帳面價值的差額應當計入當期損益。②售后租回交易如果不是按照公允價值達成的，售價低於公允價值的差額應計入當期損益；但若該損失將由低於市價的未來租賃付款額補償，有關損失應予以遞延（遞延收益），並按與確認租金費用相一致的方法在租賃期內進行分攤；如果售價大於公允價值，其大於公允價值的部分應計入遞延收益，並在租賃期內分攤。

（8）以舊換新銷售

以舊換新銷售，是指銷售方在銷售商品的同時回收與所售商品相同的舊商品。在這種銷售方式下，銷售的商品應當按照銷售商品收入確認條件確認收入，回收的商品作為購進商品處理。

［**例 11-14**］2×16 年 3 月，華遠股份有限公司向乙公司銷售電視機 1,000 臺，開出增值稅發票，增值稅稅率為 17%，每臺不含稅價款為 0.2 萬元，每臺成本為 0.09 萬元；同時從乙公司回收 1,000 臺舊電視機，取得增值稅專用發票，每臺回收價款為 0.02 萬元，增值稅的進項稅額為 3.4 萬元。款項均已經收付。

①銷售時：

借：銀行存款	2,340,000	
貸：主營業務收入		2,000,000
應交稅費——應交增值稅（銷項稅額）		340,000
借：主營業務成本	900,000	
貸：庫存商品		900,000

②回收時：

借：原材料	200,000	
應交稅費——應交增值稅（進項稅額）	34,000	
貸：銀行存款		234,000

三、提供勞務收入

企業提供勞務的種類很多，如旅遊、運輸（包括交通運輸、民航運輸等）、飲食、廣告、理髮、照相、洗染、諮詢、代理、培訓、產品安裝、物業管理等。企業通過提供勞務實現的收入，即為勞務收入。

(一) 提供勞務交易結果能夠可靠估計的處理

企業在資產負債表日提供勞務交易的結果能夠可靠估計的，應當採用完工百分比法確認提供勞務收入。

1. 提供勞務交易結果能夠可靠估計的條件

提供勞務交易的結果能夠可靠估計，是指同時滿足下列條件：

(1) 收入的金額能夠可靠地計量，是指提供勞務收入的總額能夠合理地估計。通常情況下，企業應當按照從接受勞務方已收或應收的合同或協議價款確定提供勞務收入總額。隨著勞務的不斷提供，可能會根據實際情況增加或減少已收或應收的合同或協議價款，此時企業應及時調整提供勞務收入總額。

(2) 相關的經濟利益很可能流入企業，是指提供勞務收入總額收回的可能性大於不能收回的可能性。企業在確定提供勞務收入總額能否收回時，應當結合接受勞務方的信譽、以前的經驗以及雙方就結算方式和期限達成的合同或協議條款等因素，進行綜合判斷。

企業在確定提供勞務收入總額收回的可能性時，應當進行定性分析。如果確定提供勞務收入總額收回的可能性大於不能收回的可能性，即可認為提供勞務收入總額很可能流入企業。通常情況下，企業提供的勞務符合合同或協議要求，接受勞務方承諾付款，就表明提供勞務收入總額收回的可能性大於不能收回的可能性。如果企業判斷提供勞務收入總額不是很可能流入企業，應當提供確鑿證據。

(3) 交易的完工進度能夠可靠地確定，是指交易的完工進度能夠合理地估計。企業確定提供勞務交易的完工進度，可以選用下列方法：

①已完工作的測量。這是一種比較專業的測量方法，由專業測量師對已經提供的勞務進行測量，並按一定方法計算提供勞務交易的完工程度。

②已經提供的勞務占應提供勞務總量的比例。這種方法主要以勞務量為標準確定

提供勞務交易的完工程度。

③已經發生的成本占估計總成本的比例。這種方法主要以成本為標準確定提供勞務交易的完工程度。

（4）交易中已發生和將發生的成本能夠可靠地計量，是指交易中已經發生和將要發生的成本能夠合理地估計。企業應當建立完善的內部成本核算制度和有效的內部財務預算及報告制度，準確地提供每期發生的成本，並對完成剩余勞務將要發生的成本做出科學、合理的估計；同時應隨著勞務的不斷提供或外部情況的不斷變化，隨時對將要發生的成本進行修訂。

2. 完工百分比法的具體應用

完工百分比法，是指按照提供勞務交易的完工進度確認收入與費用的方法。在這種方法下，確認的提供勞務收入金額能夠提供各個會計期間關於提供勞務交易及其業績的有用信息。

企業應當在資產負債表日按照提供勞務收入總額乘以完工進度，扣除以前會計期間累計已確認提供勞務收入后的金額，確認當期的提供勞務收入；同時，按照提供勞務估計總成本乘以完工進度，扣除以前會計期間累計已確認勞務成本后的金額，結轉當期勞務成本。用公式表示如下：

本期確認的收入=勞務總收入×本期末止勞務的完工進度-以前期間已確認的收入

本期確認的費用=勞務總成本×本期末止勞務的完工進度-以前期間已確認的費用

在採用完工百分比法確認提供勞務收入的情況下，企業應按計算確定的提供勞務收入金額，借記「應收帳款」「銀行存款」等科目，貸記「主營業務收入」「應交稅費——應交增值稅（銷項稅額）」科目；結轉提供勞務成本時，借記「主營業務成本」科目，貸記「勞務成本」科目。

［**例 11-15**］華遠股份有限公司於 2×16 年 12 月 1 日接受一項設備安裝任務，安裝期為 3 個月，合同總收入 600,000 元（不含增值稅）。至年底已預收安裝費 440,000 元，實際發生安裝費用 280,000 元（假定均為安裝人員薪酬），估計還會發生 120,000 元安裝費用。假定華遠股份有限公司按實際發生的成本占估計總成本的比例確定勞務的完工進度。

華遠股份有限公司的會計分錄如下：

（1）計算。

2×16 完工進度=280,000 ÷（280,000+120,000）×100%=70%

2×16 年 12 月 31 日確認的提供勞務收入=600,000×70% − 0=420,000（元）

2×16 年 12 月 31 日結轉的提供勞務成本=（280,000+120,000）×70%-0=280,000（元）

（2）帳務處理。

①實際發生勞務成本時：

	借	貸
借：勞務成本	280,000	
貸：應付職工薪酬		280,000

②預收勞務款時：

	借	貸
借：銀行存款	488,400	

貸：預收帳款　440,000
　　應交稅費——應交增值稅（銷項稅額）　48,400

③ 2×16 年 12 月 31 日確認提供勞務收入並結轉勞務成本時：

借：預收帳款　420,000
　貸：主營業務收入　420,000
借：主營業務成本　280,000
　貸：勞務成本　280,000

(二）提供勞務交易結果不能可靠估計的處理

企業在資產負債表日提供勞務交易結果不能夠可靠估計的，即不能同時滿足上述四個條件時，企業不能採用完工百分比法確認提供勞務收入。此時，企業應正確預計已經發生的勞務成本是否能夠得到補償，分別進行會計處理：①已經發生的勞務成本預計能夠得到補償的，應按已經發生的能夠得到補償的勞務成本金額確認提供勞務收入，並結轉已經發生的勞務成本；②已經發生的勞務成本預計全部不能得到補償的，應將已經發生的勞務成本計入當期損益，不確認提供勞務收入。

[**例 11-16**] 華遠股份有限公司於 2×16 年 12 月 25 日接受乙公司委託，為其培訓一批學員，培訓期為 6 個月，2×17 年 1 月 1 日開學。協議約定，乙公司應向華遠股份有限公司支付的培訓費總額為 120,000 元，分三次等額支付，第一次在開學時預付，第二次在 2×17 年 3 月 1 日支付，第三次在培訓結束時支付。

2×17 年 1 月 1 日，乙公司預付第一次培訓費。至 2×17 年 2 月 28 日，華遠股份有限公司發生培訓成本 30,000 元（假定均為培訓人員薪酬）。20×6 年 3 月 1 日，華遠股份有限公司得知乙公司經營發生困難，后兩次培訓費能否收回難以確定。華遠股份有限公司的會計分錄如下：

(1) 2×17 年 1 月 1 日收到乙公司預付的培訓費：

借：銀行存款　42,400
　貸：預收帳款——乙公司　40,000
　　　應交稅費——應交增值稅（銷項稅額）　2,400

(2) 實際發生培訓支出：

借：勞務成本——培訓成本　30,000
　貸：應付職工薪酬　30,000

(3) 2×16 年 2 月 28 日確認勞務收入並結轉勞務成本：

借：預收帳款——乙公司　30,000
　貸：主營業務收入——培訓收入　30,000
借：主營業務成本——培訓成本　30,000
　貸：勞務成本——培訓成本　30,000

(三）同時銷售商品和提供勞務交易

企業與其他企業簽訂的合同或協議包括銷售商品和提供勞務時，銷售商品部分和提供勞務部分能夠區分且能夠單獨計量的，應當將銷售商品的部分作為銷售商品處理，將提供勞務的部分作為提供勞務處理。銷售商品部分和提供勞務部分不能夠區分，或雖能區分但不能夠單獨計量的，應當將銷售商品部分和提供勞務部分全部作為銷售商品處理。

［**例 11-17**］華遠股份有限公司與乙公司簽訂合同，向乙公司銷售一部電梯並負責安裝。公司開出的增值稅專用發票上註明的價款合計為 1,000,000 元，其中電梯銷售價格為 980,000 元，安裝費為 20,000 元，適用增值稅稅率分別為 17%與 11%。電梯的成本為 560,000 元；電梯安裝過程中發生安裝費 12,000 元，均為安裝人員薪酬。假定電梯已經安裝完成並驗收合格，款項尚未收到；同時假定安裝工作是銷售合同的重要組成部分。華遠股份有限公司的會計分錄如下：

（1）電梯發出時：

借：發出商品	560,000	
貸：庫存商品		560,000

（2）發生安裝費用時：

借：勞務成本	12,000	
貸：應付職工薪酬		12,000

（3）電梯銷售實現確認收入，並結轉成本：

借：應收帳款	1,146,600	
貸：主營業務收入		980,000
應交稅費——應交增值稅（銷項稅額）		166,600
借：主營業務成本	560,000	
貸：發出商品		560,000

（4）確認安裝費收入，並結轉安裝成本：

借：應收帳款	22,200	
貸：主營業務收入		20,000
應交稅費——應交增值稅（銷項稅額）		2,200
借：主營業務成本	12,000	
貸：勞務成本		12,000

［**例 11-18**］沿用［例 11-17］的資料。同時，假定電梯銷售價格和安裝費用無法區分。華遠股份有限公司的會計分錄如下：

（1）電梯發出時：

借：發出商品	560,000	
貸：庫存商品		560,000

（2）發生安裝費用：

借：勞務成本	12,000	
貸：應付職工薪酬		12,000

（3）銷售實現確認收入，並結轉成本：

借：應收帳款	1,170,000	
貸：主營業務收入		1,000,000
應交稅費——應交增值稅（銷項稅額）		170,000
借：主營業務成本	572,000	

貸：發出商品　　560,000
　　勞務成本　　12,000

(四) 其他特殊勞務收入

下列提供勞務滿足收入確認條件的，應按規定確認收入：

(1) 安裝費，在資產負債表日根據安裝的完工進度確認收入。安裝工作是商品銷售的附帶條件的，安裝費在確認商品銷售實現時確認收入。

(2) 宣傳媒介的收費，在相關的廣告或商業行為開始出現在公眾面前時確認收入。廣告的製作費，在資產負債表日根據製作廣告的完工進度確認收入。

(3) 為特定客戶開發軟件的收費，在資產負債表日根據開發的完工進度確認收入。

(4) 包括在商品售價內可區分的服務費，在提供服務的期間內分期確認收入。

(5) 藝術表演、招待宴會和其他特殊活動的收費，在相關活動發生時確認收入。收費涉及幾項活動的，預收的款項應合理分配給每項活動，分別確認收入。

(6) 申請入會費和會員費只允許取得會籍，所有其他服務或商品都要另行收費的，在款項收回不存在重大不確定性時確認收入。申請入會費和會員費能使會員在會員期內得到各種服務或商品，或者以低於非會員的價格銷售商品或提供服務的，在整個受益期內分期確認收入。

(7) 屬於提供設備和其他有形資產的特許權費，通常在交付資產或轉移資產所有權時確認收入；屬於提供初始及后續服務的特許權費，在提供服務時確認收入。

(8) 長期為客戶提供重複的勞務收取的勞務費，在相關勞務活動發生時確認收入。

四、讓渡資產使用權收入

(一) 讓渡資產使用權收入的內容

讓渡資產使用權收入主要包括：①利息收入，主要是指金融企業對外貸款形成的利息收入，以及同業之間發生往來形成的利息收入等；②使用費收入，主要是指企業轉讓無形資產（如商標權、專利權、專營權、軟件、版權）等資產的使用權形成的使用費收入。

企業對外出租資產收取的租金、進行債權投資收取的利息、進行股權投資取得的現金股利，也構成讓渡資產使用權收入，有關的會計處理，請參照有關租賃、金融工具的確認和計量、長期股權投資等內容。

(二) 讓渡資產使用權收入的確認條件

讓渡資產使用權收入同時滿足下列條件的，才能予以確認：

1. 相關的經濟利益很可能流入企業

相關的經濟利益很可能流入企業，是指讓渡資產使用權收入金額收回的可能性大於不能收回的可能性。企業在確定讓渡資產使用權收入金額能否收回時，應當根據對方企業的信譽和生產經營情況、雙方就結算方式和期限等達成的合同或協議條款等因素，綜合進行判斷。如果企業估計讓渡資產使用權收入金額收回的可能性不大，就不應確認收入。

2. 收入的金額能夠可靠地計量

收入的金額能夠可靠地計量，是指讓渡資產使用權收入的金額能夠合理地估計。如果讓渡資產使用權收入的金額不能夠合理地估計，則不應確認收入。

(三) 讓渡資產使用權收入的計量

1. 利息收入

企業應在資產負債表日確認利息收入金額。利息收入金額，按照他人使用本企業貨幣資金的時間和實際利率計算確定。

按規定計算應確認的利息收入，借記「應收利息」「貸款」「銀行存款」等科目，貸記「利息收入」「其他業務收入」等科目。

[**例 11-19**] 某商業銀行於 2×16 年 10 月 1 日向乙公司發放一筆貸款 200 萬元，期限為 1 年，年利率為 5%，該銀行發放貸款時沒有發生交易費用。該貸款合同利率與實際利率相同。假定該商業銀行按季度編製財務報表，不考慮其他因素。該商業銀行的會計分錄如下：

(1) 2×16 年 10 月 1 日對外貸款時：

借：貸款　2,000,000

　貸：吸收存款　2,000,000

(2) 2×16 年 12 月 31 日確認利息收入時：

借：應收利息　26,250

　貸：利息收入　25,000

　　應交稅費——應交增值稅（銷項稅額）　1,250

2. 使用費收入

使用費收入應當按照有關合同或協議約定的收費時間和方法計算確定。不同的使用費收入，收費時間和方法各不相同。有一次性收取一筆固定金額的，如一次收取 10 年的場地使用費；有在合同或協議規定的有效期內分期等額收取的，如合同或協議規定在使用期內每期收取一筆固定的金額；也有分期不等額收取的，如合同或協議規定按資產使用方每期銷售額的百分比收取使用費等。

如果合同或協議規定一次性收取使用費，且不提供后續服務的，應當視同銷售該項資產一次性確認收入；提供后續服務的，應在合同或協議規定的有效期內分期確認收入。如果合同或協議規定分期收取使用費的，通常應按合同或協議規定的收款時間和金額或規定的收費方法計算確定的金額分期確認收入。

[**例 11-20**] 華遠股份有限公司向丙公司轉讓某專利權的使用權，轉讓期為 5 年，每年年末收取使用費 60,000 元，不含增值稅。假定當年年末款項尚未收到，不考慮其他因素。華遠股份有限公司的會計分錄如下：

借：應收帳款——丙公司　66,600

　貸：其他業務收入——轉讓使用權收入　60,000

　　應交稅費——應交增值稅（銷項稅額）　6,600

五、建造合同收入的確認與計量

(一) 建造合同概述

建築安裝企業和生產飛機、船舶、大型機械設備等產品的工業製造企業，其生產活動、經營方式不同於一般工商企業，有其特殊性。其特殊性如下：

(1) 這類企業所建造或生產的產品通常體積巨大，如建造的房屋、道路、橋樑、水壩等，或生產的飛機、船舶、大型機械設備等；

(2) 建造或生產產品的週期比較長，往往跨越一個或幾個會計期間；

(3) 所建造或生產的產品的價值比較大。

因此，在現實經濟生活中，這類企業在開始建造或生產產品之前，通常要與產品的需求方（即客戶）簽訂建造合同。建造合同是指為建造一項或數項在設計、技術、功能、最終用途等方面密切相關的資產而訂立的合同。合同的甲方稱為客戶，乙方稱為建造承包商。

建造合同分為固定造價合同和成本加成合同。

固定造價合同，是指按照固定的合同價或固定單價確定工程價款的建造合同。例如：建造一座辦公樓，合同規定總造價為 3,000 萬元；建造一條公路，合同規定每千米造價為 400 萬元。

成本加成合同，是指以合同約定或其他方式議定的以成本為基礎，加上該成本的一定比例或定額費用確定工程價款的建造合同。例如：建造一艘船舶，合同總價款以建造該船舶的實際成本為基礎，加 3%計取；建造一段地鐵，合同總價款以建造該段地鐵的實際成本為基礎，加 1,000 萬元計取。

(二) 合同的分立與合併

企業通常應當按照單項建造合同進行會計處理；但是，在某些情況下，為了反應一項或一組合同的實質，需要將單項合同進行分立或將數項合同進行合併。

1. 合同分立

有的資產建造雖然形式上只簽訂了一項合同，但各項資產在商務談判、設計施工、價款結算等方面都是可以相互分離的，實質上是多項合同，在會計上應當作為不同的核算對象。

一項包括建造數項資產的建造合同，同時滿足下列三項條件的，每項資產應當分立為單項合同：①每項資產均有獨立的建造計劃；②與客戶就每項資產單獨進行談判，雙方能夠接受或拒絕與每項資產有關的合同條款；③每項資產的收入和成本可以單獨辨認。

例如，某建築公司與客戶簽訂一項合同，為客戶建造一棟宿舍樓和一座食堂。在簽訂合同時，建築公司與客戶分別就所建宿舍樓和食堂進行談判，並達成一致意見：宿舍樓的工程造價為 500 萬元，食堂的工程造價為 200 萬元，宿舍樓和食堂均有獨立的施工圖預算，宿舍樓的預計總成本為 450 萬元，食堂的預計總成本為 170 萬元。根據上述資料分析：由於宿舍樓和食堂均有獨立的施工圖預算，因此符合條件①；由於在簽訂合同時，建築公司與客戶分別就所建宿舍樓和食堂進行談判，並達成一致意見，因此符合條件②；由於宿舍樓和食堂均有單獨的造價和預算成本，因此符合條件③。建築公司應將建造宿舍樓和食堂分立為兩個單項合同進行會計處理。

如果不同時滿足上述三項條件，則不能將合同分立，而應將其作為一個合同進行會計處理。假如上例中，沒有明確宿舍樓和食堂各自的工程造價，而是以 700 萬元的總金額簽訂了該項合同，也未做出各自的預算成本，這時，不符合條件③，則建築公司不能將該項合同分立為兩個單項合同進行會計處理。

2. 合同合併

有的資產建造雖然形式上簽訂了多項合同，但各項資產在設計、技術、功能、最終用途上是密不可分的，實質上是一項合同，在會計上應當作為一個核算對象。

一組合同無論對應單個客戶還是多個客戶，同時滿足下列三項條件的，應當合併為單項合同：①該組合同按一攬子交易簽訂；②該組合同密切相關，每項合同實際上已構成一項綜合利潤率工程的組成部分；③該組合同同時或依次履行。

例如，為建造一個冶煉廠，某建造承包商與客戶一攬子簽訂了三項合同，分別建造一個選礦車間、一個冶煉車間和一個工業污水處理系統。根據合同規定，這三個工程將由該建造承包商同時施工，並根據整個項目的施工進度辦理價款結算。根據上述資料分析：由於這三項合同是一攬子簽訂的，表明符合條件①。對客戶而言，只有這三項合同全部完工交付使用時，該冶煉廠才能投料生產，發揮效益；對建造承包商而言，這三項合同的各自完工進度，直接關係到整個建設項目的完工進度和價款結算，並且建造承包商對工程施工人員和工程用料實行統一管理。因此，該組合同密切相關，已構成一項綜合利潤率工程項目，表明符合條件②。該組合同同時履行，表明符合條件③。因此，該建造承包商應將該組合同合併為一個合同進行會計處理。

3. 追加資產的建造

建造合同在執行中，客戶可能會提出追加建造資產的要求，從而與建造承包商協商變更原合同內容或者另行簽訂建造追加資產的合同。根據不同情況，建造追加資產的合同可能與原合同合併為一項合同進行會計核算，也可能作為單項合同單獨核算。

追加資產的建造，滿足下列條件之一的，應當作為單項合同：①該追加資產在設計、技術或功能上與原合同包括的一項或數項資產存在重大差異；②議定該追加資產的造價時，不需要考慮原合同價款。

例如，某建築商與客戶簽訂了一項建造合同，合同規定，建築商為客戶設計並建造一棟教學樓，教學樓的工程造價（含設計費用）為 600 萬元，預計總成本為 550 萬元。合同履行一段時間后，客戶決定追加建造一座地上車庫，並與該建築商協商一致，變更了原合同內容。根據上述資料分析：由於該地上車庫在設計、技術和功能上與原合同包括的教學樓存在重大差異，表明符合條件①，因此該追加資產的建造應當作為單項合同。

(三) 合同收入與合同成本

1. 合同收入的組成

合同收入包括兩部分內容：①合同規定的初始收入，即建造承包商與客戶簽訂的合同中最初商定的合同總金額，構成了合同收入的基本內容。②因合同變更、索賠、獎勵等形成的收入。

合同變更是指客戶為改變合同規定的作業內容而提出的調整。合同變更款同時滿足下列條件的，才能構成合同收入：①客戶能夠認可因變更而增加的收入；②該收入能夠可靠地計量。例如，某建造承包商與客戶簽訂了一項建造圖書館的合同，建設期3年。第二年，客戶要求將原設計中採用的鋁合金門窗改為塑鋼門窗，並同意增加合同造價50萬元。本例中，建造承包商可在第二年將因合同變更而增加的收入50萬元認定為合同收入的組成部分；假如建造承包商認為此項變更應增加造價50萬元，但雙方最終只達成增加造價40萬元的協議，則只能將40萬元認定為合同收入的組成部分。

索賠款是指因客戶或第三方的原因造成的、向客戶或第三方收取的、用以補償不包括合同造價中成本的款項。索賠款同時滿足下列條件的，才能構成合同收入：①根據談判情況，預計對方能夠同意該項索賠；②對方同意接受的金額能夠可靠地計量。例如，某建造承包商與客戶簽訂了一項建造水電站的合同。合同規定的建設期是2×16年1月至2×19年12月；同時規定，發電機由客戶採購，於2×18年10月交付建造承包商進行安裝。在該項合同執行過程中，客戶於2×19年1月才將發電機交付建造承包商。建造承包商因客戶交貨延期要求客戶支付延誤工期款150萬元。本例中，假如客戶不同意支付延誤工期款，則不能將150萬元計入合同總收入；假如客戶只同意支付延誤工期款100萬元，則只能將100萬元認定為合同收入的組成部分。

獎勵款是指工程達到或超過規定的標準，客戶同意支付的額外款項。獎勵款同時滿足下列條件的，才能構成合同收入：①根據合同目前完成情況，足以判斷工程進度和工程質量能夠達到或超過規定的標準；②獎勵金額能夠可靠地計量。例如，某建造承包商與客戶簽訂一項建造大橋的合同，合同規定的建設期為2×16年10月25日至2×18年10月25日。2×18年7月，主體工程已基本完工，工程質量符合設計要求，有望提前3個月竣工，客戶同意向建造承包商支付提前竣工獎100萬元。本例中，假如該項合同的主體工程雖於2×18年7月基本完工，但是經工程監理人員認定，工程質量未達到設計要求，還需進一步施工，則不能認定獎勵款構成合同收入。

2. 合同成本的組成

合同成本是指為建造某項合同而發生的相關費用，合同成本包括從合同簽訂開始至合同完成止所發生的、與執行合同有關的直接費用和間接費用。這裡所說的「直接費用」是指為完成合同所發生的、可以直接計入合同成本核算對象的各項費用支出；「間接費用」是指為完成合同所發生的、不宜直接歸屬於合同成本核算對象而應分配計入有關合同成本核算對象的各項費用支出。實務中，間接費用的分配方法主要有人工費用比例法、直接費用比例法等。與合同有關的零星收益，即在合同執行過程中取得的、非經常性的零星收益，如完成合同后處置殘余物資取得的收益，不應計入合同收入而應衝減合同成本。

(1) 直接費用的組成。合同的直接費用包括四項內容，即耗用的材料費用、耗用的人工費用、耗用的機械使用費和其他直接費用。

耗用的材料費用主要包括施工生產過程中耗用的構成工程實體或有助於形成工程實體的原材料、輔助材料、構配件、零件、半成品的成本和週轉材料的攤銷及租賃費用。週轉材料是指企業在施工過程中能多次使用並可基本保持原來的實物形態而逐漸轉移其價值的材料，如施工中使用的模板、擋板和腳手架等。

耗用的人工費用主要包括從事工程建造的人員的工資、獎金、福利費、工資性質的津貼等支出。

耗用的機械使用費主要包括施工生產過程中使用自有施工機械所發生的機械使用費、租用外單位施工機械支付的租賃費，以及施工機械的安裝、拆卸和進出場費。

其他直接費用是指在施工過程中發生的除上述三項直接費用以外的其他可以直接計入合同成本核算對象的費用，主要包括有關的設計和技術援助費用、施工現場材料的二次搬運費、生產工具和用具使用費、檢驗試驗費、工程定位復測費、工程點交費、場地清理費等。

(2) 間接費用的組成。間接費用主要包括臨時設施攤銷費用和企業下屬的施工、生產單位組織和管理施工生產活動所發生的費用，如管理人員薪酬、勞動保護費、固定資產折舊費及修理費、物料消耗、取暖費、水電費、辦公費、差旅費、財產保險費、工程保修費、排污費等。這裡所說的「施工單位」是指建築安裝企業的施工隊、項目經理部等；「生產單位」是指船舶、飛機、大型機械設備等製造企業的生產車間。這些單位可能同時組織實施幾項合同，其發生的費用應由這幾項合同的成本共同負擔。

(3) 因訂立合同而發生的費用。建造承包商為訂立合同而發生的差旅費、投標費等，能夠單獨區分和可靠計量且合同很可能訂立的，應當予以歸集，待取得合同時計入合同成本；未滿足上述條件的，應當計入當期損益。

(4) 不計入合同成本的各項費用。下列各項費用屬於期間費用，應在發生時計入當期損益，不計入建造合同成本：

①企業行政管理部門為組織和管理生產經營活動所發生的管理費用。這裡所述的「企業行政管理部門」包括建築安裝公司的總公司，船舶、飛機、大型機械設備製造企業等企業的總部。

②船舶等製造企業的銷售費用。

③企業為建造合同借入款項所發生的、不符合借款費用準則規定的資本化條件的借款費用。例如，企業在建造合同完成后發生的利息淨支出、匯兌淨損失、金融機構手續費以及籌資發生的其他財務費用。

3. 核算科目設置

(1)「工程施工」科目

本科目核算企業（建造承包商）實際發生的合同成本和合同毛利。本帳戶可按建造合同，分別對「合同成本」「間接費用」「合同毛利」進行明細核算。

企業進行合同建造時發生的人工費、材料費、機械使用費以及施工現場材料的二次搬運費、生產工具和用具使用費、檢驗試驗費、臨時設施折舊費等其他直接費用，借記「工程施工——合同成本」，貸記「應付職工薪酬」「原材料」等科目。發生的施工、生產單位管理人員職工薪酬、固定資產折舊費、財產保險費、工程保修費、排污費等間接費用，借記「工程施工——間接費用」，貸記「累計折舊」「銀行存款」等科目。

期（月）末，將間接費用分配計入有關合同成本，借記「工程施工——合同成本」，貸記「工程施工——間接費用」。

確認合同收入、合同費用時，借記「主營業務成本」科目，貸記「主營業務收入」科目，按其差額，借記或貸記「工程施工——合同毛利」。

合同完工時，應將「工程施工」科目余額與相關工程施工合同的「工程結算」科目對沖，借記「工程結算」科目，貸記「工程施工」科目。

「工程施工」科目期末借方余額，反應企業尚未完工的建造合同成本和合同毛利。

（2）「工程結算」科目

該科目用來核算根據合同規定向客戶開出工程價款結算帳單辦理結算的價款。本科目是「工程施工」科目的備抵科目，已向客戶開出工程價款結算帳單辦理結算的款項記入「工程結算」科目的貸方，合同完成並竣工決算后，本科目與「工程施工」科目對沖后結平。

（3）「主營業務收入」科目

該科目用來核算當期確認的合同收入。對當期確認的合同收入，記入「主營業務收入」科目的貸方；期末將本科目的余額全部轉入「本年利潤」科目的貸方，結轉后，「主營業務收入」科目應當無余額。

（4）「主營業務成本」科目

該科目用來核算當期確認的合同費用。期末將本科目的余額全部轉入「本年利潤」科目的借方，結轉后，「主營業務成本」科目應當無余額。

（四）合同收入與合同費用的確認

1. 結果能夠可靠估計的建造合同

建造合同的結果能夠可靠估計的，企業應根據完工百分比法在資產負債表日確認合同收入和合同費用。完工百分比法是根據合同完工進度確認合同收入和費用的方法，運用這種方法確認合同收入和費用，能為報表使用者提供有關合同進度及本期業績的有用信息。

（1）建造合同的結果能夠可靠估計的認定標準。固定造價合同的結果能夠可靠估計的認定標準為：①合同總收入能夠可靠地計量；②與合同相關的經濟利益很可能流入企業；③實際發生的合同成本能夠清楚地區分和可靠地計量；④合同完工進度和為完成合同尚需發生的成本能夠可靠地確定。

成本加成合同的結果能夠可靠估計的認定標準為：①與合同相關的經濟利益很可能流入企業；②實際發生的合同成本能夠清楚地區分和可靠地計量。

（2）完工進度的確定。確定合同完工進度有以下三種方法：

①根據累計實際發生的合同成本占合同預計總成本的比例確定。該方法是確定合同完工進度比較常用的方法。計算公式如下：

合同完工進度＝累計實際發生的合同成本÷合同預計總成本×100%

累計實際發生的合同成本是指形成工程完工進度的工程實體和工作量所耗用的直接成本和間接成本，不包括與合同未來活動相關的合同成本（如施工中尚未安裝、使用或耗用的材料成本），以及在分包工程的工作量完成之前預付給分包單位的款項（根據分包工程進度支付的分包工程進度款，應構成累計實際發生的合同成本）。

②根據已經完成的合同工作量占合同預計總工作量的比例確定。該方法適用於合

同工作量容易確定的建造合同，如道路工程、土石方挖掘、砌築工程等的建造合同。計算公式如下：

合同完工進度=已經完成的合同工作量÷合同預計總工作量×100%

③根據實際測定的完工進度確定。該方法是在無法根據上述兩種方法確定合同完工進度時所採用的一種特殊的技術測量方法，適用於一些特殊的建造合同，如水下施工工程等的建造合同。需要注意的是，這種技術測量並不是由建造承包商自行隨意測定的，而應由專業人員現場進行科學測定。

（3）完工百分比法的運用。確定建造合同的完工進度后，就可以根據完工百分比法確認和計量當期的合同收入和費用。當期確認的合同收入和費用可用下列公式計算：

當期確認的合同收入=合同總收入×完工進度-以前會計期間累計已確認的收入

當期確認的合同費用=合同預計總成本×完工進度-以前會計期間累計已確認的費用

當期確認的合同毛利=當期確認的合同收入-當期確認的合同費用

上述公式中的完工進度指累計完工進度。

對於當期完成的建造合同，應當按照實際合同總收入扣除以前會計期間累計已確認收入后的金額，確認為當期合同收入；同時，按照累計實際發生的合同成本扣除以前會計期間累計已確認費用后的金額，確認為當期合同費用。

值得注意的是，「工程施工」余額大於「工程結算」余額，其差額在資產負債表「存貨」項目反應；「工程施工」余額小於「工程結算」余額，其差額在資產負債表「預收款項」項目反應。

[例 11-21] 華遠股份有限公司簽訂了一項總金額為 2,700,000 元的固定造價合同，合同完工進度按照累計實際發生的合同成本占合同預計總成本的比例確定。工程已於 2×16 年 2 月開工，預計 2×18 年 9 月完工。最初預計的工程總成本為 2,500,000 元，到 2×17 年年底，由於材料價格上漲等因素調整了預計總成本，預計工程總成本已為 3,000,000 元。該建築企業於 2×18 年 7 月提前兩個月完成了建造合同，工程質量優良，客戶同意支付獎勵款 300,000 元。建造該工程的其他有關資料如表 11-2 所示。

表 11-2　　**工程有關資料**　　單位：元

項目	2×16 年	2×17 年	2×18 年
累計實際發生成本	800,000	2,100,000	2,950,000
預計完成合同尚需發生成本	1,700,000	900,000	—
結算合同價款	1,000,000	1,100,000	900,000
實際收到價款	800,000	900,000	1,300,000

華遠股份有限公司對本項建造合同的有關會計分錄如下（為簡化起見，會計分錄以匯總數反應，有關納稅業務的會計分錄略）：

2×16 年會計分錄如下：

（1）登記實際發生的合同成本：

借：工程施工——合同成本　　800,000

　貸：原材料、應付職工薪酬、機械作業等　　800,000

(2) 登記已結算的合同價款：

借：應收帳款　　1,000,000

　貸：工程結算　　1,000,000

(3) 登記實際收到的合同價款：

借：銀行存款　　800,000

　貸：應收帳款　　800,000

(4) 確認計量當年的合同收入和費用，並登記入帳：

2×16 年的完工進度＝800,000÷(800,000+1,700,000)×100%＝32%

2×16 年確認的合同收入＝2,700,000×32%＝864,000（元）

2×16 年確認的合同費用＝(800,000+1,700,000)×32%＝800,000（元）

2×16 年確認的合同毛利＝864,000−800,000＝64,000（元）

借：主營業務成本　　800,000

　　工程施工——合同毛利　　64,000

　貸：主營業務收入　　864,000

2×17 年的會計分錄如下：

(1) 登記實際發生的合同成本：

借：工程施工——合同成本　　1,300,000

　貸：原材料、應付職工薪酬、機械作業等　　1,300,000

(2) 登記結算的合同價款：

借：應收帳款　　1,100,000

　貸：工程結算　　1,100,000

(3) 登記實際收到的合同價款：

借：銀行存款　　900,000

　貸：應收帳款　　900,000

(4) 確認計量當年的合同收入和費用，並登記入帳：

2×17 年的完工進度＝2,100,000÷(2,100,000+900,000)×100%＝70%

2×17 年確認的合同收入＝2,700,000×70%−864,000＝1,026,000（元）

2×17 年確認的合同費用＝(2,100,000+900,000)×70%−800,000＝1,300,000（元）

2×17 年確認的合同毛利＝1,026,000−1,300,000＝−274,000（元）

2×17 年確認的合同預計損失＝(2,100,000+900,000−2,700,000)×(1−70%)＝90,000（元）

註：在 2×17 年年底，由於該合同預計總成本（3,000,000 元）大於合同總收入（2,700,000 元），預計發生損失總額為 300,000 元，由於已在「工程施工——合同毛利」中反應了−210,000 元（64,000−274,000）的虧損，因此應將剩余的、未完成工程將發生的預計損失 90,000 元確認為當期費用。

借：主營業務成本　　1,300,000

　貸：主營業務收入　　1,026,000

　　　工程施工——合同毛利　　274,000

借：資產減值損失　　90,000
　貸：存貨跌價準備　　90,000

2×18 年的會計分錄如下：

（1）登記實際發生的合同成本：

借：工程施工——合同成本　　850,000
　貸：原材料、應付職工薪酬、機械作業等　　850,000

（2）登記結算的合同價款：

借：應收帳款　　900,000
　貸：工程結算　　900,000

（3）登記實際收到的合同價款：

借：銀行存款　　1,300,000
　貸：應收帳款　　1,300,000

（4）確認計量當年的合同收入和費用，並登記入帳：

2×18 年確認的合同收入＝(2,700,000+300,000)－(864,000+1,026,000)
＝1,110,000（元）

2×18 年確認的合同費用＝2,950,000－800,000－1,300,000＝850,000（元）

2×18 年確認的合同毛利＝1,110,000－850,000＝260,000（元）

借：主營業務成本　　850,000
　　工程施工——合同毛利　　260,000
　貸：主營業務收入　　1,110,000

（5）2×18 年工程全部完工，應將「存貨跌價準備」科目相關余額衝減「主營業務成本」，將「工程施工」科目的余額與「工程結算」科目的余額相對沖：

借：存貨跌價準備　　90,000
　貸：主營業務成本　　90,000

借：工程結算　　3,000,000
　貸：工程施工——合同成本　　2,950,000
　　　　　　——合同毛利　　50,000

2. 結果不能可靠估計的建造合同

如果建造合同的結果不能可靠估計，則不能採用完工百分比法確認和計量合同收入和費用，而應區別以下兩種情況進行會計處理：①合同成本能夠收回的，合同收入根據能夠收回的實際合同成本予以確認，合同成本在其發生的當期確認為合同費用；②合同成本不可能收回的，應在發生時立即確認為合同費用，不確認合同收入。

［**例 11-22**］華遠股份有限公司與客戶簽訂了一項總金額為 120 萬元的建造合同。第一年實際發生工程成本 50 萬元，雙方均能履行合同規定的義務，但華遠公司在年末時對該項工程的完工進度無法可靠確定。

本例中，華遠公司不能採用完工百分比法確認收入。由於客戶能夠履行合同，當年發生的成本均能收回，所以公司可將當年發生的成本金額同時確認為當年的收入和費用，當年不確認利潤。其會計分錄如下：

借：主營業務成本　　500,000

貸：主營業務收入　　500,000

如果該公司當年與客戶只辦理價款結算 30 萬元，其余款項可能收不回來。這種情況下，該公司只能將 30 萬元確認為當年的收入，50 萬元應確認為當年的費用。其會計分錄如下：

借：主營業務成本　　500,000

貸：主營業務收入　　300,000

工程施工——合同毛利　　200,000

如果使建造合同的結果不能可靠估計的不確定因素不復存在，就不應再按照上述規定確認合同收入和費用，而應轉為按照完工百分比法確認合同收入和費用。

[例 11-23] 沿用［例 11-22］，假定到第二年，完工進度無法可靠確定的因素消除。第二年實際發生成本為 30 萬元，預計為完成合同尚需發生的成本為 20 萬元。則企業應當計算合同收入和費用如下：

第二年的合同完工進度 =（50+30）÷（50+30+20）×100% = 80%

第二年確認的合同收入 = 120×80% − 30 = 66（萬元）

第二年確認的合同成本 =（50+30+20）×80% − 50 = 30（萬元）

第二年確認的合同毛利 = 66 − 30 = 36（萬元）

會計分錄如下：

借：主營業務成本　　300,000

工程施工——合同毛利　　360,000

貸：主營業務收入　　660,000

（五）房地產建造協議收入的確認

企業自行建造或通過分包商建造房地產，應當根據房地產建造協議條款和實際情況，判斷確認收入應適用的會計準則。房地產購買方在建造工程開始前能夠規定房地產設計的主要結構要素，或者能夠在建造過程中決定主要結構變動的，房地產建造協議符合建造合同概念，企業應當遵循建造合同準則確認收入；房地產購買方影響房地產設計的能力有限（如僅能對基本設計方案做出微小變動）的，企業應當遵循收入準則中有關商品銷售收入的原則確認收入。

第二節　費用

一、費用的確認

費用是指企業在日常活動中發生的、會導致所有者權益減少的、與向所有者分配利潤無關的經濟利益的總流出。

費用有狹義和廣義之分。廣義的費用泛指企業各種日常活動發生的所有耗費。狹義的費用僅指與本期營業收入相配比的那部分耗費。費用應按照權責發生制和配比原則確認，凡應屬於本期發生的費用，不論其款項是否支付，均確認為本期費用；反之，不屬於本期發生的費用，即使其款項已在本期支付，也不確認為本期費用。

在確認費用時，首先應當劃分生產費用與非生產費用的界限。生產費用是指與企業日常生產經營活動有關的費用，如生產產品所發生的原材料費用、人工費用等；非生產費用是指不屬於生產費用的費用，如用於購建固定資產所發生的費用，不屬於生產費用。其次，應當分清生產費用與產品成本的界限。生產費用與一定的期間相聯繫，而與生產的產品無關；產品成本與一定品種和數量的產品相聯繫，而不論發生在哪一期。最后，應當分清生產費用與期間費用的界限。生產費用應當計入產品成本；而期間費用直接計入當期損益。

在確認費用時，對於確認為期間費用的費用，必須進一步劃分為管理費用、銷售費用和財務費用；對於確認為生產費用的費用，必須根據該費用發生的實際情況按不同的費用性質將其確認為不同產品所負擔的費用；對於幾種產品共同發生的費用，必須按受益原則，採用一定方法和程序將其分配計入相關產品的生產成本。本節主要講述期間費用。

二、期間費用

期間費用是企業當期發生的費用中的重要組成部分，是指本期發生的、不能直接或間接歸入某種產品成本的、直接計入損益的各項費用，包括管理費用、銷售費用和財務費用。

（一）管理費用

管理費用是指企業為組織和管理企業生產經營所發生的管理費用，包括企業在籌建期間內發生的開辦費、董事會和行政管理部門在企業的經營管理中發生的或者應由企業統一負擔的公司經費（包括行政管理部門職工工資及福利費、物料消耗、低值易耗品攤銷、辦公費和差旅費等）、工會經費、董事會費（包括董事會成員津貼、會議費和差旅費等）、機構費、諮詢費（含顧問費）、訴訟費、業務招待費、房產稅、車船稅、土地使用稅、印花稅、技術轉讓費、礦產資源補償費、研究費用、排污費以及企業生產車間（部門）和行政管理部門等發生的固定資產修理費用等。

企業發生的管理費用，在「管理費用」科目核算，並在「管理費用」科目中按費用項目設置明細帳，進行明細核算。期末，「管理費用」科目的余額結轉「本年利潤」科目后無余額。

［**例 11-24**］華遠股份有限公司 2×16 年 5 月份發生下列經濟業務：

（1）本月企業行政管理部門職工工資總額為 240,000 元，按 2%計提工會經費，按 2.5%計提職工教育經費。應作會計分錄如下：

借：管理費用	10,800	
貸：應付職工薪酬——工會經費		4,800
——職工教育經費		6,000

（2）以銀行存款購買印花稅票 500 元。根據有關結算憑證，作會計分錄如下：

借：管理費用	500	
貸：銀行存款		500

(二) 銷售費用

銷售費用是指企業在銷售商品和材料、提供勞務的過程中發生的各種費用，包括企業在銷售商品過程中發生的保險費、包裝費、展覽費和廣告費、商品維修費、預計產品質量保證損失、運輸費、裝卸費等，以及為銷售本企業商品而專設的銷售機構（含銷售網點、售后服務網點等）的職工薪酬、業務費、折舊費、固定資產修理費用等費用。

企業發生的銷售費用，在「銷售費用」科目核算，並在「銷售費用」科目按費用項目設置明細帳，進行明細核算。期末，「銷售費用」科目的余額結轉「本年利潤」科目后無余額。

[例 11-25] 華遠股份有限公司 2×16 年 5 月份發生下列經濟業務：

(1) 以銀行存款支付由本企業負擔的、產品銷售過程中發生的運輸費 5,000 元。根據有關收費票證和銀行結算憑證，作會計分錄如下：

借：銷售費用	5,000	
應交稅費——應交增值稅（進項稅額）	550	
貸：銀行存款		5,550

(2) 開出轉帳支票支付某電視臺廣告費 90,000 元。應根據支票存根和電視臺開出的收據，作會計分錄如下：

借：銷售費用	90,000	
應交稅費——應交增值稅（進項稅額）	5,400	
貸：銀行存款		95,400

(3) 本月應發專設銷售機構職工工資 60,000 元，按規定，按照工資總額的 5%計提基本養老保險。作會計分錄如下：

借：銷售費用	63,000	
貸：應付職工薪酬——工資		60,000
——社會保險費		3,000

(三) 財務費用

財務費用是指企業為籌集生產經營所需資金等而發生的籌資費用，包括利息支出（減利息收入）、匯兌損益以及相關的手續費、企業發生的現金折扣或收到的現金折扣等。

企業發生的財務費用，在「財務費用」科目核算，並在「財務費用」科目中按費用項目設置明細帳，進行明細核算。期末，「財務費用」科目的余額結轉「本年利潤」科目后無余額。

[例 11-26] 華遠股份有限公司 2×16 年 4 月份發生下列財務費用：

(1) 預提本月銀行短期借款利息 20,000 元。

借：財務費用	20,000	
貸：應付利息		20,000

(2) 以銀行存款支付銀行承兌匯票承兌手續費 500 元。

借：財務費用　　500

　貸：銀行存款　　500

(3) 收到銀行存款利息通知單，本月銀行存款利息收入 1,000 元。

借：銀行存款　　1,000

　貸：財務費用　　1,000

第三節　利潤

一、利潤的構成

利潤是指企業在一定會計期間的經營成果，包括收入減去費用后的淨額、直接計入當期利潤的利得和損失等。直接計入當期利潤的利得和損失，是指應當計入當期損益、會導致所有者權益發生增減變動的、與所有者投入資本或者向所有者分配利潤無關的利得或者損失。利潤屬於財務成果要素，應當列入利潤表。利潤由下列內容構成：

(一) 營業利潤

營業利潤=營業收入-營業成本-營業稅金及附加-管理費用-銷售費用-財務費用-資產減值損失-公允價值變動損失（+收益）-投資損失（+收益）

(二) 利潤總額

利潤總額=營業利潤+營業外收入-營業外支出

(三) 淨利潤

淨利潤=利潤總額-所得稅費用

在利潤的構成內容中，各項構成利潤內容的收入和費用大部分已經在前面的章節中介紹過。下面主要介紹營業外收支的核算。

二、營業外收支的核算

(一) 營業外收入的核算

營業外收入是指企業發生的與其經營活動無直接關係的各項利得。營業外收入對企業來說也是一種收入。它是偶然發生、不可預見的，會影響企業的利潤總額和淨利潤，不會影響企業的營業利潤。營業外收入主要包括處置非流動資產利得、非貨幣性資產交換利得、債務重組利得、政府補助利得、捐贈利得、盤盈利得等。

處置非流動資產利得包括處置固定資產利得和出售無形資產利得。固定資產處置利得是指固定資產處置過程中獲得的出售價款、賠償款、殘料價值或變價收入等，超過固定資產帳面價值以及在固定資產處置過程中發生的相關稅費和清理費用總額的部分。出售無形資產利得是指無形資產出售收入超過無形資產帳面價值以及無形資產出售過程中應支付的相關稅費總額的部分。

非貨幣性資產交換利得，指在非貨幣資產交換中換出資產為固定資產、無形資產的，換入資產公允價值大於換出資產帳面價值的差額，扣除相關費用后計入營業外收入的金額。

債務重組利得，指重組債務的帳面價值超過清償債務的現金、非現金資產的公允價值、所轉股份的公允價值或者重組后債務帳面價值之間的差額。

盤盈利得，指企業對於現金等清查盤點中盤盈的現金等，報經批准后計入營業外收入的金額。

政府補助，指企業從政府無償取得貨幣性資產或非貨幣性資產形成的利得。

捐贈利得，指企業接受捐贈產生的利得。

企業應當通過「營業外收入」科目，核算營業外收入的取得和結轉情況。該科目可按營業外收入項目進行明細核算。期末，應將該科目余額轉入「本年利潤」科目，結轉后該科目無余額。

［**例 11-27**］華遠股份有限公司收到某公司捐贈的現金 250,000 元已存入銀行。應作會計分錄如下：

借：銀行存款　　250,000

　貸：營業外收入　　250,000

(二) 營業外支出的核算

營業外支出是指企業發生的與日常活動無直接關係的各項損失。營業外支出主要包括非流動資產處置損失、非貨幣性資產交換損失、債務重組損失、公益性捐贈支出、非常損失、盤虧損失等。

非流動資產處置損失包括固定資產處置損失和無形資產出售損失。固定資產處置損失，指企業出售固定資產所取得價款或報廢固定資產的材料價值和變價收入等，不足抵補處置固定資產的帳面價值、清理費用、處置相關稅費后的淨損失；無形資產出售損失，指企業出售無形資產所取得價款，不足抵補出售無形資產的帳面價值、出售相關稅費的淨損失。

非貨幣資產交換損失，指在非貨幣資產交換中換出資產為固定資產、無形資產的，換入資產公允價值小於換出資產帳面價值的差額，扣除相關費用后計入營業外支出的金額。

債務重組損失，指重組債權的帳面余額與受讓資產的公允價值、所轉股份的公允價值或者重組后債權的帳面價值之間的差額。

公益性捐贈支出，指企業對外進行公益性捐贈發生的支出。

非常損失，指企業對於因客觀因素（如自然災害等）造成的損失，在扣除保險公司賠償后計入營業外支出的淨損失。

企業應通過「營業外支出」科目核算營業外支出的發生及結轉情況。該科目可按營業外支出項目進行明細核算。期末，應將該科目余額轉入「本年利潤」科目，結轉后該科目無余額。

需要注意的是，營業外收入和營業外支出應當分別核算。在具體核算時，不得以營業外支出直接衝減營業外收入，也不得以營業外收入衝減營業外支出，即企業在會計核算時，應當區別營業外收入和營業外支出進行核算。

［例 11-28］華遠股份有限公司因出售不需用固定資產發生淨損失 20,000 元，現予以結轉。應作會計分錄如下：

借：營業外支出　　20,000

　貸：固定資產清理　　20,000

三、利潤和利潤分配

（一）利潤的匯轉

利潤的匯轉指月末將收入和費用結轉到本年利潤，以便計算企業在一定會計期間的利潤總額及淨利潤的方法。

期末，應計算企業本期實現的利潤（或虧損）總額，計算方法可以採用帳結法。在帳結法下，各期（月）末要將各損益類帳戶的發生淨額轉入「本年利潤」帳戶。即將收入類科目的發生淨額全部轉入「本年利潤」科目的貸方，將費用類科目的發生淨額全部轉入「本年利潤」科目的借方，結轉后，各損益類帳戶無余額，「本年利潤」帳戶的余額為實現的利潤或發生的虧損。

由於企業實現的利潤總額按規定需計算應交所得稅，因此在將收入和費用匯轉本年利潤時是分兩步進行的：先將未包括所得稅費用時的損益匯轉「本年利潤」，此時「本年利潤」的結果為利潤總額，按相關稅法規定計算出應交所得稅后；再將「所得稅費用」轉入「本年利潤」的借方，其結果便為淨利潤。

（二）利潤分配的核算

1. 利潤分配順序

利潤分配是指企業根據國家有關規定和企業章程、投資者的協議等，對企業當年可供分配的利潤進行的分配。可供分配的利潤主要由當年實現的淨利潤和年初未分配利潤組成。利潤分配的順序是：①提取法定盈余公積；②提取任意盈余公積；③向投資者分配利潤。企業應按規定順序進行利潤分配，不能顛倒。

2. 核算帳戶

企業進行利潤分配，應通過「利潤分配」帳戶進行核算。本科目應當分別設置「提取法定盈余公積」「提取任意盈余公積」「應付現金股利或利潤」「轉作股本的股利」「盈余公積補虧」和「未分配利潤」等帳戶進行明細核算。

企業按規定提取的盈余公積，應借記「利潤分配——提取法定盈余公積」「利潤分配——提取任意盈余公積」科目，貸記「盈余公積——法定盈余公積」「盈余公積——任意盈余公積」科目。企業經股東大會或類似機構決議，分配給股東或投資者的現金股利或利潤，應借記「利潤分配——應付現金股利或利潤」科目，貸記「應付股利」科目。經股東大會或類似機構決議，分配給股東的股票股利，應在辦理增資手續后，借記「利潤分配——轉作股本的股利」科目，貸記「股本」科目，企業用盈余公積彌補虧損，借記「盈余公積——法定盈余公積」科目，貸記「利潤分配——盈余公積補虧」科目。

(三) 利潤的年度結算

利潤的年度結算是指年度終了，企業將「本年利潤」的淨額全部轉入「利潤分配——未分配利潤」。當「本年利潤」為貸方余額時，則借記「本年利潤」，貸記「利潤分配——未分配利潤」，如「本年利潤」為借方余額時，則借記「利潤分配——未分配利潤」，貸記「本年利潤」。然后，將「利潤分配」科目所屬其他明細科目的余額轉入「利潤分配——未分配利潤」明細科目。結轉后，「本年利潤」和「利潤分配」(除「未分配利潤」明細科目外) 無余額。「利潤分配——未分配利潤」科目的年末余額，則反應企業歷年積存的未分配利潤 (或未彌補虧損)。

需要說明的是，用本年利潤彌補以前年度虧損不須做專門分錄。判斷企業是否用利潤彌補了以前年度虧損，是通過對比「利潤分配——未分配利潤」科目的年末、年初余額進行的。

[**例 11-29**] 某企業 2×16 年損益類科目結轉「本年利潤」科目前的發生淨額如表 11-3 示。

表 11-3　**損益類科目結轉「本年利潤」科目前的發生額**　單位：元

科目名稱	借　方	貸　方
主營業務收入		80, 000, 000
其他業務收入		300, 000
投資收益		20, 000, 000
營業外收入		900, 000
主營業務成本	40, 740, 000	
其他業務成本	660, 000	
銷售費用	5, 000, 000	
管理費用	4, 000, 000	
財務費用	1, 000, 000	
資產減值損失	800, 000	

假設提取盈余公積、任意盈余公積、向投資者分配利潤的比例分別為 10%、10%、50%，所得稅稅率為 25%，假設無納稅調整事項。下面進行利潤及利潤分配的核算。

(1) 會計期末，將除「所得稅費用」科目以外的損益類科目結轉「本年利潤」科目，並計算會計利潤。會計分錄為：

借：主營業務收入　80, 000, 000
　　其他業務收入　300, 000
　　營業外收入　900, 000
　　投資收益　20, 000, 000
　貸：本年利潤　100, 200, 000
借：本年利潤　52, 200, 000
　貸：主營業務成本　40, 740, 000
　　　其他業務成本　660, 000

銷售費用 5,000,000

管理費用 4,000,000

財務費用 1,000,000

資產減值損失 800,000

此時，利潤總額=「本年利潤」科目貸方發生額-「本年利潤」科目借方發生額=100,200,000-52,200,000=48,000,000（元）。

(2) 計算結轉「所得稅費用」，並計算淨利潤。會計分錄為：

借：所得稅費用 12,000,000

　貸：應交稅費——所得稅 12,000,000

借：本年利潤 12,000,000

　貸：所得稅費用 12,000,000

此時，淨利潤=利潤總額-所得稅費用=48,000,000-12,000,000=36,000,000（元）。

(3) 年末，將「本年利潤」科目結轉「利潤分配——未分配利潤」科目。

借：本年利潤 36,000,000

　貸：利潤分配——未分配利潤 36,000,000

(4) 對利潤進行利潤分配。會計分錄為：

借：利潤分配——提取法定盈余公積 3,600,000

　　　　——提取任意盈余公積 3,600,000

　　　　——應付股利 18,000,000

　貸：盈余公積——法定盈余公積 36,000,000

　　　　——任意盈余公積 36,000,000

　　應付股利 18,000,000

(5) 將「利潤分配」的有關明細科目結轉「未分配利潤」明細科目。會計分錄為：

借：利潤分配——未分配利潤 25,200,000

　貸：利潤分配——提取法定盈余公積 3,600,000

　　　　——提取任意盈余公積 3,600,000

　　　　——應付股利 18,000,000

第十二章　所得稅

第一節　所得稅會計概述

一、應交所得稅

(一) 企業所得稅的概念

企業所得稅，是以企業的生產經營所得和其他所得為計稅依據而徵收的一種所得稅。所得稅是以所得為徵稅對象，並由所得獲取主體繳納的稅收總稱。

企業所得稅，以納稅人一定期間內的純收益額或淨所得額為計稅依據。它既不等於企業實現的會計利潤，也不是企業的增值額。企業所得稅納稅人包括各類企業、事業單位、社會團體、民辦非企業單位和從事經營活動的其他組織。

中國現行企業所得稅適用的法律法規，是指 2007 年 3 月 16 日第十屆全國人民代表大會（以下簡稱全國人大）第 5 次會議通過的《中華人民共和國企業所得稅法》（以下簡稱《企業所得稅法》）和國務院於 2007 年 11 月 28 日通過的《中華人民共和國企業所得稅法實施條例》(以下簡稱《實施條例》)，上述法律法規自 2008 年 1 月 1 日起在全國範圍內施行。同時，根據全國人大和國務院授權，財政部和國家稅務總局還制定了一系列部門規章和規範性文件，與企業所得稅法律法規配套執行。

(二) 企業所得稅的稅率

1. 法定稅率

居民企業適用的企業所得稅法定稅率為 25%。同時，對在中國境內設立機構、場所且取得的所得與其所設機構、場所有實際聯繫的非居民企業，應當就其來源於中國境內、境外的所得繳納企業所得稅，適用稅率亦為 25%。

非居民企業在中國境內未設立機構、場所的，或者雖設立機構、場所但取得的所得與其所設機構、場所沒有實際聯繫的，應當就其來源於中國境內的所得繳納企業所得稅，適用的法定稅率為 20%。

2. 優惠稅率

優惠稅率是指按低於 25%的法定稅率對一部分特殊納稅人徵收的特別稅率。它是國家從國民經濟發展大局和遵從國際慣例角度出發而採取的稅收優惠措施。國家在稅收法律法規中針對不同情況共規定了 20%、15%、10%三種優惠稅率。具體情況如下：

(1) 為了鼓勵小型企業發展壯大，稅法規定凡符合條件的小型微利企業，減按 20%的稅率徵收企業所得稅。

(2) 為了鼓勵高新技術企業發展，稅法規定對國家需要重點扶持的高新技術企業，減按 15%的稅率徵收企業所得稅。

(3) 在中國境內未設立機構、場所的，或者雖設立機構、場所但取得的所得與其所設機構、場所沒有實際聯繫的，應當就其來源於中國境內的所得，減按 10%的稅率徵收企業所得稅。

(三) 企業所得稅的應納稅所得額

企業每一納稅年度的收入總額，減除不徵稅收入、免稅收入、各項扣除以及允許彌補的以前年度虧損后的余額，為應納稅所得額。

1. 直接計算法

應納稅所得額=收入總額-不徵稅收入-免稅收入-扣除額-允許彌補的以前年度虧損

2. 間接計算法

應納稅所得額=會計利潤+納稅調整增加額-納稅調整減少額

(四) 企業所得稅的應納稅額的計算

企業所得稅的應納稅額，是指企業的應納稅所得額乘以適用稅率，減除依照《企業所得稅法》關於稅收優惠的規定減免和抵免的稅額后的余額。

企業所得稅的應納稅額的計算公式為：

應納稅額=應納稅所得額×適用稅率-減免稅額-抵免稅額

所謂減免稅額和抵免稅額，是指依照《企業所得稅法》和國務院的稅收優惠規定減徵、免徵和抵免的應納稅額。

二、所得稅會計核算方法

所得稅會計是針對會計與稅收規定之間的差異，在所得稅會計核算中的具體體現。在會計核算中採用應付稅款法和納稅影響會計法兩種不同的方法針對其差異進行處理。

(一) 應付稅款法

應付稅款法是指本期稅前會計利潤與應納稅所得額之間的差異均在當期確認所得稅費用。應付稅款法側重於把所得稅看成是收益的分配，正因為是收益的分配，而不是一種費用，所以就不必考慮權責發生制和配比原則。在應付稅款法下，差異直接在當期處理，不對其他會計期間產生影響。因而一個會計期間只需考慮本期差異，工作量比較小。

這種核算方法的特點是：本期所得稅費用按照本期應納稅所得額與適用的所得稅稅率計算，即本期從淨利潤中扣除的所得稅費用等於本期應交所得稅。時間性差異產生的影響所得稅的金額均在本期確認所得稅費用，或在本期抵減所得稅費用，時間性差異產生的影響所得稅的金額在會計報表上不反應為一項負債或資產。即本期發生的時間性差異與本期發生的永久性差異同樣處理。也就是說，不管稅前會計利潤是多少，在計算繳納所得稅時均應按稅法規定對稅前會計利潤進行調整，調整為應納稅所得額，再按應納稅所得額計算出本期應交的所得稅作為本期所得稅費用，即本期所得稅費用等於本期應交所得稅。

2013 年 1 月 1 日開始實施的《小企業會計準則》，在所得稅核算方面，結合小企業的實際情況，權衡了小企業會計人員的知識結構以及企業規模特點，選擇採用應付稅款法。

（二）納稅影響會計法

納稅影響會計法是指企業將時間性差異對所得稅的影響金額，按照當期應交的所得稅和時間性差異對所得稅影響金額的合計，確認為當期所得稅費用的方法。在這種方法下，時間性差異對所得稅的影響金額遞延和分配到以后各期，即將本期產生的時間性差異採取跨期分攤的辦法。採用納稅影響會計法時，所得稅被視為企業在獲得收益時發生的一項費用，並應隨同有關的收入和費用計入同一期間，以達到收入和費用的配比。時間性差異影響的所得稅金額包括在利潤表的所得稅費用項目內以及資產負債表中的遞延稅款余額中。在具體運用納稅影響會計法核算時，有兩種可供選擇的方法，即遞延法和債務法。

1. 遞延法

遞延法是把本期由於時間性差異產生的影響納稅的金額，遞延和分配到以后各期，並同時轉銷已確認的時間性差異對所得稅的影響金額。在遞延法下，在資產負債表中反應的遞延稅款余額，並不代表收款的權利或付款的義務。因此採用遞延法核算，在稅率變動或開徵新稅時，不需要對原已確認的時間性差異的所得稅影響金額進行調整；但是，在轉回時間性差異的所得稅影響金額時，應當按照原所得稅稅率計算轉回。本期發生的時間性差異影響所得稅的金額，用現行稅率計算。

2. 債務法

債務法是把本期由於時間性差異（暫時性差異）產生的影響納稅的金額，遞延和分配到以后各期，並同時轉銷已確認的時間差異（暫時性差異）對所得稅的影響金額。由於稅率變更或開徵新稅，需要調整遞延稅款的余額。由於本期的時間性差異（暫時性差異）預計對所得稅的影響在資產負債表中作為將來應付稅款的債務或者作為代表預付未來稅款的資產，採用債務法核算時，在稅率變動或開徵新稅時，應當對原已確認的時間性差異的所得稅影響金額進行調整，在轉回時間性差異所得稅影響金額時，應當按照現行所得稅稅率計算轉回。

債務法按差異確認的基礎不同，又可以分為資產負債表債務法和利潤表債務法。

第二節　計稅基礎及暫時性差異

一、資產負債表債務法的理論基礎

《企業會計準則第 18 號——所得稅》中明確指出，企業所得稅核算採用資產負債表債務法。資產負債表債務法要求企業從資產負債表出發，通過比較資產負債表上列示的資產、負債，按照會計準則的規定確定的帳面價值與按照稅法的規定確定的計稅基礎，對兩者之間的差異分別形成應納稅暫時性差異與可抵扣暫時性差異，確認相關的遞延所得稅負債與遞延所得稅資產，並在此基礎上確定每一會計期間利潤表中的所得稅費用。

資產負債表債務法在所得稅的會計核算方面貫徹了資產、負債的界定。從資產負債角度考慮，資產的帳面價值代表的是某項資產在持續持有及最終處置的一定期間內為企業帶來未來經濟利益的總額，而其計稅基礎代表的是該期間內按照稅法規定就該項資產可以稅前扣除的總額。資產的帳面價值小於其計稅基礎的，表明該項資產於未來期間產生的經濟利益流入低於按照稅法規定允許稅前扣除的金額，產生可抵減未來期間應納稅所得額的因素，減少未來期間以所得稅稅款的方式流出企業的經濟利益，應確認為遞延所得稅資產。反之，一項資產的帳面價值大於其計稅基礎的，兩者之間的差額會增加企業未來期間應納稅所得額及應交所得稅，對企業形成經濟利益流出的義務，應確認為遞延所得稅負債。

二、所得稅會計核算一般程序

採用資產負債表債務法核算所得稅的情況下，企業一般應於每一資產負債表日進行所得稅的核算。企業合併等特殊交易或事項發生時，在確認因交易或事項取得的資產、負債時即應確認相關的所得稅影響。企業進行所得稅核算一般應遵循以下程序：

（1）按照相關會計準則規定確定資產負債表中除遞延所得稅資產和遞延所得稅負債以外的其他資產和負債項目的帳面價值。

資產、負債的帳面價值，是指企業按照相關會計準則的規定進行核算后在資產負債表中列示的金額。比如，對於計提了減值準備的各項資產，其帳面價值是指其帳面余額減去已計提的減值準備后的金額。又如，企業應收帳款帳面余額為 1,000 萬元，企業對該應收帳款計提了 50 萬元的壞帳準備，其帳面價值為 950 萬元。

（2）按照會計準則中對於資產和負債計稅基礎的確定方法，以適用的稅收法規為基礎，確定資產負債表中有關資產、負債項目的計稅基礎。

（3）比較資產、負債的帳面價值與其計稅基礎，對於兩者之間存在差異的，分析其性質，除準則中規定的特殊情況外，分別形成應納稅暫時性差異與可抵扣暫時性差異，確定資產負債表日遞延所得稅負債和遞延所得稅資產的應有余額，並與期初遞延所得稅資產和遞延所得稅負債的余額相比，確定當期應予進一步確認的遞延所得稅資產和遞延所得稅負債金額或應予轉銷的金額，作為遞延所得稅。

（4）就企業當期發生的交易或事項，按照適用的稅法規定計算當期應納稅所得額，將應納稅所得額與適用的所得稅稅率計算的結果確認為當期應交所得稅，作為當期所得稅。

（5）確定利潤表中的所得稅費用。利潤表中的所得稅費用包括當期所得稅（當期應交所得稅）和遞延所得稅兩個組成部分。企業在確定了當期所得稅和遞延所得稅后，兩者之和（或差），即為利潤表中的所得稅費用。

三、暫時性差異

暫時性差異是指資產、負債的帳面價值與其計稅基礎不同產生的差額。因資產、負債的帳面價值與其計稅基礎不同，產生了在未來收回資產或清償負債的期間內，應納稅所得額增加或減少並導致未來期間應交所得稅增加或減少的情況，形成企業的負債和資產。在有關暫時性差異發生當期，符合確認條件的情況下，應當確認相關的遞延所得稅負債或遞延所得稅資產。

根據暫時性差異對未來期間應納稅所得額的影響，其分為應納稅暫時性差異和可抵扣暫時性差異。

除因資產、負債的帳面價值與其計稅基礎不同產生的暫時性差異以外，按照稅法規定可以結轉以后年度的未彌補虧損和稅款抵減，也視同可抵扣暫時性差異處理。

（一）應納稅暫時性差異

應納稅暫時性差異，是指在確定未來收回資產或清償負債期間的應納稅所得額時，將導致產生應稅金額的暫時性差異。即在未來期間不考慮該事項影響的應納稅所得額的基礎上，由於該暫時性差異的轉回，會進一步增加轉回期間的應納稅所得額和應交所得稅金額。在其產生當期應當確認相關的遞延所得稅負債。

應納稅暫時性差異通常產生於以下情況：

1. 資產的帳面價值大於其計稅基礎

資產的帳面價值代表的是企業在持續使用或最終出售該項資產時將取得的經濟利益的總額，而計稅基礎代表的是資產在未來期間可予稅前扣除的總金額。資產的帳面價值大於其計稅基礎，該項資產未來期間產生的經濟利益不能全部稅前抵扣，兩者之間的差額需要交稅，產生應納稅暫時性差異。例如，一項資產的帳面價值為 500 萬元，計稅基礎如為 375 萬元，兩者之間的差額會造成未來期間應納稅所得額和應交所得稅的增加，在其產生當期，應確認相關的遞延所得稅負債。

2. 負債的帳面價值小於其計稅基礎

負債的帳面價值為企業預計在未來期間清償該項負債時的經濟利益流出，而其計稅基礎代表的是帳面價值在扣除稅法規定未來期間允許稅前扣除的金額之后的差額。負債的帳面價值與其計稅基礎不同而產生的暫時性差異，實質上是稅法規定就該項負債在未來期間可以稅前扣除的金額（即與該項負債相關的費用支出在未來期間可予稅前扣除的金額）。負債的帳面價值小於其計稅基礎，則意味著就該項負債在未來期間可以稅前抵扣的金額為負數，即應在未來期間應納稅所得額的基礎上調增，增加未來期間的應納稅所得額和應交所得稅金額，產生應納稅暫時性差異，應確認相關的遞延所得稅負債。

（二）可抵扣暫時性差異

可抵扣暫時性差異是指在確定未來收回資產或清償負債期間的應納稅所得額時，將導致產生可抵扣金額的暫時性差異。該差異在未來期間轉回時會減少轉回期間的應納稅所得額，減少未來期間的應交所得稅。在可抵扣暫時性差異產生當期，符合確認條件時，應當確認相關的遞延所得稅資產。

可抵扣暫時性差異一般產生於以下情況：

（1）資產的帳面價值小於其計稅基礎，意味著資產在未來期間產生的經濟利益少，按照稅法規定允許稅前扣除的金額多，兩者之間的差額可以減少企業在未來期間的應納稅所得額並減少應交所得稅。符合有關條件時，應當確認相關的遞延所得稅資產。例如，一項資產的帳面價值為 500 萬元，計稅基礎為 650 萬元，則企業在未來期間就該項資產可以在其自身取得經濟利益的基礎上多扣除 150 萬元，未來期間應納稅所得額會減少，應交所得稅也會減少，形成可抵扣暫時性差異。

(2) 負債的帳面價值大於其計稅基礎，負債產生的暫時性差異實質上是稅法規定就該項負債可以在未來期間稅前扣除的金額。即：

負債產生的暫時性差異=帳面價值 - 計稅基礎

=帳面價值 - (帳面價值 - 未來期間計稅時按照稅法規定可予稅前扣除的金額)

= 未來期間計稅時按照稅法規定可予稅前扣除的金額

負債的帳面價值大於其計稅基礎，意味著未來期間按照稅法規定與負債相關的全部或部分支出可以自未來應稅經濟利益中扣除，減少未來期間的應納稅所得額和應交所得稅。符合有關確認條件時，應確認相關的遞延所得稅資產。

(三) 特殊項目產生的暫時性差異

1. 未作為資產、負債確認的項目產生的暫時性差異

某些交易或事項發生以后，因為不符合資產、負債確認條件而未體現為資產負債表中的資產或負債，但按照稅法規定能夠確定其計稅基礎的，其帳面價值與計稅基礎之間的差異也構成暫時性差異。如企業發生的符合條件的廣告費和業務宣傳費支出，除另有規定外，不超過當年銷售收入 15%的部分準予扣除；超過部分準予在以后納稅年度結轉扣除。該類費用在發生時按照會計準則規定計入當期損益，不形成資產負債表中的資產，但按照稅法規定可以確定其計稅基礎的，兩者之間的差異也形成暫時性差異。

[**例 12-1**] 華遠股份有限公司 2×16 年發生了 2,000 萬元廣告費支出，發生時已作為銷售費用計入當期損益。稅法規定，該類支出不超過當年銷售收入 15%的部分允許當期稅前扣除，超過部分允許在以后年度結轉稅前扣除。華遠股份有限公司 2×17 年實現銷售收入 10,000 萬元。

該廣告費支出因按照會計準則規定在發生時已計入當期損益，不體現為期末資產負債表中的資產，如果將其視為資產，其帳面價值為 0。

因按照稅法規定，該類支出稅前列支有一定的標準限制。根據當期華遠股份有限公司銷售收入 10,000 萬元計算，當期可予稅前扣除 1,500 萬元 (10,000 ×15%)，當期未予稅前扣除的 500 萬元可以在以后年度結轉，其計稅基礎為 500 萬元。

該項資產的帳面價值 0 與其計稅基礎 500 萬元之間產生了 500 萬元的暫時性差異，該暫時性差異在未來期間可減少企業的應納稅所得額，為可抵扣暫時性差異。符合確認條件時，應確認相關的遞延所得稅資產。

2. 可抵扣虧損及稅款抵減產生的暫時性差異

按照稅法規定可以結轉以后年度的未彌補虧損及稅款抵減，雖不是因資產、負債的帳面價值與計稅基礎不同而產生的，但與可抵扣暫時性差異具有同樣的作用，均能夠減少未來期間的應納稅所得額，進而減少未來期間的應交所得稅，會計處理上視同可抵扣暫時性差異。符合條件的情況下，應確認與其相關的遞延所得稅資產。

[**例 12-2**] 華遠股份有限公司於 2×16 年因政策性原因發生經營虧損 2,000 萬元，按照稅法規定，該虧損可用於抵減以后 5 個年度的應納稅所得額。該企業預計其於未

來5年期間能夠產生足夠的應納稅所得額彌補該虧損。

該經營虧損不是資產、負債的帳面價值與其計稅基礎不同而產生的，但從性質上可以減少未來期間企業的應納稅所得額和應交所得稅，屬於可抵扣暫時性差異。企業預計未來期間能夠產生足夠的應納稅所得額，利用該可抵扣虧損時，應確認相關的遞延所得稅資產。

四、計稅基礎

所得稅會計的關鍵在於確定資產、負債的計稅基礎。在確定資產、負債的計稅基礎時，應嚴格遵循稅收法規中對於資產的稅務處理以及可稅前扣除的費用等的規定。

（一）資產的計稅基礎

資產的計稅基礎，是指企業收回資產帳面價值過程中，計算應納稅所得額時按照稅法規定可以自應稅經濟利益中抵扣的金額，即某一項資產在未來期間計稅時按照稅法規定可以稅前扣除的金額。

資產在初始確認時，其計稅基礎一般為取得成本，即企業為取得某項資產支付的成本在未來期間準予稅前扣除。在資產持續持有的過程中，其計稅基礎是指資產的取得成本減去以前期間按照稅法規定已經稅前扣除的金額后的余額。如固定資產、無形資產等長期資產在某一資產負債表日的計稅基礎，是指其成本扣除按照稅法規定已在以前期間稅前扣除的累計折舊額或累計攤銷額后的金額。用公式表示為：

資產計稅基礎=未來期間按照稅法規定可以稅前扣除的金額

或：

資產計稅基礎=取得成本-以前期間按照稅法規定已經稅前扣除的金額

以下具體舉例說明資產項目計稅基礎的確定。

1. 固定資產

以各種方式取得的固定資產，初始確認時按照會計準則的規定確定的入帳價值基本上是被稅法認可的，即取得時其帳面價值一般等於計稅基礎。

固定資產在持有期間進行后續計量時，由於會計與稅法規定在折舊方法、折舊年限以及固定資產減值準備的提取等方面的處理不同，可能造成固定資產的帳面價值與計稅基礎存在差異。

（1）折舊方法、折舊年限的差異。企業會計準則規定，固定資產既可以按直線法計提折舊，也可以按照雙倍余額遞減法、年數總和法等計提折舊，前提是有關的方法能夠反應固定資產為企業帶來經濟利益的實現方式。另外，稅法還就每一類固定資產的最低折舊年限做出了規定，而會計準則規定折舊年限是由企業根據固定資產的性質和使用情況合理確定的。如企業進行會計處理時確定的折舊年限與稅法規定不同，也會產生固定資產持有期間帳面價值與計稅基礎的差異。

［**例12-3**］華遠股份有限公司適用的所得稅稅率為25%。各年稅前利潤為10,000萬元。2×16年年末以1,500萬元購入一項固定資產，華遠股份有限公司在會計核算時估計其使用壽命為5年。根據適用稅法規定，按照10年計算確定可稅前扣除的折舊額。假定會計與稅法均按年限平均法計提折舊，淨殘值均為零。

2×17 年年末：

資產帳面價值=1, 500-1, 500÷5=1, 200（萬元）

資產計稅基礎=1, 500-1, 500÷10=1, 350（萬元）

該項固定資產的帳面價值 1, 200 萬元與其計稅基礎 1, 350 萬元之間的 150 萬元差額，在未來期間會減少企業的應納稅所得額，即形成可抵扣暫時性差異 150 萬元。

（2）因計提固定資產減值準備產生的差異。企業持有固定資產的期間內，在對固定資產計提了減值準備以后，因稅法規定企業計提的資產減值準備在發生實質性損失前不允許稅前扣除，也會造成固定資產的帳面價值與計稅基礎的差異。

［**例 12-4**］華遠股份有限公司適用的所得稅稅率為 25%。2×16 年 12 月 30 日，公司取得的某項固定資產，成本為 7, 500 萬元，使用年限為 10 年，會計採用年限平均法計提折舊，淨殘值為零。2×18 年 12 月 31 日，估計該項固定資產的可收回金額為 5, 500 萬元。稅法規定，使用年限 10 年，該固定資產應採用雙倍余額遞減法計提折舊，淨殘值為零。華遠股份有限公司實現的利潤總額每年均為 10, 000 萬元。

①2×17 年年末：

資產帳面價值=7, 500-7, 500÷10=6, 750（萬元）

資產計稅基礎=7, 500-7, 500×2÷10=6, 000（萬元）

該項固定資產的帳面價值 6, 750 萬元與其計稅基礎 6, 000 萬元之間的 750 萬元差額，將於未來期間計入企業的應納稅所得額，即形成應納稅暫時性差異 750 萬元。

②2×18 年年末：

2×18 年 12 月 31 日，該項固定資產計提減值準備前的帳面價值=7, 500-7, 500÷10×2=6, 000（萬元），該帳面價值大於其可收回金額 5, 500 萬元，兩者之間的差額應計提 500 萬元的固定資產減值準備。

資產帳面價值=7, 500-7, 500÷10×2-500=5, 500（萬元）

資產計稅基礎=7, 500-7, 500×2÷10-6, 000×2÷10=4, 800（萬元）

該項固定資產的帳面價值 5, 500 萬元與其計稅基礎 4, 800 萬元之間的 700 萬元差額，將於未來期間計入企業的應納稅所得額，即形成應納稅暫時性差異 700 萬元。

2. 無形資產

除內部研究開發形成的無形資產以外，其他方式取得的無形資產，初始確認時按照會計準則的規定確定的入帳價值與按照稅法的規定確定的計稅基礎之間一般不存在差異。無形資產的差異主要產生於內部研究開發形成的無形資產以及使用壽命不確定的無形資產。

（1）內部研究開發形成的無形資產

會計準則規定，研究階段的支出應當費用化計入當期損益，開發階段符合資本化條件以后至達到預定用途前發生的支出應當資本化作為無形資產的成本。

稅法中規定企業為開發新技術、新產品、新工藝發生的研究開發費用，未形成無形資產計入當期損益的，在按照規定據實扣除的基礎上，按照研究開發費用的 50%加計扣除；形成無形資產的，按照無形資產成本的 150%計算每期攤銷額。

如無形資產的確認不是產生於企業合併交易，同時在確認時既不影響會計利潤也不影回應納稅所得額的，則按照所得稅準則的規定，不確認有關暫時性差異的所得稅影響。

[例 12-5] 華遠股份有限公司自 2×16 年 1 月 1 日起自行研究開發一項新專利技術。適用的所得稅稅率為 25%。該公司 2×16 年與 2×17 年實現利潤總額均為 10,000 萬元。

2×16 年度研發支出為 2,000 萬元，其中費用化的支出 800 萬元，資本化支出 1,200 萬元。2×16 年 7 月 1 日該項專利技術獲得成功並取得專利權。華遠股份有限公司預計該項專利權的使用年限為 10 年，採用直線法進行攤銷，均與稅法規定相同。稅法規定，研究開發支出未形成無形資產計入當期損益的，按照研究開發費用的 50%加計扣除；形成無形資產的，按照無形資產成本的 150%攤銷。

2×16 年年末：

無形資產帳面價值 = 1,200 − 1,200 ÷ 10 ×（6 ÷ 12）= 1,200 − 60 = 1,140（萬元）

無形資產計稅基礎 = 1,200 × 150% − 1,200 × 150% ÷ 10 ×（6 ÷ 12）= 1,710（萬元）

該項固定資產的帳面價值 1,140 萬元與其計稅基礎 1,710 萬元之間的 570 萬元差額，在未來期間會減少企業的應納稅所得額，即形成可抵扣暫時性差異 570 萬元。但自行研發的無形資產確認時，因為既不影回應納稅所得額也不影響會計利潤，所以不確認相關的遞延所得稅資產。

（2）無形資產在后續計量時，會計與稅收的差異主要產生於對無形資產是否需要攤銷及無形資產減值準備的提取

①企業會計準則規定，對於使用壽命不確定的無形資產，不要求攤銷，在會計期末應進行減值測試。稅法規定，企業取得的無形資產成本，應在一定期限內攤銷，即稅法中沒有界定使用壽命不確定的無形資產。對於使用壽命不確定的無形資產在持有期間，因攤銷規定的不同，會造成其帳面價值與計稅基礎的差異。

②在對無形資產計提減值準備的情況下，因所計提的減值準備不允許稅前扣除，也會造成其帳面價值與計稅基礎的差異。

[例 12-6] 華遠股份有限公司於 2×16 年 1 月 1 日取得某項無形資產，取得成本為 1,500 萬元。取得該項無形資產后，根據各方面情況判斷，華遠股份有限公司無法合理預計其使用期限，將其作為使用壽命不確定的無形資產。2×16 年 12 月 31 日，公司對該項無形資產進行減值測試，表明其未發生減值。公司在計稅時，對該項無形資產按照 10 年的期限攤銷，攤銷金額允許稅前扣除。華遠股份有限公司適用的所得稅稅率為 25%，2×16 年稅前會計利潤為 1,000 萬元。

2×16 年年末：

無形資產帳面價值 = 1,500（萬元）

無形資產計稅基礎 = 1,500 − 1,500 ÷ 10 = 1,350（萬元）

該項固定資產的帳面價值 1,500 萬元與其計稅基礎 1,350 萬元之間的 150 萬元差額，將於未來期間計入企業的應納稅所得額，即形成應納稅暫時性差異 150 萬元。

3. 以公允價值計量的金融資產

對於以公允價值計量的金融資產，會計期末的帳面價值為該時點的公允價值。稅法規定，企業以公允價值計量的金融資產，持有期間公允價值的變動不計入應納稅所得額。在實際處置或結算時，處置取得的價款扣除其歷史成本或以歷史成本為基礎確

定的處置成本后的差額應計入處置或結算期間的應納稅所得額。按照該規定，以公允價值計量的金融資產在持有期間公允價值的波動在計稅時不予考慮，因此帳面價值與計稅基礎之間會存在差異。

[**例 12-7**] 華遠股份有限公司適用的所得稅稅率為 25%，各年稅前會計利潤為 10,000 萬元。有關業務如下：

（1）2×16 年 11 月 20 日，華遠股份有限公司自公開市場取得一項可供出售金融資產，支付價款 1,000 萬元。2×16 年 12 月 31 日，該可供出售金融資產的公允價值為 1,100 萬元。假定 2×16 年期初暫時性差異余額為零，不考慮其他因素。

（2）2×17 年 12 月 31 日，該投資的公允價值為 800 萬元。

2×16 年年末：

可供出售金融資產帳面價值＝1,100（萬元）

可供出售金融資產計稅基礎＝1,000（萬元）

該項金融資產的帳面價值 1,100 萬元與其計稅基礎 1,000 萬元之間的 100 萬元差額，將於未來期間計入企業的應納稅所得額，即形成應納稅暫時性差異 100 萬元。

2×17 年年末：

可供出售金融資產帳面價值＝800（萬元）

計稅基礎＝1,000（萬元）

該項金融資產的帳面價值 800 萬元與其計稅基礎 1,000 萬元之間的 200 萬元差額，在未來期間會減少企業的應納稅所得額，即形成可抵扣暫時性差異 200 萬元。

4. 投資性房地產

企業持有的投資性房地產進行后續計量時，會計準則規定可以採用兩種模式：一種是成本模式，採用該種模式計量的投資性房地產，其帳面價值與計稅基礎的確定與固定資產、無形資產相同；另一種是在符合規定條件的情況下，可以採用公允價值模式對投資性房地產進行后續計量。

[**例 12-8**] 華遠股份有限公司適用的所得稅稅率為 25%，各年稅前會計利潤為 10,000 萬元。假定稅法規定的折舊方法、折舊年限及淨殘值與會計規定相同。同時，稅法規定資產在持有期間公允價值的變動不計入應納稅所得額，待處置時一併計算確定應計入應納稅所得額的金額。

（1）2×16 年 1 月 1 日，公司將其某自用房屋對外出租，並採用公允價值對該投資性房地產進行后續計量。該房屋的成本為 7,500 萬元，預計使用年限為 20 年，轉為投資性房地產之前，已使用 4 年，按年限平均法計提折舊，預計淨殘值為零。2×16 年 1 月 1 日帳面價值為 6,000 萬元（7,500−7,500÷20×4），轉換日公允價值為 7,000 萬元，轉換日產生其他綜合收益 1,000 萬元。2×16 年 12 月 31 日的公允價值為 9,000 萬元。

（2）該項投資性房地產在 2×17 年 12 月 31 日的公允價值為 8,500 萬元。

2×16 年年末：

投資性房地產帳面價值＝9,000（萬元）

投資性房地產計稅基礎＝7,500−7,500÷2×16＝5,625（萬元）

該項投資性房地產的帳面價值 9,000 萬元與其計稅基礎 5,625 萬元之間的 3,375 萬元差額，將於未來期間計入企業的應納稅所得額，即形成應納稅暫時性差異 3,375

萬元。

2×17 年年末：

投資性房地產帳面價值＝8, 500（萬元）

投資性房地產計稅基礎＝7, 500－7, 500÷2×16＝5, 250（萬元）

該項投資性房地產的帳面價值 8, 500 萬元與其計稅基礎 5, 250 萬元之間的 3, 250 萬元差額，將於未來期間計入企業的應納稅所得額，即形成應納稅暫時性差異 3, 250 萬元。

5. 長期股權投資

按照企業會計準則的規定，長期股權投資可以採用成本法及權益法進行后續計量。稅法中對於投資資產的處理，要求按規定確定其成本后，在轉讓或處置投資資產時，對其成本準予扣除。因此，稅法中對於長期股權投資並沒有權益法的概念。

長期股權投資取得以后，如果按照會計準則的規定採用權益法核算，則一般情況下在持有過程中隨著應享有被投資單位淨資產份額的變化，其帳面價值與計稅基礎會產生差異。如果企業擬長期持有該項投資，則：

（1）因初始投資成本的調整產生的暫時性差異預計未來期間不會轉回，對未來期間沒有所得稅影響，不確認遞延所得稅。

（2）因確認投資損益產生的暫時性差異，如果在未來期間逐期分回現金股利或利潤時免稅，也不存在對未來期間的所得稅影響，不確認遞延所得稅。

（3）因確認應享有被投資單位其他權益變動而產生的暫時性差異，在長期持有的情況下預計未來期間也不會轉回，不確認遞延所得稅。

（二）負債的計稅基礎

負債的計稅基礎，是指負債的帳面價值減去未來期間計算應納稅所得額時按照稅法規定可予抵扣的金額。用公式表示為：

負債的計稅基礎＝帳面價值－未來期間按照稅法規定可予稅前扣除的金額

負債的確認與償還一般不會影響企業的損益，也不會影響其應納稅所得額，未來期間計算應納稅所得額時按照稅法規定可予抵扣的金額為零，計稅基礎即為帳面價值。但是，某些情況下，負債的確認可能會影響企業的損益，進而影響不同期間的應納稅所得額，使得其計稅基礎與帳面價值之間產生差額，如按照會計準則的規定確認的某些預計負債。

1. 預計負債

（1）因計提產品保修費用等確認的預計負債

按照或有事項準則的規定，企業應將預計提供售后服務發生的支出在銷售當期確認為費用，同時確認預計負債。如果稅法規定，有關的支出應於發生時稅前扣除，則會產生可抵扣暫時性差異。如果稅法規定對於費用支出按照權責發生制原則確定稅前扣除時點，則不會產生可抵扣暫時性差異。

［例 12-9］ 華遠股份有限公司適用的所得稅稅率為 25%，各年稅前會計利潤為 10, 000 萬元。按照稅法規定，與產品售后服務相關的費用在實際發生時允許稅前扣除。2×16 年年末「預計負債」科目余額為 500 萬元（因計提產品保修費用確認），2×16 年

年末「遞延所得稅資產」科目余額為 125 萬元（因計提產品保修費用確認）。華遠股份有限公司 2×16 年實際支付保修費用 400 萬元，在 2×16 年度利潤表中確認了 600 萬元的銷售費用，同時確認為預計負債。

負債帳面價值 = 500－400+600 = 700（萬元）

負債計稅基礎 = 700－700 = 0

可抵扣暫時性差異 = 700（萬元）

（2）未決訴訟

因或有事項確認的預計負債，應按照稅法規定的計稅原則確定其計稅基礎。某些情況下，因或有事項確認的預計負債，如果稅法規定其支出無論是否實際發生均不允許稅前扣除，即未來期間按照稅法規定可予抵扣的金額為零，其帳面價值與計稅基礎相同。

［**例 12－10**］華遠股份有限公司所得稅稅率為 25%。2×16 年 12 月 31 日涉及一項擔保訴訟案件，華遠股份有限公司估計敗訴的可能性為 60%，如敗訴，賠償金額很可能為 100 萬元。假定稅法規定擔保涉及訴訟不得稅前扣除，又假定公司稅前會計利潤為 10,000 萬元。不考慮其他納稅調整。

負債帳面價值 = 100（萬元）

負債計稅基礎 = 100－0 = 100（萬元）

可抵扣暫時性差異 = 0

另外，如果假定稅法規定違反合同的訴訟實際發生時可以稅前扣除，其他條件不變。

負債帳面價值 = 100（萬元）

負債計稅基礎 = 100－100 = 0（萬元）

可抵扣暫時性差異 = 100（萬元）

（3）附有銷售退回條件的商品銷售，企業根據以往經驗能夠合理估計退貨可能性並確認與退貨相關的負債（預計負債）

［**例 12－11**］華遠股份有限公司於 2×16 年 12 月 1 日與乙企業簽訂產品銷售合同。合同約定，華遠股份有限公司向乙企業銷售 A 產品 1,000 萬件，單位售價 5 元（不含增值稅），增值稅稅率為 17%；如果乙企業當日支付款項，乙企業收到 A 產品后 3 個月內如發現質量問題有權退貨。A 產品單位成本為 4 元。根據歷史經驗，華遠股份有限公司估計 A 產品的退貨率為 10%。2×16 年 12 月 20 日華遠公司發出 A 產品，並開具增值稅專用發票，並收到貨款。至 2×16 年 12 月 31 日止，上述已銷售的 A 產品尚未發生退回。2×16 年華遠股份有限公司所得稅稅率為 25%。假定稅法規定與銷售有關的退貨在實際發生時允許稅前扣除。不考慮其他納稅調整。

2×16 年 12 月 31 日確認估計的銷售退回，會計分錄如下：

借：主營業務收入	5,000,000	
貸：主營業務成本		4,000,000
預計負債		1,000,000

預計負債的帳面價值 = 100（萬元）

預計負債的計稅基礎 = 100－100 = 0

可抵扣暫時性差異＝100（萬元）

2. 預收帳款

企業在收到客戶預付的款項時，因不符合收入確認條件，會計上將其確認為負債。稅法中對於收入的確認原則一般與會計準則的規定相同，即會計上未確認收入時，計稅時一般亦不計入應納稅所得額，該部分經濟利益在未來期間計稅時可予稅前扣除的金額為零，計稅基礎等於帳面價值。

某些情況下，因不符合會計準則規定的收入確認條件，未確認為收入的預收款項，按照稅法規定應計入當期應納稅所得額時，有關預收帳款的計稅基礎為零，即因其產生時已經計算應交所得稅，未來期間可全額稅前扣除。

［**例 12-12**］華遠股份有限公司於 2×16 年 12 月 20 日自客戶收到一筆合同預付款，金額為 100 萬元，因不符合收入確認條件，將其作為預收帳款核算。假定按照適用稅法規定，該款項應計入取得當期應納稅所得額計算應交所得稅。不考慮其他因素。

（1）2×16 年華遠股份有限公司稅前會計利潤為 10,000 萬元，所得稅稅率為 25%。

（2）2×17 年假定華遠股份有限公司稅前會計利潤為 10,000 萬元，所得稅稅率為 25%。2×17 年年初華遠股份有限公司確認收入 100 萬元。不考慮其他因素。

2×16 年：

預收帳款帳面價值＝100（萬元）

預收帳款計稅基礎＝100－100 ＝0

可抵扣暫時性差異＝100（萬元）

2×17 年：

預收帳款帳面價值＝0

預收帳款計稅基礎＝0

可抵扣暫時性差異＝0

3. 應付職工薪酬

會計準則規定，企業為獲得職工提供的服務給予的各種形式的報酬以及其他相關支出均應作為企業的成本費用，在未支付之前確認為負債。稅法中對於合理的職工薪酬基本允許稅前扣除，但稅法中如果規定了稅前扣除標準的，按照會計準則規定計入成本費用支出的金額超過規定標準部分，應進行納稅調整。因超過部分在發生當期不允許稅前扣除，在以后期間也不允許稅前扣除，即該部分差額對未來期間計稅不產生影響，所產生應付職工薪酬負債的帳面價值等於計稅基礎。

［**例 12-13**］華遠股份有限公司 2×16 年度稅前會計利潤為 1,000 萬元，所得稅稅率為 25%。

（1）華遠股份有限公司全年應付職工薪酬為 285 萬元，其中，工資、薪金 200 萬元，職工福利費 30 萬元，工會經費 5 萬元，因現金結算股份支付確認管理費用 50 萬元。假定華遠股份有限公司全年無其他納稅調整因素。

（2）稅法規定，企業發生的合理的工資、薪金支出準予據實扣除；企業發生的職工福利費支出，不超過工資、薪金總額 14%的部分準予扣除；企業撥繳的工會經費，不超過工資、薪金總額 2%的部分準予扣除；與股份支付有關確認的費用於實際支付時可稅前抵扣。

負債帳面價值=285（萬元）

負債計稅基礎=285-50=235（萬元）

可抵扣暫時性差異=50（萬元）

［**例 12-14**］假設稅法規定實際發生的合理的職工薪酬可以稅前扣除。華遠股份有限公司 2×17 年管理人員計提工資 100 萬元，尚未支付。假設 100 萬元實際支付時可以稅前扣除。

負債帳面價值=100（萬元）

負債計稅基礎=100-100=0

可抵扣暫時性差異=100-0=100（萬元）

假設其中 80 萬元實際支付時可以稅前扣除。

負債帳面價值=100（萬元）

負債計稅基礎=100-80=20（萬元）

可抵扣暫時性差異=100-20=80（萬元）

第三節　遞延所得稅資產及遞延所得稅負債

一、遞延所得稅負債的確認和計量

（一）遞延所得稅負債的確認

1. 遞延所得稅負債的確認

企業在確認因應納稅暫時性差異產生的遞延所得稅負債時，應遵循以下原則：

除所得稅準則中明確規定可不確認遞延所得稅負債的情況以外，企業對於所有的應納稅暫時性差異均應確認相關的遞延所得稅負債。除與直接計入所有者權益的交易或事項以及企業合併中取得資產、負債相關的以外，在確認遞延所得稅負債的同時，應增加利潤表中的所得稅費用。

［**例 12-15**］華遠股份有限公司於 2×16 年 12 月底購入一臺機器設備，成本為 525,000 元，預計使用年限為 6 年，預計淨殘值為零。會計上按直線法計提折舊，因該設備符合稅法規定的稅收優惠條件，計稅時可採用年數總和法計提折舊。假定稅法規定的使用年限及淨殘值均與會計準則的規定相同。

本例中假定該企業各會計期間均未對固定資產計提減值準備，除該項固定資產產生的會計與稅收之間的差異外，不存在其他會計與稅收的差異。

該企業每年因固定資產帳面價值與計稅基礎不同應予確認的遞延所得稅情況如表 12-1 所示。

表 12-1　每年因固定資產帳面價值與計稅基礎不同應予確認的遞延所得稅　單位：元

	2×16 年	2×17 年	2×18 年	2×19 年	2×20 年	2×21 年
實際成本	525,000	525,000	525,000	525,000	525,000	525,000
累計會計折舊	87,500	175,000	262,500	350,000	437,500	525,000

表12-1(續)

	2×16 年	2×17 年	2×18 年	2×19 年	2×20 年	2×21 年
帳面價值	437, 500	350, 000	262, 500	175, 000	87, 500	0
累計計稅折舊	150, 000	275, 000	375, 000	450, 000	500, 000	525, 000
計稅基礎	375, 000	250, 000	150, 000	75, 000	25, 000	0
暫時性差異	62, 500	100, 000	112, 500	100, 000	62, 500	0
適用稅率	25%	25%	25%	25%	25%	25%
遞延所得稅負債余額	15, 625	25, 000	28, 125	25, 000	15, 625	0

該項固定資產各年度帳面價值與計稅基礎確定如下：

（1）2×16 年資產負債表日：

帳面價值＝實際成本－會計折舊＝525, 000－87, 500＝437, 500（元）

計稅基礎＝實際成本－稅前扣除的折舊額＝525, 000－150, 000＝375, 000（元）

因帳面價值 437, 500 元大於其計稅基礎 375, 000 元，兩者之間產生的 62, 500 元差異會增加未來期間的應納稅所得額和應交所得稅，屬於應納稅暫時性差異，應確認與其相關的遞延所得稅負債 15, 625 元（62, 500×25%）。會計分錄如下：

借：所得稅費用　　15, 625

　貸：遞延所得稅負債　　15, 625

（2）2×17 年資產負債表日：

帳面價值＝525, 000－87, 500－87, 500＝350, 000（元）

計稅基礎＝實際成本－累計已稅前扣除的折舊額＝525, 000－275, 000＝250, 000（元）

因資產的帳面價值 350, 000 元大於其計稅基礎 250, 000 元，兩者之間的差異為應納稅暫時性差異，應確認與其相關的遞延所得稅負債 25, 000 元。但遞延所得稅負債的期初余額為 15, 625 元，當期應進一步確認遞延所得稅負債 9, 375 元。會計分錄如下：

借：所得稅費用　　9, 375

　貸：遞延所得稅負債　　9, 375

（3）2×18 年資產負債表日：

帳面價值＝525, 000－262, 500＝262, 500（元）

計稅基礎＝525, 000－375, 000＝150, 000（元）

因帳面價值 262, 500 元大於其計稅基礎 150, 000 元，兩者之間的差異為應納稅暫時性差異，應確認與其相關的遞延所得稅負債 28, 125 元。但遞延所得稅負債的期初余額為 25, 000 元，當期應進一步確認遞延所得稅負債 3, 125 元。會計分錄如下：

借：所得稅費用　　3, 125

　貸：遞延所得稅負債　　3, 125

（4）2×19 年資產負債表日：

帳面價值＝525, 000－350, 000＝175, 000（元）

計稅基礎＝525, 000－450, 000＝75, 000（元）

因其帳面價值 175, 000 元大於計稅基礎 75, 000 元，兩者之間的差異為應納稅暫時性差異，應確認與其相關的遞延所得稅負債 25, 000 元。但遞延所得稅負債的期初余額為 28,125 元，當期應轉回原已確認的遞延所得稅負債 3,125 元。會計分錄如下：

借：遞延所得稅負債　　3,125

　貸：所得稅費用　　3,125

（5）2×20 年資產負債表日：

帳面價值 = 525,000−437,500 = 87,500（元）

計稅基礎 = 525,000−500,000 = 25,000（元）

因其帳面價值 87,500 元大於計稅基礎 25,000 元，兩者之間的差異為應納稅暫時性差異，應確認與其相關的遞延所得稅負債 15,625 元。但遞延所得稅負債的期初余額為 25,000 元，當期應轉回遞延所得稅負債 9,375 元。會計分錄如下：

借：遞延所得稅負債　　9,375

　貸：所得稅費用　　9,375

（6）2×21 年資產負債表日：

該項固定資產的帳面價值及計稅基礎均為零，兩者之間不存在暫時性差異，原已確認的與該項資產相關的遞延所得稅負債應予全額轉回。會計分錄如下：

借：遞延所得稅負債　　15,625

　貸：所得稅費用　　15,625

[**例 12-16**] 華遠股份有限公司與乙企業簽訂了一項租賃協議，將其原先自用的一棟寫字樓出租給乙企業使用，租賃期開始日為 2×16 年 3 月 31 日。2×16 年 3 月 31 日，該寫字樓的帳面余額為 50,000 萬元，已計提累計折舊 10,000 萬元，未計提減值準備，公允價值為 46,000 萬元。華遠股份有限公司對該項投資性房地產採用公允價值模式進行后續計量。假定轉換前該寫字樓的計稅基礎與帳面價值相等，稅法規定，該寫字樓預計尚可使用年限為 20 年，採用年限平均法計提折舊，預計淨殘值為 0。2×16 年 12 月 31 日，該項寫字樓的公允價值為 48,000 萬元，華遠公司適用的所得稅稅率為 25%。

2×16 年 12 月 31 日，投資性房地產的帳面價值為 48,000 萬元，計稅基礎 =（50,000−10,000）−（50,000−10,000）÷20×9÷12 = 38,500（萬元），產生應納稅暫時性差異 = 48,000−38,500 = 9,500（萬元），應確認遞延所得稅負債 = 9,500×25% = 2,375（萬元）。其中，2×16 年 3 月 31 日寫字樓帳面價值（按公允價值計量）為 46,000 萬元，計稅基礎 = 50,000−10,000 = 40,000（萬元），產生應納稅暫時性差異 = 46,000−40,000 = 6,000（萬元），應確認遞延所得稅負債 = 6,000×25% = 1,500（萬元）。因轉換時投資性房地產的公允價值大於原非投資性房地產的帳面價值的差額計入其他綜合收益，所以遞延所得稅負債的對應科目也為其他綜合收益。會計分錄如下：

借：所得稅費用　　8,750,000

　　其他綜合收益　　15,000,000

　貸：遞延所得稅負債　　23,750,000

2. 不確認遞延所得稅負債的特殊情況

有些情況下，雖然資產、負債的帳面價值與其計稅基礎不同，產生了應納稅暫時性差異，但出於各方面考慮，所得稅準則中規定不確認相應的遞延所得稅負債。主要包括以下幾方面：

（1）非同一控制下的企業合併中，企業合併成本大於合併中取得的被購買方可辨認淨資產公允價值份額的差額，確認為商譽。因會計與稅收的劃分標準不同，按照稅法規定作為免稅合併的情況下，稅法不認可商譽的價值。即從稅法角度，商譽的計稅基礎為0，兩者之間的差額形成應納稅暫時性差異。但是，確認該部分暫時性差異產生的遞延所得稅負債，則意味著將進一步增加商譽的價值。因商譽本身即是企業合併成本在取得的被購買方可辨認資產、負債之間進行分配后的剩余價值，確認遞延所得稅負債進一步增加其帳面價值會影響到會計信息的可靠性；而且增加了商譽的帳面價值以后，可能很快就要計提減值準備；同時其帳面價值的增加還會進一步產生應納稅暫時性差異，使得遞延所得稅負債和商譽價值量的變化不斷循環。因此，對於企業合併中產生的商譽，其帳面價值與計稅基礎不同形成的應納稅暫時性差異，會計準則規定不確認相關的遞延所得稅負債。

需要說明的是，非同一控制下的企業合併形成的商譽，並且按照所得稅法規定商譽在初始確認時計稅基礎等於帳面價值的（即應稅合併形成的商譽），該商譽在后續計量過程中因計提減值準備，使得商譽的帳面價值小於計稅基礎，會產生可抵扣暫時性差異，應確認相關的所得稅影響。

（2）除企業合併以外的其他交易或事項中，如果該項交易或事項發生時既不影響會計利潤，也不影回應納稅所得額，則所產生的資產、負債的初始確認金額與其計稅基礎不同，形成應納稅暫時性差異的，交易或事項發生時不確認相應的遞延所得稅負債。該規定主要是考慮到交易發生時既不影響會計利潤，也不影回應納稅所得額，確認遞延所得稅負債的直接結果是增加有關資產的帳面價值或降低所確認負債的帳面價值，使得資產、負債在初始確認時，違背歷史成本原則，影響會計信息的可靠性。該類交易或事項在中國企業實務中並不多見，一般情況下有關資產、負債的初始確認金額均會為稅法所認可，不會產生兩者之間的差異。

（3）與子企業、聯營企業、合營企業投資等相關的應納稅暫時性差異，一般應確認相應的遞延所得稅負債。但同時滿足以下兩個條件的除外：一是投資企業能夠控制暫時性差異轉回的時間；二是該暫時性差異在可預見的未來很可能不會轉回。滿足上述條件時，投資企業可以運用自身的影響力決定暫時性差異的轉回。如果不希望其轉回，則在可預見的未來該項暫時性差異不會轉回，對未來期間計稅不產生影響，從而無須確認相應的遞延所得稅負債。

對於採用權益法核算的長期股權投資，其計稅基礎與帳面價值產生的有關暫時性差異是否應確認相關的所得稅影響，應當考慮該項投資的持有意圖。

①在準備長期持有的情況下，對於採用權益法核算的長期股權投資帳面價值與計稅基礎之間的差異，投資企業一般不確認相關的所得稅影響。

②在持有意圖由長期持有轉變為擬近期出售的情況下，因長期股權投資的帳面價值與計稅基礎不同而產生的有關暫時性差異，均應確認相關的所得稅影響。

（二）遞延所得稅負債的計量

所得稅準則規定，資產負債表日，對於遞延所得稅負債，應當根據適用稅法規定，按照預期收回該資產或清償該負債期間的適用稅率計量。即遞延所得稅負債應在相關應納稅暫時性差異轉回期間按照稅法規定適用的所得稅稅率計量。無論應納稅暫時性差異的轉回期間如何，相關的遞延所得稅負債不要求折現。

［**例 12-17**］華遠股份有限公司 2×16 年有關資料如下：

（1）華遠股份有限公司 2×16 年年初的遞延所得稅資產借方余額為 140 萬元，遞延所得稅負債貸方余額為 10 萬元，具體構成項目如表 12-2 所示。

表 12-2　　**具體構成項目**　　單位：萬元

項 目	可抵扣暫時性差異	遞延所得稅資產	應納稅暫時性差異	遞延所得稅負債
應收帳款	60	15		
交易性金融資產			40	10
長期股權投資（權益法）			200	
預計負債	80	20		
可稅前抵扣的經營虧損	420	105		
合計	560	140	240	10

（2）華遠股份有限公司 2×16 年度實現利潤總額為 1,610 萬元。相關交易事項如下：①年末轉回應收帳款壞帳準備 20 萬元。稅法規定，轉回的壞帳損失不計入應納稅所得額。②年末根據交易性金融資產公允價值變動確認公允價值變動收益 20 萬元。稅法規定，交易性金融資產公允價值變動收益不計入應納稅所得額。③年末權益法核算下的長期股權投資確認投資收益 30 萬元，華遠股份有限公司擬長期持有該股權。稅法規定，長期股權投資權益法核算下的投資收益不計入應納稅所得額。④當年實際支付產品保修費用 50 萬元，衝減前期確認的相關預計負債；當年又確認產品保修費用 10 萬元，增加相關預計負債。稅法規定，實際支付的產品保修費用允許稅前扣除。但預計的產品保修費用不允許稅前扣除。⑤當年發生研究開發支出 100 萬元，全部費用化計入當期損益。稅法規定，計算應納稅所得額時，當年實際發生的費用化研究開發支出可以按 50%加計扣除。

（3）2×16 年年末資產負債表相關項目金額及其計稅基礎如表 12-3 所示。

表 12-3　　**資產負債表相關項目金額及其計稅基礎**　　單位：萬元

項目	帳面價值	計稅基礎
應收帳款	360	400
交易性金融資產	420	360
長期股權投資（權益法）	1,430	1,200
預計負債	40	0
可稅前抵扣的經營虧損	0	0

（4）華遠股份有限公司適用的所得稅稅率為 25%，預計未來期間適用的所得稅稅率不會發生變化，未來期間能夠產生足夠的應納稅所得額用以抵扣可抵扣暫時性差異。不考慮其他因素。

華遠股份有限公司帳務處理如下：

①應納稅所得額＝1, 610－20－20－30＋（10－50）－50－420＝1, 030（萬元）

應交所得稅金額＝1, 030×25%＝257. 5（萬元）

②計算華遠股份有限公司各項目 2×16 年年末的暫時性差異金額，計算結果填列在表 12－4。

表 12－4　　各項目 2×16 年年末的暫時性差異金額　　單位：萬元

項目	帳面價值	計稅基礎	可抵扣暫時性差異	應納稅暫時性差異
應收帳款	360	400	40	
交易性金融資產	420	360		60
長期股權投資(權益法)	1, 430	1, 200		230
預計負債	40	0	40	

③編製與遞延所得稅資產或遞延所得稅負債相關的會計分錄。

A. 關於應收帳款：

借：所得稅費用　　50, 000

　貸：遞延所得稅資產　　50, 000

B. 關於交易性金融資產：

借：所得稅費用　　50, 000

　貸：遞延所得稅負債　　50, 000

C. 關於長期股權投資（權益法）應納稅暫時性差異（期初 200 萬元，期末 230 萬元）不確認。

二、遞延所得稅資產的確認與計量

（一）遞延所得稅資產的確認

1. 一般原則

資產、負債的帳面價值與其計稅基礎不同而產生可抵扣暫時性差異的，在估計未來期間能夠取得足夠的應納稅所得額用以利用該可抵扣暫時性差異時，應當以很可能取得用來抵扣可抵扣暫時性差異的應納稅所得額為限，確認相關的遞延所得稅資產。同遞延所得稅負債的確認相同，有關交易或事項發生時，對會計利潤或應納稅所得額產生影響的，所確認的遞延所得稅資產應作為利潤表中所得稅費用的調整；有關的可抵扣暫時性差異產生於直接計入所有者權益的交易或事項，則確認的遞延所得稅資產也應計入所有者權益；企業合併時產生的可抵扣暫時性差異的所得稅影響，應相應調整企業合併中確認的商譽或應計入當期損益的金額。

確認遞延所得稅資產時，應關注以下問題：

（1）遞延所得稅資產的確認應以未來期間可能取得的應納稅所得額為限。在可抵扣暫時性差異轉回的未來期間，企業無法產生足夠的應納稅所得額用以抵減可抵扣暫時性差異的影響，使得與遞延所得稅資產相關的經濟利益無法實現的，該部分遞延所得稅資產不應確認；企業有確鑿的證據表明其於可抵扣暫時性差異轉回的未來期間能夠產生足夠的應納稅所得額，進而利用可抵扣暫時性差異的，則應以可能取得的應納稅所得額為限，確認相關的遞延所得稅資產。

（2）對於與子公司、聯營企業、合營企業的投資相關的可抵扣暫時性差異，同時滿足下列條件的，應當確認相關的遞延所得稅資產：一是暫時性差異在可預見的未來很可能轉回；二是未來很可能獲得用來抵扣可抵扣暫時性差異的應納稅所得額。

對聯營企業和合營企業的投資產生的可抵扣暫時性差異，主要產生於權益法下確認投資損失以及計提減值準備的情況下。

（3）按照稅法規定可以結轉以后年度的未彌補虧損和稅款抵減，應視同可抵扣暫時性差異處理。在預計可利用未彌補虧損或稅款抵減的未來期間能夠取得足夠的應納稅所得額時，除準則中規定不予確認的情況外，應當以很可能取得的應納稅所得額為限，確認相應的遞延所得稅資產，同時減少確認當期的所得稅費用。

與未彌補虧損和稅款抵減相關的遞延所得稅資產，其確認條件與可抵扣暫時性差異產生的遞延所得稅資產相同。

［**例 12-18**］華遠股份有限公司 2×16 年 12 月 1 日取得一項可供出售金融資產，取得成本為 220 萬元。2×16 年 12 月 31 日，該項可供出售金融資產的公允價值為 200 萬元。華遠公司適用的所得稅稅率為 25%。

（1）2×16 年 12 月 1 日，會計分錄如下：

借：可供出售金融資產——成本　　2, 200, 000

　貸：銀行存款　　2, 200, 000

（2）2×16 年 12 月 31 日，會計分錄如下：

借：其他綜合收益　　200, 000

　貸：可供出售金融資產——公允價值變動　　200, 000

（3）2×16 年 12 月 31 日該項可供出售金融資產的帳面價值為 200 萬元，計稅基礎為 220 萬元，產生可抵扣暫時性差異 20 萬元，應確認遞延所得稅資產為 5 萬元（20×25%）。會計分錄如下：

借：遞延所得稅資產　　50, 000

　貸：其他綜合收益　　50, 000

2. 不確認遞延所得稅資產的特殊情況

某些情況下，如果企業發生的某項交易或事項不是企業合併，並且交易發生時既不影響會計利潤也不影回應納稅所得額，且該項交易中產生的資產、負債的初始確認金額與其計稅基礎不同，產生可抵扣暫時性差異的，所得稅準則中規定在交易或事項發生時不確認相應的遞延所得稅資產。其原因在於，如果確認遞延所得稅資產，則需調整資產、負債的入帳價值，對實際成本進行調整將有違會計核算中的歷史成本原則，影響會計信息的可靠性。該種情況下不確認相應的遞延所得稅資產，其原因是無對應科目。因該項交易不是企業合併，遞延所得稅資產不能對應商譽；因該項交易或事項發生時既不影響會計利潤，也不影回應納稅所得額，所以遞延所得稅資產不能對應「所得稅費用」科目，從而不會影響留存收益；交易發生時產生暫時性差異的業務也不會涉及股本（或實收資本）、資本公積和其他綜合收益，因此遞延所得稅資產不能對應所有者權益。若確認遞延所得稅資產，為使會計等式平衡，則只能增加負債的價值或減少其他資產的價值。這種會計處理有違歷史成本計量屬性，因此不確認遞延所得稅資產。

［**例 12-19**］華遠股份有限公司進行內部研究開發所形成的無形資產成本為 1,200 萬元，因按照稅法規定可予未來期間稅前扣除的金額為 1,800 萬元，其計稅基礎為 1,800 萬元。

該項無形資產並非產生於企業合併，同時在初始確認時既不影響會計利潤，也不影回應納稅所得額，確認其帳面價值和計稅基礎之間產生暫時性差異的所得稅影響需要調整該項資產的歷史成本。準則規定該種情況下不確認相關的遞延所得稅資產。

（二）遞延所得稅資產的計量

1. 適用稅率的確定

確認遞延所得稅資產時，應估計相關可抵扣暫時性差異的轉回時間，採用轉回期間適用的所得稅稅率為基礎計算確定。無論相關的可抵扣暫時性差異轉回期間如何，遞延所得稅資產均不予折現。

2. 遞延所得稅資產的減值

資產負債表日，企業應當對遞延所得稅資產的帳面價值進行復核。如果未來期間很可能無法取得足夠的應納稅所得額用以利用可抵扣暫時性差異帶來的利益，應當減記遞延所得稅資產的帳面價值。遞延所得稅資產的帳面價值減記以后，繼后期間根據新的環境和情況判斷能夠產生足夠的應納稅所得額用以利用可抵扣暫時性差異，使得遞延所得稅資產包含的經濟利益能夠實現的，應相應恢復遞延所得稅資產的帳面價值。

三、特殊交易或事項中涉及遞延所得稅的確認

（一）與直接計入所有者權益的交易或事項相關的所得稅

與當期及以前期間直接計入所有者權益的交易或事項相關的當期所得稅及遞延所得稅應當計入所有者權益。直接計入所有者權益的交易或事項主要有：會計政策變更採用追溯調整法或對前期差錯更正採用追溯重述法調整期初留存收益，可供出售金融資產公允價值變動計入所有者權益，同時包含負債及權益成分的金融工具在初始確認時計入所有者權益等。

（二）與企業合併相關的遞延所得稅

在企業合併中，購買方取得的可抵扣暫時性差異，按照稅法規定可以用於抵減以后年度應納稅所得額，但在購買日不符合遞延所得稅資產確認條件而不予確認。購買日后 12 個月內，如取得新的或進一步的信息表明購買日的相關情況已經存在，預期被購買方在購買日可抵扣暫時性差異帶來的經濟利益能夠實現的，應當確認相關的遞延所得稅資產，同時減少商譽，商譽不足衝減的，差額部分確認為當前損益；除上述情況以外，確認與企業合併相關的遞延所得稅資產，應當計入當期損益。

以上介紹的是購買日不符合遞延所得稅資產確認條件的可抵扣暫時性差異，購買日后符合條件確認遞延所得稅資產的會計處理。對購買日符合遞延所得稅資產確認條件的可抵扣暫時性差異，應確認遞延所得稅資產，同時減少商譽。

［**例 12-20**］華遠股份有限公司於 2×16 年 1 月 1 日購買乙公司 80%的股權，形成

非同一控制下企業合併。因會計準則規定與適用稅法規定的處理方法不同，在購買日產生可抵扣暫時性差異 300 萬元。假定購買日及未來期間企業適用的所得稅稅率為 25%。

購買日，因預計未來期間無法取得足夠的應納稅所得額，未確認與可抵扣暫時性差異相關的遞延所得稅資產 75 萬元。購買日確認的商譽為 50 萬元。

在購買日后 6 個月，華遠股份有限公司預計能夠產生足夠的應納稅所得額，用以抵扣企業合併時產生的可抵扣暫時性差異 300 萬元，且該事實於購買日已經存在。則華遠股份有限公司應作會計分錄如下：

借：遞延所得稅資產	750,000	
貸：商譽		500,000
所得稅費用		250,000

假定，在購買日后 6 個月，華遠股份有限公司根據新的事實預計能夠產生足夠的應納稅所得額，用以抵扣企業合併時產生的可抵扣暫時性差異 300 萬元，且該新的事實於購買日並不存在。則華遠股份有限公司應作會計分錄如下：

借：遞延所得稅資產	750,000	
貸：所得稅費用		750,000

四、適用稅率變化對已確認遞延所得稅資產和遞延所得稅負債的影響

因稅收法規的變化，導致企業在某一會計期間適用的所得稅稅率發生變化的，企業應對已確認的遞延所得稅資產和遞延所得稅負債按照新的稅率進行重新計量。遞延所得稅資產和遞延所得稅負債的金額代表的是有關可抵扣暫時性差異或應納稅暫時性差異於未來期間轉回時，導致企業應交所得稅金額的減少或增加的情況。適用稅率變動的情況下，應對原已確認的遞延所得稅資產及遞延所得稅負債的金額進行調整，反應稅率變化帶來的影響。

除直接計入所有者權益的交易或事項產生的遞延所得稅資產及遞延所得稅負債，相關的調整金額應計入所有者權益以外，其他情況下因稅率變化產生的調整金額應確認為稅率變化當期的所得稅費用（或收益）。

第四節　所得稅費用的確認和計量

所得稅會計的主要目的之一是確定當期應交所得稅以及利潤表中的所得稅費用。在按照資產負債表債務法核算所得稅的情況下，利潤表中的所得稅費用包括當期所得稅和遞延所得稅費用（或收益）兩個部分。

一、當期所得稅

當期所得稅是指企業按照稅法規定計算確定的針對當期發生的交易和事項，應交給稅務部門的所得稅金額，即當期應交所得稅。

當期所得稅＝當期應交所得稅＝應納稅所得額×適用稅率－減免稅額－抵免稅額

二、遞延所得稅費用（或收益）

遞延所得稅是指按照所得稅準則規定當期應予確認的遞延所得稅資產和遞延所得稅負債金額，即遞延所得稅資產及遞延所得稅負債當期發生額的綜合結果，但不包括計入所有者權益的交易或事項的所得稅影響。用公式表示為：

遞延所得稅費用(或收益)＝當期遞延所得稅負債的增加+當期遞延所得稅資產的減少
－當期遞延所得稅負債的減少－當期遞延所得稅資產的增加

應予說明的是，如果某項交易或事項按照企業會計準則的規定應計入所有者權益，由該交易或事項產生的遞延所得稅資產或遞延所得稅負債及其變化亦應計入所有者權益，不構成利潤表中的所得稅費用（或收益）。

三、所得稅費用

計算確定了當期所得稅及遞延所得稅以后，利潤表中應予確認的所得稅費用為兩者之和，即：

所得稅費用＝當期所得稅+遞延所得稅費用（或收益）

［**例 12-21**］華遠股份有限公司適用的所得稅稅率為 25%，各年稅前會計利潤均為 10,000 萬元。企業在計稅時，對該項無形資產按照 10 年的期限攤銷，攤銷金額允許稅前扣除。

（1）華遠股份有限公司於 2×16 年 1 月 1 日取得某項無形資產，取得成本為 1,000 萬元。取得該項無形資產后，根據各方面情況判斷，華遠股份有限公司無法合理預計其使用期限，將其作為使用壽命不確定的無形資產。

2×16 年年末：

帳面價值＝1,000（萬元）

計稅基礎＝1,000－100＝900（萬元）

應納稅暫時性差異＝100（萬元）

「遞延所得稅負債」發生額＝100×25%＝25（萬元）

應交所得稅＝（10,000+0－100）×25%＝2,475（萬元）

所得稅費用＝2,475+25＝2,500（萬元）

	借	貸
借：所得稅費用	25,000,000	
貸：應交稅費——應交所得稅		24,750,000
遞延所得稅負債		250,000

（2）2×17 年 12 月 31 日，對該項無形資產進行減值測試，可收回金額為 600 萬元。

計提減值準備＝1,000－600＝400（萬元）

帳面價值＝600（萬元）

計稅基礎＝1,000－100×2＝800（萬元）

可抵扣暫時性差異＝200（萬元）

「遞延所得稅資產」余額＝200×25%＝50（萬元）

「遞延所得稅負債」發生額＝0－25＝－25（萬元）

「遞延所得稅資產」發生額＝50－0＝50（萬元）

遞延所得稅收益＝25+50＝75（萬元）

應交所得稅＝（10,000+400－100）×25%＝2,575（萬元）

所得稅費用＝2,575－75＝2,500（萬元）

借：所得稅費用　　25,000,000

　　遞延所得稅負債　　250,000

　　遞延所得稅資產　　500,000

　貸：應交稅費——應交所得稅　　25,750,000

［**例 12-22**］華遠股份有限公司適用的企業所得稅稅率為 25%。華遠股份有限公司申報 2×16 年度企業所得稅時，涉及以下事項：

（1）2×16 年，華遠股份有限公司應收帳款年初余額為 3,000 萬元，壞帳準備年初余額為零；應收帳款年末余額為 24,000 萬元，壞帳準備年末余額為 2,000 萬元。稅法規定，企業計提的各項資產減值損失在發生實質性損失前不允許稅前扣除。

（2）2×16 年 9 月 5 日，華遠股份有限公司以 2,400 萬元購入某企業股票，作為可供出售金融資產處理。至 12 月 31 日，該股票尚未出售，公允價值為 2,600 萬元。稅法規定，資產在持有期間公允價值的變動不計稅，在處置時一併計算應計入應納稅所得額的金額。

（3）華遠股份有限公司於 2×14 年 1 月購入的對乙企業股權投資的初始投資成本為 2,800 萬元，採用成本法核算。2×16 年 10 月 3 日，華遠股份有限公司從乙企業分得現金股利 200 萬元，計入投資收益。至 12 月 31 日，該項投資未發生減值。華遠股份有限公司、乙企業均為設在中國境內的居民企業。稅法規定，中國境內居民企業之間取得的股息、紅利免稅。

（4）2×16 年，華遠股份有限公司將業務宣傳活動外包給其他單位，當年發生業務宣傳費 4,800 萬元，至年末尚未支付。華遠股份有限公司當年實現銷售收入 30,000 萬元。稅法規定，企業發生的業務宣傳費支出，不超過當年銷售收入 15%的部分，準予稅前扣除；超過部分，準予結轉以后年度稅前扣除。

（5）其他相關資料：

①2×15 年 12 月 31 日，華遠股份有限公司存在可於 3 年內稅前彌補的虧損 2,600 萬元，華遠股份有限公司對這部分未彌補虧損已確認遞延所得稅資產 650 萬元。

②華遠股份有限公司 2×16 年實現利潤總額 3,000 萬元。

③除上述各項外，華遠股份有限公司會計處理與稅務處理不存在其他差異。

④華遠股份有限公司預計未來期間能夠產生足夠的應納稅所得額用於抵扣可抵扣暫時性差異，預計未來期間適用所得稅稅率不會發生變化。

⑤華遠股份有限公司對上述交易或事項已按企業會計準則規定進行處理。

華遠公司帳務處理如下：

（1）確定華遠股份有限公司 2×16 年 12 月 31 日有關資產、負債的帳面價值及其計稅基礎如表 12-5 所示。

表 12-5　　華遠股份有限公司 2×16 年暫時性差異計算表　　單位：萬元

項 目	帳面價值	計稅基礎	暫時性差異	
			應納稅暫時性差異	可抵扣暫時性差異
應收帳款	24,000-2,000 =22,000	24,000		2,000
可供出售金融資產	2,600	2,400	200	
長期股權投資	2,800	2,800		
其他應付款	4,800	30,000×15% =4,500		300

(2) 計算華遠股份有限公司 2×16 年應確認的遞延所得稅費用（或收益）。

遞延所得稅資產＝（2,000+300）×25%-650＝-75（萬元）

遞延所得稅費用＝75（萬元）

(3) 編製華遠股份有限公司 2×16 年與所得稅相關的會計分錄。

華遠股份有限公司 2×16 年的應納稅所得額＝3,000+2,000（計提壞帳準備）-200（分得現金股利）+300（廣告費）-2,600（彌補的虧損）＝2,500（萬元）

應交所得稅＝2,500×25%＝625（萬元）

借：所得稅費用　　7,000,000

　貸：應交稅費——應交所得稅　　6,250,000

　　　遞延所得稅資產　　750,000

借：其他綜合收益　　500,000

　貸：遞延所得稅負債　　500,000

四、所得稅的列報

企業對所得稅的核算結果，除利潤表中列示的所得稅費用以外，在資產負債表中形成的應交稅費（應交所得稅）以及遞延所得稅資產和遞延所得稅負債應當遵循準則規定列報。其中，遞延所得稅資產和遞延所得稅負債一般應當分別作為非流動資產和非流動負債在資產負債表中列示，所得稅費用應當在利潤表中單獨列示，同時還應在附註中披露與所得稅有關的信息。

一般情況下，在個別財務報表中，當期所得稅資產與負債及遞延所得稅資產與遞延所得稅負債可以以抵銷后的淨額列示。

第十三章　非貨幣性資產交換

第一節　非貨幣性資產交換概述

一、非貨幣性資產交換的概念

非貨幣性資產交換是交易雙方主要以存貨、固定資產、無形資產和長期股權投資等非貨幣性資產進行的交換。這裡的非貨幣性資產是相對於貨幣性資產而言的。所謂貨幣性資產，是指企業持有的貨幣資金和將以固定或可確定的金額收取的資產，包括庫存現金、銀行存款、應收帳款和應收票據以及準備持有至到期的債券投資等；所謂非貨幣性資產，是指貨幣性資產以外的資產，該類資產在將來為企業帶來的經濟利益不固定或不可確定，包括存貨（如原材料、庫存商品等）、長期股權投資、投資性房地產、固定資產、在建工程、無形資產等。

這裡所說的非貨幣性資產交換，僅包括企業之間主要以非貨幣性資產形式進行的互惠轉讓，即企業取得一項非貨幣性資產，必須以付出自己擁有的非貨幣性資產作為代價。非貨幣性資產交換不涉及以下交易和事項：

1. 與所有者或所有者以外方面的非貨幣性資產非互惠轉讓

所謂非互惠轉讓，是指企業將其擁有的非貨幣性資產無代價地轉讓給其所有者或其他企業，或由其所有者或其他企業將非貨幣性資產無代價地轉讓給企業。本章所述的非貨幣性資產交換是企業之間主要以非貨幣性資產形式進行的互惠轉讓，即企業取得一項非貨幣性資產，必須以付出自己擁有的非貨幣性資產作為代價，而不是單方向的非互惠轉讓。實務中，與所有者的非互惠轉讓如以非貨幣性資產作為股利發放給股東等，屬於資本性交易，適用《企業會計準則第 37 號——金融工具列報》。企業與所有者以外方面發生的非互惠轉讓，如政府無償提供非貨幣性資產給企業建造固定資產，屬於政府以非互惠方式提供非貨幣性資產，適用《企業會計準則第 16 號——政府補助》。

2. 在企業合併、債務重組中和發行股票取得的非貨幣性資產

在企業合併、債務重組中取得的非貨幣性資產，其成本確定分別適用《企業會計準則第 20 號——企業合併》和《企業會計準則第 12 號——債務重組》；企業以發行股票形式取得的非貨幣性資產，相當於以權益工具換入非貨幣性資產，其成本確定適用《企業會計準則第 37 號——金融工具列報》。

二、非貨幣性資產交換的認定

從非貨幣性資產交換的概念可以看出，非貨幣性資產交換的交易對象主要是非貨幣性資產，交易中一般不涉及貨幣性資產，或只涉及少量貨幣性資產即補價。一般認為，如果補價占整個資產交換金額的比例低於 25%，則認定所涉及的補價為「少量」，該交換為非貨幣性資產交換；如果該比例等於或高於 25%，則視為貨幣性資產交換。非貨幣性資產交換的認定條件可以用下面的公式表示：

1. 收到補價的企業

$$\frac{\text{收到的貨幣性資產}}{\text{換出資產公允價值（或換入資產公允價值+收到的貨幣性資產）}}\times 100\%<25\%$$

2. 支付補價的企業

$$\frac{\text{支付的貨幣性資產}}{\text{換入資產公允價值（或換出資產公允價值+支付的貨幣性資產）}}\times 100\%<25\%$$

在計算上述比例時，分子和分母均不含增值稅，即補價為不含增值稅的補價。如果補價比例高於 25%（含 25%），是貨幣性資產交換，按《企業會計準則第 14 號——收入》等相關規定處理。

例如，以準備持有至到期的公司債券 800 萬元換取一項長期股權投資，因為準備持有至到期的公司債券屬於貨幣性資產，因此，此項交換不屬於非貨幣性資產交換。再比如，以公允價值 600 萬元（不含增值稅）的廠房換取投資性房地產，另收取補價 30 萬元。在該項交換中，廠房與投資性房地產屬於非貨幣性資產，而補價比例 = 30÷600×100% = 5%，小於 25%，故屬於非貨幣性資產交換。

第二節　非貨幣性資產交換的確認和計量

一、確認和計量原則

（一）公允價值模式

非貨幣性資產交換同時滿足下列兩個條件的，應當以公允價值和應支付的相關稅費作為換入資產的成本，公允價值與換出資產帳面價值的差額計入當期損益。兩個條件為：

（1）該項交換具有商業實質。

（2）換入資產或換出資產的公允價值能夠可靠地計量。資產存在活躍市場，是資產公允價值能夠可靠計量的明顯證據，但不是唯一要求。屬於以下三種情形之一的，公允價值視為能夠可靠計量：換入資產或換出資產存在活躍市場；換入資產或換出資產不存在活躍市場，但同類或類似資產存在活躍市場；換入資產或換出資產不存在同類或類似資產可比市場交易，採用估值技術確定的公允價值滿足一定的條件。

換入資產和換出資產公允價值均能夠可靠計量的，應當以換出資產公允價值作為確定換入資產成本的基礎。一般來說，取得資產的成本應當按照所放棄資產的對價來確定，在非貨幣性資產交換中，換出資產就是放棄的對價。如果其公允價值能夠可靠確定，應當優先考慮按照換出資產的公允價值作為確定換入資產成本的基礎；如果有確鑿證據表明換入資產的公允價值更加可靠，應當以換入資產公允價值為基礎確定換入資產的成本。后面一種情況多發生在非貨幣性資產交換存在補價的情況，因為存在補價表明換入資產和換出資產公允價值不相等，一般不能直接以換出資產的公允價值作為換入資產的成本。

企業應按照《企業會計準則第 39 號——公允價值計量》的規定，確定非貨幣性資產交換取得的資產的公允價值。企業可以採用估值技術方法確定，通常包括市場法、收益法和成本法。

(二) 帳面價值模式

不具有商業實質或交換涉及資產的公允價值均不能可靠計量的非貨幣性資產交換，應當按照換出資產的帳面價值和應支付的相關稅費，作為換入資產的成本，無論是否支付補價，均不確認損益；收到或支付的補價作為確定換入資產成本的調整因素，其中，收到補價方應當以換出資產的帳面價值減去補價作為換入資產的成本；支付補價方應當以換出資產的帳面價值加上補價作為換入資產的成本。

二、商業實質的判斷

非貨幣性資產交換具有商業實質，是換入資產能夠採用公允價值計量的重要條件之一。在確定資產交換是否具有商業實質時，企業應當重點考慮由於發生了該項資產交換預期使企業未來現金流量發生變動的程度，通過比較換出資產和換入資產預計產生的未來現金流量或其現值，確定非貨幣性資產交換是否具有商業實質。只有當換出資產和換入資產預計未來現金流量或其現值兩者之間的差額較大時，才能表明交易的發生使企業經濟狀況發生了明顯改變，非貨幣性資產交換因而具有商業實質。

(一) 交換涉及的資產未來現金流量與商業實質的關係

企業發生的非貨幣性資產交換，符合下列條件之一的，視為具有商業實質：

1. 換入資產的未來現金流量在風險、時間和金額方面與換出資產顯著不同

換入資產的未來現金流量在風險、時間和金額方面與換出資產顯著不同，通常包括但不僅限於以下幾種情況：

(1) 未來現金流量的風險、金額相同，時間不同。此種情形是指換入資產和換出資產產生的未來現金流量總額相同，獲得這些現金流量的風險相同，但現金流量流入企業的時間不同。

(2) 未來現金流量的時間、金額相同，風險不同。此種情形是指換入資產和換出資產產生的未來現金流量的時間和金額相同，但企業獲得現金流量的不確定性程度存在明顯差異。

(3) 未來現金流量的風險、時間相同，金額不同。此種情形是指換入資產和換出資產的現金流量總額相同，預計為企業帶來現金流量的時間跨度相同，風險也相同，但各年產生的現金流量金額存在明顯差異。

2. 換入資產與換出資產預計未來現金流量的現值不同，且其差額與換入資產和換出資產的公允價值相比是重大的

從市場參與者的角度分析，換入資產和換出資產預計未來現金流量在風險、時間和金額方面可能相同或相似。但是，鑒於換入資產的性質和換入企業經營活動的特徵等因素，換入資產與換入企業其他現有資產相結合，能夠比換出資產產生更大的作用；使換入企業受該換入資產影響的經營活動部分產生的現金流量，與換出資產明顯不同即換入資產對換入企業的使用價值與換出資產對該企業的使用價值明顯不同；使換入資產預計未來現金流量現值與換出資產發生明顯差異，因而該兩項資產的交換具有商業實質。比如，某企業以一項專利權換入另一企業擁有的長期股權投資。假定從市場參與者來看，該項專利權與該項長期股權投資的公允價值相同，兩項資產未來現金流量的風險、時間和金額亦相同，但是，對換入企業來講，換入該項長期股權投資使該企業對被投資方由重大影響變為控制關係，從而對換入企業產生的預計未來現金流量現值與換出的專利權有較大差異；另一企業換入的專利權能夠解決生產中的技術難題，從而對換入企業產生的預計未來現金流量現值與換出的長期股權投資有明顯差異，因而該兩項資產的交換具有商業實質。

（二）交換涉及的資產類別與商業實質的關係

企業在判斷非貨幣性資產交換是否具有商業實質時，還可以從資產是否屬於同一類別進行分析。因為不同類非貨幣性資產因其產生經濟利益的方式不同，一般來說其產生的未來現金流量風險、時間和金額也不相同，因而不同類非貨幣性資產之間的交換是否具有商業實質，通常較易判斷。例如，企業以一項用於出租的投資性房地產交換一項固定資產自用，屬於不同類非貨幣性資產交換。在這種情況下，企業就將未來現金流量由每期產生的租金流，轉化為該項資產獨立產生或包括該項資產的資產組協同產生的現金流。通常情況下，由定期租金帶來的現金流量與用於生產經營用的固定資產產生的現金流量在風險、時間和金額方面有所差異，因此，該兩項資產的交換當視為具有商業實質。

（三）關聯方之間交換資產與商業實質的關係

在確定非貨幣性資產交換是否具有商業實質時，企業應當關注交易各方之間是否存在關聯方關係。關聯方關係的存在可能導致發生的非貨幣性資產交換不具有商業實質。

第三節　非貨幣性資產交換的會計處理

一、以公允價值計量的會計處理

（一）一般原則

非貨幣性資產交換具有商業實質且公允價值能夠可靠計量的，應當以換出資產的公允價值和應支付的相關稅費作為換入資產的成本，除非有確鑿證據表明換入資產的

公允價值比換出資產的公允價值更加可靠。

在以公允價值計量的情況下，無論是否涉及補償，只要換出資產的公允價值與其帳面價值不相同，就一定會涉及損益的確認。因為非貨幣性資產交換損益通常是換出資產公允價值與換出資產帳面價值的差額，通過非貨幣性資產交換予以實現。

公允價值模式下帳務處理的一般原則：以換出資產的公允價值確定換入資產的入帳價值，這種情況下換出資產相當於被出售或處置。

（二）會計處理

1. 判斷是否屬於非貨幣性資產交換

非貨幣性資產交換以公允價值計量的會計處理，首先要判斷其是否屬於非貨幣性資產交換。

2. 確定換入資產的入帳價值（具有商業實質且公允價值能夠可靠計量）

換入資產成本=換出資產不含稅公允價值+支付的不含稅補償(-收到的不含稅補償)+應支付的相關稅費

不含稅補償=換入與換出資產的不含稅公允價值之差

3. 換出資產公允價值與帳面價值的差額計入當期損益

（1）換出資產為存貨的處理：

換出資產為存貨應當視同銷售處理，按照公允價值確認銷售收入，同時結轉銷售成本，相當於按照公允價值確認的收入和按帳面價值結轉的成本之間的差額，也即換出資產公允價值和換出資產帳面價值的差額，在利潤表中作為營業利潤的構成部分予以列示。

換出方在非貨幣性交換日，按照換出資產的公允價值加上除可以抵扣的增值稅進項稅額之外的其他相關稅費，若涉及補償再加上或減去補償，借記「庫存商品」等科目；按可以抵扣的增值稅進項稅額，借記「應交稅費——應交增值稅（進項稅額）」等科目；按換出存貨的公允價值貸記「主營業務收入」或「其他業務收入」科目；按計稅價格計算的增值稅銷項稅額，貸記「應交稅費——應交增值稅（銷項稅額）」等科目；按照收到或支付的補償，借記或貸記「銀行存款」科目；同時，按換出存貨的帳面價值，借記「主營業務成本」或「其他業務成本」科目；若計提了存貨跌價準備，則借記「存貨跌價準備」；按換出存貨的帳面余額，貸記「庫存商品」或「原材料」等科目。

（2）換出資產為固定資產、無形資產的處理：

企業換出資產為固定資產或無形資產時，換出資產公允價值和帳面價值的差額，屬於處置非流動資產產生的利得或損失，則計入營業外收入或營業外支出。

換出方在非貨幣性交換日，按照換出資產的公允價值加上除可以抵扣的增值稅進項稅額之外的其他相關稅費，若涉及補償再加上或減去補償，借記「庫存商品」等科目；按可以抵扣的增值稅進項稅額，借記「應交稅費——應交增值稅（進項稅額）」等科目；按換出無形資產計提的攤銷、減值金額，借記「累計攤銷」和「無形資產減值準備」科目；按無形資產的帳面余額，貸記「無形資產」科目；按固定資產的帳面價值，貸記「固定資產清理」；按稅法規定計算無形資產和固定資產處置的增值稅銷項稅額，貸記「應交稅費——應交增值稅（銷項稅額）」等科目；按照收到或支付的補價，借記或貸記「銀行存款」科目；換出資產公允價值和換出資產帳面價值的差額，貸記或借記「營業外收入」或「營業外支出」科目。

（3）換出資產為長期股權投資的處理：

企業換出資產為長期股權投資時，換出資產公允價值和帳面價值的差額，計入投資收益。換出方在非貨幣性資產交換日，按照換出資產的公允價值加上除可以抵扣的增值稅進項稅額之外的其他相關稅費，若涉及補價再加上或減去補價，借記「庫存商品」等科目；按可以抵扣的增值稅進項稅額，借記「應交稅費——應交增值稅（進項稅額）」等科目；若計提了減值，則按已經計提的減值金額，借記「長期股權投資減值準備」等科目；按長期股權投資的帳面價值，貸記「長期股權投資」等科目；按換出資產公允價值和帳面價值的差額，貸記或借記「投資收益」科目。

4. 有關非貨幣性資產交換過程中涉及的相關稅費處理

（1）與換出資產有關的相關稅費與出售資產相關稅費的會計處理相同。

（2）與換入資產有關的相關稅費與購入資產相關稅費的會計處理相同，如換入資產的運費和保險費計入換入資產的成本等。

換言之，除增值稅的銷項稅額以外的相關稅費，如果是為換出資產而發生的相關稅費，則計入換出資產的處置損益；如果是為換入資產而發生的相關稅費，則計入換入資產的成本。

（三）實例

1. 不涉及補價情況下的會計處理

［例 13-1］ 2×16 年 9 月，華遠股份有限公司以生產經營過程中使用的一臺設備交換 B 公司生產的一批打印機，換入的打印機作為固定資產管理。華遠公司、B 公司均為增值稅一般納稅人，適用的增值稅稅率為 17%。設備的帳面原價為 150 萬元，在交換日的累計折舊為 45 萬元，公允價值為 90 萬元。打印機的帳面價值為 110 萬元，在交換日市場價格為 90 萬元，計稅價格等於市場價格。B 公司換入華遠公司的設備是生產打印機過程中需要使用的設備。

假設華遠股份有限公司此前沒有為該項設備計提資產減值準備，整個交易過程中，除支付運雜費 15,000 元外，沒有發生其他相關稅費。假設 B 公司此前也沒有為庫存打印機計提存貨跌價準備，其在整個交易過程中沒有發生除增值稅以外的其他稅費。

分析：整個資產交換過程沒有涉及收付貨幣性資產，因此，該項交換屬於非貨幣性資產交換。本例涉及存貨與固定資產的交換，對華遠股份有限公司來講，換入的打印機是經營過程中必須使用的機器，對 B 公司來講，換入的設備是生產打印機過程中必須使用的機器，兩項資產交換后對換入企業的特定價值顯著不同，兩項資產的交換具有商業實質；同時，兩項資產的公允價值都能夠可靠地計量，符合以公允價值計量的兩個條件，因此，華遠股份有限公司和 B 公司均應當以換出資產的公允價值為基礎，確定換入資產的成本，並確認產生的損益。雙方換出資產情況如表 13-1 所示。

表 13-1 雙方換出資產情況 單位：萬元

	資產	帳面價值	公允價值	銷項稅	含稅價	運雜費
華遠公司換出	生產用設備	105	90	15.3	105.3	1.5
B公司換出	存貨	110	90	15.3	105.3	

華遠股份有限公司：

換入資產（固定資產）的成本=換出資產的公允價值=90（萬元）

生產設備處置損益=90-105-1.5=-16.5（萬元）

華遠股份有限公司會計分錄如下：

借：固定資產清理 1,050,000
　　累計折舊 450,000
　貸：固定資產 1,500,000

借：固定資產清理 15,000
　貸：銀行存款 15,000

借：固定資產——打印機 900,000
　　應交稅費——應交增值稅（進項稅額） 153,000
　貸：固定資產清理 900,000
　　　應交稅費——應交增值稅（銷項稅額） 153,000

借：營業外支出 165,000
　貸：固定資產清理 165,000

B公司：

換入資產的成本=換出資產的公允價值=90（萬元）

存貨處置損益=90-110=-20（萬元）

B公司會計分錄如下：

借：固定資產 900,000
　　應交稅費——應交增值稅（進項稅額） 153,000
　貸：主營業務收入 900,000
　　　應交稅費——應交增值稅（銷項稅額） 153,000

借：主營業務成本 1,100,000
　貸：庫存商品 1,100,000

2. 涉及補價情況下的會計處理

［**例 13-2**］華遠股份有限公司和乙公司適用的增值稅稅率為 17%，計稅價格為公允價值，假定該項交換具有商業實質且其換入換出資產的公允價值能夠可靠地計量。華遠股份有限公司以庫存商品 A 產品交換乙公司原材料，雙方均將收到的存貨作為庫存商品核算。有關資料如下：

華遠股份有限公司換出：庫存商品，帳面成本 430 萬元，已計提存貨跌價準備 30 萬元，公允價值 500 萬元，含稅公允價值 585 萬元。

乙公司換出：原材料，帳面成本 320 萬元，已計提存貨跌價準備 20 萬元，公允價值 400 萬元，含稅公允價值 468 萬元。

（1）華遠股份有限公司收到不含稅補價=不含稅公允價值 500-不含稅公允價值 400=100（萬元）；華遠股份有限公司收到銀行存款=含稅公允價值 585-含稅公允價值 468=117（萬元）；華遠股份有限公司換入庫存商品成本=換出資產不含稅公允價值 500-收到的不含稅的補價 100+應支付的相關稅費 0=400（萬元），或=換出資產含稅公允價值 500×1.17-收到的銀行存款 117-可抵扣的增值稅進項稅額 400×17%+應支付的相關稅費 0=400（萬元）。

華遠股份有限公司會計分錄如下：

借：庫存商品	4,000,000	
應交稅費——應交增值稅（進項稅額）	680,000	
銀行存款	1,170,000	
貸：主營業務收入		5,000,000
應交稅費——應交增值稅（銷項稅額）		850,000
借：主營業務成本	4,000,000	
存貨跌價準備	300,000	
貸：庫存商品		4,300,000

影響營業利潤=500-（430-30）=100（萬元）

（2）乙公司取得的庫存商品入帳價值=換出資產不含稅公允價值 400+支付的不含稅的補價 100+應支付的相關稅費 0=500（萬元）；或=換出資產含稅公允價值 400×1.17+支付的銀行存款 117-可抵扣的增值稅進項稅額 500×17%+0=500（萬元）。

乙公司會計分錄如下：

借：庫存商品	5,000,000	
應交稅費——應交增值稅（進項稅額）	850,000	
貸：其他業務收入		4,000,000
應交稅費——應交增值稅（銷項稅額）		680,000
銀行存款		1,170,000
借：其他業務成本	3,000,000	
存貨跌價準備	200,000	
貸：原材料		3,200,000

[**例 13-3**] 華遠股份有限公司和乙公司適用的增值稅稅率為 17%，計稅價格為公允價值，假定該項交換具有商業實質且其換入換出資產的公允價值能夠可靠地計量。華遠股份有限公司經協商以其擁有的一項生產用固定資產與乙公司持有的對丙公司長期股權投資交換。交換日資料如下：

華遠股份有限公司換出：固定資產成本 950 萬元；已提折舊 50 萬元；公允價值 1,000 萬元；含稅公允價值 1,170 萬元。

乙公司換出：長期股權投資帳面價值 900 萬元（其中成本 800 萬元，損益調整 40 萬元，其他綜合收益 60 萬元）；公允價值 1,100 萬元。

（1）華遠股份有限公司：

①華遠股份有限公司收到銀行存款=1,170-1,100=70（萬元）。

②華遠股份有限公司支付不含稅補價=1,100-1,000=100（萬元）。

補償比例＝100÷(100+1,000)×100%＝9.09%<25%，屬於非貨幣性資產交換。

③華遠股份有限公司換入長期股權投資的成本＝換出資產不含稅公允價值 1,000+支付的不含稅補償 100＝1,100（萬元）；或＝換出資產含稅公允價值 1,000×1.17－收到的銀行存款 70+應支付的相關稅費 0＝1,100（萬元）。

④華遠股份有限公司換出固定資產的損益＝1,000－（950－50）＝100（萬元）。

⑤華遠股份有限公司會計分錄如下：

	借方	貸方
借：固定資產清理	9,000,000	
累計折舊	500,000	
貸：固定資產		9,500,000
借：長期股權投資——丙公司	11,000,000	
銀行存款	700,000	
貸：固定資產清理		9,000,000
營業外收入		1,000,000
應交稅費——應交增值稅（銷項稅額）		1,700,000

（2）乙公司：

①乙公司收到不含稅補償＝華遠股份有限公司支付不含稅補償＝1,100－1,000＝100（萬元）。

補償比例＝100÷1,100×100%＝9.09%<25%，屬於非貨幣性資產交換。

②乙公司換入固定資產的成本＝換出資產不含稅公允價值 1,100－收到的不含稅的補償 100＝1,000（萬元）；或＝換出資產含稅公允價值 1,100+支付的銀行存款 70－可抵扣的增值稅進項稅額 1,000×17%＝1,000（萬元）。

③華遠股份有限公司換出長期股權投資的確認投資收益＝1,100－900+60＝260（萬元）。

④乙公司會計分錄如下：

	借方	貸方
借：固定資產	10,000,000	
應交稅費——應交增值稅（進項稅額）	1,700,000	
貸：長期股權投資——丙公司		9,000,000
銀行存款		700,000
投資收益		2,000,000
借：其他綜合收益	600,000	
貸：投資收益		600,000

二、以換出資產帳面價值計量的會計處理

（一）一般原則

非貨幣性資產交換不具有商業實質，或者雖然具有商業實質但換入資產和換出資產的公允價值均不能可靠計量的，應當以換出資產帳面價值為基礎確定換入資產成本，無論是否支付補償，均不確認損益。

一般來講，如果換入資產和換出資產的公允價值都不能可靠計量時，該項非貨幣性資產交換通常不具有商業實質。因為在這種情況下，很難比較兩項資產產生的未來

現金流量在時間、風險和金額方面的差異，很難判斷兩項資產交換后對企業經濟狀況改變所起的不同效用。因而，此類資產交換通常不具有商業實質。

換入資產的入帳價值一般原則：以換出資產的帳面價值加上支付的相關稅費作為換入資產的入帳價值，對換出資產不確認資產的處置損益。

（二）會計處理

（1）換入資產成本的確定（不具有商業實質或公允價值不能夠可靠計量）：

換入資產成本＝換出資產的帳面價值+支付的補價（－收到的補價）+應支付的相關稅費（包含增值稅銷項稅額）－可以抵扣的增值稅進項稅額

（2）按換出資產帳面價值計量換入資產成本的，無論是否收付補價，均不確認損益。在計算增值稅時要以資產的公允價值作為其計稅基礎。

（3）增值稅進項稅額若可抵扣的，則不計入換入資產的成本；增值稅的銷項稅額計入換入資產的成本。

（4）除增值稅的銷項稅額以外的，為換入資產而發生的相關稅費，計入換入資產的成本。

（三）實例

1. 不涉及補償情況下的會計處理

［**例 13-4**］華遠股份有限公司以其持有的對丙公司的長期股權投資交換乙公司擁有的註冊商標權。在交換日，華遠股份有限公司持有的長期股權投資帳面余額為 5,000,000 元，已計提長期股權投資減值準備余額為 1,400,000 元，該長期股權投資在市場上沒有公開報價，公允價值也不能可靠計量；乙公司商標權的帳面原價為 4,200,000 元，累計已攤銷金額為 600,000 元，其公允價值也不能可靠計量，乙公司沒有為該項商標權計提減值準備，根據《關於在全國開展交通運輸業和部分服務業營業稅改徵增值稅試點稅收政策的通知》的規定，乙公司為交換該商標權需要繳納增值稅 216,000 元（適用增值稅稅率為 6%）。乙公司將換入的對丙公司的投資仍作為長期股權投資，並採用成本法核算。整個交易過程中沒有發生其他相關稅費。

本例中，該項資產交換沒有涉及收付貨幣性資產，因此屬於非貨幣性資產交換。本例屬於以長期股權投資交換無形資產。由於換出資產和換入資產的公允價值都無法可靠計量，因此，華遠股份有限公司、乙公司換入資產的成本均應當按照換出資產的帳面價值確定，不確認損益。

華遠股份有限公司的會計分錄如下：

	借方	貸方
借：無形資產——商標權	3,600,000	
長期股權投資減值準備——丙公司	1,400,000	
貸：長期股權投資——丙公司		5,000,000

乙公司的會計分錄如下：

	借方	貸方
借：長期股權投資——丙公司	3,600,000	
累計攤銷	600,000	
營業外支出	216,000	
貸：無形資產——專利權		4,200,000

應交稅費——應交增值稅（銷項稅額）　216,000

2. 涉及補價情況下的會計處理

[**例 13-5**] 華遠股份有限公司擁有一臺專有設備，該設備帳面原價 450 萬元，已計提折舊 330 萬元，丁公司擁有一項長期股權投資，帳面價值 90 萬元，兩項資產均未計提減值準備。華遠股份有限公司決定以其專有設備交換丁公司的長期股權投資，該專有設備是生產某種產品必需的設備。由於專有設備系當時專門製造，性質特殊，其公允價值不能可靠計量；丁公司擁有的長期股權投資在活躍市場中沒有報價，其公允價值也不能可靠計量。經雙方商定，丁公司支付了 20 萬元補價。假定交易不考慮相關稅費。

分析：該項資產交換涉及收付貨幣性資產，即補價 20 萬元。對華遠股份有限公司而言，收到的補價 20 萬元÷換出資產帳面價值 120 萬元×100% = 16.7%<25%。因此，該項交換屬於非貨幣性資產交換，丁公司的情況也類似。由於兩項資產的公允價值不能可靠計量，因此，華遠股份有限公司、丁公司換入資產的成本均應當按照換出資產的帳面價值確定。

華遠股份有限公司的會計分錄如下：

借：固定資產清理　1,200,000

　　累計折舊　3,300,000

　貸：固定資產——專有設備　4,500,000

借：長期股權投資　1,000,000

　　銀行存款　200,000

　貸：固定資產清理　1,200,000

丁公司的會計分錄如下：

借：固定資產——專有設備　1,100,000

　貸：長期股權投資　900,000

　　　銀行存款　200,000

從上例可以看出，儘管丁公司支付了 20 萬元補價，但由於整個非貨幣性資產交換是以帳面價值為基礎計量的，支付補價方和收到補價方均不確認損益。對華遠股份有限公司而言，換入資產是長期股權投資和銀行存款 20 萬元，換出資產專有設備的帳面價值為 120 萬元（450-330），因此，長期股權投資的成本就是換出設備的帳面價值減去貨幣性補價的差額，即 100 萬元（120-20）；對丁公司而言，換出資產是長期股權投資和銀行存款 20 萬元，換入資產專有設備的成本等於換出資產的帳面價值，即 110 萬元（90+20）。由此可見，在以帳面價值計量的情況下，發生的補價是用來調整換入資產的成本的，不涉及確認損益問題。

三、涉及多項非貨幣性資產交換的會計處理

（一）類型

企業以一項非貨幣性資產同時換入另一企業的多項非貨幣性資產，或同時以多項非貨幣性資產換入另一企業的一項非貨幣性資產，或以多項非貨幣性資產同時換入多

項非貨幣性資產，也可能涉及補償。涉及多項資產的非貨幣性資產交換，企業無法將換出的某一資產與換入的某一特定資產相對應。與單項非貨幣性資產之間的交換一樣，涉及多項資產的非貨幣性資產交換的計量，企業也應當首先判斷其是否符合以公允價值計量的兩個條件，再分別確定各項換入資產的成本。

涉及多項資產的非貨幣性資產交換一般可以分為以下幾種情況：

（1）資產交換具有商業實質且各項換出資產和各項換入資產的公允價值均能夠可靠計量。在這種情況下，換入資產的總成本應當按照換出資產的公允價值總額為基礎確定，除非有確鑿證據證明換入資產的公允價值總額更可靠。應當按照各項換入資產的公允價值占換入資產公允價值總額的比例，對換入資產總成本進行分配，確定各項換入資產的成本。

（2）資產交換具有商業實質且換入資產的公允價值能夠可靠計量，但換出資產的公允價值不能可靠計量。在這種情況下，換入資產的總成本應當按照換入資產的公允價值總額為基礎確定。應當按照各項換入資產的公允價值占換入資產公允價值總額的比例，對換入資產總成本進行分配，確定各項換入資產的成本。

（3）資產交換具有商業實質且換出資產的公允價值能夠可靠計量，但換入資產的公允價值不能可靠計量。在這種情況下，換入資產的總成本應當按照換出資產的公允價值總額為基礎確定。應當按照各項換入資產的原帳面價值占換入資產原帳面價值總額的比例，對按照換出資產公允價值總額確定的換入資產總成本進行分配，確定各項換入資產的成本。

實際上，上述三種情況，換入資產總成本都是按照公允價值計量的，但各單項換入資產成本的確定，視各單項換入資產的公允價值能否可靠計量而分別處理。

（4）涉及多項資產的非貨幣性資產交換，資產交換不具有商業實質或換入資產和換出資產的公允價值均不能可靠計量。在這種情況下，換入資產的總成本應當按照換出資產的帳面價值總額為基礎確定。應當按照各項換入資產的原帳面價值占換入資產的帳面價值總額的比例，對按照換出資產帳面價值總額為基礎確定的換入資產總成本進行分配，確定各項換入資產的成本。這種情況屬於不符合公允價值計量的條件，換入資產總成本按照換出資產帳面價值總額確定，各單項換入資產成本的確定，按照各單項換入資產的原帳面價值占換入資產帳面價值總額的比例確定。

（二）會計處理

1. 確定換入資產總成本

會計處理的第一步是確定換入資產總成本。

2. 將總成本分配至各單項資產，分配以公允價值比例、帳面價值比例為標準

（1）公允價值模式

①條件：具有商業實質，各項換出資產或換入資產的公允價值能夠可靠計量。

②方法：換入資產的總成本按照換出資產的公允價值總額為基礎確定，換出資產公允價值不能可靠計量時，按照換入資產的公允價值總額為基礎確定。

③各項換入資產的成本按換入資產公允價值比例進行分配，換入資產公允價值不能可靠計量時，按換入資產的帳面價值比例進行分配。

(2) 帳面價值模式

①條件：不具有商業實質，或換入資產和換出資產的公允價值均不能可靠計量。

②換入資產的總成本按照換出資產的帳面價值總額為基礎確定。

③各項換入資產的成本按換入資產的帳面價值比例進行分配。

(三) 實例

1. 涉及多項非貨幣性資產交換的公允價值模式的會計處理

［**例 13-6**］ 華遠股份有限公司和乙公司均為增值稅一般納稅人，適用的增值稅稅率均為 17%。2×16 年 8 月，為適應業務發展的需要，經協商，華遠股份有限公司決定以生產經營過程中使用的廠房、設備以及庫存商品換入乙公司生產經營過程中使用的辦公樓、小汽車、客運汽車。

華遠股份有限公司廠房的帳面原價為 1,500 萬元，在交換日的累計折舊為 300 萬元，公允價值為 1,000 萬元；設備的帳面原價為 600 萬元，在交換日的累計折舊為 480 萬元，公允價值為 100 萬元；庫存商品的帳面余額為 300 萬元，交易日的市場價格為 350 萬元，市場價格等於計稅價格。

乙公司辦公樓的帳面原價為 2,000 萬元，在交換日的累計折舊為 1,000 萬元，公允價值為 1,100 萬元；小汽車的帳面原價為 300 萬元，在交換日的累計折舊為 190 萬元，公允價值為 159.5 萬元；客運汽車的帳面原價為 300 萬元，在交換日的累計折舊為 180 萬元，公允價值為 150 萬元。

乙公司另外向華遠股份有限公司支付銀行存款 53.385 萬元。

假定華遠股份有限公司和乙公司都沒有為換出資產計提減值準備；華遠股份有限公司換入乙公司的辦公樓、小汽車、客運汽車均作為固定資產使用和管理；乙公司換入華遠股份有限公司的廠房、設備作為固定資產使用和管理，換入的庫存商品作為原材料使用和管理。乙公司開具了增值稅專用發票。雙方換出資產情況如表 13-2 所示。

表 13-2 **雙方換出資產情況** 單位：萬元

	資產	帳面價值	公允價值	銷項稅
華遠公司換出	廠房	1,500-300=1,200	1,000	110
	生產設備	600-480=120	100	17
	庫存商品	300	350	59.5
	小計		1,450	186.5
乙公司換出	辦公樓	2,000-1,000=1,000	1,100	121
	小汽車	300-190=110	159.5	27.115
	客運汽車	300-180=120	150	25.5
	小計		1,409.5	173.615

華遠股份有限公司：

(1) 判斷非貨幣性資產交換：

40.5 萬元÷1,450 萬元×100%=2.79%<25%，屬於非貨幣性資產交換。

（2）計算換入資產總成本：

換入資產總成本=換出資產公允價值+增值稅銷項稅額-可抵扣的進項稅額-收到的銀行存款=1,450+186.5-173.615-53.385=1,409.5（萬元）

（3）計算換入各項資產成本（如表 13-3 所示）：

表 13-3　**換入各項資產成本**　單位：萬元

	資產	公允價值	換入成本
華遠公司換入	辦公樓	1,100	
	小汽車	159.5	
	客運汽車	150	
	小計	1,409.5	1,409.5

辦公樓成本=1,409.5×1,100÷(1,100+159.5+150)=1,100（萬元）

小汽車成本=1,409.5×159.5÷(1,100+159.5+150)=159.5（萬元）

客運汽車成本=1,409.5×150÷(1,100+159.5+150)=150（萬元）

（4）華遠股份有限公司會計分錄如下：

借：固定資產清理	13,200,000	
累計折舊	7,800,000	
貸：固定資產——廠房		15,000,000
——設備		6,000,000
借：固定資產清理	1,100,000	
貸：應交稅費——應交增值稅（銷項稅額）		1,100,000
借：固定資產——辦公樓	11,000,000	
——小汽車	1,595,000	
——客運汽車	1,500,000	
應交稅費——應交增值稅（進項稅額）	1,736,150	
銀行存款	533,850	
貸：固定資產清理		11,000,000
主營業務收入		3,500,000
應交稅費——應交增值稅（銷項稅額）		1,865,000
借：主營業務成本	3,000,000	
貸：庫存商品		3,000,000
借：營業外支出	3,300,000	
貸：固定資產清理		3,300,000

乙公司：

（1）判斷非貨幣性資產交換：

40.5 萬元÷1,450 萬元×100%=2.79%<25%，屬於非貨幣性資產交換。

（2）確定換入資產總成本：

換入資產總成本=換出資產公允價值+增值稅銷項稅額-可抵扣的進項稅額+支付的銀行存款=1,409.5+173.615-186.5+53.385=1,450（萬元）

(3) 計算換入各項資產成本（如表 13-4 所示）：

表 13-4　　換入各項資產成本　　單位：萬元

	資產	公允價值	入帳成本
乙公司換入	廠房	1,000	
	生產設備	100	
	庫存商品	350	
	小計	1,450	1,450

廠房成本＝1,450×1,000÷(1,000+100+350)＝1,000（萬元）

設備成本＝1,450×100÷(1,000+100+350)＝100（萬元）

原材料成本＝1,450×350÷(1,000+100+350)＝350（萬元）

(4) 乙公司會計分錄如下：

借：固定資產清理　　12,300,000
　累計折舊　　13,700,000
　貸：固定資產——辦公樓　　20,000,000
　　　　——小汽車　　3,000,000
　　　　——客運汽車　　3,000,000

借：固定資產清理　　1,210,000
　貸：應交稅費——應交增值稅（銷項稅額）　　1,210,000

借：固定資產——廠房　　10,000,000
　　　——設備　　1,000,000
　原材料　　3,500,000
　應交稅費——應交增值稅（進項稅額）　　1,865,000
　貸：固定資產清理　　14,095,000
　　應交稅費——應交增值稅（銷項稅額）　　1,736,150
　　銀行存款　　533,850

借：固定資產清理　　1,905,000
　貸：營業外收入　　1,905,000

2. 涉及多項非貨幣性資產交換的公允帳面價值模式的會計處理

［例 13-7］2×16 年 5 月，華遠股份有限公司因經營戰略發生較大轉變，產品結構發生較大調整，原生產其產品的專有設備、生產該產品的專利技術等已不符合生產新產品的需要，經與乙公司協商，將其專有設備連同專利技術與乙公司正在建造過程中的一幢建築物、對丙公司的長期股權投資進行交換。

華遠股份有限公司換出專有設備的帳面原價為 1,200 萬元，已計提折舊 750 萬元；專利技術帳面原價為 450 萬元，已攤銷金額為 270 萬元。乙公司在建工程截止到交換日的成本為 525 萬元，對丙公司的長期股權投資帳面余額為 150 萬元。

由於華遠股份有限公司持有的專有設備和專利技術在市場上已不多見，因此，公允價值不能可靠計量。乙公司的在建工程因完工程度難以合理確定，其公允價值不能可靠計量；由於丙公司不是上市公司，乙公司對丙公司的長期股權投資的公允價值也不能可靠計量。假定華遠股份有限公司、乙公司均未對上述資產計提減值準備。雙方換出資產的情況如表 13-5 所示。

表 13-5　　**雙方換出資產的具體情況**　　單位：萬元

	資產	帳面價值	銷項稅
華遠公司換出	專有設備	1, 200-750=450	76. 5
	專利技術	450-270=180	10. 8
	小計	630	87. 3
乙公司換出	在建工程	525	57. 75
	長期股權投資	150	
	小計	675	57. 75

華遠股份有限公司：

(1) 計算換入資產總成本（如表 13-6 所示）。

表 13-6　　**換入資產總成本**　　單位：萬元

	資產	帳面價值	換入資產總成本
華遠公司換入	在建工程	525	
	長期股權投資	150	
	小計	675	717. 3

華遠股份有限公司換入資產總成本＝換出資產的帳面價值 630+增值稅銷項稅額 87. 3=717. 3（萬元）

(2) 計算各項換入資產成本：

在建工程成本＝717. 3×525÷（525+150）＝557. 9（萬元）

長期股權投資成本＝717. 3×150÷（525+150）＝159. 4（萬元）

(3) 華遠股份有限公司會計分錄如下：

借：固定資產清理　4, 500, 000
　　累計折舊　7, 500, 000
　貸：固定資產——專有設備　12, 000, 000

借：固定資產清理　765, 000
　貸：應交稅費——應交增值稅（銷項稅額）　765, 000

借：在建工程　5, 579, 000
　　長期股權投資　1, 594, 000
　　累計攤銷　2, 700, 000
　貸：固定資產清理　5, 265, 000
　　無形資產——專利技術　4, 500, 000
　　應交稅費——應交增值稅（銷項稅額）　108, 000

乙公司：

(1) 計算換入資產總成本（如表 13-7 所示）。

表 13-7　換入資產總成本　單位：萬元

	資產	帳面價值	換入資產總成本
乙公司換入	專有設備	450	
	專利技術	180	
	小計	630	645.45

乙公司換入資產總成本＝換出資產的帳面價值 675－可以抵扣的增值稅進項稅額 87.3+增值稅銷項稅額 57.75＝645.45（萬元）

（2）確定各項換入資產成本：

專有設備成本＝645.45×450÷（450+180）＝461.04（萬元）

專利技術成本＝645.45×180÷（450+180）＝184.41（萬元）

（3）乙公司會計分錄如下：

借：固定資產——專有設備　4,610,400

　　無形資產——專利技術　1,844,100

　　應交稅費——應交增值稅（進項稅額）　873,000

　貸：在建工程　5,250,000

　　　長期股權投資　1,500,000

　　　應交稅費——應交增值稅（銷項稅額）　577,500

第十四章　債務重組

第一節　債務重組概述

一、債務重組的概念

根據《企業會計準則第 12 號——債務重組》的規定，債務重組是指在債務人發生財務困難的情況下，債權人按照其與債務人達成的協議或者法院的裁定做出讓步的事項。

債務重組發生應符合以下條件：①必須是債務人處於持續經營狀態。這是區分債務重組和破產清算的主要標準。②必須是債務人發生了財務困難。只有債務企業在經營上出現困難，或因資金調度不靈而又籌集不到足夠的資金償還到期債務時，才有債務重組的必要，是債務重組的前提條件。③必須是債權人做出了讓步，即債權人同意發生財務困難的債務人現在或者將來以低於重組債務帳面價值的金額或者價值償還債務，包括債權人減免債務人部分債務本金或者利息、降低債務人應付債務的利率等方式。

例如，2×16 年 2 月 9 日，甲公司應收乙公司的一筆貨款 100 萬元到期，由於乙公司發生財務困難，該筆貨款預計短期內無法收回。當日甲公司就該債權與乙公司進行協商。如果減免 20 萬元債務，其余部分立即以現金償還或減免 10 萬元債務，其余部分延期兩年償還都屬於債務重組；但如果是以現金 10 萬元和公允價值為 90 萬元的存貨償還，則不屬於債務重組，因為債務重組是指在債務人發生財務困難的情況下，債權人按照其與債務人達成的協議或者法院裁定做出讓步的事項，而在此並沒有做出讓步。

二、債務重組的方式

債務重組具體包括以下四種方式：

（一）以資產清償債務

以資產清償債務，是指債務人轉讓其資產給債權人以清償債務的債務重組方式。債務人通常用於清償的資產既包括現金，也包括非現金資產，主要有存貨、金融資產、固定資產、無形資產等。

（二）債務轉為資本

債務轉為資本，也稱債轉股，是指債務人將應支付的債務轉為資本，同時債權人將債權轉為股權的債務重組方式。債務轉為資本的結果是，債務人減少負債的同時增加股本（或實收資本），債權人減少債權的同時增加一項權益性投資。但債務人根據轉換協議，將可轉換公司債券轉為資本的，則屬於正常情況下的債務轉資本，不能作為債務重組處理。

(三) 修改其他債務條件

修改其他債務條件，是指修改不包括上述兩種方式在內的債務條件的債務重組方式。如減少債務本金、減少債務利息等。

(四) 以上三種方式的組合

以上三種方式的組合，是指同時採用上述三種方式中的兩種或三種來共同清償債務的債務重組方式。如以轉讓資產、債務轉為資本等方式的組合清償某項債務。主要包括以下可能的方式：

(1) 債務的一部分以資產清償，另一部分則轉為資本。

(2) 債務的一部分以資產清償，另一部分則修改其他債務條件。

(3) 債務的一部分轉為資本，另一部分則修改其他債務條件。

(4) 債務的一部分以資產清償，一部分則轉為資本，另一部分則修改其他債務條件。

第二節　債務重組的會計處理

一、債務重組帳務處理的基本原則

(一) 債務人帳務處理的基本原則

在債務重組協議中，由於債權人讓步，債務人用以清償債務的資產、資本或修改條件后的新債務的公允價值低於重組債務的帳面價值，因而債務人因債務重組而獲得一項利得，計入當期損益。同時，如果債務人以非現金資產償債，還要確認資產的處置損益。

(二) 債權人帳務處理的基本原則

在債務重組協議中，債權人應將取得的資產或修改條件后的新債權以公允價值入帳，並將其低於重組債權帳面余額的金額確認為一項損失。如果債權人對重組債權計提了資產減值準備，則首先應當衝減已計提的資產減值準備，衝減后尚有余額的再確認為損失，計入當期損益；衝減后資產減值準備仍有余額的，應當予以轉回並抵減當期資產減值損失。

二、以資產清償債務

以資產清償債務，可以分為以現金清償債務和以非現金資產清償債務兩種形式。

(一) 以現金清償債務的帳務處理

以現金清償債務的債務重組方式下，債務人應當將重組債務的帳面價值與支付的現金之間的差額確認為債務重組利得，作為營業外收入，計入當期損益。其中，相關重組債務應當在滿足金融負債終止確認條件時予以終止確認。

以現金清償債務的債務重組方式下，債權人應當將重組債權的帳面余額與收到的現金之間的差額確認為債務重組損失，作為營業外支出，計入當期損益。其中，相關重組債權應當在滿足金融資產終止確認條件時予以終止確認。重組債權已經計提減值準備的，應當先將差額衝減已計提的減值準備，衝減后仍有損失的，計入營業外支出（債務重組損失）；衝減后減值準備仍有余額的，應予轉回並抵減當期資產減值損失。

［**例 14-1**］2×16 年 2 月 20 日，華遠股份有限公司從甲公司購買一批材料，材料已驗收入庫。不含稅價格為 100,000 元，增值稅稅率為 17%。按合同規定，華遠股份有限公司應於三個月內償付貨款。由於華遠股份有限公司陷入財務困難到期無法支付貨款，2×16 年 6 月 20 日，雙方達成一項債務重組協議。協議規定，甲公司同意減免華遠公司貨款至 90,000 元。華遠股份有限公司於當日支付了全部款項。假定華遠股份有限公司對存貨採用實際成本法核算。

本例中，華遠股份有限公司以低於重組債務帳面價值的現金來清償債務。華遠股份有限公司作為債務人，實現一項重組利得，甲公司作為債權人，確認一項重組損失。

（1）債務人華遠股份有限公司的會計分錄如下：

2×16 年 2 月 20 日：

借：原材料	100,000	
應交稅費——應交增值稅（進項稅額）	17,000	
貸：應付帳款——甲公司		117,000

2×16 年 6 月 20 日：

借：應付帳款——甲公司	117,000	
貸：銀行存款		90,000
營業外收入——債務重組利得		27,000

（2）債權人甲公司的會計分錄如下：

2×16 年 2 月 20 日：

借：應收帳款——華遠股份有限公司	117,000	
貸：主營業務收入		100,000
應交稅費——應交增值稅（銷項稅額）		17,000

2×16 年 6 月 20 日：

借：銀行存款	90,000	
營業外支出——債務重組損失	27,000	
貸：應收帳款——華遠股份有限公司		117,000

［**例 14-2**］接［例 14-1］假定甲公司已對應收債權計提了 20,000 元的壞帳準備。此時，華遠股份有限公司的帳務處理同［例 14-1］。而甲公司債務重組日的會計分錄如下：

2×16 年 6 月 20 日：

借：銀行存款	90,000	
壞帳準備	20,000	
營業外支出——債務重組損失	7,000	

貸：應收帳款——華遠股份有限公司 117,000

［例 14-3］接［例 14-1］假定甲公司已對應收債權計提了 35,000 元的壞帳準備。此時，華遠股份有限公司的帳務處理同［例 14-1］。而甲公司債務重組日的會計分錄如下：

2×16 年 6 月 20 日：

借：銀行存款 90,000

壞帳準備 27,000

貸：應收帳款——華遠股份有限公司 117,000

借：壞帳準備 8,000

貸：資產減值損失 8,000

(二) 以非現金資產清償債務的帳務處理

以非現金資產清償債務的重組方式下，債務人應當將重組債務的帳面價值與轉讓的非現金資產的公允價值之間的差額確認為債務重組利得，作為營業外收入，計入當期損益。其中，相關重組債務應當在滿足金融負債終止確認條件時予以終止確認。轉讓的非現金資產的公允價值與其帳面價值的差額作為轉讓資產損益，計入當期損益。

債務人在轉讓非現金資產的過程中發生的一些稅費，如資產評估費、運雜費等，直接計入轉讓資產損益。對於增值稅應稅項目，如債權人不向債務人另行支付增值稅，則債務重組利得應為轉讓非現金資產的公允價值和該非現金資產的增值稅銷項稅額與重組債務帳面價值的差額；如債權人向債務人另行支付增值稅，則債務重組利得應為轉讓非現金資產的公允價值與重組債務帳面價值的差額。

以非現金資產清償債務的重組方式，債權人應當對受讓的非現金資產按其公允價值入帳，重組債權的帳面余額與受讓的非現金資產的公允價值之間的差額，確認為債務重組損失，作為營業外支出，計入當期損益。其中，相關重組債權應當在滿足金融資產終止確認條件時予以終止確認。重組債權已經計提減值準備的，應當先將差額衝減已計提的減值準備，衝減后仍有損失的，計入營業外支出（債務重組損失）；衝減后減值準備仍有余額的，應予轉回並抵減當期資產減值損失。對於增值稅應稅項目，如債權人不向債務人另行支付增值稅，則增值稅進項稅額可以作為衝減重組債權的帳面余額處理；如債權人向債務人另行支付增值稅，則增值稅進項稅額不能作為衝減重組債權的帳面余額處理。債權人收到非現金資產時發生的有關運雜費等，應當計入相關資產的價值。

以非現金資產清償債務的重組方式，具體分以下幾種情況：

1. 以庫存材料、商品產品抵償債務

該種情況債務人應視同銷售進行核算。企業可將該項業務分為兩部分。一是將庫存材料、商品出售給債權人，取得貨款。出售庫存材料、商品業務與企業正常的銷售業務處理相同，其發生的損益計入當期損益。二是以取得的貨幣清償債務。但在這項業務中，實際上並沒有發生相應的貨幣流入與流出。

［例 14-4］華遠股份有限公司欠乙公司 6,000,000 元貨款，到期日為 2×16 年 10 月 30 日。華遠股份有限公司因財務困難，經協商於 2×16 年 11 月 15 日與乙公司簽訂債務

重組協議。協議規定華遠股份有限公司以價值 5,000,000 元的商品抵償欠乙公司的上述全部債務，該商品的實際成本為 4,500,000 元。2×16 年 11 月 20 日，乙公司收到該商品並驗收入庫；乙公司對該項應收債權計提了 100,000 元的壞帳準備。2×16 年 11 月 22 日辦理了有關債務解除手續。

本例中，華遠股份有限公司以庫存商品來清償債務。華遠股份有限公司作為債務人，實現一項重組利得，乙公司作為債權人，確認一項重組損失。

（1）債務人華遠股份有限公司的會計分錄如下：

借：應付帳款——乙公司	6,000,000	
貸：主營業務收入		5,000,000
應交稅費——應交增值稅（銷項稅額）		850,000
營業外收入——債務重組利得		150,000
借：主營業務成本	4,500,000	
貸：庫存商品		4,500,000

（2）債權人乙公司的會計分錄如下：

借：庫存商品	5,000,000	
應交稅費——應交增值稅（進項稅額）	850,000	
壞帳準備	100,000	
營業外支出——債務重組損失	50,000	
貸：應收帳款——華遠股份有限公司		6,000,000

2. 以固定資產、無形資產等非現金資產抵償債務

債務人應將固定資產的公允價值與該項固定資產帳面價值和清理費用的差額作為轉讓固定資產的損益處理。同時，將固定資產的公允價值與應付債務的帳面價值的差額，作為債務重組利得，計入營業外收入。債權人收到的固定資產按公允價值計量。

［**例 14-5**］華遠股份有限公司和 B 公司有關債務重組資料如下：

（1）2×16 年 1 月 12 日，華遠股份有限公司銷售一批產品給 B 公司，含稅價為 1,000 萬元，至 2×16 年 12 月 2 日尚未支付貨款。

（2）2×16 年 12 月 31 日，雙方協議 B 公司以一項專利技術和一項固定資產償還債務。該專利技術的帳面余額為 440 萬元，公允價值為 420 萬元，B 公司已對該專利技術計提攤銷 30 萬元；固定資產的帳面價值為 500 萬元（其中原值為 600 萬元，已計提折舊 100 萬），公允價值為 510 萬元。

（3）華遠股份有限公司已對該債權計提壞帳準備 40 萬元。

專利技術和固定資產已辦理過戶手續，且不考慮其他相關稅費。

B 公司用以清償債務的專利技術和固定資產的公允價值 = 420+510 = 930（萬元）

B 公司應確認的債務重組利得 = 1,000−930 = 70（萬元）

①債務人 B 公司的會計分錄如下：

將固定資產轉入固定資產清理：

借：固定資產清理	5,000,000	
累計折舊	1,000,000	
貸：固定資產		6,000,000

確認債務重組利得：

借：應付帳款——華遠股份有限公司　10,000,000

　　累計攤銷　300,000

　貸：固定資產清理　5,100,000

　　　無形資產——專利技術　4,400,000

　　　營業外收入——處置無形資產利得　100,000

　　　營業外收入——債務重組利得　700,000

確認固定資產處置利得：

借：固定資產清理　100,000

　貸：營業外收入——處置固定資產利得　100,000

②華遠股份有限公司的會計分錄如下：

借：固定資產　5,100,000

　　無形資產——專利技術　4,200,000

　　壞帳準備　400,000

　　營業外支出——債務重組損失　300,000

　貸：應收帳款——B 公司　10,000,000

3. 以股票、債券等金融資產抵償債務

債務人應按相關金融資產的公允價值與其帳面價值的差額，作為轉讓金融資產的利得或損失處理；相關金融資產的公允價值與重組債務的帳面價值的差額，作為債務重組利得。債權人收到的相關金融資產按公允價值計量。

［**例 14-6**］華遠股份有限公司於 2×16 年 7 月 1 日銷售給 A 公司一批產品，含稅價格 450,000 元，A 公司於 2×16 年 7 月 1 日開出 6 個月不帶息商業承兌匯票。A 公司於 2×16 年 12 月 31 日尚未支付貨款。由於 A 公司財務發生困難，短期內不能支付貨款。當日經與華遠股份有限公司協商，華遠股份有限公司同意 A 公司以公允價值計量且其變動計入當期損益的 B 公司股票抵償債務。該股票的帳面價值為 400,000 元（其中取得時的成本為 300,000 元，公允價值變動為 100,000 元），公允價值為 380,000 元。用於抵債的股票於當日即辦理相關手續，華遠股份有限公司將該股票作為可供出售金融資產核算。華遠股份有限公司對該項應收帳款計提了 30,000 元的壞帳準備。債務重組前，華遠股份有限公司已將該項應收票據轉入應收帳款；A 公司已將應付票據轉入應付帳款。

（1）債務人 A 公司的會計分錄如下：

A 公司用以清償債務的股票的公允價值＝380,000（元）

A 公司應確認的債務重組利得＝450,000－380,000＝70,000（元）

借：應付帳款——華遠股份有限公司　450,000

　　投資收益　20,000

　貸：交易性金融資產——成本　300,000

　　　　　　　　　　——公允價值變動　100,000

　　　營業外收入——債務重組利得　70,000

借：公允價值變動損益　100,000

貸：投資收益　100,000

（2）債權人華遠公司的會計分錄如下：

借：可供出售金融資產——成本　380,000

營業外支出——債務重組損失　40,000

壞帳準備　30,000

貸：應收帳款——A 公司　450,000

三、債務轉為資本

以債務轉為資本方式進行債務重組的，應分債務人和債權人的角度來看：

（1）對債務人而言，將債務轉為資本，可以減輕債務負擔，但同時會因為向債權人轉讓股份而稀釋原有股東的控制權。債務人應當按照向債權人轉讓股份的面值確認為股本（或實收資本）；股份的公允價值總額與股本（或實收資本）之間的差額確認為資本公積（股本溢價或資本溢價）。重組債務的帳面價值與股份的公允價值總額之間的差額確認為債務重組利得，計入當期損益（營業外收入）。

（2）對債權人而言，應當將因放棄債權而享有股份的公允價值確認為對債務人的投資，將重組債權的帳面余額與享有股份和股權公允價值之間的差額，首先衝減已計提的減值準備，超出部分再確認為債務重組損失，計入營業外支出。

［**例 14-7**］華遠股份有限公司和丙公司均為增值稅一般納稅人，華遠股份有限公司於 2×16 年 6 月 18 日向丙公司銷售產品一批，開出增值稅專用發票，發票註明的價款為 1,000,000 元，增值稅稅額為 170,000 元，雙方約定的付款日期為 2×16 年 8 月 18 日。該債務到期時，丙公司由於發生財務困難，無法償還該項債務。經與華遠股份有限公司協商，於 2×16 年 8 月 31 日達成債務重組協議如下：丙公司以普通股 300,000 股抵償債務，每股面值為 1 元，每股市價為 3 元，華遠股份有限公司受讓的該項股權作為長期股權投資進行核算。

（1）債權人華遠公司的會計分錄如下：

借：長期股權投資——成本　900,000

營業外支出——債務重組損失　270,000

貸：應收帳款——丙公司　1,170,000

（2）債務人丙公司的會計分錄如下：

重組收益＝重組債務的帳面價值－轉讓股票的公允價值＝1,170,000－900,000＝270,000（元）

股本溢價＝900,000－300,000＝600,000（元）

借：應付帳款——華遠股份有限公司　1,170,000

貸：股本　300,000

資本公積——股本溢價　600,000

營業外收入——債務重組利得　270,000

四、修改其他債務條件

修改其他債務條件清償債務，是指債務人不以其資產清償債務，也不將其債務轉為資本，而是通過延長債務期限並減少債務本金，降低債務利率，減少或免除債務利息的方式達成債務重組協議。在修改其他債務條件進行債務重組時，需要考慮重組協議是否涉及或有金額。或有金額是指在債務重組中需要根據未來某事項的發生而產生的應付（或應收）金額，而且該未來事項的出現具有不確定性。因而債務人和債權人應分以下情況處理：

（一）不涉及或有金額的債務重組

（1）對於債務人而言，應將修改其他債務條件的公允價值作為重組后債務的入帳價值，將重組債務的帳面余額與重組后的債務的公允價值之間的差額，確認為債務重組利得。

（2）對於債權人而言，應當將修改其他債務條件后的債權的公允價值作為重組后債權的帳面價值，重組債權的帳面余額與重組后債權帳面價值之間的差額確認為債務重組損失，計入當期損益（營業外支出）。如果債權人已對該項債權計提了減值準備，應當首先衝減已計提的壞帳準備，壞帳準備不足以衝減的部分，作為債務重組損失，計入營業外支出。

［**例 14-8**］2×16 年 12 月 31 日，華遠股份有限公司應付乙公司貨款 110 萬元到期，因發生財務困難，短期內無法支付。當日，華遠股份有限公司與乙公司簽訂債務重組協議，約定減免華遠股份有限公司債務的 10 萬元，即應付帳款的公允價值為 100 萬元，並延期兩年支付，年利率為 5%（相當於實際利率），利息按年支付。

（1）債務人華遠公司的會計分錄如下：

2×16 年 12 月 31 日：

	借方	貸方
借：應付帳款	1,100,000	
貸：應付帳款——債務重組		1,000,000
營業外收入——債務重組利得		100,000

2×17 年 12 月 31 日：

	借方	貸方
借：財務費用	50,000	
貸：銀行存款（應付利息）		50,000

2×18 年 12 月 31 日：

	借方	貸方
借：應付帳款——債務重組	1,000,000	
財務費用	50,000	
貸：銀行存款		1,050,000

（2）債權人乙公司的會計分錄如下：

2×16 年 12 月 31 日：

	借方	貸方
借：應收帳款——債務重組	1,000,000	
營業外支出	100,000	
貸：應收帳款		1,100,000

2×17 年 12 月 31 日：

	借方	貸方
借：銀行存款（應收利息）	50,000	
貸：財務費用		50,000

2×18 年 12 月 31 日：

借：銀行存款　　　　1,050,000

　貸：應收帳款——債務重組　　　　1,000,000

　　　財務費用　　　　50,000

值得注意的是，展期內利息，不計入重組后的債權債務帳面價值中，無論是債務人還是債權人都應計入財務費用核算。

(二) 涉及或有金額的債務重組

以修改其他債務條件進行的債務重組，修改后的債務條款如涉及或有金額，對債務人而言，該或有金額符合或有事項準則中有關預計負債確認條件的，債務人應當將該或有金額確認為預計負債，並根據或有事項準則的規定確定其金額。重組債務的帳面價值與重組后債務的入帳價值（即重組后債務的公允價值）和預計負債金額之和的差額，作為債務重組利得，計入營業外收入。上述或有應付金額在隨后會計期間沒有發生的，企業應當衝銷已確認的預計負債，同時確認營業外收入。

對債權人而言，以修改其他債務條件進行債務重組，修改后的債務條款中涉及或有應收金額的，不應當確認或有應收金額，不得將其計入重組后債權的帳面價值。根據謹慎性原則，或有應收金額屬於或有資產，或有資產不予確認。只有在或有應收金額實際發生時，才計入當期損益。

[**例 14-9**] 2×16 年 11 月 3 日，華遠股份有限公司銷售一批產品給 D 公司，價款為 200,000 元，增值稅稅率為 17%，D 公司應於一個月內支付貨款。D 公司由於財務困難，無法按期償還華遠股份有限公司的貨款。假定華遠股份有限公司已經對該項應收帳款計提了 10,000 元的壞帳準備。2×17 年 1 月 3 日雙方經過協商達成一項債務重組協議，具體內容如下：

華遠股份有限公司同意將債務的本金減少至 150,000 元，並將債務到期日延長至 2×17 年 12 月 31 日。

2×17 年如果 D 公司盈利，還要支付債務利息，利率為 5%，到期日一次性支付，D 公司預計 2×17 年很可能實現淨利潤。

(1) 債權人華遠股份有限公司的會計分錄如下：

2×17 年 1 月 3 日：

借：應收帳款——D 公司（債務重組）　　　　150,000

　　壞帳準備　　　　10,000

　　營業外支出——債務重組損失　　　　74,000

　貸：應收帳款——D 公司　　　　234,000

假定 2×17 年 D 公司盈利，會計分錄如下：

借：銀行存款　　　　157,500

　貸：應收帳款——D 公司（債務重組）　　　　150,000

　　　營業外支出——債務重組損失　　　　7,500

假定 2×17 年 D 公司虧損，會計分錄如下：

借：銀行存款　　　　150,000

貸：應收帳款——D 公司（債務重組） 150,000

（2）債務人 D 公司的會計分錄如下：

2×17 年 1 月 3 日：

借：應付帳款——華遠股份有限公司 234,000

貸：應付帳款——華遠股份有限公司（債務重組） 150,000

預計負債 7,500

營業外收入——債務重組利得 76,500

假定 2×17 年 D 公司盈利，會計分錄如下：

借：應付帳款——華遠股份有限公司（債務重組） 150,000

預計負債 7,500

貸：銀行存款 157,500

假定 2×17 年 D 公司虧損，會計分錄如下：

借：應付帳款——華遠股份有限公司（債務重組） 150,000

預計負債 7,500

貸：銀行存款 150,000

營業外收入——債務重組利得 7,500

五、以上三種方式的組合方式

混合重組方式，是指以現金、非現金資產、債權轉為資本和修改其他債務條件等方式（混合重組方式）組合清償債務。以上三種方式的組合方式進行債務重組，主要有以下幾種情況：

（一）以現金、非現金資產兩種方式的組合清償某項債務

債務人應先以支付的現金衝減重組債務的帳面價值，再按以非現金資產清償債務進行債務重組應遵循的原則進行處理。

債權人應先以收到的現金衝減重組債權的帳面價值，再按以非現金資產清償債務進行債務重組應遵循的原則進行處理。

（二）以現金、非現金資產、債務轉為資本方式的組合清償某項債務

債務人應先以支付的現金、非現金資產的帳面價值衝減重組債務的帳面價值，再按債務轉為資本進行債務重組應遵循的原則處理。

債權人應先以收到的現金衝減重組債權的帳面價值，再分別按受讓的非現金資產和股權的公允價值占其公允價值總額的比例，對重組債權的帳面價值減去收到的現金后的余額進行分配，以確定非現金資產、股權的入帳價值。

上述重組中，如果涉及多項非現金資產，應在按上款規定計算確定的各自入帳價值範圍內，就非現金資產按公允價值相對比例確定各項非現金資產的入帳價值。

（三）以現金、非現金資產、債務轉為資本方式的組合清償某項債務的一部分，並對該項債務的另一部分以修改其他債務條件進行債務重組

債務人應先以支付的現金、非現金資產的帳面價值、債權人享有的股權的帳面價

值衝減重組債務的帳面價值，再按修改其他債務條件進行債務重組應遵循的原則處理。

債權人應將重組債權的帳面價值減去收到的現金后的余額，先按上述第二條的規定進行處理，再按修改其他債務條件進行債務重組應遵循的原則進行處理。

需要說明的是：第一，在混合重組方式下，債務人和債權人在進行帳務處理時，應依據債務清償的順序，一般情況下，應先考慮以現金清償，然后是以非現金資產清償或以債務轉為資本方式清償，最后是修改其他債務條件。修改其他債務條件的結果是，債務實質上還繼續存在，因此，將其放在最后考慮是比較合理的。第二，在混合重組方式中，存在以非現金資產、債務轉為資本清償債務的，債權人應考慮採用兩者的公允價值相對比例確定各自的入帳價值；如果非現金資產或股權不止一項，則須再按同樣的方法確定各項非現金資產或股權的入帳價值。如果重組協議本身已經明確規定了非現金資產或股權的清償債務金額或比例，就按協議規定進行帳務處理。

［例 14-10］ 華遠股份有限公司、B 公司均為增值稅一般納稅人，增值稅稅率均為 17%。2×16 年 6 月 16 日華遠股份有限公司應收 B 公司的貨款為 800 萬元（含增值稅）。由於 B 公司資金週轉困難，至 2×16 年 11 月 30 日尚未支付貨款，該貨款已逾期。

（1）雙方經協商，決定於 2×17 年 1 月 1 日進行債務重組，重組內容如下：

①以現金償還 48.25 萬元貨款。

②以一批庫存商品償還一部分債務。該產品的成本為 80 萬元，公允價值（即計稅價值）為 100 萬元，B 公司已為該批庫存商品計提存貨跌價準備 5 萬元。

③以作為固定資產的生產設備（2×16 年購入）償還一部分債務。該設備成本為 230 萬元，已計提折舊 30 萬元，公允價值（即計稅價值）為 275 萬元。

④以 B 公司持有 C 公司的一項股權投資償還一部分債務。該股權投資在 B 公司帳上被劃分為可供出售金融資產，帳面價值為 135 萬元，其中「成本」為 100 萬元，「公允價值變動」為 35 萬元（借方余額），未計提減值準備，該股權的公允價值為 150 萬元（包含已宣告但未領取的現金股利 10 萬元）。

⑤在上述基礎上免除債務 63 萬元，剩余債務展期 2 年，展期內加收利息，利率為 6%（與實際利率相同），同時附或有條件，如果 B 公司在 2 年內，某一年實現利潤，則相應年度的利率上升至 10%，如果虧損，則該年度仍維持 6%的利率。

（2）2×17 年 1 月 1 日 B 公司已將銀行存款 48.25 萬元支付給華遠股份有限公司，並辦理了上述股權的劃轉手續，庫存商品及固定資產均開具了增值稅專用發票。華遠股份有限公司取得 C 公司股權后，作為交易性金融資產核算，華遠股份有限公司將收到的庫存商品仍作為庫存商品核算，將收到的設備仍作為固定資產核算。華遠股份有限公司應收 B 公司的帳款已計提壞帳準備 60 萬元。B 公司預計展期 2 年中各年均很可能實現淨利潤。

（3）2×17 年年末 B 公司未實現盈利，但是預計 2×18 年 B 公司很可能實現盈利。

（4）2×18 年 B 公司實現了盈利。

債權人華遠股份有限公司：

①未來應收金額的公允價值＝800－48.25－(100＋275)×1.17－150－63＝100（萬元）

②債務重組損失＝800－48.25－（100＋275）×1.17－150－100－60＝3（萬元）

③重組日華遠股份有限公司（債權人）相關會計分錄如下：

借：銀行存款　482,500
　　庫存商品　1,000,000
　　固定資產　2,750,000
　　應交稅費——應交增值稅（進項稅額）　637,500
　　交易性金融資產——成本　1,400,000
　　應收股利　100,000
　　應收帳款——B 公司（債務重組）　1,000,000
　　壞帳準備　600,000
　　營業外支出——債務重組損失　30,000
　貸：應收帳款——B 公司　8,000,000

債務人 B 公司：

①未來應付金額＝800－48.25－375×1.17－150－63＝100（萬元）

②預計負債＝100×（10%－6%）×2＝8（萬元）

③債務重組利得＝800－（48.25＋375×1.17＋150）－100－8＝55（萬元）

④固定資產的處置損益＝275－（230－30）＝75（萬元）

⑤可供出售金融資產處置投資收益＝150－100－10＝40（萬元）

重組日 B 公司（債務人）相關會計分錄如下：

借：固定資產清理　2,000,000
　　累計折舊　300,000
　貸：固定資產　2,300,000

借：應付帳款——華遠公司　8,000,000
　　其他綜合收益權　350,000
　貸：銀行存款　482,500
　　　固定資產清理　2,000,000
　　　應交稅費——應交增值稅（銷項稅額）　637,500
　　　可供出售金融資產——C 公司（成本）　1,000,000
　　　　　　　　　　　——C 公司（公允價值變動）　350,000
　　　應收股利　100,000
　　　投資收益　400,000
　　　應付帳款——華遠公司（債務重組）　1,000,000
　　　預計負債　80,000
　　　營業外收入——債務重組利得　550,000
　　　　　　　　——處置非流動資產利得　750,000

借：主營業務成本　750,000
　　存貨跌價準備　50,000
　貸：庫存商品　800,000

華遠股份有限公司（債權人）2×17 年年末收到利息的會計分錄如下：

借：銀行存款　60,000
　貸：財務費用　60,000

2×18 年收到利息和本金的相關會計分錄如下：

借：銀行存款　　1,100,000

　貸：應收帳款——B 公司（債務重組）　　1,000,000

　　財務費用　　60,000

　　營業外支出　　30,000

　　營業外收入　　10,000

B 公司（債務人）2×17 年年末支付利息的會計分錄如下：

借：財務費用　　60,000

　預計負債　　40,000

　貸：銀行存款　　60,000

　　營業外收入　　40,000

六、債務重組的披露

(一) 債務人的披露

資產負債表日，債務人應當在財務報告附註中披露下列與債務重組有關的信息：

(1) 債務重組方式；

(2) 因債務重組而確認的利得總額；

(3) 將債務轉為資本所導致的股本（實收資本）增加額；

(4) 或有應付金額；

(5) 債務重組中轉讓的非現金資產的公允價值、由債務轉成的股份的公允價值和修改其他債務條件后債務的公允價值的確定方法及依據。

(二) 債權人的披露

資產負債表日，債權人應當在財務報告附註中披露下列與債務重組有關的信息：

(1) 債務重組方式；

(2) 債務重組損失總額；

(3) 債權轉為股權所導致的長期投資增加額及長期投資占債務人股權的比例；

(4) 或有收益；

(5) 債務重組中受讓的非現金資產的公允價值、由債務轉成的股份的公允價值和修改其他債務條件后債務的公允價值的確定方法及依據。

第十五章　或有事項

第一節　或有事項概述

一、或有事項的概念及特徵

(一) 或有事項的概念

企業在經營活動中有時會面臨訴訟、仲裁、債務擔保、產品質量保證、重組等具有較大不確定性的經濟事項，這些不確定事項對企業的財務狀況和經營成果可能會產生較大的影響，其最終結果須由未來事項的發生或不發生加以決定。比如，某企業(被告)正在面臨一項未決訴訟，如果企業敗訴，就將需要承擔賠償責任。未決訴訟是企業過去發生的事項，由此形成的未來賠償構成一項不確定事項，賠償責任是否會發生以及發生的金額是多少將取決於未來是否發生敗訴以及法院的判賠結果。按照權責發生制的核算要求，企業不能等到法院最終判決時，才確認因未決訴訟而發生的義務，而應當在資產負債表日對這一不確定事項做出判斷，以決定是否在當期確認承擔的賠償義務。這種不確定事項在會計上被稱為或有事項。

根據或有事項準則的規定，或有事項是指過去的交易或者事項形成的，其結果須由某些未來事項的發生或不發生才能決定的不確定事項。常見的或有事項主要包括：未決訴訟或未決仲裁，企業為其他單位的債務提供擔保，企業對售后產品提供質量保證(含產品安全保證)，虧損合同，重組義務，由於污染環境而可能發生整治費用或可能支付罰金，在發生稅收爭議時可能補交稅款或獲得稅款返還、承諾等。

(二) 或有事項的特徵

1. 或有事項是由過去的交易或者事項形成的

或有事項作為一種不確定事項，是由企業過去的交易或者事項形成的。由過去的交易或者事項形成，是指或有事項的現存狀況是過去交易或者事項引起的客觀存在。例如，未決訴訟雖然是正在進行中的訴訟，但該訴訟是企業因過去的經濟行為導致起訴其他單位或被其他單位起訴，這是現存的一種狀況。

由於或有事項具有因過去的交易或者事項而形成這一特徵，未來可能發生的自然災害、交通事故、經營虧損等事項，不屬於或有事項準則規範的或有事項。

2. 或有事項的結果具有不確定性

首先，或有事項的結果具有不確定性是指或有事項的結果是否發生具有不確定性。例如，企業對已售出商品提供售后擔保，承諾在商品發生質量問題時由企業無償提供修理服務構成或有事項。但是，企業是否發生修理服務的費用，是根據未來商品是否發生質量問題決定的，其結果在商品銷售時具有不確定性。

其次，或有事項的結果預計將會發生，但發生的具體時間或金額具有不確定性。例如有些未決訴訟，被告是否會敗訴以及敗訴后的賠償金額是多少，在案件審理過程中有時是難以確定的，需要根據法院判決情況加以確定。再如，某企業因生產排污治理不力並對周圍環境造成污染而被起訴，如無特殊情況，該企業很可能敗訴。但是，在訴訟成立時，該企業因敗訴將支出多少金額，或者何時將發生這些支出，可能是難以確定的。

3. 或有事項的結果須由未來事項決定

由未來事項決定，是指或有事項的結果只能由未來不確定事項的發生或不發生才能決定。或有事項對企業是有利影響還是不利影響，或已知是有利影響或不利影響但影響多大，在或有事項發生時是難以確定的，只能由未來不確定事項的發生或不發生來證實。例如，企業為其他單位提供債務擔保，該擔保事項最終是否會要求企業履行償還債務的連帶責任，一般只能看被擔保方的未來經營情況和償債能力。如果被擔保方經營情況和財務狀況良好且有較好的信用，那麼企業將不需要履行該連帶責任。只有在被擔保方到期無力還款時，企業（擔保方）才承擔償還債務的連帶責任。

或有事項與不確定性聯繫在一起，但會計處理過程中存在的不確定性並不都形成或有事項準則所規範的或有事項，企業應當按照或有事項的概念和特徵進行判斷。例如，折舊的提取雖然涉及對固定資產淨殘值和使用壽命的估計，具有一定的不確定性，但固定資產原值是確定的，其價值最終會轉移到成本或費用中也是確定的，因此折舊不是或有事項。

二、或有負債和或有資產

或有事項的結果可能會產生預計負債、或有負債或者或有資產，其中，預計負債屬於負債的範疇，一般符合負債的確認條件而應予確認。隨著某些未來事項的發生或者不發生，或有負債可能轉化為企業的預計負債，或者消失；或有資產也有可能形成企業的資產或者消失。

（一）或有負債

或有負債，是指過去的交易或者事項形成的潛在義務，其存在須通過未來不確定事項的發生或不發生予以證實。或有負債，也可以指過去的交易或者事項形成的現時義務，履行該義務不是很可能導致經濟利益流出企業或該義務的金額不能可靠計量。

或有負債涉及兩類義務：潛在義務和現時義務。

1. 潛在義務

潛在義務是指結果取決於不確定未來事項的可能義務。也就是說，潛在義務最終是否轉變為現時義務，由某些未來不確定事項的發生或不發生才能決定。或有負債作為一項潛在義務，其結果如何只能由未來不確定事項的發生或不發生來證實。

2. 現時義務

現時義務是指企業在現行條件下已承擔的義務。作為或有負債的現時義務，其特徵是：該現時義務的履行不是很可能導致經濟利益流出企業，或者該現時義務的金額不能可靠地計量。其中，「不是很可能導致經濟利益流出企業」是指該現時義務導致經濟利益流出企業的可能性不超過 50%（含 50%）；「金額不能可靠計量」是指，該現時義務導致經濟利益流出企業的金額難以合理預計，現時義務履行的結果具有較大的不確定性。

［**例 15-1**］2×16 年 1 月，綠源公司從銀行貸款人民幣 500 萬元，期限 2 年，由華遠股份有限公司擔保 50%；2×16 年 2 月，西城公司通過銀行貸款人民幣 2,000 萬元，期限 1 年，由華遠股份有限公司全額擔保。

2×16 年 12 月 31 日，綠源公司由於受政策影響和內部管理不善等原因，經營效益不如以往，可能不能償還到期債務；西城公司經營情況良好，預期不存在還款困難。

本例中，對於華遠股份有限公司而言，由於擔保事項而承擔了現時義務，但這項義務的履行是否很可能導致經濟利益流出企業，需要依據綠源公司及西城公司的經營情況和財務狀況等因素加以確定。對綠源公司而言，華遠股份有限公司可能需履行連帶責任，很可能導致經濟利益流出企業；就西城公司而言，華遠股份有限公司履行連帶責任的可能性極小，不是很可能導致經濟利益流出企業。

(二) 或有資產

或有資產，是指過去的交易或者事項形成的潛在資產，其存在須通過未來不確定事項的發生或不發生予以證實。

或有資產作為一種潛在資產，其結果具有較大的不確定性，只有隨著經濟情況的變化，通過某些未來不確定事項的發生或不發生才能證實其是否會形成企業真正的資產。例如，某企業向法院起訴其他企業侵犯了其專利權。法院尚未對該案件進行公開審理，該企業是否勝訴尚難判斷。對於該企業而言，將來可能勝訴而獲得的賠償屬於一項或有資產，但這項或有資產是否會轉化為真正的資產，要由法院的判決結果決定。如果終審判決結果是該企業勝訴，那麼這項或有資產就轉化為該企業的一項資產。如果終審判決結果是該企業敗訴，那麼該項或有資產就消失了，不會形成該企業的資產。

(三) 或有負債和或有資產轉化為預計負債和資產

或有負債和或有資產不符合負債或資產的概念和確認條件，企業不應當確認為負債和資產，而應當按照或有事項準則的規定進行相應的披露。但是，影響或有負債和或有資產的多種因素處於不斷變化之中，企業應當持續地對這些因素予以關注。隨著時間推移和事態的進展，或有負債對應的潛在義務可能轉化為現時義務，原本不是很可能導致經濟利益流出的現時義務也可能被證實將很可能導致經濟利益流出企業，並且現時義務的金額也能夠可靠計量。在這種情況下，或有負債就轉化為企業的預計負債，應當予以確認。或有資產也是一樣，其對應的潛在資產最終是否能夠流入企業會逐漸變得明確，如果某一時點企業基本確定能夠收到這項潛在資產並且其金額能夠可靠計量，應當將其確認為企業的資產。

第二節　或有事項的確認和計量

一、預計負債的確認條件

與或有事項相關的義務同時滿足以下三個條件時，才能確認為負債，作為預計負債進行確認和計量：①該義務是企業承擔的現時義務；②履行該義務很可能導致經濟利益流出企業；③該義務的金額能夠可靠地計量。

（一）該義務是企業承擔的現時義務

該義務是企業承擔的現時義務，是指與或有事項相關的義務是在企業當前條件下已承擔的義務，企業沒有其他現實的選擇，只能履行該現時義務。通常情況下，過去的事項是否導致現時義務是比較明確的，但也存在極少例外情況，如法律訴訟。特定事項是否已發生或這些事項是否已產生了一項現時義務可能難以確定，企業應當考慮包括資產負債表日后所有可獲得的證據、專家意見等，以此確定資產負債表日是否存在現時義務。如果據此判斷，資產負債表日很可能存在現時義務，且符合預計負債確認條件的，應當確認一項預計負債；如果資產負債表日現時義務很可能不存在的，企業應披露一項或有負債，除非含有經濟利益的資源流出企業的可能性極小。

或有事項準則所指的義務包括法概念務和推概念務。其中，法概念務，是指因合同、法規或其他司法解釋等產生的義務，通常是企業在經濟管理和經濟協調中，依照經濟法律法規的規定必須履行的責任。比如，企業與另外企業簽訂購貨合同產生的義務，就屬於法概念務。從事礦山開採、建築施工、危險品生產以及道路交通運輸等高危企業，按照國家有關規定提取的安全費，就屬於法概念務。如果擬定中的新法律的具體條款還未最終確定，並且僅當該法律基本確定會按草擬的文本頒布時才形成義務，該義務應視為法概念務。推概念務，是指因企業的特定行為而產生的義務。企業的特定行為，泛指企業以往的習慣做法、已公開的承諾或已公開宣布的經營政策。由於以往的習慣做法，或通過這些承諾或公開的聲明，企業向外界表明了它將承擔特定的責任，從而使受影響的各方形成了其將履行那些責任的合理預期。例如，某企業多年來制定有一項銷售政策，對於售出商品提供一定期限內的售后保修服務，預期將為售出商品提供的保修服務就屬於推概念務。

（二）履行該義務很可能導致經濟利益流出企業

履行該義務很可能導致經濟利益流出企業，是指履行與或有事項相關的現時義務時，導致經濟利益流出企業的可能性超過 50%但小於或等於 95%，但尚未達到基本確定的程度。企業通常可以結合下列情況判斷經濟利益流出的可能性：

結果的可能性	對應的概率區間
基本確定	大於 95%但小於 100%
很可能	大於 50%但小於或等於 95%
可能	大於 5%但小於或等於 50%

極小可能　　　　　　大於 0 但小於或等於 5%

企業因或有事項承擔了現時義務，並不說明該現時義務很可能導致經濟利益流出企業。在［例 15-1］中，華遠股份有限公司因為擔保事項承擔了兩項現時義務，其中因對綠源公司擔保而履行的現時義務將很可能導致經濟利益流出企業，但是對西城公司擔保而履行的現時義務不是很可能導致經濟利益流出企業。

(三) 該義務的金額能夠可靠地計量

該義務的金額能夠可靠地計量，是指與或有事項相關的現時義務的金額能夠合理地估計。由於或有事項具有不確定性，因或有事項產生的現時義務的金額也具有不確定性，需要估計。對或有事項確認一項預計負債，相關現時義務的金額應當能夠可靠估計。例如，某企業對銷售的商品提供售后擔保。根據以往的銷售情況及維修記錄，相關的維修服務金額也可以估算出一個範圍。這種情況下，可以認為企業因售后擔保承擔的現時義務的金額能夠可靠地估計。

預計負債應當與應付帳款、應計項目等其他負債嚴格區分。因為與預計負債相關的未來支出的時間或金額具有一定的不確定性。應付帳款是為已收到或已提供的、並已開出發票或已與供應商達成正式協議的貨物或勞務支付的負債；應計項目是為已收到或已提供的、但還未支付、未開出發票或未與供應商達成正式協議的貨物或勞務支付的負債，儘管有時需要估計應計項目的金額或時間，但是其不確定性通常遠小於預計負債。應計項目經常作為應付帳款和其他應付帳款的一部分進行列報，而預計負債則單獨進行列報。

二、預計負債的計量

當與或有事項有關的義務符合確認負債的條件時應當將其確認為預計負債，預計負債應當按照履行相關現時義務所需支出的最佳估計數進行初始計量。此外，企業清償預計負債所需支出還可能從第三方獲得補償。因此，預計負債的計量主要涉及兩個問題：一是最佳估計數的確定；二是預期可獲得補償的處理。

(一) 最佳估計數的確定

預計負債應當按照履行相關現時義務所需支出的最佳估計數進行初始計量。最佳估計數的確定應當分以下兩種情況處理：

(1) 所需支出存在一個連續範圍，且該範圍內各種結果發生的可能性相同，則最佳估計數應當按照該範圍內的中間值，即上下限金額的平均數確定。

［例 15-2］ 華遠股份有限公司於 2×16 年 12 月 15 日被盛天公司向法院起訴其侵犯商標權。截至 2×16 年 12 月 31 日，法院尚未對盛天公司提起的訴訟進行審理。

華遠股份有限公司在諮詢了法律顧問后預計，如無特殊情況，最終的法院判決很可能對公司不利。根據法律顧問的估計，華遠股份有限公司預計將要支付的賠償金額、訴訟費等費用為 10,000,000 元至 15,000,000 元之間的某一個金額，而且這個區間的每個金額的可能性都大致相同。

本例中，根據或有事項準則的規定，華遠股份有限公司應在 2×16 年 12 月 31 日確認一項預計負債金額 = (10,000,000+15,000,000) ÷2 = 12,500,000 (元)，同時在附註中進行披露。

(2) 所需支出不存在一個連續範圍，或者雖然存在一個連續範圍但該範圍內各種結果發生的可能性不相同。在這種情況下，最佳估計數按照如下方法確定：

①或有事項涉及單個項目的，按照最可能發生金額確定。「涉及單個項目」指或有事項涉及的項目只有一個，如一項未決訴訟、一項未決仲裁或一項債務擔保等。

[例 15-3] 華遠股份有限公司因合同糾紛，成為相關訴訟的被告，截至 2×16 年 12 月 31 日，訴訟尚未判決。在諮詢了法律顧問后，公司認為該官司很可能敗訴並賠償原告，需賠償 500,000 元的可能性為 30%，需要賠償 800,000 元的可能性為 70%。

本案例中，2×16 年 12 月 31 日，華遠股份有限公司應確認的預計負債金額為最可能發生額，即 800,000 元。

②或有事項涉及多個項目的，按照各種可能結果及相關概率計算確定。「涉及多個項目」指或有事項涉及的項目不止一個，如在產品質量保證中，提出產品保修要求的可能有許多客戶。相應地，企業對這些客戶負有保修義務。

[例 15-4] 2×16 年，華遠股份有限公司銷售產品 15,000 件，銷售額 60,000,000 元。該公司的產品質量保證條款規定：產品售出后一年內，如發生正常質量問題，華遠股份有限公司將免費負責修理。

根據以往的經驗，如果出現較小的質量問題，則須發生的修理費為銷售額的 1.5%；而如果出現較大的質量問題，則須發生的修理費為銷售額的 2.5%。據預測，本年度已售產品中，有 85%不會發生質量問題，有 12%將發生較小質量問題，有 3%將發生較大質量問題。

本例中，2×16 年年末華遠股份有限公司應確認的預計負債金額（最佳估計數）

= 60,000,000×1.5%×12%+60,000,000×2.5%×3% = 153,000（元）

(二) 預期可獲得的補償

企業清償預計負債所需支出全部或部分預期由第三方補償的，則此補償金額只有在基本確定能夠收到時才能作為資產單獨確認，且確認的補償金額不應當超過預計負債的帳面價值。預期可能獲得補償的情況通常有：在某些索賠訴訟中，企業可對第三方另行提出賠償要求；在債務擔保業務中，企業在履行擔保義務的同時，通常可向被擔保企業提出追償要求；發生交通事故等情況時，企業通常可從保險公司獲得合理的賠償。

企業預期從第三方獲得的補償，是一種潛在資產，其最終是否真的會轉化為企業真正的資產（即企業是否能夠收到這項補償）具有較大的不確定性，企業只能在基本確定能夠收到補償時才能對其進行確認。同時，根據資產和負債不能隨意抵銷的原則，預期可獲得的補償在基本確定能夠收到時應當確認為一項資產，而不能作為預計負債金額的扣減。

補償金額的確認涉及兩個問題：一是確認時間，補償只有在「基本確定」能夠收到時予以確認；二是確認金額，確認的金額是基本確定能夠收到的金額，而且不能超過相關預計負債的帳面價值。

[例 15-4] 華遠股份有限公司於 2×16 年 11 月收到法院通知，被告知乙公司狀告

華遠股份有限公司侵犯專利權，要求華遠股份有限公司賠償 100 萬元。華遠股份有限公司經過反復測試，認為其核心技術是委託丙公司研究開發的，丙公司應承擔連帶責任對華遠公司進行賠償。華遠公司在年末編製會計報表時，根據法律訴訟的進展情況以及專業人士的意見，認為對原告乙公司進行賠償的可能性在 80%以上，最有可能發生的賠償金額為 110 萬元至 130 萬元之間的某一個金額，且該範圍內各種結果發生的可能性相同，並承擔訴訟費用 6 萬元。從第三方丙公司得到的補償基本確定可以收到。

（1）假定從第三方丙公司得到補償基本確定可以收到，最有可能獲得的補償金額為 80 萬元。

華遠股份有限公司應確認的預計負債=（110+130）÷2+6=126（萬元）

借：管理費用	60, 000	
營業外支出	400, 000	
其他應收款	800, 000	
貸：預計負債		1, 260, 000

（2）假定從第三方丙公司得到補償基本確定可以收到，最有可能獲得的補償金額為 150 萬元。

借：其他應收款	1, 260, 000	
貸：預計負債		1, 260, 000

（3）假定很可能從第三方丙公司收到補償款 90 萬元。

借：管理費用	60, 000	
營業外支出	1, 200, 000	
貸：預計負債		1, 260, 000

（三）預計負債計量需要考慮的因素

企業在確定最佳估計數時，應當綜合考慮與或有事項有關的風險、不確定性和貨幣時間價值等因素。

1. 風險和不確定性

風險是對過去的交易或事項結果的變化可能性的一種描述。風險的變動可能增加預計負債的金額。企業在不確定的情況下進行判斷需要謹慎，使得收益或資產不會被高估，費用或負債不會被低估。

企業需要謹慎從事，充分考慮與或有事項有關的風險和不確定性，既不能忽略風險和不確定性對或有事項計量的影響，也要避免對風險和不確定性進行重複調整，從而在低估和高估預計負債金額之間尋找平衡點。

2. 貨幣時間價值

預計負債的金額通常應當等於未來應支付的金額，但未來應支付金額與其現值相差較大的，如礦井及相關設施或核電站的棄置費用等，應當按照未來應支付金額的現值確定。因貨幣時間價值的影響，資產負債表日后不久發生的現金流出，要比一段時間之后發生的同樣金額的現金流出負有更大的義務。所以，如果預計負債的確認時點距離實際清償有較長的時間跨度，貨幣時間價值的影響重大，那麼在確定預計負債的金額時，應考慮採用現值計量，即通過對相關未來現金流出進行折現后確定最佳估計數。

將未來現金流出折算為現值時，需要注意以下三點：①用來計算現值的折現率，應當是反應貨幣時間價值的當前市場估計和相關負債特有風險的稅前利率；②風險和不確定性既可以在計量未來現金流出時作為調整因素，也可以在確定折現率時予以考慮，但不能重複反應；③隨著時間的推移，即使在未來現金流出和折現率均不改變的情況下，預計負債的現值將逐漸增長。企業應當在資產負債表日，對預計負債的現值進行重新計量。

3. 未來事項

在確定預計負債金額時，企業應當考慮可能影響履行現時義務所需金額的相關未來事項。也就是說，如果有足夠的客觀證據表明相關未來事項將會發生，則應當在預計負債計量中予以考慮相關未來事項的影響，但不應考慮預期處置相關資產形成的利得。

預期的未來事項對預計負債的計量可能較為重要。例如，某核電企業預計在生產結束時清理核廢料的費用將因未來技術的變化而顯著降低。那麼，該企業因此確認的預計負債金額應當反應有關專家對技術發展以及清理費用減少做出的合理預測。但是，這種預計需要得到相當客觀的證據予以支持。

三、對預計負債帳面價值的復核

企業應當在資產負債表日對預計負債的帳面價值進行復核。有確鑿證據表明該帳面價值不能真實反應當前最佳估計數的，應當按照當前最佳估計數對該帳面價值進行調整。例如，某化工企業對環境造成了污染，按照當時的法律規定，該企業只需要對污染物進行清理。隨著國家對環境保護越來越重視，按照現在的法律規定，該企業不但需要對污染物進行清理，還很可能要對居民進行賠償。這種法律要求的變化，會對企業預計負債的計量產生影響。企業應當在資產負債表日對為此確認的預計負債金額進行復核，如有確鑿證據表明預計負債金額不再能反應真實情況時，需要按照當前情況下企業清理和賠償支出的最佳估計數對預計負債的帳面價值進行相應的調整。

企業對已經確認的預計負債在實際支出發生時，應當僅限於最初確定的該預計負債的支出。也就是說，只有與該預計負債有關的支出才能衝減該預計負債，否則將會混淆不同預計負債確認事項的影響。

四、預計負債的會計處理

（一）虧損合同

待執行合同為虧損合同，同時該虧損合同產生的義務滿足預計負債的確認條件的，應當確認為預計負債。待執行合同是指合同各方未履行任何合同義務，或部分履行了同等義務的合同。企業與其他企業簽訂的商品銷售合同、勞務提供合同、租賃合同等均屬於待執行合同，待執行合同不屬於或有事項。待執行合同變為虧損合同的應當作為或有事項。其中，虧損合同，是指履行合同義務不可避免會發生的成本超過預期經濟利益的合同。預計負債的計量應當反應退出該合同的最低淨成本，即履行該合同的成本與未能履行該合同而發生的補償或處罰兩者之中的較低者。企業與其他單位簽訂的商品銷售合同、勞務合同、租賃合同等，均可能變為虧損合同。

企業對虧損合同進行會計處理，需要遵循以下兩點：

（1）如果與虧損合同相關的義務不需支付任何補償即可撤銷，企業通常就不存在現時義務，不應確認預計負債；如果與虧損合同相關的義務不可撤銷，企業就存在了現時義務，同時滿足該義務很可能導致經濟利益流出企業和金額能夠可靠地計量的，通常應當確認預計負債。

（2）虧損合同存在標的資產的，應當對標的資產進行減值測試並按規定確認減值損失，如果預計虧損超過該減值損失，應將超過部分確認為預計負債；合同不存在標的資產的，虧損合同相關義務滿足預計負債確認條件時，應當確認為預計負債。

［**例 15-5**］華遠股份有限公司於 2×16 年 12 月 1 日與某外貿公司簽訂了一項產品銷售合同，約定在 2×17 年 2 月 28 日以每件產品 10,000 元的價格向外貿公司提供 100 件 Z1 型機器，若不能按期交貨，將對華遠股份有限公司處以總價款 30%的違約金。由於這批產品為定制產品，簽訂合同時產品尚未開始生產。但企業開始籌備原材料以生產這批產品時，原材料價格突然上升，預計生產每件產品需要花費成本 12,500 元。

假設華遠股份有限公司產品成本為每件 12,500 元，而銷售時每件 10,000 元，每銷售 1 件虧 2,500 元，不考慮預計銷售費用，共計損失 250,000 元。如果撤銷合同，則需要繳納 300,000 元的違約金。因此，這項銷售合同變成一項虧損合同。有關會計分錄如下：

（1）華遠公司應當按照履行合同所需成本與違約金中的較低者確認一項預計負債。

借：營業外支出	250,000	
貸：預計負債		250,000

（2）待相關產品生產完成后，將已確認的預計負債衝減產品成本。

借：預計負債	250,000	
貸：庫存商品		250,000

（二）未決訴訟或未決仲裁

訴訟，是指當事人不能通過協商解決爭議，因而在人民法院起訴、應訴，請求人民法院通過審判程序解決糾紛的活動。訴訟尚未裁決之前，對於被告來說可能形成一項或有負債或者預計負債；對於原告來說，則可能形成一項或有資產。

仲裁，是指經濟法的各方當事人依照事先約定或事后達成的書面仲裁協議，共同選定仲裁機構並由其對爭議依法做出具有約束力裁決的一種活動。作為當事人一方，仲裁的結果在仲裁決定公布以前是不確定的，會構成一項潛在義務或現時義務，或者潛在資產。

資產負債表日，企業應該根據合理預計未決訴訟很可能發生的訴訟損失金額，計提預計負債，按預計發生的訴訟費用金額，借記「管理費用」科目，按預計發生的賠償損失金額，借記「營業外支出」科目，貸記「預計負債」科目。

需要注意的是，對於未決訴訟，企業當期實際發生的訴訟損失金額與已計提的相關預計負債之間的差額，應分情況處理。

（1）企業在前期資產負債表日，依據當時實際情況和所掌握的證據合理預計了預計負債，應當將當期實際發生的訴訟損失金額與計提的相關預計負債之間的差額，直接計入或衝減當期營業外支出。若當期實際發生的訴訟損失金額大於計提的相關預計負債，按兩者差額，借記「營業外支出」科目，貸記「預計負債」科目；若當期實際發生的訴訟損失金額大於計提的相關預計負債，按兩者差額，借記「預計負債」科目，貸記「營業外支出」科目。

（2）企業在前期資產負債表日，依據當時實際情況和所掌握的證據，原本應當能夠合理估計訴訟損失，但企業所做的估計却與當時的事實嚴重不符，應當按照重大前期差錯更正的方法進行處理，具體內容參看會計政策、會計估計變更和差錯更正相關內容。

（3）企業在前期資產負債表日，依據當時實際情況和所掌握的證據，確實無法合理預計訴訟損失，因而未確認預計負債的，應在該項損失實際發生的當期，直接計入當期營業外支出，借記「營業外支出」科目，貸記「銀行存款」等科目。

（4）資產負債表日后至財務報告批准報出日之間發生的需要調整或說明的未決訴訟，按照資產負債表日后事項的有關規定進行會計處理，具體內容參看資產負債表日后事項。

［例 15-6］ 根據［例 15-2］的資料，假設預計負債的 12,500,000 元中，預計發生訴訟費用 500,000 元，賠償損失 12,000,000 元。會計分錄如下：

借：管理費用——訴訟費	500,000	
營業外支出	12,000,000	
貸：預計負債——未決訴訟		12,500,000

（三）產品質量擔保

產品質量保證，通常指銷售商或製造商在銷售產品或提供勞務后，對客戶服務的一種承諾。在約定期內（或終身保修），若產品或勞務在正常使用過程中出現質量或與之相關的其他屬於正常範圍的問題，企業負有更換產品、免費或只收成本價進行修理等責任。為此，企業應當在符合確認條件的情況下，於銷售成立時確認預計負債，並計入當期損益，按照合理預計的負債金額，借記「銷售費用」科目，貸記「預計負債」科目。實際發生產品質量保證費用（維修費用）時，按照實際發生的金額，借記「預計負債」科目，貸記「銀行存款」「原材料」等科目。

在對產品質量保證確認預計負債時，需要注意的是：

（1）如果發現保證費用的實際發生額與預計數相差較大，應及時對預計比例進行調整；

（2）如果企業針對特定批次產品確認預計負債，則在保修期結束時，應將「預計負債——產品質量保證」余額衝銷，同時衝減銷售費用，借記「預計負債」科目，貸記「銷售費用」科目；

（3）已對其確認預計負債的產品，如企業不再生產了，應在相應的產品質量保證期滿后，將「預計負債——產品質量保證」余額衝銷，不留余額。

［例 15-7］ 假定華遠股份有限公司 2×16 年「預計負債——產品質量保證」科目年

末余額為 1,000,000 元。2×16 年第一季度、第二季度、第三季度、第四季度分別銷售 Z2 型機器 100 臺、200 臺、300 臺和 250 臺，每臺售價為 300,000 元。對購買其產品的消費者，華遠股份有限公司做出如下承諾：機床售出后 3 年內如出現非意外事件造成的機床故障和質量問題，華遠股份有限公司免費負責保修（含零部件更換）。根據以往的經驗，發生的保修費一般為銷售額的 1%~2%。假定 A 公司 2×16 年四個季度實際發生的維修費分別為 200,000 元、500,000 元、350,000 元和 600,000 元。

本例中，華遠股份有限公司因銷售機床而承擔了現時義務，該義務的履行很可能導致經濟利益流出華遠股份有限公司，且該義務的金額能夠可靠地計量。華遠股份有限公司根據或有事項準則的規定在每季度末確認一項負債。有關會計分錄如下：

(1) 第一季度發生產品質量保證費用（維修費）。

借：預計負債——產品質量保證　　200,000

　貸：銀行存款（或原材料等）　　200,000

第一季度末應確認的產品質量保證預計負債金額為：

100×300,000×［(1%+2%)÷2］=450,000（元）

借：銷售費用——產品質量保證　　450,000

　貸：預計負債——產品質量保證　　450,000

(2) 第二季度發生產品質量保證費用（維修費）。

借：預計負債——產品質量保證　　500,000

　貸：銀行存款（或原材料等）　　500,000

第二季度末應確認的產品質量保證預計負債金額為：

200×300,000×［(1%+2%)÷2］=900,000（元）

借：銷售費用——產品質量保證　　900,000

　貸：預計負債——產品質量保證　　900,000

(3) 第三季度發生產品質量保證費用（維修費）。

借：預計負債——產品質量保證　　350,000

　貸：銀行存款（或原材料等）　　350,000

第三季度末應確認的產品質量保證預計負債金額為：

300×300,000×［(1%+2%)÷2］=1,350,000（元）

借：銷售費用——產品質量保證　　1,350,000

　貸：預計負債——產品質量保證　　1,350,000

(4) 第四季度發生產品質量保證費用（維修費）。

借：預計負債——產品質量保證　　600,000

　貸：銀行存款（或原材料等）　　600,000

第四季度末應確認的產品質量保證預計負債金額為：

250×50,000×［(1%+2%)÷2］==1,125,000（元）

借：銷售費用——產品質量保證　　1,125,000

　貸：預計負債——產品質量保證　　1,125,000

（四）重組義務

1. 重組的概念

重組是指企業制訂和控制的，將顯著改變企業組織形式、經營範圍或經營方式的計劃實施行為。屬於重組的事項主要包括：①出售或終止企業的部分業務；②對企業的組織結構進行較大調整；③關閉企業的部分營業場所，或將營業活動由一個國家或地區遷移到其他國家或地區。

企業應當將重組與企業合併、債務重組區別開。因為重組通常是企業內部資源的調整和組合，謀求現有資產效能的最大化；企業合併是在不同企業之間的資本重組和規模擴張；債務重組是債權人對債務人做出讓步，使債務人減輕債務負擔，債權人盡可能減少損失。

2. 重組義務的確認

企業只有在承諾出售部分業務（即簽訂了約束性出售協議）時，才能確認因重組而承擔了重組義務。企業因重組而承擔了重組義務，並且同時滿足預計負債確認條件時，才能確認預計負債。

首先，同時存在下列情況的，表明企業承擔了重組義務：①有詳細、正式的重組計劃，包括重組涉及的業務、主要地點、需要補償的職工人數、預計重組支出、計劃實施時間等；②該重組計劃已對外公告，重組計劃已開始實施，或已向受其影響的各方通告了該計劃的主要內容，從而使各方形成了對該企業將實施重組的合理預期。

其次，需要判斷重組義務是否同時滿足預計負債確認條件，即判斷其承擔的重組義務是否是現時義務、履行重組義務是否很可能導致經濟利益流出企業、重組義務的金額是否能夠可靠計量。只有同時滿足這三個確認條件，才能將重組義務確認為預計負債。

例如，某公司董事會決定關閉一個事業部。如果有關決定尚未傳達到受影響的各方，也未採取任何措施實施該項決定，該公司就沒有開始承擔重組義務，不應確認預計負債；如果有關決定已經傳達到受影響的各方並使各方對企業將關閉事業部形成合理預期，通常表明企業開始承擔重組義務，同時滿足該義務很可能導致經濟利益流出企業和金額能夠可靠地計量的，應當確認預計負債。

3. 重組義務的計量

企業應當按照與重組有關的直接支出確定預計負債金額，計入當期損益。其中，直接支出是企業重組必須承擔的直接支出，不包括留用職工崗前培訓、市場推廣、新系統和行銷網路投入等支出。

由於企業在計量預計負債時不應當考慮預期處置相關資產的利得或損失，在計量與重組義務相關的預計負債時，不考慮處置相關資產（如廠房、店面，有時是一個事業部整體）可能形成的利得或損失，即使資產的出售構成重組的一部分也是如此。這些利得或損失應當單獨確認。

［**例 15-8**］2×16 年 12 月，經董事會批准，華遠股份有限公司自 2×17 年 1 月 1 日起撤銷某行銷網點，該業務重組計劃已對外公告。為實施該業務重組計劃，華遠公司預計發生以下支出或損失：因辭退職工將支付補償款 100 萬元，因撤銷門店租賃合同

將支付違約金 20 萬元，因處置門店內設備將發生損失 65 萬元，因將門店內存貨運回公司本部將發生運輸費 5 萬元。

該業務重組計劃對華遠公司 2×16 年度利潤總額的影響金額=-100-20-65=-185(元)

借：管理費用	1,200,000	
貸：應付職工薪酬		1,000,000
預計負債		200,000
借：資產減值損失	650,000	
貸：固定資產減值準備		650,000

第十六章　租賃

第一節　租賃概述

一、租賃的相關概念

(1) 租賃，是指在約定的期間內，出租人將資產使用權讓與承租人，以獲取租金的業務。租賃業務作為企業融資的重要形式，需求日益增長，越來越多的企業通過租賃的形式獲取相關資產的使用權。

(2) 租賃期，指租賃合同規定的不可撤銷的租賃期間。如果承租人有權選擇繼續租賃該資產，而且開始日就可以合理確定承租人將會行使這種選擇權，則不論是否再支付租金，續租期應當包括在租賃期內。

(3) 租賃開始日，是指租賃協議日與租賃各方就主要條款做出承諾日中的較早者。在租賃開始日，承租人和出租人應當將租賃認定為融資租賃或經營租賃，並確定在租賃期開始日應確認的金額。

(4) 租賃期開始日，是指承租人有權行使其使用租賃資產權利的開始日，表明租賃行為的開始。在租賃期開始日，承租人應當對租入資產、最低租賃付款額和未確認融資費用進行初始確認；出租人應當對應收融資租賃款、未擔保余值和未實現融資收益進行初始確認。

(5) 資產余值，是指在租賃開始日估計的租賃期屆滿時租賃資產的公允價值。

(6) 擔保余值，就承租人而言，是指由承租人或與其有關的第三方擔保的資產余值；就出租人而言，是指就承租人而言的擔保余值加上獨立於承租人和出租人的第三方擔保的資產余值。

(7) 未擔保余值，是指租賃資產余值中扣除就出租人而言的擔保余值以后的資產余值。這部分余值沒有人擔保，而由出租人自身負擔。由於該部分余值能否收回，沒有切實可靠的保證，因此，在租賃開始日不能作為應收融資租賃款的一部分。

(8) 最低租賃付款額，是指在租賃期內，承租人應支付或可能被要求支付的款項（不包括或有租金和履約成本），加上由承租人或與其有關的第三方擔保的資產余值。承租人有購買租賃資產的選擇權，所訂立的購買價款預計將遠低於行使選擇權時租賃資產的公允價值，因而在租賃開始日就可以合理確定承租人將會行使這種選擇權的，購買價款應當計入最低租賃付款額。

(9) 或有租金，是指金額不固定、以時間長短以外的其他因素（如銷售量、使用量、物價指數等）為依據計算的租金。

(10) 履約成本，是指在租賃期內為租賃資產支付的各種使用費用，如技術諮詢和服務費、人員培訓費、維修費、保險費等。

(11) 最低租賃收款額，是指最低租賃付款額加上獨立於承租人和出租人的第三方對出租人擔保的資產余值。

最低租賃收款額=最低租賃付款額+擔保余值(獨立第三方)= 租金+優惠購買價
+擔保余值(承租人)+擔保余值(獨立第三方)

值得注意的是，「最低」是指不包含或有租金或履約成本，擔保余值（承租人）和優惠購買價通常不會同時出現。

(12) 租賃內含利率，是指在租賃開始日，使最低租賃收款額的現值與未擔保余值的現值之和等於租賃資產公允價值與出租人的初始直接費用之和的折現率。

二、租賃的分類

按照與租賃資產所有權有關的風險和報酬轉移的程度，租賃分為融資租賃和經營租賃兩類。租賃準則規定，承租人和出租人應當在租賃開始日將租賃分為融資租賃和經營租賃。

(一) 融資租賃

1. 融資租賃的概念

融資租賃是指實質上轉移了與資產所有權有關的全部風險和報酬的租賃，其所有權最終可能轉移，也可能不轉移。這裡所說的與資產所有權有關的風險是指由於經營情況變化造成相關收益的變動，以及由於資產閒置、技術陳舊等造成的損失等；與資產所有權有關的報酬是指在資產可使用年限內直接使用資產而獲得的經濟利益、資產增值，以及處置資產所實現的收益等。

2. 融資租賃的確認標準

符合以下一項或數項標準的租賃應當認定為融資租賃：

(1) 在租賃期屆滿時，租賃資產的所有權轉移給承租人。這種情況通常是指租賃合同中已經約定，或者根據其他條件在租賃開始日做出合理判斷，租賃期屆滿時出租人能夠將資產的所有權轉移給承租人。

(2) 承租人有購買租賃資產的選擇權，所訂立的購買價款預計將遠低於行使選擇權時租賃資產的公允價值，因而在租賃開始日就可以合理確定承租人將會行使這種選擇權。

例如，出租人和承租人簽訂了一項租賃協議，租賃期限為 3 年，租賃期屆滿時承租人有權以 1,000 元的價格購買租賃資產，在簽訂租賃協議時估計該租賃資產租賃期屆滿時的公允價值為 40,000 元，由於購買價格僅為公允價值的 2.5%（遠低於公允價值 40,000 元），如果沒有特別的情況，承租人在租賃期屆滿時將會購買該項資產。在這種情況下，在租賃開始日即可判斷該項租賃應當認定為融資租賃。

(3) 即使資產的所有權不轉移，但租賃期占租賃資產使用壽命的大部分。這裡的「大部分」，通常是指租賃期占自租賃開始日租賃資產使用壽命的 75%以上（含 75%）。

需要注意的是，這條標準強調的是租賃期占租賃資產使用壽命的比例，而非租賃期占該項資產全部可使用年限的比例。如果租賃資產是舊資產，在租賃前已使用年限超過資產自全新時起算可使用年限的 75%以上時，則這條判斷標準不適用，不能使用這條標準確定租賃的分類。

［**例 16-1**］某租賃設備全新時使用年限為 10 年，已使用 8 年，從第 9 年開始出租，租賃期為 2 年。在此項租賃中，租賃期（2 年）占租賃資產使用壽命（10-8=2 年）的 100%，那麼是否可據此認為該項租賃為融資租賃呢？

由於在租賃前該設備的使用年限超過了可使用年限的 75%（8 年/10 年×100%=80%>75%），因此，不能採用這條標準來判斷租賃的分類，也就是說不能據此認為該項租賃為融資租賃。

（4）承租人在租賃開始日的最低租賃付款額現值，幾乎相當於租賃開始日租賃資產公允價值；出租人在租賃開始日的最低租賃收款額現值，幾乎相當於租賃開始日租賃資產公允價值。這裡的「幾乎相當於」通常是指在 90%以上（含 90%）。需要說明的是，這裡的量化標準只是指導性標準，企業在具體運用時，必須以準則規定的相關條件進行判斷。

（5）租賃資產性質特殊，如果不作較大改造，只有承租人才能使用。這條標準是指，租賃資產是由出租人根據承租人對資產型號、規格等方面的特殊要求專門購買或建造的，具有專購、專用性質。這些租賃資產如果不作較大的重新改制，其他企業通常難以使用。這種情況下，該項租賃也應當認定為融資租賃。

（二）經營租賃

經營租賃是指除融資租賃以外的其他租賃。一項租賃業務，若不符合融資租賃的條件，就屬於經營租賃。通常情況下，在經營租賃中，經營租賃資產的所有權不轉移。

經營租賃按照標的物的不同，可分為有形動產經營租賃服務和不動產經營租賃服務。

對於同時涉及土地和建築物的租賃，企業通常應當將土地和建築物分開考慮，將最低租賃付款額根據土地部分的租賃權益和建築物的租賃權益的相對公允價值的比例進行分配。在中國，由於土地的所有權歸國家所有，土地租賃不能歸類為融資租賃。對於建築物的租賃按租賃準則的規定標準進行相應的分類。土地和建築物無法分離和不能可靠計量的，應歸類為一項融資租賃，除非兩部分都明顯是經營租賃，在后一種情況下，整個租賃應歸類為經營租賃。

第二節　經營租賃的會計處理

一、承租人的會計處理

（一）租金的會計處理

在經營租賃下，與租賃資產所有權有關的風險和報酬並沒有實質上轉移給承租人，因此承租人不須將所取得的租入資產的使用權資本化，對租入的資產只需作備查登記。

對於經營租賃的租金，承租人應當在租賃期內各個期間按照直線法計入相關資產的成本或當期損益；如果其他方法更為系統合理，也可以採用其他方法。

某些情況下，出租人可能對經營租賃提供激勵措施，如免租期、承擔承租人某些費用等。在出租人提供了免租期的情況下應將租金總額在整個租賃期內，而不是在租賃期扣除免租期后的期間內按直線法或其他合理的方法進行分攤，免租期內應確認租金費用；在出租人承擔了承租人的某些費用的情況下，應將該費用從租金總額中扣除，並將租金余額在租賃期內進行分攤。

承租人確認的租金費用，應借記「管理費用」「銷售費用」等科目，貸記「銀行存款」等科目，租賃期超過 1 年的預付的租金則先計入「長期待攤費用」科目。經營租賃分為有形動產經營租賃和不動產經營租賃，有形動產經營租賃的增值稅稅率為 17%，不動產經營租賃的增值稅稅率為 11%。企業支付租金時，按照取得的增值稅專用發票上註明的增值稅金額確認「應交稅費——應交增值稅（進項稅額）」。

（二）初始直接費用的會計處理

對於承租人在經營租賃中發生的初始直接費用，應計入當期損益。其會計處理為：借記「管理費用」等科目，貸記「銀行存款」等科目。初始直接費用，是指在租賃談判和簽訂租賃合同過程中發生的可歸屬於租賃項目的手續費、律師費、差旅費、印花稅等。

［**例 16-2**］華遠股份有限公司於 2×16 年 1 月 1 日以經營租賃方式向乙公司租入設備一臺，供公司銷售部門使用，租期為 2 年，租賃期開始日為 2×16 年 1 月 1 日。雙方在簽訂租賃合同時規定，華遠股份有限公司應在租賃期開始日支付租金 300,000 元，在第一年年末支付租金 180,000 元，第二年年末支付租金 120,000 元。租賃期屆滿后，乙公司收回該設備。華遠股份有限公司和乙公司均為一般納稅人，均在年末確認租金費用和租金收入。

華遠股份有限公司（承租人）應作會計分錄如下：

（1）2×16 年 1 月 1 日，預付租金，取得增值稅專用發票時：

借：長期待攤費用	300,000	
應交稅費——應交增值稅（進項稅額）	51,000	
貸：銀行存款		351,000

（2）2×16 年 12 月 31 日，支付租金並攤銷租金費用：

該項租賃租金費用總額＝300,000＋180,000＋120,000＝600,000（元）

按直線法，每年應分攤租金費用為：600,000÷2＝300,000（元）。

借：銷售費用	300,000	
應交稅費——應交增值稅（進項稅額）	30,600	
貸：長期待攤費用		120,000
銀行存款		210,600

（3）2×17 年 12 月 31 日支付租金，並攤銷租金費用：

借：銷售費用	300,000	
應交稅費——應交增值稅（進項稅額）	20,400	

貸：長期待攤費用 180, 000
銀行存款 140, 400

二、出租人的會計處理

(一) 租金的會計處理

在經營租賃下，出租人應將租金總額在租賃期內的各個期間按直線法確認為當期損益；如果其他方法更為系統合理，也可採用其他方法。

某些情況下，出租人可能對經營租賃提供激勵措施，如免租期、承擔承租人某些費用等。在出租人提供了免租期的情況下，應將租金總額在整個租賃期內，而不是在租賃期扣除免租期后的期間內按直線法或其他合理的方法進行分配，免租期內應確認租賃收入；在出租人承擔了承租人的某些費用的情況下，應將該費用從租金總額中扣除，並將租金余額在租賃期內進行分配。

出租人確認各期租金收入時，應借記「應收帳款」或「其他應收款」等科目，貸記「主營業務收入」(或「其他業務收入」) 科目。實際收到租金時，借記「銀行存款」等科目，貸記「應收帳款」(或「其他應收款」) 和「 應交稅費——應交增值稅 (銷項稅額) 」科目。

(二) 初始直接費用的會計處理

對於出租人在經營租賃中發生的初始直接費用，應計入當期損益。其會計處理為：借記「管理費用」等科目，貸記「銀行存款」等科目。

(三) 經營租賃資產的會計處理

在經營租賃下，租賃資產的所有權始終歸出租人所有，因此出租人仍應按自有資產的處理方法，將租賃資產反應在資產負債表上，如果是固定資產仍需按期計提折舊。

[**例 16-3**] 承 [例 16-2]，假設乙公司為租賃公司，其應作會計分錄如下：

(1) 2×16 年 1 月 1 日，預收租金時：

借：銀行存款 351, 000
貸：應收帳款 300, 000
應交稅費——應交增值稅 (銷項稅額) 51, 000

(2) 2×16 年 12 月 31 日，收到租金並分配確認租金收入：

該項租賃租金收入總額為 = 300, 000+180, 000+120, 000 = 600, 000 (元)

按直線法，每年應確認租金收入為：600, 000÷2 = 300, 000 (元)。

借：銀行存款 210, 600
應收帳款 120, 000
貸：主營業務收入 300, 000
應交稅費——應交增值稅 (銷項稅額) 30, 600

(3) 2×17 年 12 月 31 日收到租金，並確認租金收入：

借：銀行存款 140, 400
應收帳款 180, 000

貸：主營業務收入　　300,000
　　應交稅費——應交增值稅（銷項稅額）　　20,400

三、相關信息的披露

（一）承租人應披露的內容

承租人對於重大的經營租賃，應當在附註中披露下列信息：

（1）資產負債表日后連續三個會計年度每年將支付的不可撤銷經營租賃的最低租賃付款額。

（2）以后年度將支付的不可撤銷經營租賃的最低租賃付款額總額。

（二）出租人應披露的內容

出租人對經營租賃，應當披露各類租出資產的帳面價值。

第三節　融資租賃的會計處理

一、承租人的會計處理

（一）租賃期開始日

在租賃期開始日，承租人應當將租賃開始日租賃資產公允價值與最低租賃付款額現值兩者中較低者作為租入資產的入帳價值，將最低租賃付款額作為長期應付款的入帳價值，其差額作為未確認融資費用。承租人在租賃業務中發生的初始直接費用應計入租入資產的入帳價值。初始直接費用是指在租賃談判和簽訂租賃合同的過程中發生的可直接歸屬於租賃項目的費用。承租人發生的初始直接費用，通常有印花稅、佣金、律師費、差旅費、談判費等。承租人發生的初始直接費用，應當計入租入資產價值。

承租人在計算最低租賃付款額的現值時，如果知悉出租人的租賃內含利率，應當採用出租人的租賃內含利率作為折現率；否則，應當採用租賃合同規定的利率作為折現率。如果出租人的租賃內含利率和租賃合同規定的利率均無法知悉，應當採用同期銀行貸款利率作為折現率。其中，租賃內含利率，是指在租賃開始日，使最低租賃收款額的現值與未擔保余值的現值之和等於租賃資產公允價值與出租人的初始直接費用之和的折現率。

［**例 16-4**］2×15 年 12 月 28 日，華遠股份有限公司與 B 公司簽訂了一份租賃合同，華遠股份有限公司從 B 公司租入一條生產線。合同主要條款如下：

（1）租賃標的物：程控生產線。

（2）租賃期開始日：2×15 年 12 月 31 日。

（3）租賃期：2×15 年 12 月 31 日—2×19 年 12 月 31 日，共 4 年。

（4）租金支付方式：自租賃期開始日起每年年末支付租金 200,000 元。

（5）該生產線在 2×15 年 12 月 28 日的公允價值為 680,000 元。

（6）租賃合同規定的利率為 8%（年利率）（假設華遠股份有限公司無法獲悉 B 公

司租賃內含利率)。

(7) 該生產線為全新生產用設備，估計使用年限為5年，期滿無殘值。華遠股份有限公司採用年限平均法計提固定資產折舊。

(8) 租賃期屆滿時，華遠股份有限公司享有優惠購買該項設備的選擇權，購買價為1,000元，估計該日租賃資產的公允價值為140,000元。

(9) 華遠股份有限公司在租賃談判和簽訂租賃合同過程中發生可歸屬於租賃項目的手續費、差旅費1,845元。

華遠股份有限公司（承租人）的會計處理：

第一步，判斷租賃類型。

本例中，租賃期滿，華遠股份有限公司具有優惠購買選擇權，且優惠購買價1,000元遠低於行使選擇權時租賃資產的公允價值140,000元，因此在租賃開始日就可合理確定華遠公司將會行使這種選擇權，符合第二條判斷標準；租賃期為使用壽命的80%(4年/5年×100%=80%)，符合第三條判斷標準；最低租賃付款額現值（663,155元）大於租賃資產公允價值的90%（612,000元)，符合第四條判斷標準。因此，應當將該項租賃認定為融資租賃。

第二步，計算租賃開始日最低租賃付款額的現值，確定租賃資產的入帳價值。

最低租賃付款額=各期租金之和+行使優惠購買權支付的金額

=200,000×4+1,000

=801,000（元）

最低租賃付款額現值=每期應支付的租金×年金現值系數（P/A，8%，4)

+行使優惠購買權支付的金額×複合現值系數（P/F，8%，4)

= 200,000×3.312,1+1,000×0.735

=663,155（元）

由於租入的設備在租賃期開始日的公允價值為680,000元，根據公允價值與最低租賃付款額現值孰低原則，應將最低租賃付款額現值663,155元作為固定資產的入帳價值。

承租人發生的初始直接費用，應計入資產價值。因此，租入資產的最終入帳價值為：

663,155+1,845=665,000（元）

第三步，計算未確認融資費用。

未確認融資費用=801,000-663,155=137,845（元）

第四步，會計分錄：

	借方	貸方
借：固定資產——融資租入固定資產	665,000	
未確認融資費用	137,845	
貸：長期應付款——應付融資租賃款		801,000
銀行存款		1,845

(二) 租賃期內

1. 支付租金

支付租金時，按照取得的增值稅專用發票和支付租金憑證，借記「長期應付款——應付融資租賃款」「應交稅費——應交增值稅（進項稅額）」科目，貸記「銀行存款」科目。融資租賃分為有形動產融資租賃和不動產融資租賃，有形動產融資租賃的增值稅稅率為 17%，不動產融資租賃的增值稅稅率為 11%。

2. 未確認融資費用的分攤

在融資租賃下，承租人向出租人支付的租金中，包含了本金和利息兩部分。承租人支付租金時，一方面應減少長期應付款，另一方面應同時將未確認的融資費用按實際利率法確認為當期融資費用。

實際利率法是根據實際利率乘以期初應付本金余額計算每期應攤銷融資費用的方法。其計算公式如下：

每期確認的融資費用＝期初應付本金余額×分攤率

在上式中，租賃期開始日租賃資產的入帳價值基礎不同，融資費用分攤率的選擇也不相同。主要有以下幾種情況：

（1）以出租人的租賃內含利率為折現率將最低租賃付款額折現且以該現值作為租入資產入帳價值的，應當將租賃內含利率作為未確認融資費用的分攤率。

（2）以合同規定利率為折現率將最低租賃付款額折現且以該現值作為租入資產入帳價值的，應當將合同規定利率作為未確認融資費用的分攤率。

（3）以銀行同期貸款利率為折現率將最低租賃付款額折現且以該現值作為租入資產入帳價值的，應當將銀行同期貸款利率作為未確認融資費用的分攤率。

（4）以租賃資產公允價值作為入帳價值的，應當重新計算分攤率。該分攤率是使最低租賃付款額的現值與租賃資產公允價值相等的折現率。

3. 租賃資產折舊的計提

承租人對融資租賃方式租入的固定資產應視同企業自有固定資產進行核算和管理，因此，承租人應採用與自有應計提折舊固定資產一致的折舊政策對租入資產計提折舊。租賃資產的折舊方法一般有年限平均法、工作量法、年數總和法、雙倍余額遞減法等。

在計提折舊時應注意兩個問題，一是應計折舊總額，二是折舊期間。如果承租人或與其有關的第三方未對租賃資產余值提供擔保，則應計折舊總額為租賃開始日固定資產的入帳價值；如果承租人或與其有關的第三方對租賃資產余值提供了擔保，則應計折舊總額為租賃開始日固定資產的入帳價值扣除擔保余值后的余額。對於固定資產的折舊期間，如果能夠合理確定租賃期屆滿時承租人將會取得租賃資產的所有權，即可認為承租人擁有該項資產的全部尚可使用年限，因此應以租賃開始日租賃資產的尚可使用年限作為折舊時間；如果無法合理確定租賃期滿后承租人是否能夠取得租賃資產的所有權，則應以租賃期與租賃資產尚可使用年限兩者中較短者作為折舊期間。

4. 履約成本的處理

承租人發生的履約成本通常應當計入當期損益。其會計處理為：借記「製造費用」等科目，貸記「銀行存款」等科目。

［例 16-5］ 沿用［例 16-4］的資料，租賃期內，華遠股份有限公司分攤未確認融資費用，確認各期利息費用。

第一步，確定未確認融資費用分攤率。

由於租賃資產入帳價值為最低租賃付款額現值，所以，應以最低租賃付款額折現時所採用的折現率（即合同利率 8%）作為未確認融資費用的分攤率。

第二步，在租賃期內採用實際利率法分攤未確認融資費用（如表 16-1 所示）。

每期分攤的未確認融資費用=期初應付本金余額×分攤率

表 16-1　**未確認融資費用分配表**　單位：元

日期	租金	分攤的融資費用	應付本金減少額	應付本金余額
①	②	③=期初⑤×8%	④=②-③	期末⑤=期初⑤-④
2×15 年 12 月 31 日				663, 155
2×16 年 12 月 31 日	200, 000	53, 052. 4	146, 947. 6	516, 207. 4
2×17 年 12 月 31 日	200, 000	41, 296. 59	158, 703. 41	357, 503. 99
2×18 年 12 月 31 日	200, 000	28, 600. 32	171, 399. 68	186, 104. 31
2×19 年 12 月 31 日	200, 000	14, 895. 69*	185, 104. 31*	1, 000
2×19 年 12 月 31 日	1, 000		1, 000	0
合計	801, 000	137, 845	663, 155	

註：＊表示做尾數調整，即 14, 895. 69=200, 000-185, 104. 31，185, 104. 31=186, 104. 31-1, 000。

第三步，會計分錄：

2×16 年 12 月 31 日，支付第一期租金：

借：長期應付款——應付融資租賃款　200, 000

　　應交稅費——應交增值稅（進項稅額）　34, 000

　貸：銀行存款　234, 000

分攤未確認融資費用：

借：財務費用　53, 052. 4

　貸：未確認融資費用　53, 052. 4

2×17 年 12 月 31 日，支付第二期租金：

借：長期應付款——應付融資租賃款　200, 000

　　應交稅費——應交增值稅（進項稅額）　34, 000

　貸：銀行存款　234, 000

分攤未確認融資費用：

借：財務費用　41, 296. 59

　貸：未確認融資費用　41, 296. 59

2×18 年 12 月 31 日，支付第三期租金：

借：長期應付款——應付融資租賃款　200, 000

　　應交稅費——應交增值稅（進項稅額）　34, 000

　貸：銀行存款　234, 000

分攤未確認融資費用：

借：財務費用　28, 600. 32

　貸：未確認融資費用　28, 600. 32

2×19 年 12 月 31 日，支付第四期租金：

借：長期應付款——應付融資租賃款　200, 000

　　應交稅費——應交增值稅（進項稅額）　34, 000

貸：銀行存款　　234,000

分攤未確認融資費用：

借：財務費用　　14,895.69

貸：未確認融資費用　　14,895.69

［**例 16-6**］沿用［例 16-4］和［例 16-5］的資料，華遠股份有限公司應對融資租入的固定資產計提折舊。折舊的計算如表 16-2 所示。華遠股份有限公司每年應作會計分錄如下：

借：製造費用　　133,000

貸：累計折舊　　133,000

表 16-2　　**融資租入固定資產折舊表（年限平均法）**　　單位：元

日期	原價	估計余值	折舊率*	折舊額	累計折舊	淨值
2×15 年 12 月 31 日	665,000	0				665,000
2×16 年 12 月 31 日			20%	133,000	133,000	532,000
2×17 年 12 月 31 日			20%	133,000	266,000	399,000
2×18 年 12 月 31 日			20%	133,000	399,000	266,000
2×19 年 12 月 31 日			20%	133,000	532,000	133,000
2×20 年 12 月 31 日			20%	133,000	665,000	0
合計			100%	665,000		

註：* 表示在租賃開始日（2×15 年 12 月 28 日）可以合理確定租賃期屆滿后承租人能夠取得該項租賃資產的所有權，應按租賃期開始日租賃資產使用壽命 5 年計提折舊。由於沒有擔保余值，因此應全額計提折舊。

［**例 16-7**］沿用［例 16-4］的資料，假如 2×16 年 12 月 31 日，華遠股份有限公司支付該設備發生的保險費、維護費為 10,000 元。則華遠股份有限公司應作會計分錄如下：

借：製造費用　　10,000

貸：銀行存款　　10,000

［**例 16-8**］沿用［例 16-4］的資料，假設租賃合同規定華遠股份有限公司應按使用該項設備所產生的銷售收入的 1%向 B 公司支付經營分享收入。2×16 年華遠股份有限公司使用該項設備實現銷售收入 2,000,000 元，則華遠股份有限公司應向 B 公司支付 20,000 元。作會計分錄如下：

借：銷售費用　　20,000

應交稅費——應交增值稅（進項稅額）　　3,400

貸：銀行存款　　23,400

（三）租賃期屆滿時

租賃期屆滿時，承租人對租賃資產的處理通常有三種情況：返還、優惠續租和留購。

1. 返還租賃資產

租賃期屆滿，承租人將租賃資產返還給出租人時，應分不同的情況進行帳務處理：

①若存在擔保余值，應借記「長期應付款——應付融資租賃款」「累計折舊」科目，貸記「固定資產——融資租入固定資產」科目；②若不存在擔保余值，則應借記「累計折舊」科目，貸記「固定資產——融資租入固定資產」科目。

2. 優惠續租租賃資產

有些租賃合同中規定承租人有優惠續租租賃資產的選擇權，如果承租人行使了優惠續租權，則應視同該項租賃一直存在而作相應的帳務處理。如果租賃期滿而承租人未續租，根據租賃協議規定應向出租人支付違約金時，借記「營業外支出」，貸記「銀行存款」等科目。

3. 留購租賃資產

有些租賃合同中規定承租人有優惠購買租賃資產的選擇權，當承租人行使選擇權向出租人支付購買價款時，應借記「長期應付款——應付融資租賃款」科目，貸記「銀行存款」等科目；同時，應借記「固定資產——生產用固定資產」等科目，貸記「固定資產——融資租入固定資產」科目。

[例 16-9] 沿用［例 16-4］的資料，2×19 年 12 月 31 日，華遠股份有限公司向 B 公司支付購買價款 1,000 元。應作會計分錄如下：

借：長期應付款——應付融資租賃款	1,000	
貸：銀行存款		1,000
借：固定資產——生產用固定資產	665,000	
貸：固定資產——融資租入固定資產		665,000

二、出租人的會計處理

(一) 租賃期開始日

在租賃期開始日，出租人應當將租賃開始日最低租賃收款額與初始直接費用之和作為應收融資租賃款的入帳價值，並同時記錄未擔保余值；將最低租賃收款額、初始直接費用及未擔保余值之和與其現值之和的差額記錄為未實現融資收益。

具體的會計處理為：根據計算出來的最低租賃收款額與初始直接費用之和借記「長期應收款——應收融資租賃款」科目，按未擔保余值的金額借記「未擔保余值」科目，按租賃資產的帳面價值貸記「融資租賃資產」科目，按支付的初始直接費用貸記「銀行存款」科目，按上述計算后的差額貸記「未實現融資收益」科目。租賃資產的公允價值與帳面價值如有差額，應當計入「營業外收入」或「營業外支出」科目。

[例 16-10] 沿用［例 16-4］的資料，假設 B 公司沒有發生初始直接費用，程控生產線的帳面價值等於公允價值。

B 公司（出租人）的會計處理如下：

第一步，判斷租賃類型。

本例中，租賃期滿，華遠股份有限公司具有優惠購買選擇權，且優惠購買價 1,000 元遠低於行使選擇權日租賃資產的公允價值 140,000 元，因此在租賃開始日就可合理確定華遠股份有限公司將會行使這種選擇權，符合第二條判斷標準；租賃期為使用壽命的 80%（4 年÷5 年×100%＝80%），符合第三條判斷標準；最低租賃收款額現值

(680,000 元，計算過程見后）大於租賃資產公允價值的 90%（612,000 元），符合第四條判斷標準。因此，應當將該項租賃認定為融資租賃。

第二步，計算租賃內含利率。

最低租賃收款額＝最低租賃付款額+獨立於承租人和出租人的第三方擔保余值
＝各期租金之和+優惠購買價+獨立於承租人和出租人的第三方擔保余值
＝200,000×4+1,000+0＝801,000（元）

根據以下等式，採用插值法計算租賃內含利率。

最低租賃收款額現值+未擔保余值現值＝租賃資產公允價值+初始直接費用

200,000×(P/A,r,4)+1,000×(P/F,r,4)＝680,000

當 r＝6%時，

200,000×3.465,1+1,000×0.792,1＝693,812.1>680,000

當 r＝7%時，

200,000×3.387,2+1,000×0.762,9＝678,202.9<680,000

因此，6%<r<7%，用插值法計算如下：

現值	利率
693,812.1	6%
680,000	r
678,202.9	7%

r＝6%+(7%−6%)×(693,812.1−680,000)÷(693,812.1−678,202.9)
＝6.88%

即，租賃內含利率為 6.88%。

第三步，計算最低租賃收款額現值和未實現融資收益。

最低租賃收款額現值＝200,000×(P/A,6.88%,4)+1,000×(P/F,6.88%,4)
＝680,000（元）

根據租賃內含利率的概念，在無未擔保余值和初始直接費用的情況下，最低租賃收款額現值等於租賃資產的公允價值。

未實現融資收益＝(最低租賃收款額+初始直接費用+未擔保余值)−(最低租賃收款額的現值+初始直接費用+未擔保余值的現值)
＝801,000−680,000＝121,000（元）

第四步，會計分錄：

	借方	貸方
借：長期應收款——應收融資租賃款	801,000	
貸：融資租賃資產		680,000
未實現融資收益		121,000

（二）租賃期內

1. 收取租金

根據 2016 年營業稅改徵增值稅試點有關事項的規定，經人民銀行、銀監會或者商務部批准從事融資租賃業務的試點納稅人，提供融資租賃服務，以取得的全部價款和價外費用，扣除支付的借款利息（包括外匯借款和人民幣借款利息）、發行債券利息和車輛購置稅后的余額為銷售額計算增值稅。

企業收取租金時，按照開具的增值稅專用發票和收取租金憑證，借記「銀行存款」，貸記「應交稅費——應交增值稅（銷項稅額）」「長期應收款——應收融資租賃款」科目。

2. 未實現融資收益的分配

未實現融資收益應採用實際利率法在租賃期內各個期間進行分配，並將其確認為各期的租賃收入。出租人每期收到租金時，按收到的租金金額，借記「銀行存款」等科目，貸記「長期應收款——應收融資租賃款」科目；同時，每期分配未實現融資收益確認租賃收入時，借記「未實現融資收益」科目，貸記「租賃收入」科目。

3. 應收融資租賃款壞帳準備的計提

為了更加真實、客觀地反應出租人在融資租賃中的債權，出租人應當定期根據承租人的財務及經營管理情況，以及租金的逾期期限等因素，分析應收融資租賃款的風險程度和回收的可能性，對應收融資租賃款合理計提壞帳準備。出租人應對應收融資租賃款減去未實現融資收益的差額部分（在金額上等於本金的部分）合理計提壞帳準備，而不是對應收融資租賃款全額計提壞帳準備。計提壞帳準備的方法由出租人根據有關規定自行確定。壞帳準備的計提方法一經確定，不得隨意變更。

具體的會計處理為：計提壞帳準備時，借記「資產減值損失」科目，貸記「壞帳準備」科目；實際發生壞帳，衝銷計提的壞帳準備時，借記「壞帳準備」科目，貸記「長期應收款——應收融資租賃款」科目；已確認並轉銷的壞帳損失又收回來時，借記「長期應收款——應收融資租賃款」科目，貸記「壞帳準備」科目，同時，借記「銀行存款」科目，貸記「長期應收款——應收融資租賃款」科目。

4. 未擔保余值發生變動時的處理

出租人應定期對未擔保余值進行檢查，至少於每年年末進行一次檢查。如果有證據表明未擔保余值已經減少，應當重新計算租賃內含利率，並將由此而引起的租賃投資淨額的減少確認為當期損失，以后各期根據修正后的租賃投資淨額和重新計算的租賃內含利率確定應確認的融資收入。如已確認損失的未擔保余值得以恢復，應當在原已確認的損失金額內轉回，並重新計算租賃內含利率，以后各期根據修正后的租賃投資淨額和重新計算的租賃內含利率確定應確認的融資收入。未擔保余值增加時，不作任何調整。其中，租賃投資淨額是指融資租賃中最低租賃收款額與未擔保余值之和與未實現融資收益之間的差額。

具體的會計處理為：按未擔保余值的預計可收回金額低於其帳面價值的差額，借記「資產減值損失」科目，貸記「未擔保余值減值準備」科目，同時，將上述減值額與由此所產生的租賃投資淨額的減少額之間的差額，借記「未實現融資收益」科目，貸記「資產減值損失」科目；如果已確認損失的未擔保余值得以恢復，應按未擔保余值恢復的金額，借記「未擔保余值減值準備」科目，貸記「資產減值損失」科目，同時，按原減值額與由此所產生的租賃投資淨額的增加額之間的差額，借記「資產減值損失」科目，貸記「未實現融資收益」科目。

5. 或有租金的處理

出租人在融資租賃業務中收到的或有租金，應在實際發生時確認為當期收入，借記「銀行存款」等科目，貸記「租賃收入」「應交稅費——應交增值稅（銷項稅額）」科目。

［**例 16-11**］沿用［例 16-4］和［例 16-10］的資料，B 公司在租賃期內，分期確認融資收益。假設不考慮購置出租固定資產的相關利息。

按實際利率法計算分攤未實現融資收益時，可採用下列公式：

每期分攤的未實現融資收益＝期初應收本金余額×分攤率

＝期初租賃投資淨額的余額×租賃內含利率

租賃投資淨額是指最低租賃收款額及未擔保余值之和與未實現融資收益之間的差額。

按實際利率法計算的未實現融資收益分配表如表 16-3 所示。

表 16-3　**未實現融資收益分配表**　單位：元

日期	租金	分攤的融資收入	租賃投資淨額減少額	租賃投資淨額余額
①	②	③＝期初⑤×6.88%	④＝②－③	期末⑤＝期初⑤－④
2×13 年 12 月 31 日				680,000
2×14 年 12 月 31 日	200,000	46,784	153,216	526,784
2×15 年 12 月 31 日	200,000	36,242.74	163,757.26	363,026.74
2×16 年 12 月 31 日	200,000	24,976.24	175,023.76	188,002.98
2×17 年 12 月 31 日	200,000	12,997.02*	187,002.98*	1,000
2×18 年 12 月 31 日	1,000		1,000	0
合計	801,000	121,000	680,000	

註：*表示做尾數調整，即 12,997.02＝200,000－187,002.98，187,002.98＝188,002.98－1,000。

根據表 16-3 的計算結果，B 公司應作會計分錄如下：

2×16 年 12 月 31 日，收到第一期租金：

借：銀行存款　234,000
　貸：長期應收款——應收融資租賃款　200,000
　　　應交稅費——應交增值稅（銷項稅額）　34,000

分攤未實現融資收益：

借：未實現融資收益　46,784
　貸：租賃收入　46,784

2×17 年 12 月 31 日，收到第二期租金：

借：銀行存款　234,000
　貸：長期應收款——應收融資租賃款　200,000
　　　應交稅費——應交增值稅（銷項稅額）　34,000

分攤未實現融資收益：

借：未實現融資收益　36,242.74
　貸：租賃收入　36,242.74

2×18 年 12 月 31 日，收到第三期租金：

借：銀行存款　234,000

　貸：長期應收款——應收融資租賃款　200,000

　　應交稅費——應交增值稅（銷項稅額）　34,000

分攤未實現融資收益：

借：未實現融資收益　24,976.24

　貸：租賃收入　24,976.24

2×19 年 12 月 31 日，收到第四期租金：

借：銀行存款　234,000

　貸：長期應收款——應收融資租賃款　200,000

　　應交稅費——應交增值稅（銷項稅額）　34,000

分攤未實現融資收益：

借：未實現融資收益　12,997.02

　貸：租賃收入　12,997.02

［**例 16-12**］沿用［例 16-4］的資料，假設租賃合同規定華遠股份有限公司應按使用該項設備所產生的銷售收入的 1%向 B 公司支付經營分享收入。2×14 年華遠股份有限公司使用該項設備實現銷售收入 2,000,000 元，則 B 公司收到或有租金 20,000 元。應作會計分錄如下：

借：銀行存款　23,400

　貸：租賃收入　20,000

　　應交稅費——應交增值稅（銷項稅額）　3,400

（三）租賃期滿時

採用融資租賃方式租出資產時，在租賃期滿時，應根據具體情況作不同的會計處理。

1. 收回租賃資產

（1）有擔保余值，沒有未擔保余值。出租人收到承租人返還的租賃資產時，應借記「融資租賃資產」科目，貸記「長期應收款——應收融資租賃款」科目。

（2）擔保余值和未擔保余值同時存在。出租人收到承租人返還的租賃資產時，應借記「融資租賃資產」科目，貸記「長期應收款——應收融資租賃款」「未擔保余值」科目。

（3）有未擔保余值，沒有擔保余值。出租人收到承租人返還的租賃資產時，應借記「融資租賃資產」科目，貸記「未擔保余值」科目。

（4）擔保余值和未擔保余值均沒有。此時，出租人不須做帳務處理，只需在相應的備查簿中作備查登記。

2. 優惠續租租賃資產

（1）如果承租人行使優惠續租選擇權，則出租人應視同該項租賃一直存在而作融資租賃相應的帳務處理。

（2）如果租賃期滿承租人沒有續租，則出租人將收回的租賃資產按租賃期滿時的會計處理原則進行相應的會計處理。同時，如果根據租賃合同規定應向承租人收取違約金的，還應借記「其他應收款」等科目，貸記「營業外收入」科目。

3. 留購租賃資產

如果租賃期滿時承租人行使了優惠購買權，出租人應按承租人支付的購買資產的價款，借記「銀行存款」科目，貸記「長期應收款——應收融資租賃款」科目。如果還存在未擔保余值，還應借記「營業外支出——處置固定資產淨損失」科目，貸記「未擔保余值」科目。

［**例 16-13**］沿用［例 16-4］、［例 16-10］和［例 16-11］的資料，華遠股份有限公司於租賃期滿時行使了優惠購買權，支付 1,000 元。B 公司於收到 1,000 元時，作會計分錄如下：

借：銀行存款　　1,000

　貸：長期應收款——應收融資租賃款　　1,000

三、相關信息的列報與披露

(一) 承租人的列報與披露

承租人應當在資產負債表中將與融資租賃相關的長期應付款減去未確認融資費用的差額，分非流動負債和一年內到期的非流動負債列示。

承租人應當在附註中披露與融資租賃有關的下列信息：

(1) 各類租入固定資產的期初和期末原價、累計折舊額。

(2) 資產負債表日后連續三個會計年度每年將支付的最低租賃付款額及以后年度將支付的最低租賃付款額總額。

(3) 未確認融資費用的余額，以及分攤未確認融資費用所採用的方法。

(二) 出租人的列報與披露

出租人應當在資產負債表中將與融資租賃相關的長期應收款減去未實現融資收益以及相應的壞帳準備的差額，分非流動資產和一年內到期的非流動資產列示。

出租人應在附註中披露與融資租賃有關的下列信息：

(1) 資產負債表日后連續三個會計年度每年將收到的最低租賃收款額及以后年度將收到的最低租賃收款額總額。

(2) 未實現融資收益的余額，以及分配未實現融資收益所採用的方法。

第四節　售后租回的會計處理

一、售后租回的概念

售后租回是指賣主（即承租人）將一項自製或外購的資產出售后，又將該項資產從買主（即出租人）租回。

企業之所以要選擇租回的方式，主要是因為企業在生產經營過程當中遇到了資金上的困難，採用其他方式也解決不了，但企業並不真正想將該設備出售，還準備繼續使用。這時，它可以將自己所擁有的設備出售給出租人，收到出租人支付的貨款后，用於自己的生產經營。但由於它還需要該項設備，這時，可在設備不挪動地點的情況下，再將設備租回。這樣，企業既解決了企業資金上的困難，又可以使用原來的設備，達到了一舉兩得的目的。

二、售后租回業務的會計處理

採用售后租回方式進行資產租賃時，銷售方同時也是承租人。在售后租回方式下，應根據租賃的具體情況，將其具體區分為融資租賃和經營租賃。對於出租人來說，售后租回業務（不論是融資租賃還是經營租賃的售后租回業務）在進行會計處理時與其他租賃業務的會計處理相同；而對於承租人來說，由於它既是資產的承租人，同時又是資產的出售者，所以，售后租回業務同其他租賃業務的會計處理有所不同。下面主要介紹承租人的會計處理。

（一）售后租回交易形成融資租賃

若售后租回交易形成融資租賃方式，售價與資產帳面價值之間的差額應當予以遞延，並按照該項租賃資產的折舊進度進行分攤，作為折舊費用的調整。按折舊進度進行分攤是指在對該項租賃資產計提折舊時按與該項資產計提折舊所採用的折舊率相同的比例對未實現售后租回損益進行分攤。根據 2016 年營業稅改徵增值稅試點有關事項的規定，經人民銀行、銀監會或者商務部批准從事融資租賃業務的試點納稅人，提供融資性售后回租服務，以取得的全部價款和價外費用（不含本金），扣除對外支付的借款利息（包括外匯借款和人民幣借款利息）、發行債券利息后的余額作為銷售額計算增值稅。

（二）售后租回交易形成經營租賃

若售后租回交易形成經營租賃方式，售價與資產帳面價值之間的差額應當予以遞延，並在租賃期內按照與確認租金費用一致的方法進行分攤，作為租金費用的調整。按照與確認租金費用一致的方法進行分攤是指在確認當期該項租賃資產的租金費用時，按與確認當期該項資產租金費用所採用的租金支付比例相同的比例對未實現售后租回損益進行分攤。但是，有確鑿證據表明售后租回交易是按公允價值達成的，售價與資產帳面價值之間的差額應當計入當期損益。

（三）售后租回業務的會計處理

（1）出售資產時按固定資產帳面淨值，借記「固定資產清理」科目，按固定資產已提折舊，借記「累計折舊」科目，按固定資產的帳面原價，貸記「固定資產」科目；如果出售資產已計提減值準備，還應結轉已計提的減值準備。

（2）收到出售資產的價款時，借記「銀行存款」科目，貸記「固定資產清理」「應交稅費——應交增值稅（銷項稅額）」科目，借記或貸記「遞延收益——未實現售后租回損益（融資租賃或經營租賃）」科目。

（3）各期根據租賃類型（融資租賃或經營租賃）按該項租賃資產的折舊進度或租

金支付比例分攤未實現售后租回損益時，借記或貸記「遞延收益——未實現售后租回損益（融資租賃或經營租賃）」科目，貸記或借記「製造費用」「銷售費用」「管理費用」等科目。

［**例 16-14**］2×16 年 12 月 31 日華遠股份有限公司採取售后租回的方式向長江公司售出一項設備，售出設備的帳面價值為 800,000 元，累計已提折舊 200,000，取得銷售收入 780,000 元。該項資產的租賃期為 4 年，租賃期開始日為 2×16 年 12 月 31 日。假設華遠股份有限公司判斷售后租回形成的是融資租賃，並對該設備按年限平均法進行攤銷，攤銷期限為 4 年。

華遠股份有限公司應作會計分錄如下：

2×16 年 12 月 31 日，結轉出售設備的成本：

借：固定資產清理　600,000
　　累計折舊　200,000
　貸：固定資產　800,000

2×16 年 12 月 31 日，出售設備並收到貨款：

借：銀行存款　865,800
　貸：固定資產清理　600,000
　　　遞延收益——未實現售后租回損益（融資租賃）　180,000
　　　應交稅費——應交增值稅（銷項稅額）　85,800

2×16 年 12 月 31 日，租入資產的會計處理（同融資租賃會計處理，略）。

2×17 年 12 月 31 日，確認本年度應分攤的未實現售后租回損益：

當年分攤額＝未實現售后租回損益總額×當年設備折舊率
　　　　　＝180,000×1/4
　　　　　＝45,000（元）

借：遞延收益——未實現售后租回損益（融資租賃）　45,000
　貸：製造費用　45,000

（以后各年的分攤處理同上）

假如上述例題中，華遠股份有限公司取得的銷售收入為 500,000 元。則出售時應作會計分錄如下：

借：銀行存款　555,000
　　遞延收益——未實現售后租回損益（融資租賃）　100,000
　貸：固定資產清理　600,000
　　　應交稅費——應交增值稅（銷項稅額）　55,000

分攤未實現融資收益時，應作會計分錄如下：

借：製造費用　25,000
　貸：遞延收益——未實現售后租回損益（融資租賃）　25,000

［**例 16-15**］沿用［例 16-14］的資料，假設華遠股份有限公司判斷售后租回形成的是經營租賃，4 年中每年年末的租金支付比例分別為 20%、30%、35%、15%。則華遠股份有限公司應作會計分錄如下：

2×16 年 12 月 31 日，結轉出售設備的成本：

借：固定資產清理　600,000
　累計折舊　200,000
　貸：固定資產　800,000

2×16 年 12 月 31 日，出售設備並收到貨款：

借：銀行存款　865,800
　貸：固定資產清理　600,000
　　遞延收益——未實現售后租回損益（融資租賃）　180,000
　　應交稅費——應交增值稅（銷項稅額）　85,800

2×17 年 12 月 31 日，確認本年度應分攤的未實現售后租回損益：

當年分攤額＝未實現售后租回損益總額×當年租金支付比例
＝180,000×20%
＝36,000（元）

借：遞延收益——未實現售后租回損益（融資租賃）　36,000
　貸：製造費用　36,000

（以后各年的分攤處理同上）

2×16 年 1 月 1 日，租入資產的會計處理（略）。

假設有確鑿證據表明，該售后租回交易是按照公允價值達成的，售價與資產帳面價值之間的差額應當計入當期損益。在這種情況下，華遠股份有限公司應作會計分錄如下：

借：固定資產清理　600,000
　累計折舊　200,000
　貸：固定資產　800,000

2×16 年 12 月 31 日，出售設備並收到貨款：

借：銀行存款　865,800
　貸：固定資產清理　600,000
　　營業外收入　180,000
　　應交稅費——應交增值稅（銷項稅額）　85,800

三、售后租回交易的披露

承租人和出租人除應當按照有關規定披露售后租回交易外，還應對售后租回合同中的特殊條款做出披露。這裡的「特殊條款」是指售后租回合同中規定的區別於一般租賃交易的條款，比如租賃標的物的售價等。

第十七章　財務報告

第一節　財務報告概述

一、財務報告及其目標

(一) 財務報告的概念

財務報告是指企業對外提供的反應企業某一特定日期財務狀況和某一會計期間經營成果、現金流量等會計信息的文件。財務報告包括財務報表和其他應當在財務報告中披露的相關信息資料。它是企業根據日常的會計核算資料歸集、加工和匯總后形成的，是企業會計核算的最終成果。

在日常的會計核算中，企業通過填製和審核會計憑證，登記會計帳簿，把各項經濟業務完整、連續、分類地登記在會計帳簿中。其雖然比會計憑證反應的信息更加條理化、系統化，但就某一會計期間的經濟活動的整體而言，其所能提供的仍是分散的、部分的信息，不能通過其內在聯繫，集中揭示和反應該會計期間經營活動和財務收支的全貌。因此，每個會計期末，必須根據帳簿上記錄的資料，按照規定的報表格式、內容和編製方法，作進一步的歸集、加工和匯總，編製成相應的會計報表，全面、綜合地反應企業的財務狀況、經營成果和現金流動情況，為有關各方提供全面的信息。

(二) 財務報告的目標

財務報告的目標，是向財務報告使用者提供與企業財務狀況、經營成果和現金流量等有關的會計信息，反應企業管理層受託責任的履行情況，有助於財務報告使用者做出經濟決策。財務報告使用者通常包括投資者、債權人、政府及相關部門、企業管理人員、職工和社會公眾等。不同的財務會計報告使用者對財務會計報告所提供信息的要求各有側重。股東（投資者）主要關注投資的內在風險和投資報酬。債權人主要關注的是其所提供給企業的資金是否安全，自己的債權是否能夠按期如數收回。政府及相關機構最關注的是國家資源的分配和運用情況，需要瞭解與經濟政策（如稅收政策）的制定、國民收入的統計等有關方面的信息。企業管理人員最關注的是企業財務狀況和經營業績的好壞以及現金的流動情況。企業職工最關注的是企業為其所提供的就業機會及其穩定性、勞動報酬高低和職工福利好壞等方面的資料，而上述情況又與企業的資本結構及其盈利能力等情況密切相關。社會公眾主要關注企業的興衰及其發展情況。

二、財務報表的組成及分類

(一) 財務報表的組成

一套完整的財務報表至少應當包括「四表一註」，即資產負債表、利潤表、現金流量表、所有者權益（或股東權益，下同）變動表以及附註。列報，是指交易和事項在報表中的列示和在附註中的披露。在財務報表的列報中，「列示」通常反應資產負債表、利潤表、現金流量表和所有者權益變動表等報表中的信息，「披露」通常反應附註中的信息。《企業會計準則第 30 號——財務報表列報》（以下簡稱財務報表列報準則）規範了財務報表的列報。

資產負債表、利潤表和現金流量表分別從不同角度反應企業的財務狀況、經營成果和現金流量。資產負債表反應企業在某一特定日期所擁有的資產、需償還的債務以及股東（投資者）擁有的淨資產情況；利潤表反應企業在一定會計期間的經營成果，即利潤或虧損的情況，表明企業運用所擁有的資產的獲利能力；現金流量表反應企業在一定會計期間現金和現金等價物流入和流出的情況。

所有者權益變動表反應企業所有者權益的各組成部分當期的增減變動情況。企業的淨利潤及其分配情況是所有者權益變動的組成部分，相關信息已經在所有者權益變動表及其附註中反應，企業不需要再單獨編製利潤分配表。

附註是財務報表不可或缺的組成部分，是對在資產負債表、利潤表、現金流量表和所有者權益變動表等報表中列示項目的文字描述或明細資料，以及對未能在這些報表中列示項目的說明等。

(二) 財務報表的分類

財務報表可以按照不同的標準進行分類。

1. 按財務報表編報期間的不同，可以分為中期財務報表和年度財務報表

中期財務報表是以短於一個完整會計年度的報告期間為基礎編製的財務報表，包括月報、季報和半年報等。中期財務報表至少應當包括資產負債表、利潤表、現金流量表和附註，其中，中期資產負債表、利潤表和現金流量表應當是完整報表，其格式和內容應當與年度財務報表一致。與年度財務報表相比，中期財務報表中的附註披露可適當簡略。

年度結帳日為公歷年度每年的 12 月 31 日，半年度、季度、月度結帳日分別為公歷年度每半年、每季、每月的最后一天。

2. 按財務報表編報主體的不同，可以分為個別財務報表和合併財務報表

個別財務報表是由企業在自身會計核算基礎上對帳簿記錄進行加工而編製的財務報表，它主要用以反應企業自身的財務狀況、經營成果和現金流量情況。合併財務報表是以母公司和子公司組成的企業集團為會計主體，根據母公司和所屬子公司的財務報表，由母公司編製的綜合反應企業集團財務狀況、經營成果及現金流量的財務報表。

三、財務報表列報的基本要求

為了使財務報表能夠最大限度地滿足各有關方面的需要，實現編製財務報表的基

本目的，充分發揮財務報表的作用，企業編製財務報表，應當根據真實的交易、事項以及完整、準確的帳簿記錄等資料，嚴格遵循國家會計準則或制度規定的編製基礎、編製依據、編製原則和編製方法。其編製的財務報表應當真實可靠、相關可比、全面完整、編報及時、便於理解。其基本要求如下：

(一) 依據各項會計準則確認和計量的結果編製財務報表

企業應當根據實際發生的交易和事項，遵循各項具體會計準則的規定進行確認和計量，並在此基礎上編製財務報表。企業應當在附註中對這一情況做出聲明。只有遵循了企業會計準則的所有規定時，財務報表才應當被稱為「遵循了企業會計準則」。

企業不應以在附註中披露代替對交易和事項的確認和計量，也就是說，企業如果採用不恰當的會計政策，不得通過在附註中披露等其他形式予以更正，企業應當對交易和事項進行正確的確認和計量。

(二) 以持續經營為列報基礎

持續經營是會計的基本前提，是會計確認、計量及編製財務報表的基礎。企業會計準則規範的是持續經營條件下企業對所發生交易和事項的確認、計量及報表列報；相反，如果企業出現了非持續經營，應當採用其他基礎編製財務報表。財務報表準則的規定是以持續經營為基礎的。

在編製財務報表的過程中，企業管理層應當對企業持續經營的能力進行評價，需要考慮的因素包括市場經營風險、企業目前或長期的盈利能力、償債能力、財務彈性以及企業管理層改變經營政策的意向等。評價后對企業持續經營的能力產生嚴重懷疑的，應當在附註中披露導致對持續經營能力產生重大懷疑的重要的不確定因素。

非持續經營是企業在極端情況下出現的一種情況，非持續經營往往取決於企業所處的環境以及企業管理部門的判斷。一般而言，企業如果存在以下情況之一，則通常表明其處於非持續經營狀態：①企業已在當期進行清算或停止營業；②企業已經正式決定在下一個會計期間進行清算或停止營業；③企業已確定在當期或下一個會計期間沒有其他可供選擇的方案而將被迫進行清算或停止營業。

企業處於非持續經營狀態時，應當採用其他基礎編製財務報表，比如破產企業的資產採用可變現淨值計量，負債按照其預計的結算金額計量等。由於企業在持續經營和非持續經營環境下採用的會計計量基礎不同，產生的經營成果和財務狀況不同，因此在附註中披露非持續經營信息對報表使用者而言非常重要。在非持續經營情況下，企業應當在附註中聲明財務報表未以持續經營為基礎列報，披露未以持續經營為基礎的原因以及財務報表的編製基礎。

(三) 按重要性要求進行項目列報

所謂重要性是指如果財務報表某項目的省略或錯報會影響使用者據此做出經濟決策，則該項目就具有重要性。企業在進行重要性判斷時，應當根據所處環境，從項目的性質和金額大小兩方面予以判斷：一方面，應當考慮該項目的性質是否屬於企業日常活動、是否對企業的財務狀況和經營成果具有較大影響等；另一方面，判斷項目金額大小的重要性，應當通過單項金額占資產總額、負債總額、所有者權益總額、營業收入總額、淨利潤等直接相關項目金額的比重加以確定。

財務報表是通過對大量的交易或其他事項進行處理而生成的，這些交易或其他事項按其性質或功能匯總歸類而形成財務報表中的項目。關於項目在財務報表中是單獨列報還是合併列報，應當依據重要性原則來判斷。總的原則是，如果某項目單個看不具有重要性，則可將其與其他項目合併列報；如具有重要性，則應當單獨列報。具體而言，應當遵循以下幾點：

（1）性質或功能不同的項目，一般應當在財務報表中單獨列報，但是不具有重要性的項目可以合併列報。比如存貨和固定資產在性質上和功能上都有本質差別，必須分別在資產負債表上單獨列報。

（2）性質或功能類似的項目，一般可以合併列報，但是對具有重要性的類別應該單獨列報。比如原材料、在產品等項目在性質上類似，均通過生產過程形成企業的產品存貨，因此可以合併列報，合併之后的類別統稱為「存貨」，在資產負債表上單獨列報。

（3）項目單獨列報的原則不僅適用於報表，還適用於附註。某些重要項目不僅應在報表中列示，還應當在附註中作詳細披露。某些項目的重要性程度不足以在資產負債表、利潤表、現金流量表或所有者權益變動表中單獨列示，但是可能對附註具有重要性，在這種情況下應當在附註中單獨披露。

（4）無論是財務報表列報準則規定的單獨列報項目，還是其他具體會計準則規定單獨列報的項目，企業都應當予以單獨列報。

（四）列報的一致性

可比性是會計信息質量的一項重要質量要求，目的是使同一企業不同期間和同一期間不同企業的財務報表相互可比。為此，財務報表項目的列報應當在各個會計期間保持一致，不得隨意變更，這一要求不僅針對財務報表中的項目名稱，還包括財務報表項目的分類、排列順序等方面。

當會計準則要求改變，或企業經營業務的性質發生重大變化后，變更財務報表項目的列報能夠提供更可靠、更相關的會計信息時，財務報表項目的列報是可以改變的。

（五）財務報表項目金額間的相互抵銷

財務報表項目應當以總額列報，資產和負債、收入和費用不能相互抵銷，即不得以淨額列報，但企業會計準則另有規定的除外。這是因為，如果項目金額間相互抵銷，所提供的信息就不完整，信息的可比性大為降低，難以在同一企業不同期間以及同一期間不同企業的財務報表之間實現相互可比，報表使用者難以據以做出判斷。比如，企業欠客戶的應付款不得與其他客戶欠本企業的應收款相抵銷，如果相互抵銷就掩蓋了交易的實質。再如，收入和費用反應了企業投入和產出之間的關係，是企業經營成果的兩個方面，為了更好地反應經濟交易的實質、考核企業經營管理水平以及預測企業未來現金流量，收入和費用不得相互抵銷。

下列三種情況不屬於抵銷，可以以淨額列示：

（1）一組類似交易形成的利得和損失應當以淨額列示，不屬於抵銷。例如，匯兌損益應當以淨額列報，為交易目的而持有的金融工具形成的利得和損失應當以淨額列報。但是，如果相關的利得和損失具有重要性，則應當單獨列報。

(2) 資產和負債項目按扣除備抵項目后的淨額列示，不屬於抵銷。例如，資產計提的減值準備，實質上意味著資產的價值確實發生了減損，資產項目應當按扣除減值準備后的淨額列示，這樣才反應了資產當時的真實價值。

(3) 非日常活動產生的利得和損失，以同一交易形成的收益扣減相關費用后的淨額列示更能反應交易實質的，不屬於抵銷。例如，非流動資產處置形成的利得或損失，應當按處置收入扣除該資產的帳面金額和相關銷售費用后的淨額列報。

(六) 比較信息的列報

企業在列報當期財務報表時，至少應當提供所有列報項目上一可比會計期間的比較數據，以及與理解當期財務報表相關的說明。目的是向報表使用者提供對比數據，提高信息在會計期間的可比性，以反應企業財務狀況、經營成果和現金流量的發展趨勢，提高報表使用者的判斷與決策能力。

在財務報表項目的列報確需發生變更的情況下，企業應當對上期比較數據按照當期的列報要求進行調整，並在附註中披露調整的原因和性質，以及調整的各項目金額。但是，在某些情況下，對上期比較數據進行調整不是切實可行的，則應當在附註中披露不能調整的原因。

(七) 財務報表表首的列報要求

財務報表一般分為表首、正表兩部分。其中，在表首部分企業應當概括地說明下列基本信息：

(1) 編報企業的名稱，如企業名稱在所屬當期發生了變更的，還應明確標明；

(2) 資產負債表應當列示資產負債表日，利潤表、現金流量表、所有者權益變動表應當列示涵蓋的會計期間；

(3) 企業應當以人民幣列報，並標明金額單位，如元、萬元等；

(4) 財務報表是合併財務報表的，應當予以標明。

(八) 報告期間

企業至少應當編製年度財務報表。根據《中華人民共和國會計法》的規定，會計年度自公歷 1 月 1 日起至 12 月 31 日止。因此，在編製年度財務報表時，可能存在年度財務報表涵蓋的期間短於一年的情況，比如企業在年度中間（如 3 月 1 日）開始設立等，在這種情況下，企業應當披露年度財務報表的實際涵蓋期間及其短於一年的原因，並應當說明由此引起財務報表項目與比較數據不具可比性這一事實。

四、財務會計報告編製前的準備工作

(一) 全面財產清查

企業在編製年度財務會計報告前，應當按照下列規定，全面清查資產、核實債務：

(1) 結算款項，包括應收款項、應付款項、應交稅金等是否存在，與債務、債權單位的相應債務、債權金額是否一致。

(2) 原材料、在產品、自製半成品、庫存商品等各項存貨的實存數量與帳面數量是否一致，是否有報廢損失和積壓物資等。

(3) 各項投資是否存在，投資收益是否按照國家統一的會計準則或制度規定進行確認和計量。

(4) 房屋建築物、機器設備、運輸工具等各項固定資產的實存數量與帳面數量是否一致。

(5) 在建工程的實際發生額與帳面記錄是否一致。

(6) 需要清查、核實的其他內容。

企業通過前款規定的清查、核實，查明財產物資的實存數量與帳面數量是否一致、各項結算款項的拖欠情況及其原因、材料物資的實際儲備情況、各項投資是否達到預期目的、固定資產的使用情況及其完好程度等。企業清查、核實后，應當將清查、核實的結果及其處理辦法向企業的董事會或者相應機構報告，並根據國家統一的會計準則或制度的規定進行相應的會計處理。企業還應當在年度中間根據具體情況，對各項財產物資和結算款項進行重點抽查或者定期清查。

(二) 檢查會計事項的處理結果

企業在編製財務會計報告前，除應當全面清查資產、核實債務外，還應當完成下列工作：

(1) 核對各會計帳簿記錄與會計憑證的內容、金額等是否一致，記帳方向是否相符。

(2) 依照規定的結帳日進行結帳，結出有關會計帳簿的余額和發生額，並核對各會計帳簿之間的余額。

(3) 檢查相關的會計核算是否按照國家統一的會計準則或制度的規定進行。

(4) 對於國家統一的會計準則或制度沒有規定統一核算方法的交易、事項，檢查其是否按照會計核算的一般原則進行確認和計量以及相關帳務處理是否合理。

(5) 檢查是否存在因前期差錯、會計政策變更等原因需要調整前期或者本期相關項目。

企業編製年度和半年度財務會計報告時，對經查實后的資產、負債有變動的，應當按照資產、負債的確認和計量標準進行確認和計量，並按照國家統一的會計準則或制度的規定進行相應的會計處理。

第二節 資產負債表

一、資產負債表概述

(一) 資產負債表的概念

資產負債表是反應企業在某一特定日期的財務狀況的會計報表。例如，公歷每年12月31日的財務狀況，它反應的就是該日的情況。

資產負債表主要提供有關企業財務狀況方面的信息，即某一特定日期企業的資產、負債、所有者權益及其相互關係。資產負債表的作用包括：第一，可以提供某一日期資產的總額及其結構，表明企業擁有或控制的資源及其分佈情況，使使用者可以一目了然地從資產負債表上瞭解企業在某一特定日期所擁有的資產總量及其結構；第二，可以提供某一日期的負債總額及其結構，表明企業未來需要用多少資產或勞務清償債務以及清償時間；第三，可以反應所有者所擁有的權益，使所有者據以判斷資本保值、增值的情況以及對負債的保障程度。

(二) 資產負債表的格式

資產負債表由表頭、表身和表尾等部分組成。表頭部分應列明報表名稱、編表單位名稱、編製日期和金額計量單位；表身部分反應資產、負債和所有者權益的內容；表尾部分為補充說明。其中，表身部分是資產負債表的主體和核心。

資產負債表正表的列報格式一般有兩種：報告式資產負債表和帳戶式資產負債表。報告式資產負債表是上下結構，上半部列示資產，下半部列示負債和所有者權益。具體排列形式又有兩種：一是按「資產=負債+所有者權益」的原理排列；二是按「資產-負債=所有者權益」的原理排列。帳戶式資產負債表是左右結構，左邊列示資產項目，大體按資產的流動性大小排列：流動性大的資產如「貨幣資金」等排在前面，流動性小的資產如「長期股權投資」「固定資產」等排在后面。右邊列示負債及所有者權益項目，一般按要求清償時間的先后順序排列：「短期借款」「應付票據」等需要在一年以內或者長於一年的一個正常營業週期內償還的流動負債排在前面，「長期借款」等在一年以上或者長於一年的一個正常營業週期以上才需償還的非流動負債排在中間，在企業清算之前不需要償還的所有者權益項目排在后面。

根據中國財務報表列報準則的規定，資產負債表應採用帳戶式的格式，帳戶式資產負債表中的資產各項目的合計等於負債和所有者權益各項目的合計，即資產負債表左方和右方平衡。因此，帳戶式資產負債表，可以反應資產、負債、所有者權益之間的內在關係，即「資產=負債+所有者權益」。

(三) 資產負債表列報要求

1. 總體列報要求

(1) 分類別列報

資產負債表列報，最根本的目標就是如實反應企業在資產負債表日所擁有的資源、所承擔的負債以及所有者所擁有的權益。因此，資產負債表應當按照資產、負債和所有者權益三大類別分類列報。

(2) 資產和負債按流動性列報

資產和負債應當按照流動性分別分為流動資產和非流動資產、流動負債和非流動負債列示。流動性，通常按資產的變現或耗用時間長短或者負債的償還時間長短來確定。按照財務報表列報準則的規定，應先列報流動性強的資產或負債，再列報流動性弱的資產或負債。

銀行、證券、保險等金融企業由於在經營內容上不同於一般的工商企業，導致其資產和負債的構成項目也與一般工商企業有所不同，具有特殊性。金融企業的有些資產或負債無法嚴格區分為流動資產和非流動資產，在這種情況下，往往按照流動性列示能夠提供可靠且更相關的信息，因此金融企業可以大體按照流動性順序列示資產和負債。

(3) 列報相關的合計、總計項目

資產負債表中的資產類至少應當列示流動資產和非流動資產的合計項目；負債類至少應當列示流動負債、非流動負債以及負債的合計項目；所有者權益類應當列示所有者權益的合計項目。

資產負債表遵循了「資產=負債+所有者權益」這一會計恒等式，把企業在特定日期所擁有的經濟資源和與之相對應的企業所承擔的債務及償債以后屬於所有者的權益充分反應出來。因此，資產負債表應當分別列示資產總計項目和負債與所有者權益之和的總計項目，並且這兩者的金額應當相等。

2. 資產的列報

資產負債表中的資產反應企業過去的交易或者事項形成的、由企業擁有或者控制的、預期會給企業帶來經濟利益的資源。資產應當按照流動資產和非流動資產兩大類別在資產負債表中列示，在流動資產和非流動資產類別下進一步按性質分項列示。

(1) 流動資產和非流動資產的劃分

資產負債表中的資產應當分流動資產和非流動資產列報。資產滿足下列條件之一的，應當歸類為流動資產：

①預計在一個正常營業週期中變現、出售或耗用。這主要包括存貨、應收帳款等資產。需要指出的是，變現一般針對應收帳款等而言，指將資產變為現金；出售一般針對產品等存貨而言；耗用一般指將存貨（如原材料）轉變成另一種形態（如產成品）。

②主要為交易目的而持有。這主要是指根據《企業會計準則第 22 號——金融工具確認和計量》劃分的交易性金融資產。但是並非所有交易性金融資產均為流動資產，比如自報告期日起超過 12 個月到期且預期持有超過 12 個月的衍生工具應當劃分為非流動資產。

③預計在資產負債表日起一年內（含一年）變現。

④自資產負債表日起一年內，交換其他資產或清償負債的能力不受限制的現金或現金等價物。

(2) 正常營業週期

值得注意的是，判斷流動資產、流動負債時所稱的一個正常營業週期，是指企業從購買用於加工的資產起至實現現金或現金等價物的期間。

正常營業週期通常短於一年，在一年內有幾個營業週期。但是，也存在正常營業週期長於一年的情況。如房地產開發企業開發用於出售的房地產開發產品，造船企業製造的用於出售的大型船只等，從購買原材料進入生產，到製造出產品出售並收回現金或現金等價物的過程，往往超過一年。在這種情況下，與生產循環相關的產成品、應收帳款、原材料儘管是超過一年才變現、出售或耗用，仍應作為流動資產列示。

當正常營業週期不能確定時，應當以一年（12 個月）作為正常營業週期。

3. 負債的列報

資產負債表中的負債反應企業過去的交易或者事項形成的、預期會導致經濟利益流出企業的現時義務。負債應當按照流動負債和非流動負債在資產負債表中進行列示，在流動負債和非流動負債類別下再進一步按性質分項列示。

（1）流動負債與非流動負債的劃分

流動負債的判斷標準與流動資產的判斷標準類似。負債滿足下列條件之一的，應當歸類為流動負債：

①預計在一個正常營業週期中清償。

②主要為交易目的而持有。

③自資產負債表日起一年內到期應予以清償。

④企業無權自主地將清償推遲至資產負債表日后一年以上。

值得注意的是，有些流動負債，如應付帳款、應付職工薪酬等，屬於企業正常營業週期中使用的營運資金的一部分。儘管這些經營性項目有時在資產負債表日后超過一年才到期清償，但是它們仍應劃分為流動負債。

（2）資產負債表日后事項對流動負債與非流動負債劃分的影響

流動負債與非流動負債的劃分是否正確，直接影響到對企業短期和長期償債能力的判斷。如果混淆了負債的類別，將歪曲企業的實際償債能力，誤導報表使用者的決策。對於資產負債表日后事項對流動負債與非流動負債劃分的影響，需要特別加以考慮。

①資產負債表日起一年內到期的負債。對於在資產負債表日起一年內到期的負債，企業預計能夠自主地將清償義務展期至資產負債表日后一年以上的，應當歸類為非流動負債；不能自主地將清償義務展期的，即使在資產負債表日后、財務報告批准報出日前簽訂了重新安排清償計劃協議，從資產負債表日來看，此項負債仍應當歸類為流動負債。

②違約長期債務。企業在資產負債表日或之前違反了長期借款協議，導致貸款人可隨時要求清償的負債，應當歸類為流動負債。這是因為，在這種情況下，債務清償的主動權並不在企業，企業只能被動地無條件歸還貸款，而且該事實在資產負債表日即已存在，所以該負債應當作為流動負債列報。但是，如果貸款人在資產負債表日或之前同意提供在資產負債表日后一年以上的寬限期，企業能夠在此期限內改正違約行為，且貸款人不能要求隨時清償時，在資產負債表日的此項負債並不符合流動負債的判斷標準，應當歸類為非流動負債。

4. 所有者權益的列報

資產負債表中的所有者權益是企業資產扣除負債后由所有者享有的剩余權益。資產負債表中的所有者權益一般按照淨資產的不同來源和特定用途進行分類，應當按照實收資本（或股本）、資本公積、其他綜合收益、盈余公積、未分配利潤等項目分項列示。

值得注意的是，發行優先股等其他權益工具的企業，如果發行的其他權益工具分類為權益工具，應當在資產負債表「實收資本」項目和「資本公積」項目之間增設「其他權益工具」項目，反應企業發行的除普通股以外分類為權益工具的金融工具的帳面價值，並在「其他權益工具」項目下增設「優先股」和「永續債」兩個項目，分別反應企業發行的分類為權益工具的優先股和永續債的帳面價值。如果發行的優先股等其他權益工具分類為債務工具的，則在「應付債券」項目下增設「優先股」和「永續債」兩個項目，分別反應企業發行的分類為金融負債的優先股和永續債的帳面價值。如屬流動負債，則應當比照上述原則在流動負債類項目列報。

二、資產負債表的列報方法

通常，資產負債表的各項目均需填列「年初余額」和「期末余額」兩欄。

(一)「年初余額」的填列方法

「年初余額」欄內各項目數字，應根據上年年末資產負債表相關項目的「期末余額」欄內所列數字填列，且與上年年末資產負債表「期末余額」欄一致。如果企業在會計當期發生了會計政策變更、前期差錯更正，應當對「年初余額」欄中的有關項目進行相應調整。如果本年度資產負債表規定的各個項目的名稱和內容同上年度不一致，應對上年年末資產負債表各項目的名稱和數字按本年度的規定進行調整，按調整后的數字填入本表「年初余額」欄內。

(二)「期末余額」的填列方法

資產負債表「期末余額」欄一般應根據資產、負債和所有者權益類科目的期末余額填列。

1. 根據總帳科目的余額直接填列

例如，「固定資產清理」「長期待攤費用」「遞延所得稅資產」「短期借款」「應付票據」「應付職工薪酬」「應交稅費」「應付利息」「應付股利」「其他應付款」「遞延所得稅負債」「實收資本」「資本公積」「庫存股」「盈余公積」等項目，應當根據相關總帳科目的余額直接填列。

2. 根據總帳科目的余額計算填列

有些項目則需根據幾個總帳科目的余額計算填列。例如，「貨幣資金」項目，應當根據「庫存現金」「銀行存款」「其他貨幣資金」等科目期末余額合計填列。

3. 根據有關明細科目的余額計算填列

例如，「開發支出」項目，應根據「研發支出」科目中所屬的「資本化支出」明細科目期末余額填列；「應付帳款」項目，應根據「應付帳款」和「預付帳款」科目所屬的相關明細科目的期末貸方余額合計數填列；「一年內到期的非流動資產」「一年內到期的非流動負債」項目，應根據有關非流動資產或負債項目的明細科目余額分析填列；「長期借款」「應付債券」項目，應分別根據「長期借款」「應付債券」科目的明細科目余額分析填列。

4. 根據總帳科目和明細科目的余額分析計算填列

例如，「長期應收款」項目，應當根據「長期應收款」總帳科目余額，減去「未實現融資收益」總帳科目余額，再減去所屬相關明細科目中將於一年內到期的部分填列；「長期借款」項目，應當根據「長期借款」總帳科目余額扣除「長期借款」科目所屬明細科目中將於一年內到期的部分填列；「應付債券」項目，應當根據「應付債券」總帳科目余額扣除「應付債券」科目所屬明細科目中將於一年內到期的部分填列；「長期應付款」項目，應當根據「長期應付款」總帳科目余額，減去「未確認融資費用」總帳科目余額，再減去所屬相關明細科目中將於一年內到期的部分填列。

5. 根據總帳科目與其備抵科目抵銷后的淨額填列

「可供出售金融資產」「持有至到期投資」「長期股權投資」「在建工程」「商譽」項目，應根據相關科目的期末余額填列，已計提減值準備的，還應扣減相應的減值準備；「固定資產」「無形資產」「投資性房地產」「生產性生物資產」項目，應根據相關科目的期末余額扣減相關的累計折舊（或攤銷）填列，已計提減值準備的，還應扣減相應的減值準備；「長期應收款」項目，應根據「長期應收款」科目的期末余額，減去相應的「未實現融資費用」科目和「壞帳準備」科目所屬相關明細科目期末余額后的金額填列；「長期應付款」項目，應根據「長期應付款」科目的期末余額，減去相應的「未確認融資費用」科目期末余額后的金額填列。

6. 綜合運用上述填列方法分析填列

「應收票據」「應收利息」「應收股利」「其他應收款」項目，應根據相關科目的期末余額，減去「壞帳準備」科目中有關壞帳準備期末余額后的金額填列；「應收帳款」項目，應根據「應收帳款」和「預收帳款」科目所屬各明細科目的期末借方余額合計數，減去「壞帳準備」科目中有關應收帳款計提的壞帳準備期末余額后的金額填列；「預付款項」項目，應根據「預付帳款」和「應付帳款」科目所屬各明細科目的期末借方余額合計數，減去「壞帳準備」科目中有關預付款項計提的壞帳準備期末余額后的金額填列；「存貨」項目，應根據「材料採購」「原材料」「發出商品」「庫存商品」「週轉材料」「委託加工物資」「生產成本」「受託代銷商品」等科目的期末余額合計，減去「受託代銷商品款」「存貨跌價準備」科目期末余額后的金額填列，材料採用計劃成本核算，以及庫存商品採用計劃成本核算或售價核算的企業，還應按加或減材料成本差異、商品進銷差價后的金額填列。

(三) 資產負債表填列中的幾個特殊問題

(1) 有些流動負債，如應付帳款等，屬於企業正常營業週期中使用的營運資金的一部分。儘管這些經營性項目有時在資產負債表日后超過一年才到期清償，但是它們仍應劃分為流動負債。

(2)「持有待售資產」項目、「持有待售負債」項目。

①被劃分為持有待售的非流動資產包括固定資產、無形資產、長期股權投資等。

②被劃分為持有待售的非流動資產應當歸類為流動資產；被劃分為持有待售的非流動負債應當歸類為流動負債。

③持有待售的非流動資產既包括單項資產也包括處置組。處置組是指在一項交易中作為整體通過出售或其他方式一併處置的一組資產以及在該交易中轉讓的與這些資產直接相關的負債。因此，無論是被劃分為持有待售的單項非流動資產還是處置組中的資產，都應當在資產負債表的流動資產部分單獨列報；類似地，被劃分為持有待售的處置組中的與轉讓資產相關的負債應當在資產負債表的流動負債部分單獨列報。

(3) 預計將在一年內出售的可供出售金融資產，劃分為流動資產。

(4) 應交稅費。

企業按照稅法規定應繳納的企業所得稅、增值稅等稅費，根據其余額性質在資產負債表進行列示。其中，對於增值稅待抵扣金額，根據其流動性，在資產負債表中的「其他流動資產」項目或「其他非流動資產」項目列示。

(5) 用於購建固定資產的預付款項的列報。

為購建固定資產而預付的款項，日常會計核算時在「預付帳款」科目反應，在期末編製財務報表時，應分類為非流動資產，列示於其他非流動資產中，並在附註中披露其性質。

(四) 資產負債表各項目的列報說明

(1)「貨幣資金」項目反應企業庫存現金、銀行基本存款戶存款、銀行一般存款戶存款、外埠存款、銀行匯票存款等的合計數。本項目應根據「庫存現金」「銀行存款」「其他貨幣資金」帳戶的期末余額合計數填列。

(2)「以公允價值計量且其變動計入當期損益的金融資產」項目反應企業持有的以公允價值計量且其變動計入當期損益、為交易目的持有的債券投資、股票投資、基金投資等金融資產。本項目應根據「交易性金融資產」帳戶的期末余額填列。

(3)「應收票據」項目反應企業收到的未到期收款而且也未向銀行貼現的商業承兌匯票和銀行承兌匯票等應收票據余額，減去已計提的壞帳準備后的淨額。本項目應根據「應收票據」帳戶的期末余額減去「壞帳準備」帳戶中有關應收票據計提的壞帳準備余額后的金額填列。

(4)「應收帳款」項目反應企業因銷售商品、提供勞務等而應向購買單位收取的各種款項，減去已計提的壞帳準備后的淨額。本項目應根據「應收帳款」和「預收帳款」帳戶所屬各明細帳戶的期末借方余額合計，減去「壞帳準備」帳戶中有關應收帳款計提的壞帳準備期末余額后的金額填列。

(5)「預付款項」項目反應企業預付的款項，減去已計提的壞帳準備后的淨額。本項目根據「預付帳款」和「應付帳款」帳戶所屬各明細帳戶的期末借方余額合計，減去「壞帳準備」帳戶中有關預付帳款計提的壞帳準備期末余額后的金額填列。如「預付帳款」帳戶所屬各明細帳期末有貸方余額的，應在資產負債表「應付帳款」項目內填列。

(6)「應收利息」項目反應企業因持有交易性金融資產、持有至到期投資和可供出售金融資產等應收取的利息。本項目應根據「應收利息」帳戶的期末余額填列。

(7)「應收股利」項目反應企業應收取的現金股利和應收取其他單位分配的利潤。本項目根據「應收股利」帳戶期末余額填列。

(8)「其他應收款」項目反應企業對其他單位和個人的應收和暫付的款項，減去已計提的壞帳準備后的淨額。本項目應根據「其他應收款」帳戶的期末余額，減去「壞帳準備」帳戶中有關其他應收款計提的壞帳準備期末余額后的金額填列。

(9)「存貨」項目反應企業期末在庫、在途和在加工中的各項存貨的可變現淨值，包括各種原材料、商品、在產品、半成品、發出商品、包裝物、低值易耗品和委託代銷商品等。本項目應根據「在途物資（材料採購）」「原材料」「庫存商品」「週轉材料」「委託加工物資」「生產成本」和「勞務成本」等帳戶的期末余額合計，減去「存貨跌價準備」帳戶期末余額后的金額填列。材料採用計劃成本核算以及庫存商品採用計劃成本或售價核算的小企業，應按加或減材料成本差異、減商品進銷差價后的金額填列。

(10)「持有待售資產」項目反應企業中被劃分為持有待售的非流動資產及被劃分為持有待售的處置組中的資產。本項目應根據單獨設置的「持有待售資產」科目余額填列，或根據非流動資產類科目的余額分析計算填列。

(11)「一年內到期的非流動資產」項目反應企業非流動資產項目中在一年內到期的金額，包括一年內到期的持有至到期投資、長期待攤費用和一年內可收回的長期應收款。本項目應根據上述帳戶分析計算后填列。

(12)「其他流動資產」項目反應企業除以上流動資產項目外的其他流動資產。本項目應根據有關帳戶的期末余額填列。

(13)「可供出售金融資產」項目反應企業持有的可供出售金融資產的公允價值。本項目根據「可供出售金融資產」帳戶期末余額填列。

(14)「持有至到期投資」項目反應企業持有至到期投資的攤余價值。本項目根據「持有至到期投資」帳戶期末余額減去一年內到期的投資部分和「持有至到期投資減值準備」帳戶期末余額后填列。

(15)「長期應收款」項目反應企業長期應收款淨額。本項目根據「長期應收款」期末余額，減去一年內到期的部分、「未實現融資收益」帳戶期末余額、「壞帳準備」帳戶中按長期應收款計提的壞帳損失后的金額填列。

(16)「長期股權投資」項目反應企業不準備在一年內（含一年）變現的各種股權性質投資的帳面余額，減去減值準備后的淨額。本項目應根據「長期股權投資」帳戶的期末余額減去「長期股權投資減值準備」帳戶期末余額后填列。

(17)「投資性房地產」項目反應企業持有的投資性房地產。企業採用成本模式計量投資性房地產的，本項目應根據「投資性房地產」科目的期末余額減去「投資性房地產累計折舊（攤銷）」和「投資性房地產減值準備」帳戶期末余額后的金額填列；企業採用公允價值模式計量投資性房地產的，本項目應根據「投資性房地產」帳戶的期末余額填列。

(18)「固定資產」項目反應企業固定資產的淨值。本項目根據「固定資產」帳戶期末余額，減去「累計折舊」和「固定資產減值準備」帳戶期末余額后填列。

(19)「在建工程」項目反應企業尚未達到預定可使用狀態的在建工程價值。本項目根據「在建工程」帳戶期末余額，減去「在建工程減值準備」帳戶期末余額后填列。

(20)「工程物資」項目反應企業為在建工程準備的各種物資的價值。本項目根據「工程物資」帳戶期末余額，減去「工程物資減值準備」帳戶期末余額后填列。

(21)「固定資產清理」項目反應企業因出售、毀損、報廢等原因轉入清理但尚未清理完畢的固定資產的帳面價值，以及固定資產清理過程中所發生的清理費用和變價收入等各項金額的差額。本項目應根據「固定資產清理」帳戶的期末借方余額填列；如「固定資產清理」帳戶期末為貸方余額，以「-」號填列。

(22)「生產性生物資產」項目反應企業持有的生產性生物資產。本項目應根據「生產性生物資產」科目的期末余額減去「生產性生物資產累計折舊」和「生產性生物資產減值準備」帳戶期末余額后的金額填列。

(23)「油氣資產」項目反應企業持有的礦區權益和油氣井及相關設施的淨額。本項目應根據「油氣資產」科目的期末余額減去「累計折耗」帳戶期末余額和相應減值準備的期末余額后的金額填列。

(24)「無形資產」項目反應企業持有的各項無形資產的淨值。本項目應根據「無形資產」帳戶期末余額，減去「累計攤銷」和「無形資產減值準備」帳戶的期末余額填列。

(25)「開發支出」項目反應企業開發無形資產過程中發生的、尚未形成無形資產成本的支出。本項目根據「研發支出」帳戶的期末余額填列。

(26)「商譽」項目反應企業商譽的價值。本項目根據「商譽」帳戶期末余額填列。

(27)「長期待攤費用」項目反應企業尚未攤銷的攤銷期限在一年以上（不含一年）的各項費用。本項目應根據「長期待攤費用」帳戶的期末余額減去將於一年內（含一年）攤銷的數額后的金額填列。

(28)「遞延所得稅資產」項目反應企業應可抵扣暫時性差異形成的遞延所得稅資產。本項目根據「遞延所得稅資產」帳戶期末余額填列。

(29)「其他非流動資產」項目反應企業除以上資產以外的其他長期資產。本項目應根據有關帳戶的期末余額填列。

(30)「短期借款」項目反應企業借入尚未歸還的一年期以下（含一年）的借款。本項目應根據「短期借款」帳戶的期末余額填列。

(31)「以公允價值計量且其變動計入當期損益的金融負債」項目反應企業承擔的以公允價值計量且其變動計入當期損益的、為交易目的所持有的金融負債。本項目根據「交易性金融負債」帳戶期末余額填列。

(32)「應付票據」項目反應企業為了抵付貨款等而開出並承兌的、尚未到期付款的應付票據，包括銀行承兌匯票和商業承兌匯票。本項目應根據「應付票據」帳戶的期末余額填列。

(33)「應付帳款」項目反應企業購買原材料、商品和接受勞務供應等而應付給供應單位的款項。本項目應根據「應付帳款」和「預付帳款」帳戶所屬各明細帳戶的期末貸方余額合計填列。

(34)「預收款項」項目反應企業按合同規定預收的款項。本項目根據「預收帳款」和「應收帳款」帳戶所屬各明細帳戶的期末貸方余額合計填列。如「預收帳款」帳戶所屬各明細帳期末有借方余額的，應在資產負債表「應收帳款」項目內填列。

(35)「應付職工薪酬」項目反應企業根據有關規定應付給職工的工資、職工福利、社會保險費、住房公積金、工會經費、職工教育經費、非貨幣性福利、辭退福利等各種薪酬。外商投資企業按規定從淨利潤中提取的職工獎勵及福利基金，也應在本項目列示。本項目應根據「應付職工薪酬」帳戶的期末貸方余額填列，如「應付職工薪酬」帳戶期末為借方余額，以「-」號填列。

(36)「應交稅費」項目反應企業按照稅法規定計算應繳納的各種稅費，包括增值稅、消費稅、所得稅、資源稅、土地增值稅、城市維護建設稅、房產稅、城鎮土地使用稅、車船使用稅、教育費附加、礦產資源補償費等企業代扣代交的個人所得稅。本項目應根據「應交稅費」帳戶的期末貸方余額填列，如「應交稅費」帳戶期末為借方余額，以「-」號填列。

(37)「應付利息」項目反應企業應付未付的各種利息，包括到期還本、分期付息的長期借款應支付的利息，企業發行的企業債券應支付的利息等。本項目根據「應付利息」帳戶期末余額填列。

(38)「應付股利」項目反應企業尚未支付的現金股利或利潤。本項目應根據「應付股利」帳戶的期末余額填列。

(39)「其他應付款」項目反應企業除應付票據、應付帳款、預收帳款、應付職工薪酬、應付股利、應付利息、應交稅費等經營活動以外的其他各項應付、暫付的款項。本項目應根據「其他應付款」帳戶的期末余額填列。

(40)「持有待售負債」項目反應企業被劃分為持有待售的處置組中的負債。本項目應根據單獨設置的「持有待售負債」帳戶的期末余額填列，或根據非流動負債類帳戶的余額分析計算填列。

(41)「一年內到期的非流動負債」項目反應企業各種非流動負債將於資產負債表日后一年之內到期部分的金額，包括一年內到期的長期借款、長期應付款和應付債券。本項目應根據上述帳戶分析計算后填列。

(42)「其他流動負債」項目反應企業除以上流動負債以外的其他流動負債。本項目應根據有關帳戶的期末余額填列。

(43)「長期借款」項目反應企業借入尚未歸還的一年以上（不含一年）的各期借款。本項目應根據「長期借款」帳戶的期末余額減去一年內到期部分的金額填列。

(44)「應付債券」項目反應企業為籌集長期資金而發行的債券本金和利息。本項目根據「應付債券」帳戶期末余額減去一年內到期部分的金額填列。

(45)「長期應付款」項目反應企業除長期借款、應付債券以外的各種長期應付款。本項目應根據「長期應付款」帳戶的期末余額，減去「未確認融資費用」帳戶期末余額和一年內到期部分的長期應付款后填列。

(46)「專項應付款」項目反應企業取得政府作為企業所有者投入的具有專項或特定用途的款項。本項目根據「專項應付款」科目的期末余額填列。

(47)「預計負債」項目反應企業確認的對外提供擔保、未決訴訟、產品質量保證、重組義務、虧損性合同等預計負債。本項目根據「預計負債」帳戶期末余額填列。

(48)「遞延所得稅負債」項目反應企業根據應納稅暫時性差異確認的遞延所得稅負債。本項目根據「遞延所得稅負債」帳戶期末余額填列。

(49)「其他非流動負債」項目反應企業除以上非流動負債項目以外的其他非流動負債。本項目應根據有關帳戶的期末余額減去將於一年內（含一年）到期償還數后的余額填列。

(50)「實收資本（或股本）」項目反應企業各投資者實際投入的資本（或股本）總額。本項目應根據「實收資本（股本）」帳戶的期末余額填列。

(51)「資本公積」項目反應企業資本公積的期末余額。本項目應根據「資本公積」帳戶的期末余額填列，其中「庫存股」按「庫存股」帳戶余額填列。

(52)「盈余公積」項目反應企業盈余公積的期末余額。本項目應根據「盈余公積」帳戶的期末余額填列。

(53)「未分配利潤」項目反應企業尚未分配的利潤。本項目應根據「本年利潤」帳戶和「利潤分配」帳戶的期末余額計算填列，如為未彌補的虧損，在本項目內以「-」號填列。

三、資產負債表編製示例

[**例 17-1**] 華遠股份有限公司為一般納稅人，適用增值稅稅率 17%，所得稅稅率為 25%；原材料採用計劃成本法進行核算。該公司 2×15 年 12 月 31 日的資產負債表如表 17-1 所示。其中，「應收帳款」科目的期末余額為 2,000,000 元，「壞帳準備」科目的期末余額為 4,500 元。其他諸如存貨、長期股權投資、固定資產、無形資產等資產都沒有計提資產減值準備。

表 17-1　　　　**資產負債表**　　　　會企 01 表

編製單位：華遠股份有限公司　　2×15 年 12 月 31 日　　單位：元

資產	期末余額	年初余額	負債和所有者權益（或股東權益）	期末余額	年初余額
流動資產：		略	流動負債：		略
貨幣資金	7,031,500		短期借款	1,500,000	
以公允價值計量且其變動計入當期損益的金融資產	75,000		以公允價值計量且其變動計入當期損益的金融負債		
應收票據	1,230,000		應付票據	1,000,000	
應收帳款	1,995,500		應付帳款	4,774,000	
預付款項	500,000		預收款項		
應收利息			應付職工薪酬	550,000	
應收股利			應交稅費	183,000	
其他應收款	1,525,000		應付利息		
存貨	12,900,000		應付股利		
劃分為持有待售的資產			其他應付款	250,000	
一年內到期的非流動資產			劃分為持有待售的負債		
其他流動資產			一年內到期的非流動負債		
流動資產合計	25,257,000		其他流動負債	5,000,000	
非流動資產：			流動負債合計	13,257,000	
可供出售金融資產			非流動負債：		
持有至到期投資			長期借款	3,000,000	
長期應收款			應付債券		
長期股權投資	1,250,000		長期應付款		
投資性房地產			專項應付款		
固定資產	4,000,000		預計負債		
在建工程	7,500,000		遞延收益		
工程物資			遞延所得稅負債		
固定資產清理			其他非流動負債		

表17-1(續)

資產	期末余額	年初余額	負債和所有者權益(或股東權益)	期末余額	年初余額
生產性生物資產			非流動負債合計	3,000,000	
油氣資產			負債合計	16,257,000	
無形資產	3,000,000		所有者權益(或股東權益):		
開發支出			實收資本(或股本)	25,000,000	
商譽			資本公積		
長期待攤費用			減:庫存股		
遞延所得稅資產			其他綜合收益		
其他非流動資產	1,000,000		盈余公積	500,000	
非流動資產合計	16,750,000		未分配利潤	250,000	
			所有者權益(或股東權益)合計	25,750,000	
資產總計	42,007,000		負債和所有者權益(或股東權益)總計	42,007,000	

2×16 年,華遠股份有限公司共發生如下經濟業務:

(1)基本生產車間一臺機床報廢,原價 1,000,000 元,已提折舊 900,000 元,清理費用 2,500 元,殘值收入 4,000 元,均通過銀行存款收支。該項固定資產已清理完畢。

(2)從銀行借入 3 年期借款 5,000,000 元,款項已存入銀行。

(3)銷售產品一批,開出的增值稅專用發票上註明的價款為 3,500,000 元,增值稅 595,000 元,款項已存入銀行。銷售產品的實際成本為 2,1,000,000 元。

(4)將要到期一張面值為 1,000,000 元的無息銀行承兌匯票(不含增值稅),連同解訖通知和進帳單交銀行辦理轉帳。收到銀行蓋章退回的進帳單一聯,款項銀行已收妥。

(5)出售一臺不需用設備,收到價款 1,500,000 元,該設備原價 2,000,000 元,已提折舊 750,000 元,不考慮相關稅費。

(6)通過公開市場取得交易性金融資產(股票),價款 515,000 元,交易費用 10,000 元,已用銀行存款支付。

(7)支付工資 2,500,000 元,其中包括支付在建工程人員工資 1,000,000 元。

(8)分配應支付的職工工資 1,500,000 元(不含在建工程應負擔的工資),其中生產工人工資 1,375,000 元,車間管理人員工資 50,000 元,行政管理部門人員工資 75,000 元。

(9)發生職工福利費 210,000 元(不含在建工程應負擔的福利費 140,000 元),其中生產工人福利費 192,500 元,車間管理人員福利費 7,000 元,行政管理部門福利費 10,500 元。

(10)基本生產車間領用原材料,計劃成本為 3,500,000 元,領用低值易耗品,計劃成本 250,000 元,採用一次轉銷法。

(11)收到銀行通知,用銀行存款支付到期的商業承兌匯票 500,000 元。

(12) 購入原材料一批，收到的增值稅專用發票上註明的原材料價款為 750,000 元，增值稅進項稅額為 127,500 元，款項已通過銀行轉帳支付，材料尚未驗收入庫。

(13) 收到原材料一批，實際成本 500,000 元，計劃成本 475,000 元，材料已驗收入庫，款項已於上月支付。

(14) 用銀行匯票支付採購材料價款，公司收到開戶銀行轉來的銀行匯票多余款收帳通知，通知上填寫的多余款為 1,170 元，購入材料及運費 499,000 元，支付的增值稅稅額為 84,830 元，原材料已驗收入庫，該批原材料計劃成本 500,000 元。

(15) 銷售產品一批，開出的增值稅專用發票上註明的價款為 1,500,000 元，增值稅稅額為 255,000 元，貨款尚未收到。該批產品實際成本 900,000 元，產品已發出。

(16) 將交易性金融資產（股票）出售取得價款 82,500 元，該投資的成本為 65,000 元，公允價值變動為增值 10,000 元，處置收益為 7,500 元。

(17) 購入不需要安裝的設備一臺，收到的增值稅專用發票上註明的價款為 427,350 元，增值稅進項稅額為 72,650 元，支付包裝費、運費 5,000 元。價款及包裝費、運費均已通過銀行存款支付。設備已交付使用。

(18) 購入工程物資一批用於建造廠房，收到的增值稅普通發票上註明的價款和增值稅稅額合計 750,000 元，款項已通過銀行轉帳支付。

(19) 工程發生應付職工薪酬 1,140,000 元。

(20) 一項工程完工交付生產使用，已辦理竣工手續，固定資產價值為 7,000,000 元。

(21) 結轉基本生產車間領用原材料和低值易耗品應分攤的材料成本差異。材料成本差異率均為 5%。

(22) 對行政管理部門使用的無形資產進行攤銷，為 300,000 元。以銀行存款支付本年度基本生產車間應負擔的水電費 450,000 元。

(23) 計提固定資產折舊 500,000 元，其中計入製造費用 400,000 元，計入管理費用 100,000 元。計提固定資產減值準備 150,000 元。

(24) 收到應收帳款 255,000 元，存入銀行。計提應收帳款壞帳準備 4,500 元。

(25) 用銀行存款支付本期發生的廣告費 50,000 元。

(26) 結轉製造費用，計算並結轉本期完工產品成本 6,412,000 元。期末沒有在產品，本期生產的產品全部完工入庫。

(27) 本期發生的產品展覽費 50,000 元，已用銀行存款支付。

(28) 採用商業匯票結算方式銷售產品一批，開出的增值稅專用發票上註明的價款為 1,250,000 元，增值稅稅額為 212,500 元，收到 1,462,500 元的商業承兌匯票一張。所售產品實際成本為 750,000 元。

(29) 將上述 1,462,500 元的商業承兌匯票到銀行辦理貼現，貼現息為 100,000 元。

(30) 本期銷售產品應繳納的教育費附加為 10,000 元。

(31) 用銀行存款繳納增值稅 500,000 元、教育費附加 10,000 元。

(32) 本期在建工程應負擔的長期借款利息費用為 1,000,000 元，長期借款為分期付息。

（33）本期應計入損益的長期借款利息費用為 50,000 元，長期借款為分期付息。

（34）歸還短期借款本金 1,250,000 元。

（35）支付長期借款利息 1,050,000 元。

（36）歸還上期借款本金 300,000 元。

（37）上年度銷售產品一批，開出的增值稅專用發票上註明的價款為 50,000 元，增值稅稅額為 8,500 元，購貨方開出商業承兌匯票。本期由於購貨方發生財務困難，無法按合同規定償還債務，經雙方協議，華遠股份有限公司同意購貨方用產品抵償該應收票據。用於抵債的產品市價為 40,000 元，增值稅稅率為 17%，取得增值稅專用發票。

（38）持有的交易性金融資產 20×5 年 12 月 31 日的公允價值為 525,000 元。

（39）結轉本期產品銷售成本。

（40）假設本例中，除計提固定資產減值準備 150,000 元，該固定資產帳面價值與其計稅基礎存在差異外，不考慮其他項目的所得稅影響。企業按照稅費規定計算確定的應交所得稅為 474,325 元，遞延所得稅資產為 37,500 元。

（41）將各收支科目結轉本年利潤。

（42）按照淨利潤的 10%提取法定盈余公積。

（43）將利潤分配各明細科目的余額轉入「未分配利潤」明細科目。

（44）用銀行存款繳納當年應交所得稅。

要求：根據上述資料編製會計分錄和資產負債表。

1. 根據前述業務編製會計分錄

	借方	貸方
（1）借：固定資產清理	100,000	
累計折舊	900,000	
貸：固定資產		1,000,000
（2）借：固定資產清理	2,500	
貸：銀行存款		2,500
借：銀行存款	4,000	
貸：固定資產清理		4,000
借：營業外支出——處置固定資產淨損失	98,500	
貸：固定資產清理		98,500
借：銀行存款	5,000,000	
貸：長期借款		5,000,000
（3）借：銀行存款	4,095,000	
貸：主營業務收入		3,500,000
應交稅費——應交增值稅（銷項稅額）		595,000
（4）借：銀行存款	1,000,000	
貸：應收票據		1,000,000
（5）借：固定資產清理	1,250,000	
累計折舊	750,000	
貸：固定資產		2,000,000

借：銀行存款　　1,500,000
　貸：固定資產清理　　　1,500,000
借：固定資產清理　　250,000
　貸：營業外收入——處置固定資產淨收益　　　250,000
(6) 借：交易性金融資產　　515,000
　　投資收益　　10,000
　貸：銀行存款　　　525,000
(7) 借：應付職工薪酬　　2,500,000
　貸：銀行存款　　　2,500,000
(8) 借：生產成本　　1,375,000
　　製造費用　　50,000
　　管理費用　　75,000
　貸：應付職工薪酬——工資　　　1,500,000
(9) 借：生產成本　　192,500
　　製造費用　　7,000
　　管理費用　　10,500
　貸：應付職工薪酬——職工福利　　　210,000
(10) 借：生產成本　　3,500,000
　貸：原材料　　　3,500,000
借：製造費用　　250,000
　貸：週轉材料——低值易耗品　　　250,000
(11) 借：應付票據　　500,000
　貸：銀行存款　　　500,000
(12) 借：材料採購　　750,000
　　應交稅費——應交增值稅（進項稅額）　　127,500
　貸：銀行存款　　　877,500
(13) 借：原材料　　475,000
　　材料成本差異　　25,000
　貸：材料採購　　　500,000
(14) 借：材料採購　　499,000
　　應交稅費——應交增值稅（進項稅額）　　84,830
　　銀行存款　　1,170
　貸：其他貨幣資金　　　585,000
借：原材料　　500,000
　貸：材料採購　　　499,000
　　材料成本差異　　　1,000
(15) 借：應收帳款　　1,755,000
　貸：主營業務收入　　　1,500,000
　　應交稅費——應交增值稅（銷項稅額）　　　255,000

分錄	借方	貸方
（16）借：銀行存款	82,500	
貸：交易性金融資產——成本		65,000
——公允價值變動		10,000
投資收益		7,500
借：公允價值變動損益	10,000	
貸：投資收益		10,000
（17）借：固定資產	432,350	
應交稅費——應交增值稅（進項稅額）	72,650	
貸：銀行存款		505,000
（18）借：工程物資	750,000	
貸：銀行存款		750,000
（19）借：在建工程	1,140,000	
貸：應付職工薪酬		1,140,000
（20）借：固定資產	7,000,000	
貸：在建工程		7,000,000
（21）借：生產成本	175,000	
製造費用	12,500	
貸：材料成本差異		187,500
（22）借：管理費用——無形資產攤銷	300,000	
貸：累計攤銷		300,000
借：製造費用——水電費	450,000	
貸：銀行存款		450,000
（23）借：製造費用——折舊費	400,000	
管理費用——折舊費	100,000	
貸：累計折舊		500,000
借：資產減值損失——計提固定資產減值	150,000	
貸：固定資產減值準備		150,000
（24）借：銀行存款	255,000	
貸：應收帳款		255,000
借：資產減值損失——計提壞帳準備	4,500	
貸：壞帳準備		4,500
（25）借：銷售費用——廣告費	50,000	
貸：銀行存款		50,000
（26）借：生產成本	1,169,500	
貸：製造費用		1,169,500
借：庫存商品	6,412,000	
貸：生產成本		6,412,000
（27）借：銷售費用——展覽費	50,000	
貸：銀行存款		50,000

(28) 借：應收票據　1,462,500
　貸：主營業務收入　1,250,000
　　應交稅費——應交增值稅（銷項稅額）　212,500
(29) 借：財務費用　100,000
　銀行存款　1,362,500
　貸：應收票據　1,462,500
(30) 借：營業稅金及附加　10,000
　貸：應交稅費——應交教育費附加　10,000
(31) 借：應交稅費——應交增值稅（已交稅金）　500,000
　　——應交教育費附加　10,000
　貸：銀行存款　510,000
(32) 借：在建工程　1,000,000
　貸：應付利息　1,000,000
(33) 借：財務費用　50,000
　貸：應付利息　50,000
(34) 借：短期借款　1,250,000
　貸：銀行存款　1,250,000
(35) 借：應付利息　1,050,000
　貸：銀行存款　1,050,000
(36) 借：長期借款　3,000,000
　貸：銀行存款　3,000,000
(37) 借：庫存商品　40,000
　應交稅費——應交增值稅（進項稅額）　6,800
　營業外支出——債務重組損失　11,700
　貸：應收票據　58,500
(38) 借：交易性金融資產——公允價值變動　10,000
　貸：公允價值變動損益　10,000
(39) 借：主要業務成本　3,750,000
　貸：庫存商品　3,750,000
(40) 借：所得稅費用——當期所得稅費用　474,325
　貸：應交稅費——應交所得稅　474,325
借：遞延所得稅資產　37,500
　貸：所得稅費用——遞延所得稅費用　37,500
(41) 借：主營業務收入　6,250,000
　營業外收入　250,000
　投資收益　7,500
　貸：本年利潤　6,507,500
借：本年利潤　4,760,200
　貸：主營業務成本　3,750,000

營業稅金及附加　　10,000
銷售費用　　100,000
管理費用　　485,500
財務費用　　150,000
資產減值損失　　154,500
營業外支出　　110,200

借：本年利潤　　436,825
　貸：所得稅費用　　436,825

（42）借：利潤分配——提取法定盈余公積　　131,048
　貸：盈余公積——法定盈余公積　　131,048

（43）借：利潤分配——未分配利潤　　131,048
　貸：利潤分配——提取法定盈余公積　　131,048

（44）借：應交稅費——應交所得稅　　474,325
　貸：銀行存款　　474,325

2. 根據上述資料及 2×15 年 12 月 31 日的資產負債表，編製 2×16 年 12 月 31 日的資產負債表（如表 17-2 所示）

表 17-2　　**資產負債表**　　會企 01 表

編製單位：華遠股份有限公司　　2×16 年 12 月 31 日　　單位：元

資產	期末余額	年初余額	負債和所有者權益（或股東權益）	期末余額	年初余額
流動資產：			流動負債：		
貨幣資金	7,252,345	7,031,500	短期借款	250,000	1,500,000
以公允價值計量且其變動計入當期損益的金融資產	525,000	75,000	以公允價值計量且其變動計入當期損益的金融負債		
應收票據	171,500	1,230,000	應付票據	500,000	1,000,000
應收帳款	3,491,000	1,995,500	應付帳款	4,774,000	4,774,000
預付款項	500,000	500,000	預收款項		
應收利息			應付職工薪酬	900,000	550,000
應收股利			應交稅費	453,720	183,000
其他應收款	1,525,000	1,525,000	應付利息		
存貨	12,913,500	12,900,000	應付股利		
一年內到期的非流動資產			其他應付款	250,000	250,000
其他流動資產			一年內到期的非流動負債		
流動資產合計	26,378,345	25,257,000	其他流動負債	5,000,000	5,000,000
非流動資產：			流動負債合計	12,127,720	13,257,000
可供出售金融資產			非流動負債：		
持有至到期投資			長期借款	5,000,000	3,000,000
長期應收款			應付債券		
長期股權投資	1,250,000	1,250,000	長期應付款		
投資性房地產			專項應付款		

表17-2(續)

資產	期末余額	年初余額	負債和所有者權益(或股東權益)	期末余額	年初余額
固定資產	9, 432, 350	4, 000, 000	預計負債		
在建工程	2, 640, 000	7, 500, 000	遞延所得稅負債		
工程物資	750, 000		其他非流動負債		
固定資產清理			非流動負債合計	5, 000, 000	3, 000, 000
生產性生物資產			負債合計	17, 127, 720	16, 257, 000
油氣資產			所有者權益(或股東權益):		
無形資產	2, 700, 000	3, 000, 000	實收資本（或股本）	25, 000, 000	25, 000, 000
開發支出			資本公積		
商譽			減：庫存股		
長期待攤費用			盈余公積	631, 048	500, 000
遞延所得稅資產	37, 500		未分配利潤	1, 429, 427	250, 000
其他非流動資產	1, 000, 000	1, 000, 000	所有者權益(或股東權益)合計	27, 060, 475	25, 750, 000
非流動資產合計	17, 809, 850	1, 6, 750, 000			
資產總計	44, 188, 195	42, 007, 000	負債和所有者權益（或股東權益）總計	44, 188, 195	42, 007, 000

第三節　利潤表

一、利潤表概述

（一）利潤表的概念

利潤表是反應企業在一定會計期間經營成果的會計報表。例如，反應某年 1 月 1 日至 12 月 31 日經營成果的利潤表，反應的就是該期間的情況。利潤表是根據會計核算的配比原則，把一定時期內的收入和相對應的成本費用進行配比，從而計算出企業一定時期的各項利潤指標。

利潤表的列報必須充分反應企業經營業績的主要來源和構成，有助於使用者判斷淨利潤的質量及其風險，有助於使用者預測淨利潤的持續性，從而做出正確的決策。利潤表，可以反應企業一定會計期間收入的實現情況，如實現的營業收入有多少、實現的投資收益有多少、實現的營業外收入有多少等；可以反應一定會計期間的費用耗費情況，如耗費的營業成本有多少，營業稅金及附加有多少，及銷售費用、管理費用、財務費用各有多少，營業外支出有多少等；可以反應企業生產經營活動的成果，即淨利潤的實現情況，據以判斷資本保值、增值等情況。

（二）利潤表的格式

利潤表由表頭、表身和表尾等部分組成。表頭部分應列明報表名稱、編表單位名稱、編製期間和金額計量單位；表身部分反應利潤的構成內容；表尾部分為補充說明。

其中，表身部分為利潤表的主體和核心。

利潤表的格式主要有多步式利潤表和單步式利潤表兩種。單步式利潤表是將當期所有的收入列在一起，然后將所有的費用列在一起，兩者相減得出當期淨損益。多步式利潤表是通過對當期的收入、費用、支出項目按性質加以歸類，按利潤形成的主要環節列示一些中間性利潤指標，分步計算當期淨損益。

中國財務報表列報準則規定，企業應當採用多步式列報利潤表（如表 17-4 所示），將不同性質的收入和費用類進行對比，從而可以得出一些中間性的利潤數據，便於使用者理解企業經營成果的不同來源。

二、利潤表的列報方法

(一)「本期金額」欄和「上期金額」欄的填列方法

利潤表中的欄目分為「本期金額」欄和「上期金額」欄。「本期金額」欄根據「營業收入」「營業成本」「營業稅金及附加」「銷售費用」「管理費用」「財務費用」「資產減值損失」「公允價值變動收益」「營業外收入」「營業外支出」「所得稅費用」等損益類科目的發生額分析填列。其中，「營業利潤」「利潤總額」「淨利潤」項目根據本表中相關項目計算填列。

利潤表中的「上期金額」欄應根據上年該期利潤表「本期金額」欄內所列數字填列。如果上年該期利潤表規定的各個項目的名稱和內容同本期不一致，應對上年該期利潤表各項目的名稱和數字按本期的規定進行調整，填入「上期金額」欄。

(二) 利潤表項目的填列方法

中國企業利潤表的主要編製步驟和內容如下：

第一步，以營業收入為基礎，減去營業成本、營業稅金及附加、銷售費用、管理費用、財務費用、資產減值損失，加上公允價值變動收益（減去公允價值變動損失）和投資收益（減去投資損失），計算出營業利潤。

「本期金額」欄內各期數字，除「營業收入」項目，根據「主營業務收入」「其他業務收入」科目的發生額分析計算填列，「營業成本」項目，根據「主營業務成本」「其他業務成本」科目的發生額分析計算填列，其他項目均按照各科目的發生額分析填列。

第二步，以營業利潤為基礎，加上營業外收入，減去營業外支出，計算出利潤總額。

第三步，以利潤總額為基礎，減去所得稅費用，計算出淨利潤（或虧損）。

第四步，以淨利潤（或淨虧損）和其他綜合收益為基礎，計算綜合收益總額。

「其他綜合收益」項目反應企業根據其他會計準則規定未在當期損益中確認的各項利得和損失。其他綜合收益項目包括兩類內容：

①以后會計期間不能重分類進損益的其他綜合收益項目，主要包括重新計量設定受益計劃淨負債或淨資產導致的變動、按照權益法核算的在被投資單位以后會計期間不能重分類進損益的其他綜合收益中所享有的份額等。

②以后會計期間在滿足規定條件時將重分類進損益的其他綜合收益稅后淨額的其

他綜合收益項目，主要包括按照權益法核算的在被投資單位以后會計期間在滿足規定條件時重分類進損益的其他綜合收益中所享有的份額、可供出售金融資產公允價值變動形成的利得或損失、持有至到期投資重分類為可供出售金額資產形成的利得或損失、現金流量套期工具產生的利得或損失中屬於有效套期的部分、外幣財務報表折算差額。

其中，「其他綜合收益稅后淨額」是指其他綜合收益各項目分別扣除所得稅影響后的淨額的合計數。

「綜合收益總額」項目是反應企業在某一期間除與所有者以其他所有者身分進行交易之外的其他交易或事項所引起的所有者權益變動。該項目為淨利潤和其他綜合收益稅后淨額的合計金額。

第五步，以淨利潤（或淨虧損）為基礎，計算每股收益。

「每股收益」項目，包括基本每股收益和稀釋每股收益兩項指標。反應普通股或潛在普通股已公開交易的企業，以及正處於公開發行普通股或潛在普通股過程中的企業，還應當在利潤表中列示每股收益信息。

計算基本每股收益時，分子為歸屬於普通股股東的當期淨利潤，即企業當期實現的可供普通股股東分配的淨利潤或應當與普通股股東分擔的淨虧損金額；分母為當期發行在外的普通股的算數加權平均數。

計算稀釋每股收益時，分子為歸屬於普通股股東的當期淨利潤，即企業當期實現的可供普通股股東分配的淨利潤或應當與普通股股東分擔的淨虧損金額；分母為當期發行在外的普通股的加權平均數，其中分母中發行在外的普通股包含假設企業所有發行在外的稀釋性潛在普通股均已轉換為普通股。

三、利潤表編製示例

[例 17-2] 根據［例 17-1］的資料，華遠股份有限公司 2×16 年有關損益類科目的發生額如表 17-3 所示。

表 17-3　　**2×16 年度損益類科目本年累計發生額**　　單位：元

科目名稱	借方發生額	貸方發生額	科目名稱	借方發生額	貸方發生額
主營業務收入		6, 250, 000	資產減值損失	154, 500	
主營業務成本	3, 750, 000		投資收益		7, 500
營業稅金及附加	10, 000		營業外收入		250, 000
銷售費用	100, 000		營業外支出	110, 200	
管理費用	485, 500		所得稅費用	436, 825	
財務費用	150, 000				

根據資料，編製利潤表如表 17-4 所示。

表 17-4　　**利　潤　表**　　會企 02 表

編製單位：華遠股份有限公司　　2×16 年　　單位：元

項目	本期金額	上期金額(略)
一、營業收入	6, 250, 000	

表17-4(續)

項目	本期金額	上期金額(略)
減：營業成本	3, 750, 000	
營業稅金及附加	10, 000	
銷售費用	100, 000	
管理費用	485, 500	
財務費用	150, 000	
資產減值損失	154, 500	
加：公允價值變動收益（損失以「-」號填列）		
投資收益（損失以「-」號填列）	7, 500	
其中：對聯營企業和合營企業的投資收益		
二、營業利潤（虧損以「-」號填列）	1, 607, 500	
加：營業外收入	250, 000	
減：營業外支出	110, 200	
其中：非流動資產處置損失		
三、利潤總額（虧損總額以「-」號填列）	1, 747, 300	
減：所得稅費用	436, 825	
四、淨利潤（淨虧損以「-」號填列）	1, 310, 475	
五、其他綜合收益	（略）	
（一）以后會計期間不能重分類進損益的其他綜合收益		
（二）以后會計期間在滿足規定條件時將重分類進損益的其他綜合收益		
六、其他綜合收益稅后淨額	（略）	
（一）以后會計期間不能重分類進損益的其他綜合收益稅后淨額		
其中：①重新計量設定受益計劃淨負債或淨資產導致的變動的稅后淨額		
②按照權益法核算的在被投資單位以后會計期間不能重分類進損益的其他綜合收益中所享有的份額的稅后淨額		
（二）以后會計期間在滿足規定條件時將重分類進損益的其他綜合收益稅后淨額		
其中：①按照權益法核算的在被投資單位以后會計期間在滿足規定條件時重分類進損益的其他綜合收益中所享有的份額的稅后淨額		
②可供出售金融資產公允價值變動形成的利得（損失以「-」號填列）的稅后淨額		
③持有至到期投資重分類為可供出售金額資產形成的利得（損失以「-」號填列）的稅后淨額		
④現金流量套期工具產生的利得（損失以「-」號填列）的稅后淨額		
⑤外幣財務報表折算差額的稅后淨額		
七、綜合收益總額	（略）	

表17-4(續)

項目	本期金額	上期金額(略)
八、每股收益	(略)	
(一) 基本每股收益		
(二) 稀釋每股收益		

第四節　現金流量表

一、現金流量報概述

(一) 現金流量表的概念

現金流量表，是反應企業一定會計期間現金和現金等價物流入和流出的報表。編製現金流量表的主要目的，是為財務報表使用者提供企業一定會計期間內現金和現金等價物流入和流出的信息，以便於財務報表使用者瞭解和評價企業獲取現金和現金等價物的能力，並據以預測企業未來現金流量。

現金流量表的作用主要體現在以下幾個方面：一是有助於評價企業支付能力、償債能力和週轉能力；二是有助於預測企業未來現金流量；三是有助於分析企業收益質量及影響現金淨流量的因素，掌握企業經營活動、投資活動和籌資活動的現金流量，可以從現金流量的角度瞭解淨利潤的質量，為分析和判斷企業的財務前景提供信息。

(二) 現金流量表的編製基礎

現金流量表以現金及現金等價物為基礎編製，劃分為經營活動、投資活動和籌資活動，按照收付實現制原則編製，將權責發生制下的盈利信息調整為收付實現制下的現金流量信息。

1. 現金

現金，是指企業庫存現金以及可以隨時用於支付的存款。不能隨時用於支付的存款不屬於現金。現金主要包括：

(1) 庫存現金。庫存現金是指企業持有的可隨時用於支付的現金，與「庫存現金」科目的核算內容一致。

(2) 銀行存款。銀行存款是指企業存入金融機構、可以隨時用於支取的存款，與「銀行存款」科目核算內容基本一致，但不包括不能隨時用於支付的存款。例如，不能隨時支取的定期存款等不應作為現金；提前通知金融機構便可支取的定期存款則應包括在現金範圍內。

(3) 其他貨幣資金。其他貨幣資金是指存放在金融機構的外埠存款、銀行匯票存款、銀行本票存款、信用卡存款、信用證保證金存款和存出投資款等，與「其他貨幣資金」科目核算內容一致。

2. 現金等價物

現金等價物，是指企業持有的期限短、流動性強、易於轉換為已知金額現金、價值變動風險很小的投資。其中,「期限短」一般是指從購買日起 3 個月內到期。例如可在證券市場上流通的 3 個月內到期的短期債券等。

現金等價物雖然不是現金,但其支付能力與現金的差別不大,可視為現金。例如,企業為保證支付能力,手持必要的現金;為了不使現金閒置,可以購買短期債券,在需要現金時,隨時可以變現。

現金等價物的概念本身,包含了判斷一項投資是否屬於現金等價物的四個條件:①期限短;②流動性強;③易於轉換為已知金額的現金;④價值變動風險很小。其中,期限短、流動性強,強調了變現能力,而易於轉換為已知金額的現金、價值變動風險很小,則強調了支付能力的大小。現金等價物通常包括 3 個月內到期的短期債券投資。權益性投資變現的金額通常不確定,因而不屬於現金等價物。

3. 現金及現金等價物範圍的確定和變更

不同企業現金及現金等價物的範圍可能不同。企業應當根據經營特點等具體情況,確定現金及現金等價物的範圍。商業銀行與一般工商企業的現金及現金等價物的範圍可能不同。例如,某商業銀行的現金及現金等價物包括庫存現金、存放中央銀行可隨時支取的備付金、存放同業款項、拆放同業款項、同業間買入返售證券、短期國債投資等。根據現金流量表準則及其指南的規定,企業應當根據具體情況,確定現金及現金等價物的範圍,一經確定不得隨意變更。如果發生變更,應當按照會計政策變更處理。

(三) 現金流量的分類及列示

1. 現金流量的分類

現金流量指企業現金和現金等價物的流入和流出。在現金流量表中,現金及現金等價物被視為一個整體,企業現金(含現金等價物,下同)形式的轉換不會產生現金的流入和流出。例如,企業從銀行提取現金,是企業現金存放形式的轉換,並未流出企業,不構成現金流量。同樣,現金與現金等價物之間的轉換也不屬於現金流量,例如,企業用現金購買 3 個月內到期的國庫券。

根據企業業務活動的性質和現金流量的來源,現金流量表準則將企業一定期間產生的現金流量分為三類:經營活動現金流量、投資活動現金流量和籌資活動現金流量。

(1) 經營活動。經營活動是指企業投資活動和籌資活動以外的所有交易和事項。各類企業由於行業特點不同,對經營活動的認定存在一定差異。對於工商企業而言,經營活動主要包括銷售商品、提供勞務、購買商品、接受勞務、支付稅費等。對於商業銀行而言,經營活動主要包括吸收存款、發放貸款、同業存放、同業拆借等。對於保險公司而言,經營活動主要包括原保險業務和再保險業務等。對於證券公司而言,經營活動主要包括自營證券、代理承銷證券、代理兌付證券、代理買賣證券等。

(2) 投資活動。投資活動是指企業長期資產的購建和不包括在現金等價物範圍內的投資及其處置活動。長期資產是指固定資產、無形資產、在建工程、其他資產等持有期限在一年或一個營業週期以上的資產。這裡所講的投資活動,既包括實物資產投資,也包括非實物資產投資。這裡之所以將「包括在現金等價物範圍內的投資」排除在投資活動外,是因為已經將包括在現金等價物範圍內的投資視同現金。不同企業由於行業特點不同，對投資活動的認定也存在差異。

(3) 籌資活動。籌資活動是指導致企業資本及債務規模和構成發生變化的活動。這裡所說的資本，既包括實收資本（股本），也包括資本溢價（股本溢價）；這裡所說的債務，指對外舉債，包括向銀行借款、發行債券以及償還債務等。通常情況下，應付帳款、應付票據等屬於經營活動，不屬於籌資活動。

對於企業日常活動之外特殊的、不經常發生的特殊項目，如自然災害損失、保險賠款、捐贈等，應當歸並到相關類別中，並單獨反應。比如，對於自然災害損失和保險賠款，如果能夠確指屬於流動資產損失，應當列入經營活動產生的現金流量；屬於固定資產損失，應當列入投資活動產生的現金流量。如果不能確指，則可以列入經營活動產生的現金流量。捐贈收入和支出，可以列入經營活動。如果特殊項目的現金流量金額不大，則可以列入現金流量類別下的「其他」項目，不單列項目。

2. 現金流量的列示

通常情況下，現金流量應當分別按照現金流入和現金流出總額列報，從而全面揭示企業現金流量的方向、規模和結構。但是，下列各項可以按照淨額列報：

(1) 代客戶收取或支付的現金以及週轉快、金額大、期限短項目的現金流入和現金流出。例如，證券公司代收的客戶證券買賣交割費、印花稅等，旅遊公司代遊客支付的房費、餐費、交通費、文娛費、行李托運費、門票費、票務費、簽證費等費用。

(2) 金融企業的有關項目，主要指期限較短、流動性強的項目。對於商業銀行而言，其主要包括短期貸款發放與收回的貸款本金、活期存款的吸收與支付、同業存款和存放同業款項的存取、向其他金融企業拆入拆出資金等淨額；對於保險公司而言，其主要包括再保險業務收到或支付的現金淨額；對於證券公司而言，其主要包括自營證券和代理業務收到或支付的現金淨額等。

上述這些項目由於週轉快，在企業停留的時間短，企業加以利用的余地比較小，淨額更能說明其對企業支付能力、償債能力的影響；反之，如果以總額反應，反而會對評價企業的支付能力和償債能力、分析企業的未來現金流量產生誤導。

(四) 現金流量表的格式

現金流量表由表頭、表身和表尾等部分組成。表頭部分應列明報表名稱、編表單位名稱、編製期間和金額計量單位；表身部分反應現金流量的構成內容，又分為正表及附註兩個部分；表尾部分為補充說明。其中，表身部分為現金流量表的主體和核心。

中國現金流量表採用報告式結構，正表部分要求企業採用直接法表達經營活動的現金流量，同時揭示企業投資活動與籌資活動的現金流量，最后匯總反應企業某一期間現金及現金等價物的淨增加額。現金流量表的格式如表 17-5、表 17-6 所示。

表 17-5　　現金流量表　　會企 03 表

編製單位：華遠股份有限公司　　2×16 年　　單位：元

項　目	本期金額	上期金額(略)
一、經營活動產生的現金流量		
銷售商品、提供勞務收到的現金	6, 712, 500	

表17-5(續)

項　目	本期金額	上期金額(略)
收到的稅費返還		
收到的其他與經營活動有關的現金		
經營活動現金流入小計	6,172,500	
購買商品、接受勞務支付的現金	2,483,980	
支付給職工以及為職工支付的現金	1,500,000	
支付的各項稅費	984,325	
支付的其他與經營活動有關的現金	100,000	
經營活動現金流出小計	5,068,305	
經營活動產生的現金流量淨額	1,104,195	
二、投資活動產生的現金流量		
收回投資所收到的現金	82,500	
取得投資收益所收到的現金		
處置固定資產、無形資產和其他長期資產所收回的現金淨額	1,501,500	
處置子公司及其他營業單位收到的現金淨額		
收到的其他與投資活動有關的現金		
投資活動現金流入小計	1,584,000	
購建固定資產、無形資產和其他長期資產所支付的現金	2,182,350	
投資所支付的現金	525,000	
取得子公司及其他營業單位所支付的現金淨額		
支付的其他與投資活動有關的現金		
投資活動現金流出小計	2,707,350	
投資活動產生的現金流量淨額	-1,123,350	
三、籌資活動產生的現金流量		
吸收投資所收到的現金		
借款所收到的現金	5,000,000	
收到的其他與籌資活動有關的現金		
籌資活動現金流入小計	5,000,000	
償還債務所支付的現金	4,250,000	
分配股利、利潤或償付利息所支付的現金	1,050,000	
支付的其他與籌資活動有關的現金		
籌資活動現金流出小計	5,300,000	
籌資活動產生的現金流量淨額	-300,000	
四、匯率變動對現金的影響		
五、現金及現金等價物淨增加額	220,845	
加：期初現金及現金等價物余額	7,031,500	
六、期末現金及現金等價物余額	7,252,345	

表 17-6 現金流量表補充資料

補充資料	本期金額	上期金額
1. 將淨利潤調節為經營活動現金流量		
淨利潤		
加：計提的資產減值準備		
固定資產折舊		
無形資產攤銷		
長期待攤費用攤銷		
處置固定資產、無形資產和其他長期資產的損失（收益以「-」填列）		
固定資產報廢損失（收益以「-」填列）		
公允價值變動損失（收益以「-」填列）		
財務費用（收益以「-」填列）		
投資損失（收益以「-」填列）		
遞延所得稅資產減少（增加以「-」填列）		
遞延所得稅負債增加（減少以「-」填列）		
存貨的減少（增加以「-」填列）		
經營性應收項目的減少（增加以「-」填列）		
經營性應付項目的增加（減少以「-」填列）		
其他		
經營活動產生的現金流量淨額		
2. 不涉及現金收支的投資和籌資活動		
債務轉為資本		
一年內到期的可轉換公司債券		
融資租入固定資產		
3. 現金及現金等價物淨增加情況		
現金的期末余額		
減：現金的期初余額		
加：現金等價物的期末余額		
減：現金等價物的期初余額		
現金及現金等價物淨增加額		

二、現金流量表的編製方法及程序

（一）直接法和間接法

編製現金流量表時，列報經營活動現金流量的方法有兩種：一是直接法，二是間接法。這兩種方法通常也稱為編製現金流量表的方法。

所謂直接法，是指按現金收入和現金支出的主要類別直接反應企業經營活動產生的現金流量。如銷售商品、提供勞務收到的現金，購買商品、接受勞務支付的現金等就是按現金收入和支出的類別直接反應的。在直接法下，一般是以利潤表中的營業收入為起算點，調節與經營活動有關的項目的增減變動，然后計算出經營活動產生的現金流量。

所謂間接法，是指以淨利潤為起算點，調整不涉及現金的收入、費用、營業外收支等有關項目，剔除投資活動、籌資活動對現金流量的影響，據此計算出經營活動產生的現金流量。淨利潤是按照權責發生制原則確定的，且包括了與投資活動和籌資活動相關的收益和費用，將淨利潤調節為經營活動現金流量，實際上就是將按權責發生制原則確定的淨利潤調整為現金淨流入，並剔除投資活動和籌資活動對現金流量的影響。

採用直接法編報現金流量表，便於分析企業經營活動產生的現金流量的來源和用途，預測企業現金流量的未來前景；採用間接法編報現金流量表，便於將淨利潤與經營活動產生的現金流量淨額進行比較，瞭解淨利潤與經營活動產生現金流量差異的原因，從現金流量的角度分析淨利潤的質量。所以，現金流量表準則規定企業應當採用直接法編報現金流量表，同時要求在附註中提供以淨利潤為基礎調節的經營活動現金流量的信息。

（二）工作底稿法或T型帳戶法

在具體編製現金流量表時，可以採用工作底稿法或T型帳戶法，也可以根據有關科目記錄分析填列。

1. 工作底稿法

採用工作底稿法編製現金流量表，是以工作底稿為手段，以資產負債表和利潤表數據為基礎，對每一項目進行分析並編製調整分錄，從而編製現金流量表。工作底稿法的程序是：

第一步，將資產負債表的期初數和期末數過入工作底稿的期初數欄和期末數欄。

第二步，對當期業務進行分析並編製調整分錄。編製調整分錄時，要以利潤表項目為基礎從「營業收入」開始，結合資產負債表項目逐一進行分析。在調整分錄中，有關現金和現金等價物的事項，並不直接借記或貸記現金，而是分別計入「經營活動產生的現金流量」「投資活動產生的現金流量」「籌資活動產生的現金流量」有關項目。借記表示現金流入，貸記表示現金流出。

第三步，將調整分錄過入工作底稿中的相應部分。

第四步，核對調整分錄，借方、貸方合計數均已經相等，資產負債表項目期初數加減調整分錄中的借貸金額以后，也等於期末數。

第五步，根據工作底稿中的現金流量表項目部分編製正式的現金流量表。

2. T型帳戶法

採用T型帳戶法編製現金流量表，是以T型帳戶為手段，以資產負債表和利潤表數據為基礎，對每一項目進行分析並編製調整分錄，從而編製現金流量表。T型帳戶法的程序是：

第一步，為所有的非現金項目（包括資產負債表項目和利潤表項目）分別開設T型帳戶，並將各自的期末期初變動數過入各相關帳戶。如果項目的期末數大於期初數，則將差額過入和項目余額相同的方向；反之，過入相反的方向。

第二步，開設一個大的「現金及現金等價物」T 型帳戶，每邊分為經營活動、投資活動和籌資活動三個部分，左邊記現金流入，右邊記現金流出。與其他帳戶一樣，過入期末期初變動數。

第三步，以利潤表項目為基礎，結合資產負債表分析每一個非現金項目的增減變動，並據此編製調整分錄。

第四步，將調整分錄過入各 T 型帳戶，並進行核對，該帳戶借貸相抵后的余額與原先過入的期末期初變動數應當一致。

第五步，根據大的「現金及現金等價物」T 型帳戶編製正式的現金流量表。

三、現金流量表的編製

現金流量表的項目主要有經營活動產生的現金流量、投資活動產生的現金流量、籌資活動產生的現金流量、匯率變動對現金及現金等價物的影響、現金及現金等價物淨增加額、期末現金及現金等價物余額等項目。

(一) 經營活動產生的現金流量有關項目的編製

1. 銷售商品、提供勞務收到的現金

本項目反應企業銷售商品、提供勞務實際收到的現金，包括銷售收入和應向購買者收取的增值稅銷項稅額。具體包括：本期銷售商品、提供勞務收到的現金，以及前期銷售商品、提供勞務本期收到的現金和本期預收的款項，減去本期銷售本期退回的商品和前期銷售本期退回的商品支付的現金。企業銷售材料和代購代銷業務收到的現金，也在本項目反應。本項目可以根據「庫存現金」「銀行存款」「應收票據」「應收帳款」「預收帳款」「主營業務收入」「其他業務收入」科目的記錄分析填列。

本項目的填列方法可以有根據帳戶記錄的發生額填列和根據財務報表資料填列兩種思路。

根據有關帳戶記錄的發生額資料填列的計算公式為：

銷售商品、提供勞務收到的現金=本期銷售商品、提供勞務收到的現金+以前期間銷售商品、提供勞務在本期收到的現金+以后將要銷售商品、提供勞務在本期預收的現金+本期收回前期已核銷的壞帳-本期銷售退回支付的現金

[例 17-3] 華遠股份有限公司本期銷售一批商品，開出的增值稅專用發票上註明的銷售價款為 5,600,000 元，增值稅銷項稅額為 952,000 元，以銀行存款收訖；應收票據期初余額為 540,000 元，期末余額為 120,000 元；應收帳款期初余額為 2,000,000 元，期末余額為 800,000 元；年度內核銷的壞帳損失為 40,000 元。另外，本期因商品質量問題發生退貨，支付銀行存款 60,000 元，貨款已通過銀行轉帳支付。

本期銷售商品、提供勞務收到的現金計算如下：

本期銷售商品收到的現金=6,552,000（元）

加：本期收到前期的應收票據=540,000-120,000=420,000（元）

本期收到前期的應收帳款=2,000,000-800,000-40,000=1,160,000（元）

減：本期因銷售退回支付的現金=60,000（元）

本期銷售商品、提供勞務收到的現金＝8, 072, 000（元）

根據利潤表、資產負債表有關項目以及部分帳戶記錄資料填列的計算公式為：

銷售商品、提供勞務收到的現金＝營業收入+增值稅銷項稅額+應收帳款項目（期初余額－期末余額）+應收票據項目（期初余額－期末余額）+預收帳款項目（期末余額－期初余額）－債務人以非現金資產抵償減少的應收帳款和應收票據－本期計提壞帳準備導致的應收帳款項目減少數－本期發生的現金折扣－本期發生的票據貼現利息+收到的帶息票據的利息

上述公式中的特殊調整業務作為加項或減項的處理原則是：應收帳款、應收票據和預收帳款等帳戶（不含三個帳戶內部轉帳業務）借方對應的帳戶不是銷售商品提供勞務產生的「收入和增值稅銷項稅額類」帳戶，則作為加項處理，如以非現金資產換入應收帳款等；應收帳款、應收票據和預收帳款等帳戶（不含三個帳戶內部轉帳業務）貸方對應的帳戶不是「現金類」帳戶的業務，則作為減項處理，如客戶用非現金資產抵償債務等。

2. 收到的稅費返還

本項目反應企業收到返還的各種稅費，如收到的增值稅、營業稅、所得稅、消費稅、關稅和教育費附加返還款等。本項目可以根據「庫存現金」「銀行存款」「營業稅金及附加」「營業外收入」等有關科目的記錄分析填列。

3. 收到的其他與經營活動有關的現金

本項目反應企業除上述各項目外，收到的其他與經營活動有關的現金，如罰款收入、經營租賃固定資產收到的現金、投資性房地產收到的租金收入、流動資產損失中由個人賠償的現金收入、除稅費返還外的其他政府補助收入等。其他與經營活動有關的現金，如果價值較大的，根據「庫存現金」「銀行存款」「管理費用」「銷售費用」等科目的記錄分析填列。

4. 購買商品、接受勞務支付的現金

本項目反應企業購買材料、商品、接受勞務實際支付的現金，包括支付的貨款以及與貨款一併支付的增值稅進項稅額。具體包括：本期購買商品、接受勞務支付的現金，以及本期支付前期購買商品、接受勞務的未付款項和本期預付款項，減去本期發生的購貨退回收到的現金。為購置存貨而發生的借款利息資本化部分，應在「分配股利、利潤或償付利息支付的現金」項目中反應。本項目可以根據「庫存現金」「銀行存款」「應付票據」「應付帳款」「預付帳款」「主營業務成本」「其他業務支出」等科目的記錄分析填列。

購買商品、接受勞務支付的現金＝營業成本+增值稅進項稅額+存貨項目（期末余額－期初余額）+應付帳款項目（期初余額－期末余額）+應付票據項目（期初余額－期末余額）+預付帳款項目（期末余額－期初余額）－本期以非現金資產抵債減少應付帳款、應付票據金額+本期支付的應付票據的利息－本期取得的現金折扣

上述公式中的特殊調整業務作為加項或減項的處理原則是：應付帳款、應付票據、預付款項和「存貨類」等帳戶（不含四個帳戶內部轉帳業務）借方對應的帳戶不是購買商品、接受勞務產生的「現金類」帳戶，則作為減項處理；應付帳款、應付票據、預

付款項和「存貨類」等帳戶（不含四個帳戶內部轉帳業務）貸方對應的帳戶不是「銷售成本和增值稅進項稅額類」帳戶，則作為加項處理，如工程項目領用本企業商品等。

［例 17-4］華遠股份有限公司本期購買原材料，收到的增值稅專用發票上註明的材料價款為 300,000 元，增值稅進項稅額為 51,000 元，款項已通過銀行轉帳支付；本期支付應付票據 200,000 元；購買工程用物資 300,000 元，貨款已通過銀行轉帳支付。

本期購買商品、接受勞務支付的現金計算如下：

本期購買原材料支付的價款＝300,000（元）

加：本期購買原材料支付的增值稅進項稅額＝51,000（元）

本期支付的應付票據＝200,000（元）

本期購買商品、接受勞務支付的現金＝551,000（元）

值得注意的是，該項目還要考慮與投資、交換非流動資產、抵償非流動負債等有關的存貨增減數，非現金抵債、非存貨抵債引起的應付帳款、應付票據減少數，直接購貨業務應交增值稅（進項稅額）的發生額及營業成本中的非外購存貨費用。

5. 支付給職工以及為職工支付的現金

本項目反應企業實際支付給職工的現金以及為職工支付的現金，包括企業為獲得職工提供的服務，本期實際給予各種形式的報酬以及其他相關支出，如支付給職工的工資、獎金、各種津貼和補貼等，以及為職工支付的其他費用，不包括支付給在建工程人員的工資。支付給在建工程人員的工資，在「購建固定資產、無形資產和其他長期資產所支付的現金」項目中反應。

企業為職工支付的醫療、養老、失業、工傷、生育等社會保險基金，補充養老保險，住房公積金，企業為職工繳納的商業保險金，因解除與職工勞動關係給予的補償，現金結算的股份支付，以及企業支付給職工或為職工支付的其他福利費用等，應根據職工的工作性質和服務對象，分別在「購建固定資產、無形資產和其他長期資產所支付的現金」和「支付給職工以及為職工支付的現金」項目中反應。

本項目可以根據「庫存現金」「銀行存款」「應付職工薪酬」等科目的記錄分析填列。

6. 支付的各項稅費

本項目反應企業按規定支付的各項稅費，包括本期發生並支付的稅費，以及本期支付以前各期發生的稅費和預交的稅金，如支付的增值稅、消費稅、所得稅、教育費附加、印花稅、房產稅、土地增值稅、車船使用稅等。不包括本期退回的增值稅、所得稅。本期退回的增值稅、所得稅等，在「收到的稅費返還」項目中反應。本項目可以根據「應交稅費」「庫存現金」「銀行存款」等科目分析填列。

［例 17-5］華遠股份有限公司企業本期向稅務機關繳納增值稅 3,400 元；本期發生的所得稅 310,000 元已全部繳納；企業期初未交所得稅 28,000 元；期末未交所得稅 12,000 元。

本期支付的各項稅費計算如下：

本期支付的增值稅稅額＝3,400（元）

加：本期發生並繳納的所得稅稅額＝310,000（元）

前期發生本期繳納的所得稅稅額＝28,000－12,000＝16,000（元）

本期支付的各項稅費=329, 400（元）

7. 支付的其他與經營活動有關的現金

本項目反應企業除上述各項目外，支付的其他與經營活動有關的現金，如罰款支出、支付的差旅費、業務招待費、保險費、經營租賃支付的現金等。其他與經營活動有關的現金，如果金額較大的，應單列項目反應。本項目可以根據有關科目的記錄分析填列。

（二）投資活動產生的現金流量有關項目的編製

1. 收回投資收到的現金

本項目反應企業出售、轉讓或到期收回除現金等價物以外的交易性金融資產、持有至到期投資、可供出售金融資產、長期股權投資等而收到的現金。不包括債權性投資收回的利息、收回的非現金資產，以及處置子公司及其他營業單位收到的現金淨額。債權性投資收回的本金，在本項目反應，債權性投資收回的利息，不在本項目中反應，而在「取得投資收益所收到的現金」項目中反應。處置子公司及其他營業單位收到的現金淨額單設項目反應。本項目可以根據「交易性金融資產」「持有至到期投資」「可供出售金融資產」「長期股權投資」「庫存現金」「銀行存款」等科目的記錄分析填列。

2. 取得投資收益收到的現金

本項目反應企業因股權性投資而分得的現金股利、因債權性投資而取得的現金利息收入。股票股利由於不產生現金流量，不在本項目中反應。包括在現金等價物範圍內的債券性投資，其利息收入在本項目中反應。本項目可以根據「應收股利」「應收利息」「投資收益」「庫存現金」「銀行存款」等科目的記錄分析填列。

3. 處置固定資產、無形資產和其他長期資產收回的現金淨額

本項目反應企業出售固定資產、無形資產和其他長期資產（如投資性房地產）所取得的現金，減去為處置這些資產而支付的有關稅費后的淨額。處置固定資產、無形資產和其他長期資產所收到的現金，與處置活動支付的現金，兩者在時間上比較接近，以淨額反應更能準確反應處置活動對現金流量的影響。由於自然災害等原因造成的固定資產等長期資產報廢、毀損而收到的保險賠償收入，在本項目中反應。如處置固定資產、無形資產和其他長期資產所收回的現金淨額為負數，則應作為投資活動產生的現金流量，在「支付的其他與投資活動有關的現金」項目中反應。本項目可以根據「固定資產清理」「庫存現金」「銀行存款」等科目的記錄分析填列。

4. 處置子公司及其他營業單位收到的現金淨額

本項目反應企業處置子公司及其他營業單位所取得的現金減去子公司或其他營業單位持有的現金和現金等價物以及相關處置費用后的淨額。本項目可以根據有關科目的記錄分析填列。

企業處置子公司及其他營業單位是整體交易，子公司和其他營業單位可能持有現金和現金等價物。這樣，整體處置子公司或其他營業單位的現金流量，就應以處置價款中收到現金的部分，減去子公司或其他營業單位持有的現金和現金等價物以及相關處置費用后的淨額反應。

處置子公司及其他營業單位收到的現金淨額如為負數，應將該金額填列至「支付

其他與投資活動有關的現金」項目中。

5. 收到的其他與投資活動有關的現金

本項目反應企業除上述各項目外，收到的其他與投資活動有關的現金。其他與投資活動有關的現金，如果價值較大的，應單列項目反應。本項目可以根據有關科目的記錄分析填列。

6. 購建固定資產、無形資產和其他長期資產支付的現金

本項目反應企業購買、建造固定資產，取得無形資產和其他長期資產（如投資性房地產）支付的現金，包括購買機器設備所支付的現金、建造工程支付的現金、支付在建工程人員的工資等現金支出，不包括為購建固定資產、無形資產和其他長期資產而發生的借款利息資本化部分，以及融資租入固定資產所支付的租賃費。為購建固定資產、無形資產和其他長期資產而發生的借款利息資本化部分，在「分配股利、利潤或償付利息支付的現金」項目中反應；融資租入固定資產所支付的租賃費，在「支付的其他與籌資活動有關的現金」項目中反應，不在本項目中反應。本項目可以根據「固定資產」「在建工程」「工程物資」「無形資產」「庫存現金」「銀行存款」等科目的記錄分析填列。

7. 投資支付的現金

本項目反應企業進行權益性投資和債權性投資所支付的現金，包括企業取得的除現金等價物以外的交易性金融資產、持有至到期投資、可供出售金融資產而支付的現金，以及支付的佣金、手續費等交易費用。

企業購買股票和債券時，實際支付的價款中包含的已宣告但尚未領取的現金股利或已到付息期但尚未領取的債券利息，應在「支付的其他與投資活動有關的現金」項目中反應；收回購買股票和債券時支付的已宣告但尚未領取的現金股利或已到付息期但尚未領取的債券利息，應在「收到的其他與投資活動有關的現金」項目中反應。

本項目可以根據「交易性金融資產」「持有至到期投資」「可供出售金融資產」「長期股權投資」「庫存現金」「銀行存款」等科目的記錄分析填列。

8. 取得子公司及其他營業單位支付的現金淨額

本項目反應企業取得子公司及其他營業單位購買出價中以現金支付的部分，減去子公司或其他營業單位持有的現金和現金等價物后的淨額。本項目可以根據有關科目的記錄分析填列。

整體購買一個單位，其結算方式是多種多樣的，如購買方全部以現金支付，或一部分以現金支付而另一部分以實物清償。同時，企業購買子公司及其他營業單位是整體交易，子公司和其他營業單位除有固定資產和存貨外，還可能持有現金和現金等價物。這樣，整體購買子公司或其他營業單位的現金流量，就應以購買出價中以現金支付的部分減去子公司或其他營業單位持有的現金和現金等價物后的淨額反應，如為負數，應在「收到其他與投資活動有關的現金」項目中反應。

9. 支付的其他與投資活動有關的現金

本項目反應企業除上述各項目外，支付的其他與投資活動有關的現金。其他與投資活動有關的現金，如果價值較大的，應單列項目反應。本項目可以根據有關科目的記錄分析填列。

(三) 籌資活動產生的現金流量有關項目的編製

1. 吸收投資收到的現金

本項目反應企業以發行股票等方式籌集資金實際收到的款項淨額（發行收入減去支付的佣金等發行費用后的淨額）。以發行股票等方式籌集資金而由企業直接支付的審計、諮詢費用等，在「支付的其他與籌資活動有關的現金」項目中反應。本項目可以根據「實收資本（或股本）」「資本公積」「庫存現金」「銀行存款」等科目的記錄分析填列。

2. 借款收到的現金

本項目反應企業舉借各種短期、長期借款而收到的現金，以及發行債券實際收到的款項淨額（發行收入減去直接支付的佣金等發行費用后的淨額）。本項目可以根據「短期借款」「長期借款」「交易性金融負債」「應付債券」「庫存現金」「銀行存款」等科目的記錄分析填列。

3. 收到的其他與籌資活動有關的現金

本項目反應企業除上述各項目外，收到的其他與籌資活動有關的現金。其他與籌資活動有關的現金，如果價值較大的，應單列項目反應。本項目可根據有關科目的記錄分析填列。

4. 償還債務所支付的現金

本項目反應企業以現金償還債務的本金，包括歸還金融企業的借款本金、償付企業到期的債券本金等。企業償還的借款利息、債券利息，在「分配股利、利潤或償付利息所支付的現金」項目中反應。本項目可以根據「短期借款」「長期借款」「交易性金融負債」「應付債券」「庫存現金」「銀行存款」等科目的記錄分析填列。

5. 分配股利、利潤或償付利息支付的現金

本項目反應企業實際支付的現金股利、支付給其他投資單位的利潤或用現金支付的借款利息和債券利息。不同用途的借款，其利息的開支渠道不一樣，如在建工程、財務費用等，均在本項目中反應。本項目可以根據「應付股利」「應付利息」「利潤分配」「財務費用」「在建工程」「製造費用」「研發支出」「庫存現金」「銀行存款」等科目的記錄分析填列。

6. 支付的其他與籌資活動有關的現金

本項目反應企業除上述各項目外，支付的其他與籌資活動有關的現金，如以發行股票、債券等方式籌集資金而由企業直接支付的審計、諮詢等費用，融資租賃各期支付的現金，以分期付款方式構建固定資產、無形資產等各期支付的現金。其他與籌資活動有關的現金，如果價值較大的，應單列項目反應。本項目可以根據有關科目的記錄分析填列。

(四) 匯率變動對現金的影響

現金流量表準則規定，外幣現金流量以及境外子公司的現金流量，應當採用現金流量發生日的即期匯率或即期匯率的近似匯率折算。匯率變動對現金的影響額應當作為調節項目，在現金流量表中單獨列報。

匯率變動對現金的影響，指企業外幣現金流量及境外子公司的現金流量折算成記

帳本位幣時，所採用的是現金流量發生日的匯率或即期匯率的近似匯率，而現金流量表「現金及現金等價物淨增加額」項目中外幣現金淨增加額是按資產負債表日的即期匯率折算的這兩者的差額即為匯率變動對現金的影響。

四、現金流量表附註

現金流量表附註，即現金流量表補充資料，包括將淨利潤調節為經營活動現金流量、不涉及現金收支的重大投資和籌資活動、現金及現金等價物淨變動情況等項目。按現金流量表準則的規定，企業應當採用間接法在現金流量附註中披露將淨利潤調節為經營活動現金流量的信息。

(一) 將淨利潤調節為經營活動現金流量的編製

1. 資產減值準備

這裡所指的資產減值準備是指當期計提扣除轉回的減值準備，包括壞帳準備、存貨跌價準備、投資性房地產減值準備、長期股權投資減值準備、持有至到期投資減值準備、固定資產減值準備、在建工程減值準備、工程物資減值準備、生物性資產減值準備、無形資產減值準備、商譽減值準備等。企業當期計提和按規定轉回的各項資產減值準備，包括在利潤表中，屬於利潤的減除項目，但沒有發生現金流出。所以，在將淨利潤調節為經營活動現金流量時，需要加回。本項目可根據「資產減值損失」科目的記錄分析填列。

2. 固定資產折舊、油氣資產折耗、生產性生物資產折舊

企業計提的固定資產折舊，有的包括在管理費用中，有的包括在製造費用中。計入管理費用中的部分，作為期間費用在計算淨利潤時從中扣除，但沒有發生現金流出，在將淨利潤調節為經營活動現金流量時，需要予以加回。計入製造費用中的已經變現的部分，在計算淨利潤時通過銷售成本予以扣除，但沒有發生現金流出；計入製造費用中的沒有變現的部分，既不涉及現金收支，也不影響企業當期淨利潤，由於在調節存貨時，已經從中扣除，在此處將淨利潤調節為經營活動現金流量時，需要予以加回。同理，企業計提的油氣資產折耗、生產性生物資產折舊，也需要予以加回。本項目可根據「累計折舊」「累計折耗」「生產性生物資產折舊」科目的貸方發生額分析填列。

3. 無形資產攤銷和長期待攤費用攤銷

企業對使用壽命有限的無形資產計提攤銷時，計入管理費用或製造費用。長期待攤費攤銷時，有的計入管理費用，有的計入銷售費用，有的計入製造費用。計入管理費用等期間費用和計入製造費用中的已變現的部分，在計算淨利潤時已從中扣除，但沒有發生現金流出；計入製造費用中的沒有變現的部分，在調節存貨時已經從中扣除，但不涉及現金收支，所以，在此處將淨利潤調節為經營活動現金流量時，需要予以加回。這個項目可根據「累計攤銷」「長期待攤費用」科目的貸方發生額分析填列。

4. 處置固定資產、無形資產和其他長期資產的損失（減：收益）

企業處置固定資產、無形資產和其他長期資產發生的損益，屬於投資活動產生的損益，不屬於經營活動產生的損益，所以，在將淨利潤調節為經營活動現金流量時，需要予以剔除。如為損失，在將淨利潤調節為經營活動現金流量時，應當加回；如為

收益，在將淨利潤調節為經營活動現金流量時，應當扣除。本項目可根據「營業外收入」「營業外支出」等科目所屬有關明細科目的記錄分析填列，淨收益以「-」號填列。

5. 固定資產報廢損失

企業發生的固定資產報廢損益，屬於投資活動產生的損益，不屬於經營活動產生的損益，所以，在將淨利潤調節為經營活動現金流量時，需要予以剔除。如為淨損失，在將淨利潤調節為經營活動現金流量時，應當加回；如為淨收益，在將淨利潤調節為經營活動現金流量時，應當扣除。本項目可根據「營業外支出」「營業外收入」等科目所屬有關明細科目的記錄分析填列。

6. 公允價值變動損失

公允價值變動損失反應企業交易性金融資產、投資性房地產等公允價值變動形成的應計入當期損益的利得或損失。企業發生的公允價值變動損益，通常與企業的投資活動或籌資活動有關，而且並不影響企業當期的現金流量。為此，應當將其從淨利潤中剔除。本項目可以根據「公允價值變動損益」科目的發生額分析填列。如為持有損失，在將淨利潤調節為經營活動現金流量時，應當加回；如為持有利得，在將淨利潤調節為經營活動現金流量時，應當扣除。

7. 財務費用

企業發生的財務費用中不屬於經營活動的部分，應當在將淨利潤調節為經營活動現金流量時將其加回。本項目可根據「財務費用」科目的本期借方發生額分析填列；如為收益，以「-」號填列。

8. 投資損失（減：收益）

企業發生的投資損益，屬於投資活動產生的損益，不屬於經營活動產生的損益，所以，在將淨利潤調節為經營活動現金流量時，需要予以剔除。如為淨損失，在將淨利潤調節為經營活動現金流量時，應當加回；如為淨收益，在將淨利潤調節為經營活動現金流量時，應當扣除。本項目可根據利潤表中「投資收益」項目的數字填列；如為投資收益，以「-」號填列。

9. 遞延所得稅資產減少（減：增加）

遞延所得稅資產減少使計入所得稅費用的金額大於當期應交的所得稅金額，其差額沒有發生現金流出，但在計算淨利潤時已經扣除的，在將淨利潤調節為經營活動現金流量時，應當加回。遞延所得稅資產增加使計入所得稅費用的金額小於當期應交的所得稅金額，兩者之間的差額並沒有發生現金流入，但在計算淨利潤時已經包括在內的，在將淨利潤調節為經營活動現金流量時，應當扣除。本項目可以根據資產負債表「遞延所得稅資產」項目期初、期末余額分析填列。

10. 遞延所得稅負債增加（減：減少）

遞延所得稅負債增加使計入所得稅費用的金額大於當期應交的所得稅金額，其差額沒有發生現金流出，但在計算淨利潤時已經扣除的，在將淨利潤調節為經營活動現金流量時，應當加回。如果遞延所得稅負債減少使計入當期所得稅費用的金額小於當期應交的所得稅金額，其差額並沒有發生現金流入，但在計算淨利潤時已經包括在內，在將淨利潤調節為經營活動現金流量時，應當扣除。本項目可以根據資產負債表「遞延所得稅負債」項目期初、期末余額分析填列。

11. 存貨的減少（減：增加）

期末存貨比期初存貨減少，說明本期生產經營過程耗用的存貨有一部分是期初的存貨，耗用這部分存貨並沒有發生現金流出，但在計算淨利潤時已經扣除，所以，在將淨利潤調節為經營活動現金流量時，應當加回。期末存貨比期初存貨增加，說明當期購入的存貨除耗用外，還剩余了一部分，這部分存貨也發生了現金流出，但在計算淨利潤時沒有包括在內，所以，在將淨利潤調節為經營活動現金流量時，需要扣除。當然，存貨的增減變化過程還涉及應付項目，這一因素在「經營性應付項目的增加（減：減少）」中考慮。本項目可根據資產負債表中「存貨」項目的期初數、期末數之間的差額填列；期末數大於期初數的差額，以「-」號填列。如果存貨的增減變化過程屬於投資活動，如在建工程領用存貨，應當將這一因素剔除。

12. 經營性應收項目的減少（減：增加）

經營性應收項目包括應收票據、應收帳款、預付帳款、長期應收款和其他應收款中與經營活動有關的部分，以及應收的增值稅銷項稅額等。經營性應收項目期末余額小於經營性應收項目期初余額，說明本期收回的現金大於利潤表中所確認的銷售收入，所以，在將淨利潤調節為經營活動現金流量時，需要加回。經營性應收項目期末余額大於經營性應收項目期初余額，說明本期銷售收入中有一部分沒有收回現金，但是，在計算淨利潤時這部分銷售收入已包括在內，所以，在將淨利潤調節為經營活動現金流量時，需要扣除。本項目應當根據有關科目的期初、期末余額分析填列；如為增加，以「-」號填列。

13. 經營性應付項目的增加（減：減少）

經營性應付項目包括應付票據、應付帳款、預收帳款、應付職工薪酬、應交稅費、應付利息、長期應付款、其他應付款中與經營活動有關的部分，以及應付的增值稅進項稅額等。經營性應付項目期末余額大於經營性應付項目期初余額，說明本期購入的存貨中有一部分沒有支付現金，但是，在計算淨利潤時却通過銷售成本將其包括在內，在將淨利潤調節為經營活動現金流量時，需要加回。經營性應付項目期末余額小於經營性應付項目期初余額，說明本期支付的現金大於利潤表中所確認的銷售成本，在將淨利潤調節為經營活動產生的現金流量時，需要扣除。本項目應當根據有關科目的期初、期末余額分析填列；如為減少，以「-」號填列。

（二）不涉及現金收支的重大投資和籌資活動的披露

不涉及現金收支的重大投資和籌資活動，反應企業一定期間內影響資產或負債但不形成該期現金收支的所有投資和籌資活動的信息。這些投資和籌資活動雖然不涉及當期現金收支，但對以后各期的現金流量有重大影響。例如，企業融資租入設備，將形成的負債計入「長期應付款」帳戶，當期並不支付設備款及租金，但以后各期必須為此支付現金，從而在一定期間內形成了一項固定的現金支出。

因此，現金流量表準則規定，企業應當在附註中披露不涉及當期現金收支但影響企業財務狀況或在未來可能影響企業現金流量的重大投資和籌資活動。這主要包括：①債務轉為資本，反應企業本期轉為資本的債務金額；②一年內到期的可轉換公司債券，反應企業一年內到期的可轉換公司債券的本息；③融資租入固定資產，反應企業本期融資租入的固定資產。

（三）現金及現金等價物淨變動情況

現金及現金等價物淨變動情況，可以通過現金的期末期初差額進行反應，用以檢驗直接法編製的現金流量淨額是否準確。現金流量表準則將現金等價物定義為企業持有的期限短、流動性強、易於轉換為已知金額現金、價值變動風險很小的投資。其中，期限短指自購買日起，三個月內到期。企業可據此設定現金等價物的標準，根據期末期初余額分析填列。若企業的現金等價物年末與年初余額相差不大，可以忽略不計。

（四）影響企業現金流量其他重要信息的披露

1. 企業當期取得或處置子公司及其他營業單位

現金流量表準則應用指南中列示了企業當期取得或處置其他營業單位有關信息的披露格式。主要項目包括取得和處置子公司及其他營業單位的有關信息。其中取得子公司及其他營業單位的有關信息包括取得的價格、支付的現金和現金等價物金額、支付的現金和現金等價物淨額、取得的子公司淨資產等信息。處置子公司及其他營業單位的有關信息包括處置的價格、收到的現金和現金等價物金額、收到的現金淨額、處置的子公司淨資產等信息。

2. 現金和現金等價物有關信息

現金流量表準則要求企業在附註中披露與現金和現金等價物有關的下列信息：①現金和現金等價物的構成及其在資產負債表中的相應金額；②企業持有但不能由母公司或集團內其他子公司使用的大額現金和現金等價物金額。

［例 17-6］ 根據［例 17-1］和［例 17-2］的資料，按照工作底稿法編製現金流量表如下：

第一步，將資產負債表的年初數和期末數過入工作底稿（如表 17-7 所示）的期初數欄和期末數欄。

第二步，對當期業務進行分析並編製調整分錄。編製調整分錄時，要以利潤表項目為基礎，從「營業收入」開始，結合資產負債表項目逐一進行分析。本例調整分錄如下：

（1）分析調整營業收入。

借：經營活動現金流量——銷售商品收到的現金	6, 871, 000	
應收帳款	1, 500, 000	
貸：營業收入		6, 250, 000
應收票據		1, 058, 500
應交稅費		1, 062, 500

（2）分析調整營業成本。

	借方
借：營業成本	3, 750, 000
應付票據	500, 000
應交稅費	291, 780
存貨	13, 500

貸：經營活動現金流量——購買商品支付的現金　4,555,280

(3) 調整本年營業稅金及附加。

借：營業稅金及附加　10,000

貸：應交稅費　10,000

(4) 計算銷售費用付現。

借：銷售費用　100,000

貸：經營活動現金流量——支付其他有關現金　100,000

(5) 調整管理費用。

借：管理費用　485,500

貸：經營活動現金流量——支付其他有關現金　485,000

(6) 分析調整財務費用。

借：財務費用　150,000

貸：經營活動現金流量——支付其他有關現金　100,000

籌資活動現金流量——償付利息支付的現金　50,000

(7) 分析調整資產減值損失。

借：資產減值損失　154,500

貸：壞帳準備　4,500

固定資產減值準備　150,000

(8) 分析調整公允價值變動。

借：以公允價值計量且其變動計入當期損益的金融資產　10,000

貸：投資收益　10,000

(9) 分析調整投資收益。

借：投資活動現金流量——收回投資收到的現金　82,500

交易性金融資產　515,000

投資收益　2,500

貸：以公允價值計量且其變動計入當期損益的金融資產　75,000

投資活動現金流量——投資支付的現金　525,000

(10) 分析調整營業外收入。

借：投資活動現金流量——處置固定資產收回的現金　1,500,000

累計折舊　750,000

貸：營業外收入　250,000

固定資產　2,000,000

(11) 分析調整營業外支出。

借：營業外支出　98,500

投資活動現金流量——處置固定資產收回的現金　1,500

累計折舊　900,000

貸：固定資產　1,000,000

借：營業外支出　11,700

經營活動現金流量——購買商品支付的現金　46,800

貸：經營活動現金流量——銷售商品收到的現金　　58, 500

(12) 分析調整所得稅費用。

借：所得稅費用　　436, 825
　　遞延所得稅資產　　37, 500
　貸：應交稅費　　474, 325

(13) 分析調整固定資產。

借：固定資產　　7, 432, 350
　貸：投資活動現金流量——購建固定資產支付的現金　　432, 350
　　　在建工程　　7, 000, 000

(14) 分析調整累計折舊。

借：經營活動現金流量——支付其他有關的現金　　100, 000
　　　　　　　　　　——購買商品支付的現金　　400, 000
　貸：累計折舊　　500, 000

(15) 分析調整在建工程。

借：在建工程　　2, 140, 000
　　工程物資　　750, 000
　貸：投資活動現金流量——購建固定資產支付的現金　　1, 750, 000
　　　籌資活動現金流量——償付利息支付的現金　　1, 000, 000
　　　應付職工薪酬　　140, 000

(16) 分析調整累計攤銷。

借：經營活動現金流量——支付其他有關的現金　　300, 000
　貸：累計攤銷　　300, 000

(17) 分析調整短期借款。

借：短期借款　　1, 250, 000
　貸：籌資活動現金流量——償還債務支付的現金　　1, 250, 000

(18) 分析調整應付職工薪酬。

借：經營活動現金流量——購買商品支付的現金　　1, 624, 500
　　　　　　　　　　——支付其他有關的現金　　85, 500
　貸：經營活動現金流量——支付給職工的現金　　1, 500, 000
　　　應付職工薪酬　　210, 000

(19) 分析調整應交稅費。

借：應交稅費　　984, 325
　貸：經營活動現金流量——支付的各項稅費　　984, 325

(20) 分析調整長期借款。

①以現金償還長期借款。

借：長期借款　　3, 000, 000
　貸：籌資活動現金流量——償還債務支付的現金　　3, 000, 000

②借入長期借款。

借：籌資活動現金流量——取得借款收到的現金　　5, 000, 000

貸：長期借款　　5,000,000

(21) 結轉淨利潤。

借：淨利潤　　1,310,475

貸：未分配利潤　　1,310,475

(22) 提取盈余公積。

借：未分配利潤　　131,048

貸：盈余公積　　131,048

(23) 調整現金淨變化額。

借：現金　　220,845

貸：現金淨增加額　　220,845

第三步，將調整分錄過入工作底稿的相應部分，如表 17-7 所示。

表 17-7　　**現金流量表工作底稿**　　單位：元

資產	年初余額	調整分錄		期末余額
		借方	貸方	
一、流動資產				
(一)借方項目				
貨幣資金	7,031,500	(23)220,845		7,252,345
以公允價值計量且其變動計入當期損益的金融資產	75,000	(8)10,000 (9)440,000		525,000
應收票據	1,230,000		(1)1,058,500	171,500
應收帳款	1,995,500	(1)1,500,000		3,491,000
預付款項	500,000			500,000
應收利息				
應收股利				
其他應收款	1,525,000			1,525,000
存貨	12,900,000	(2)13,500		12,913,500
一年內到期的非流動資產				
其他流動資產				
可供出售金融資產				
持有至到期投資				
長期應收款				
長期股權投資	1,250,000			1,250,000
投資性房地產				
固定資產——原值	5,500,000	(13)7,432,350	(10)2,000,000 (11)1,000,000	9,932,350
在建工程	7,500,000	(15)2,140,000	(13)7,000,000	2,640,000
工程物資		(15)750,000		750,000
固定資產清理				

表17-7(續)

資產	年初余額	調整分錄		期末余額
		借方	貸方	
無形資產	3,000,000			2,700,000
開發支出				
商譽				
長期待攤費用				
遞延所得稅資產		(12)37,500		37,500
其他非流動資產	1,000,000			1,000,000
借方項目合計	4,351,150			17,809,850
(二)貸方項目				
壞帳準備	4,500		(7)4,500	9,000
累計折舊	1,500,000	(10)750,000 (11)900,000	(14)500,000	350,000
累計攤銷			(16)300,000	300,000
固定產減值準備			(7)150,000	150,000
短期借款	1,500,000	(17)1,250,000		250,000
應付票據	1,000,000	(2)500,000		500,000
應付帳款	4,774,000			4,774,000
預收款項				
應付職工薪酬	550,000		(15)140,000 (18)210,000	900,000
應交稅費	183,000	(2)291,780 (19)984,325	(1)1,062,500 (3)10,000 (12)474,325	453,720
應付利息				
應付股利				
其他應付款	250,000			250,000
其他流動負債	5,000,000			5,000,000
長期借款	3,000,000	(20)3,000,000	(20)5,000,000	5,000,000
應付債券				
長期應付款				
專項應付款				
遞延所得稅負債				
其他非流動負債				
實收資本(或股本)	25,000,000			25,000,000
資本公積				
盈余公積	500,000		(22)131,048	631,048
未分配利潤	250,000	(22)131,048	(21)1,310,475	1,429,427

表17-7(續)

資產	年初余額	調整分錄		期末余額
		借方	貸方	
減:庫存股				
二、利潤表項目				
營業收入			(1)6,250,000	6,250,000
營業成本		(2)3,750,000		3,750,000
營業稅金及附加		(3)10,000		10,000
銷售費用		(4)100,000		100,000
管理費用		(5)485,500		485,500
財務費用		(6)150,000		150,000
資產減值損失		(7)154,500		154,500
公允價值變動收益(損失以「-」號填列)				
投資收益(損失以「-」號填列)		(9)2,500	(8)10,000	15,000
營業外收入			(10)250,000	250,000
營業外支出		(11)110,200		110,200
所得稅費用		(12)436,825		436,825
淨利潤		(21)1,310,475		1,310,475
三、現金流量項目				
(一)經營活動產生的現金流量				
銷售商品、提供勞務收到的現金		(1)6,871,000	(6)100,000 (11)58,500	6,712,500
收到的稅費返還				
收到的其他與經營活動有關的現金				
經營活動現金流入小計				6,172,500
購買商品、接受勞務支付的現金		(11)46,800 (14)400,000 (16)1,624,500	(2)4,555,280	2,483,980
支付給職工以及為職工支付的現金			(18)1,500,000	1,500,000
支付的各項稅費			(19)984,325	984,325
支付的其他與經營活動有關的現金		(14)100,000 (16)300,000 (18)85,500	(4)100,000 (5)485,000	100,000
經營活動現金流出小計				5,068,305
經營活動產生的現金流量淨額				1,104,195
(二)投資活動產生的現金流量				
收回投資所收到的現金		(9)82,500		82,500
取得投資收益所收到的現金				

表17-7(續)

資產	年初余額	調整分錄		期末余額
		借方	貸方	
處置固定資產、無形資產和其他長期資產所收回的現金淨額		(10)1,500,000 (11)1,500		1,501,500
處置子公司及其他營業單位收到的現金淨額				
收到的其他與投資活動有關的現金				
投資活動現金流入小計				1,584,000
購建固定資產、無形資產和其他長期資產所支付的現金			(13)432,350 (15)1,750,000	2,182,350
投資所支付的現金			(9)525,000	525,000
取得子公司及其他營業單位所支付的現金淨額				
支付的其他與投資活動有關的現金				
投資活動現金流出小計				2,707,350
投資活動產生的現金流量淨額				-1,123,350
(三)籌資活動產生的現金流量				
吸收投資所收到的現金				
借款所收到的現金		(20)5,000,000		5,000,000
收到的其他與籌資活動有關的現金				
籌資活動現金流入小計				5,000,000
償還債務所支付的現金			(17)1,250,000 (20)3,000,000	4,250,000
分配股利、利潤或償付利息所支付的現金			(6)50,000 (15)1,000,000	1,050,000
支付的其他與籌資活動有關的現金				
籌資活動現金流出小計				5,300,000
籌資活動產生的現金流量淨額				-300,000
四、匯率變動對現金的影響				
五、現金及現金等價物淨增加額			(23)220,845	220,845
調整分錄借貸合計		42,873,148	42,873,148	

第四步，核對調整分錄，借方、貸方合計數均已相對，資產負債表項目年初余額加減調整分錄中的借貸金額以后，也已等於期末數。

第五步，根據工作底稿中的現金流量表項目部分編製正式的現金流量表，如表17-5所示。

第五節　所有者權益變動表

一、所有者權益變動表概述

（一）所有者權益變動表的概念

所有者權益變動表是反應構成所有者權益的各組成部分當期的增減變動情況的報表。所有者權益變動表應當全面反應一定時期所有者權益變動的情況，不僅包括所有者權益總量的增減變動，還包括所有者權益增減變動的重要結構性信息，特別是要反應直接計入所有者權益的利得和損失，讓報表使用者準確理解所有者權益增減變動的根源。

（二）所有者權益變動表的列報格式

在所有者權益變動表上，企業至少應當單獨列示反應下列信息的項目：①綜合收益總額；②會計政策變更和差錯更正的累積影響金額；③所有者投入資本和向所有者分配的利潤等；④提取的盈余公積；⑤實收資本或資本公積、盈余公積、未分配利潤的期初和期末余額及調節情況。

1. 以矩陣的形式列報

為了清楚地表明構成所有者權益的各組成部分當期的增減變動情況，所有者權益變動表應以矩陣的形式列示。一方面，列示導致所有者權益變動的交易或事項，改變了以往僅僅按照所有者權益的各組成部分反應所有者權益變動情況，而是按所有者權益變動的來源對一定時期所有者權益變動情況進行全面反應；另一方面，按照所有者權益各組成部分（包括實收資本、資本公積、盈余公積、未分配利潤和庫存股）及其總額列示交易或事項對所有者權益的影響。

2. 列示所有者權益變動的比較信息

根據財務報表列報準則的規定，企業需要提供比較所有者權益變動表。因此，所有者權益變動表還就各項目再分為「本年金額」和「上年金額」兩欄分別填列。所有者權益變動表的具體格式如表 17-8 所示。

表 17-8　　所有者權益變動表　　會企 04 表

編製單位：　　年度　　單位：元

項目	本年金額							上年金額						
	實收資本（或股本）	資本公積	減：庫存股	其他綜合收益	盈余公積	未分配利潤	所有者權益合計	實收資本（或股本）	資本公積	減：庫存股	其他綜合收益	盈余公積	未分配利潤	所有者權益合計
一、上年年末余額														
加：會計政策變更														
前期差錯更正														
二、本年年初余額														

表17-8(續)

項目	本年金額							上年金額						
	實收資本（或股本）	資本公積	減：庫存股	其他綜合收益	盈余公積	未分配利潤	所有者權益合計	實收資本（或股本）	資本公積	減：庫存股	其他綜合收益	盈余公積	未分配利潤	所有者權益合計
三、本年增減變動金額（減少以「-」號填列）														
（一）綜合收益總額														
（二）所有者投入和減少資本														
1. 所有者投入資本														
2. 股份支付計入所有者權益的金額														
3. 其他														
（三）利潤分配														
1. 提取盈余公積														
2. 對所有者（或股東）的分配														
3. 其他														
（四）所有者權益內部結轉														
1. 資本公積轉增資本（或股本）														
2. 盈余公積轉增資本（或股本）														
3. 盈余公積彌補虧損														
4. 其他														
四、本年年末余額														

二、所有者權益變動表的列報方法

（一）所有者權益變動表各項目的列報說明

(1)「上年年末余額」項目，反應企業上年資產負債表中實收資本（或股本）、資本公積、盈余公積、未分配利潤的年末余額。

(2)「會計政策變更」和「前期差錯更正」項目，分別反應企業採用追溯調整法處理的會計政策變更的累積影響金額和採用追溯重述法處理的前期差錯更正的累積影響金額。

為了體現會計政策變更和前期差錯更正的影響，企業應當在上期期末所有者權益余額的基礎上進行調整，得出本期期初所有者權益，根據「盈余公積」「利潤分配」「以前年度損益調整」等科目的發生額分析填列。

(3)「本年增減變動額」項目分別反應如下內容：

①「淨利潤」項目，反應企業當年實現的淨利潤（或淨虧損）金額，並對應列在「未分配利潤」欄。

②「其他綜合收益」項目，反應企業當年根據企業會計準則規定未在損益中確認的各項利得和損失扣除所得稅影響后的淨額，並對應列在「其他綜合收益」欄。

③「淨利潤」和「其他綜合收益」項目，反應企業當年實現的淨利潤（或淨虧損）金額和當年直接計入其他綜合收益金額的合計額。

④「所有者投入和減少資本」項目，反應企業當年所有者投入的資本和減少的資本。其中：「所有者投入資本」項目，反應企業接受投資者投入形成的實收資本（或股本）和資本溢價或股本溢價，並對應列在「實收資本」和「資本公積」欄；「股份支付計入所有者權益的金額」項目，反應企業處於等待期中的權益結算的股份支付當年計入資本公積的金額，並對應列在「資本公積」欄。

⑤「利潤分配」下各項目，反應當年對所有者（或股東）分配的利潤（或股利）金額和按照規定提取的盈余公積金額，並對應列在「未分配利潤」和「盈余公積」欄。其中：「提取盈余公積」項目，反應企業按照規定提取的盈余公積；「對所有者（或股東）的分配」項目，反應對所有者（或股東）分配的利潤（或股利）金額。

⑥「所有者權益內部結轉」下各項目，反應不影響當年所有者權益總額的所有者權益各組成部分之間當年的增減變動，包括資本公積轉增資本（或股本）、盈余公積轉增資本（或股本）、盈余公積彌補虧損等項金額。為了全面反應所有者權益各組成部分的增減變動情況，所有者權益內部結轉也是所有者權益變動表的重要組成部分，主要指不影響所有者權益總額、所有者權益的各組成部分當期的增減變動。其中：「資本公積轉增資本（或股本）」項目，反應企業以資本公積轉增資本或股本的金額；「盈余公積轉增資本（或股本）」項目，反應企業以盈余公積轉增資本或股本的金額；「盈余公積彌補虧損」項目，反應企業以盈余公積彌補虧損的金額。

（二）上年金額欄的列報方法

所有者權益變動表「上年金額」欄內各項數字，應根據上年度所有者權益變動表「本年金額」欄內所列數字填列。如果上年度所有者權益變動表規定的各個項目的名稱和內容同本年度不一致，應對上年度所有者權益變動表各項目的名稱和數字按本年度的規定進行調整，填入所有者權益變動表「上年金額」欄內。

（三）本年金額欄的列報方法

所有者權益變動表「本年金額」欄內各項數字一般應根據「實收資本（或股本）」「資本公積」「盈余公積」「利潤分配」「庫存股」「以前年度損益調整」等科目的發生額分析填列。

企業的淨利潤及其分配情況作為所有者權益變動的組成部分，不需要單獨設置利潤分配表列示。

1.「上年年末余額」項目

「上年年末余額」項目，應根據上年資產負債表中「實收資本（或股本）」「資本公積」「其他綜合收益」「盈余公積」「未分配利潤」等項目的年末余額填列。

2.「會計政策變更」和「前期差錯更正」項目

「會計政策變更」和「前期差錯更正」項目，應根據「盈余公積」「利潤分配」「以前年度損益調整」等科目的發生額分析填列，並在「上年年末余額」的基礎上調整得出「本年年初金額」項目。

3.「本年增減變動金額」項目

(1)「綜合收益總額」項目

「綜合收益總額」項目，反應企業當年的綜合收益總額，應根據當年利潤表中「其他綜合收益的稅后淨額」和「淨利潤」項目填列，並對應列在「其他綜合收益」和「未分配利潤」欄。

(2)「所有者投入和減少資本」項目

「所有者投入和減少資本」項目，反應企業當年所有者投入的資本和減少的資本。其中：「所有者投入資本」項目，反應企業接受投資者投入形成的實收資本（或股本）和資本公積，應根據「實收資本」「資本公積」等科目的發生額分析填列，並對應列在「實收資本」和「資本公積」欄；「股份支付計入所有者權益的金額」項目，反應企業處於等待期中的權益結算的股份支付當年計入資本公積的金額，應根據「資本公積」科目所屬的「其他資本公積」二級科目的發生額分析填列，並對應列在「資本公積」欄。

(3)「本年利潤分配」下各項目

「本年利潤分配」下各項目反應當年對所有者（或股東）分配的利潤（或股利）金額和按照規定提取的盈余公積金額，並對應列在「未分配利潤」和「盈余公積」欄。其中：「提取盈余公積」項目，反應企業按照規定提取的盈余公積，應根據「盈余公積」「利潤分配」科目的發生額分析填列；「對所有者（或股東）的分配」項目，反應對所有者（或股東）分配的利潤（或股利）金額，應根據「利潤分配」科目的發生額分析填列。

(4)「所有者權益內部結轉」下各項目

「所有者權益內部結轉」下各項目，反應不影響當年所有者權益總額的所有者權益各組成部分之間當年的增減變動，包括資本公積轉增資本（或股本）、盈余公積轉增資本（或股本）、盈余公積彌補虧損等。其中：「資本公積轉增資本（或股本）」項目，反應企業以資本公積轉增資本或股本的金額，應根據「實收資本」「資本公積」等科目的發生額分析填列；「盈余公積轉增資本（或股本）」項目，反應企業以盈余公積轉增資本或股本的金額，應根據「實收資本」「盈余公積」等科目的發生額分析填列；「盈余公積彌補虧損」項目，反應企業以盈余公積彌補虧損的金額，應根據「盈余公積」「利潤分配」等科目的發生額分析填列。

第六節　財務報表附註

一、財務報表附註概述

(一) 財務報表附註的概念

附註是財務報表不可或缺的組成部分，是對在資產負債表、利潤表、現金流量表和所有者權益變動表等報表中列示項目的文字描述或明細資料，以及對未能在這些報表中列示項目的說明等。

財務報表中的數字是經過分類與匯總后的結果，是對企業發生的經濟業務的高度簡化和濃縮的數字。如沒有形成這些數字所使用的會計政策、理解這些數字所必需的披露，財務報表就不可能充分發揮效用。因此，附註與資產負債表、利潤表、現金流量表、所有者權益變動表等報表具有同等的重要性，是財務報表的重要組成部分。報表使用者瞭解企業的財務狀況、經營成果和現金流量，應當全面閱讀附註。

（二）附註披露的基本要求

（1）附註披露的信息應是定量、定性信息的結合，從而能從量和質兩個角度對企業經濟事項完整地進行反應，也才能滿足信息使用者的決策需求。

（2）附註應當按照一定的結構進行系統合理的排列和分類，有順序地披露信息。由於附註的內容繁多，因此更應按邏輯順序排列，分類披露，條理清晰，具有一定的組織結構，以便於使用者理解和掌握，也更好地實現財務報表的可比性。

（3）附註相關信息應當與資產負債表、利潤表、現金流量表和所有者權益變動表等報表中列示的項目相互參照，以有助於使用者聯繫相關聯的信息，並由此從整體上更好地理解財務報表。

二、會計報表附註披露的內容

按《企業會計準則第 30 號——財務報表列報》的規定，企業應當披露的附註信息主要包括下列內容：

（一）企業的基本情況

（1）企業註冊地、組織形式和總部地址。

（2）企業的業務性質和主要經營活動。

（3）母公司以及集團最終母公司的名稱。

（4）財務報告的批准報出者和財務報告批准報出日。

（二）財務報表的編製基礎（略）

（三）遵循企業會計準則的聲明

企業應當聲明編製的財務報表符合企業會計準則的要求，真實、完整地反應了企業的財務狀況、經營成果和現金流量等有關信息。

如果企業編製的財務報表只是部分地遵循了企業會計準則，附註中不得做出這種表述。

（四）重要會計政策和會計估計

根據財務報表列報準則的規定，企業應當披露採用的重要會計政策和會計估計。不重要的會計政策和會計估計可以不披露。

1. 重要會計政策的說明

企業在發生某項交易或事項允許選用不同的會計處理方法時，應當根據準則的規定從允許的會計處理方中選擇適合本企業特點的會計政策。比如，存貨的計價可以選擇先進先出法、加權平均法、個別計價法等。為了有助於報表使用者理解，有必要對這些會計政策加以披露。披露的內容包括：

（1）財務報表項目的計量基礎。會計計量屬性包括歷史成本、重置成本、可變現淨值、現值和公允價值，這直接顯著影響報表使用者的分析。這項披露要求便於使用者瞭解企業財務報表中的項目是按何種計量基礎予以計量的，如存貨是按成本還是可變現淨值計量的等。

（2）會計政策的確定依據，主要是指企業在運用會計政策過程中所作的對報表中確認的項目金額最具影響的判斷。例如，企業應當根據本企業的實際情況說明確定金融資產分類的判斷標準等，這些判斷對在報表中確認的項目金額具有重要影響。因此，這項披露要求有助於使用者理解企業選擇和運用會計政策的背景，增加財務報表的可理解性。

2. 重要會計估計的說明

財務報表列報準則強調了對會計估計不確定因素的披露要求。企業應當披露會計估計中所採用的關鍵假設和不確定因素的確定依據，這些關鍵假設和不確定因素在下一會計期間內很可能導致對資產、負債帳面價值進行重大調整。

在確定報表中確認的資產和負債的帳面金額過程中，企業有時需要對不確定的未來事項在資產負債表日對這些資產和負債的影響加以估計。例如，固定資產可收回金額的計算需要根據其公允價值減去處置費用后的淨額與預計未來現金流量的現值兩者之間的較高者確定，在計算資產預計未來現金流量的現值時需要對未來現金流量進行預測，並選擇適當的折現率，這時，企業應當在附註中披露未來現金流量預測所採用的假設及其依據、所選擇的折現率為什麼是合理的等。這些假設的變動對這些資產和負債項目金額的確定影響很大，有可能會在下一個會計年度內做出重大調整。因此，強調這一披露要求，有助於提高財務報表的可理解性。

（五）會計政策和會計估計變更以及差錯更正的說明

企業應當按照《企業會計準則第 28 號——會計政策、會計估計變更和差錯更正》及其應用指南的規定，披露會計政策和會計估計變更以及差錯更正的有關情況。

（六）報表重要項目的說明

企業應當以文字和數字描述相結合、盡可能以列表形式披露報表重要項目的構成或當期增減變動情況；報表重要項目的明細金額合計，應當與報表項目金額相銜接。在披露順序上，一般應當按照資產負債表、利潤表、現金流量表、所有者權益變動表的順序及其項目列示的順序。

（七）其他需要說明的重要事項

這些重要事項主要包括或有事項、資產負債表日后非調整事項、關聯方關係及其交易等。

第十八章　會計政策、會計估計變更和差錯更正

第一節　會計政策、會計估計和前期差錯概述

一、會計政策

（一）會計政策的概念

會計政策，是指企業在會計確認、計量和報告中所採用的原則、基礎和會計處理方法。會計政策包括會計原則、基礎和處理方法。

（1）原則，是指按照企業會計準則規定、適合於企業會計要素確認過程中所採用的具體會計原則，而不是籠統地指所有的會計原則。例如，借款費用是費用化還是資本化，即屬於特定會計原則。謹慎性、相關性、實質重於形式等屬於會計信息質量要求，是為了滿足會計信息質量要求而制定的原則，是統一的、不可選擇的，不屬於特定原則。

（2）基礎，是指為了將會計原則應用於交易或者事項而採用的基礎，主要是計量基礎（即計量屬性），包括歷史成本、重置成本、可變現淨值、現值和公允價值等。

（3）會計處理方法，是指企業在會計核算中按照法律、行政法規或者國家統一的會計制度等規定採用或者選擇的、適合於本企業的具體會計處理方法。例如，對發出存貨的計價方法可按先進先出法、加權平均法和個別計價法選擇，這些方法就是具體會計處理方法。

（二）會計政策的判斷

原則、基礎和會計處理方法構成了會計政策相互關聯的有機整體。對會計政策的判斷通常應當考慮從會計要素角度出發，根據各項資產、負債、所有者權益、收入、費用等會計確認條件、計量屬性以及兩者相關的處理方法、列報要求等確定相應的會計政策。比如，投資性房地產的確認及后續計量模式、借款費用資本化的條件、債務重組的確認和計量、建造合同等合同收入的確認與計量方法、期間費用的劃分等。

除會計要素相關會計政策外，財務報表列報方面所涉及的編製現金流量表的直接法和間接法、合併財務報表合併範圍的判斷、分部報告中報告分部的確定，也屬於會計政策。

（三）會計政策的特點

（1）會計政策的選擇性。會計政策是指在允許的會計原則、計量基礎和會計處理

方法中做出指定或具體選擇。由於企業經濟業務的複雜性和多樣化，某些經濟業務在符合會計原則和計量基礎的要求下，可以有多種會計處理方法，即存在不止一種可供選擇的會計政策。例如，確定發出存貨的實際成本時可以在先進先出法、加權平均法和個別計價法中進行選擇。

（2）會計政策的強制性。在中國，會計準則和會計制度屬於行政法規，會計政策所包括的具體會計原則、計量基礎和具體會計處理方法由會計準則或會計制度規定，具有一定的強制性。企業必須在法規所允許的範圍內選擇適合本企業實際情況的會計政策。即企業在發生某項經濟業務時，必須從允許的會計原則、計量基礎和會計處理方法中選擇出適合本企業特點的會計政策。

（3）會計政策的層次性。會計政策包括會計原則、計量基礎和會計處理方法三個層次。其中，會計原則是指導企業會計核算的具體原則，會計基礎是為將會計原則體現在會計核算中而採用的基礎，會計處理方法是按照會計原則和計量基礎的要求，由企業在會計核算中採用或者選擇的、適合於本企業的具體會計處理方法。

企業應當披露重要的會計政策，不具有重要性的會計政策可以不予披露。判斷會計政策是否重要，應當考慮與會計政策相關項目的性質和金額。企業應當披露的重要會計政策包括：

（1）發出存貨成本的計量，是指企業確定發出存貨成本所採用的會計處理。例如，企業發出存貨成本的計量是採用先進先出法，還是採用其他計量方法。

（2）長期股權投資的后續計量，是指企業取得長期股權投資后的會計處理。例如，企業對被投資單位的長期股權投資是採用成本法，還是採用權益法核算。

（3）投資性房地產的后續計量，是指企業在資產負債表日對投資性房地產進行后續計量所採用的會計處理。例如，企業對投資性房地產的后續計量是採用成本模式，還是公允價值模式。

（4）固定資產的初始計量，是指企業對取得的固定資產初始成本的計量。例如，企業取得的固定資產初始成本是以購買價款，還是以購買價款的現值為基礎進行計量。

（5）生物資產的初始計量，是指企業對取得的生物資產初始成本的計量。例如，企業為取得生物資產而產生的借款費用，應當予以資本化，還是計入當期損益。

（6）無形資產的確認，是指企業對無形資產項目的支出是否確認為無形資產。例如，企業內部研究開發項目開發階段的支出是確認為無形資產，還是在發生時計入當期損益。

（7）非貨幣性資產交換的計量，是指非貨幣性資產交換事項中對換入資產成本的計量。例如，非貨幣性資產交換是以換出資產的公允價值作為確定換入資產成本的基礎，還是以換出資產的帳面價值作為確定換入資產成本的基礎。

（8）收入的確認，是指收入確認所採用的會計原則。例如，企業確認收入時要同時滿足已將商品所有權上的主要風險和報酬轉移給購貨方、收入的金額能夠可靠地計量、相關經濟利益很可能流入企業等條件。

（9）合同收入與費用的確認，是指企業確認建造合同的收入和費用所採用的會計處理方法。例如，企業確認建造合同的收入和費用採用完工百分比法。

（10）借款費用的處理，是指企業對借款費用的會計處理方法，即是採用資本化，還是採用費用化確認。

(11) 合併政策，是指企業編製合併財務報表所採納的原則。例如，母公司與子公司的會計年度不一致的處理原則、合併範圍的確定原則等。

(12) 其他重要會計政策。

二、會計估計

(一) 會計估計的概念

會計估計，是指企業對結果不確定的交易或者事項以最近可利用的信息為基礎所做出的判斷。由於商業活動中內在的不確定因素影響，許多財務報表中的項目不能精確地計量，而只能加以估計。

(二) 會計估計的特點

(1) 會計估計的存在是由於經濟活動中內在的不確定性因素的影響。在會計核算中，企業總是力求保持會計核算的準確性。但有些經濟業務本身具有不確定性，例如，壞帳、固定資產折舊年限、固定資產殘余價值、無形資產攤銷年限等，因而需要根據經驗做出估計。可以說，在進行會計核算和相關信息披露的過程中，會計估計是不可避免的。

(2) 進行會計估計時，往往以最近可利用的信息或資料為基礎。企業在會計核算中，由於經營活動中內在的不確定性，不得不經常進行估計。一些估計的主要目的是確定資產或負債的帳面價值，例如，壞帳準備、擔保責任引起的負債；另一些估計的主要目的是確定將在某一期間記錄的收益或費用的金額，例如，某一期間的折舊、攤銷的金額。企業在進行會計估計時，通常應根據當時的情況和經驗，以一定的信息或資料為基礎進行。但是，隨著時間的推移、環境的變化，進行會計估計的基礎可能會發生變化。因此，進行會計估計所依據的信息或者資料不得不經常發生變化。由於最新的信息是最接近目標的信息，以其為基礎所做出的估計最接近實際，所以進行會計估計時，應以最近可利用的信息或資料為基礎。

(3) 進行會計估計並不會削弱會計確認和計量的可靠性。企業為了定期、及時地提供有用的會計信息，將延續不斷的經營活動人為劃分為一定的期間，並在權責發生制的基礎上對企業的財務狀況和經營成果進行定期確認和計量。例如，在會計分期的情況下，許多企業的交易跨越若干會計年度，以至於需要在一定程度上做出決定：某一年度發生的開支，哪些可以合理地預期能夠產生其他年度以收益形式表示的利益，從而全部或部分向后遞延，哪些可以合理地預期在當期能夠得到補償，從而確認為費用。由於會計分期和貨幣計量的前提，在確認和計量過程中，不得不對許多尚在延續中、其結果尚未確定的交易或事項予以估計入帳。

(三) 常見會計估計

下列各項屬於常見的需要進行估計的項目：

(1) 存貨可變現淨值的確定。

(2) 公允價值模式下的投資性房地產公允價值的確定。

(3) 固定資產的預計使用壽命與淨殘值；固定資產的折舊方法。

(4) 生物資產的預計使用壽命與淨殘值；各類生產性生物資產的折舊方法。

(5) 使用壽命有限的無形資產的預計使用壽命與淨殘值。

(6) 可收回金額按照資產組的公允價值減去處置費用后的淨額確定的，確定公允價值減去處置費用后的淨額的方法；可收回金額按照資產組的預計未來現金流量的現值確定的，預計未來現金流量的確定。

(7) 合同完工進度的確定。

(8) 權益工具公允價值的確定。

(9) 債務人債務重組中轉讓的非現金資產的公允價值、由債務轉成的股份的公允價值和修改其他債務條件后債務的公允價值的確定；債權人債務重組中受讓的非現金資產的公允價值、由債權轉成的股份的公允價值和修改其他債務條件后債權的公允價值的確定。

(10) 預計負債初始計量的最佳估計數的確定。

(11) 金融資產公允價值的確定。

(12) 承租人對未確認融資費用的分攤；出租人對未實現融資收益的分配。

三、會計政策變更與會計估計變更的劃分

企業應當正確劃分會計政策變更與會計估計變更，並按照不同的方法進行相關會計處理。

(一) 會計政策變更與會計估計變更的劃分基礎

企業應當以變更事項的會計確認、計量基礎和列報項目是否發生變更作為判斷該變更是會計政策變更還是會計估計變更的劃分基礎。

(1) 以會計確認是否發生變更作為判斷基礎。《企業會計準則——基本準則》規定了資產、負債、所有者權益、收入、費用和利潤等六項會計要素的確認標準，是會計處理的首要環節。一般地，對會計確認的指定或選擇是會計政策，其相應的變更是會計政策變更。會計確認、計量的變更一般會引起列報項目的變更。

[**例 18-1**] 華遠股份有限公司在前期將某項內部研發項目開發階段的支出計入當期損益。而當期按照《企業會計準則第 6 號——無形資產》的規定，該項支出符合無形資產的確認條件，應當確認為無形資產。該事項的會計確認發生變更，即前期將開發費用確認為一項費用，而當期將其確認為一項資產。該事項中會計確認發生了變化，所以該變更屬於會計政策變更。

(2) 以計量基礎是否發生變更作為判斷基礎。《企業會計準則——基本準則》規定了歷史成本、重置成本、可變現淨值、現值和公允價值等五項會計計量屬性，是會計處理的計量基礎。一般地，對計量基礎的指定或選擇是會計政策，其相應的變更是會計政策變更。

[**例 18-2**] 華遠股份有限公司在前期對購入的價款超過正常信用條件延期支付的固定資產初始計量採用歷史成本作為計量基礎。而當期按照《企業會計準則第 4 號——固定資產》的規定，該類固定資產的初始成本應以購買價款的現值為基礎確定。

該事項的計量基礎發生了變化，所以該變更屬於會計政策變更。

（3）以列報項目是否發生變更作為判斷基礎。《企業會計準則第 30 號——財務報表列報》規定了財務報表項目應採用的列報原則。一般地，對列報項目的指定或選擇是會計政策，其相應的變更是會計政策變更。當然，在實務中，有時列報項目的變更往往伴隨著會計確認的變更或者相反。

［**例 18-3**］華遠股份有限公司在前期將商品採購費用列入銷售費用。當期根據《企業會計準則第 1 號——存貨》的規定，將採購費用列入成本。因為列報項目發生了變化，所以該變更是會計政策變更。當然這裡也涉及會計確認、計量的變更。

（4）根據會計確認、計量基礎和列報項目所選擇的、為取得與該項目有關的金額或數值所採用的處理方法，不是會計政策，而是會計估計，其相應的變更是會計估計變更。

（二）劃分會計政策變更和會計估計變更的方法

企業可以採用以下具體方法劃分會計政策變更與會計估計變更：分析並判斷該事項是否涉及會計確認、計量基礎選擇或列報項目的變更。當至少涉及其中一項劃分基礎變更的，該事項是會計政策變更；不涉及上述劃分基礎變更時，該事項可以判斷為會計估計變更。

［**例 18-4**］華遠股份有限公司原採用雙倍余額遞減法計提固定資產折舊，根據固定資產使用的實際情況，企業決定改用直線法計提固定資產折舊。該事項前后採用的兩種計提折舊方法都是以歷史成本作為計量基礎的，對該事項的會計確認和列報項目也未發生變更，只是固定資產折舊、固定資產淨值等相關金額發生了變化。因此，該事項屬於會計估計變更。

四、前期差錯

前期差錯，是指由於沒有運用或錯誤運用下列兩種信息，而對前期財務報表造成省略或錯報：①編報前期財務報表時預期能夠取得並加以考慮的可靠信息；②前期財務報告批准報出時能夠取得的可靠信息。前期差錯通常包括計算錯誤、應用會計政策錯誤、疏忽或曲解事實及舞弊產生的影響，以及存貨、固定資產盤盈等。

沒有運用或錯誤運用上述兩種信息而形成前期差錯的情形主要有：

（1）計算以及帳戶分類錯誤。例如，企業購入的五年期國債，意圖長期持有，但在記帳時記入了交易性金融資產，導致帳戶分類上的錯誤，並導致在資產負債表上流動資產和非流動資產的分類也有誤。

（2）採用法律、行政法規或者國家統一的會計制度等不允許的會計政策。例如，按照《企業會計準則第 17 號——借款費用》的規定，為購建固定資產的專門借款而發生的借款費用，滿足一定條件的，在固定資產達到預定可使用狀態前發生的，應予資本化，計入所購建固定資產的成本；在固定資產達到預定可使用狀態后發生的，計入當期損益。如果企業固定資產已達到預定可使用狀態后發生的借款費用，也計入該固定資產的價值，予以資本化，則屬於採用法律或會計準則等行政法規、規章所不允許的會計政策。

(3) 對事實的疏忽或曲解，以及舞弊。例如，企業對某項建造合同應按建造合同規定的方法確認營業收入，但該企業却按確認商品銷售收入的原則確認收入。

(4) 在期末對應計項目與遞延項目未予調整。例如，企業應在本期攤銷的費用在期末未予攤銷。

(5) 漏記已完成的交易。例如，企業銷售一批商品，商品已經發出，開出增值稅專用發票，商品銷售收入確認條件均已滿足，但企業在期末時未將已實現的銷售收入入帳。

(6) 提前確認尚未實現的收入或不確認已實現的收入。例如，在採用委託代銷商品的銷售方式下，應以收到代銷單位的代銷清單時，確認商品銷售收入的實現。如企業在發出委託代銷商品時即確認收入，則為提前確認尚未實現的收入。

(7) 資本性支出與收益性支出劃分差錯等。例如，企業發生的管理人員的工資一般作為收益性支出，而發生的在建工程人員工資一般作為資本性支出。如果企業將發生的在建工程人員工資計入了當期損益，則屬於資本性支出與收益性支出的劃分差錯。

需要注意的是，就會計估計的性質來說，它是個近似值，隨著更多信息的獲得，估計可能需要進行修正，但是會計估計變更不屬於前期差錯更正。

第二節　會計政策變更

一、會計政策變更及其條件

(一) 會計政策變更的概念

會計政策變更，是指企業對相同的交易或者事項由原來採用的會計政策改用另一會計政策的行為。為保證會計信息的可比性，使財務報表使用者在比較企業一個以上期間的財務報表時，能夠正確判斷企業的財務狀況、經營成果和現金流量的趨勢，一般情況下，企業採用的會計政策，在每一會計期間和前后各期應當保持一致，不得隨意變更。否則勢必削弱會計信息的可比性。

需要注意的是，企業不能隨意變更會計政策並不意味著企業的會計政策在任何情況下均不能變更。

(二) 會計政策變更的條件

會計政策變更，並不意味著以前期間的會計政策是錯誤的，只是由於情況發生了變化，或者掌握了新的信息、累積了更多的經驗，使得變更會計政策能夠更好地反應企業的財務狀況、經營成果和現金流量。如果以前期間會計政策的選擇和運用是錯誤的，則屬於前期差錯，應按前期差錯更正的會計處理方法進行處理。符合下列條件之一的，企業可以變更會計政策：

1. 法律、行政法規或者國家統一的會計制度等要求變更

這種情況是指按照法律、行政法規以及國家統一的會計制度的規定，要求企業採用新的會計政策，則企業應當按照法律、行政法規以及國家統一的會計制度的規定改

變原會計政策，執行新的會計政策。例如，《企業會計準則第 1 號——存貨》對發出存貨實際成本的計價取消了后進先出法，這就要求執行企業會計準則體系的企業按照新規定，將原來以后進先出法核算發出存貨成本改為準則規定可以採用的會計政策。

2. 會計政策變更能夠提供更可靠、更相關的會計信息

由於經濟環境、客觀情況的改變，企業原採用的會計政策所提供的會計信息，已不能恰當地反應企業的財務狀況、經營成果和現金流量等情況。在這種情況下，企業應改變原有會計政策，按變更后新的會計政策進行會計處理，以便對外提供更可靠、更相關的會計信息。例如，企業一直採用成本模式對投資性房地產進行后續計量，如果企業能夠從房地產交易市場上持續地取得同類或類似房地產的市場價格及其他相關信息，從而能夠對投資性房地產的公允價值做出合理的估計，此時，企業可以將投資性房地產的后續計量方法由成本模式變更為公允價值模式。

(三) 不屬於會計政策變更情形

對會計政策變更的認定，直接影響會計處理方法的選擇。因此，在會計實務中，企業應當正確認定屬於會計政策變更的情形。下列情形不屬於會計政策變更：

(1) 本期發生的交易或者事項與以前相比具有本質差別而採用新的會計政策。這是因為，會計政策針對的是特定類型的交易或事項，如果發生的交易或事項與其他交易或事項有本質區別，那麼，企業實際上是為新的交易或事項選擇適當的會計政策，並沒有改變原有的會計政策。例如，企業以往租入的設備均為臨時需要而租入的，企業按經營租賃會計處理方法核算，但自本年度起租入的設備均採用融資租賃方式，則該企業自本年度起對新租賃的設備採用融資租賃會計處理方法核算。由於該企業原租入的設備均為經營性租賃，本年度起租賃的設備均改為融資租賃，經營租賃和融資租賃有著本質差別，因而改變會計政策不屬於會計政策變更。

(2) 對初次發生的或不重要的交易或者事項採用新的會計政策。對初次發生的某類交易或事項採用適當的會計政策，並未改變原有的會計政策。例如，企業以前沒有建造合同業務，當年簽訂一項建造合同為另一企業建造三棟廠房，對該項建造合同採用完工百分比法確認收入，不是會計政策變更。至於對不重要的交易或事項採用新的會計政策，不按會計政策變更做出會計處理，並不影響會計信息的可比性，所以也不作為會計政策變更。例如，企業原在生產經營過程中使用少量的低值易耗品，並且價值較低，故企業在領用低值易耗品時一次計入費用；該企業於近期投產新產品，所需低值易耗品比較多，且價值較大，企業對領用的低值易耗品的處理方法改為五五攤銷法。該企業低值易耗品在企業生產經營中所占的費用比例並不大，改變低值易耗品處理方法后，對損益的影響也不大，屬於不重要的事項。會計政策在這種情況下的改變不屬於會計政策變更。

二、會計政策變更的會計處理

發生會計政策變更時，有兩種會計處理方法，即追溯調整法和未來適用法，兩種方法適用於不同情形。

(一) 追溯調整法

追溯調整法，是指對某項交易或事項變更會計政策，視同該項交易或事項初次發生時即採用變更后的會計政策，並以此對財務報表相關項目進行調整的方法。採用追溯調整法時，對於比較財務報表期間的會計政策變更，應調整各期間淨損益各項目和財務報表其他相關項目，視同該政策在比較財務報表期間一直採用。對於比較財務報表可比期間以前的會計政策變更的累積影響數，應調整比較財務報表最早期間的期初留存收益，財務報表其他相關項目的數字也應一併調整。

追溯調整法通常由以下步驟構成：

第一步，計算會計政策變更的累積影響數（計算）；

第二步，編製相關項目的調整分錄（調整分錄）；

第三步，調整列報前期最早期初財務報表相關項目及其金額（調整報表）；

第四步，附註說明（附註披露）。

其中，會計政策變更累積影響數，是指按照變更后的會計政策對以前各期追溯計算的列報前期最早期初留存收益應有金額與現有金額之間的差額。根據上述概念的表述，會計政策變更的累積影響數可以分解為以下兩個金額之間的差額：①在變更會計政策當期，按變更后的會計政策對以前各期追溯計算，所得到列報前期最早期初留存收益金額；②在變更會計政策當期，列報前期最早期初留存收益金額。上述留存收益金額，包括盈余公積和未分配利潤等項目，不考慮由於損益的變化而應當補分的利潤或股利。例如，由於會計政策變化，增加了以前期間可供分配的利潤，該企業通常按淨利潤的20%分派股利。但在計算調整會計政策變更當期期初的留存收益時，不應當考慮由於以前期間淨利潤的變化而需要分派的股利。上述第②項，在變更會計政策當期，列報前期最早期初留存收益金額，即為上期資產負債表所反應的期初留存收益，可以從上年資產負債表項目中獲得；需要計算確定的是第①項，即按變更后的會計政策對以前各期追溯計算，所得到的上期期初留存收益金額。

累積影響數通常可以通過以下各步計算獲得：

第一步，根據新會計政策重新計算受影響的前期交易或事項；

第二步，計算兩種會計政策下的差異；

第三步，計算差異的所得稅影響金額；

第四步，確定前期中的每一期的稅后差異；

第五步，計算會計政策變更的累積影響數。

即：

累積影響數=按變更后的會計政策追溯計算所得到列報前期最早期初留存收益（應有的）金額－（現有的）列報前期最早期初留存收益金額

留存收益金額包括盈余公積和未分配利潤等項目，不考慮由於損益的變化而應當補分的利潤或股利。

[**例18-5**] 華遠股份有限公司於2×16年、2×17年分別以450萬元和110萬元的價格從股票市場購入A、B兩只以交易為目的的股票（假設不考慮購入股票發生的交易費用），市價一直高於購入成本。公司採用成本與市價孰低法對購入股票進行計量。公司

從 2×18 年起對其以交易為目的購入的股票由成本與市價孰低改為公允價值計量。公司保存的會計資料比較齊備，可以通過會計資料追溯計算。假設所得稅稅率為 25%，公司按淨利潤的 10%提取法定盈余公積，按淨利潤的 5%提取任意盈余公積。公司發行普通股 4,500 萬股，未發行任何稀釋性潛在普通股。兩種方法計量的交易性金融資產帳面價值如表 18-1 所示。

表 18-1　　兩種方法計量的交易性金融資產帳面價值　　單位：元

	成本與市價孰低	2×16 年年末公允價值	2×17 年年末公允價值
A 股票	4,500,000	5,100,000	5,100,000
B 股票	1,100,000	—	1,300,000

華遠股份有限公司的會計處理如下：

第一步，計算改變交易性金融資產計量方法后的累計影響數，如表 18-2 所示。

表 18-2　　改變交易性金融資產計量方法后的累計影響數　　單位：元

時間	公允價值	成本與市價孰低	稅前差異	所得稅影響	稅后差異
2×16 年末	5,100,000	4,500,000	600,000	150,000	450,000
2×17 年末	6,400,000	5,600,000	800,000	200,000	600,000

（1）華遠股份有限公司 2×18 年 12 月 31 日的比較財務報表列報前期最早期初為 2×17 年 1 月 1 日。

（2）華遠股份有限公司在 2×16 年年末按新政策計量的帳面價值為 510 萬元，按舊政策計量的帳面價值為 450 萬元，兩者稅前差異為 60 萬元，所得稅影響為 15 萬元，兩者差異的稅后淨影響額為 45 萬元，即該公司 2×17 年期初由成本與市價孰低改為公允價值的累積影響數。

（3）華遠股份有限公司在 2×17 年年末按新政策計量的帳面價值為 640 萬元，按舊政策計量的帳面價值為 560 萬元，兩者的稅前差異為 80 萬元，所得稅影響為 20 萬元，兩者差異的稅后淨影響額為 60 萬元。其中，45 萬元是調整 2×17 年累積影響數，15 萬元是調整 2×17 年當期金額。

（4）華遠股份有限公司按照公允價值重新計量 2×17 年年末 B 股票帳面價值，其結果為公允價值變動收益少計 20 萬元，所得稅費用少計 5 萬元，淨利潤少計 15 萬元。

第二步，編製有關項目的調整分錄。

（1）對 2×16 年的調整分錄：

①對 2×16 年有關事項的調整：

借：交易性金融資產——公允價值變動　　600,000

　貸：利潤分配——未分配利潤　　450,000

　　　遞延所得稅負債　　150,000

②調整利潤分配：

共計提盈余公積 = 450,000×15% = 67,500（元）

借：利潤分配——未分配利潤　　67,500

貸：盈余公積　　67,500

（2）對 2×17 年的調整分錄：

①對 2×17 年有關事項的調整：

借：交易性金融資產——公允價值變動　　200,000

　貸：利潤分配——未分配利潤　　150,000

　　遞延所得稅負債　　50,000

②調整利潤分配：

共計提盈余公積＝150,000×15%＝22,500（元）

借：利潤分配——未分配利潤　　22,500

　貸：盈余公積　　22,500

第三步，財務報表調整（財務報表略）。

華遠股份有限公司在列報 2×17 年財務報表時，應調整 2×17 年資產負債表有關項目的年初余額（2×17 年年末）、利潤表有關項目的上年金額（2×17 年）及所有者權益變動表有關項目的上年金額（2×17 年）和本年金額（2×18 年）。（所有者權益變動表第一行是上年年末余額）

①資產負債表項目的調整：調增交易性金融資產年初余額 80 萬元；調增遞延所得稅負債年初余額 20 萬元；調增盈余公積年初余額 9 萬元；調增未分配利潤年初余額 51 萬元。

②利潤表項目的調整：調增公允價值變動收益上年金額 20 萬元；調增所得稅費用上年金額 5 萬元（遞延所得稅）；調增淨利潤上年金額 15 萬元；調增基本每股收益上年金額 0.003,3 元（15/4,500）。

③所有者權益變動表項目的調整：調增會計政策變更項目中盈余公積上年金額 6.75 萬元（在 2×16 年年末數基礎上調增）、未分配利潤上年金額 38.25 萬元、所有者權益合計上年金額 45 萬元。調增會計政策變更項目中盈余公積本年金額 2.25 萬元（在 2×17 年年末數基礎上調增）、未分配利潤本年金額 12.75 萬元、所有者權益合計本年金額 15 萬元。

第四步，附註說明。

華遠股份有限公司 2×18 年按照會計準則規定，對交易性金融資產計量由成本與市價孰低改為會計以公允價值計量，此項會計政策變更採用追溯調整法，2×18 年的比較財務報表已重新表述。20×6 年期初運用新會計政策追溯計算的會計政策變更累計影響數為 450,000 元。調增 2×17 年的期初留存收益 450,000 元，其中，調增未分配利潤 382,500 元，調增盈余公積 67,500 元。會計政策變更對 2×18 年度財務報表的影響，調增本年年初未分配利潤 510,000 元（調增 2×17 年年末的未分配利潤 382,500 元與調增 2×16 年年末的未分配利潤 127,500 元之和），調增本年年初盈余公積 90,000 元；調增淨利潤上年金額 150,000 元。

（二）未來適用法

未來適用法，是指將變更后的會計政策應用於變更日及以后發生的交易或者事項，或者在會計估計變更當期和未來期間確認會計估計變更影響數的方法。

在未來適用法下，不需要計算會計政策變更產生的累積影響數，也無須重編以前年度的財務報表。企業會計帳簿記錄及財務報表上反應的金額，變更之日仍保留原有的金額，不因會計政策變更而改變以前年度的既定結果，並在現有金額的基礎上再按新的會計政策進行核算。

(三) 會計政策變更的會計處理方法的選擇

對於會計政策變更，企業應當根據具體情況，分別採用不同的會計處理方法：

(1) 法律、行政法規或者國家統一的會計制度等要求變更的情況下，企業應當分以下情況進行處理：國家發布相關的會計處理辦法，則按照國家發布的相關會計處理規定進行處理；國家沒有發布相關的會計處理辦法，則採用追溯調整法進行會計處理。

(2) 會計政策變更能夠提供更可靠、更相關的會計信息的情況下，企業應當採用追溯調整法進行會計處理，將會計政策變更累積影響數調整列報前期最早期初留存收益，其他相關項目的期初余額和列報前期披露的其他比較數據也應當一併調整。

(3) 確定會計政策變更對列報前期影響數不切實可行的，應當從可追溯調整的最早期間期初開始應用變更后的會計政策；在當期期初確定會計政策變更對以前各期累積影響數不切實可行的，應當採用未來適用法處理。

其中，不切實可行，是指企業在採取所有合理的方法后，仍然不能獲得採用某項規定所必需的相關信息，而導致無法採用該項規定，則該項規定在此時是不切實可行的。

在某些情況下，調整一個或者多個前期比較信息以獲得與當期會計信息的可比性是不切實可行的。例如，企業因帳簿、憑證超過法定保存期限而銷毀，或因不可抗力而毀壞、遺失，如火災、水災等，或因人為因素，如盜竊、故意毀壞等，可能使當期期初確定會計政策變更對以前各期累積影響數無法計算，即不切實可行，此時，會計政策變更應當採用未來適用法進行處理。

(四) 會計政策變更的披露

企業應當在附註中披露與會計政策變更有關的下列信息：

(1) 會計政策變更的性質、內容和原因，包括對會計政策變更的簡要闡述、變更的日期、變更前採用的會計政策和變更后所採用的新會計政策及會計政策變更的原因。

(2) 當期和各個列報前期財務報表中受影響的項目名稱和調整金額。具體包括：採用追溯調整法時，計算出的會計政策變更的累積影響數；當期和各個列報前期財務報表中需要調整的淨損益及其影響金額；其他需要調整的項目名稱和調整金額。

(3) 無法進行追溯調整的，說明該事實和原因以及開始應用變更后的會計政策的時點、具體應用情況。具體包括：無法進行追溯調整的事實，確定會計政策變更對列報前期影響數不切實可行的原因，在當期期初確定會計政策變更對以前各期累積影響數不切實可行的原因，開始應用新會計政策的時點和具體應用情況。

需要注意的是，在以后期間的財務報表中，不需要重複披露在以前期間的附註中已披露的會計政策變更的信息。

第三節　會計估計變更

一、會計估計變更的概念

(一) 會計估計變更

會計估計變更，是指由於資產和負債的當前狀況及預期經濟利益和義務發生了變化，從而對資產或負債的帳面價值或者資產的定期消耗金額進行調整。

由於企業經營活動中內在的不確定因素，許多財務報表項目不能準確地計量，只能加以估計，估計過程涉及以最近可以得到的信息為基礎所做出的判斷。但是，估計畢竟是就現有資料對未來所做出的判斷，隨著時間的推移，如果賴以進行估計的基礎發生變化，或者由於取得了新的信息、累積了更多的經驗或后來的發展可能不得不對估計進行修訂。會計估計變更的依據應當真實、可靠。

(二) 會計估計變更的情形

1. 賴以進行估計的基礎發生了變化

企業進行會計估計，總是依賴於一定的基礎。如果其所依賴的基礎發生了變化，則會計估計也應相應發生變化。例如，企業的某項無形資產攤銷年限原定為 10 年，以后發生的情況表明，該資產的受益年限已不足 10 年，應相應調減攤銷年限。

2. 取得了新的信息、累積了更多的經驗

企業進行會計估計是就現有資料對未來所做出的判斷，隨著時間的推移，企業有可能取得新的信息、累積更多的經驗，在這種情況下，企業可能不得不對會計估計進行修訂，即發生會計估計變更。例如，企業原根據當時能夠得到的信息，對應收帳款每年按其余額的 5%計提壞帳準備。現在掌握了新的信息，判定不能收回的應收帳款比例已達 15%，企業改按 15%的比例計提壞帳準備。

會計估計變更，並不意味著以前期間會計估計是錯誤的，只是由於情況發生變化，或者掌握了新的信息，累積了更多的經驗，使得變更會計估計能夠更好地反應企業的財務狀況和經營成果。如果以前期間的會計估計是錯誤的，則屬於會計差錯，按會計差錯更正的會計處理辦法進行處理。

二、會計估計變更的會計處理

企業對會計估計變更應當採用未來適用法處理。即在會計估計變更當期及以后期間採用新的會計估計不改變以前期間的會計估計，也不調整以前期間的報告結果。

(1) 會計估計變更僅影響變更當期的，其影響數應當在變更當期予以確認

例如，企業原按應收帳款余額的 5%提取壞帳準備，由於企業不能收回應收帳款的比例已達 10%，則企業改按應收帳款余額的 10%提取壞帳準備。這類會計估計的變更，只影響變更當期，因此，應於變更當期確認。

(2) 既影響變更當期又影響未來期間的，其影響數應當在變更當期和未來期間予

以確認。

例如，企業的某項可計提折舊的固定資產，其有效使用年限或預計淨殘值的估計發生的變更，常常影響變更當期及資產以后使用年限內各個期間的折舊費用，這類會計估計的變更，應於變更當期及以后各期確認。會計估計變更的影響數應計入變更當期與前期相同的項目中。為了保證不同期間的財務報表具有可比性，如果以前期間的會計估計變更的影響數計入企業日常經營活動損益，則以后期間也應計入日常經營活動損益；如果以前期間的會計估計變更的影響數計入特殊項目中，則以后期間也應計入特殊項目。

[例 18-6] 華遠股份有限公司有一臺管理用設備，原始價值為 84,000 元，預計使用壽命為 8 年，淨殘值為 4,000 元，自 2×14 年 1 月 1 日起按直線法計提折舊。2×18 年 1 月，由於新技術的發展等原因，需要對原預計使用壽命和淨殘值做出修正，修改后的預計使用壽命為 6 年，淨殘值為 2,000 元。華遠股份有限公司適用所得稅稅率為 25%。假定稅法允許按變更后的折舊額在稅前扣除。

華遠股份有限公司對上述會計估計變更的處理如下：

①不調整以前各期折舊，也不計算累積影響數。

②變更日以后發生的經濟業務改按新估計使用壽命提取折舊。

按原估計，每年折舊額為 10,000 元，已提折舊 4 年，共計 40,000 元，固定資產淨值為 44,000 元。改變估計使用壽命后，2×18 年 1 月 1 日起每年計提的折舊費用為 21,000 元 [(44,000-2,000)÷(6-4)]。2×16 年不必對以前年度已提折舊進行調整，只需按重新預計的尚可使用壽命和淨殘值計算確定年折舊費用。編製會計分錄如下：

借：管理費用　　21,000

　貸：累計折舊　　21,000

(3) 企業應當正確劃分會計政策變更和會計估計變更，並按不同的方法進行相關會計處理。企業通過判斷會計政策變更和會計估計變更劃分基礎仍然難以對某項變更進行區分的，應當將其作為會計估計變更處理。

(4) 會計估計變更的披露。

企業應當在附註中披露與會計估計變更有關的下列信息：

①會計估計變更的內容和原因，包括變更的內容、變更日期以及為什麼要對會計估計進行變更。

②會計估計變更對當期和未來期間的影響數，包括會計估計變更對當期和未來期間損益的影響金額以及對其他各項目的影響金額。

③會計估計變更的影響數不能確定的，披露這一事實和原因。

[例 18-7] 承前 [例 18-6]，華遠股份有限公司對其會計估計變更，應在附註中披露信息如下：

本公司有一臺管理用設備，原始價值為 84,000 元，原預計使用壽命為 8 年，淨殘值為 4,000 元，按直線法計提折舊。由於新技術的發展，該設備已不能按原估計使用年限提折舊，本公司於 2×18 年 1 月起，對原預計使用壽命和淨殘值做出修正，修改后的預計使用壽命為 6 年，淨殘值為 2,000 元，以反應該設備的真實使用年限和淨殘值。此會計估計變更影響本年度淨利潤減少數為 8,250 元 [(21,000-10,000)×(1-25%)]。

第四節　前期差錯更正

一、前期差錯更正的會計處理

如果財務報表項目的遺漏或錯誤表述可能影響財務報表使用者根據財務報表所做出的經濟決策，則該項目的遺漏或錯誤是重要的。重要的前期差錯，是指足以影響財務報表使用者對企業財務狀況、經營成果和現金流量做出正確判斷的前期差錯。不重要的前期差錯，是指不足以影響財務報表使用者對企業財務狀況、經營成果和現金流量做出正確判斷的會計差錯。

前期差錯的重要性取決於在相關環境下對遺漏或錯誤表述的規模和性質的判斷。前期差錯所影響的財務報表項目的金額或性質，是判斷該前期差錯是否具有重要性的決定性因素。一般來說，前期差錯所影響的財務報表項目的金額越大、性質越嚴重，其重要性水平越高。

1. 不重要的前期差錯的會計處理

對於不重要的前期差錯，採用未來適用法更正。企業不需調整財務報表相關項目的期初數，但應調整發現當期與前期相同的相關項目。屬於影響損益的，應直接計入本期與上期相同的淨損益項目。屬於不影響損益的，應調整本期與前期相同的相關項目。

[**例 18-8**] 華遠股份有限公司在 2×16 年 12 月 31 日發現，一臺價值 9,600 元管理用設備，應計入固定資產並於 2×15 年 2 月 1 日開始計提折舊，但在 2×15 年計入了當期費用。該公司固定資產折舊採用直線法，該資產估計使用年限為 4 年，假設不考慮淨殘值因素。則在 2×16 年 12 月 31 日更正此差錯的會計分錄為：

借：固定資產	9,600	
貸：管理費用		5,000
累計折舊		4,600

假設該項差錯直到 2×19 年 2 月后才發現，則不需要作任何分錄，因為該項差錯已經抵銷了。

2. 重要的前期差錯的會計處理

企業應當採用追溯重述法更正重要的前期差錯，但確定前期差錯累積影響數不切實可行的除外。追溯重述法，是指在發現前期差錯時，視同該項前期差錯從未發生過，從而對財務報表相關項目進行更正的方法。

對於重要的前期差錯，企業應當在其發現當期的財務報表中，調整前期比較數據。具體地說，企業應當在重要的前期差錯發現當期的財務報表中，通過下述處理對其進行追溯更正：

(1) 追溯重述差錯發生期間列報的前期比較金額；

(2) 如果前期差錯發生在列報的最早前期之前，則追溯重述列報的最早前期的資產、負債和所有者權益相關項目的期初余額。

對於發生的重要的前期差錯，如影響損益，應將其對損益的影響數調整發現當期的期初留存收益，財務報表其他相關項目的期初數也應一併調整；如不影響損益，應調整財務報表相關項目的期初數。

在編製比較財務報表時，對於比較財務報表期間的重要的前期差錯，應調整各該期間的淨損益和其他相關項目，視同該差錯在產生的當期已經更正；對於比較財務報表期間以前的重要的前期差錯，應調整比較財務報表最早期間的期初留存收益，財務報表其他相關項目的數字也應一併調整。

確定前期差錯影響數不切實可行的，可以從可追溯重述的最早期間開始調整留存收益的期初余額，財務報表其他相關項目的期初余額也應當一併調整，也可以採用未來適用法。當企業確定前期差錯對列報的一個或者多個前期比較信息的特定期間的累積影響數不切實可行時，應當追溯重述切實可行的最早期間的資產、負債和所有者權益相關項目的期初余額（可能是當期）；當企業在當期期初確定前期差錯對所有前期的累積影響數不切實可行時，應當從確定前期差錯影響數切實可行的最早日期開始採用未來適用法追溯重述比較信息。

需要注意的是，為了保證經營活動的正常進行，企業應當建立健全內部稽核制度，保證會計資料的真實、完整。對於年度資產負債表日至財務報告批准報出日之間發現的報告年度的前期差錯及報告年度前不重要的前期差錯，應按照《企業會計準則第 29 號——資產負債表日后事項》的規定進行處理。

［**例 18-9**］華遠股份有限公司在 2×16 年發現，2×15 年公司漏記一項固定資產的折舊費用 150, 000 元，所得稅申報表中未扣除該項費用。假設 2×15 年適用所得稅稅率為 25%，當年無其他納稅調整事項。該公司按淨利潤的 10%、5%提取法定盈余公積和任意盈余公積。公司發行普通股 1, 800, 000 股。假定稅法允許調整應交所得稅。

1. 分析前期差錯的影響數

2×15 年少計折舊費用 150, 000 元；多計所得稅費用 37, 500 元（150, 000×25%）；多計淨利潤 112, 500 元；多計應交稅費 37, 500 元（150, 000×25%）；多提法定盈余公積和任意盈余公積 11, 250 元（112, 500×10%）和 5, 625 元（112, 500×5%）。

2. 編製有關項目的調整分錄

（1）補提折舊：

借：以前年度損益調整　　150, 000
　貸：累計折舊　　150, 000

（2）調整應交所得稅：

借：應交稅費——應交所得稅　　37, 500
　貸：以前年度損益調整　　37, 500

（3）將「以前年度損益調整」科目余額轉入利潤分配：

借：利潤分配——未分配利潤　　112, 500
　貸：以前年度損益調整　　112, 500

（4）調整利潤分配有關數字：

借：盈余公積　　16, 875
　貸：利潤分配——未分配利潤　　16, 875

3. 財務報表調整和重述（財務報表略）

華遠股份有限公司在列報 2×16 年財務報表時，應調整 2×16 年資產負債表有關項目的年初余額、利潤表有關項目及所有者權益變動表有關項目的上年金額。

（1）資產負債表項目的調整：

調增累計折舊 150,000 元；調減應交稅費 37,500 元；調減盈余公積 16,875 元；調減未分配利潤 95,625 元。

（2）利潤表項目的調整：

調增營業成本上年金額 150,000 元；調減所得稅費用上年金額 37,500 元；調減淨利潤上年金額 112,500 元；調減基本每股收益上年金額 0.062,5 元。

（3）所有者權益變動表項目的調整：

調減前期差錯更正項目中盈余公積上年金額 16,875 元、未分配利潤上年金額 95,625 元、所有者權益合計上年金額 112,500 元。

二、前期差錯更正的披露

企業應當在附註中披露與前期差錯更正有關的下列信息：

（1）前期差錯的性質。

（2）各個列報前期財務報表中受影響的項目名稱和更正金額。

（3）無法進行追溯重述的，說明該事實和原因以及對前期差錯開始進行更正的時點、具體更正情況。

在以后期間的財務報表中，不需要重複披露在以前期間的附註中已披露的前期差錯更正的信息。

值得注意的是，《企業會計準則第 28 號——會計政策、會計估計變更和前期差錯更正》要求，企業根據具體情況對會計政策變更採用追溯調整法或未來適用法進行會計處理，對前期差錯更正採用追溯重述法或未來適用法進行會計處理；對會計估計變更採用未來適用法進行會計處理。而《小企業會計準則》要求小企業對會計政策變更、會計估計變更和前期差錯更正均應當採用未來適用法進行會計處理。

三、前期差錯更正中所得稅的會計處理

前期差錯更正中所得稅的會計處理按稅法規定執行。具體來說，當會計準則和稅法對涉稅的損益類調整事項處理的口徑相同時，則應考慮應交所得稅和所得稅費用的調整；當會計準則和稅法對涉及的損益類調整事項處理的口徑不同時，則不應考慮應交所得稅的調整。若調整事項涉及暫時性差異，則應調整遞延所得稅資產或遞延所得稅負債。

第十九章　資產負債表日后事項

第一節　資產負債表日后事項概述

一、資產負債表日后事項的概念

資產負債表日后事項，是指資產負債表日至財務報告批准報出日之間發生的有利或不利事項。

（一）資產負債表日

資產負債表日是指會計年度末和會計中期期末。中期是指短於一個完整的會計年度的報告期間，包括半年度、季度和月度。按照《中華人民共和國會計法》（下稱《會計法》）的規定，中國會計年度採用公歷年度，即當年 1 月 1 日至 12 月 31 日。因此，年度資產負債表日是指每年的 12 月 31 日，中期資產負債表日是指各會計中期期末，例如，提供第一季度財務報告時，資產負債表日是該年度的 3 月 31 日；提供半年度財務報告時，資產負債表日是該年度的 6 月 30 日。

如果母公司或者子公司在國外，無論該母公司或子公司如何確定會計年度和會計中期，其向國內提供的財務報告都應根據中國《會計法》和會計準則的要求確定資產負債表日。

（二）財務報告批准報出日

財務報告批准報出日是指董事會或類似機構批准財務報告報出的日期，通常是指對財務報告的內容負有法律責任的單位或個人批准財務報告對外公布的日期。

財務報告的批准者包括所有者、所有者中的多數、董事會或類似的管理單位、部門和個人。根據《公司法》的規定，董事會有權制訂公司的年度財務預算方案、決算方案、利潤分配方案和彌補虧損方案，因此，公司制企業的財務報告批准報出日是指董事會批准財務報告報出的日期。對於非公司制企業，財務報告批准報出日是指經理（廠長）會議或類似機構批准財務報告報出的日期。

（三）有利事項和不利事項

資產負債表日后事項包括有利事項和不利事項。「有利或不利事項」的含義是指，資產負債表日后事項肯定對企業財務狀況和經營成果具有一定影響（既包括有利影響也包括不利影響）。如果某些事項的發生對企業並無任何影響，那麼，這些事項既不是有利事項，也不是不利事項，也就不屬於這裡所說的資產負債表日后事項。

(四) 資產負債表日后事項不是在這個特定期間內發生的全部事項

資產負債表日后事項不是在這個特定期間內發生的全部事項，而是與資產負債表日存在狀況有關的事項，或雖然與資產負債表日存在狀況無關，但對企業財務狀況具有重大影響的事項。

二、資產負債表日后事項涵蓋的期間

資產負債表日后事項涵蓋的期間是自資產負債表日次日起至財務報告批准報出日止的一段時間。對上市公司而言，這一期間內涉及幾個日期，包括完成財務報告編製日、註冊會計師出具審計報告日、董事會批准財務報告可以對外公布日、實際對外公布日等。具體而言，資產負債表日后事項涵蓋的期間應當包括：

(1) 資產負債表日次日至董事會或類似機構批准財務報告對外公布的日期；

(2) 財務報告批准報出以后、實際報出之前又發生與資產負債表日后事項有關的事項，並由此影響財務報告對外公布日期的，應以董事會或類似機構再次批准財務報告對外公布的日期為截止日期。

如果公司管理層由此修改了財務報表，註冊會計師應當根據具體情況實施必要的審計程序並針對修改后的財務報表出具新的審計報告。

［**例 19-1**］某上市公司 2×16 年的年度財務報告於 2×17 年 2 月 20 日編製完成，註冊會計師完成年度財務報表審計工作並簽署審計報告的日期為 2×17 年 4 月 16 日，董事會批准財務報告對外公布的日期為 2×17 年 4 月 17 日，財務報告實際對外公布的日期為 2×17 年 4 月 23 日，股東大會召開的日期為 2×17 年 5 月 10 日。

根據資產負債表日后事項涵蓋期間的規定，本例中，該公司 2×16 年年報資產負債表日后事項涵蓋的期間為 2×17 年 1 月 1 日至 2×17 年 4 月 17 日。如果在 4 月 17 日至 23 日之間發生了重大事項，需要調整財務報表相關項目的數字或需要在財務報表附註中披露，經調整或說明后的財務報告再經董事會批准報出的日期為 2×17 年 4 月 25 日，實際報出的日期為 2×17 年 4 月 30 日，則資產負債表日后事項涵蓋的期間為 2×17 年 1 月 1 日至 2×17 年 4 月 25 日。

三、資產負債表日后事項的內容

資產負債表日后事項包括資產負債表日后調整事項（以下簡稱調整事項）和資產負債表日后非調整事項（以下簡稱非調整事項）。

(一) 調整事項

資產負債表日后調整事項，是指對資產負債表日已經存在的情況提供了新的或進一步證據的事項。

如果資產負債表日及所屬會計期間已經存在某種情況，但當時並不知道其存在或者不能知道確切結果，資產負債表日后發生的事項能夠證實該情況的存在或者確切結果，則該事項屬於資產負債表日后事項中的調整事項。如果資產負債表日后事項對資產負債表日的情況提供了進一步證據，證據表明的情況與原來的估計和判斷不完全一致，則需要對原來的會計處理進行調整。

企業發生的資產負債表日后調整事項，通常包括下列各項：①資產負債表日后訴訟案件結案，法院判決證實了企業在資產負債表日已經存在現時義務，需要調整原先確認的與該訴訟案件相關的預計負債，或確認一項新負債；②資產負債表日后取得確鑿證據，表明某項資產在資產負債表日發生了減值或者需要調整該項資產原先確認的減值金額；③資產負債表日后進一步確定了資產負債表日前購入資產的成本或售出資產的收入；④資產負債表日后發現了財務報表舞弊或差錯。

［**例 19-2**］甲公司因產品質量問題被消費者起訴。2×16 年 12 月 31 日法院尚未判決，考慮到消費者勝訴要求甲公司賠償的可能性較大，甲公司為此確認了 500 萬元的預計負債。2×17 年 2 月 20 日，在甲公司 2×16 年度財務報告對外報出之前，法院判決消費者勝訴，要求甲公司支付賠償款 700 萬元。

本例中，甲公司在 2×16 年 12 月 31 日結帳時已經知道消費者勝訴的可能性較大，但不能知道法院判決的確切結果，因此確認了 500 萬元的預計負債。2×17 年 2 月 20 日法院判決結果為甲公司預計負債的存在提供了進一步的證據。此時，按照 2×16 年 12 月 31 日存在狀況編製的財務報表所提供的信息已不能真實反應企業的實際情況，應據此對財務報表相關項目的數字進行調整。

（二）非調整事項

資產負債表日后非調整事項，是指表明資產負債表日后發生的情況的事項。非調整事項的發生不影響資產負債表日企業的財務報表數字，只說明資產負債表日后發生了某些情況。對於財務報告使用者而言，非調整事項說明的情況有的重要，有的不重要。其中重要的非調整事項雖然不影響資產負債表日的財務報表數字，但可能影響資產負債表以后的財務狀況和經營成果，不加以說明將會影響財務報告使用者做出正確估計和決策，因此需要適當披露。

企業發生的資產負債表日后非調整事項，通常包括下列各項：①資產負債表日后發生重大訴訟、仲裁、承諾；②資產負債表日后資產價格、稅收政策、外匯匯率發生重大變化；③資產負債表日后因自然災害導致資產發生重大損失；④資產負債表日后發行股票和債券以及其他巨額舉債；⑤資產負債表日后資本公積轉增資本；⑥資產負債表日后發生巨額虧損；⑦資產負債表日后發生企業合併或處置子公司。

［**例 19-3**］甲公司 2×16 年度財務報告於 2×17 年 3 月 20 日經董事會批准對外公布。2×17 年 2 月 27 日，甲公司與銀行簽訂了 5,000 萬元的貸款合同，用於生產項目的技術改造，貸款期限自 2×17 年 3 月 1 日起至 2×18 年 12 月 31 日止。

本例中，甲公司向銀行貸款的事項發生在 2×17 年度，且在公司 2×16 年度財務報告尚未批准對外公布的期間內，即該事項發生在資產負債表日后事項所涵蓋的期間內。該事項在 2×16 年 12 月 31 日尚未發生，與資產負債表日存在的狀況無關，不影響資產負債表日企業的財務報表數字。但是，該事項屬於重要事項，會影響公司以后期間的財務狀況和經營成果，因此，需要在附註中予以披露。

四、調整事項與非調整事項的區別

資產負債表日后發生的某一事項究竟是調整事項還是非調整事項，取決於該事項表明的情況在資產負債表日或資產負債表日以前是否已經存在。若該情況在資產負債表日或之前已經存在，則屬於調整事項；反之，則屬於非調整事項。

在理解資產負債表日后事項的會計處理時，還需要明確以下兩個問題：

第一，如何確定資產負債表日后某一事項是調整事項還是非調整事項，是對資產負債表日后事項進行會計處理的關鍵。調整事項和非調整事項是一個廣泛的概念，就事項本身而言可以有各種各樣的性質，只要符合企業會計準則中對這兩類事項的判斷原則即可。另外，同一性質的事項可能是調整事項，也可能是非調整事項，這取決於該事項表明的情況是在資產負債表日或資產負債表日以前已經存在或發生還是在資產負債表日后才發生的。

第二，企業會計準則以列舉的方式說明了資產負債表日后事項中，哪些屬於調整事項，哪些屬於非調整事項，但並沒有列舉詳盡。實務中，會計人員應按照資產負債表日后事項的判斷原則，確定資產負債表日后發生的事項中哪些屬於調整事項，哪些屬於非調整事項。

［**例 19-4**］甲公司 2×16 年 10 月向乙公司出售原材料 2,000 萬元，根據銷售合同，乙公司應在收到原材料后 3 個月內付款。至 2×16 年 12 月 31 日，乙公司尚未付款。假定甲公司在編製 2×16 年度財務報告時有兩種情況：① 2×16 年 12 月 31 日甲公司根據掌握的資料判斷，乙公司有可能破產清算，估計該應收帳款將有 20%無法收回，故按 20%的比例計提壞帳準備；2×17 年 1 月 20 日，甲公司收到通知，乙公司已被宣告破產清算，甲公司估計有 70%的債權無法收回。② 2×16 年 12 月 31 日乙公司的財務狀況良好，甲公司預計應收帳款可按時收回；2×17 年 1 月 20 日，乙公司發生重大火災，導致甲公司 50%的應收帳款無法收回。

2×17 年 3 月 15 日，甲公司的財務報告經批准對外公布。

本例中：①導致甲公司應收帳款無法收回的事實是乙公司財務狀況惡化，該事實在資產負債表日已經存在，乙公司被宣告破產只是證實了資產負債表日乙公司財務狀況惡化的情況，因此，乙公司破產導致甲公司應收款項無法收回的事項屬於調整事項。②導致甲公司應收帳款損失的因素是火災，火災是不可預計的，應收帳款發生損失這一事實在資產負債表日以后才發生，因此乙公司發生火災導致甲公司應收款項發生壞帳的事項屬於非調整事項。

第二節　資產負債表日后調整事項的會計處理

一、資產負債表日后調整事項的會計處理原則

企業發生的資產負債表日后調整事項，應當調整資產負債表日的財務報表。對於年度財務報告而言，由於資產負債表日后事項發生在報告年度的次年，報告年度的有關帳目已經結轉，特別是損益類科目在結帳后已無余額。因此，年度資產負債表日后發生的調整事項，應具體分以下情況進行處理：

（1）涉及損益的事項，通過「以前年度損益調整」科目核算。調整增加以前年度

利潤或調整減少以前年度虧損的事項，計入「以前年度損益調整」科目的貸方；調整減少以前年度利潤或調整增加以前年度虧損的事項，計入「以前年度損益調整」科目的借方。

涉及損益的調整事項，如果發生在資產負債表日所屬年度（即報告年度）所得稅匯算清繳前的，應調整報告年度應納稅所得額、應納所得稅稅額；發生在報告年度所得稅匯算清繳后的，應調整本年度（即報告年度的次年）應納所得稅稅額。

由於以前年度損益調整增加的所得稅費用，計入「以前年度損益調整」科目的借方，同時貸記「應交稅費——應交所得稅」等科目；由於以前年度損益調整減少的所得稅費用，計入「以前年度損益調整」科目的貸方，同時借記「應交稅費——應交所得稅」等科目。

調整完成后，將「以前年度損益調整」科目的貸方或借方余額，轉入「利潤分配——未分配利潤」科目。

（2）涉及利潤分配調整的事項，直接在「利潤分配——未分配利潤」科目核算。

（3）不涉及損益及利潤分配的事項，調整相關科目。

（4）通過上述帳務處理后，還應同時調整財務報表相關項目的數字，包括：①資產負債表日編製的財務報表相關項目的期末數或本年發生數；②當期編製的財務報表相關項目的期初數或上年數；③經過上述調整后，如果涉及報表附註內容的，還應當做出相應調整。

二、資產負債表日后調整事項的具體會計處理方法

1. 資產負債表日后訴訟案件結案，法院判決證實了企業在資產負債表日已經存在現時義務，需要調整原先確認的與該訴訟案件相關的預計負債，或確認一項新負債

這一事項是指在資產負債表日已經存在的現時義務尚未確認，資產負債表日后至財務報告批准報出日之前獲得了新的或進一步的證據，表明符合負債的確認條件，應在財務報告中予以確認，從而需要對財務報表相關項目進行調整；或者資產負債表日已確認的某項負債，在資產負債表日后至財務報告批准報出日之間獲得新的或進一步的證據，表明需要對已經確認的金額進行調整。

［**例 19-5**］華遠股份有限公司為增值稅一般納稅企業，適用的增值稅稅率為 17%、所得稅稅率為 25%，2×16 年的財務會計報告於 2×17 年 4 月 30 日經批准對外報出。該公司 2×16 年所得稅匯算清繳於 2×17 年 4 月 30 日完成。該公司按淨利潤的 10%計提法定盈余公積，提取法定盈余公積之后，不再作其他分配。

華遠公司 2×16 年 12 月 31 日涉及一項未決訴訟，公司估計敗訴的可能性為 80%，如果敗訴，很可能賠償 100 萬元。該案件的起因系華遠公司與甲公司簽訂了一項供銷合同，約定華遠公司在 2×16 年 10 月份供應給甲公司一批物資。由於華遠公司未能按照合同發貨，致使甲公司發生重大經濟損失，甲公司通過法律程序要求華遠公司賠償經濟損失 180 萬元，該訴訟案件在 12 月 31 日尚未判決。假定會計利潤為 10,000 萬元，稅法規定，上述預計負債產生的損失僅允許在實際支出時予以稅前扣除。

2×16 年年末華遠公司編製的會計分錄如下：

借：營業外支出　　　　1,000,000

貸：預計負債 1,000,000

借：所得稅費用 25,000,000

遞延所得稅資產 250,000

貸：應交稅費——應交所得稅 25,250,000

2×17 年 3 月 6 日，經法院一審判決，需要償付甲公司經濟損失 130 萬元，華遠公司與甲公司不再上訴，賠款已經支付。

華遠公司 2×17 年日后事項期間編製的會計分錄如下：

（1）記錄支付的賠償款。

借：以前年度損益調整——調整營業外支出 300,000

預計負債 1,000,000

貸：其他應付款 1,300,000

借：其他應付款 （該業務為 2×17 年的業務） 1,300,000

貸：銀行存款 1,300,000

這裡只是通過「其他應付款」科目進行過渡，不能直接在第 1 筆分錄中貸記「銀行存款」。準則規定，對於調整事項，不能調整報告年度資產負債表中的「貨幣資金」項目以及現金流量表（正表）。

（2）調整所得稅。

借：應交稅費——應交所得稅 325,000

貸：以前年度損益調整——調整所得稅費用 325,000

借：以前年度損益調整——調整所得稅費用 250,000

貸：遞延所得稅資產 250,000

（3）將「以前年度損益調整」科目余額轉入利潤分配。

借：利潤分配——未分配利潤 225,000

貸：以前年度損益調整 225,000

借：盈余公積 22,500

貸：利潤分配——未分配利潤 22,500

（4）調整報告年度 2×16 年會計報表相關項目的數字（財務報表略）。

資產負債表項目的調整：

調減遞延所得稅資產 25 萬元，調減應交稅費 32.5 萬元，調增其他應付款項目 130 萬元，調減預計負債 100 萬元，調減盈余公積 2.25 萬元，調減未分配利潤 20.25 萬元（22.5-2.25）。

利潤表項目的調整：

調增營業外支出 30 萬元，調減所得稅費用 7.5 萬元（32.5-25）。

所有者權益變動表項目的調整：

調減淨利潤 22.5 萬元，「提取盈余公積」項目中「盈余公積」一欄調減 2.25 萬元，「未分配利潤」一欄調減 20.25 萬元。

（5）調整 2×17 年 2 月份資產負債表相關項目的年初數（資產負債表略）。

甲公司的會計處理：

（1）2×16 年年末甲公司不編製會計分錄，但是需要披露。

(2) 2×17 年的會計分錄如下：

①記錄收到的賠款：

借：其他應收款　1,300,000

　貸：以前年度損益調整——調整營業外收入　1,300,000

借：銀行存款　1,300,000

　貸：其他應收款　1,300,000

這裡只是通過「其他應收款」科目進行過渡，不能直接在第 1 筆分錄中借記「銀行存款」。準則規定，對於調整事項，不能調整報告年度資產負債表中的「貨幣資金」項目以及現金流量表（正表）。

②調整所得稅：

借：以前年度損益調整——所得稅費用　32,500

　貸：應交稅費——應交所得稅　32,500

③將「以前年度損益調整」科目余額轉入未分配利潤：

借：以前年度損益調整　97,500

　貸：利潤分配——未分配利潤　97,500

因淨利潤增加，補提盈余公積：

借：利潤分配——未分配利潤　97,500

　貸：盈余公積　97,500

假設，華遠公司不服並提出上訴。但華遠公司的法律顧問認為二審判決很可能維持一審判決。稅法規定，上述預計負債產生的損失僅允許在實際支出時於稅前扣除。

華遠公司的會計分錄如下：

借：以前年度損益調整——營業外支出　300,000

　貸：預計負債　300,000

借：遞延所得稅資產　75,000

　貸：以前年度損益調整——調整所得稅費用　75,000

將「以前年度損益調整」科目余額轉入利潤分配：

借：利潤分配——未分配利潤　225,000

　貸：以前年度損益調整　225,000

借：盈余公積　22,500

　貸：利潤分配——未分配利潤　22,500

[例 19-6] 華遠股份有限公司 2×16 年 12 月 31 日涉及一項擔保訴訟案件，華遠公司估計敗訴的可能性為 70%，如敗訴，賠償金額很可能為本息和罰息共 500 萬元的 80%。假定稅法規定擔保涉及的訴訟不得稅前扣除。假定華遠公司會計利潤為 10,000 萬元。2×16 年年末華遠公司編製的會計分錄如下：

借：營業外支出　4,000,000

　貸：預計負債　4,000,000

借：所得稅費用　26,000,000

　貸：應交稅費——應交所得稅　[(10,000+400)×25%]　26,000,000

2×17 年 2 月 13 日法院做出判決，華遠公司支付賠償 405 萬元，華遠公司不再上訴，賠償已經支付。2×17 年的會計分錄如下：

借：以前年度損益調整——調整營業外支出　50,000
　　預計負債　4,000,000
　貸：其他應付款　4,050,000

借：其他應付款　4,050,000
　貸：銀行存款　4,050,000

這裡不需要調整應交所得稅和遞延所得稅。

將「以前年度損益調整」科目余額轉入利潤分配：

借：利潤分配——未分配利潤　50,000
　貸：以前年度損益調整　50,000

借：盈余公積　5,000
　貸：利潤分配——未分配利潤　5,000

假設，如果華遠公司不服，並上訴。但華遠公司的法律顧問認為二審判決很可能維持一審判決。

借：以前年度損益調整——營業外支出　50,000
　貸：預計負債　50,000

將「以前年度損益調整」科目余額轉入利潤分配：

借：利潤分配——未分配利潤　50,000
　貸：以前年度損益調整　50,000

借：盈余公積　5,000
　貸：利潤分配——未分配利潤　5,000

2. 資產負債表日后取得確鑿證據，表明某項資產在資產負債表日發生了減值或者需要調整該項資產原先確認的減值金額

這一事項是指在資產負債表日，根據當時的資料判斷某項資產可能發生了損失或減值，但沒有最后確定是否會發生，因而按照當時的最佳估計金額反應在財務報表中；但在資產負債表日至財務報告批准報出日之間，所取得的確鑿證據能證明該事實成立，即某項資產已經發生了損失或減值，則應對資產負債表日所做出的估計予以修正。

［**例 19-7**］華遠股份有限公司 2×16 年 7 月銷售給丙公司一批產品，貨款為 1,500 萬元（含增值稅），丙公司於 8 月份收到所購物資並驗收入庫，按合同規定，丙公司應於收到所購物資后一個月內付款。由於丙公司財務狀況不佳，到 2×16 年 12 月 31 日仍未付款。華遠公司於 12 月 31 日預計該款項將於 5 年后收回，按未來現金流量折算的現值金額為 1,300 萬元。假定稅法規定，壞帳準備在實際發生前不得稅前扣除，在實際發生時允許稅前扣除。假定華遠公司會計利潤為 10,000 萬元。2×16 年年末華遠公司編製的會計分錄如下：

借：資產減值損失　2,000,000
　貸：壞帳準備　2,000,000

借：所得稅費用　25,000,000
　　遞延所得稅資產　500,000
　貸：應交稅費——應交所得稅　25,500,000

（2）華遠公司於 2×17 年 3 月 12 日收到丙公司通知，丙公司已宣告破產清算，無力償還所欠部分貨款，華遠公司預計可收回應收帳款的 20%。

首先判斷是屬於資產負債表日后事項中的調整事項。根據調整事項的處理原則進行如下處理：

應補提的壞帳準備＝1,500×80%－200＝1,000（萬元）

借：以前年度損益調整——調整資產減值損失　　10,000,000

　貸：壞帳準備　　10,000,000

借：遞延所得稅資產　　2,500,000

　貸：以前年度損益調整——所得稅費用　　2,500,000

將「以前年度損益調整」科目余額轉入利潤分配：

借：利潤分配——未分配利潤　　7,500,000

　貸：以前年度損益調整　　7,500,000

借：盈余公積　　750,000

　貸：利潤分配——未分配利潤　　750,000

3. 資產負債表日后進一步確定了資產負債表日前購入資產的成本或售出資產的收入

這類調整事項包括兩方面的內容：

（1）若資產負債表日前購入的資產已經按暫估金額等入帳，資產負債表日后獲得證據，可以進一步確定該資產的成本，則應該對已入帳的資產成本進行調整。例如，購建固定資產已經達到預定可使用狀態，但尚未辦理竣工決算，企業已辦理暫估入帳；資產負債表日后辦理決算，此時應根據竣工決算的金額調整暫估入帳的固定資產成本等。

（2）企業符合收入確認條件確認資產銷售收入，但資產負債表日后獲得關於資產收入的進一步證據，如發生銷售退回、銷售折讓等，此時也應調整財務報表相關項目的金額。

［**例 19-8**］華遠股份有限公司 2×16 年 2 月 10 日收到丁公司退貨的產品。按照稅法規定，銷貨方於收到購貨方提供的「開具紅字增值稅專用發票申請單」時開具紅字增值稅專用發票，並作減少當期應納稅所得額處理。

該業務系華遠公司 2×16 年 11 月 1 日銷售給丁公司產品一批，價款 1,000 萬元，產品成本 800 萬元，丁公司驗收貨物時發現不符合合同要求需要退貨。華遠公司收到丁公司的通知后希望再與丁公司協商，因此華遠公司 2×16 年 12 月 31 日仍確認了收入，將此應收帳款 1,170 萬元（含增值稅）列入資產負債表應收帳款項目，對此項應收帳款於年末未計提壞帳準備。涉及報告年度所屬期間的銷售退回發生於報告年度所得稅匯算清繳之前。會計處理分錄如下：

（1）調整銷售收入。

借：以前年度損益調整——調整營業收入　　10,000,000

　　應交稅費——應交增值稅（銷項稅額）　　1,700,000

　貸：應收帳款　　11,700,000

(2) 調整銷售成本。

借：庫存商品 8,000,000

貸：以前年度損益調整——調整營業成本 8,000,000

(3) 調整應交所得稅。

借：應交稅費——應交所得稅 500,000

貸：以前年度損益調整——調整所得稅費用 500,000

(4) 將「以前年度損益調整」科目余額轉入利潤分配。

借：利潤分配——未分配利潤 1,500,000

貸：以前年度損益調整 1,500,000

借：盈余公積 150,000

貸：利潤分配——未分配利潤 150,000

[**例 19-9**] 華遠公司 2×16 年 3 月 10 日收到 B 公司來函，稱 2×16 年 12 月 10 日銷售給 B 公司的產品，存在外包裝質量問題，要求折讓 10%；華遠公司經過調查確認其產品存在外包裝質量問題，同意折讓 10%。按照稅法規定，銷貨方於收到購貨方提供的「開具紅字增值稅專用發票申請單」時開具紅字增值稅專用發票，並作減少當期應納稅所得額的處理。折讓貨款已經支付。

該業務系 2×16 年 12 月 10 日華遠公司銷售給 B 公司的產品，價款 300 萬元，產品成本 230 萬元，開出增值稅發票，並確認收入和結轉成本。貨款已經收到。

帳務處理為：

借：以前年度損益調整——調整營業收入 300,000

應交稅費——應交增值稅（銷項稅額） 51,000

貸：應收帳款 351,000

借：應交稅費——應交所得稅 75,000

貸：以前年度損益調整——調整所得稅費用 75,000

借：應收帳款 351,000

貸：銀行存款 351,000

將「以前年度損益調整」科目余額轉入利潤分配：

借：利潤分配——未分配利潤 225,000

貸：以前年度損益調整 225,000

借：盈余公積 22,500

貸：利潤分配——未分配利潤 22,500

4. 資產負債表日后發現了財務報表舞弊或差錯

這一事項是指資產負債表日后至財務報告批准報出日之前發生的屬於資產負債表期間或以前期間存在的財務報表舞弊或差錯，這種舞弊或差錯應當作為資產負債表日后調整事項，調整報告年度的年度財務報告或中期財務報告相關項目的數字。

第三節　資產負債表日后非調整事項的會計處理

一、資產負債表日后非調整事項的會計處理原則

資產負債表日后發生的非調整事項，是表明資產負債表日后發生的情況的事項，與資產負債表日存在狀況無關，不應當調整資產負債表日的財務報表。但有的非調整事項對財務報告使用者具有重大影響，如不加以說明，將不利於財務報告使用者做出正確估計和決策，因此，應在附註中加以披露。

二、資產負債表日后非調整事項的具體會計處理辦法

資產負債表日后發生的非調整事項，應當在報表附註中披露每項重要的資產負債表日后非調整事項的性質、內容，及其對財務狀況和經營成果的影響。無法做出估計的，應當說明原因。

資產負債表日后非調整事項的主要例子有：

1. 資產負債表日后發生重大訴訟、仲裁、承諾

資產負債表日后發生的重大訴訟等事項，對企業影響較大，為防止誤導投資者及其他財務報告使用者，應當在報表附註中披露。

2. 資產負債表日后資產價格、稅收政策、外匯匯率發生重大變化

資產負債表日后發生的資產價格、稅收政策和外匯匯率的重大變化，雖然不會影響資產負債表日財務報表相關項目的數據，但對企業資產負債表日后期間的財務狀況和經營成果有重大影響，應當在報表附註中予以披露。

［**例 19-10**］甲公司 2×16 年 8 月採用融資租賃方式從美國購入某重型機械設備。租賃合同規定，該重型機械設備的租賃期為 15 年，年租金 40 萬美元。甲公司在編製 2×16 年度財務報表時已按 2×16 年 12 月 31 日的匯率對該筆長期應付款進行了折算（假設 2×16 年 12 月 31 日的匯率為 1 美元兌 7.85 元人民幣）。假設國家規定從 2×17 年 1 月 1 日起進行外匯管理體制改革，外匯管理體制改革后，人民幣對美元的匯率發生重大變化。

本例中，甲公司在資產負債表日已經按照當天的資產計量方式進行處理，或按規定的匯率對有關帳戶進行調整，因此，無論資產負債表日后匯率如何變化，均不影響資產負債表日的財務狀況和經營成果。但是，如果資產負債表日后外匯匯率發生重大變化，應對由此產生的影響在報表附註中進行披露。

3. 資產負債表日后因自然災害導致資產發生重大損失

［**例 19-11**］甲公司 2×16 年 12 月購入商品一批，共計 8,000 萬元，至 2×16 年 12 月 31 日該批商品已全部驗收入庫，貨款也已通過銀行支付。2×17 年 1 月 7 日，甲公司所在地發生水災，該批商品全部被衝毀。

自然災害導致資產重大損失對企業資產負債表日后財務狀況的影響較大，如果不加以披露，有可能使財務報告使用者做出錯誤的決策，因此應作為非調整事項在報表

附註中進行披露。本例中水災發生於 2×17 年 1 月 7 日，屬於資產負債表日后才發生或存在的事項，應當作為非調整事項在 2×16 年度報表附註中進行披露。

4. 資產負債表日后發行股票和債券以及其他巨額舉債

企業發行股票、債券以及向銀行或非銀行金融機構舉借巨額債務都是比較重大的事項，雖然這一事項與企業資產負債表日的存在狀況無關，但這一事項的披露能使財務報告使用者瞭解與此有關的情況及可能帶來的影響，因此應當在報表附註中進行披露。

5. 資產負債表日后資本公積轉增資本

企業以資本公積轉增資本將會改變企業的資本（或股本）結構，影響較大，應當在報表附註中進行披露。

6. 資產負債表日后發生巨額虧損

企業資產負債表日后發生巨額虧損將會對企業報告期以后的財務狀況和經營成果產生重大影響，應當在報表附註中及時披露該事項，以便為投資者或其他財務報告使用者做出正確決策提供信息。

7. 資產負債表日后發生企業合併或處置子公司

企業合併或者處置子公司的行為可以影響股權結構、經營範圍等方面，對企業未來的生產經營活動能產生重大影響，應當在報表附註中進行披露。

8. 資產負債表日后，企業利潤分配方案中擬分配的以及經審議批准宣告發放的股利或利潤

資產負債表日后，企業制訂利潤分配方案，擬分配或經審議批准宣告發放股利或利潤的行為，並不會導致企業在資產負債表日形成現時義務。雖然該事項的發生可導致企業負有支付股利或利潤的義務，但支付義務在資產負債表日尚不存在，不應該調整資產負債表日的財務報告。因此，該事項為非調整事項。不過，該事項對企業資產負債表日后的財務狀況有較大影響，可能導致現金大規模流出、企業股權結構變動等，為便於財務報告使用者更充分瞭解相關信息，企業需要在財務報告中適當披露該信息。

國家圖書館出版品預行編目(CIP)資料

中級財務會計 / 蔣曉風, 尹建榮 主編. -- 第一版.
-- 臺北市 : 崧燁文化, 2018.11

面 ; 公分

ISBN 978-957-681-589-8(平裝)

1.財務會計

495.4 107014301

書 名：中級財務會計
作 者：蔣曉風、尹建榮 主編
發行人：黃振庭
出版者：崧燁文化事業有限公司
發行者：崧燁文化事業有限公司
E-mail：sonbookservice@gmail.com
粉絲頁 網 址：
地 址：台北市中正區重慶南路一段六十一號八樓 815 室
8F.-815, No.61, Sec. 1, Chongqing S. Rd., Zhongzheng
Dist., Taipei City 100, Taiwan (R.O.C.)
電 話：(02)2370-3310 傳 真：(02) 2370-3210
總經銷：紅螞蟻圖書有限公司
地 址：台北市內湖區舊宗路二段 121 巷 19 號
電 話：02-2795-3656 傳真：02-2795-4100 網址：
印 刷 ：京峯彩色印刷有限公司（京峰數位）

定價：800 元
發行日期：2018 年 11 月第一版
◎ 本書以POD印製發行